电磁辐射的等离子体散射
——理论与测量技术

(原书第二版)

Plasma Scattering of Electromagnetic Radiation

Theory and Measurement Techniques (2nd Edition)

〔美〕 达斯汀·H. 弗洛拉 西格弗里德·H. 格伦泽 内维尔·C. 卢曼 约翰·谢菲尔德 著

吴 健 丁宗华 李 辉 译

科 学 出 版 社

北 京

图字：01-2021-0605

内 容 简 介

本书为《电磁辐射的等离子体散射》1975年版的更新版，在其基础上增加了工业和热密等离子体、高能粒子测量和仪器、集体汤姆孙散射与技术等内容。

本书全面系统地介绍了等离子体散射的基本概念、描述与测量方法，以及在各行业的应用。本书正文共12章，第1章为概述，第2章介绍了等离子体散射功率谱的基本概念、散射功率谱与等离子体密度涨落之间的关系式，第3章推导了集体行为非磁化、准平衡态等离子体的通用散射谱表达式，第4章推导了等离子体的非集体性散射，第5章分析了等离子体的集体性散射谱的实验结果，第6章讨论了利用散射技术进行等离子体诊断存在的局限与问题，第7章介绍了光学仪器函数、光谱仪与光学校准，第8章结合一些具体应用讨论了如何利用汤姆孙散射技术，第9章讨论了工业等离子体、高能离子散射与聚变等离子体，第10章推导了磁化等离子体散射谱并讨论其应用，第11章讨论了利用硬X射线（高能光子）探测热密等离子体以及在康普顿散射与等离子体激元散射中的应用，第12章对不稳定等离子体散射进行了综述。附录A—E分别给出了有关的数学方法、等离子体动力学理论、色散关系推导、汤姆孙散射谱的简单计算方法、常用的物理常数与公式。

本书可作为相关专业的研究生和研究人员的入门参考书。

图书在版编目(CIP)数据

电磁辐射的等离子体散射：理论与测量技术：原书第二版/(美)达斯汀H. 弗洛拉(Dustin H. Froula)等著；吴健，丁宗华，李辉译. —北京：科学出版社，2021.8

书名原文：Plasma Scattering of Electromagnetic Radiation: Theory and Measurement Techniques (2nd Edition)

ISBN 978-7-03-068094-5

Ⅰ. ①电… Ⅱ. ①达… ②吴… ③丁… ④李… Ⅲ. ①电磁辐射-等离子体-非相干散射-研究 Ⅳ. ①O441.4 ②O571.41

中国版本图书馆CIP数据核字(2021)第029370号

责任编辑：钱 俊 崔慧娴／责任校对：杨 然
责任印制：吴兆东／封面设计：无极书装

科学出版社 出版
北京东黄城根北街16号
邮政编码：100717
http://www.sciencep.com

北京中石油彩色印刷有限责任公司 印刷

科学出版社发行 各地新华书店经销

*

2021年8月第 一 版 开本：720×1000 1/16
2022年1月第二次印刷 印张：29 1/2
字数：570 000

定价：188.00元

(如有印装质量问题，我社负责调换)

Plasma Scattering of Electromagnetic Radiation: Theory and Measurement Techniques (*2nd Edition*)
Dustin H. Froula, Siegfried H. Glenzer, Neville C. Luhmann, Jr., John Sheffield
ISBN: 9780123748775

Authorized Chinese translation published by Science Press.

《电磁辐射的等离子体散射——理论与测量技术》（原书第二版）（吴健，丁宗华，李辉 译）

译 者 序

等离子体是由等量的电荷 (电子、正负离子) 构成的体系，使该体系整体上呈现电中性。等离子体被称为与固体、液体、气体三态并行的第四态，在自然界、工业、国防等领域广泛存在。

在入射电磁波的作用下，等离子体中的电子、离子等会加速运动并对入射电磁波产生散射，即电磁辐射的等离子体散射。电磁辐射的等离子体散射是基础科学研究、等离子体工业及有关国防应用技术开发必须面对的重要现象与问题。

本书是国际著名作品 (*Plasma Scattering of Electromagnetic Radiation*，第二版，美国学术出版社，2011) 的中文翻译版，内容全面、论述准确，是我国乃至全球华人相关专业的研究生、科研人员的一本不可多得的入门参考书。希望本书的出版对促进我国等离子体、电磁辐射等有关科学技术的发展、人才培养与科学普及发挥积极作用。

由于时间与水平有限，文中疏漏与不妥之处在所难免，敬请读者批评指正。

吴 健

中国电波传播研究所

2020 年 8 月

前　　言

本书是 1975 年版本的更新版，在其基础上增加了工业与热密等离子体、高能粒子测量和仪器、集体汤姆孙散射与技术等大量相关内容。我们还对相对论理论进行了扩展，并在附录中增加了有关的计算过程。

带电粒子的电磁辐射散射谱的形式取决于粒子的质量、电荷量、位置以及速度。类似地，等离子体 (由自由带电粒子组成) 的辐射散射谱取决于等离子体的性质。通过选择合适的辐射源，理论上我们可以探测任何等离子体并测量诸如电子和离子密度以及它们的温度、离子电荷量、磁场、波幅和等离子体不稳定性等参数。特别重要的是，对等离子体的测量通常不会明显扰动等离子体。为了区别散射效应，我们需要单色辐射源。因为等离子体散射截面积很小，故辐射源功率必须很强。近年来，随着激光与微波辐射源技术的发展，利用散射技术对等离子体进行诊断得到了日益广泛的应用。

本书试图详细地介绍与等离子体辐射散射有关的理论与实验结果。我们致力于提供具有明确单位定义的定量结果，没有刻意隐藏 4π 和 c 等参数。同时我们对潜在的数学技巧进行了分析。

本书侧重于在实验室高温等离子体方向对等离子体的实验进行阐述，因为这是我们的研究方向。为了阐明该技术的应用，我们介绍了过去几十年以来许多重要的实验结果。散射是等离子体物理学家做研究的基本工具。另外，为了帮助那些非光谱学读者，我们用一个章节介绍了最常用的色散技术与仪器。

本书可作为研究生和研究人员的入门参考书。我们希望读者能够在本书中找到他们所期望的答案。

致　　谢

在得克萨斯大学奥斯汀分校时期，John Sheffield 开始撰写本书的第一版初稿，在英格兰的卡勒姆实验室工作时完成了本书。他十分感激这两个单位中帮助过他的同事，也对妻子 Dace 的支持表示诚挚的谢意。

Dustin Froula 在洛杉矶加利福尼亚大学休假期间，完成了本书第二版的创作。他对劳伦斯利弗莫尔国家实验室的同事和朋友表示感谢，正是他们所提出的新颖想法以及相互合作增强了他对汤姆孙散射和等离子体物理的理解。在他的一生中出现了许多有影响力的老师和导师，但都无法超过父母，正是父母为他的人生和科学研究提供了坚实基础。他的妻子 Lynette 以及孩子 Scott、Adelae 和 Victoria 对他的爱和支持同样弥足珍贵。

Neville Luhmann 希望将此书献给他的父母，是他们培养了他对科学和技术的热情。

Siegfried Glenzer 要感谢他的家人，尤其是妻子 Anja、孩子 Helena 和 Arend，感谢他们在其撰写本书时给予的支持。他还要感谢劳伦斯利弗莫尔国家实验室、洛斯阿拉莫斯国家实验室、激光能量实验室、卢瑟福 · 阿普尔顿实验室、鲁尔大学波鸿分校和德国电子同步加速器研究所的同事，在那里他完成了他的大部分汤姆孙散射实验。他还要感谢罗伯特大学的亚历山大 · 冯 · 洪堡基金会以及基金会的同事，感谢能让他参与自由电子激光实验。

作者非常感谢以下人员的支持和建议：Roland Behn，Henrik Bindslev，Alan Costley，Laurent Divol，Tilo Doeppner，Tony Donn'e，Carsten Fortmann，Alan Garscadden，Gianluca Gregori，Takaki Hatae，Jerry Hughes，Dave Johnson，Chan，以及 Joshi，Robert Kaita，Otto Landen，Lynette Lombardo，Atsushi Mase，David Montgomery，Tobin Munsat，Katsunori Muraoka，Allan Offenberger，John Palastro，Hyeon Park，Brad Pollock，Sean Prunty，Ronald Redmer，James Steven Ross，Christophe Rousseaux，Kenji Tanaka ，Th.Tschentscher，Kiichiro Uchino，Michael Walsh，Henri Weisen，Paul Woskov 和 Chang-Xuan Yu。

我们非常感谢爱思唯尔的同事 Gavin Becker、Mohana Natarajan 和 Patricia Osborn, 他们为编写本书提供了持续的支持。

目　　录

第 1 章 概 述

1.1 引 言

众所周知，电荷加速会产生电磁辐射。这种现象的一个重要例子是电磁波对电荷加速时产生的电磁辐射。当入射的电磁波频率 ω 足够低，以至于 $\hbar\omega$ 远小于电荷的静止能量 m_ec^2 时，这种相互作用通常被称为汤姆孙散射①。本书将讨论等离子体 (由大量的自由正负电荷组成) 的电磁辐射与实验应用。

对于单个电荷，散射强度、频率和相位的角分布取决于该电荷相对于观察者的位置分布。同样，对于大量电荷，散射谱与所有电荷的位置分布有关，或者更确切地说，在实际应用中，与群体的平均行为有关。从下面的分析中我们发现，从等离子体的散射谱中，原则上可以确定电子温度、离子温度、电离状态、电离态的密度、等离子体中磁场的方向和强度，以及等离子体内的所有涨落 (波动、不稳定性) 信息。实际上，受可用的辐射源所限制，散射截面很小，导致实验室等离子体测量能力有限，直到高功率激光器出现为止。第一次测量是 20 世纪 50 年代后期开展的来自电离层的无线电波的散射。附录 E 简要讨论了该主题的历史。

第 1 章的主要目的是给读者介绍等离子体的一些基本特性以及辐射与等离子体的相互作用。先建立辐射穿透等离子体的条件，讨论主要局限在辐射能够传输的情况，在这种情况下，我们可以合理地处理等离子体中每个电荷的相互作用；接着评估单个电荷对辐射的响应，发现散射功率与电荷质量成反比，因此，我们可以认为散射基本上仅来自电子。

最后，总体上讨论了散射体中大量电子散射波的累加问题，发现散射谱包括两个部分，第一个是在没有电荷相互作用的情况下获得的频谱，即 “非集体性谱”；第二个是这些相互作用的结果 (集体性效应)。

第 2 章，推导了散射功率谱与等离子体密度涨落之间的一般关系式，并引入了谱密度函数 $S(\boldsymbol{k},\omega)$。

---

① 米散射是从长波长下导电球获得的。散射截面对 ω^4 的依赖关系称为瑞利定律。当从原子和分子散射时，入射频率的散射分量来自于瑞利 (米) 散射。此外，也有伴生谱线。拉曼伴生谱线 (斯托克斯和反斯托克斯线) 源于入射波与原子或分子中电子跃迁的相互作用，布里渊散射来自于介质中热声波的线性相互作用，这两种效应将在 12 章中讨论。

汤姆孙散射通常被称为自由电子散射，是足够低频率时 (光子能量远小于电荷静止能量) 的康普顿散射的极限情况。对于高能光子，该散射谱显示康普顿效应，其中动量转移到电子，导致康普顿频率下移。

第 3 章，推导了非磁化准平衡态等离子体的一般散射谱，分析了碰撞的影响。

第 4 章，推导了等离子体非集体性散射谱的表达式 (包含一个稳态磁场)，讨论了其应用。

第 5 章，分析了集体性散射谱的一些结果，讨论了其在实验中的应用，并给出了一些重要实验工作的解释说明。

第 6 章，讨论了利用散射作为诊断技术应用时出现的问题和局限。

第 7 章，介绍了光学仪器函数、光谱仪与光学标准。

第 8 章，以一些有趣的应用来说明如何使用汤姆孙散射技术。

第 9 章，讨论了工业等离子体、高能离子散射和聚变等离子体。

第 10 章，给出了磁化等离子体的一般散射谱的推导，并讨论了其应用。

第 11 章，讨论了使用硬 X 射线 (高能光子) 来探测温稠密物质和致密等离子体，介绍了康普顿散射与等离子体激元散射的近期应用。

第 12 章，综述了不稳定等离子体散射的工作，例如，由等离子体波湍流或激光–等离子体相互作用导致的等离子体增强涨落的散射。

附录 A，简要评述了相关的数学方法。

附录 B，评述了等离子体的动力学理论。

附录 C，给出了热磁化均匀等离子体的一般色散关系的推导。

附录 D，简要讨论了汤姆孙散射谱的计算技巧，给出了一种求解散射谱的简单方法。

附录 E，回顾了历史上等离子体辐射散射有关的工作。

附录 F，列表给出了物理常数和重要公式，后者包括不同近似条件下的散射谱。

1.2　等 离 子 体

等离子体是自由电子和正离子的集合，基本是电中性。因此，虽然局部可能存在电荷不平衡，但对整个等离子体而言，存在近似相等数量的电子和正离子。Langmuir (1928) 使用术语 “等离子体” 来描述电弧放电中的电离状态。对于气体温度 ① $> 1\text{eV}(11600\text{K})$，有很多粒子具有足够高的能量来电离，因此产生了大量的自由电荷。理想的等离子体状态可以通过以下特征长度来表征：

$$r_c \ll n^{-1/3} \ll \lambda_{De} \ll \lambda_c, L_p \tag{1.2.1}$$

① 在这个方面，通常使用电子伏特作为温度单位。也就是说，将平均动能等效为单位电荷电势下降 V 对应的能量，$eV = \kappa T$。因此 1eV 相当于 11600K，$e = 1.6 \times 10^{-19}\text{C}; \kappa = 1.38 \times 10^{-23}\text{J/K}$。

其中，$r_c = q^2/\kappa T$ 是当两个相似的电荷 q 彼此接近时势能和动能相等的距离; $n^{-1/3}$ 是粒子间平均距离；n 是带电粒子的数密度；λ_{De} 是 “德拜长度”，表示带电粒子电势被周围电荷屏蔽的特征长度；λ_c 是平均碰撞长度，对于卢瑟福散射 (简单的 $90°$) $\lambda_c = 1/4\pi r_c^2 n$；$L_p$ 是等离子体特征尺度。

关键特征是电荷移动的自由度、通过远程库仑力的相互作用，以及一个给定电荷的德拜球内电荷集体性相互作用。为了使这个集体性相互作用有效，我们需要 $N_D = \dfrac{4}{3}\pi n_e \lambda_{De}^3 \gg 1$，例如，$\lambda_{De} \gg n^{-1/3}$。

基于该定义框架，除了高温气体等离子体外，还存在其他各种各样的等离子体。固体中的自由电子和 “空穴” 以及液体中的自由离子 (例如盐溶液) 也构成等离子体。虽然本书重点关注气态等离子体散射，但大多数结果也适用于其他等离子体。

等离子体的应用非常广泛：火焰与荧光灯、气体激光器、磁流体动力学发生器、惯性约束聚变 (ICF) 和等离子体推进系统，以及离地球比较远的电离层、磁层、太阳风、太阳和恒星等离子体。等离子体在聚变能的释放中起重要作用，较轻元素 (H，^{2}H，^{3}H 等) 的核可以在碰撞后产生较重的元素。在该聚变中，一些结合能被释放出来，例如在反应中：

$$
\begin{aligned}
&{}^2\mathrm{H}+{}^2\mathrm{H} \begin{array}{l} \nearrow {}^3\mathrm{He}+{}^1\mathrm{n}+3.27\mathrm{MeV} \\ \searrow {}^3\mathrm{H}+{}^1\mathrm{p}+4.03\mathrm{MeV} \end{array} \\
&{}^2\mathrm{H}+{}^3\mathrm{H} \longrightarrow {}^4\mathrm{He}+{}^1\mathrm{n}+17.58\mathrm{MeV} \\
&{}^2\mathrm{H}+{}^3\mathrm{He} \longrightarrow {}^4\mathrm{He}+{}^1\mathrm{H}+18.34\mathrm{MeV}
\end{aligned} \tag{1.2.2}
$$

除非原子核以足够快的速度运动以克服库仑排斥力，否则将简单地彼此散射 (不要将这种粒子散射与电荷的辐射散射混淆了)。对于聚变能量的有效释放，需要将一定量的轻元素提高到足够高的温度，例如，氢、氘、氚。目前，在实验室有两种主流方法产生聚变等离子体。在磁聚变能 (MFE) 中，来自材料壁的热等离子体被磁场约束足够长时间，以使原子核聚变。该领域的工作表明，在 10~20keV 的温度下，聚变反应堆可产生氘与氚密度为 $10^{14} \sim 10^{15}$ 个/cm^3 的等离子体，该等离子体被 $2 \sim 10$T 的磁场所约束。惯性约束聚变 (ICF) 是一种依赖于燃料物质的惯性来提供约束的聚变方法。能量从驱动装置迅速传递到腔体，加热并膨胀。向外膨胀产生一个向内的力，压缩聚变材料，产生高于 10^{25} 个/cm^3 的电子密度，温度达到 10~20keV。

另一方面，电离层等离子体密度为 10^5 个/cm^3，电子温度 < 1eV。在它们之间是自然界广泛存在的等离子体，等离子体参数变化范围如图 1.1 所示。

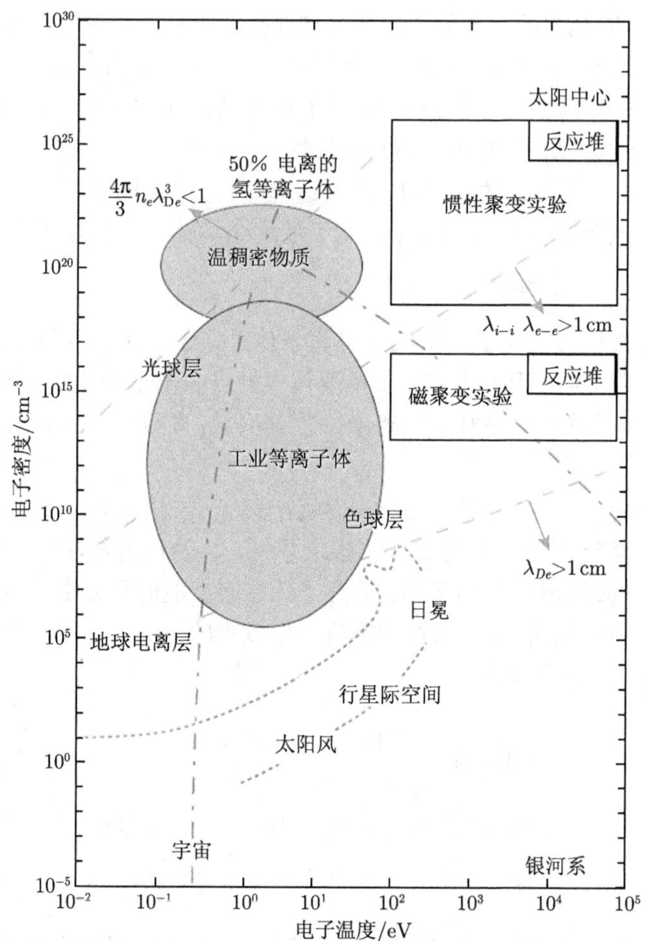

图 1.1 自然界以及实验室内典型等离子体密度、温度范围

所有这些等离子体的研究都有一个共同问题。我们如何在不扰动等离子体的情况下诊断它？传统的诊断设备，例如，测量静电和磁场的探针，不仅干扰等离子体，而且对于研究等离子体微观结构来说显得太大。此外，它们不适用于温稠密物质和 ICF 研究中的致密等离子体。

很自然就想到，利用电磁辐射探测等离子体。在理想情况下，强度很低，不对等离子体形成干扰。此外，原则上，我们可以根据研究的等离子体特征长度选择合适的电磁辐射波长。

入射波束的振荡电场加速等离子体中的每个带电粒子，这些带电粒子随后再辐射 (图 1.2)。相互作用主要与电子有关，因为离子质量大，加速度比较小。辐射的散射谱取决于电子密度、电子温度、离子温度、磁场以及等离子体振荡。在讨论这种有价值的诊断技术之前，我们讨论将要用到的单位制系统，然后回顾一下等离子体的基本特征以及电磁波与它的相互作用。

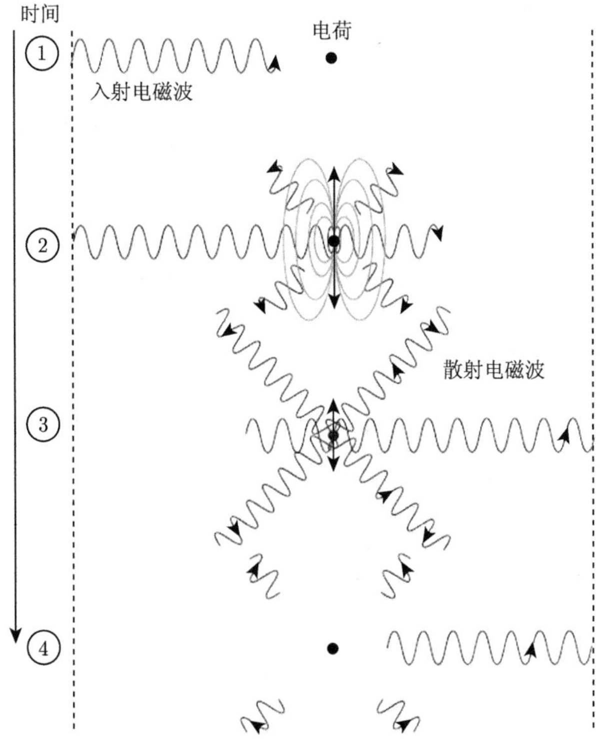

图 1.2 自由电荷辐射的散射

1.3 单 位 制

高斯单位制被广泛用于各种理论计算中，这是因为此领域中大多数重要的工作都是用高斯单位制完成的。然而，为了读者考虑，所有重要的结果都将会用高斯和国际单位制给出 (参见 (Jackson，1998)，“国际单位制与高斯单位制之间方程与数量的转换” 附录 4)。利用单位电荷的定义方法来说明两个单位制之间的差异。

1.3.1 高斯单位制

这里，单位电荷 q 由库仑定律定义：

$$\boldsymbol{F} = (q_1 q_2 / r_{12}^2)\hat{r}_{12} \tag{1.3.1}$$

其中，$\hat{r}_{12}$ 是从电荷 1 到电荷 2 的单位矢量。

在真空中，两个相同单位电荷间隔距离为 $r_{12}=1\text{cm}$，则会受到 1 达因的排斥力。电子的电荷量为 4.8×10^{-10} 静库仑。

电荷 q 产生的电场强度 E 定义为

$$\boldsymbol{E}=(q/r^2)\hat{r} \tag{1.3.2}$$

这个单位制有点不合理，例如，方程 (1.3.2) 没有引入 4π 来表示球对称性。

1.3.2　SI 单位制

这里，单位电荷由单位电流 (安培) 来定义。安培定义为两个在真空中相距 1m，横截面积忽略不计的无限长平行线，每单位长度的横向力为 $2\times10^{-7}\text{N/m}$ 时流过的电流。

根据这个定义，库仑定律为

$$\boldsymbol{F}=\left(\frac{1}{4\pi\varepsilon_0}\frac{q_1q_2}{r_{12}^2}\right)\hat{\boldsymbol{r}}_{12} \tag{1.3.3}$$

其中常数

$$\varepsilon_0=\frac{1}{4\pi c^2}\times10^7\frac{\text{C}^2}{\text{N}\cdot\text{m}^2}$$

F 的单位是牛顿，q_1 和 q_2 的单位是库仑，r_{12} 的单位是米。接下来给出了这两个单位制中的麦克斯韦方程与洛伦兹力表达式。

1.3.3　单位电荷 q 的麦克斯韦方程和洛伦兹力

高斯单位制

$$\begin{cases}\boldsymbol{D}=\boldsymbol{E}+4\pi\boldsymbol{P}, \quad \nabla\cdot\boldsymbol{D}=4\pi\rho, \quad \nabla\times\boldsymbol{H}=\dfrac{4\pi\boldsymbol{J}}{c}+\dfrac{1}{c}\dfrac{\partial\boldsymbol{D}}{\partial t}\\ \boldsymbol{F}=q\left(\boldsymbol{E}+\dfrac{\boldsymbol{v}}{c}\times\boldsymbol{B}\right)\\ \boldsymbol{H}=\boldsymbol{B}-4\pi\boldsymbol{M}, \quad \nabla\times\boldsymbol{E}=-\dfrac{1}{c}\dfrac{\partial\boldsymbol{B}}{\partial t}, \quad \nabla\cdot\boldsymbol{B}=0\end{cases} \tag{1.3.4}$$

SI 单位制

$$\begin{cases}\boldsymbol{D}=\varepsilon_0\boldsymbol{E}+\boldsymbol{P}, \quad \nabla\cdot\boldsymbol{D}=\rho, \quad \nabla\times\boldsymbol{H}=\boldsymbol{J}+\dfrac{\partial\boldsymbol{D}}{\partial t}\\ \boldsymbol{F}=q(\boldsymbol{E}+\boldsymbol{v}\times\boldsymbol{B})\\ \boldsymbol{H}=\dfrac{1}{\mu_0}\boldsymbol{B}-\boldsymbol{M}, \quad \nabla\times\boldsymbol{E}=-\dfrac{\partial\boldsymbol{B}}{\partial t}, \quad \nabla\cdot\boldsymbol{B}=0\\ \varepsilon_0=\dfrac{1}{4\pi c^2}\times10^7\dfrac{\text{F}}{m}\mu_0=4\pi\times10^{-7}\dfrac{H}{m}\\ \boldsymbol{P}=\text{ 电极化强度}, \quad \boldsymbol{M}=\text{ 磁化强度}\end{cases} \tag{1.3.5}$$

(对于本书讨论的内容，$\boldsymbol{M}=0$。)

1.4 等离子体中的特征长度和特征时间[①]

等离子体与其他涉及宏观中性而微观带电系统之间的主要区别是电荷运动的自由度。由于这种自由度，电荷能够调整他们的位置以相互屏蔽彼此的电场，这也导致了集体效应，可以通过本书中描述的方法进行诊断。等离子体中给定电荷 q 周围的电势 ϕ 具有如下形式，对于 $r > q^2/\kappa T$，

$$\varphi(r) = (q/r) \cdot \exp(-r/\sqrt{2}\lambda_{De}) \tag{1.4.1}$$

电势在特征距离 —— 德拜长度 λ_{Dq} 内降低

$$\begin{aligned} \lambda_{Dq} &= \left(\kappa T_q/4\pi e^2 n_q\right)^{1/2}, \quad \text{Gaussian}, \\ &= \left(\varepsilon_0 \kappa T_q/e^2 n_q\right)^{1/2}, \quad \text{SI} \\ &= 743\left[T_q(\text{eV})/n_q(\text{cm}^{-3})\right]^{1/2} \quad \text{cm} \end{aligned} \tag{1.4.2}$$

如果移动等离子体中的电荷，那么将产生一种恢复力。电荷在该力的作用下以特征“等离子体频率”振荡：

$$\begin{aligned} \omega_{pq} &= \left(4\pi n_q q^2/m_q\right)^{1/2} \text{rad/s}, \quad \text{Gaussian} \\ &= \left(\frac{n_q q^2}{m_q \varepsilon_0}\right)^{1/2} \text{rad/s}, \quad \text{SI} \end{aligned} \tag{1.4.3}$$

电子等离子体频率为

$$\omega_{pe} = 5.64 \times 10^4 \left[n_e(\text{cm}^{-3})\right]^{1/2} \text{rad/s}$$

我们看到，$\omega_{pq}\lambda_{Dq} = (\kappa T_q/m_q)^{1/2} = \bar{v}_{th}$，是质量为 m_q 的电荷的特征热速度。

最后，当等离子体包含磁场时，我们必须增加与电荷回旋频率有关的特征长度和时间。回旋频率由下式给出：

$$\begin{aligned} \varOmega_q &= qB/m_q c \text{ rad/s}, \quad \text{Gaussian} \\ &= qB/m_q c \text{ rad/s}, \quad \text{SI} \end{aligned} \tag{1.4.4}$$

电子的回旋频率为 $\varOmega_e = 1.76 \times 10^7 B(\text{G})\text{rad/s}$。回旋半径为

$$\rho_q = v_\perp/\varOmega_q \tag{1.4.5}$$

电子回旋半径为

$$\rho_e = \frac{0.57 \times 10^{-7} v_\perp(\text{cm/s})}{B(\text{G})} \text{cm} \tag{1.4.6}$$

其中，$v_\perp$ 是垂直于磁场方向的电荷速度。

① 见附录 B。

1.5　等离子体对电磁辐射的散射

完整地计算等离子体对电磁辐射的散射是非常复杂的，幸运的是，对于大多数感兴趣的情况，我们能够将问题分离成不同部分。其部分原因是我们可以采取很多方法，以避免吸收、反射与多次散射的重要影响。

考虑包含 N 个带电量为 $-e$ 的电子，以及 N/Z 个带电量为 Ze 的离子。这种带电粒子的组合可以用克利蒙托维奇方程来描述：

$$\frac{\partial F_q}{\partial t}+\boldsymbol{v}\cdot\frac{\partial F_q}{\partial \boldsymbol{r}}+\boldsymbol{a}\cdot\frac{\partial F_q}{\partial \boldsymbol{v}}=0 \tag{1.5.1}$$

其中，

$$F_q(r,v,t)=\sum_{j=1}^{N_q}[\delta(\boldsymbol{r}-\boldsymbol{r}_j(t))\delta(\boldsymbol{v}-\boldsymbol{v}_j(t))]$$

是微观分布函数，$F_q\mathrm{d}r\mathrm{d}\boldsymbol{v}$ 表示在 t 时刻，$\boldsymbol{r}\to\boldsymbol{r}+\mathrm{d}\boldsymbol{r}$，$\boldsymbol{v}\to\boldsymbol{v}+\mathrm{d}\boldsymbol{v}$ 范围内的带电粒子数。

这是一个复杂的方程，因为加速度 a 涉及所有的粒子间力，也包括外力的影响。对于地面等离子体，我们可以合理地将力限制为电磁力，因此我们可以用麦克斯韦方程组以及洛伦兹力方程 (1.3.4) 来确定 a。散射体积内的电荷、外部电荷以及电磁波都是 $\boldsymbol{E}$ 和 $\boldsymbol{B}$ 的来源。1.6 节中涉及的以下结果有助于我们简化计算。

(1) 由于德拜屏蔽，每个带电粒子的影响是有限的，因此当满足条件 (1.2.1) 时，我们可能忽略三个或更多电荷的同时相互作用。具体的细节参考附录 B。

(2) 当入射波为高频率时，$\omega_i\gg\omega_{pe},\varOmega_e$，电磁波主要通过透射传播，由散射和吸收引起的衰减很小。如果散射体在光学上是薄的 (在穿过它时没有明显的损失)，那么我们可以分别处理与散射体积中的每个带电粒子的相互作用。此外，我们限制入射功率，不至于改变等离子体状态，这样获得的总散射电场是单个散射场之和。

1.6　运动电荷的辐射

这个主题在很多书中都有很好的讨论 (Jackson, 1998; Landau and Lifshitz, 1962; Brau, 2004)，读者可以参考以便了解更多细节。

我们可以结合麦克斯韦方程组 (1.3.5) 得到

$$\nabla\times(\nabla\times\boldsymbol{E})+\frac{1}{c^2}\frac{\partial^2\boldsymbol{E}}{\partial t^2}=-\frac{4\pi}{c}\frac{\partial\boldsymbol{J}}{\partial t} \tag{1.6.1}$$

现在，我们需要确定电场 $\boldsymbol{E}$，这里 J 是单个电荷的电流密度，可表示为

$$\boldsymbol{J}=q\boldsymbol{v}(t') \tag{1.6.2}$$

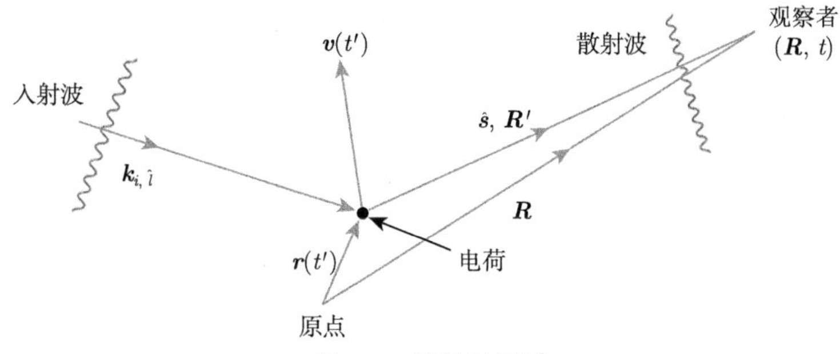

图 1.3 散射坐标系

必须记住，在时间 t 时刻与电荷相距 R 的电场，与带电粒子之前的时间 t' 也有关系，即延迟时间

$$t' = t - (R'/c) \tag{1.6.3}$$

方程 (1.6.1) 的解 (可以参考，例如，(Jackson, 1998), p. 664) 是

$$\begin{cases} \boldsymbol{E}(\boldsymbol{R}',t) = q\left[\dfrac{(\hat{\boldsymbol{s}}-\boldsymbol{\beta})(1-\boldsymbol{\beta}^2)}{(1-\hat{\boldsymbol{s}}\cdot\boldsymbol{\beta})^3 R'^2}\right]_{\text{ret}} + \dfrac{q}{c}\left[\dfrac{\hat{\boldsymbol{s}}\times\left\{(\hat{\boldsymbol{s}}-\boldsymbol{\beta})\times\dot{\boldsymbol{\beta}}\right\}}{(1-\hat{\boldsymbol{s}}\cdot\boldsymbol{\beta})^3 R'}\right]_{\text{ret}} \\ \boldsymbol{B}(\boldsymbol{R}',t) = n(\hat{\boldsymbol{s}}\times\boldsymbol{E}) \end{cases} \tag{1.6.4}$$

其中，$\boldsymbol{\beta} = \boldsymbol{v}/c$，$\hat{\boldsymbol{s}}$ 是从电荷指向观察者的单位矢量；$n = ck/\omega$ 是折射指数，一般来说，假设 $n = 1$；然而，情况并非总是如此，比如，对于高密度，详见第 11 章。这个场将用延迟时间进行估计，比如，

$$\dot{\boldsymbol{\beta}} = \frac{1}{c}\frac{\mathrm{d}\boldsymbol{v}}{\mathrm{d}t'}$$

在散射计算与实验中，经常可满足 $R \gg L$ 这一条件。也就是说，观察点 P 到电荷的距离远大于运动电荷的特征长度 L。

因此，第一项在随后的所有计算中将被忽略，并且在方程 (1.6.4) 的分母中，我们作了 $R' \simeq R$ 的近似。然而，需要注意方程 (1.6.3) 中这个近似可能不适用。延迟时间可以近似写为

$$t' \simeq t - (|R - \hat{s}\cdot\boldsymbol{r}|/c) \tag{1.6.5}$$

现在，$\hat{s}$ 在时间域上是常数。

观测量为散射功率，单位立体角的散射功率由下式给出：

$$\frac{\mathrm{d}P_s}{\mathrm{d}\Omega} = R^2\boldsymbol{S}\cdot\hat{s} \tag{1.6.6}$$

其中坡印亭矢量定义为

$$\boldsymbol{S} \equiv \frac{c}{4\pi}\boldsymbol{E}\times\boldsymbol{B}$$

代入方程 (1.6.6) 中得到

$$\frac{\mathrm{d}P_s}{\mathrm{d}\Omega} = \frac{R^2 c}{4\pi} E_s^2 \tag{1.6.7}$$

对于低速度电荷，其中 $|v/c| \ll 1$，电场方程 (1.6.4) 变为

$$\boldsymbol{E}_s(R,t) = \frac{q}{cR}\left[\hat{s} \times (\hat{s} \times \dot{\boldsymbol{\beta}})\right]_{\text{ret}} \tag{1.6.8}$$

单位立体角的散射功率为

$$\frac{\mathrm{d}P_s}{\mathrm{d}\Omega} = \frac{q^2}{4\pi c}\left[\hat{s} \times (\hat{s} \times \dot{\boldsymbol{\beta}})\right]_{\text{ret}}^2 \tag{1.6.9}$$

$\mathrm{d}P_s/\mathrm{d}\Omega$ 随方向的变化具有如图 1.4(a) 所示的甜甜圈形状。

在较高的速度下，使用方程 (1.6.4) 的第二项，最明显的变化是散射在 $\boldsymbol{v}$ 方向上的增加 (图 1.4(b))。当我们认识到在电子参考坐标中散射能量必须具有对称的圆形状时，我们就可以很好地理解这个效应。这些高速效应在等离子体散射中被观察到，并在第 3～5 章中进行了进一步讨论。

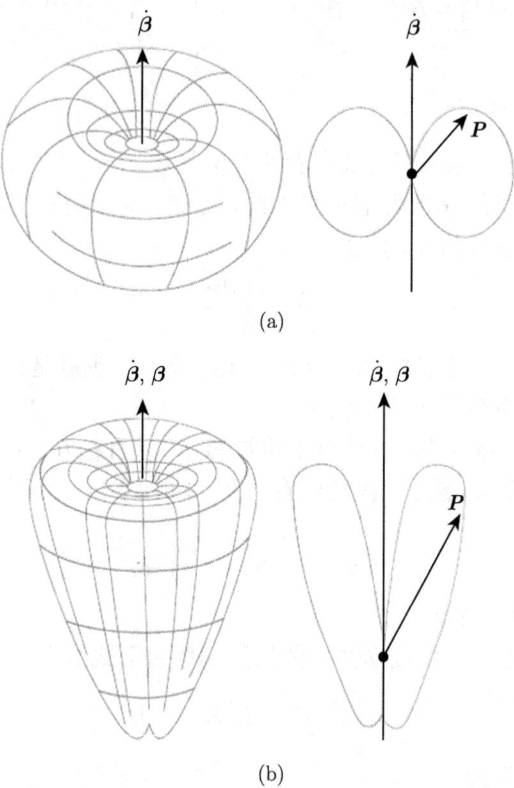

图 1.4　加速电荷辐射功率的角度变化：(a) 静止电荷；(b) 带电粒子随着 $\beta//\dot{\beta}$ 运动

1.7 电磁波对电荷的加速

电荷可对入射电磁波产生散射，因为电荷会被辐射的振荡场加速并且加速的电荷本身也会产生辐射 (图 1.2)。在这里，我们推导出由单个自由电子散射的电场的公式，但与此同时，我们简要地研究了自由电荷需满足的一些条件。

考虑平面单色波入射到电荷 q 的情况，其位置和速度为 $\boldsymbol{r}(t')$ 和 $\boldsymbol{v}(t')$。为了保持一致，我们将这些写为延迟时间的函数。入射波为

$$\boldsymbol{E}_i(\boldsymbol{r},t') = \boldsymbol{E}_{i0}\cos(\boldsymbol{k}_i\cdot\boldsymbol{r}-\omega_i t'),\quad \boldsymbol{B}_i(\boldsymbol{r},t') = n\left(\hat{i}\times\boldsymbol{E}_i\right) \tag{1.7.1}$$

其中，$k_i = 2\pi/\lambda_i$，λ_i 和 ω_i 是入射波的波长和频率；$\boldsymbol{E}_{i0}$ 与时间无关。

1.7.1 无外力作用时的低速电荷

对处于低速运动的电荷，我们可以忽略磁场 B_i 的影响，并且当没有其他力作用时，运动方程可以写为

$$m_e\left(\frac{\mathrm{d}\boldsymbol{v}}{\mathrm{d}t}\right) = q\boldsymbol{E}_{i0}\cos[\boldsymbol{k}_i\cdot\boldsymbol{r}(t')-\omega_i t'] \tag{1.7.2}$$

为了确定电荷的轨道，我们忽略电磁波的影响，于是电荷的未扰轨道可简化表示为

$$\boldsymbol{r}(t') = \boldsymbol{r}(0)+\boldsymbol{v}t' \tag{1.7.3}$$

我们从方程 (1.7.3) 和 (1.6.5) 可以得到

$$t' = \left[t-\frac{R}{c}+\frac{\hat{s}\cdot\boldsymbol{r}(0)}{c}\right]/(1-\hat{s}\cdot\boldsymbol{\beta}) \tag{1.7.4}$$

将方程 (1.7.3) 与 (1.7.4) 相加，我们可以得到

$$\boldsymbol{k}_i\cdot\boldsymbol{r}(t')-\omega_i t' = k_i\frac{1-\hat{i}\cdot\boldsymbol{\beta}}{1-\hat{s}\cdot\boldsymbol{\beta}}R-\omega_i\frac{1-\hat{i}\cdot\boldsymbol{\beta}}{1-\hat{s}\cdot\boldsymbol{\beta}}-k_i\frac{1-\hat{i}\cdot\boldsymbol{\beta}}{1-\hat{s}\cdot\boldsymbol{\beta}}\hat{s}\cdot r_0+\boldsymbol{k}_i\cdot\boldsymbol{r}(0) \tag{1.7.5}$$

将方程 (1.7.5) 和 (1.7.2) 代入方程 (1.6.8) 中可得到散射电场

$$\boldsymbol{E}_s(r,t) = \frac{q^2}{c^2 m_e R}[\hat{s}\times(\hat{s}\times\boldsymbol{E}_{i0})]\cos[k_s R-\omega_s t-(\boldsymbol{k}_s-\boldsymbol{k}_i)\cdot\boldsymbol{r}(0)] \tag{1.7.6}$$

电荷将辐射出具有多普勒频移的电磁波，其频率和波矢量为

$$\omega_s = \omega_i\left(1-\hat{i}\cdot\boldsymbol{\beta}\right)/(1-\hat{s}\cdot\boldsymbol{\beta}),\quad \boldsymbol{k}_s = \omega_s\hat{s} \tag{1.7.7}$$

我们就可以很容易地得出频率和波数的变化量，

$$\omega = \omega_s - \omega_i = (\boldsymbol{k}_s - \boldsymbol{k}_i) \cdot \boldsymbol{v} = k \cdot \boldsymbol{v} \tag{1.7.8}$$

$$\boldsymbol{k} = \boldsymbol{k}_s - \boldsymbol{k}_i \tag{1.7.9}$$

方程 (1.7.8) 和方程 (1.7.9) 是能量守恒和动量守恒的表述，在长波区 (康普顿散射可以忽略) 两式有效①。

散射角可以用 θ 表示，从图 1.5 中我们可以得到

$$|k| = \left(k_s^2 + k_i^2 - 2k_s k_i \cos\theta\right)^{1/2} \tag{1.7.10}$$

当电荷速度远远小于光速时，可以得到

$$|k| \cong 2\left|k_i \sin(\theta/2)\right| \tag{1.7.11}$$

从式 (1.7.6) 和式 (1.6.7) 可以得到单位立体角的散射能量为

$$P_s(\boldsymbol{R})\,\mathrm{d}\Omega = \frac{q^4 E_{i0}^2 \mathrm{d}\Omega}{4\pi m_e^2 c^3}\left[\hat{s} \times (\hat{s} \times E_{i0})\right]^2 \cos^2\left[k_s R - \omega_s t - \boldsymbol{k} \cdot \boldsymbol{r}(0)\right] \tag{1.7.12}$$

当正离子与电子相比较时，由于质量相差十分明显，正离子散射可以忽略。

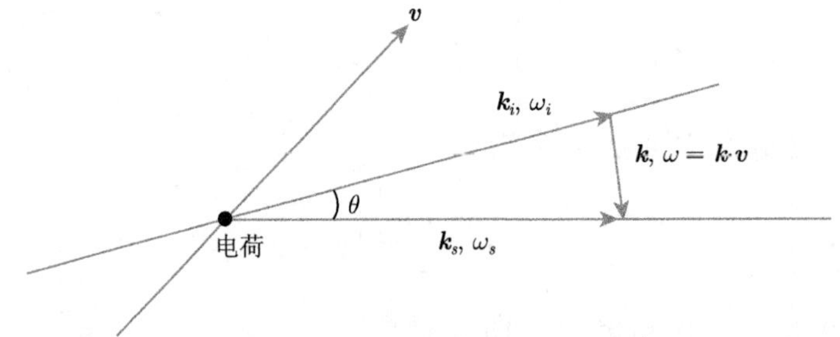

图 1.5　辐射波散射的波矢图

① 严格来说，我们应该考虑光子的粒子性质。如果我们认为入射光子能量为 $\hbar\omega$，动量为 $\hbar\omega/c$，则能量守恒式 (1.7.8) 变为

$$\omega_s \cong \omega_i + \boldsymbol{k} \cdot \boldsymbol{v} - \frac{2\hbar\omega_i^2}{m_e c^2} \sin^2\left(\frac{\theta}{2}\right)\left(1 - \frac{\hat{i} \cdot \boldsymbol{v}}{c}\right); |\omega_s - \omega_i| \ll \omega_i$$

可以看出，当 $2\hbar\omega_i/m_e c^2 \ll 1$，或 $\lambda_i \gg 0.1\text{Å}$ 时，$v/c \neq 1$，电子反冲引起的能量损失很小，很好地满足了不等式。修正可以用波长漂移来表示，这个量很小：

$$\Delta\lambda = \left(\frac{4\pi\hbar}{m_e c}\right)\sin^2(\theta/2) = 0.048\sin^2(\theta/2)\,\text{Å}$$

该效应将在第 11 章做进一步讨论。

对于电子来说，单位立体角单位时间内的散射能量为

$$\bar{P}_s(\boldsymbol{R})\,\mathrm{d}\Omega=\frac{cE_{i0}^2 r_0^2\mathrm{d}\Omega}{8\pi}\left[\hat{s}\times(\hat{s}\times E_{i0})\right]^2 \tag{1.7.13}$$

上横线表示时间平均值。经典电子半径为 $r_0=e^2/m_ec^2=2.82\times10^{-13}\mathrm{cm}$。如果辐射是偏振的 (图 1.6)，

$$\left[\hat{s}\times(\hat{s}\times E_{i0})\right]^2=1-\sin^2\theta\cdot\cos^2\varphi_0 \tag{1.7.14}$$

如果没有偏振，我们可对 ϕ_0 求平均，得到

$$\left[\hat{s}\times(\hat{s}\times E_{i0})\right]^2=1-\frac{1}{2}\sin^2\theta \tag{1.7.15}$$

总散射功率与入射功率的比值被称为总散射截面，也被称为汤姆孙散射截面，可以由以下式子给出

$$\sigma_T=(8\pi/3)\,r_0^2$$

当频率很高时，康普顿散射十分重要，且必须从量子力学的角度进行处理。

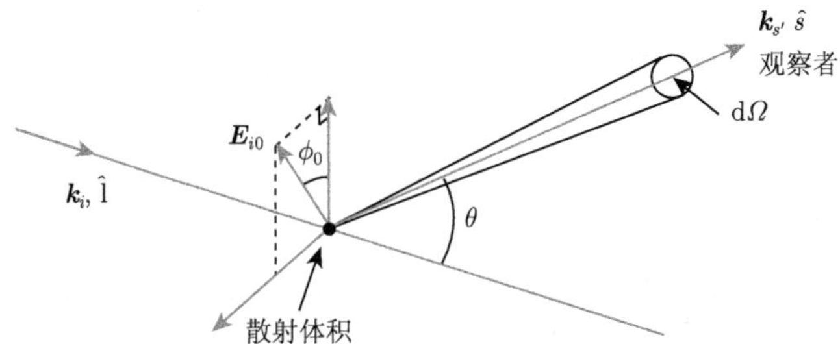

图 1.6 散射几何示意图，显示了入射偏振 ($\boldsymbol{E}$ 矢量) 与观测者的相对指向

克莱因–仁科公式给出了总截面的渐近形式，

$$\sigma_{KN}=r_0^2\begin{cases}\dfrac{8\pi}{3}\left(1-\dfrac{2hv_i}{m_ec^2}+\cdots\right), & hv_i\ll m_ec^2\\[2ex] \pi\dfrac{m_ec^2}{hv_i}\left[\ln\left(\dfrac{2hv_i}{m_ec^2}\right)-\dfrac{1}{2}\right], & hv_i\gg m_ec^2\end{cases}$$

本书中大部分都不会考虑量子效应，因为 $hv_i\ll m_ec^2$，并且对于高速粒子，多普勒频移十分明显且 $v/c\to1$。然而，如第 11 章所述，这种效应在致密的热等离子体中很重要。

1.7.2 无外力作用时的高速电荷

忽略入射波的磁场分量，运动方程有如下形式：

$$\frac{\mathrm{d}m_e\boldsymbol{v}}{\mathrm{d}t'}=\frac{\mathrm{d}}{\mathrm{d}t'}\frac{m_e\boldsymbol{v}}{\left[1-\left(v^2/c^2\right)\right]^{1/2}}=q\left(\boldsymbol{E}_i+\frac{\boldsymbol{v}}{c}\times\boldsymbol{B}_i\right) \tag{1.7.16}$$

或者

$$\gamma m_e\dot{\boldsymbol{v}}+\gamma^3 m_e\boldsymbol{v}\left(\frac{\boldsymbol{v}\cdot\dot{\boldsymbol{v}}}{c^2}\right)=q\left(\boldsymbol{E}_i+\frac{\boldsymbol{v}}{c}\times\boldsymbol{B}_i\right)$$

其中，$\gamma=\left[1-\left(v^2/c^2\right)\right]^{-1/2}$。其与 $\boldsymbol{v}$ 的标量积可以写成以下形式

$$\frac{\mathrm{d}\boldsymbol{v}}{\mathrm{d}t'}=\frac{q}{m_e}\left(1-\frac{v^2}{c^2}\right)^{1/2}\left\{\boldsymbol{E}_{i0}+\beta\times\boldsymbol{B}_{i0}-\beta\left(\beta\cdot\boldsymbol{E}_{i0}\right)\right\}\cdot\cos\left[\boldsymbol{k}_i\cdot\boldsymbol{r}\left(t'\right)-\omega_i t'\right] \tag{1.7.17}$$

与方程 (1.7.2) 比较，新出现了一个偏振平面与入射波偏振平面不同的散射辐射。这些高速效应将在第 3 章、第 4 章和第 5 章做详细讨论。

总结来说，电子散射的电场可以由以下公式给出：

$$\boldsymbol{E}_s\left(\boldsymbol{R},t\right)=-\frac{e}{cR}\left[\frac{\hat{s}\times\left[\left(\hat{s}-\boldsymbol{\beta}\right)\times\dot{\beta}\right]}{\left(1-\hat{s}\cdot\boldsymbol{\beta}\right)^3}\right] \tag{1.7.18}$$

展开可以得到

$$\begin{aligned}\boldsymbol{E}_s\left(\boldsymbol{R},t\right)=&\frac{e^2}{m_ec^2R}\frac{\left(1-\beta^2\right)^{1/2}}{\left(1-\hat{s}\cdot\boldsymbol{\beta}\right)^3}\left[s\times\left(\left(s-\boldsymbol{\beta}\right)\times\left\{\boldsymbol{E}_{i0}+\boldsymbol{\beta}\times\left[n\left(i\times\boldsymbol{E}_{i0}\right)\right]\right.\right.\right.\\&\left.\left.\left.-\boldsymbol{\beta}\left(\boldsymbol{\beta}\cdot\boldsymbol{E}_{i0}\right)\right\}\right)\right]\times\cos\left[k_i\cdot r\left(t'\right)-\omega_i t'\right]\end{aligned} \tag{1.7.19}$$

注意：通常将 $r(t')$ 作为方程 (1.7.16) 的解，与入射波的相互作用可以被忽略。而且，折射指数并不总是等于单位 1。

在通常考虑的情况下，入射波被垂直于散射平面的电场 $\boldsymbol{E}_{i0}$ 极化，此时 $\boldsymbol{E}_{i0}\cdot\hat{s}=0$，且显然可以看出 $\boldsymbol{E}_{i0}\cdot\hat{i}\equiv 0$。那么，如果用一个偏振器来选择平行于 $\hat{e}$ 的 $\boldsymbol{E}_s$，方程 (1.7.19) 可以写为

$$\hat{e}\cdot\boldsymbol{E}_s\left(\boldsymbol{R},t\right)=\frac{r_0E_{i0}}{R}\frac{\left(1-\beta^2\right)^{1/2}}{\left(1-\beta_s\right)^3}\left|\left[1-n\left(s\cdot i\right)\right]\beta_E^2-\left(1-n\beta_i\right)\left(1-\beta_s\right)\right|_{\mathrm{ret}} \tag{1.7.20}$$

其中，$\beta_E=\boldsymbol{E}_{i0}\cdot\boldsymbol{\beta},\beta_i=\hat{i}\cdot\boldsymbol{\beta},(s\cdot i)=\cos\theta$。

1.7.3 有外力作用时的低速电荷

在计算等离子体对电磁辐射的散射时，通常会忽略所有其他力。如以下所示，加速度并非总是由方程 (1.7.16) 给出，并且必须仔细权衡所有力的影响。通常，电荷的运动方程是

$$\frac{\mathrm{d}\left(m_e \boldsymbol{v}\right)}{\mathrm{d}t'} = q\left[\boldsymbol{E}_i + \boldsymbol{E}_o + \frac{\boldsymbol{v}}{c} \times \left(\boldsymbol{B}_i + \boldsymbol{B}_o\right)\right] + \boldsymbol{F}$$

$\boldsymbol{E}_o$ 和 $\boldsymbol{B}_o$ 是其他的外加场 (它们可以是外部施加的或者由等离子体中电荷相互作用产生), $\boldsymbol{F}$ 表示任何其他作用力。假设 B_{oz} 是一个稳定的外部场，$\boldsymbol{F}_c$ 是碰撞的结果:

$$\boldsymbol{F}_c = -m_e \nu \boldsymbol{v}$$

其中，v 是碰撞频率。设 $v/c \ll 1$。该方程的解 (见 (Tanenbaum，1967)，第 70 页) 是

$$\dot{\boldsymbol{v}} = R_e \begin{vmatrix} W_\perp & W_H & 0 \\ -W_H & W_\perp & 0 \\ 0 & 0 & W_z \end{vmatrix} \cdot \boldsymbol{E}_i \cdot \exp\left[\mathrm{i}\left(\boldsymbol{k}_i \cdot \boldsymbol{r} - \omega_i t'\right)\right] \tag{1.7.21}$$

其中

$$\begin{cases} W_\perp = \dfrac{q}{m} \dfrac{\omega^2 + \mathrm{i}v\omega_i}{\left(\omega_i^2 + 2\mathrm{i}\omega_i v - v^2 - \varOmega^2\right)} \\ W_H = \dfrac{q}{m} \dfrac{\mathrm{i}\omega_i \varOmega}{\left(\omega_i^2 + 2\mathrm{i}\omega_i v - v^2 - \varOmega^2\right)} \\ W_z = \dfrac{\omega_i}{\omega_i + \mathrm{i}v} \end{cases} \tag{1.7.22}$$

可以看出，在移动张量中可以忽略磁场 B_{oz}，假设 $\varOmega = qB_{oz}/m_e c \ll \omega_i$。如果 $\omega_i \gg v$，可以忽略碰撞。然而，在指数中不能忽略磁场和碰撞的影响，因为它们改变了每个电荷的轨道。例如，观察者接收的散射信号仅仅在连续碰撞之间是相干的。

在随后的计算中，当计算电子轨道时将会考虑这些影响，但在计算迁移张量 $|W|$ 时不予考虑。

1.7.4 在外加磁场下的高速电荷

当存在外加磁场时，方程 (1.7.17) 中的附加项为

$$\frac{q}{m_e}\left(1 - \frac{v^2}{c^2}\right)^{1/2} \left(\boldsymbol{\beta} \times B_{\boldsymbol{o}}\right) \tag{1.7.23}$$

与入射波有关的主要是入射波驱动的 β 项。在本书的散射计算中 (见第 1.8.1 节) 要求这种速度变化是可以忽略的，因此，该项在计算散射功率时被忽略。该项导致回旋

辐射，这对于工作在回旋频率附近 ($f_{ce} = 2.8 \times 10^{10}$B[T]Hz) 的背景辐射很重要。磁核聚变能等离子体通常工作在 1~10T 范围内，及 $f_{ce} = 2.8\times10^{10} \sim f_{ce} = 2.8\times10^{11}$，例如波长为 $10^{-2} \sim 10^{-3}$m。值得注意的是，外加磁场确实影响带电粒子的轨道和密度起伏，详见第 4 章和第 10 章。

1.8 本书中用于计算的一般约束条件

1.8.1 辐射与等离子体的宏观相互作用

建议首先确定电磁波穿透等离子体的条件。对于 $\omega_i < \omega_{pe}$ 和 $\lambda_i, \lambda_{De} \ll L$，这是等离子体的典型尺度，此时仅仅由电子的表面层与入射波相互作用，波束被反射。这是因为这些电荷可以在时间尺度 $\sim 1/\omega_{pe}$ 上作出响应，并且能够抵消入射场。设 $\omega_{i_{\text{crit}}} = \omega_{pe}$，整理后，我们发现

$$\lambda_{i_{\text{crit}}} = \frac{3.33 \times 10^6}{\left[n_e\left(\text{cm}^{-3}\right)\right]^{1/2}}\text{cm} \tag{1.8.1}$$

透射和反射区域显示在图 1.7 中。这个结果是在忽略离子运动而电子被当作密度为 n_e 的导电流体的简单情况下计算的。

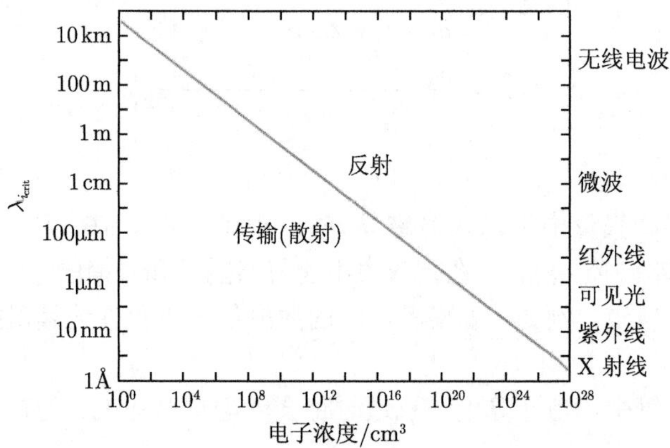

图 1.7 由式 (1.8.1) 所得透射临界波长与电子密度的关系

考虑一个入射平面，电磁波在密度为 n_e 的等离子体中传输时

$$\boldsymbol{E}_i = \boldsymbol{E}_{i0}\exp\left[\mathrm{i}\left(\boldsymbol{k}_i \cdot \boldsymbol{r} - \omega_i t\right)\right] \tag{1.8.2}$$

麦克斯韦方程 (1.3.4) 表示为

$$\nabla \times \boldsymbol{E} = -\frac{1}{c}\frac{\partial \boldsymbol{H}}{\partial t}, \quad \nabla \times \boldsymbol{H} = \frac{4\pi}{c}\boldsymbol{J} + \frac{1}{c}\frac{\partial \boldsymbol{E}}{\partial t}$$

当我们忽略重离子的运动时

$$\boldsymbol{J} = -n_e e \boldsymbol{u} \tag{1.8.3}$$

对于 $\boldsymbol{u}/c \ll 1$，电子流体在入射波影响下的漂移速度 $\boldsymbol{u}$，由以下简化公式给出

$$m_e \frac{\mathrm{d}\boldsymbol{u}}{\mathrm{d}t} = -e\boldsymbol{E}_i$$

结合这些方程，可以得到

$$\nabla \times (\nabla \times \boldsymbol{E}_i) + \frac{1}{c^2}\frac{\partial^2 \boldsymbol{E}_i}{\partial t^2} + \frac{4\pi n_e e^2}{c^2 m_e}\boldsymbol{E}_i = 0 \tag{1.8.4}$$

把 $\boldsymbol{E}_i$ 代入方程 (1.8.2) 中，可以得到

$$k_i^2 c^2 - \omega_i^2 + \omega_{pe}^2 = 0$$

或者

$$k_i = \left(\omega_i^2 - \omega_{pe}^2\right)^{1/2} / c \tag{1.8.5}$$

对于 $\omega_i^2 > \omega_{pe}^2$，波数 k_i 是实数，即波被传输; 对于 $\omega_i^2 < \omega_{pe}^2$，波数 k_i 是虚数。(这些通常分别被称为低密度和高密度状态。) 将 k_i 的虚部代入方程 (1.8.2) 的指数部分可以看到波在等离子体中传播时是衰减的。如果等离子体的厚度远大于波长，则波将会被反射。

以上方法可以很容易地应用到包括正离子、碰撞效应和磁场效应的等离子体中 (例如，见 (Tanenbaum，1967)，第 2 章) 和第 4.6 节。

本书中给出的散射计算仅限于满足某些条件的情况，其中一些已经在前面讨论过了；下面列出了这些条件，以方便帮助读者。

1.8.2 一般限制

(1) 我们考虑一个体积 V，其中包含 N 个电子和电荷量为 Z_e 的 N/Z 个离子。

(2) 在第 $3\sim5$ 章中，我们将会讨论 $(v/c)^2$ 高阶项带来的相对论效应。第 2 章将会讨论 v/c 的一阶项。

(3) 除第 11 章外，量子效应也被忽略; 这意味着结果仅对入射波长 $\lambda_i \gg 0.1$Å 和非相对论等离子体严格有效。

(4) 我们忽略了正离子的散射，因为它们比电子质量更大并且散射相对较少。

(5) 我们研究距散射体距离为 R 的辐射，因此要求满足 $R \gg V^{1/3}$。

(6) 我们要求 $\omega_i > \omega_{pe}$，并且等离子体的尺度足够小时入射波的衰减可忽略不计，每个电子“看到”的入射波强度相同，等离子体尺寸足够小以至于可以忽略多次散射。

(7) 在某些情况下必须考虑入射波和散射辐射的折射，尤其是毫米量级的实验室等离子体和等离子体截止频率附近。在 Tatari (1999，第 5 节)、Bindslev (1992，第 5 章)、Woskov 等 (1993)、Mazzucato (2003)、Smith 等 (2008) 以及本书附录 E 中给出了一些讨论。入射电场很小以至于不会扰动等离子体，这要求满足以下条件：

$$\boldsymbol{v}=\frac{eE_i}{m_e\omega_i}\ll\left(\frac{2\kappa T_e}{m_e}\right)^{1/2}=a$$

于是，电场与入射功率有关

$$\frac{P_i}{A}=\frac{cE_i^2}{8\pi}\quad(\text{高斯单位制})$$

A 是入射波的横截面积。因此，

$$\frac{P_i}{A}\ll\left(\frac{m_e^2a^2}{8\pi e^2}\right)\omega_i^2$$

或者

$$\frac{P_i}{A}\ll 1.3\times10^{-9}\left(\frac{a}{c}\right)^2\omega_i^2\ (\mathrm{W\cdot cm^{-2}})$$

在这些条件下，可简单地认为总散射电场等于散射体积内各个电子的散射场的矢量和。单位立体角的时间平均散射功率为

$$\frac{\mathrm{d}P_s}{\mathrm{d}\Omega}=\frac{cR^2}{4\pi}\left(\sum_{j=1}^{N}E_{js}\sum_{l=1}^{N}E_{ls}\right)\tag{1.8.6}$$

1.8.3　非集体性谱和集体性谱

方程 (1.8.6) 可以改写为

$$\frac{\mathrm{d}P_s}{\mathrm{d}\Omega}=\frac{cR^2}{8\pi}NE_s^2+N(N-1)\left(\overline{\boldsymbol{E}_j\cdot\boldsymbol{E}_l}\right)_{j\neq l}\tag{1.8.7}$$

我们把上式分成两项，一个是 $j=l$, 另一个是 $j\neq l$。

1. **第一项** $(j=l)$

每个电子的平均场是相同的，$R\gg V^{1/3}$，我们用 E_s 来表示。该术语表示我们将从 N 个随机分布的电子获得散射场，即非集体电子。此时很容易定义参数 α，

$$\alpha\equiv1/k\lambda_{De}$$

对于 $\lambda\ll\lambda_{De}$，即 $k\lambda_{De}\ll1$，波可在电荷自由运动的尺度上“看到”电荷。如果它们的位置是随机的，那么可以被看作为热力学平衡的系统，第一项占主导地位，非

集体性散射需要

$$\alpha=\frac{1.08\times10^{-4}\lambda_i(\mathrm{cm})}{\sin(\theta/2)}\left[\frac{n_e\,(\mathrm{cm}^{-3})}{T_e\,(\mathrm{eV})}\right]^{1/2}\ll 1 \tag{1.8.8}$$

这种非集体性散射区域的重要特征是谱形状反映了电子速度分布。从方程 (1.7.8) 中可以明显看出这一点，它表明频移 ω 与沿矢量 $\boldsymbol{k}$ 的电子速度分量 v_k 成比例。作为一阶近似，我们可以将 k 看成常数，然后，给定频率间隔中的光强与速度在 v 附近的电子数成比例。此外，我们从方程 (1.8.7) 中可以看到，如果散射体积是已知的，我们原则上可以在适当的校准后得出一种方法来确定密度 $n_e=N/V$。

当主要考虑非集体性散射时，非集体性谱将在第 4 章中单独详细讨论，并在第 5 章和第 10 章中作为完整频谱的一部分进行讨论。

2. **第二项** $(j\neq l)$

这里采用方程 (1.8.7) 的形式，因为电子彼此难以区分，我们有 N 种方式挑选电子 j，有 $N-1$ 种方式挑选电子 l，因为 $l\neq j$。

如果电子是随机分布的，则第二项为零，因为对于给定的 E_j，具有给定相位的 E_l 可能是正的或负的。该项仅在电子位置相关时才起作用。

当散射波长 λ 与德拜长度相当或大于德拜长度，即 $\alpha\geqslant 1$ 时，我们设想并且事实上确实是第二项占主导地位。在这种情况下，入射波与屏蔽电荷相互作用，也就是说，我们有 “合作” 或集体性散射。

在集体性散射区域 $(\alpha>1)$，每个电子看到周围电子的集体性并提供一个与相位有关的项，所以方程式 (1.8.7) 中的第二项的结果是非零的。第 3 章详细讨论了散射功率的细节，其中散射功率与 N 成比例。

当特定的热涨落增加到宽的背景涨落谱时，相干等离子体波会产生集体散射。这些周期性波动的 “波” 可以由各种不稳定情况 (例如，等离子体湍流，激光等离子体不稳定性) 产生，这将在第 12 章中进一步讨论。特定波的散射导致散射功率的大幅增强 (在满足动量守恒的方向上)，并且功率随 N 平方而变化。

完整散射谱对 α 依赖关系在第 5 章 (非磁化等离子体) 中介绍，在第 10 章介绍磁化等离子体，不稳定等离子体的散射问题将在第 12 章讨论。

习　题

1.1　在大多数散射实验中，$\lambda_{De}\gg n_e^{-1/3}$。计算满足 $\lambda_{De}<n_e^{-1/3}$ 的条件，并讨论在哪些等离子体中它可以发生。

1.2 使用 X 射线时，康普顿散射很重要 (见第 11 章)，频移变为 $\omega=-\hbar k^2/2m_e \pm \boldsymbol{k}\cdot\boldsymbol{v}$。计算在哪种情况下，$|\boldsymbol{k}|=4\times10^{10}\text{m}^{-1}$，X 射线能量为 $E_0=4.75\text{keV}$(氦 -α 辐射)，$T_e=50\text{eV}$，$|\boldsymbol{v}|$ 被视为平均电子热速度。

1.3 计算 $\lambda_{De},\omega_{pe},\Omega_e$ 和 N_D (设电子垂直速度等于平均电子热速度)，电离层中 $(n_e=10^5\text{cm}^{-3},T_e=0.1\text{eV},B=4\times10^{-5}\text{T})$; 工业等离子体 $(n_e=10^{12}\text{cm}^{-3},T_e=2\text{eV},B=0.1\text{T})$; 磁聚变等离子体 $(n_e=10^{14}\text{cm}^{-3},T_e=10\text{keV},B=6\text{T})$; 高能量密度等离子体 $(n_e=5\times10^{23}\text{cm}^{-3},T_e=12\text{eV},B=0)$ (注意可以由 HED 等离子体产生强磁场)。

1.4 证明当密度为 $1+\dfrac{\omega_{ce}}{\omega}$ 倍数时，E 垂直于 B_0 (X 极化) 传播波的截止角高于 E 平行于 B_0 (O 极化) 传播波。

1.5 证明

$$\boldsymbol{E}(\boldsymbol{x},t)=e\int\left[\frac{\boldsymbol{s}}{R^2}\cdot\delta\left(t'+\frac{R}{c-t}\right)+\frac{1}{cR}\cdot(\boldsymbol{\beta}-\boldsymbol{s})\,\delta'\left(t'+\frac{R}{c}-t\right)\right]\mathrm{d}t'$$

上式可以改写为方程 (1.6.4) 中电磁辐射散射的形式。

1.6 推导方程 (1.7.17)。

1.7 说明如何使用垂直于散射面的 E_{i0} 和偏光镜来选择平行于 $\hat{e}_i$ 的 E_s，从而使方程 (1.7.18) 简化为方程 (1.7.19)。

1.8 在流体近似下，导出冷等离子体 $(\kappa T_e=0)$ 中普通模 $(\boldsymbol{E}\parallel\boldsymbol{B}_0,\,k\perp\boldsymbol{B}_0)$ 的色散关系，其中碰撞的影响是通过恒定碰撞频率 ν 来计算的。假设实际频率 ω，折射率 $n=c/\boldsymbol{v}_{ph}$ 与波数现在是复数。在以下三种情况下，求衰减长度 $\delta=[\mathrm{Im}\,(k)]^{-1}$ 的表达式。(a) 低频 $\omega\ll v\ll\omega_{pe}$，(b) $v<\omega<\omega_{pe}$，(c) 高频 $\omega\gg\omega_{pe}$，$v^2\ll\omega^2-\omega_{pe}^2$ 且 $v^2\ll\omega^2\dfrac{\omega^2-\omega_{pe}^2}{\omega_{pe}^2}$。

1.9 $\omega_i\sim\Omega_e$ 的波长是多少？考虑 1~10T 的磁场。注意回旋加速器频率的倍数 $(s\Omega_e)$ 可能很重要 (见第 10 章和第 9.2 节)。为什么在 ITER 中散射频率 60GHz 比 170GHz 更好？

1.10 在流体近似下，推导未磁化等离子体中高频横波 (静电场) 随电子温度的色散关系 $T_e\neq0$。

1.11 在冷流体等离子体中导出电磁波沿磁场 $\boldsymbol{B}_0\,(=B_0\hat{z})$ 传播的色散关系。不过，这一次包括离子运动。证明当 $\omega=\Omega_c$ 时有一个独立的共振，画出与 ω 对应的 $1/n_e^2$ 的左旋波与右旋波。现在假设 $\omega<\Omega_c\ll\omega_c$，找出慢波色散关系，$\omega\ll\Omega_c$ 和 $\omega<\Omega_c$ 波的偏振度是多少？

奇数习题答案

1.1 $\lambda_{De}=7.4\times10^3\left[T_e\,(\text{eV})\,/n_e\left(\text{m}^{-3}\right)\right]^{1/2}$，当 $n_e>1.64\times10^{23}\left[T_e\,(\text{eV})\right]^3\text{m}^{-3}$ 时 $\lambda_{De}<n_e^{-1/3}$(见 11 章中关于热等离子体的讨论)。

1.3

Plasma	λ_{De}/cm	ρ_e/cm	$\omega_e/(\mathrm{rad\cdot s^{-1}})$	$\Omega_e/(\mathrm{rad\cdot s^{-1}})$	N_D
lonosphere	0.74	2.7	1.8×10^{7}	7.0×10^{6}	1.7×10^{5}
industrial	1.1×10^{-3}	4.8×10^{-3}	5.6×10^{10}	1.8×10^{10}	4.8×10^{3}
Magnetic Fusion	7.4×10^{-3}	5.7×10^{-3}	5.6×10^{11}	1.1×10^{12}	1.7×10^{8}
HED	3.6×10^{-9}	1.2×10^{-5}	4.0×10^{16}	1.8×10^{13}	0.10

1.5 遵循 Jackson(1998) 的方法，他的《经典电动力学》一书在由移动电荷产生的辐射一章中，第一步是将积分变量改写为 $f(t')=t'+R(t')/c$。

现在，$\mathrm{d}f/\mathrm{d}t'=1+(1/c)(\mathrm{d}R/\mathrm{d}t')=1-\boldsymbol{s}\cdot\boldsymbol{\beta}=\kappa$，且 $\mathrm{d}t'=\mathrm{d}f/\kappa$。结果，方程变成

$$\boldsymbol{E}(\boldsymbol{x},t)=e\int\left[\frac{\boldsymbol{s}}{\kappa R^2}\cdot\delta(f-t)+\frac{1}{ckR}\cdot(\boldsymbol{\beta}-s)\,\delta'(f-t)\right]\mathrm{d}f$$

将 δ 函数的导数分部积分，回顾 $u\mathrm{d}v/\mathrm{d}f=\mathrm{d}(uv)/\mathrm{d}f-v\mathrm{d}u/\mathrm{d}f$，并用 $\mathrm{d}(\boldsymbol{\beta}-s)/\kappa\mathrm{d}t'$ 代替 $\mathrm{d}(\boldsymbol{\beta}-s)/\mathrm{d}f$，我们可以得到

$$\boldsymbol{E}(\boldsymbol{x},t)=e\left(\boldsymbol{s}/\kappa R^2+(1/ck)\cdot\{\mathrm{d}[(\boldsymbol{s}-\beta)/\kappa R]/\mathrm{d}t'\}\right)_{\mathrm{ret}}$$

单位矢量 $\boldsymbol{s}$ 随时间的变化率是由于垂直于 $\boldsymbol{R}$ 的电荷的运动所引起的，并且可以写为

$$(1/c)\cdot(\mathrm{d}s/\mathrm{d}t')=\boldsymbol{s}\times(\boldsymbol{s}\times\boldsymbol{\beta})/R=[(\boldsymbol{s}\cdot\boldsymbol{\beta})\,\boldsymbol{s}-(\boldsymbol{s}\cdot\boldsymbol{s})\,\boldsymbol{\beta}]/R$$

$$(1/c\kappa)\cdot\left[\mathrm{d}(\boldsymbol{s}/\kappa R)/\mathrm{d}t'\right]=(1/\kappa^2R^2)\cdot(\boldsymbol{s}\cdot\boldsymbol{\beta})\,\boldsymbol{s}-\boldsymbol{\beta}/(\kappa R)^2+(\boldsymbol{s}/c\kappa)\left[\mathrm{d}(1/\kappa R)/\mathrm{d}t'\right]$$

$$\begin{aligned}(1/c\kappa)\cdot\left\{\mathrm{d}[(\boldsymbol{s}-\beta)/\kappa R]/\mathrm{d}t'\right\}=&\,1/\kappa^2R^2\cdot(\boldsymbol{s}\cdot\boldsymbol{\beta})\,\boldsymbol{s}-\boldsymbol{\beta}/(\kappa R)^2\\&+(\boldsymbol{s}/c\kappa)\left\{\mathrm{d}(1/\kappa R)/\mathrm{d}t'\right\}-(1/c\kappa)\left[\mathrm{d}(\boldsymbol{\beta}/\kappa R)/\mathrm{d}t'\right]\end{aligned}$$

且 $\boldsymbol{s}/\kappa R^2+(1/\kappa^2R^2)\cdot(\boldsymbol{s}\cdot\boldsymbol{\beta})\,\boldsymbol{s}=\boldsymbol{s}/\kappa^2R^2$，可得到

$$\boldsymbol{E}(\boldsymbol{x},t)=e\left\{\boldsymbol{s}/\kappa^2R^2-\boldsymbol{\beta}/\kappa^2R^2+(\boldsymbol{s}/c\kappa)\left[\mathrm{d}(1/\kappa R)/\mathrm{d}t'\right]-1/ck\left[\mathrm{d}(\boldsymbol{\beta}/\kappa R)/\mathrm{d}t'\right]\right\}_{\mathrm{ret}}$$

现在

$$\begin{aligned}(1/c)\cdot\left[\mathrm{d}(\kappa R)/\mathrm{d}t'\right]&=(R/c)\cdot\left[\mathrm{d}(1-\boldsymbol{s}\cdot\boldsymbol{\beta})/\mathrm{d}t'\right]+(1-\boldsymbol{s}\cdot\boldsymbol{\beta})\,(1/c)\left(\mathrm{d}R/\mathrm{d}t'\right)\\&=\boldsymbol{\beta}^2-\boldsymbol{s}\cdot\boldsymbol{\beta}-(R1c)\,\boldsymbol{s}\cdot\left(\mathrm{d}\boldsymbol{\beta}/\mathrm{d}t'\right)\end{aligned}$$

并且

$$(1/c)\cdot\left[\mathrm{d}(1/\kappa R)/\mathrm{d}t'\right]=-\left(1/\kappa^2R^2\right)(1/c)\left[\mathrm{d}(\kappa R)/\mathrm{d}t'\right]$$

代入 $\boldsymbol{E}$ 的表达式得

$$\begin{aligned}\boldsymbol{E}(\boldsymbol{x},t)=e\{&(\boldsymbol{s}-\boldsymbol{\beta})/\kappa^2R^2-\left[(\boldsymbol{s}-\boldsymbol{\beta})/\kappa^3R^2\right]\left[\boldsymbol{\beta}^2-\boldsymbol{s}\cdot\boldsymbol{\beta}-(R/c)\,\boldsymbol{s}\cdot\left(\mathrm{d}\boldsymbol{\beta}/\mathrm{d}t'\right)\right]\\&-\left(1/c\kappa^2R\right)\cdot\left(\mathrm{d}\boldsymbol{\beta}/\mathrm{d}t'\right)\}_{\mathrm{ret}}\end{aligned}$$

代入 $\kappa = 1 - \boldsymbol{s}\cdot\boldsymbol{\beta}$ 整理后可得到方程 (1.6.4)。

1.7 利用 $\boldsymbol{A}\times\boldsymbol{B}\times\boldsymbol{C} = (\boldsymbol{A}\cdot\boldsymbol{C})\boldsymbol{B} - (\boldsymbol{A}\cdot\boldsymbol{B})\boldsymbol{C}$.

$$\begin{aligned}
\boldsymbol{E}_s &\propto \hat{s}\times(\hat{s}-\boldsymbol{\beta})\times\left[\boldsymbol{E}_{i0}+\boldsymbol{\beta}\times\hat{1}\times\boldsymbol{E}_{i0}-\boldsymbol{\beta}(\boldsymbol{\beta}\cdot\boldsymbol{E}_{i0})\right]\\
&=\Big\{\hat{e}_i\left[-\hat{s}\cdot\hat{s}+\hat{s}\cdot\hat{\boldsymbol{\beta}}+(\hat{s}\cdot\hat{s})(\boldsymbol{\beta}\cdot\hat{1})-(\hat{s}\cdot\boldsymbol{\beta})(\boldsymbol{\beta}\cdot\hat{1})\right]\\
&\quad+\hat{s}\left[\hat{s}\cdot\hat{e}_i+\left(\hat{s}\cdot\hat{1}\right)(\boldsymbol{\beta}\cdot\hat{e}_i)-(\hat{s}\cdot\hat{e}_i)\left(\boldsymbol{\beta}\cdot\hat{1}\right)-(\hat{s}\cdot\boldsymbol{\beta})(\boldsymbol{\beta}\cdot\hat{e}_i)\right]\\
&\quad+\hat{1}\left[-(\hat{s}\cdot\hat{s})(\boldsymbol{\beta}\cdot\hat{e}_i)+(\hat{s}\cdot\boldsymbol{\beta})(\boldsymbol{\beta}\cdot\hat{e}_i)\right]\\
&\quad+\boldsymbol{\beta}\left[-(\hat{S}\cdot\hat{1})(\boldsymbol{\beta}\cdot\hat{e}_i)-(\hat{s}\cdot\hat{e}_i)+(\hat{s}\cdot\hat{e}_i)\left(\boldsymbol{\beta}\cdot\hat{1}\right)+(\hat{s}\cdot\hat{s})(\boldsymbol{\beta}\cdot\hat{e}_i)\right]\Big\}\boldsymbol{E}_{i0}
\end{aligned}$$

对于 $\boldsymbol{E}_{i0}$ 选择的方向，$\hat{e}_i\cdot\hat{s}=0$，方程可以简化为

$$\begin{aligned}
\boldsymbol{E}_s &\propto \hat{s}\times(\hat{s}-\boldsymbol{\beta})\times\left[\boldsymbol{E}_{i0}+\boldsymbol{\beta}\times\hat{1}\times\boldsymbol{E}_{i0}-\boldsymbol{\beta}(\boldsymbol{\beta}\cdot\boldsymbol{E}_{i0})\right]\\
&=\Big\{\hat{e}_i\left[-\hat{s}\cdot\hat{s}+\hat{s}\cdot\hat{\boldsymbol{\beta}}+(\hat{s}\cdot\hat{s})(\boldsymbol{\beta}\cdot\hat{1})-(\hat{s}\cdot\boldsymbol{\beta})(\boldsymbol{\beta}\cdot\hat{1})\right]\\
&\quad+\hat{s}\left[\left(\hat{s}\cdot\hat{1}\right)(\boldsymbol{\beta}\cdot\hat{e}_i)-(\hat{s}\cdot\boldsymbol{\beta})(\boldsymbol{\beta}\cdot\hat{e}_i)\right]+\hat{1}\big[-(\hat{s}\cdot\hat{s})(\boldsymbol{\beta}\cdot\hat{e}_i)\\
&\quad+(\hat{s}\cdot\boldsymbol{\beta})(\boldsymbol{\beta}\cdot\hat{e}_i)\big]+\boldsymbol{\beta}\left[-(\hat{S}\cdot\hat{1})(\boldsymbol{\beta}\cdot\hat{e}_i)+(\hat{s}\cdot\hat{s})(\boldsymbol{\beta}\cdot\hat{e}_i)\right]\Big\}\boldsymbol{E}_{i0}
\end{aligned}$$

当偏振器用于选择平行于 $\hat{e}_i$ 的 $\boldsymbol{E}_s$ 时，$\hat{e}_i\cdot\hat{1}=0$，结果变为

$$\begin{aligned}
&\boldsymbol{E}_s\cdot\hat{e}_i \propto \hat{s}\times(\hat{s}-\boldsymbol{\beta})\times\left\{\boldsymbol{E}_{i0}+\boldsymbol{\beta}\times\hat{1}\times\boldsymbol{E}_{i0}-\boldsymbol{\beta}(\boldsymbol{\beta}\cdot\boldsymbol{E}_{i0})\right\}\cdot\hat{e}_i\\
&=\Big\{\left[-\hat{s}\cdot\hat{s}+\hat{s}\cdot\hat{\boldsymbol{\beta}}+(\hat{s}\cdot\hat{s})(\boldsymbol{\beta}_i)-(\hat{s}\cdot\boldsymbol{\beta})(\boldsymbol{\beta}\cdot\hat{1})\right]+\boldsymbol{\beta}\cdot\hat{e}_i\big[-(\hat{S}\cdot\hat{1})(\boldsymbol{\beta}\cdot\hat{e}_i)\\
&\quad+(\hat{s}\cdot\hat{s})(\boldsymbol{\beta}\cdot\hat{e}_i)\big]\Big\}\boldsymbol{E}_{i0}
\end{aligned}$$

代入 $\boldsymbol{\beta}_E=\boldsymbol{\beta}\cdot\hat{e}_i, \boldsymbol{\beta}_i=\boldsymbol{\beta}\cdot\hat{\boldsymbol{1}}, \boldsymbol{\beta}_s=\boldsymbol{\beta}\cdot\hat{s}$，且 $\hat{s}\cdot\hat{1}=\cos\theta$，方程变为

$$\begin{aligned}
\boldsymbol{E}_s\cdot\hat{e}_i &\propto \hat{s}\times(\hat{s}-\boldsymbol{\beta})\times\left[\boldsymbol{E}_{i0}+\boldsymbol{\beta}\times\hat{1}\times\boldsymbol{E}_{i0}-\boldsymbol{\beta}(\boldsymbol{\beta}\cdot\boldsymbol{E}_{i0})\right]\cdot\hat{e}_i\\
&=\left[(1-\cos\theta)\beta_E^2-(1-\beta_i)(1-\beta_s)\right]E_{i0}
\end{aligned}$$

1.9 $s\Omega_e = 1.76\times10^{11} sB\,(T)\ \text{rad}\cdot\text{s}^{-1}$，为了满足 $\omega_i - s\Omega_e$，$\lambda_i = 2\pi c/\omega_i = 0.011/sB\,(T)\,\text{m}, v_i = 2.73\times10^{10}\text{Hz}$。

磁场为 1T 时，$\lambda = 0.011/s\,(\text{m}), v_i = 1\times2.73\times10^{10}\text{Hz}$。

磁场为 10T 时，$\lambda = 0.0011/s\,(\text{m}), v_i = 1\times2.73\times10^{11}\text{Hz}$。

在更高的场中，低回旋谐波将是很重要的，例如在 ITER 中，它被用来避免回旋共振，将 60GHz 的回旋管而不是 170GHz 的回旋管源用于等离子体的散射，其中磁场约为 5T，$s\Omega_e = s\times1.37\times10^{11}\text{Hz}$。

1.11 当考虑离子动力学时，我们认为 $\boldsymbol{k}//\boldsymbol{B}_0$。考虑冷等离子体 $\omega < \Omega_c \ll \omega_c$ 离子和电子的运动方程

$$\nu_{ex} = \frac{e}{\mathrm{i}m_e\omega}\left(E_x - \frac{\mathrm{i}\omega_c}{\omega}E_y\right)\left(1-\frac{\omega_c^2}{\omega^2}\right)^{-1}$$

$$\nu_{ey} = \frac{e}{\mathrm{i}m_e\omega}\left(E_y - \frac{\mathrm{i}\omega_c}{\omega}E_x\right)\left(1-\frac{\omega_c^2}{\omega^2}\right)^{-1}$$

$$\nu_{ix}=\frac{\mathrm{i}e}{m_e\omega}\left(E_x+\frac{\mathrm{i}\Omega_c}{\omega}E_y\right)\left(1-\frac{\Omega_c^2}{\omega^2}\right)^{-1}$$
$$\nu_{iy}=\frac{\mathrm{i}e}{m_e\omega}\left(E_y+\frac{\mathrm{i}\Omega_c}{\omega}E_x\right)\left(1-\frac{\Omega_c^2}{\omega^2}\right)^{-1}$$

线性波动方程为

$$\begin{aligned}E_x(\nabla\times\boldsymbol{E})&=-\boldsymbol{k}\times(\boldsymbol{k}\times\boldsymbol{E})=k^2\boldsymbol{E}-\boldsymbol{k}(\boldsymbol{k}\cdot\boldsymbol{E})\\&=\frac{4\pi}{c^2}\mathrm{i}\omega\boldsymbol{j}+\frac{\omega^2}{c^2}\boldsymbol{E}\\&=\frac{4\pi}{c^2}n_e\mathrm{i}\omega(\boldsymbol{v}_i-\boldsymbol{v}_e)+\frac{\omega^2}{c^2}\boldsymbol{E}\end{aligned}$$

对于电磁波我们有 $\boldsymbol{k}\cdot\boldsymbol{E}=0$，于是

$$\begin{aligned}&\left(k^2c^2-\omega^2\right)E_x\\&=4\pi n_e e\mathrm{i}\omega\left[\frac{\mathrm{i}e}{m_e\omega}\left(E_x+\frac{\mathrm{i}\Omega_c}{\omega}E_y\right)\left(1-\frac{\Omega_c^2}{\omega^2}\right)^{-1}-\frac{e}{\mathrm{i}m_e\omega}\left(E_x-\frac{\mathrm{i}\omega_c}{\omega}E_y\right)\left(1-\frac{\omega_c^2}{\omega^2}\right)^{-1}\right]\\&\left(k^2c^2-\omega^2\right)E_y\\&=4\pi n_e e\mathrm{i}\omega\left[\frac{\mathrm{i}e}{m_e\omega}\left(E_y+\frac{\mathrm{i}\Omega_c}{\omega}E_x\right)\left(1-\frac{\Omega_c^2}{\omega^2}\right)^{-1}-\frac{e}{\mathrm{i}m_e\omega}\left(E_y-\frac{\mathrm{i}\omega_c}{\omega}E_x\right)\left(1-\frac{\omega_c^2}{\omega^2}\right)^{-1}\right]\end{aligned}$$

整理得

$$E_x\left(k^2c^2-\omega^2+\frac{\Omega_{pe}^2}{1-\dfrac{\Omega_c^2}{\omega^2}}+\frac{\omega_{pe}^2}{1-\dfrac{\omega_c^2}{\omega^2}}\right)+E_y\left(\frac{\mathrm{i}\Omega_c}{\omega}\frac{\Omega_p^2}{1-\dfrac{\Omega_c^2}{\omega^2}}-\frac{\mathrm{i}\omega_c}{\omega}\frac{\omega_{pe}^2}{1-\dfrac{\omega_c^2}{\omega^2}}\right)=0$$
$$E_x\left(-\frac{\mathrm{i}\Omega_c}{\omega}\frac{\Omega_p^2}{1-\dfrac{\Omega_c^2}{\omega^2}}+\frac{\mathrm{i}\omega_c}{\omega}\frac{\omega_{pe}^2}{1-\dfrac{\omega_c^2}{\omega^2}}\right)+E_y\left(k^2c^2-\omega^2+\frac{\Omega_{pe}^2}{1-\dfrac{\Omega_c^2}{\omega^2}}+\frac{\omega_{pe}^2}{1-\dfrac{\omega_c^2}{\omega^2}}\right)=0$$

令行列式系数为零得

$$\left(\omega^2-k^2c^2-\frac{\Omega_p^2}{1-\dfrac{\Omega_c^2}{\omega^2}}-\frac{\omega_{pe}^2}{1-\dfrac{\omega_c^2}{\omega^2}}\right)^2=\left(\frac{\omega_c}{\omega}\frac{\omega_{pe}^2}{1-\dfrac{\omega_c^2}{\omega^2}}-\frac{\Omega_c}{\omega}\frac{\Omega_p^2}{1-\dfrac{\Omega_c^2}{\omega^2}}\right)^2$$

得

$$\omega^2-k^2c^2-\frac{\Omega_p^2}{1-\dfrac{\Omega_c^2}{\omega^2}}-\frac{\omega_{pe}^2}{1-\dfrac{\omega_c^2}{\omega^2}}=\pm\left(\frac{\omega_c}{\omega}\frac{\omega_{pe}^2}{1-\dfrac{\omega_c^2}{\omega^2}}-\frac{\Omega_c}{\omega}\frac{\Omega_p^2}{1-\dfrac{\Omega_c^2}{\omega^2}}\right)$$

一项为

$$\omega^2 - k^2c^2 - \frac{\Omega_p^2}{1+\dfrac{\Omega_c}{\omega}} - \frac{\omega_{pe}^2}{1-\dfrac{\omega_c}{\omega}} = 0, \quad R\text{ 波}$$

另一项为

$$\omega^2 - k^2c^2 - \frac{\Omega_p^2}{1-\dfrac{\Omega_c}{\omega}} - \frac{\omega_{pe}^2}{1-\dfrac{\omega_c}{\omega}} = 0, \quad L\text{ 波}$$

由于 $\omega < \Omega_c \ll \Omega_c$ 有

$$\frac{k^2c^2}{\omega^2} \approx 1 - \frac{\Omega_p^2}{\omega(\omega+\Omega_c)} + \frac{\omega_{pe}^2}{\omega\omega_c}, \quad R\text{ 波}$$

$$\frac{k^2c^2}{\omega^2} \approx 1 - \frac{\Omega_p^2}{\omega(\omega-\Omega_c)} - \frac{\omega_{pe}^2}{\omega\omega_c}, \quad L\text{ 波}$$

因为 $\omega \leqslant \Omega_c$ 所以是慢变波 $(\omega = \Omega$ 时 $\omega/k \to 0)$。由我们之前的方程有

$$\frac{E_x}{E_y} = -\left(\frac{\dfrac{\mathrm{i}\Omega_c}{\omega}\dfrac{\Omega_p^2}{1-\dfrac{\Omega_c^2}{\omega^2}} - \dfrac{\mathrm{i}\omega_c}{\omega}\dfrac{\omega_{pe}^2}{1-\dfrac{\omega_c^2}{\omega^2}}}{k^2c^2-\omega^2+\dfrac{\Omega_{pe}^2}{1-\dfrac{\Omega_c^2}{\omega^2}}+\dfrac{\omega_{pe}^2}{1-\dfrac{\omega_c^2}{\omega^2}}}\right)$$

对于 L 我们有

$$\frac{E_x}{E_y} = -\left(\frac{\dfrac{\mathrm{i}\Omega_c}{\omega}\dfrac{\Omega_p^2}{1-\dfrac{\Omega_c^2}{\omega^2}} - \dfrac{\mathrm{i}\omega_c}{\omega}\dfrac{\omega_{pe}^2}{1-\dfrac{\omega_c^2}{\omega^2}}}{k^2c^2-\omega^2+\dfrac{\Omega_{pe}^2}{1-\dfrac{\Omega_c^2}{\omega^2}}+\dfrac{\omega_{pe}^2}{1-\dfrac{\omega_c^2}{\omega^2}}}\right) = \mathrm{i}$$

由于 $\omega \ll \Omega_c$ 我们有

$$\frac{k^2c^2}{\omega^2} \approx 1 + \frac{\Omega_p^2}{\omega\Omega_c} - \frac{\omega_{pe}^2}{\omega\omega_c}$$

于是分母变为

$$\begin{aligned}\frac{\omega\Omega_p^2}{\Omega_c} - \frac{\omega\omega_{pe}^2}{\omega_c} - \frac{\omega^2\Omega_p^2}{\Omega_c} - \frac{\omega^2\omega_{pe}^2}{\omega_c} &= \frac{\omega\Omega_p^2}{\Omega_c}\left(1-\frac{\omega}{\Omega_c}\right) - \frac{\omega\Omega_p^2}{\Omega_c}\left(1+\frac{\omega}{\omega_c}\right) \\ &= \omega\left(\frac{\Omega_p^2}{\Omega_c} - \frac{\omega_{pe}^2}{\omega_c}\right) = 0\end{aligned}$$

这就证明了阿尔文波导数中的标准假设是正确的，即 $\boldsymbol{E}_y = 0$ (线性极化) 且当 $\omega \ll \Omega_c$ 时波是线性极化的。我们有

$$\frac{k^2c^2}{\omega^2} \approx 1 + \frac{\Omega_p^2}{\Omega_c} + \frac{\omega_{pe}^2}{\omega_c} \simeq 1 + \frac{4\pi n_e m_c^2}{B_0^2} = 1 + \frac{c^2}{\boldsymbol{v}_A^2}$$

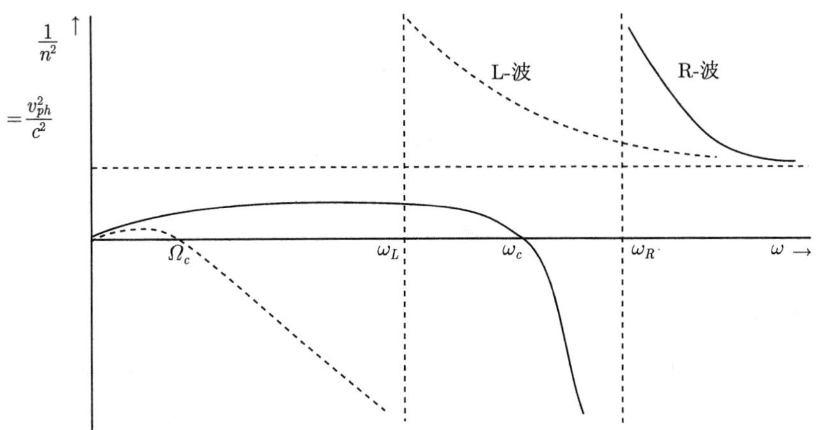
$\frac{1}{n^2}$
$=\frac{v_{ph}^2}{c^2}$
L-波
R-波
Ω_c
ω_L
ω_c
ω_R
ω

第 2 章　散射功率谱

2.1　谱密度函数 $S(\boldsymbol{k},\omega)$

2.1.1　集合平均

单个电子引起的散射电场由式 (1.7.6) 或更一般的由式 (1.7.19) 给出，且该电场仅是电子在散射体积 V 内运动轨迹的函数。电子位置决定了散射波在观测者处的相对相位 [即式 (1.7.12) 中的因子 $\boldsymbol{k}\cdot\boldsymbol{r}(0)$]，电子速度确定了散射频率。如果我们知道电子在哪里以及它们如何运动，就能得到散射谱。通常在讨论散射理论时，人们会问这样一个问题："如果我们把所有的电子都排列在一个立方晶格中，那么散射谱是什么？" 如果你处于这种情况，你的问题就是解释等离子体散射是如何发生的。散射功率由式 (1.7.19) 和式 (1.8.7) 给出。在我们的例子中，问题正好相反。我们的问题是确定电子的最可能位置。例如，设 $V=1\mathrm{cm}^3$，电子密度为 $10^{14}\mathrm{cm}^3$，即电子数目是 10^{14}。给出等离子体的基本条件，我们发现这一系统可以很好地存在电子和离子的许多不同排列。当然在实验上我们只处理一个系统。从理论上讲，我们必须考虑能代表各种状态的大量系统。在计算系统参数的值时，我们取这个系统集合的平均值。这个系综平均 (用尖括号表示) 定义为 (见 (Huang, 1963), 第 142 页)

$$\langle X\rangle\equiv\frac{allq\displaystyle\int\mathrm{d}qX(q)P(q)}{allq\displaystyle\int\mathrm{d}qP(q)}$$

$P(q)$ 是系统处于状态 q 的概率。为了将理论与实验进行比较，我们必须假设系统在测量时间尺度上是处于稳态。也就是说，系综平均与时间无关。系综平均和时间平均是相同的①。在我们的例子中，我们必须对所有可能的电子位置 $\boldsymbol{r}$ 和速度 $\boldsymbol{v}$ 求平均值。

2.1.2　电子密度的涨落 $n_e(\boldsymbol{k},\omega)$

如果电子是完全均匀分布的，并且电荷作用相互抵消，那么在波束之外不会有净散射，因为对于一个方向上的每个散射场分量，我们总能找到一个相等但相反的

① 在这种情况下，如果 $\tau_I\leqslant T$ (总测量时间)，相关测量时间尺度通常为测量系统的积分时间 τ_I。我们要求 T 和 τ_I 中较小的那一个远大于 τ_c (等离子体中波的相关时间)。因此，系综平均不必完全独立于时间，但它可能在比 τ_c 更长的时间尺度上发生变化。

分量来抵消它。这里，我们忽略了多重散射，因为等离子体在光学上很薄、我们也忽略了边缘效应。

现在，平均来看电子密度是均匀的，但在一个精细的尺度上，局部电子密度是起伏涨落的，净散射来自于这种涨落。作为第一步，将散射功率谱与电子密度 $\left\langle|n_e(\boldsymbol{k},\omega)|^2\right\rangle$ 傅里叶变换的期望值联系起来，然后通过求解电荷系统的动力学方程得到 $n_e(\boldsymbol{k},\omega)$。

第 1.7 节介绍了微分散射矢量 $\boldsymbol{k}=\boldsymbol{k}_s-\boldsymbol{k}_i$，以及来源于入射辐射 $(\boldsymbol{k}_i,\omega_i)$、散射辐射 $(\boldsymbol{k}_s,\omega_s)$ 的频移，$\omega=\omega_s-\omega_i$。前者是电磁波与电荷相互作用时动量守恒的一种表述，后者涉及能量守恒。

数值 $\boldsymbol{k}$ 和 ω 的意义可以通过以下方式来解释。如果在某个时刻沿着 $\boldsymbol{k}$ 方向对散射体进行切割，我们会看到局部电子密度随着位置而变化，且具有一个平均值。显然，我们可以对密度剖面进行傅里叶分析，确定波数为 $\boldsymbol{k}$ 的分量的振幅，即 $n_e(\boldsymbol{k},\omega)$。这个密度分量可给出 θ 方向上的散射波，在此处 $k^2=k_s^2+k_i^2-2k_sk_i\cos\theta$。

同样地，如果我们观察等离子体中某一点的密度，就会看到它随时间而涨落。因此，我们进行傅里叶或拉普拉斯时间变换，得到 $n(\boldsymbol{k},\omega)$。

2.1.3 $S(\boldsymbol{k},\omega)$ 的定义

实验上我们测量了电子密度涨落的时间平均值：

$$\overline{|n_e(\boldsymbol{k},\omega)|^2}=(1/T)\int_{-T/2}^{+T/2}|n_e(\boldsymbol{k},\omega)|^2\,\mathrm{d}t$$

我们考虑一个稳定系统，并把它等同于理论总体平均值 $\left\langle|n_e(\boldsymbol{k},\omega)|^2\right\rangle$，通常用谱密度函数表示，可以定义为

$$S(\boldsymbol{k},\omega)\equiv\lim_{V\to\infty,T\to\infty}\frac{1}{VT}\left\langle\frac{n_e(\boldsymbol{k},\omega),n_e^*(\boldsymbol{k},\omega)}{n_{eo}}\right\rangle \tag{2.1.1}$$

这在附录 A 中讨论，其中，n_{eo} 是平均电子密度，并且 $N=n_{eo}V$ 是散射体积 V 内的电子数。

在 2.3.3 节中，我们给出了在频率范围内 $\omega_s\to\omega_s+\mathrm{d}\omega_s$ 和在以 R 为中心的立体角 $\mathrm{d}\Omega$ 的散射功率

$$P(\boldsymbol{R},\omega_s)\mathrm{d}\Omega\mathrm{d}\omega_s=\frac{P_ir_o^2}{A}\mathrm{d}\Omega\frac{\mathrm{d}\omega_s}{2\pi}\left(1+\frac{2\omega}{\omega_i}\right)\left|\hat{\boldsymbol{s}}\times(\hat{\boldsymbol{s}}\times\hat{\boldsymbol{E}}_{io})\right|^2NS(\boldsymbol{k},\omega)$$

在第一步中，为了简便起见，我们将把散射功率与谱密度函数方程 (2.1.1) 联系起来。然后我们用一个等价函数与之交换，它是由傅里叶空间定义的，但是现在

是拉普拉斯时间变换。这使得我们可以遵循 Salpeter (1960) 的方法来处理我们的最后一个问题，即从等离子体方程推导出 $n_e(\boldsymbol{k},\omega)$。在附录 B 中详细讨论了等离子体方程的推导，2.2 节给出了一个简短的介绍。

2.2　等离子体的动力学方程

2.2.1　克利蒙托维奇方程

在散射系统中，假设一束入射到等离子体的单色辐射波。我们在长度为 L，角度为 θ 的方向收集散射的辐射。定义散射体积 V (图 2.1)，在体积 V 中，有 N 个电子和 $N=Z$ 个带电荷的 Ze 离子。总的来说，体积内是电中性的，但是局部净电荷围绕平均值上下起伏涨落，散射来自这些涨落。

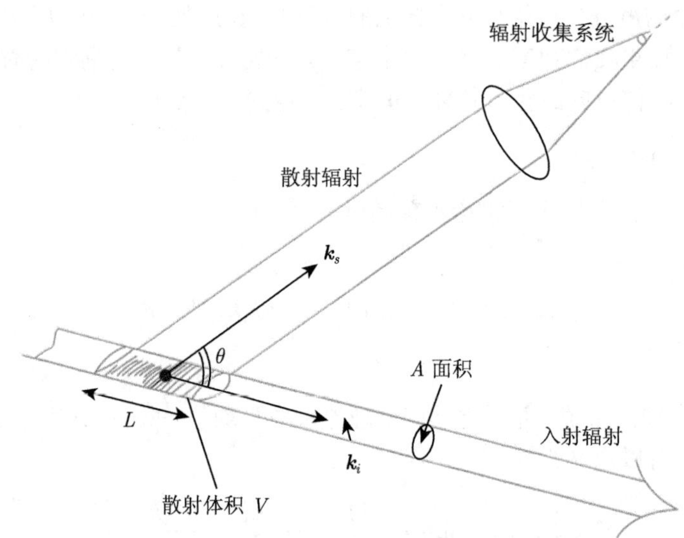

图 2.1　散射体积与辐射检测系统的关系

我们用分布函数来描述散射体内的粒子 q 系统

$$F_q(\boldsymbol{r},\boldsymbol{v},t)=\sum_{s=1}^{N}\delta(\boldsymbol{r}-\boldsymbol{r}_s(t))\delta(\boldsymbol{v}-\boldsymbol{v}_s(t)) \tag{2.2.1}$$

该函数给出相空间中每单位体积中 q 粒子的数目，位置为 $\boldsymbol{r}$，时间为 t，速度为 $\boldsymbol{v}$，满足克利蒙托维奇方程 (B.7)

$$\frac{\partial F_q}{\partial t}+\boldsymbol{v}\cdot\frac{\partial F_q}{\partial \boldsymbol{r}}+\boldsymbol{a}\cdot\frac{\partial F_q}{\partial \boldsymbol{v}}=0$$

对于我们的情况，我们可以把加速度写成

$$\boldsymbol{a}=\frac{q}{m}\left(\boldsymbol{E}+\frac{\boldsymbol{v}}{c}\times\boldsymbol{B}\right)$$

此外，我们知道麦克斯韦方程

$$\nabla\cdot\boldsymbol{E}=\sum_q 4\pi q\int \mathrm{d}\boldsymbol{v}F_q,\quad \nabla\cdot\boldsymbol{B}=0$$

$$\nabla\times\boldsymbol{E}=-\frac{1}{c}\frac{\partial\boldsymbol{B}}{\partial t},\quad \nabla\times\boldsymbol{B}=\frac{1}{c}\frac{\partial\boldsymbol{E}}{\partial t}+\sum_q 4\pi q\int \mathrm{d}\boldsymbol{v}\boldsymbol{v}F_q$$

在此处，对于电子来说，$q=-e$，$m=m_e$；对于离子来说，$q=Ze$，$m=m_i$，$N\to N/Z$。在这种形式下，我们仍然讨论 N 个电子和 N/Z 离子的运动和相互作用，方程也可能没有解。不可避免地，我们必须作出假设，或者更确切地说，我们必须确定条件，以便将方程简化成可用的形式。附录 B 简要说明了这一点，我们扩展了分布函数，使用总体平均值作为第一个近似，即

$$F_q=\langle F_q\rangle+F_{1q}=F_{0q}+F_{1q}$$

对于一个平稳的均匀系统，总体平均函数与平均单粒子分布函数的关系为

$$F_{oe}=n_{e0}f_{oe}(\boldsymbol{v}),\quad F_{oi}=\frac{n_{e0}}{Z}f_{oi}(\boldsymbol{v})$$

其中，n_{e0} 和 n_{e0}/Z 分别为平均电子密度和离子密度。对于热力学平衡，我们有麦克斯韦速度分布

$$f_o(\boldsymbol{v})=\left(\frac{m}{2\pi\kappa T}\right)^{-2/2}\exp\left[-(mv^2/2\kappa T)\right]$$

我们发现对于非相对论等离子体 ($\boldsymbol{B}_1=0$), 在没有稳态电场 ($\boldsymbol{E}_0=0$) 的情况下，方程可以写成

$$\frac{\partial F_{0q}}{\partial t}+\boldsymbol{v}\cdot\frac{\partial F_{0q}}{\partial \boldsymbol{r}}+\frac{q}{m}(\boldsymbol{v}\times\boldsymbol{B}_0)\cdot\frac{\partial F_{0q}}{\partial \boldsymbol{v}}=\left(\frac{\delta F_{0q}}{\partial t}\right)_c=-\frac{q}{m}\left\langle \boldsymbol{E}_1\cdot\frac{\partial F_{1q}}{\partial \boldsymbol{v}}\right\rangle \tag{2.2.2}$$

$$\begin{aligned}&\frac{\partial F_{1q}}{\partial t}+\boldsymbol{v}\cdot\frac{\partial F_{1q}}{\partial \boldsymbol{r}}+\frac{q}{m}(\boldsymbol{v}\cdot\boldsymbol{B}_0)\cdot\frac{\partial F_{1q}}{\partial \boldsymbol{v}}+\frac{q}{m}\boldsymbol{E}_1\cdot\frac{\partial F_{0q}}{\partial \boldsymbol{v}}\\&=\left(\frac{\delta F_{1q}}{\delta t}\right)_c=-\frac{q}{m}\boldsymbol{E}_1\cdot\frac{\partial F_{01}}{\partial \boldsymbol{v}}+\frac{q}{m}\left\langle \boldsymbol{E}_1\cdot\frac{\partial F_{1q}}{\partial \boldsymbol{v}}\right\rangle\end{aligned} \tag{2.2.3}$$

$$\nabla\cdot\boldsymbol{E}_1=\sum_q 4\pi q\int \mathrm{d}\boldsymbol{v}F_{1q} \tag{2.2.4}$$

式 (2.2.2) 和式 (2.2.3) 的最右项是等离子体碰撞项的校正形式。更一般地，我们必须添加一个电荷–中性粒子的碰撞项。

2.2.2　近平衡态等离子体的碰撞

之所以使用“接近平衡”这个术语，是因为我们将考虑 $T_e \neq T_i$ 以及电子和离子相对漂移的情况。在这种情况下，方程 (2.2.2) 中应该包含碰撞项 $(\delta F_{0q}/\delta t)_c$，它起平衡温度和消除漂移的作用。但是，当测量的时间尺度小于分布函数的弛豫时间时，我们可能忽略该项。在以上假设条件下，并假设 $(\delta F_{0q}/\delta t)_c = 0$，这样我们解方程 (2.2.3) 和 (2.2.4) 时，可以将 F_{0q} 视为时间的常数。

如果测量时间大于 F_{0q} 变化的时间，例如激波散射的情况，那么我们可以用 F_{0q} 合适的时间平均值来解释我们的结果。

1. *无碰撞的情况*

在这种情况下，“无碰撞”现在意味着 $(\delta F_{1q}/\delta t)_c = 0$，所以电子密度起伏过程中不存在碰撞阻尼。

2. *碰撞的情况*

我们将使用 BGK (Bhatnagar-Gross-Krook) 碰撞项来研究碰撞的影响

$$\left(\frac{\delta F_{1q}}{\delta t}\right)_c = -v\left[F_{1q} - N_{1q}f_{0q}(\boldsymbol{v})\right] \tag{2.2.5}$$

其中，v 为碰撞频率，并且 $N_{1q}(\boldsymbol{r},t) = \int F_{1q}(\boldsymbol{r},\boldsymbol{v},t)\mathrm{d}\boldsymbol{v}$。这个简单的形式使我们可以粗略估计碰撞的影响，没有太多笨拙的计算。虽然该项保留了粒子的数量，但它的缺点是不能同时准确地表示动量和能量的转移。这一项将在 3.7 节中讨论。附录 B 中还讨论了该项的更特殊形式。

3. *库仑碰撞*①

对于两个电荷的相互作用，类型 α 和 β，

$$v_{\alpha\beta} = \frac{m_\alpha + m_\beta}{3\pi^{3/2}(m_\alpha^2 m_\beta)}\frac{q_\alpha^2 q_\beta^2}{\varepsilon_0^2}n_\beta\left(\frac{2\kappa T_\alpha}{m_\alpha} + \frac{2\kappa T_\beta}{m_\beta}\right)^{-3/2} In\Lambda \text{ (MKS)} \tag{2.2.6}$$

$$\Lambda \cong \frac{12\pi\varepsilon_0\kappa T}{q_\alpha q_\beta}\left(\frac{\varepsilon_0\kappa T}{e^2 n_e}\right)^{1/2} \text{ (MKS)}$$

① (见参见 (Tanenbaum，1967)，第 5.5 章) 电子离子碰撞频率通常具有基本形式

$$v_{ei} = A\omega_{pe}In(Bn_e\lambda_{De}^3)/n_e\lambda_d^3,$$

但是在文献中，我们可以找到各种参数 A 和 B 的值，这是因为不同的有效值范围要求不同的近似条件。Tanenbaum 给的 $A = \left[(2\pi)^{1/2}6\pi\right]^{-1}$，$B = 12\pi$。有关高频修正，请参阅 Dawson 和 Oberman 的工作，关于量子效应，参见 Dubois 和 Gilinsky(1964)、Bekefi(1966) 和第 3.5 和 3.6 节。

在这里 $T=T_\alpha\cong T_\beta$。对于电子和单电荷离子 $(T_\alpha\cong T_\beta, m_\alpha\ll m_\beta)$，

$$v_{ei}=2.62\times10^{-6}n_i\,[\mathrm{cm}]^{-3}\cdot(T_e\,[\mathrm{eV}])^{-3/2}\,In\varLambda s^{-1} \tag{2.2.7}$$

$$\varLambda=1.53\times10^{10}\,(T_e\,[\mathrm{eV}])^{3/2}/(n_e\left[\mathrm{cm}^{-3}\right])^{1/2}$$

4. **电荷与中性粒子的碰撞**

$$v_{q\beta}=\frac{8\pi^{1/2}}{3}\frac{m_\beta}{(m_q+m_\beta)}n_\beta\sigma^2\left(\frac{2\kappa T_q}{m_q}+\frac{2\kappa T_\beta}{m_\beta}\right)^{1/2} \tag{2.2.8}$$

其中，σ 为相互作用粒子的有效半径之和。对于电子–中性粒子碰撞

$$v_{en}=2.8\times10^{8}(r_n\,[\mathrm{cm}])^2n_n\left[\mathrm{cm}^{-3}\right](T_e\,[\mathrm{eV}])^{1/2}s^{-1} \tag{2.2.9}$$

r_n 是中性粒子的有效半径，n_n 是中性粒子密度 (典型值 r_n 约等于 10^{-8}cm)。

2.3 散射功率 $[P_s(\boldsymbol{R},\omega_s)]$

2.3.1 通解 $[P_s(\boldsymbol{R},\omega_s)]$

我们考虑体积 V 包含 N 个电子和 N/Z 个带电荷的离子 Ze。平面单色入射波记为

$$\boldsymbol{E}_i=\boldsymbol{E}_{io}\cos(\boldsymbol{k}_i\cdot\boldsymbol{r}-\omega_it)$$

限制条件是 $L=V^{1/3}\gg\lambda_i$，λ；$|R|\gg L$；$\omega_i\gg\omega_{pe}$，$v,\varOmega_e,\omega$；$\lambda_i\gg0.1\text{Å}$；$eE_{io}/m_e\omega_i\ll v_{th}$；$E_s\ll E_i$。

对于给定的电子，观测处的散射场 $(\boldsymbol{r},t)$ 由延迟时间 t' 时电子的运动决定 (图 2.2)

$$t'=t-\frac{|\boldsymbol{R}-\boldsymbol{r}(t')|}{c}\simeq t-\frac{R}{c}+\frac{\hat{s}\cdot\boldsymbol{r}}{c} \tag{2.3.1}$$

在 $|R|\gg L$ 的条件下这个近似是成立的。

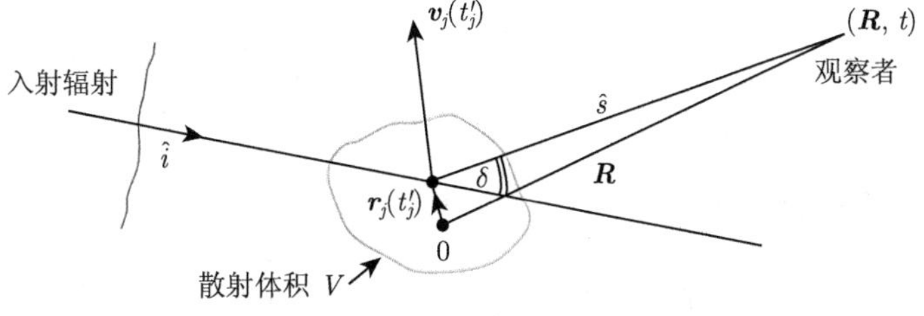

图 2.2 散射坐标系

当 $B=0$ 时，电子运动方程是

$$\boldsymbol{r}_j(t')=\boldsymbol{r}_j(0)+\boldsymbol{v}_j t' \tag{2.3.2}$$

对于 $B\neq 0$,

$$\boldsymbol{r}_j(t')=\boldsymbol{r}_j(0)+\rho_{ej}\hat{x}\cos\varphi+\rho_{ej}\hat{y}\sin\varphi+v_{\|j}t' \tag{2.3.3}$$

此处 $v_{\|j}=\boldsymbol{v}_j\cdot\hat{\boldsymbol{B}}_{oz}$，$\rho_{\mathrm{e}j}=v_\perp\Omega_e$ (图 4.12)，并且

$$\phi t'=\Omega_e t'+\phi(0)$$

为简单起见，我们将以下式子写成 $\hat{s}\cdot\boldsymbol{v}_j/c=\beta_{sj}$，$\hat{\boldsymbol{i}}\cdot\boldsymbol{v}_j/c=\beta_{ij}$，将方程 (2.3.2) 和 (2.3.3) 代入 (2.3.1)，我们看到

$$B=0,\quad t=(1-\beta_{sj})t'+\frac{\boldsymbol{R}}{c}-\frac{\hat{s}\cdot\boldsymbol{r}_j(0)}{c}$$

$$B\neq 0,t=(1-\beta_{s11j})t'-\hat{s}\cdot\hat{x}\frac{\beta_{\perp j}}{\Omega_e}\cos\phi-\hat{s}\cdot\hat{y}\frac{\beta_{\perp j}}{\Omega_e}\sin\phi+\frac{\boldsymbol{R}}{c}-\frac{\hat{s}\cdot\boldsymbol{r}_j(0)}{c}$$

[对于所有情况，对方程 (2.3.1) 求微分，得到 $\mathrm{d}t=(1-\beta_{sj})\mathrm{d}t'$]。

在本节中，我们感兴趣的是散射功率的非相对论关系式，因此我们最终会让 $\beta\to 0$。建议先回顾一下相对论方程，并做一些近似处理。入射波对电子的加速度由方程 (1.7.17) 给出 (假设折射指数为 1 的情况下，$\boldsymbol{B}_i=\hat{i}\times\boldsymbol{E}_i$)

$$\dot{\beta}_j=-\frac{e}{cm_e}(1-\beta_j^2)^{1/2}\left[\boldsymbol{E}_i+\beta_j\times\boldsymbol{B}_i-\beta_i(\beta_j\cdot E_i)\right]$$

远场区散射电场是 $(R\gg\lambda_i)$ (参见 1.6 节)

$$\boldsymbol{E}_{sj}(\boldsymbol{R},t)=-\frac{e}{cR}\left[\frac{\hat{s}\times[\hat{s}-\beta_i]\times\dot{\beta}_j}{\left(1-\hat{s}\cdot\beta_j\right)^3}\right]_{\mathrm{ret}} \tag{2.3.4}$$

分母中使用了近似 $R'\simeq R\gg L$。在这个相对论形式的表达式中，散射场振幅和极化是电子速度的函数。我们用 $F_e(\boldsymbol{r},\boldsymbol{v},t')$ 表示数量

$$\sum_{j=1}^{N}\delta(\boldsymbol{r}-\boldsymbol{r}_j(t'))\delta(\boldsymbol{v}-\boldsymbol{v}_j(t'))\delta\left(t'-t+\frac{R}{c}-\frac{\hat{s}}{c}\cdot\boldsymbol{r}_j\right)$$

这样总散射电场可表示为

$$E_s^T(\boldsymbol{R},t)=-\frac{e}{cR}\int_V\mathrm{d}\boldsymbol{r}\int\mathrm{d}\boldsymbol{v}F_e(\boldsymbol{r},\boldsymbol{v},t')\left\{\frac{\hat{s}\times\left[(\hat{s}-\beta)\times\dot{\beta}\right]}{(1-\hat{s}\cdot\beta_s)^3}\right\} \tag{2.3.5}$$

R 处的时间平均散射强度 (包括所有散射频率) 可表示为

$$\overline{I_s(\boldsymbol{R})} = \frac{c}{4\pi}\frac{1}{T}\int_{-T/2}^{+T/2} \mathrm{d}t \left|E_s^T\right|^2 = \frac{c}{4\pi}\lim_{T\to\infty}\frac{1}{T}\int_{-\infty}^{+\infty} \mathrm{d}t \left|E_s^T\right|^2$$

如果 T 比等离子体中波动的相干时间大得多, 那么可以认为满足 $T\to\infty$ (参见 (Born and Wolf，1965)，第 495 页)。

以 R 为中心，在立体角 $\mathrm{d}\Omega$ 内的平均散射功率为 (图 2.3)

$$P_s(\boldsymbol{R})\mathrm{d}\Omega = \frac{cR^2}{4\pi}\mathrm{d}\Omega \lim_{T\to\infty}\frac{1}{T}\int_{-\infty}^{+\infty} \mathrm{d}t \left|E_s^T\right|^2 \tag{2.3.6}$$

实验上，我们将使用一个探测器，在频率间隔 $-\mathrm{d}\omega_s/2 \to +\mathrm{d}\omega_s/2$ 内，它接收散射频率为 ω_s 的辐射。因此，我们需要一个关于散射功率随频率变化的表达式。我们定义散射场的傅里叶变换为

$$E_s^T(\omega_s) = \int_{-\infty}^{+\infty} \mathrm{d}t E_s^T(t)\mathrm{e}^{-\mathrm{i}\omega_s t}$$

借助于帕塞瓦尔定理 (见附录 A)，我们得到

$$P_s(\boldsymbol{R},\omega_s)\mathrm{d}\Omega\mathrm{d}\omega_s = \frac{cR^2\mathrm{d}\Omega}{4\pi}\lim_{T\to\infty}\frac{1}{\pi T}\int_{\omega_s-\mathrm{d}\omega_s/2}^{\omega_s+\mathrm{d}\omega_s/2} \mathrm{d}\omega_s \left|\int_{-\infty}^{+\infty} \mathrm{d}t E_s^T(t)\mathrm{e}^{-\mathrm{i}\omega_s t}\right|^2 \tag{2.3.7}$$

这里，ω_s 只取正值。

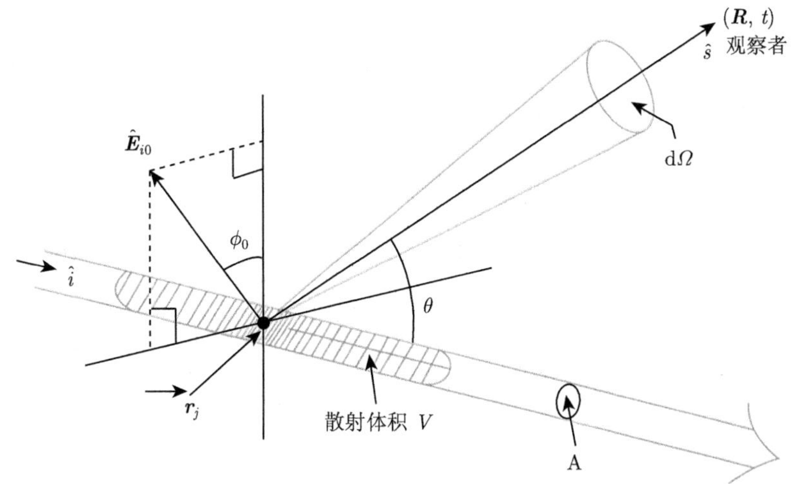

图 2.3　散射几何示意图

时间 t 范围内，对 t' 求积分，可得出 E_s^T。实际上，根据方程 (2.3.1) 给出的 t' 来计算是很方便的。要记住的重要一点是 $\mathrm{d}t=(1-\beta_s)\mathrm{d}t'$，这样在高温情况下

$$\int_{-\infty}^{+\infty}\mathrm{d}tE_s^T(\boldsymbol{R},t)\mathrm{e}^{\mathrm{i}\omega_s t}=-\frac{e}{cR}\int_{-\infty}^{+\infty}\mathrm{d}t'\int\mathrm{d}\boldsymbol{r}\int\mathrm{d}\boldsymbol{v}F_e(\boldsymbol{r},\boldsymbol{v},t')$$
$$\times\exp\left[-\mathrm{i}\omega_s\left(t'-\frac{\hat{s}\cdot\boldsymbol{r}}{c}+\frac{R}{c}\right)\right]\left[\frac{\hat{s}\times\left[(\hat{s}-\beta)\times\dot{\beta}\right]}{(1-\hat{s}\cdot\beta_s)^3}\right]\tag{2.3.8}$$

2.3.2　低温等离子体 $(v/c)\ll 1$

在这种情况下，除了一个常数因子外，我们不需要区分 t 和 t'。当我们确定多普勒频移时认为电子在运动，但除此之外，我们认为电子是静止的。

$$\left[\frac{\hat{s}\times(\hat{s}-\beta)\times\dot{\beta}}{(1-\beta_s)^2}\right]_{\mathrm{ret}}\Rightarrow\hat{s}\times\left(\hat{s}\times\frac{\dot{\boldsymbol{v}}}{d}\right)$$

并且

$$\dot{\boldsymbol{v}}=-(e/m_e)\cdot E_i(t),\quad\int\mathrm{d}\boldsymbol{v}F_e=n_e(\boldsymbol{r},t)\tag{2.3.9}$$

代入方程 (2.3.8) 和 (2.3.7)，我们得到

$$P_s(\boldsymbol{R},\omega_s)\mathrm{d}\Omega\mathrm{d}\omega_s=\frac{cR^2\mathrm{d}\Omega}{4\pi}\left[\hat{s}\times(\hat{s}\times\hat{E}_{io})\right]\lim_{T\to\infty}\frac{\mathrm{d}\omega_s}{\pi T}\left|\int_{-\infty}^{\infty}\mathrm{d}t\frac{e^2}{m_ec^2}E_{io}\right.$$
$$\times\int_V\mathrm{d}\boldsymbol{r}n_e(\boldsymbol{r},t)\exp\left[-\mathrm{i}\omega_s\left(t'-\frac{\hat{s}\cdot\boldsymbol{r}}{c}+\frac{R}{c}\right)\right]$$
$$\left.\times\cos(\boldsymbol{k}_i\cdot\boldsymbol{r}-\omega_it)\right|^2\tag{2.3.10}$$

我们用傅里叶空间和时间变换来表征电子密度：

$$n_e(\boldsymbol{r},t)=\int\frac{\mathrm{d}\boldsymbol{k}}{(2\pi)^3}\int\frac{\mathrm{d}\omega}{2\pi}n_e(\boldsymbol{k},\omega)\mathrm{e}^{-\mathrm{i}(\boldsymbol{k}\cdot\boldsymbol{r}-\omega t)}\tag{2.3.11}$$

现在，$\cos a=\dfrac{1}{2}(\mathrm{e}^{-\mathrm{i}a}+\mathrm{e}^{+\mathrm{i}a})$，代入方程 (2.3.10) 中第一项的指数项，得到

$$-\mathrm{i}\left(\boldsymbol{k}\cdot\boldsymbol{r}-\omega t+\omega_st-\frac{\omega_s}{c}\hat{s}\cdot\boldsymbol{r}+\frac{\omega_s}{c}R+\boldsymbol{k}_i\cdot\boldsymbol{r}-\omega_it\right)$$
$$=\mathrm{i}\left\{[\omega-(\omega_s-\omega_i)]t-\left[\boldsymbol{k}-\left(\frac{\omega_s}{c}\hat{s}-\boldsymbol{k}_i\right)\right]\cdot\boldsymbol{r}-\frac{\omega_s}{c}R\right\}\tag{2.3.12}$$

在第二项中，

$$\mathrm{i}\left\{[\omega-(\omega_s-\omega_i)]t-\left[\boldsymbol{k}-\left(\frac{\omega_s}{c}\hat{s}-\boldsymbol{k}_i\right)\right]\cdot\boldsymbol{r}-\frac{\omega_s}{c}R\right\}$$

1) 第一项

对时间积分，可得到 δ 函数 $2\pi\delta[\omega-(\omega_s-\omega_i)]$，这样当我们随后对 ω 积分时，只需要替代 $\omega=\omega_s-\omega_i$。对于辐射的电磁场 $\omega_s\hat{s}/c=\boldsymbol{k}_s$，对 r 积分，可得到 δ 函数 $(2\pi)^3\delta[\boldsymbol{k}-(\boldsymbol{k}_s-\boldsymbol{k}_i)]$。因此, 最后, 当对 k 积分时, 我们设置了 $\boldsymbol{k}=\boldsymbol{k}_s-\boldsymbol{k}_i$。相位因子 $\exp[-\mathrm{i}(\omega_s/c)R]$ 可能会被删除。

2) 第二项

我们通过类似的过程发现 $\omega=\omega_s+\omega_i$，$\boldsymbol{k}=\boldsymbol{k}_s+\boldsymbol{k}_i$。我们现在采取的是统计平均值, 并考虑在频率范围 $\omega_s\to\omega_s+\mathrm{d}\omega_s$ 和以 $\boldsymbol{R}$ 为中心的立体角 $\mathrm{d}\Omega$ 中的平均散射功率 (图 2.3), 我们有

$$P_s(\boldsymbol{R},\omega_s)\mathrm{d}\Omega\mathrm{d}\omega_s=\frac{P_ir_o^2}{A2\pi}\mathrm{d}\Omega\mathrm{d}\omega_s\left|\hat{s}\times(\hat{s}\times\hat{E}_{io})\right|^2NS(\boldsymbol{k},\omega) \tag{2.3.13}$$

其中谱密度函数定义为

$$S\boldsymbol{k},\omega=\lim_{T\to\infty,V\to\infty}\frac{1}{TV}\left\langle\frac{|n_e(\boldsymbol{k},\omega)|^2}{n_{eo}}\right\rangle \tag{2.3.14}$$

平均电子密度是 $n_{eo}=N/V\mathrm{cm}^{-3}$, $\boldsymbol{k}=\boldsymbol{k}_s-\boldsymbol{k}_i$, $\omega=\omega_s-\omega_i$, $k_s=\omega_c/c$, 并且 ω_s 可以取正值和负值①。

2.3.3 高温等离子体 $(v/c)^2\ll 1$

对于高温等离子体, 必须包括 v/c 的各阶项。在这里, 必须包括一阶项, 并且在第 3.5 节中, 提出了一个完全相对论处理的方法。当 $T_e<5\mathrm{keV}$ 时，这种一阶处理是一个相当好的近似。离子因为质量更大而不会出现问题。对于 v/c 的第一阶, 我们可以重写方程 (2.3.8), 当假设折射指数为单位 1 时 $(n_i=1)$, 如

$$\begin{aligned}\int_{-\infty}^{+\infty}\mathrm{d}tE_s^T\mathrm{e}^{\mathrm{i}\omega_st}=&-\frac{e}{cR}\int_{-\infty}^{+\infty}\mathrm{d}t'\int\mathrm{d}\boldsymbol{r}\int_{-\infty}^{+\infty}\mathrm{d}\boldsymbol{v}F_e(\boldsymbol{r},\boldsymbol{v},t')\exp\left[-\mathrm{i}\omega_s\left(t'-\frac{\hat{s}\cdot\boldsymbol{r}}{c}\right)\right]\\&\times\left[(1-\beta_i+\beta_s)\hat{E}_{io}-\{(1-\beta_i+2\beta_s)\cos\eta+\beta_E\cos\theta\}\hat{s}\right.\\&\left.+\beta_E\hat{i}+\cos\eta\beta\right]\cos(\boldsymbol{k}_i\cdot\boldsymbol{r}-\omega_it')\end{aligned} \tag{2.3.15}$$

其中

$$\beta_E=\hat{E}_{io}\cdot(\boldsymbol{v}/c),\quad \cos\eta=\hat{s}\cdot\hat{E}_{io} \tag{2.3.16}$$

① 合并了两个涉及电子密度起伏的项，这些都是用正值 ω_s 得到的:

$$\left\langle|n_e(\boldsymbol{k}_s-\boldsymbol{k}_i,\omega_s-\omega_i)|^2\right\rangle+\left\langle|n_e(\boldsymbol{k}_s+\boldsymbol{k}_i,\omega_s+\omega_i)|^2\right\rangle=\left\langle|n_e(\boldsymbol{k}_s-\boldsymbol{k}_i,\omega_s-\omega_i)|^2\right\rangle$$

ω_s 可取正值和负值。注意 $|n_e(\boldsymbol{k},\omega)|^2=|n_e(-\boldsymbol{k},-\omega)|^2$。

作为 β 的一阶项，我们设定速度极限为 $\pm\infty$，而不是 $\pm c$，常数相位因子 $\exp[-\mathrm{i}(\omega_s/c)/R]$ 已被抵消掉。

对于 1.7.2 节中考虑的情况, 即 $\boldsymbol{E}_{io}\cdot\hat{s}=0$ 和 $\boldsymbol{E}_s//\boldsymbol{E}_{io}$，我们发现方程 (2.3.15) 中括号中的第二项实际上是 $\dfrac{1-\beta_i}{1-\beta_s}\boldsymbol{E}_{io}\equiv\dfrac{\omega_s}{\omega_i}\boldsymbol{E}_{i0}$。既然 $\dfrac{\omega_s}{\omega_i}$ 不是 $\boldsymbol{v}$ 的函数，它可以放置在积分之外。当对电场求平方以获得功率时，所有的交叉项都为零，剩余的项 $\beta_E^2\cos^2\theta$ 是 β 的二阶项。对于 β 的一阶项，剩余的项是 $\left(1+\dfrac{2\omega}{\omega_i}\right)$。在这种情况下, 方程 (2.3.7) 变成

$$P_s(\boldsymbol{R},\omega_s)\mathrm{d}\Omega\mathrm{d}\omega_s=\frac{P_i r_o^2}{A2\pi}\mathrm{d}\Omega\mathrm{d}\omega_s\left(1+2\frac{\omega}{\omega_i}\right)\left|\hat{s}\times(\hat{s}\times\hat{E}_{io})\right|^2 NS(\boldsymbol{k},\omega) \tag{2.3.17}$$

由 Pogutse (1964) 首先推导出的附加项 $(1+2\omega/\omega_i)$ 来自于两个效应：第一是由于相对论像差，也称为相对论“前大灯”效应，其中光优先指向辐射传播方向 [图 1.4(b)]；第二是电子在入射光矢量方向运动的结果, 该矢量与探测光束的磁场相互作用，由此产生的力 $\boldsymbol{v}\times\boldsymbol{B}_i$ 与入射电场的力平行。当电子向探测器移动时，相互作用力增加，导致速度提高，从而增加了散射功率。当电子离开探测器时，作用力反方向，散射功率降低 (Ross et al., 2010)。

2.3.4 $S(\boldsymbol{k},\omega)$ 傅里叶–拉普拉斯变换和碰撞

我们参照 Salpeter (1960) 的方法，使用傅里叶空间与时域拉普拉斯变换。电子密度的傅里叶–拉普拉斯变换由下式给出

$$n_e(\boldsymbol{k},\omega-\mathrm{i}\gamma)=\int_{-\infty}^{+\infty}\mathrm{d}\boldsymbol{r}\mathrm{e}^{+\mathrm{i}\boldsymbol{k}\cdot\boldsymbol{r}}\int_{-\infty}^{+\infty}\mathrm{d}t\mathrm{e}^{-\mathrm{i}(\omega-\mathrm{i}\gamma)t}n_e(\boldsymbol{r},t) \tag{2.3.18}$$

其中，γ 为小正值。谱密度函数方程 (2.3.14) 具有如下形式 (见附录 A)：

$$S(\boldsymbol{k},\omega)=\lim_{\gamma\to 0}\frac{2\gamma}{V}\left\langle\frac{\left|n_e(\boldsymbol{k},\omega-\mathrm{i}\gamma)\right|^2}{n_{eo}}\right\rangle \tag{2.3.19}$$

BGK 碰撞项

当我们使用 BGK 碰撞项方程 (2.2.5) 并对方程 (2.2.3) 进行时间变换时，$\boldsymbol{v}F_{1q}$ 的作用是将无碰撞的 ω 变为 $(\omega+\mathrm{i}v)$。在涨落的时间依赖性中有一个阻尼项 e^{-vt}。碰撞项的形式保留了涨落，但是不允许我们跟踪每一个单独粒子，而是直接应用方程 (2.3.19) 得到以下不令人意外的结果：

$$S(\boldsymbol{k},\omega)=\frac{2v_q}{V}\left\langle\frac{\left|n_e(\boldsymbol{k},\omega)\right|^2}{n_{eo}}\right\rangle \tag{2.3.20}$$

电子阻尼频率 v_q 是在初始电子条件下的集合平均值，对离子而言也代表了平均的离子阻尼频率。

习 题

2.1 计算碰撞频率 v_{ei}，并且和电离层的 ω_{pe} 比较 ($n_e = 10^5\text{cm}^{-3}, T_e = 0.1\text{eV}$, 和 $4\times10^{-5}\text{T}$)；工业氢等离子体 ($n_e = 10^{12}\text{cm}^{-3}, T_e = 2\text{eV}$)；使用 50: 50 的氘–氚的聚变等离子体 ($n_e = 10^{14}\text{cm}^{-3}$ 和 $T_e = 10\text{keV}$)；使用氢的高能密度等离子体 ($n_e = 10^{23}\text{cm}^{-3}, T_e = 12\text{eV}$ 和 $Z = 1$)。比较碰撞什么时候是最重要的。

关于 ω_{pi} 的影响效果是什么？

在低温等离子体 ($n_n \sim n_e$) 中，中性粒子会发挥类似工业等离子体或者高能密度等离子体的作用吗？

奇数习题答案

2.1

Plasma	n_e/cm^{-3}	T_e/eV	v_{ei}/s^{-1}	$\omega_{pe}/(\text{rad}\cdot\text{s}^{-1})$
Ionosphere	10^5	0.1	1.3×10^2	1.8×10^7
Industrial	10^{12}	2	1.1×10^7	5.7×10^{10}
Fusion	10^{14}	10^4	6.2×10^3	5.7×10^{14}
HED	10^{23}	12	2.0×10^{17}	4.9×10^{15}

因为 $\omega_{pi} \ll \omega_{pe}$，电荷粒子碰撞将在工业和 HED 等离子体中这一区域发挥作用。在这个例子中，$v_{en} \sim v_{ei}$ 和电子–中性碰撞可能在 HED 等离子体中起重要作用。

第 3 章　等离子体理论中的散射谱

3.1　引　　言

本书中的散射计算主要是针对入射波传输的情况。在这种情况下，等离子体中的每个电荷"看到"相同的入射场。另外，假定等离子体整体上未受入射波的扰动。在波与等离子体的相互作用中，可以分别处理每个电荷。观察者看到的散射场是电荷运动的函数，等离子体效应应包含对这些运动的计算。

第 2 章结果表明，对于高温等离子体 $(v/c)^2 \ll 1$，频率范围 $\omega_s \to \omega_s + \mathrm{d}\omega_s$ 内及其内部以 R 为中心，在立体角 $\mathrm{d}\Omega$ 内的平均散射功率 [参见图 2.3 和公式 (2.3.17) 和 (2.3.19)] 是

$$P_s(\boldsymbol{R},\omega_s)\mathrm{d}\Omega\mathrm{d}\omega_s = \frac{P_i r_o^2 \mathrm{d}\Omega}{A2\pi}\mathrm{d}\omega_s\left(1+\frac{2\omega}{\omega_i}\right)\left|\hat{s}\times\left(\hat{s}\times\hat{E}_{io}\right)\right|^2 NS\left(\boldsymbol{k},\omega\right) \tag{3.1.1}$$

其中谱密度函数是

$$S\left(k,\omega\right) = \lim_{\gamma\to 0, V\to\infty}\frac{2\gamma}{V}\left\langle\frac{\left|n_e\left(k,\omega-\mathrm{i}\gamma\right)\right|}{n_{eo}}\right\rangle$$

傅里叶空间–拉普拉斯时间变换为

$$n_e(\boldsymbol{k},\omega-\mathrm{i}\gamma) = \int_{-\infty}^{+\infty}\mathrm{d}\boldsymbol{r}\mathrm{e}^{\mathrm{i}(\boldsymbol{k}\cdot\boldsymbol{r})}\int_0^{\infty}\mathrm{d}t\mathrm{e}^{-\mathrm{i}(\omega-\mathrm{i}\gamma)t}n_e(\boldsymbol{r},t)$$

其中

$$k = k_s - k_i,\quad \omega = \omega_s - \omega_i$$

本章中, 谱密度函数的形式是由一个无碰撞的、未磁化的等离子体在热力学平衡中使用 Salpeter (1960) 的方法导出的。通过重复计算动力学方程包含的 BGK 碰撞项, 得到了碰撞的影响。在本章的最后, 对从波动耗散定理推导散射谱进行了简要的评述。第 10 章讨论了磁场的影响。

这种计算被扩展到体积 V 内包含电荷量为 Ze 的 n 个电子和 N/Z 个离子的等离子体的散射，总散射场只是 n 个电子的各自的散射场的向量和 (离子贡献不重要, 因为它们质量更大)，剩下的问题是确定这些电子的运动。不可能追踪所有电荷的详细运动, 因此, 我们使用统计方法, 并通过概率分布函数描述每种粒子的行为。此处使用的分布函数形式是

$$F_q(r,v,t)=\sum_{j=1}^{N_q}\delta(r-r_j(t))\delta(v-v_j(t)) \tag{3.1.2}$$

公式给出了在相空间内在速度为 $\boldsymbol{v}$，位置为 $\boldsymbol{r}$，时间为 t 的单位体积的 q 粒子数量。

电荷数密度由所有的速度求和可得

$$n_q(\boldsymbol{r},t)=\sum_V \mathrm{d}vF_q(\boldsymbol{r},v,t)=\sum_{j=1}^{N_q}\delta\left[\boldsymbol{r}-\boldsymbol{r}_j(t)\right] \tag{3.1.3}$$

密度的平均值为 $n_{qo}=N_q/V$, 但局部地区的密度将围绕这个平均值发生涨落。等离子体散射的辐射功率谱取决于这些微观密度涨落。

3.2 $B=0$ 和 $v=0$ 时 $n_e(\boldsymbol{k},\omega)$ 的推导

3.2.1 基本方程

概率分布函数 $F_{1q}(\boldsymbol{r},\boldsymbol{v},t)$ 满足克利蒙托维奇方程

$$\frac{\partial F_q}{\partial t}+\boldsymbol{v}\cdot\frac{\partial F_q}{\partial \boldsymbol{r}}+\boldsymbol{a}\cdot\frac{\partial F_q}{\partial \boldsymbol{v}}=0 \tag{3.2.1}$$

其中, 为了便于下文的计算, 我们可以设置

$$\boldsymbol{a}=(q/m)\boldsymbol{E}\quad 和\quad \nabla\cdot\boldsymbol{E}=\sum_q 4\pi q\int \mathrm{d}\boldsymbol{v}F_q \tag{3.2.2}$$

这些方程是无法求解的，因为它们包含所有的多粒子相互作用。幸运的是，可以证明等离子体的行为在正常情况下由两个粒子相互作用决定，即 $n_{eo}\lambda_{De}^3\gg 1$。因此，我们设置了 $F_q=F_{oq}+F_{1q}$，其中 F_{oq} 代表系统的平均状态，而 F_{1q} 代表相对于平均值的微观涨落。

$$F_{1q}(\boldsymbol{r},\boldsymbol{v},t)=\sum_{j=1}^{N_q}\delta\left[\boldsymbol{r}-\boldsymbol{r}_j(t)\right]\delta\left[\boldsymbol{v}-\boldsymbol{v}_j(t)\right]-F_{oq} \tag{3.2.3}$$

和

$$n_{1q}(\boldsymbol{r},t)=n_q-n_{oq} \tag{3.2.4}$$

利用这种扩展的分布函数，构建了一个方程层次架构，其中每个连续的方程带来一个更高阶的相关的方程 (见附录 B.7)。层次结构在双粒子相互作用水平上终止，对于低温下静止、均匀与无磁场等离子体，系统由以下方程描述 (参见第 2.2 节)

$$\frac{\partial F_{oq}}{\partial t}+\boldsymbol{v}\cdot\frac{\partial F_{oq}}{\partial \boldsymbol{r}}=0 \tag{3.2.5}$$

$$\frac{\partial F_{1q}}{\partial t}+\boldsymbol{v}\cdot\frac{\partial F_{1q}}{\partial \boldsymbol{r}}+\frac{q}{m}\boldsymbol{E}_1\cdot\frac{\partial F_{oq}}{\partial \boldsymbol{v}}=\left(\frac{\partial F_{1q}}{\partial t}\right)_c \tag{3.2.6}$$

$$\nabla\cdot\boldsymbol{E}_1=\sum_q 4\pi q\int \mathrm{d}\boldsymbol{v}F_{1q},\quad \boldsymbol{E}_0=0 \tag{3.2.7}$$

其中对于电子

$$q=-e,\ m=m_e,\ N_q=N,\ F_{0e}=n_{e0}f_{0e}(\boldsymbol{v}) \tag{3.2.8}$$

对于离子

$$q=e, m=m_i, N_q=N/Z, F_{0i}=(n_{e0}/Z)\,f_{0i}(\boldsymbol{v}) \tag{3.2.9}$$

f_{0e}, f_{0i} 是平均单粒子分布函数。

方程 (3.2.5) 告诉我们, 对于一级近似, 电荷以直线移动。然而, 相对于电荷间库仑相互作用引起的运动而言，存在一个小的扰动。这些相关效应通过 E_1 的微观场引入, 这是由泊松方程 (3.2.7) 给出的。通过碰撞项 $(\partial F_{1q}/\partial t)_c$ 引入了由许多小偏差之和导致的更显著的偏差，碰撞的影响在第 3.7 节中讨论, 目前, 我们设置 $(\partial F_{1q}/\partial t)_c=0$，这个定义的作用是使各种粒子的温度平衡, 并使分布函数“麦克斯韦化”。因此, 这个定义意味着, 我们要么在小于分布函数变化的时间尺度上工作, 要么考虑一些时间平均的分布。

3.3　电子密度涨落 $n_e(\boldsymbol{k},\omega)$

(a) 分布函数的傅里叶–拉普拉斯变换由下式给出

$$F_{1q}=(\boldsymbol{k},\boldsymbol{v},\omega)=\int_0^{\infty}\mathrm{d}t\mathrm{e}^{-(\mathrm{i}\omega+\gamma)t}\int_{-\infty}^{+\infty}\mathrm{d}\boldsymbol{r}F_{1q}(\boldsymbol{r},\boldsymbol{v},t)\,\mathrm{e}^{\mathrm{i}\boldsymbol{k}\cdot\boldsymbol{r}}$$

这个量是对电荷密度涨落的 $k^{\text{th}}, w^{\text{th}}$ 分量的贡献, 电荷速度分布范围为 $\boldsymbol{v}\to\boldsymbol{v}+\mathrm{d}\boldsymbol{v}$。

电荷密度的 $k^{\text{th}},\omega^{\text{th}}$ 分量可表示为

$$\begin{aligned}n_{1q}(\boldsymbol{k},\omega-\mathrm{i}\gamma)&=\int_0^{\infty}\mathrm{d}t\mathrm{e}^{-(\mathrm{i}\omega+\gamma)t}\int_{-\infty}^{+\infty}\mathrm{d}\boldsymbol{r}n_{1q}(\boldsymbol{r},t)\,\mathrm{e}^{\mathrm{i}\boldsymbol{k}\cdot\boldsymbol{r}}\\&=\sum_V \mathrm{d}\boldsymbol{v}F_{1q}(\boldsymbol{k},\boldsymbol{v},\omega)\end{aligned} \tag{3.3.1}$$

(b) 从泊松方程 (3.2.7)，可得电势 $\phi(\boldsymbol{r},t)$ 为

$$\nabla^2\phi(\boldsymbol{r},t)=-4\pi(Zen_{1i}-en_{1e})\equiv-4\pi\rho_1(\boldsymbol{r},t)=\frac{4\pi}{(2\pi)^3}\int_{-\infty}^{+\infty}\mathrm{d}\boldsymbol{k}\mathrm{e}^{\mathrm{i}\boldsymbol{k}\cdot\boldsymbol{r}}\rho_1(\boldsymbol{k},t)$$

方程可化简为

$$\phi(\boldsymbol{r},t)=\frac{4\pi}{(2\pi)^3}\int_{-\infty}^{+\infty}\frac{\mathrm{d}\boldsymbol{k}}{k^2}\mathrm{e}^{\mathrm{i}\boldsymbol{k}\cdot\boldsymbol{r}}\rho_1(\boldsymbol{k},t) \tag{3.3.2}$$

将方程 (3.3.2) 对 $\boldsymbol{r}$ 求微分可得到

$$\boldsymbol{E}_1(\boldsymbol{r},t)=-\nabla\phi=\frac{4\pi\mathrm{i}}{(2\pi)^3}\int\frac{\mathrm{d}\boldsymbol{k}}{k^2}\boldsymbol{k}\rho_1(\boldsymbol{k},t)\,\mathrm{e}^{-\mathrm{i}\boldsymbol{k}\cdot\boldsymbol{r}} \tag{3.3.3}$$

(c) 式 (3.3.3) 中的电场在方程 (3.2.6) 中被 $(\partial F_{1q}/\partial t)_c=0$ 所取代, 我们把这个方程的傅里叶–拉普拉斯变换写为①

$$\begin{aligned}&-F_{1q}(\boldsymbol{k},\boldsymbol{v},0)+(\mathrm{i}\omega+\gamma-\mathrm{i}\boldsymbol{k}\cdot\boldsymbol{v})F_{1q}(\boldsymbol{k},\boldsymbol{v},\omega)\\&=-\frac{q}{m}\int\mathrm{d}\boldsymbol{r}\int\frac{\mathrm{d}\boldsymbol{k}'}{(k')^2}\frac{4\pi\mathrm{i}}{(2\pi)^3}\rho_1(\boldsymbol{k}',\omega)\,\mathrm{e}^{-\mathrm{i}(\boldsymbol{k}'-\boldsymbol{k})\cdot\boldsymbol{r}}\boldsymbol{k}'\cdot\frac{\partial F_{oq}}{\partial\boldsymbol{v}}\end{aligned} \tag{3.3.5}$$

对于均匀等离子体, 只有 $\boldsymbol{k}'=\boldsymbol{k}$ 部分在积分后不为零, 方程 (3.3.5) 可以重新整理, 使其化简为

$$F_{1q}(\boldsymbol{k},\boldsymbol{v},\omega)=\frac{-F_{1q}(\boldsymbol{k},\boldsymbol{v},0)-\left(4\pi q/mk^2\right)\rho_1(\boldsymbol{k},\omega)\,\boldsymbol{k}\cdot\partial F_{oq}/\partial\boldsymbol{v}}{w-\boldsymbol{k}\cdot\boldsymbol{v}-\mathrm{i}\gamma} \tag{3.3.6}$$

其中

$$\rho_1(\boldsymbol{k},\omega)\,en_{1i}(\boldsymbol{k},\omega)-en_{1e}(\boldsymbol{k},\omega)$$

(d) 我们用方程 (3.2.8) 代替方程 (3.2.9)，并在所有速度上求和，用于分别得到

① 利用了系统处于静态这一假设。因此，F_{oq} 不是时间的函数。此外，请注意

$$\int_{-\infty}^{+\infty}\mathrm{d}\boldsymbol{r}\mathrm{e}^{\mathrm{i}\boldsymbol{k}\cdot\boldsymbol{r}}\frac{\partial F_{1q}}{\partial\boldsymbol{r}}=F_{1q}\mathrm{e}^{\mathrm{i}\boldsymbol{k}\cdot\boldsymbol{r}}\Big|_{-\infty}^{+\infty}-\mathrm{i}\boldsymbol{k}\int_0^{+\infty}\mathrm{d}\boldsymbol{r}\mathrm{e}^{\mathrm{i}\boldsymbol{k}\cdot\boldsymbol{r}}F_{1q}=-\mathrm{i}\boldsymbol{k}F_{1q}(\boldsymbol{k},\boldsymbol{v},t) \tag{3.3.4}$$

并且

$$\begin{aligned}\int_0^{\infty}\mathrm{d}t\mathrm{e}^{-(\mathrm{i}\omega+\gamma)t}\frac{\partial F_{1q}}{\partial t}&=F_{1q}(\boldsymbol{k},\boldsymbol{v},t)\,\mathrm{e}^{-(\mathrm{i}\omega+\gamma)t}\Big|_{-\infty}^{+\infty}+\int_0^{\infty}\mathrm{d}tF_{1q}F_{1q}(\boldsymbol{k},\boldsymbol{v},t)\,\mathrm{e}^{-(\mathrm{i}\omega-\gamma)t}(\mathrm{i}\omega+\gamma)\\&=F_{1q}(\boldsymbol{k},\boldsymbol{v},0)+(\mathrm{i}\omega+\gamma)F_{1q}(\boldsymbol{k},\boldsymbol{v},\omega)\end{aligned}$$

电子与离子密度涨落分别是①

$$n_{1e}(\boldsymbol{k},\omega-\mathrm{i}\gamma)=-\mathrm{i}\sum_{j=1}^{N}\frac{\mathrm{e}^{\mathrm{i}\boldsymbol{k}\cdot\boldsymbol{r}_j(0)}}{w-\boldsymbol{k}\cdot\boldsymbol{v}_j(0)-\mathrm{i}\gamma}+\frac{\chi_e(\boldsymbol{k},\omega)}{\mathrm{e}}\rho_1(\boldsymbol{k},\omega) \tag{3.3.7}$$

$$n_{1i}(\boldsymbol{k},\omega-\mathrm{i}\gamma)=-\mathrm{i}\sum_{l=1}^{N/Z}\frac{\mathrm{e}^{\mathrm{i}\boldsymbol{k}\cdot\boldsymbol{r}_l(0)}}{w-\boldsymbol{k}\cdot\boldsymbol{v}_l(0)-\mathrm{i}\gamma}+\frac{\chi_i(\boldsymbol{k},\omega)}{Z\mathrm{e}}\rho_1(\boldsymbol{k},\omega) \tag{3.3.8}$$

在最后一项上，求和被速度的积分所代，我们定义了电子和离子的磁化率

$$\chi_e(\boldsymbol{k},\omega)=\int_{-\infty}^{+\infty}\mathrm{d}\boldsymbol{v}\frac{4\pi\mathrm{e}^2 n_{eo}}{m_e k^2}\frac{\boldsymbol{k}\cdot(\partial f_{eo}/\partial\boldsymbol{v})}{\omega-\boldsymbol{k}\cdot\boldsymbol{v}-\mathrm{i}\gamma} \tag{3.3.9}$$

$$\chi_i(\boldsymbol{k},\omega)=\int_{-\infty}^{+\infty}\mathrm{d}\boldsymbol{v}\frac{4\pi Z^2\mathrm{e}^2 n_{eo}}{m_i k^2}\frac{\boldsymbol{k}\cdot(\partial f_{io}/\partial\boldsymbol{v})}{\omega-\boldsymbol{k}\cdot\boldsymbol{v}-\mathrm{i}\gamma} \tag{3.3.10}$$

电子与离子的磁化率构成了纵向介电函数

$$\varepsilon(\boldsymbol{k},\omega)=1+\chi_e(\boldsymbol{k},\omega)+\chi_i(\boldsymbol{k},\omega)$$

代回方程 (3.3.7) 可得

$$\begin{aligned}n_{1\mathrm{e}}=(\boldsymbol{k},\omega-\mathrm{i}\gamma)=-\mathrm{i}\Bigg[&\sum_{j=1}^{N}\frac{\mathrm{e}^{\mathrm{i}\boldsymbol{k}\cdot\boldsymbol{r}_j(0)}}{\omega-\boldsymbol{k}\cdot\boldsymbol{v}_l(0)-\mathrm{i}\gamma}-\frac{\chi_e}{\varepsilon}\sum_{j=1}^{N}\frac{\mathrm{e}^{\mathrm{i}\boldsymbol{k}\cdot\boldsymbol{r}_j(0)}}{\omega-\boldsymbol{k}\cdot\boldsymbol{v}_l(0)-\mathrm{i}\gamma}\\&+\frac{Z\chi_e}{\varepsilon}\sum_{l=1}^{N/Z}\frac{\mathrm{e}^{\mathrm{i}\boldsymbol{k}\cdot\boldsymbol{r}_l(0)}}{\omega-\boldsymbol{k}\cdot\boldsymbol{v}_l(0)-\mathrm{i}\gamma}\Bigg]\end{aligned} \tag{3.3.11}$$

3.3.1 第一项

这是电子按照未扰轨道运动时的贡献，即自由电子贡献。现在，正如我们将在下面看到的，对于平衡情况，χ_e/ε 与 $\alpha^2=(1/k\lambda_{De})^2$ 成正比，对于 $\alpha^2\ll 1$，这一项占主导地位并导致非集体性散射。

①

$$\begin{aligned}\sum_V\frac{\mathrm{d}vF_{1e}(\boldsymbol{k},\boldsymbol{v},0)}{\omega-\boldsymbol{k}\cdot v-\mathrm{i}\gamma}&=\sum_V\mathrm{d}\boldsymbol{v}\sum_{j=1}^{N}\frac{\delta[\boldsymbol{v}-\boldsymbol{v}_j(0)]}{\omega-\boldsymbol{k}\cdot\boldsymbol{v}-\mathrm{i}\gamma}\int\mathrm{d}\boldsymbol{r}\delta[\boldsymbol{r}-\boldsymbol{r}_j(0)]\\&=\sum_{j=1}^{N}\frac{\mathrm{e}^{\mathrm{i}\boldsymbol{k}\cdot\boldsymbol{r}_j(0)}}{\omega-\boldsymbol{k}\cdot\boldsymbol{v}_j(0)-\mathrm{i}\gamma}\end{aligned}$$

3.3.2 第二项

这是由电子相互关联产生的贡献。每个测试电子 j 引起背景电子密度的扰动，每个背景电子运动引起的扰动为 $1/n_e\lambda_{De}^3$，然而有大约 $n_e\lambda_{De}^3$ 个电子参与屏蔽每个测试电子，因此这个修正项很重要。如果仔细研究下一节中得出的谱密度函数，很明显这个修正项会导致在 $\alpha>1$ 时观察到高频集体特征，这将在第 5 章进一步研究。必须始终记住，我们使用的等离子体方程仅限于 $n_e\lambda_{De}^3\gg 1$ 的情况。对于 $n_e\lambda_{De}^3$ 接近于 1，我们可能期望三个粒子相关性起作用，在这种情况下 $n_e(\boldsymbol{k},\omega)$ 的表达式可以采取更复杂的形式。

3.3.3 第三项

这些贡献来自于作用在每个离子上的电子，其中离子被视为测试电荷，该项反映了散射谱中的"离子特征"。当通过电子和其他离子的吸引来观察离子的屏蔽时，我们将在第 5 章中看到该项导致离子热展宽 (离子不能集体响应) 和低频集体响应区 (离子在屏蔽中具有重要作用)。同样对于 $n_e\lambda_{De}^3\simeq 1$，我们可能需要对上述结果进行修改，然而，由 Röhr(1968) 和 Kato(1972) 获得的 $n_e\lambda_{De}^3\simeq 3$ 的离子特征的测量曲线与从上述形式得到的谱剖面非常吻合。

3.4 无碰撞等离子体的谱密度函数 $S(\boldsymbol{k},\omega)$

3.4.1 任意函数

$$
\begin{aligned}
S(\boldsymbol{k},\omega)=&\lim_{\gamma\to\infty,V\to\infty}\frac{2\gamma}{V}\left\langle\frac{\left|n_e(\boldsymbol{k},\omega-\mathrm{i}\gamma)\right|^2}{n_{e0}}\right\rangle\\
=&\lim_{\gamma\to\infty,V\to\infty}\frac{2\gamma}{Vn_{e0}}\left\{\left|1-\frac{\chi_e}{\varepsilon}\right|^2\left\langle\sum_{j=1}^{N}\frac{\mathrm{e}^{\mathrm{i}\boldsymbol{k}\cdot\boldsymbol{r}_j}}{\omega-\boldsymbol{k}\cdot\boldsymbol{v}_j-\mathrm{i}\gamma}\sum_{m=1}^{N}\frac{\mathrm{e}^{-\mathrm{i}\boldsymbol{k}\cdot\boldsymbol{r}_m}}{\omega-\boldsymbol{k}\cdot\boldsymbol{v}_m-\mathrm{i}\gamma}\right\rangle\right.\\
&+Z\left|\left(1-\frac{\chi_e}{\varepsilon}\right)\left(\frac{\chi_e}{\varepsilon}\right)^*\right|^2\left\langle\sum_{j=1}^{N}\frac{\mathrm{e}^{\mathrm{i}\boldsymbol{k}\cdot\boldsymbol{r}_j}}{\omega-\boldsymbol{k}\cdot\boldsymbol{v}_j-\mathrm{i}\gamma}\sum_{l=1}^{N/Z}\frac{\mathrm{e}^{-\mathrm{i}\boldsymbol{k}\cdot\boldsymbol{r}_l}}{\omega-\boldsymbol{k}\cdot\boldsymbol{v}_l-\mathrm{i}\gamma}\right\rangle\\
&+Z\left|\left(1-\frac{\chi_e}{\varepsilon}\right)^*\left(\frac{\chi_e}{\varepsilon}\right)\right|^2\left\langle\sum_{m=1}^{N/Z}\frac{\mathrm{e}^{-\mathrm{i}\boldsymbol{k}\cdot\boldsymbol{r}_m}}{\omega-\boldsymbol{k}\cdot\boldsymbol{v}_m-\mathrm{i}\gamma}\sum_{s=1}^{N/Z}\frac{\mathrm{e}^{\mathrm{i}\boldsymbol{k}\cdot\boldsymbol{r}_s}}{\omega-\boldsymbol{k}\cdot\boldsymbol{v}_s-\mathrm{i}\gamma}\right\rangle\\
&\left.+\left|Z\frac{\chi_e}{\varepsilon}\right|^2\left\langle\sum_{l=1}^{N/Z}\frac{\mathrm{e}^{\mathrm{i}\boldsymbol{k}\cdot\boldsymbol{r}_l}}{\omega-\boldsymbol{k}\cdot\boldsymbol{v}_l-\mathrm{i}\gamma}\sum_{s=1}^{N/Z}\frac{\mathrm{e}^{-\mathrm{i}\boldsymbol{k}\cdot\boldsymbol{r}_s}}{\omega-\boldsymbol{k}\cdot\boldsymbol{v}_s-\mathrm{i}\gamma}\right\rangle\right\}
\end{aligned}\tag{3.4.1}
$$

在采用整体平均值时，我们使用最可能的速度初始状态 [即 $f_{eo}(\boldsymbol{v},0)$ 和 $f_{io}(\boldsymbol{v},0)$]

和位置作为加权因子。考虑第一项，它可以分成两部分，分别为 $j=m$ 和 $j\neq m$。

$$
\begin{aligned}
&\lim_{\gamma\to 0}\gamma\left\langle\sum_{j=1}^{N}\frac{\mathrm{e}^{\mathrm{i}\boldsymbol{k}\cdot\boldsymbol{r}_j}}{\omega-\boldsymbol{k}\cdot\boldsymbol{v}_j-\mathrm{i}\gamma}\sum_{m=1}^{N}\frac{\mathrm{e}^{\mathrm{i}\boldsymbol{k}\cdot\boldsymbol{r}_m}}{\omega-\boldsymbol{k}\cdot\boldsymbol{v}_m-\mathrm{i}\gamma}\right\rangle\\
&=\lim_{\gamma\to 0}\gamma N\int_{-\infty}^{+\infty}\frac{\mathrm{d}\boldsymbol{v}f_{eo}(\boldsymbol{v})}{(\omega-\boldsymbol{k}\cdot\boldsymbol{v})^2+\gamma^2}\\
&\quad+\lim_{\gamma\to 0}\gamma N(N-1)\int\int_{j\neq m}\frac{\mathrm{d}\boldsymbol{v}_j\mathrm{d}\boldsymbol{v}_m f_{eo}(\boldsymbol{v}_j)f_{eo}(\boldsymbol{v}_m)\left\langle\mathrm{e}^{\mathrm{i}\boldsymbol{k}\cdot(\boldsymbol{r}_m-\boldsymbol{r}_m)}\right\rangle_{j\neq m}}{(\omega-\boldsymbol{k}\cdot\boldsymbol{v}_j-\mathrm{i}\gamma)(\omega-\boldsymbol{k}\cdot\boldsymbol{v}_m+\mathrm{i}\gamma)}\\
&=\frac{\pi N}{k}f_{eo}\left(\frac{\omega}{k}\right)\\
&\quad+\lim_{\gamma\to 0}\gamma N(N-1)\int\int_{j\neq m}\frac{\mathrm{d}\boldsymbol{v}_j\mathrm{d}\boldsymbol{v}_m f_{eo}(\boldsymbol{v}_j)f_{eo}(\boldsymbol{v}_m)\left\langle\mathrm{e}^{\mathrm{i}\boldsymbol{k}\cdot(\boldsymbol{r}_m-\boldsymbol{r}_m)}\right\rangle_{j\neq m}}{(\omega-\boldsymbol{k}\cdot\boldsymbol{v}_j-\mathrm{i}\gamma)(\omega-\boldsymbol{k}\cdot\boldsymbol{v}_m+\mathrm{i}\gamma)}
\end{aligned}
\tag{3.4.2}
$$

其中，$f_{eo}(\omega/k)$ 现在是 $\boldsymbol{k}$ 方向上的一维速度分布，需要对该项的第二部分进行一些讨论。

(a) 如果电荷最开始是不相关的，那么

$$
\langle\exp\left(\mathrm{i}\boldsymbol{k}\cdot[\boldsymbol{r}_j(0)-r_m(0)]\right)\rangle_{j\neq m}=0
$$

同样，方程 (3.4.1) 中的交叉项和 $l\neq s$ 的离子修正交叉项也是零。

(b) 第 3.6 节简述了初始状态中相关性和非平衡速度的影响，也显示了等离子体接近平衡时交叉项的消除现象，那么就有

$$
S(\boldsymbol{k},\omega)=\frac{2\pi}{k}\left|1-\frac{\chi_e}{\varepsilon}\right|^2 f_{eo}\left(\frac{\omega}{k}\right)+\frac{2\pi Z}{k}\left|\frac{\chi_e}{\varepsilon}\right|^2 f_{io}\left(\frac{\omega}{k}\right)
\tag{3.4.3}
$$

有关求解方程 (3.4.3) 的计算方法，请参见附录 D.

3.5 热等离子体的散射功率

非集体性散射的完全相对论散射功率首先由 Pechacek 和 Trivelpiece(1967) 推导出来。对于他们引入所谓的有限渡越时间效应存在一些争论。Kukushkin(1981) 认为，对于渡越时间效应引入因子只是纠正了使用 Delta 函数平方的误差。在原书中 Sheffield(1975) 对这一因素的讨论也是有问题的。有限传输时间因子非常小，如第 4.4 节所述。

在散射谱的非相对论理论中，电子与入射场之间的相对运动仅仅影响了电子的辐射相位。假设电子的加速度与速度无关 (除了相位)，这忽略了洛伦兹力和相对论对电子运动的所有影响。

在非集体性散射实验中，除非电子温度变成了电子静止能量的大部分，否则以上这些效应对散射谱的影响非常小。然而，在集体汤姆孙散射中，电子等离子体波的相速度可以在中等甚至低电子温度下接近 c。当汤姆孙散射过程涉及以电子等离子体波的相速度传播的电子时，可以在传统认为的非相对论等离子体中 ($T_e \ll m_e c^2, v_{\text{osc}}/c \ll 1$) 观察到相对论效应 (Ross et al., 2010)，见 5.4.1 节。

3.5.1 完全相对论功率谱

按照 2.3 节中提出的散射功率的一般表达式，Palastro 等 (2010) 开发了一种完全相对论的形状因子，它对归一化电子速度的所有阶都有效，$\beta = \boldsymbol{v}/c$，并且对于垂直于入射偏振的所有散射角都是有效的。完全相对论的功率谱是通过结合方程 (2.3.7) 和 (2.3.8) 计算得出的，并且可以类似于 2.3.2 节中导出的非相对论情况写为

$$P_s(\boldsymbol{k},\omega)\frac{NP_{\mathrm{i}}r_e^2}{2\pi A}NS(\boldsymbol{k},\omega) \tag{3.5.1}$$

其中相对论涨落谱由下式给出

$$S(\boldsymbol{k},\omega)=\lim_{\gamma\to 0,V\to\infty}\frac{2\gamma}{V}\left\langle\frac{1}{n_{e0}}\left|\int \mathrm{d}\boldsymbol{v}\left\{\frac{\hat{s}\times\left[(\hat{s}-\boldsymbol{\beta})\times\dot{\boldsymbol{\beta}}\right]}{(1-\beta_s)^2}\right\}F_e(\boldsymbol{k},\boldsymbol{v},\omega+\mathrm{i}\gamma)\right|^2\right\rangle \tag{3.5.2}$$

在电子互不相关的非集体区域中，可以通过在对速度进行积分之前简单地对电场进行平方来计算散射功率，这简化了表达式，参见第 4 章，但在下文的一般情况下，在积分之前评估完整项是必要的。因此，我们将速度积分分为四个部分，

$$\int \mathrm{d}\boldsymbol{v}\left\{\frac{\hat{s}\times\left[(\hat{s}-\boldsymbol{\beta})\times\dot{\boldsymbol{\beta}}\right]}{(1-\beta_s)^2}\right\}F_e(\boldsymbol{k},\boldsymbol{v},\omega+\mathrm{i}\gamma)=(\boldsymbol{H}_e+\boldsymbol{H}_s+\boldsymbol{H}_i+\boldsymbol{H}_p) \tag{3.5.3}$$

其中

$$\boldsymbol{H}_e\equiv\hat{e}\int\mathrm{d}\boldsymbol{v}\frac{\left(1-\beta^2\right)^{1/2}}{1-\beta_s}(1-n_i\beta_i)F_e(\boldsymbol{k},\boldsymbol{v},\omega) \tag{3.5.4}$$

$$\boldsymbol{H}_s\equiv-\hat{s}\int\mathrm{d}\boldsymbol{v}\beta_{\mathrm{E}}\frac{\left(1-\beta^2\right)^{1/2}}{1-\beta_s}(n_i\cos\theta-\beta_s)F_e(\boldsymbol{k},\boldsymbol{v},\omega) \tag{3.5.5}$$

$$\boldsymbol{H}_i\equiv\hat{i}\int\mathrm{d}\boldsymbol{v}n_i\beta_E\frac{\left(1-\beta^2\right)^{1/2}}{1-\beta_s}F_e(\boldsymbol{k},\boldsymbol{v},\omega) \tag{3.5.6}$$

$$\boldsymbol{H}_p\equiv-(1-n_i\cos\theta)\int\mathrm{d}\boldsymbol{v}\beta_{\mathrm{E}}\boldsymbol{\beta}\frac{\left(1-\beta^2\right)^{1/2}}{1-\beta_s}F_e(\boldsymbol{k},\boldsymbol{v},\omega) \tag{3.5.7}$$

其中，$n_i=\dfrac{ck_i}{\omega_i}$ 是入射辐射的折射指数；$\boldsymbol{H}_e,\boldsymbol{H}_s,\boldsymbol{H}_i$ 分别是 e、s 和 i 方向上散射

电场的分量，对于入射波经典洛伦兹力下的电子演化，H_p 是由电子的相对论运动产生的附加场分量，其导致散射波的极化旋转。假设对称均衡分布函数，这些项可以写成

$$\boldsymbol{H}_e = -\hat{e}i\sum_{j=1}^{N}\frac{\left(1-\beta^2\right)^{1/2}\left(1-n_i\beta_i\right)}{1-\beta_s}\frac{\mathrm{e}^{-\mathrm{i}\boldsymbol{k}\cdot\boldsymbol{r}_j(0)}}{\omega-\boldsymbol{k}\cdot\boldsymbol{v}_j-\mathrm{i}\gamma}-\hat{e}\frac{X_e}{e}\rho_1\left(\boldsymbol{k},\omega\right) \tag{3.5.8}$$

$$\boldsymbol{H}_s = \hat{s}i\sum_{j=1}^{N}\frac{\left(1-\beta^2\right)^{1/2}}{1-\beta_s}\frac{\beta_E\left(n_i\cos\theta-\beta_s\right)\mathrm{e}^{-\mathrm{i}\boldsymbol{k}\cdot\boldsymbol{r}_j(0)}}{\omega-\boldsymbol{k}\cdot\boldsymbol{v}_j-\mathrm{i}\gamma} \tag{3.5.9}$$

$$\boldsymbol{H}_i = \hat{i}i\sum_{j=1}^{N}\frac{\left(1-\beta^2\right)^{1/2}}{1-\beta_s}\frac{n_i\beta_E\mathrm{e}^{-\mathrm{i}\boldsymbol{k}\cdot\boldsymbol{r}_j(0)}}{\omega-\boldsymbol{k}\cdot\boldsymbol{v_j}-\mathrm{i}\gamma} \tag{3.5.10}$$

$$\boldsymbol{H}_p = i\left(1-n_i\cos\theta\right)\sum_{j=1}^{N}\frac{\left(1-\beta^2\right)^{1/2}}{1-\beta_s}\frac{\beta_E\boldsymbol{\beta}\mathrm{e}^{-\mathrm{i}\boldsymbol{k}\cdot\boldsymbol{r}_j(0)}}{\omega-\boldsymbol{k}\cdot\boldsymbol{v}_j-\mathrm{i}\gamma}-\frac{\boldsymbol{X}_e}{e}\rho_1\left(\boldsymbol{k},\omega\right) \tag{3.5.11}$$

其中谱密度涨落为

$$\rho_1\left(\boldsymbol{k},\omega\right) = -\frac{\mathrm{i}e}{\varepsilon}\left[\sum_{j=1}^{N}\frac{\mathrm{e}^{-\mathrm{i}\boldsymbol{k}\cdot\boldsymbol{r}_j(0)}}{\omega-\boldsymbol{k}\cdot\boldsymbol{v}_j-\mathrm{i}\gamma}-Z\sum_{l=1}^{N/Z}\frac{\mathrm{e}^{-\mathrm{i}\boldsymbol{k}\cdot\boldsymbol{r}_l(0)}}{\omega-\boldsymbol{k}\cdot\boldsymbol{v}_l-\mathrm{i}\gamma}\right] \tag{3.5.12}$$

j 表示对所有离子求和，函数 X_e 和 X_p 类似于电子的磁化率：

$$X_e \equiv \frac{4\pi e^2}{m_e k^2}\int \mathrm{d}\boldsymbol{p}\frac{\left(1-\beta^2\right)^{1/2}\left(1-n_i\beta_i\right)}{1-\beta_s}\frac{\boldsymbol{k}\cdot\partial f_{0q}/\partial\boldsymbol{p}}{\omega-\boldsymbol{k}\cdot\boldsymbol{v}-\mathrm{i}\gamma} \tag{3.5.13}$$

$$X_p \equiv \left(1-n_i\cos\theta\right)\frac{4\pi e^2}{m_e k^2}\int \mathrm{d}\boldsymbol{p}\beta_E\boldsymbol{\beta}\frac{\left(1-\beta^2\right)^{1/2}}{1-\beta_s}\frac{\boldsymbol{k}\cdot\partial f_{0q}/\partial\boldsymbol{p}}{\omega-\boldsymbol{k}\cdot\boldsymbol{v}-\mathrm{i}\gamma} \tag{3.5.14}$$

对于小 β，X_e 降低到经典磁化率，方程 (3.3.9)，$X_e\to\chi_e$，而 $X_p\to 0$。

然后通过将这些结果代入方程 (3.5.2) 并与方程 (3.5.1) 组合来确定散射功率。使用 $\hat{e}\cdot\boldsymbol{k}=0,\hat{e}\cdot\hat{i}=0$ 和 $\hat{e}\cdot\hat{s}=0$ 的条件，需要考虑八个项。对这些分量求和允许分组并将表达式简化为几个积分量。非磁化等离子体中的完全相对论性的散射功率可表示为

$$P_s\left(\boldsymbol{k},\omega\right) = \frac{NP_i r_0^2}{2\pi A}\left\{\left|\frac{X_e-X_p}{\varepsilon}\right|^2 I_{1e}+\left|\frac{X_e-X_p}{\varepsilon}\right|^2 I_{1i}-\left[\frac{X_e-X_p}{\varepsilon}\right]I_2+I_3\right\} \tag{3.5.15}$$

其中，A 是波束的截面面积，并且

$$I_{1q} \equiv \pi\int \mathrm{d}\beta f_{q0}\left(\beta\right)\delta\left(\beta_k-\hat{\beta}_k\right) \tag{3.5.16}$$

$$I_2 \equiv \pi \int \mathrm{d}\beta \frac{\left(1-\beta^2\right)^{1/2}}{1-\beta_s} \cdot \left(1 - n_i\beta_i - \frac{1-n_i\cos\theta}{1-\beta_s}\beta_E^2\right) f_{e0}(\beta)\,\delta\left(\beta_k - \hat{\beta}_k\right) \tag{3.5.17}$$

$$I_3 \equiv -\pi n_i \int \mathrm{d}\beta \frac{1-\beta^2}{\left(1-\beta_s\right)^2}\left[\left(1-n_i\beta_i\right)^2\left(1-\beta_E^2\right) - \left[\frac{\left(1-n_i\cos\theta\right)^2\left(1-\beta^2\right)\beta_E^2}{\left(1-\beta_s\right)^2}\right]\beta_E^2\right] f_{e0}(\beta)\,\delta\left(\beta_k - \hat{\beta}_k\right) \tag{3.5.18}$$

这里，$\hat{\beta}_k = \omega/ck\hat{k}$，$\hat{k}$ 是沿 $\boldsymbol{k}$ 的单位矢量。对于 $\beta^2 \ll 1, X_p \sim 0$ 泰勒展开并保留 $O(\beta)$ 项，设定 $n_i = 1$，方程 (3.5.15) 简化为一阶 β 方程 (2.3.17)。

3.5.2 二阶 β

对于仅具有轻微相对论性的实验，用一个简单表达式对形状因子进行修正是有用的。在这里，我们保留 β^2 项，但使用麦克斯韦分布 $f_e(\beta) = \pi^{3/2}(c/a)^3 \exp\left[-(c\beta/a)^2\right]$ 进行估计。在实验室温度小于 10keV 时使用麦克斯韦分布引入的误差是很小的。另外，麦克斯韦分布的使用极大地简化了最终表达式。然而，通过使用麦克斯韦分布，我们无法处理二阶热校正，这种校正是由麦克斯韦和麦克斯韦–朱特纳分布之间的偏差引起的。我们再次设置 $n_i = 1$，使用关系 $\beta_i - \beta_s = -(\omega/\omega_s)(1-\beta_s)$，参见方程 (1.7.7)，方程 (3.5.15) 的各个分量可表示如下：

$$I_2 = \frac{\pi}{c} f_{e0}(\beta_k)\left(1 + \frac{\omega}{\omega_i} - \frac{1}{2}\beta_k^2\right) \tag{3.5.19}$$

$$I_3 = \frac{\pi}{c} f_{e0}(\beta_k)\left[\left(1 + \frac{\omega}{\omega_i}\right)^2 - \beta_k^2\right] \tag{3.5.20}$$

$$X_e \simeq \left[1 + \frac{\omega}{\omega_i} - \frac{1}{2}\beta_k^2 + \left(\hat{s}\cdot\hat{k}\right)\left(\frac{v_p}{c}\right)\left(\frac{\omega}{\omega_i}\right)\right]\chi_e - \frac{1}{2}\left(\frac{\omega_p}{\omega}\right)^2\beta_k^2 \tag{3.5.21}$$

并且我们利用了这样一个事实

$$\frac{4\pi e^2}{m_e k^2}\int \mathrm{d}\boldsymbol{v}\beta_k^2 \frac{\boldsymbol{k}\cdot\nabla_V f_{e0}}{\boldsymbol{k}\cdot\boldsymbol{v}} = \left(\beta_k^2 - \frac{3}{2}\frac{a^2}{c^2}\right)\chi_e + \left(\frac{\omega_p}{\omega}\right)^2\beta_k^2 \tag{3.5.22}$$

发现包含 β^2 项的汤姆孙散射功率可以写为

$$P_s(\omega,\boldsymbol{k}) = P_s(\omega,\boldsymbol{k}) + P_s(\omega,\boldsymbol{k})$$

$$P_{es}(\omega,\boldsymbol{k}) = \frac{NP_i r_0^2}{2ckA} f_{e0}(\beta_k)\left\{\left[\left(1+\frac{\omega}{\omega_i}\right)^2 - \beta_k^2 + \left(\hat{k}\cdot\hat{s}\right)\left(\frac{\omega}{\omega_i}\right)\beta_k\right]\left|1 - \frac{\chi_e}{\varepsilon}\right|^2\right.$$

$$+\left(\hat{k}\cdot\hat{s}\right)\left(\frac{\omega}{\omega_i}\right)\beta_k\left|\frac{\chi_i}{\varepsilon}\right|^2+\left(\frac{\omega}{\omega_i}\right)^2\beta_k^2Re\left[\frac{1+\chi_i}{|\varepsilon|^2}\right]-\frac{1}{2}\beta_k^2\right\}$$

$$P_{is}(\omega,\boldsymbol{k})=\frac{NP_ir_0^2}{2ckA}f_{e0}(\beta_k)\left\{\left[\left(1+\frac{\omega}{\omega_i}\right)^2-\beta_k^2+2\left(\hat{k}\cdot\hat{s}\right)\left(\frac{\omega}{\omega_i}\right)\beta_k\right]\left|\frac{\chi_e}{\varepsilon}\right|^2\right.$$
$$\left.+\left(\frac{\omega}{\omega_i}\right)^2\beta_k^2Re\left[\frac{\chi_e}{|\varepsilon|^2}\right]\right\} \tag{3.5.23}$$

3.6　关于各种初始条件影响的讨论

在上述计算中存在明显的不一致性，也就是说，当我们认为相关性在计算散射谱中很重要时，可将初始条件设置为不相关。事实上，正如我们将在下面看到的，我们获得了相同的平均结果，假设平均 (积分) 时间 $T\gg\tau_{pe}\simeq1/\omega_{pe}$。此外，我们简要地看一下非平衡初始条件的影响。

3.6.1　电荷初始条件

对于处于热力学平衡的等离子体, 位置 $\boldsymbol{r}$ 的电子条件概率由下式给出

$$P(\boldsymbol{r})=\mathrm{e}^{e\phi(\boldsymbol{r})/\kappa T_e} \tag{3.6.1}$$

根据方程 (3.3.2) 和 (3.1.3) 我们有

$$\phi(\boldsymbol{r})=\frac{4\pi}{(2\pi)^3}\int\frac{\mathrm{d}\boldsymbol{k}}{k^2}\left(Ze\sum_{l=1}^{Z/N}\mathrm{e}^{\mathrm{i}\boldsymbol{k}\cdot\boldsymbol{r}_l}-e\sum_{j=1}^{n}\mathrm{e}^{\mathrm{i}\boldsymbol{k}\cdot\boldsymbol{r}_j}\right)\mathrm{e}^{-\mathrm{i}\boldsymbol{k}\cdot\boldsymbol{r}}$$

将这个电势代入方程 (3.6.1)，指数展开①

$$P(\boldsymbol{r})\simeq1+\frac{4\pi}{(2\pi)^3}\frac{e}{\kappa T_e}\int\frac{\mathrm{d}\boldsymbol{k}}{k^2}\left(Ze\sum_{l=1}^{Z/N}\mathrm{e}^{\mathrm{i}\boldsymbol{k}\cdot\boldsymbol{r}_l}-e\sum_{j=1}^{n}\mathrm{e}^{\mathrm{i}\boldsymbol{k}\cdot\boldsymbol{r}_j}\right)$$

设 $\boldsymbol{r}=\boldsymbol{r}_m$，很明显第 m 和第 j 电子的位置有一些相关性。现在将加权函数的概率代入方程 (3.4.2) 第二部分的集合平均值，即

$$\left\langle\mathrm{e}^{\mathrm{i}\boldsymbol{k}\cdot(\boldsymbol{r}_m\cdot\boldsymbol{r}_j)}\right\rangle_{j\neq m}$$

① 我们将 $\boldsymbol{r}$ 解释为 $\boldsymbol{r}_m, m\neq j$；也就是说典型情况下：最小间隔 $|\boldsymbol{r}_m-\boldsymbol{r}_j|$ 将是平均粒子间间距，$1/n_e^{1/3}$ 和 $\phi_{\max}\simeq en_e^{1/3}$。因此，$(e\phi/\kappa T_e)_{\max}\simeq\left(1/n_e\lambda_{De}^3\right)^{2/3}$，这对于我们正在考虑的条件来说是是个小量。

$$=\frac{\int\limits_{j\neq m}\mathrm{d}\boldsymbol{r}_j\int\mathrm{d}\boldsymbol{r}_m\left[1-\frac{4\pi}{(2\pi)^3}\frac{e^2}{\kappa T_e}\int\frac{\mathrm{d}\boldsymbol{k}'}{k'^2}\sum_{j=1}^{N}\mathrm{e}^{\mathrm{i}\boldsymbol{k}'\cdot(\boldsymbol{r}_m-\boldsymbol{r}_j)}\right]\cdot\mathrm{e}^{\mathrm{i}\boldsymbol{k}\cdot(\boldsymbol{r}_m-\boldsymbol{r}_j)}}{\int\mathrm{d}\boldsymbol{r}_j\int\mathrm{d}\boldsymbol{r}_m\{1\}}$$

在分母中，我们可以忽略 $P(\boldsymbol{r})$ 中的第二项，因为它平均为零。我们对 $\boldsymbol{r}_m$ 积分，这简化为 δ 函数 $(2\pi)^2\delta(\boldsymbol{k}'+\boldsymbol{k})$，这样当我们最终对 $\boldsymbol{r}_m,\boldsymbol{r}_j$ 积分时，可获得

$$\left\langle\mathrm{e}^{-\mathrm{i}\boldsymbol{k}\cdot(\boldsymbol{r}_m-\boldsymbol{r}_j)}\right\rangle_{j\neq m}=\frac{-4\pi e^2}{k^2\kappa T_e V}$$

方程 (3.4.2) 的第二项变为

$$\lim_{\gamma\to0}\left[-\frac{\gamma N^2}{V}\frac{4\pi e^2}{k^2\kappa T_e}\int\int\limits_{j\neq m}\frac{\mathrm{d}\boldsymbol{v}_j\mathrm{d}\boldsymbol{v}_m f_{eo}(\boldsymbol{v}_m)f_{eo}(\boldsymbol{v}_m)}{(\omega-\boldsymbol{k}\cdot\boldsymbol{v}_j-\mathrm{i}\gamma)(\omega-\boldsymbol{k}\cdot\boldsymbol{v}_m-\mathrm{i}\gamma)}\right]$$

对于热力学平衡，我们可以在积分中使用麦克斯韦速度分布

$$f_{eo}(\boldsymbol{v})=\left(\frac{m_e}{2\pi\kappa T_e}\right)^{3/2}\mathrm{e}^{\frac{-m_e v^2}{2\kappa T_e}}$$

并且从方程 (A.1.2)，我们可以得到

$$\begin{aligned}&\frac{1}{(\pi a^2)^{3/2}}\int\frac{\mathrm{d}\boldsymbol{v}\mathrm{e}^{(-v^2/a^2)}}{\omega-\boldsymbol{k}\cdot\boldsymbol{r}\pm\mathrm{i}\gamma}\\&=\frac{\exp\left[-(\omega/ka)^2\right]}{ka}\int\limits_0^{\omega/ka}\exp\left(p^2\right)\mathrm{d}p\mp\mathrm{i}\frac{\pi^{1/2}}{ka}\exp\left[-(\omega/ka)^2\right]\qquad(3.6.2)\\&=\frac{\mathrm{i}}{ka}(Y_\pm)\qquad(3.6.3)\end{aligned}$$

其中 $a^2=2\kappa T_e/m_e$。

最后，方程 (3.4.2) 变为

$$\frac{\pi N}{k}f_{eo}\left(\frac{-\omega}{k}\right)-\lim_{\gamma\to0}\gamma N\frac{1}{(k\lambda_{De})^2}\left(\frac{1}{ka}\right)(Y_-)(Y_+)\tag{3.6.4}$$

因此，即使我们从相关的电荷开始 (因为它们处于平衡状态)，当 $\gamma\to0$ 时第二部分也将完全消失。

更一般地说，如果我们使用 $\gamma\simeq1/T$ 并取 $k\simeq1/\lambda_{De}$，那么方程 (3.6.4) 的第二部分与第一部分的比率是 τ_{pe}/T 的量级，并且在极限条件 $T\to\infty\,(\gamma\to0)$，第二部分可能被忽略。

3.6.2　非平衡初始条件

我们必须区分平衡中的轻度偏移，例如，当 $T_e \neq T_i$ 或电子以远小于离子声速 $(z\kappa T_e/m_i)^{1/2}$ 的速度漂移时，以及漂移速度超过声速或者分布函数为非麦克斯韦的极端漂移。

在前一种情况下，函数将通过简单的碰撞而趋于平衡，在计算中我们可以通过合适的平均时间 T 与弛豫时间 τ_r 来实现这一点。

在后一种情况下，系统可能不稳定，并且背景噪声谱可能会增强。在这种情况下，我们必须保留方程 (2.2.3) 中的非线性项 $-(q/m)\,\boldsymbol{E}_1\cdot(\partial F_{1q}/\partial \boldsymbol{v})$。我们必须考虑平均分布函数 F_{oq} 的波相互作用，通过公式 (2.2.2) 的 $-(q/m)\,(\boldsymbol{E}_1\partial F_{1q}/\partial \boldsymbol{v})$ 项，因为系统将不再是静止的。这些话题将在第 12 章中进一步讨论。

3.7　对于碰撞等离子体 $B=0$ 的 $S(\boldsymbol{k},\omega)$

3.7.1　任意分布函数

附录 B.4 给出了对碰撞项的各种近似的讨论。在本节中，从 BGK 粒子守恒模型中获得的最简单的碰撞项用于研究碰撞对密度涨落以及散射谱的影响。这一计算首先由 Dougherty(1963)、Taylor 和 Comisar(1963) 提出。BGK 碰撞项主要用于表示电子中性和离子中性碰撞效应，但在某些情况下它也可以合理地应用于表示电子–离子碰撞效应，例如在电子等离子体波的阻尼中。

(a) 包含 BGK 碰撞项的动力学方程具有以下形式 (参见 Dougherty and Farley, 1963b)

$$\frac{\partial F_{oq}}{\partial t}+\boldsymbol{v}\cdot\frac{\partial F_{oq}}{\partial \boldsymbol{r}}=0 \tag{3.7.1}$$

$$\frac{\partial F_{1q}}{\partial t}+\boldsymbol{v}\cdot\frac{\partial F_{1q}}{\partial \boldsymbol{r}}+\frac{q}{m}\boldsymbol{E}_1\cdot\frac{\partial F_{1q}}{\partial \boldsymbol{v}}=-v_q\left[F_{1q}-n_{1q}F_{oq}\left(\boldsymbol{v}\right)\right] \tag{3.7.2}$$

其中

$$n_{1q}\left(\boldsymbol{r},t\right)=\int \mathrm{d}\boldsymbol{v}F_{1q}\left(\boldsymbol{r},\boldsymbol{v},t\right) \tag{3.7.3}$$

我们设置了 $\left(\partial F_{oq}/\partial t\right)_c=0$，这意味着当我们研究 $\left(\partial F_{oq}/\partial t\right)_c$ 的影响时，系统的平均状态不会发生显著变化。方程 (3.7.2) 的最后一项用于粒子守恒，即剩下的方程说明粒子运动近似为一条直线，但是由于库仑相互作用，会出现一些微扰，经过 $\sim 1/\nu_e$ 时间后会出现显著的偏离。但是总体平均而言，满足给定运动轨迹的粒子数目相同，方程最后一项表示阻尼项 $-vF_{1q}$ 的补偿，也可说明这一点。

谱密度函数的形式表示如下 (见 2.3.4 节)

$$S(\boldsymbol{k},\omega)=\frac{2\nu_q}{V}\frac{\left\langle\left|n_{1e}(\boldsymbol{k},\omega)\right|^2\right\rangle}{n_{eo}} \tag{3.7.4}$$

其中，ν_q 为有效碰撞频率，它正比于粒子数密度的总体平均值。利用傅里叶–拉普拉斯变换得到 $n_{1e}(\boldsymbol{k},\omega)$ 时存在一个小问题，即粒子数守恒项应在足够长的时间上对状态 F_{1q} 作平均，因此不满足于短时间条件 $t \ll 1/\nu_q$。这说明当我们将谱密度函数 (3.7.4) 同由涨落–耗散理论 (3.8 节) 得到的方程作对比时，必须将粒子守恒项的初始值代入方程 (3.7.2) 的傅里叶–拉普拉斯变换中，即

$$
\begin{aligned}
&-F_{1q}(\boldsymbol{k},\boldsymbol{v},0)+[\mathrm{i}\omega+\nu_q-\mathrm{i}(\boldsymbol{k}\cdot\boldsymbol{v})]F_{1q}(\boldsymbol{k},v,\omega)\\
&=-\frac{\mathrm{i}4\pi q}{mk^2}\rho_1(\boldsymbol{k},\omega)\boldsymbol{k}\cdot\frac{\partial F_{oq}}{\partial\boldsymbol{v}}+\nu_q n_{1q}(\boldsymbol{k},\omega)F_{oq}-n_{1q}(\boldsymbol{k},0)F_{oq}
\end{aligned}
\tag{3.7.5}
$$

(b) 我们现在将方程 (3.2.8) 和 (3.2.9) 代入 (3.2.5)，并对所有的速度求和，对方程 (3.7.3) 重新整理后得到

$$
\begin{aligned}
&n_{1e}(\boldsymbol{k},\omega)\\
&=-\frac{\mathrm{i}}{1+D_e}\sum_{j=1}^{N}\mathrm{e}^{\mathrm{i}\boldsymbol{k}\cdot\boldsymbol{r}_j(0)}\left[\frac{1}{\omega-\boldsymbol{k}\cdot\boldsymbol{v}_j(0)-\mathrm{i}\nu_e}-\frac{D_e}{\mathrm{i}\nu_e}\right]+\frac{C_e(\boldsymbol{k},\omega)}{e}\rho_1(\boldsymbol{k},\omega)
\end{aligned}
\tag{3.7.6}
$$

$$
\begin{aligned}
&n_{1i}(\boldsymbol{k},\omega)\\
&=-\frac{\mathrm{i}}{1+D_i}\sum_{l=1}^{N/Z}\mathrm{e}^{\mathrm{i}\boldsymbol{k}\cdot\boldsymbol{r}_l(0)}\left[\frac{1}{\omega-\boldsymbol{k}\cdot\boldsymbol{v}_l(0)-\mathrm{i}\nu_i}-\frac{D_i}{\mathrm{i}\nu_i}\right]+\frac{C_i(\boldsymbol{k},\omega)}{Ze}\rho_1(\boldsymbol{k},\omega)
\end{aligned}
\tag{3.7.7}
$$

其中

$$
D_q=\mathrm{i}\nu_q\int_{-\infty}^{+\infty}\frac{\mathrm{d}\boldsymbol{v}F_{oq}}{\omega-\boldsymbol{k}\cdot\boldsymbol{v}-\mathrm{i}\nu_q}
\tag{3.7.8}
$$

且

$$
\begin{aligned}
C_e(\boldsymbol{k},\omega)&=\frac{1}{1+D_e}\int_{-\infty}^{+\infty}\mathrm{d}\boldsymbol{v}\frac{4\pi\mathrm{e}^2n_o}{m_ek^2}\frac{\boldsymbol{k}\cdot\partial f_{oe}/\partial\boldsymbol{v}}{\omega-\boldsymbol{k}\cdot\boldsymbol{v}-\mathrm{i}\nu_e}\\
C_i(\boldsymbol{k},\omega)&=\frac{1}{1+D_i}\int_{-\infty}^{+\infty}\mathrm{d}\boldsymbol{v}\frac{4\pi Z\mathrm{e}^2n_o}{m_ik^2}\frac{\boldsymbol{k}\cdot\partial f_{oi}/\partial\boldsymbol{v}}{\omega-\boldsymbol{k}\cdot\boldsymbol{v}-\mathrm{i}\nu_i}
\end{aligned}
\tag{3.7.9}
$$

(c) 现在在方程 (3.7.6) 和 (3.7.7) 之间消去 n_{1i}，可得到

$$
\begin{aligned}
&n_{1e}(\boldsymbol{k},\omega)\\
&=-\mathrm{i}\left[\left(1-\frac{C_e}{\varepsilon\nu_e,\nu_i}\right)\times\left\{\frac{1}{1+D_e}\sum_{j=1}^{N}\mathrm{e}^{\mathrm{i}\boldsymbol{k}\cdot\boldsymbol{r}(0)}\left[\frac{1}{\omega-\boldsymbol{k}\cdot\boldsymbol{v}_j(0)-\mathrm{i}\nu_e}-\frac{D_i}{\mathrm{i}\nu_e}\right]\right\}\right.
\end{aligned}
$$

$$+\frac{ZC_e}{\varepsilon(\nu_e,\nu_i)}\left\{\frac{1}{1+D_i}\sum_{l=1}^{N/Z}\mathrm{e}^{\mathrm{i}\boldsymbol{k}\cdot\boldsymbol{r}_l(0)}\left[\frac{1}{\omega-\boldsymbol{k}\cdot\boldsymbol{v}_l(0)-\mathrm{i}\nu_i}-\frac{D_i}{\mathrm{i}\nu_i}\right]\right\}\Bigg] \tag{3.7.10}$$

介电函数为

$$\varepsilon(\boldsymbol{k},\omega,\nu_e,\nu_i)=1+C_e+C_i$$

方程 (3.7.10) 与方程 (3.3.11) 的无碰撞形式作比较。

(d) 利用与 3.7.1 节相似的方法获得谱密度函数

$$S(\boldsymbol{k},\omega)=2\left|\frac{(1+C_i)}{\varepsilon}\right|^2 B_e+2Z\left|\frac{C_e}{\varepsilon}\right|^2 B_i \tag{3.7.11}$$

其中

$$B_q=\frac{\nu_q}{|1+D_q|^2}\left[\int_{-\infty}^{+\infty}\frac{\mathrm{d}\boldsymbol{v}f_{oq}(\boldsymbol{v})}{(\omega-\boldsymbol{k}\cdot\boldsymbol{v})^2+\nu_q^2}-\frac{|D_q|^2}{\nu_q^2}\right] \tag{3.7.12}$$

3.7.2　具有麦克斯韦速度分布的解

方程 (3.7.8)、(3.7.9) 和 (3.7.12) 的积分形式在附录 A 中讨论。为了便于下文的理解，这里给出麦克斯韦速度分布的解。在第 5 章中对碰撞和无碰撞谱密度作对比。

$$f_{e0}(\boldsymbol{v})=\exp(-v^2/a^2)/(\pi a^2)^{3/2},\quad f_{i0}(\boldsymbol{v})=\exp(-v^2/b^2)/(\pi a^2)^{3/2}$$

$$a=(2\kappa T_e/m_e)^{1/2},\quad b=(2\kappa T_i/m_i)^{1/2}$$

函数 D_q 变为

$$\begin{cases} D_e=\dfrac{\mathrm{i}\nu_e}{ka}\left(2e^{-y_e^2}\displaystyle\int_0^{y_e}\mathrm{e}^{p^2}\mathrm{d}p+\mathrm{i}\pi^{1/2}\mathrm{e}^{-y_e^2}\right)\\ D_i=\dfrac{\mathrm{i}\nu_i}{kb}\left(2\mathrm{e}^{-y_i^2}\displaystyle\int_0^{y_i}\mathrm{e}^{p^2}\mathrm{d}p+\mathrm{i}\pi^{1/2}\mathrm{e}^{-y_i^2}\right)\end{cases} \tag{3.7.13}$$

其中

$$y_e=(\omega-\mathrm{i}\nu_e)/ka,\quad y_i=(\omega-\mathrm{i}\nu_i)/kb \tag{3.7.14}$$

$$\begin{aligned}B_e&=\frac{1}{\pi^{1/2}ka\,|1+D_e|^2}\mathrm{Im}\left\{\int_{-\infty}^{+\infty}\mathrm{d}\left(\frac{v}{a}\right)\frac{\exp\left[-(v/a)^2\right]}{y_e-v/a}\right\}-\frac{|D_e|^2}{\nu_e\,|1+D_e|^2}\\&=\frac{1}{ka\,|1+D_e|^2}\mathrm{Im}\left[2\exp(-y_e^2)\int_0^{y_e}\exp(p^2)\mathrm{d}(p)+\mathrm{i}\pi^{1/2}\exp(-y_e^2)\right]\end{aligned}$$

$$-\frac{|D_e|^2}{\nu_e|1+D_e|^2} \tag{3.7.15}$$

$$B_i=\frac{1}{\pi^{1/2}kb|1+D_i|^2}\mathrm{Im}\left\{\int_{-\infty}^{+\infty}\mathrm{d}\left(\frac{v}{b}\right)\frac{\exp\left[-(v/b)^2\right]}{y_i-v/b}\right\}-\frac{|D_i|^2}{\nu_i|1+D_i|^2}$$

除因子 $(1+D_e)^{-1}$ 外，方程 C_q 的形式与含有 $\omega-\mathrm{i}\nu_q$ 的方程 χ_q (方程 (5.2.5) 和 (5.2.6)) 相同。

$$C_e=\frac{\alpha^2}{1+D_e}\left(1-2y_e\mathrm{e}^{-y_e^2}\int_0^{y_e}\mathrm{e}^{p^2}\mathrm{d}p-\mathrm{i}\pi^{1/2}y_e\mathrm{e}^{-y_e^2}\right)$$

$$C_i=\frac{ZT_e}{T_i}\frac{\alpha^2}{1+D_i}\left[1-2y_i\mathrm{e}^{-y_i^2}\int_0^{y_i}\mathrm{e}^{p^2}\mathrm{d}p-\mathrm{i}\pi^{1/2}y_i\mathrm{e}^{-y_i^2}\right] \tag{3.7.16}$$

为 $\nu_e,\nu_i\to 0$ 的解。

我们可以将函数进行级数展开 (当 $V_q=0$ 时)

$$D_q(x), B_q(x),\ \text{和}\ C_q(x), X_q(x),\ \text{其中}\ x_e=\omega/ka, x_i=\omega/kb$$

取 ν_e/ka 和 ν_i/kb 的一阶近似，可得到

$$D_e\cong-\frac{\mathrm{i}\nu_e}{\omega}\left[\frac{G_e(x_e)}{\alpha^2}-1\right],\quad D_i\cong-\frac{\mathrm{i}\nu_i}{\omega}\left[\frac{T_i}{ZT_e\alpha^2}G_i(x_i)-1\right] \tag{3.7.17}$$

$$B_e\cong\frac{1}{ka}\left\{\pi^{1/2}\exp(-x_e^2)-\frac{2\nu_e}{ka}\left[1-2x_e^2\exp(-x_e^2)\int_0^{x_e}\exp(p^2)\mathrm{d}p\right]\right\}$$
$$-\frac{\nu_e}{\omega^2}\left|\frac{G_e(x_e)}{\alpha^2}-1\right|^2$$
$$B_i\cong\frac{1}{kb}\left\{\pi^{1/2}\exp(-x_i^2)-\frac{2\nu_i}{kb}\left[1-2x_i^2\exp(-x_i^2)\int_0^{x_i}\exp(p^2)\mathrm{d}p\right]\right\}$$
$$-\frac{\nu_i}{\omega^2}\left|\frac{T_i}{ZT_e\alpha^2}G_i(x_i)-1\right|^2 \tag{3.7.18}$$

和

$$C_e\cong\chi_e(x_e)\left(1+\frac{2\mathrm{i}\nu_e}{ka}\cdot x_e\right)+\frac{\mathrm{i}\nu_e}{\omega}\alpha^2\left[1-\frac{\chi_e(x_e)}{\alpha^2}\right]^2$$

$$C_i \cong \chi_i(x_i)\left(1+\frac{2\mathrm{i}\nu_i}{kb}\cdot x_i\right)+\frac{\mathrm{i}\nu_i}{\omega}\frac{ZT_e}{T_i}\alpha^2\left[1-\frac{T_i\chi_i(x_i)}{ZT_e\alpha^2}\right]^2 \tag{3.7.19}$$

当 $\nu_e,\nu_i=0$ 时，我们可以再次得到无碰撞的结果。

$$D_e=0,\ B_e=\frac{\pi^{1/2}}{ka}\exp(-x_e^2),\ B_i=\frac{\pi^{1/2}}{kb}\exp(-x_i^2)$$

$$C_e=\chi_e,\quad C_i=\chi_i$$

3.8 涨落–耗散理论的散射谱 $S(\boldsymbol{k},\omega)$

Nyquist(1928) 对理想传输线的情况进行了说明，在热力学平衡中，线路上的电压波动 (均方根值和 “噪声” 的散射频谱) 与线路的阻抗有关。(Callen and Welton，1951; Landau and Lifshitz，1958) 已经证明，作用于系统的力的涨落与系统自身的耗散特性之间存在简单关系，这种简单关系通常适用于平衡态的线性耗散系统。

Dougherty 和 Farley(1960)、Farley 等 (1961) 和 Sitenko(1967) 讨论了这种广义 Nyquist 定理在等离子体①中的应用，可以将它应用于各向同性非平衡电子温度和离子温度的等离子体中。在这种准平衡状态下，尽管电子和离子密度涨落是相互依赖的，但是可以将等离子体看成包含两个独立的成分，而这取决于电子温度和离子温度。Sitenko (1967，方程 (1.2.7)、(5.4.2) 和 (10.20)) 表明在这种情况下，

$$S(\boldsymbol{k},\omega)=-\frac{2}{\alpha^2\omega}\left|\frac{1+C_i}{\varepsilon}\right|^2\mathrm{Im}(C_e)-\frac{2T_i}{T_i\alpha^2\omega}\left|\frac{C_e}{\varepsilon}\right|^2\mathrm{Im}(C_i) \tag{3.8.1}$$

其中纵向介电函数为 $\varepsilon=1+C_e+C_i$，C_e 和 C_i 与电导率 (如耗散) 相关:

$$C_e=\sigma_e/4\pi\mathrm{i}\omega,\quad C_i=\sigma_i/4\pi\mathrm{i}\omega$$

考虑麦克斯韦速度分布的碰撞等离子体情况。我们可以对比方程 (3.8.1) 和 (3.7.2) 进而证明两种结论等效，但是我们必须证明 $-\mathrm{Im}(C_e)/\alpha^2\omega=B_e$。

由方程 (3.7.16)、(3.7.13) 和 (3.7.14) 得到

$$-\frac{\mathrm{Im}(C_e)}{\alpha^2\omega}=-\frac{1}{\omega}\mathrm{Im}\left\{\alpha^2-\frac{x_e\left[2\exp\left(-y_e^2\int_0^{y_e}\exp(p^2)\mathrm{d}p+\mathrm{i}\pi^{1/2}\exp(-y_e^2)\right)\right]}{1+D_e}\right\}$$

① 似乎这个定理不适用于无碰撞等离子体。然而，即使在无碰撞的情况下，由于朗道阻尼的原因，等离子体也有耗散。

$$= \frac{1}{ka\left|1+D_e\right|^2}\text{Im}\left[2\exp(-y_e^2)\int_0^{y_e}\exp(p^2)\text{d}p + \text{i}\pi^{1/2}\exp(-y_e^2)\right]$$

$$- \frac{\left|D_e\right|^2}{\nu_e\left|1+D_e\right|^2} = B_e \quad [\text{方程 (6.7.41)}] \tag{3.8.2}$$

两个结果的一致性表明，如果我们要使用方程 (3.7.4) 中定义的 $S(\boldsymbol{k},\omega)$，必须将粒子守恒项的初始值添加到傅里叶–拉普拉斯变换的动力学方程中。

习 题

3.1 讨论 $n_e\lambda_{De}^3 \sim 1$ 的情况下为什么观测的散射截面没有反映出三粒子相关效应。

3.2 作为理解弗拉索夫理论的第一步，我们希望利用一些简化方程，因此我们推导出以下各种情况下静电扰动无碰撞等离子体的时间渐进高频色散关系。

(a) $f_0(v) = \delta(v)$

(b) $f_0(v) = \delta(v - v_0)$

(c) $f_0(v) = \begin{cases} (2a)^{-1}, & |v| < a \\ 0, & |v| < a \end{cases}$

(d) $f_0(v) = \dfrac{a}{\pi}\dfrac{1}{v^2+a^2}$

3.3 证明为什么较低的混杂共振 $\omega_{LH} = \left[\omega_{pi}^2/\left(1+\omega_{pe}^2/\Omega_e^2\right)\right]^{1/2}$ 可能会影响聚变产生的 3.5MeV α 粒子的测量。当粒子减速时 (v_{ph} 相比于 v_α)，在密度为 $1\times10^{20}\text{m}^{-3}$，5T 磁场的氘–氚等离子体中，使用 60GHz 的输入光束，所测散射角度为 60°。

3.4 我们希望继续研究弗拉索夫色散关系，首先假设简单的柯西或洛伦兹分布，这些分布适合于简单的解。因此，我们考虑无限的无外加场等离子体

$$\widehat{f}_{0e}(v) = \frac{\widehat{a}_e}{\pi}\frac{1}{v^2+a_e^2}, \quad \widehat{f}_{0i}(v) = \frac{\widehat{a}_i}{\pi}\frac{1}{v^2+a_i^2}$$

推导离子声波的色散关系，并证明 $T_e \gg T_i$ 时阻尼很弱。

3.5 考虑离子和电子具有麦克斯韦分布，对应的温度分别为 T_i 和 T_e，对于无限无外加场的等离子体推导出离子声波频率的实部和虚部的表达式，假定：

$$b \ll \frac{\omega}{k} \ll a, \quad T_e \gg T_i$$

3.6 在推导非磁化流体等离子体中的高频电磁波的色散关系时，常常忽略 $\boldsymbol{v}_e\times\boldsymbol{B}$ 项，其中 $\boldsymbol{v}_e$ 是扰动的电子速度，$\boldsymbol{B}$ 是波磁场强度。证明这种忽略也给出了假设不成立的条件。

3.7 当折射指数 n_i 不是单位变量时，证明

$$\frac{\boldsymbol{E}_s(R,t) = -\text{e}^2E_{i0}(1-\beta^2)^{\frac{1}{2}}}{[(m_ec^2R)(1-\widehat{s}\cdot\beta)^3]}\cdot\Big\{(1-n_i\beta_i)(1-\beta_s)$$

$$- \left[(1-n_i\beta_i)\cos\eta + (n_i\cos\theta - \beta_s)\beta_E\right]\widehat{s} + n_i\beta_E(1-\beta_s)$$
$$+ \left[(1-n_i\beta_i)\cos\eta - (1-n_i\cos\theta)\beta_E\right]\beta\Big\}_{\text{ret}} x\cos\left[\boldsymbol{k}_i\cdot\boldsymbol{r}(t') - \omega_i t'\right]$$

3.8　考虑磁化冷中性流体等离子体 ($\boldsymbol{B}_0 = \hat{z}B_0$)，含有两种离子 (密度和带电量分别为 n_1, n_2, Z_{1e} 和 Z_{2e})。这样的等离子体中存在所谓的离子离子混合共振。为了便于定义，令 $\boldsymbol{k} = \hat{x}k$。基于这样的事实：离子振荡时离子的空间电荷互相抵消，扰动是单纯的静电驱动共振。对于单电荷离子，证明共振频率可如下表示：

$$\omega^2 = \Omega_j \cdot \Omega_k \frac{x_j\Omega_k + x_k\Omega_j}{x_j\Omega_j + x_k\Omega_k}$$

其中，x_j 和 x_k 是两种离子的分数密度量；Ω_j 和 Ω_k 是它们的回旋频率。可以由简单的条件 $\Omega_p^2\Omega_c^2 \gg 1$ 和 $\boldsymbol{k}\perp\boldsymbol{B}_0$ 推导得到共振条件。

奇数习题答案

3.1　为了进行散射测量，散射体积必须包含至少 10^{10} 个电子。在这种情况下，散射体积的尺寸将远大于德拜长度 λ_{De}，并且可能检测不到每个电子对多于一个离子屏蔽的贡献。

3.3　$\omega_{pi} = 8.33\times10^9\text{rad}\cdot\text{s}^{-1}, \omega_{pe} = 5.65\times10^{11}\text{rad}\cdot\text{s}^{-1}, \Omega_e = 8.8\times10^{11}\text{rad}\cdot\text{s}^{-1}$ 和 $\omega_{LH} = 7.0\times10^9\text{rad}\cdot\text{s}^{-1}$。对于 60Hz 的辐射，$k_i = 1.26\times10^3\text{m}^{-1}$ 和 $|k| \approx 2|k_i|\sin(\theta/2) = 1.26\times10^3\text{m}^{-1}$，在较低的混合共振区域，$v_{ph} = 5.6\times10^6\text{m}\cdot\text{s}^{-1}$ α 速度的初始值为 $v_\alpha = [2eE_\alpha/m_\alpha]^{1/2} = 1.29\times10^7\text{m}\cdot\text{s}^{-1}$。

3.5　我们的色散关系可以用等离子体色散函数或 Z 函数表示 (见方程 (5.2.5) 和 (5.2.6))

$$\varepsilon(k,\omega) = 1 - \frac{1}{2}\frac{k^2\lambda_{De}^2}{k^2}Z'\left(\frac{\omega}{ka}\right) - \frac{1}{2}\frac{k^2\lambda_{Di}^2}{k^2}Z'\left(\frac{\omega}{ka}\right) = 0$$

假设

$$b \ll \frac{\omega}{k} \ll a, \quad T_e \gg T_i, \quad \text{弱阻尼}$$

可以得到

$$\varepsilon(k,\omega) \approx \varepsilon(k,\omega_r) + \mathrm{i}\omega_i\frac{\partial\varepsilon(k,\omega_r)}{\partial\omega_r}$$

而

$$\varepsilon(k,\omega_r) = \varepsilon_r(k,\omega_r) + \mathrm{i}\varepsilon_i(k,\omega_r)$$
$$\Rightarrow \quad \varepsilon_r(k,\omega_r) = 0$$

和

$$\omega_i = -\frac{\varepsilon_i(k,\omega_r)}{\dfrac{\partial\varepsilon_r(k,\omega_r)}{\partial\omega_r}}$$

仅关心实部，有

$$\varepsilon_r = 1 - \frac{1}{2}\frac{k^2\lambda_{De}^2}{k^2}(-2) - \frac{1}{2}\frac{k^2\lambda_{Di}^2}{k^2}\frac{1}{\xi_i^2} = 0$$

$$\Rightarrow \quad 1+\frac{k^2\lambda_{De}^2}{k^2}-\frac{k^2\lambda_{Di}^2}{2\omega_r^2/b^2}=0$$

或者

$$\omega_r^2=\frac{k^2b^2k^2\lambda_{Di}^2k^2\lambda_{De}^2}{1+k^2\lambda_{De}^2}=\frac{k^2b^2\dfrac{\lambda_{De}^2}{\lambda_{Di}^2}}{1+k^2\lambda_{De}^2}=\frac{k^2b^2\dfrac{T_e}{T_i}}{1+k^2\lambda_{De}^2}$$

$$\Rightarrow \quad \omega_r^2=\frac{k^2c_s^2}{(1+k^2\lambda_{De}^2)}$$

其中为了简便取 $c_s=\sqrt{\kappa T_e/m_i}$, $Z=1$. 现在

$$Z'=-2(1+\xi Z)$$

$$\Rightarrow \quad \mathrm{Im}Z_e'=-2\xi_e\pi^{1/2}\mathrm{e}^{-\xi_e^2}$$

和

$$\mathrm{Im}Z_i'=-2\xi_i\pi^{1/2}\mathrm{e}^{-\xi_i^2}$$

$$\Rightarrow \quad \varepsilon_i=-\frac{1}{2}\frac{k^2\lambda_{De}^2}{k^2}(-2\xi_e)\pi^{1/2}\mathrm{e}^{-\xi_e^2}-\frac{1}{2}\frac{k^2\lambda_{Di}^2}{k^2}(-2\xi_i)\pi^{1/2}\mathrm{e}^{-\xi_i^2}$$

但是 $\xi_e \ll 1$

$$\Rightarrow \varepsilon_i \approx \frac{\pi^{1/2}}{k^2}\left[k^2\lambda_{De}^2\xi_e+k^2\lambda_{Di}^2\xi_i\mathrm{e}^{-\xi_i^2}\right]$$

$$=\frac{\pi^{1/2}k^2\lambda_{De}^2}{k^2}\left[\xi_e+\xi_i\frac{T_e}{T_i}\mathrm{e}^{-\xi_i^2}\right]$$

$$\uparrow \qquad\qquad \uparrow$$

$$\frac{\omega}{ka}=\frac{\omega\sqrt{m_e}}{k\sqrt{2ka}} \qquad \frac{\omega}{kb}=\frac{\omega\sqrt{m_i}}{k\sqrt{2kb}}$$

$$=\frac{\pi^{1/2}k^2\lambda_{De}^2}{k^2}\frac{\omega_r}{k}\frac{1}{\sqrt{2}}\frac{1}{c_s}\left[\sqrt{m_e/m_i}+\left(\frac{T_e}{T_i}\right)^{3/2}\mathrm{e}^{-\xi_i^2}\right]$$

上面我们用到 $k^2\lambda_{De}^2=\dfrac{4\pi n_e e^2}{\kappa T_e}$ 和 $k^2\lambda_{Di}^2=\dfrac{4\pi n_e e^2}{\kappa T_i}$。

对于离子，我们有

$$\xi_i^2=\frac{\omega_r^2}{k^2v_{Ti}^2}=\frac{k^2c_s^2}{k^2\left(1+k^2\lambda_{De}^2\right)^2}=\frac{T_e/T_i}{2\left(1+k^2\lambda_{De}^2\right)}$$

且

$$\varepsilon_r=1+\frac{k^2\lambda_{De}^2}{k^2}-\frac{k^2\lambda_{De}^2a^2}{2\omega_r^2}$$

$$\Rightarrow \frac{\partial\varepsilon_r}{\partial\omega_r}=+\frac{k^2\lambda_{Di}^2b^2}{\omega_r^2}$$

$$\Rightarrow \omega_i = \frac{-\pi^{1/2}k^2\lambda_{De}^2\omega_r}{\sqrt{2}k^3 c_s \dfrac{k^2\lambda_{Di}^2 v_{T_i}^2}{\omega_r^3}} \quad [\cdots\cdots]$$

$$= \frac{-\pi^{1/2}k^2\lambda_{De}^2\omega_r^4}{\sqrt{2}k^3 c_s k^2\lambda_{Di}^2 b^2} \quad [\cdots\cdots]$$

考虑到 $\dfrac{k^2\lambda_{De}^2}{k^2\lambda_{Di}^2} = \dfrac{T_i}{T_e}$

$$\text{因此}\quad \omega_i = \frac{-\pi^{1/2}\omega_r^4}{\sqrt{2}k^3 c_s (T_e/T_i) v_{T_i}^2} \quad [\cdots\cdots]$$

$$= \frac{-\pi^{1/2}\omega_{\rm r}^2}{\sqrt{2}\sqrt{4}k^3 c_{\rm s}^2} \quad [\cdots\cdots]$$

$$\omega_t = \frac{-\omega_r\sqrt{\pi/8}}{\left(1+k^2\lambda_{De}^2\right)^{3/2}}\left\{\left(\frac{T_e}{T_i}\right)^{3/2}\exp\left[\frac{-T_e/T_i}{2\left(1+k^2\lambda_{De}^2\right)}\right]+\sqrt{\frac{m_e}{m_i}}\right\}$$

上述表达式与弱阻尼的离子声波类似。

3.7

$$\begin{aligned}
&\mathrm{d}/\mathrm{d}t'\left\{\left[m_e\boldsymbol{v}/\left(1-v^2/c^2\right)\right]\right\}\\
&= q\left[\boldsymbol{E}_{i0} + (\boldsymbol{v}/c)\times\boldsymbol{B}_{i0}\right]\\
&= m_e\mathrm{d}\boldsymbol{v}/\mathrm{d}t'\left(1-v^2/c^2\right)^{1/2} - \left(-2\boldsymbol{v}\cdot\mathrm{d}\boldsymbol{v}/\mathrm{d}t'/c^2\right)m_e/2\left(1-v^2/c^2\right)^{-1/2}\boldsymbol{v}/\left(1-v^2/c^2\right)
\end{aligned}$$

取 $\boldsymbol{v}$ 的标量和

$$m_e\left(\mathrm{d}\boldsymbol{v}/\mathrm{d}t'\right)\cdot\boldsymbol{v}\left(1-v^2/c^2+v^2/c^2\right)/\left(1-v^2/c^2\right)^{3/2} = q\left(\boldsymbol{E}_{i0}\cdot\boldsymbol{v}\right)$$

$$(\boldsymbol{v}/c)\times\boldsymbol{B}_{i0}\times\boldsymbol{v} = 0$$

然后，将 $\left(\mathrm{d}\boldsymbol{v}/\mathrm{d}t'\right)\cdot\boldsymbol{v} = (q/m_e)\left(\boldsymbol{E}_{i0}\cdot\boldsymbol{v}\right)\left(1-v^2/c^2\right)^{3/2}$ 代入原来式子得到

$$\mathrm{d}v/\mathrm{d}t' = q/m_e\left(1-v^2/c^2\right)^{1/2}\left[\boldsymbol{E}_{i0}+\boldsymbol{\beta}\times\boldsymbol{B}_{i0}-\beta\left(\boldsymbol{\beta}\times\boldsymbol{E}_{i0}\right)\right]\cos\left[\boldsymbol{k}_i\cdot\boldsymbol{r}(t')-\omega_i t'\right]$$

而 $\boldsymbol{B}_{i0} = n_i\left(\widehat{1}\times\boldsymbol{E}_{i0}\right)$，且

$$\begin{aligned}
\boldsymbol{E}_s(R,t) = {}& e^2\left(1-\beta^2\right)^{1/2}/\left[\left(m_e c^2 R\right)\left(1-\widehat{s}\cdot\boldsymbol{\beta}\right)^3\right]\cdot\left\{\widehat{s}\times\left(\widehat{s}-\boldsymbol{\beta}\right)\right.\\
&\left.\times\left[\boldsymbol{E}_{i0}+n_i\boldsymbol{\beta}\times\widehat{1}\times\boldsymbol{E}_{i0}-\beta\left(\boldsymbol{\beta}\times\boldsymbol{E}_{i0}\right)\right]\right\}_{\rm ret}\times\cos\left[\boldsymbol{k}_i\cdot\boldsymbol{r}(t')-\omega_i t'\right]
\end{aligned}$$

假定

$$\boldsymbol{A}\times\boldsymbol{B}\times\boldsymbol{C} = (\boldsymbol{A}\cdot\boldsymbol{C})\boldsymbol{B} - (\boldsymbol{A}\cdot\boldsymbol{B})\boldsymbol{C}$$

$$\begin{aligned}
&\left\{\widehat{s}\times\left(\widehat{s}-\boldsymbol{\beta}\right)\times\left[\boldsymbol{E}_{i0}+n_i\boldsymbol{\beta}\times\widehat{1}\times\boldsymbol{E}_{i0}-\beta\left(\boldsymbol{\beta}\cdot\boldsymbol{E}_{i0}\right)\right]\right\}\\
&= E_{i0}\left\{\left[-\widehat{s}\cdot\widehat{s}+\widehat{s}\cdot\boldsymbol{\beta}+\left(\widehat{s}\cdot\widehat{s}\right)\left(n_i\boldsymbol{\beta}\cdot\widehat{1}\right)\right]\widehat{e}_i\right.
\end{aligned}$$

$$
\begin{aligned}
&+\left[+\widehat{s}\cdot\widehat{e}_i+\left(\widehat{s}\cdot\widehat{1}\right)\left(n_i\boldsymbol{\beta}\cdot\widehat{e}_i\right)-\widehat{s}\cdot\widehat{e}_i\left(n_i\boldsymbol{\beta}\cdot\widehat{1}\right)-\left(\widehat{s}\cdot\boldsymbol{\beta}\right)\left(\boldsymbol{\beta}\cdot\widehat{e}\right)\right]\widehat{s}\\
&+\left[-\left(\widehat{s}\cdot\widehat{s}\right)\left(n_i\boldsymbol{\beta}\cdot\widehat{e}_i\right)+\left(\widehat{s}\cdot\boldsymbol{\beta}\right)\left(n_i\boldsymbol{\beta}\cdot\widehat{e}_i\right)\right]\widehat{1}\\
&+\left[-\left(\widehat{s}\cdot\widehat{1}\right)\left(n_i\boldsymbol{\beta}\cdot\widehat{e}_i\right)-\widehat{s}\cdot\widehat{e}_i\boldsymbol{\beta}+\widehat{s}\cdot\widehat{e}_i\left(n_i\boldsymbol{\beta}\cdot\widehat{1}\right)+\left(\widehat{s}\cdot\widehat{s}\right)\left(\boldsymbol{\beta}\cdot\widehat{e}_i\right)\right]\boldsymbol{\beta}\Big\}
\end{aligned}
$$

代入以下表达式并进行整理得到

$$
\widehat{s}\cdot\widehat{1}=\cos\theta,\ \widehat{s}\cdot\widehat{e}_i=\cos\eta,\ \widehat{e}_i=\widehat{E}_{i0},\ \boldsymbol{\beta}\cdot\widehat{1}=\beta_i,\ \widehat{s}\cdot\boldsymbol{\beta}=\beta_s,\ \boldsymbol{\beta}\cdot\widehat{e}_i=\beta_E
$$

$$
\begin{aligned}
\boldsymbol{E}_S(R,t)=&-e^2E_{i0}\left(1-\beta^2\right)^{1/2}/\left[\left(m_ec^2R\right)\left(1-\widehat{s}\cdot\beta\right)^3\right]\cdot\{(1-n_i\beta_i)(1-\beta_s)\ \widehat{e}_i\\
&-\left[(1-n_i\beta_i)\cos\eta+(n_i\cos\theta-\beta_s)\beta_E\right]\widehat{s}+n_i\beta_E(1-\beta_s)\\
&+\left[(1-n_i\beta_i)\cos\eta-(1-n_i\cos\theta)\beta_E\right]\beta\}\times\cos\left[\boldsymbol{k}_i\cdot\boldsymbol{r}(t')-\omega_it'\right]
\end{aligned}
$$

第 4 章　非集体性散射

4.1　引　　言

来自散射体积内随机分布的一组电荷的辐射散射称为“非集体性散射”，完整计算电荷随机分布等离子体散射的条件已在第 3 章中介绍了，可以证明当满足下面条件时，热力学平衡中等离子体将发生非集体性散射。

$$\alpha = \frac{1}{k\lambda_{De}} \ll 1 \tag{4.1.1}$$

即散射波长 λ 远小于德拜长度 λ_{De}，见方程 (1.4.2)。

用 2.3 节中能量散射的总表达式取一阶近似可以得到非集体性功率谱。在高温热平衡等离子体中 $F_e \to f(\boldsymbol{v})\,\delta(\boldsymbol{v}\cdot\boldsymbol{v}-\omega)$，需用到麦克斯韦–朱特纳速率分布函数

$$f(\beta) = \left[2\pi K_2\left(\frac{m_e c^2}{\kappa T_e}\right)\right]^{-1} \frac{m_e c^2}{2\kappa T_e} \frac{\exp[m_e c^2/\kappa T_e (1-\beta^2)^{1/2}]}{(1-\beta^2)^{5/2}} \tag{4.1.2}$$

其中，K_2 为第二类二阶修正贝塞尔函数。如果用 β 的幂级数展开，可以用 β 的一阶近似表示麦克斯韦分布函数。注意 $m_e c^2/2\kappa T_e = c^2/a^2 \simeq \beta^{-2}$。

3.5 节给出的散射功率的完全相对论表达式为

$$P_s(\boldsymbol{k},\omega)\,\frac{NP_i r_e^2}{2\pi A} NS(\boldsymbol{k},\omega) \tag{4.1.3}$$

其中，对独立的非相关电子，在进行速度积分之前需要对每一个独立电子的散射能量进行计算，非集体性散射的相对论起伏谱可写为

$$S(\boldsymbol{k},\omega) = \lim_{\gamma\to 0, V\to\infty} \frac{2\gamma}{V} \left\langle \frac{1}{n_{e0}} \int \mathrm{d}\boldsymbol{v} \left[\frac{\widehat{s}\times\left\{\left(\widehat{s}-\beta\right)\times\dot{\beta}\right\}}{(1-\beta_s)^2}\right]^2 f(\boldsymbol{v})\delta\left(\boldsymbol{k}\cdot\boldsymbol{v}-\omega\right)\right\rangle \tag{4.1.4}$$

正如 1.7.2 节中讨论的那样，传统方法是考虑一个平面波，电场 $\boldsymbol{E}_{i0}$ 垂直于散射平面，进而有 $\widehat{s}\cdot\widehat{E}_{i0}=0$。另外，实验上常常应用偏振，选择平行于 $\boldsymbol{E}_{i0}$ 的散射辐射的偏振分量 $\boldsymbol{E}_s$，简化表达式为

$$\left\{\frac{\widehat{s}\times\left[\left(\widehat{s}-\beta\right)\times\dot{\beta}\right]}{(1-\beta_s)^2}\right\}^2 = \left|\frac{1-\beta_i}{1-\beta_s}\right|^2 \left|1-\beta^2\right| \left|1-\frac{\left(1-\beta_E^2\cos\theta\right)}{(1-\beta_i)(1-\beta_s)}\right|^2 \tag{4.1.5}$$

可以将 $|(1-\beta_i)/(1-\beta_s)|^2$ 移到积分号外，非集体性散射的总散射功率为

$$P_s(\boldsymbol{k},\omega)\,\mathrm{d}\Omega\mathrm{d}\omega_s=\frac{NP_i}{A}r_o^2\mathrm{d}\Omega\mathrm{d}\omega_s\left|\frac{1-\beta_i}{1-\beta_s}\right|^2$$

$$\times\int_{-c}^{+c}\left|1-\beta^2\right|\left|1-\frac{1-\beta_E^2\cos\theta}{(1-\beta_i)(1-\beta_s)}\right|^2 f(\boldsymbol{v})\delta(\boldsymbol{k}\cdot\boldsymbol{v}-\omega)\,\mathrm{d}\boldsymbol{v}\quad(4.1.6)$$

与之前的工作进行对比，设 $n_i=1$。当 χ_e 和 χ_i 正比于 $\alpha^2=1/(k\lambda_{De})^2$ 时，3.5 节得到了简化的全功率谱结果；在 $\alpha\to 0$ 的极限条件下，方程 (3.5.15) 简化为非集体性散射的情况。注意到，要么 f_{e0} 或者 f_{i0} 为非麦克斯韦分布，或者说 $T_e\neq T_i$，或是系统整体没有与环境形成热平衡，那么 f_{e0} 和 $P(\boldsymbol{k},\omega)$ 将随时间变化。

对于 $\alpha\geqslant 1$，即 $\lambda\geqslant\lambda_{De}$，入射波与电子相互作用，对每个电子和离子产生了一种屏蔽作用，其散射谱取决于这群电子的集体行为，这称为集体性散射 (见 5 章)，需要用更严格的散射功率计算方法。必须牢记两种情况的散射功率都反比于带电粒子质量的平方，因此，电子的散射占主导。

Matoba 等 (1979) 计算的散射谱证明当电子温度上升时，电子能谱出现扭曲，如图 4.1 所示。不同的分析方法得到了不同的解，与计算结果有很好的近似。Zhuravlev

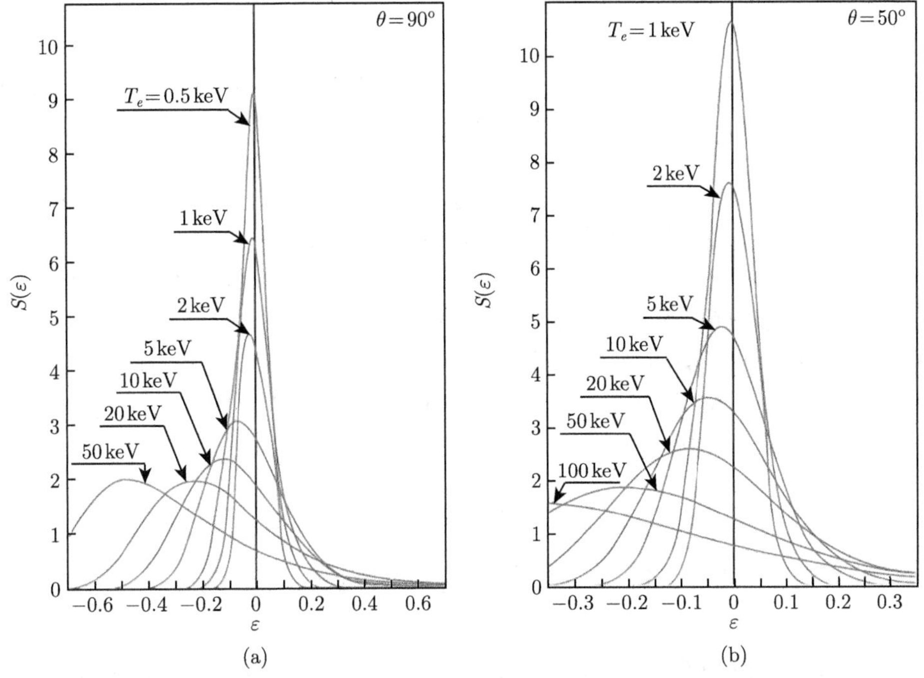

图 4.1　以归一化波长偏移 ($\varepsilon=\Delta\lambda/\lambda_i$) 为自变量的完全相对论汤姆孙散射谱密度函数：(a) 散射角 $\theta=90°$；(b) $\theta=50°$ (由 Matoba 等 (1979) 和日本应用物理学会提供)

和 Petrov (1972, 1979) 推导了去极化项 (方程 (4.1.6) 中积分的第二项) 随速度慢变的近似解。但是，正如 Beausang 和 Prunty (2008) 指出的那样，这种方法的计算需要知道温度和密度。后者对 ($\theta = 180°, \cos\theta = -1$) 激光雷达向后散射的情况进行了相应的推导，他们证明 $T_e = 50$ keV 时极化项可带来高达 25%的效率提升，该效率主要指密度的测量。

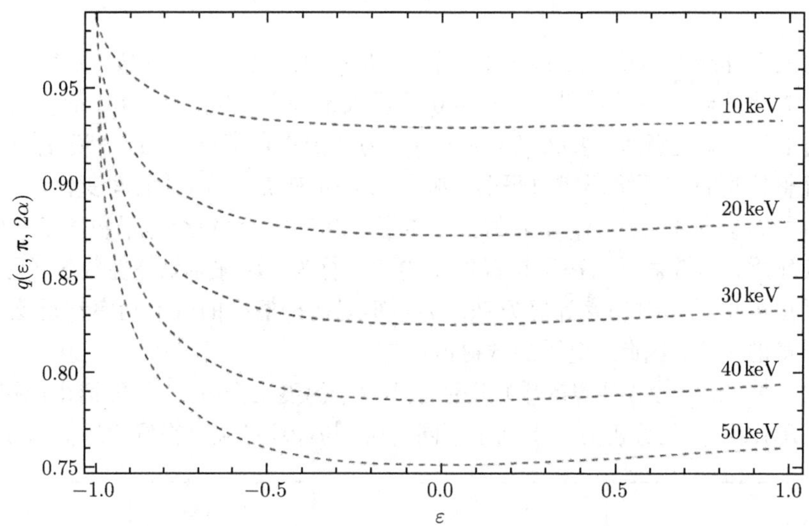

图 4.2　激光雷达在电子温度为 10 ~ 50keV 范围，去极化项随波长偏移 ($\varepsilon = \Delta\lambda/\lambda_i$) 的变化 (由 Beausang 等 (2008) 和物理研究所提供)

Matoba 等 (1979) 计算了散射谱，并将 Pogutse (1963) 和 Sheffield (1972a, 1975) 的散射谱中 β 的二阶量进行了扩展。Selden (1980) 计算了 20 keV 处的散射，在 100 keV 处效率约为 1%。但是，在两篇文章中应用的散射积分中，他还发现其中两个公式中的横向项的差异，并且在 20 keV 以上更加明显。然后，Naito 等 (1993) 推导得到了极化项的解析公式，不需要修正且 (精度) 相对误差在 100 keV 以下能小于 0.1%。Palastro 等 (2010) 将这个工作拓展为一个通用的完全相对论公式，可适用于所有散射角的集体性与非集体性散射。

4.2　散射频率中多普勒频移的来源

相对于入射波频率，散射频率具有多普勒频移量 ω，正比于传播波矢方向 $\boldsymbol{k}$ 的速度分量 (图 4.3)。

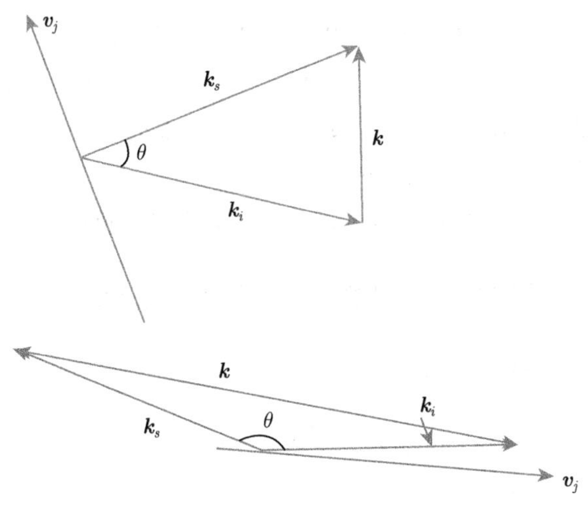

图 4.3　散射辐射的波矢量图

多普勒频移是两种效应的结果。其中第一种效应是电子看到入射波频率为 $\omega' = \omega_i - \boldsymbol{k}_i \cdot \boldsymbol{v}_j$，因为电子是相对于辐射源运动的。第二种效应是电子有一个指向观察者的速度分量，因此产生第二个频移。我们可以从方程 (3.2.3) 和 (3.2.4) 看到

$$t'_j = \frac{t}{1 - \dfrac{\widehat{s} \cdot \boldsymbol{v}_j}{c}} = \frac{R - \widehat{s} \cdot \boldsymbol{r}_j(0)}{c\left(1 - \dfrac{\widehat{s} \cdot \boldsymbol{v}_j}{c}\right)}$$

差分后可以得到

$$\Delta t'_j = \frac{\Delta t}{1 - \dfrac{\widehat{s} \cdot \boldsymbol{v}_j}{c}}$$

进一步推导，可以得到电子辐射频率 ω' 和观察者接收频率 ω_s 的关系。

$$\omega_s = \frac{\omega'}{1 - \dfrac{\widehat{s} \cdot \boldsymbol{v}_j}{c}} = \frac{\omega_i\left(1 - \dfrac{\widehat{i} \cdot \boldsymbol{v}_j}{c}\right)}{1 - \dfrac{\widehat{s} \cdot \boldsymbol{v}_j}{c}}$$

用如下表达式代替

$$\omega_s = \omega_i + \boldsymbol{k} \cdot \boldsymbol{v}_j$$

$$\boldsymbol{k} = \boldsymbol{k}_s - \boldsymbol{k}_i$$

需要特别说明的是，散射实验中的确定量为 ω_i，$\widehat{i}$，$\boldsymbol{k}_i$ 和 $\widehat{s}$，θ。很明显 ω_s 是 $\boldsymbol{v}_j$ 的函数，因此不管是方向还是大小，$\boldsymbol{k}_s$ 或 $\boldsymbol{k}$ 都不是常数。仅仅当 $\beta = a/c \ll 1$ 时，即低温等离子体，可以合理地假设

$$|k| \simeq \text{constant} = 2|k_i|\sin(\theta/2)$$

散射来源于体积 V 中的 N 个电子，等离子体空间均匀，电子密度为 $n_e = N/V$。

散射能量的频率范围为 $\omega_s \to \omega_s + \mathrm{d}\omega$，正比于速度在 $\boldsymbol{v}_k \sim \boldsymbol{v}_k + \mathrm{d}\boldsymbol{v}_k$ 且沿着 $\boldsymbol{k}$ 方向的电子数，并有 $\omega_s = \omega_i + \boldsymbol{k} \cdot \boldsymbol{v}_k$。

散射体积内在 $\boldsymbol{v} \sim \boldsymbol{v} + \mathrm{d}\boldsymbol{v}_k$ 范围的电子数由速度分布函数 $Nf(\boldsymbol{v})\mathrm{d}\boldsymbol{v}$ 给出，其中 $\int_{-\infty}^{+\infty} f(\boldsymbol{v})\mathrm{d}\boldsymbol{v} = 1$。严格来说，速度的上下限应该是正负光速 (此时 v_k 具有小的增加)。首先注意低密度情况 $\omega_{pe} \ll k_i c$，

$$k = \left(\omega_s^2 + \omega_i^2 - 2\omega_s\omega_i\cos\theta\right)^{1/2}/c$$

然后有

$$v_k = \frac{(\omega_s - \omega_i)\,c}{\left[(\omega_s - \omega_i)^2 + 2\omega_s\omega_i\cos\theta\right]^{1/2}}$$

现在 $v_k < c$，因此我们必须忽略 ω_s 和 ω_i 不同符号的项。若 β^2 量级不大，则利用无穷极限和非相对论分布函数不会产生问题。

考虑三个相互垂直分量的坐标系：$\widehat{k}$，$\widehat{k}$ 垂直于 $\widehat{s}, \widehat{i}$ 的平面，$\widehat{k}$ 与 $\widehat{s}$ 和 $\widehat{i}$ 的平面相互垂直。速度分量写为 $\boldsymbol{v}_k$，$\boldsymbol{v}_{k\perp}$ 和 $\boldsymbol{v}_{kT}$(图 4.4)。在 $\widehat{s}$ 方向上 $\mathrm{d}\Omega$ 立体角内频率在 $\omega_s \to \omega_s + \mathrm{d}\omega$ 的总散射功率为

$$\begin{aligned} P_s(\boldsymbol{k},\omega)\,\mathrm{d}\Omega\mathrm{d}\omega_s = {} & \frac{NP_i r_0^2}{A}\mathrm{d}\Omega\mathrm{d}\omega_s\left(1+\frac{2\omega}{\omega_i}\right)\left|\widehat{s}\times\left(\widehat{s}\times\widehat{E}_{i0}\right)\right|^2 \\ & \times \int\int\int_{-\infty}^{+\infty} \mathrm{d}v_x\mathrm{d}v_y\mathrm{d}v_z f(\boldsymbol{v})\delta\left[(\omega_s-\omega_i)-\boldsymbol{k}\cdot\boldsymbol{v}\right] \end{aligned} \tag{4.2.1}$$

其中

$$r_0 = e^2/m_0c^2 = 2.82\times10^{-13}\mathrm{cm} \tag{4.2.2}$$

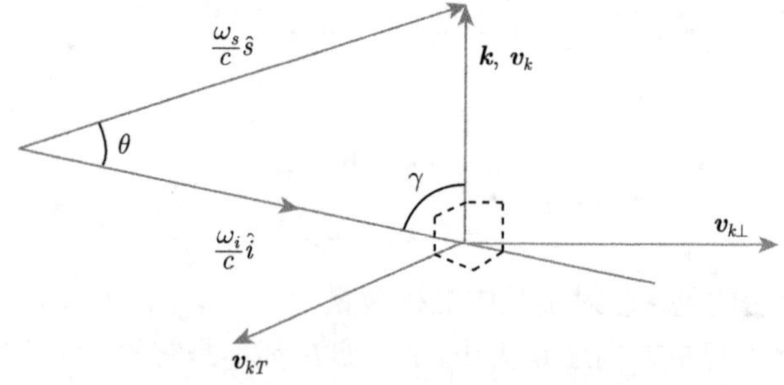

图 4.4　速度分量的波矢量图

r_0 为经典电子半径，$\mathrm{d}\Omega$ 为立体角小量。以 θ 中心，在与入射电场夹角为 φ_0 的方向接收散射波，这里 A 为入射波的横截面，L 为散射体积的长度 $(V=AL)$。

$$\left[\widehat{s}\times\left(\widehat{s}\times\widehat{E}_{i0}\right)\right]^2=1-\sin^2\theta\cos^2\varphi_0,\quad \text{极化辐射}$$
$$=1-\left(\sin^2\theta\right)/2,\quad \text{非极化辐射, 对 } \varphi_0 \text{ 取平均} \tag{4.2.3}$$

对于 $\beta\ll 1$ 的情况，我们可以将 k 视为常数，在这个近似下，当我们变换坐标系时，雅可比系数为

$$\mathrm{d}v_x\mathrm{d}v_y\mathrm{d}v_z\to\mathrm{d}v_k\mathrm{d}v_{k\perp}\mathrm{d}v_{kT}$$

对 $v_{k\perp}$ 和 v_{kT} 进行积分可以简单给出

$$P_s(\boldsymbol{k},\omega)\,\mathrm{d}\omega_s\mathrm{d}\Omega=\frac{NP_ir_0^2}{A}\mathrm{d}\Omega\mathrm{d}\omega_s\left(1+\frac{2\omega}{\omega_i}\right)\left|\widehat{s}\times\left(\widehat{s}\times\widehat{E}_{i0}\right)\right|^2 f(\omega/k)\,(\mathrm{d}\omega_s/k)$$

如果进一步考虑 $2\omega/\omega_i\ll 1$ 的情况，并假定为麦克斯韦与静态分布，可以对一维麦克斯韦分布的结果进行最佳拟合，从而得到电子温度值 T_e。另外，如果实验装置经过了绝对定标，就可以从所有频率积分得到电子密度 n_e，写为

$$\int_{-\infty}^{+\infty} f(\omega/k)\,(\mathrm{d}\omega_s/k)=1$$

对于麦克斯韦分布有

$$\int_{-\infty}^{+\infty} \omega f(\omega/k)\,(\mathrm{d}\omega_s/k)=0$$

则立体角 $\mathrm{d}\Omega$ 内的总散射能量为

$$P_s(\boldsymbol{R},\omega_s)\mathrm{d}\Omega=P_ir_0^2\mathrm{d}\Omega L\left|\widehat{s}\times\left(\widehat{s}\times\widehat{E}_{io}\right)\right|^2 n_e=(P_i/A)\,r_0^2\mathrm{d}\Omega\left|\widehat{s}\times\left(\widehat{s}\times\widehat{E}_{i0}\right)\right|^2 N \tag{4.2.4}$$

若对 $\mathrm{d}\Omega$ 积分，我们可得到总功率是单个电子散射功率的 N 倍，当然这必须是非集体性散射。

我们重新计算式 (4.2.4) 得

$$\frac{\text{散射功率}}{\text{入射功率}}=\frac{P_s}{P_i}\simeq r_0^2 n_e L\mathrm{d}\Omega$$

对于典型的磁聚变等离子体有 $n_e\simeq 10^{14}\mathrm{cm}^{-3}, L\simeq 1\mathrm{cm}, \mathrm{d}\Omega\simeq 10^{-2}\mathrm{sr}, r_0^2=7.95\times 10^{-26}\mathrm{cm}^2$。代入这些值，可得 $P_s/P_i\simeq 10^{-13}$，这清楚地表明将散射用于诊断时的一个主要问题，即我们需要能量很大的源。这将在 4.5 节中进一步讨论。

需要注意的是，以上结论的假设条件是在积分时间 T 内分布函数不会明显变化，这对于平衡态麦克斯韦分布显然是成立的。

如果分布函数是各向异性的，或者电子和离子有不同的温度，再或者对于极端的不稳定系统，则假设不一定成立。在这些情况下，都会有相互作用 (碰撞) 来恢复平衡，散射结果将取决于 T/τ_c，其中 τ_c 为平均的碰撞时间。下面我们讨论由于忽略 $\left(1+\dfrac{2\omega}{\omega_i}\right)$ 而引起的误差。

4.3 对 β 的一阶项和二阶项的比较

Matoba 等 (1979) 计算了完全相对论的非相干散射谱密度函数 (S_R)，并将其归一化为非相对论形式 (S_N)，

$$\frac{S_R\left(\dfrac{\Delta\lambda}{\lambda_i}\right)}{S_N\left(\dfrac{\Delta\lambda}{\lambda_i}\right)} \simeq 1-\frac{7}{2}\frac{\Delta\lambda}{\lambda_i}+\frac{c^2\Delta\lambda^3}{2a^2\lambda_i^3(1-\cos\theta)}$$
$$-\frac{a^2}{8c^2}\left(\frac{39}{4}-5\cos\theta\right)+\frac{1}{8}\left(29+\frac{5}{1-\cos\theta}\right)\frac{\Delta\lambda^2}{\lambda_i^2}$$
$$-\frac{1}{16(1-\cos\theta)}\left(28+\frac{1}{1-\cos\theta}\right)\frac{c}{a}\frac{\Delta\lambda^4}{\lambda_i^4}+\frac{c^2}{8a^2(1-\cos\theta)^2}\frac{\Delta\lambda^6}{\lambda_i^6} \quad (4.3.1)$$

他们将完全相对论形式的表达式与 Pogutse(1963) 仅使用第一项的形式，以及 Sheffield(1972b, 1975) 使用前三项的形式 [式 (3.4.1)] 进行了比较，如图 4.5 所示。

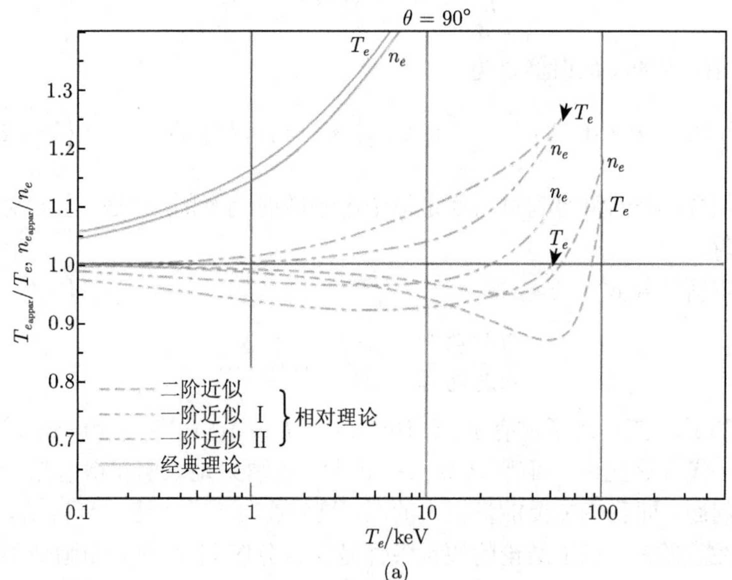

(a)

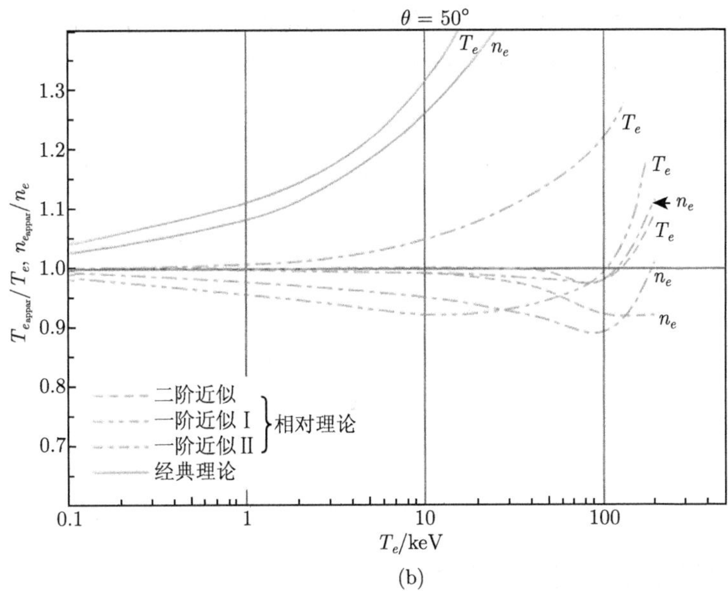

(b)

图 4.5 由经典理论、一阶近似理论和二阶近似理论得出的视在电子温度和密度与真实电子温度的函数关系：(a) θ= 90°；(b) $\theta = 50°$ (由 Matoba 等 (1979) 和日本应用物理学会提供)

4.4 有限渡越时间效应

在评估由一个电子引起的散射强度时 (1.7 节)，我们假设在测量时间 t 内，该电子可以保持在散射体积内。事实上，入射波束的尺寸是有限的，散射体积是有限的，因此我们不会在整个时间 T 内处理同一组 N 个电子。

一个速度为 v_j 的 j 型电子需要时间 $\Delta t' = d_j/v_j$ 来穿过散射体积 (图 4.6)，其中 d_j 为 $\hat{v}_j$ 方向的散射体积的尺度。所以，各种形式的电子的平均密度为定值，因此，平均来看，每有一个 j 型电子离开散射体积，便有一个电子进入。最终结果是来自每个电子的波包将被缩减，从而导致散射频率和波长的展开。波长的展开表示如下：

$$\Delta\lambda_{FT} \sim \frac{v_j\lambda_i}{cd_j}\lambda_i \tag{4.4.1}$$

与温度引起的波长变化进行比较

$$\Delta\lambda_{1/2} \sim 2.34a\lambda_i/c \tag{4.4.2}$$

因此，

$$\frac{\Delta\lambda_{FT}}{\Delta\lambda_{1/2}} \sim 0.43\frac{v_j\lambda_i}{ad_j} \tag{4.4.3}$$

Salzmann (1986) 给出了 3keV 等离子体中 30keV 电子的例子 (具有可见光，$d_j = 1\text{mm}$，$\varDelta_{FT} \sim 0.1\mu\text{m}$，$\Delta\lambda_{1/2} \sim 150\text{nm}$)。

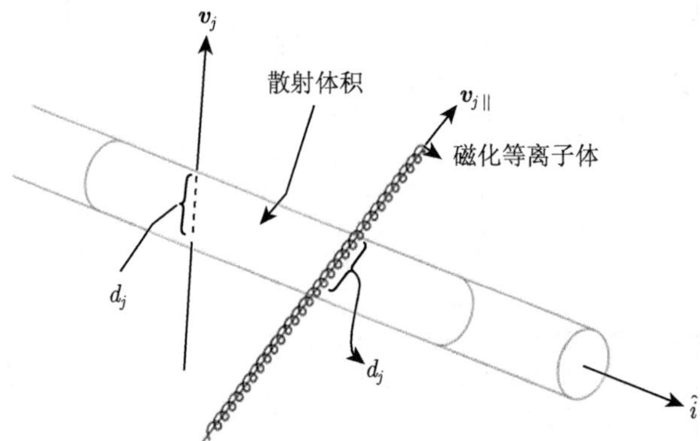

图 4.6　电子穿过散射体积的运动轨迹

我们可以通过设定衍射极限时的 d_j 值

$$d_j \simeq 2.4 f \lambda_i / D \tag{4.4.4}$$

来扩展计算至不同的波长。其中，f 是输入光的焦距，D 是其直径。

$$\frac{\Delta\lambda_{FT}}{\Delta\lambda_{1/2}} \sim 0.18 \frac{v_i}{a} \frac{D}{f} \tag{4.4.5}$$

对于上面的例子，假设 $D/f \sim 10^{-2}$，比率为 0.6×10^{-2}。

4.5　热力学平衡下的等离子体非集体性散射

热力学平衡下的等离子体，$\beta \ll 1$，电子满足麦克斯韦速度分布：

$$f(\boldsymbol{v}) = \frac{1}{(\pi a^2)^{3/2}} \exp\left(-\frac{v_k^2 + v_{k\perp}^2 + v_{kT}^2}{a^2}\right)$$

其平均速度为 $a = (2\kappa T_e/m_e)^{1/2}$，$\beta = a/c$。代入式 (4.2.1)，由此产生的散射功率谱可以用多种方式表示。

4.5.1　散射功率的频谱

$$P_s(\boldsymbol{R}, \omega_s)\,\mathrm{d}\varOmega = P_i r_0^2 \mathrm{d}\varOmega n_e L \left(1 + \frac{2\omega}{\omega_i}\right) \left|\hat{s} \times \left(\hat{s} \times \hat{E}_{i0}\right)\right|^2 \frac{\exp\left[-(\omega/ka)^2\right]}{\pi^{1/2} ka} \mathrm{d}\omega_s \tag{4.5.1}$$

其中 $\omega = \omega_s - \omega_i, \mathrm{d}\omega = \mathrm{d}\omega_s, k \simeq 2k_i \sin(\theta/2)$。

4.5.2 微分散射截面

微分散射截面定义如下：

$$\frac{\mathrm{d}\sigma}{\mathrm{d}\Omega}=\frac{P_s}{P_i}\frac{A}{\mathrm{d}\Omega}=Nr_0^2\left(1+\frac{2\omega}{\omega_i}\right)\left|\hat{s}\times\left(\hat{s}\times\hat{E}_{i0}\right)\right|^2\frac{\exp\left[-\left(\omega/ka\right)^2\right]}{\pi^{1/2}ka}$$

对频率 ω_s 在整个立体角上积分得到

$$\sigma=N\left(8\pi/3\right)r_0^3$$

汤姆孙截面为 $\sigma_T=(8\pi/3)\,r_0^3$，这是单个电子的积分散射截面。

4.5.3 波长谱

实验中，结果常常被表达成辐射波长变化的形式，$\Delta\lambda$：

$$\lambda_s=\lambda_i+\Delta\lambda$$

为了与 β 的一阶限制相一致，必须只保留 $\Delta\lambda/\lambda_i$ 中的一阶项。我们注意到在低密度 $(\omega_{pe}\ll k_ic)$ 时：

$$\begin{cases}\dfrac{1}{k}\simeq\dfrac{c}{2^{1/2}(1-\cos\theta)^{1/2}\omega_i}\left(1+\dfrac{\Delta\lambda}{2\lambda_i}\right)\\[2ex]\dfrac{\omega}{\omega_i}=-\dfrac{\Delta\lambda}{\lambda_i},\mathrm{d}\omega_s\simeq\dfrac{2\pi c}{\lambda_i^2}\left(1-\dfrac{2\Delta\lambda}{\lambda_i}\right)\mathrm{d}\lambda_s\\[2ex]\left(\dfrac{\omega_s-\omega_i}{ka}\right)^2\simeq\dfrac{c^2\Delta\lambda^2}{4\lambda_i^2\sin^2\dfrac{\theta}{2}a^2\left(1+\dfrac{\Delta\lambda}{\lambda_i}\right)}\end{cases}\tag{4.5.2}$$

代入式 (4.5.1) 并且

$$\begin{aligned}P_s^0\left(\boldsymbol{R},\lambda_s\right)\mathrm{d}\lambda_s\cdot\mathrm{d}\Omega=&\frac{P_ir_0^2\mathrm{d}\Omega n_eL}{2\pi^{1/2}\sin\dfrac{\theta}{2}}\left(1-\frac{3.5\Delta\lambda}{\lambda_i}+\frac{c^2\Delta\lambda^3}{4a^2\lambda_i^2\sin^2\dfrac{\theta}{2}}\right)\\&\times\frac{c\mathrm{d}\lambda_s}{a\lambda_i}\exp\left(-\frac{c^2\Delta\lambda^2}{4a^2\lambda_i^3\sin^2\dfrac{\theta}{2}}\right)\end{aligned}\tag{4.5.3}$$

我们保留带有 $\Delta\lambda^3/\lambda_i^3$ 的修正项，这是因为它与 c^2/a^2 相乘。β 的高阶校正由 Matoba 等 (1979) 得出，见式 (6.3.1)。

4.5.4 实验上的应用

1. 谱偏移

这些额外项使得散射谱向入射波长的短波长方向偏移，将式 (4.5.3) 对 $\Delta\lambda$ 进行微分，并将结果设为零，方程的解给出了谱中心的偏移量为 $\Delta\lambda_m$。现在，设 $\Delta\lambda_m/\lambda_i \ll 1$，我们发现：

$$\frac{\Delta\lambda_m}{\lambda_i} = -\frac{7a^2\sin^2(\theta/2)}{c^2} \tag{4.5.4}$$

因为

$$a^2/c^2 \simeq 4\times10^{-6}T_e\,(\text{eV})$$

所以

$$\frac{\Delta\lambda_m}{\lambda_i} \simeq -2.8\times10^{-5}T_e(\text{eV})\sin^2(\theta/2) \tag{4.5.5}$$

对于 $\theta=83°$，$T_e=117\text{eV}$，$\lambda_i=6943\text{Å}$，$\Delta\lambda_m=-10.5\text{Å}$；该值相比 Gondhalekar 和 Kronast(1973) 在同样条件下获得的 $(9\pm3.5)\text{Å}$ 更为合适。此实验中得到的散射谱如图 4.7 所示。

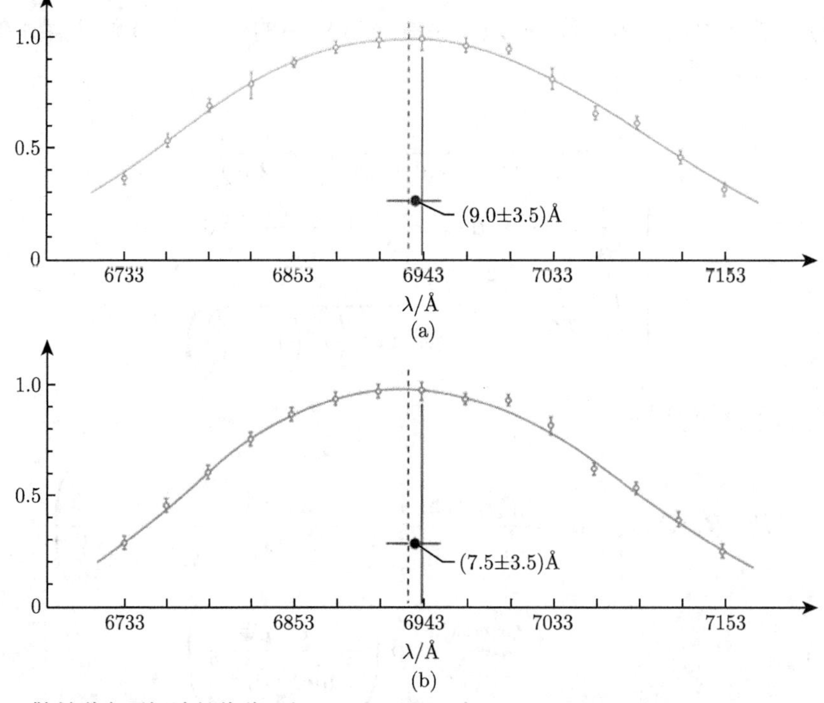

图 4.7　散射谱向更短波长偏移 (由 Gondhalekar 和 Kronast (1971) 及 Nat. Res. Council of Can. 提供)：(a) $\alpha_e=0.2, T_e\cong117\text{eV}, \theta=83°$ 的等离子体中心的散射谱；(b) $\alpha_e=0.2, T_e\cong95\text{eV}, \theta=83°$ 的等离子体鞘的散射谱

2. 电子温度测量

图 4.7 使我们注意到一个由于高温效应而产生的问题。即温度是从 P_S^0-$\Delta\lambda^2$ 的曲线中得到的，其中需要假设光谱是高斯函数，并且对称于 $\Delta\lambda=0$。以下是对光谱短波长的测量误差的估计，此结果由 Sheffield (1972a) 及 Zhuravlev 和 Petrov (1972) 得出。

现在，如果我们忽略修正项：

$$1-3.5\frac{\Delta\lambda}{\lambda_i}+\frac{c^2\Delta\lambda^2}{4a^2\lambda_i^3\sin^2(\theta/2)}$$

并取 P_S^0-$\Delta\lambda^2$ 曲线的梯度，在 $\Delta\lambda_1$ 和 $\Delta\lambda_2$ 之间得到 (为简单起见，令 $\varphi_0=90^\circ$)

$$\left(\frac{2\kappa T_e}{m_e}\right)_{\text{approx}}=\frac{c^2}{4\sin^2(\theta/2)}\left[\left(\frac{\Delta\lambda_2}{\lambda_i}\right)^2-\left(\frac{\Delta\lambda_1}{\lambda_i}\right)^2\right]\frac{1}{G_0} \tag{4.5.6}$$

其中，$G_0=\ln\left[P_s^0\left(\Delta\lambda_1\right)\right]-\ln\left[P_s^0\left(\Delta\lambda_2\right)\right]$。

然而，若带有修正项，结果为

$$\left(\frac{2\kappa T_e}{m_e}\right)_{\text{corr}}=\frac{c^2}{4\sin^2(\theta/2)}\left[\left(\frac{\Delta\lambda^2}{\lambda_i}\right)^2-\left(\frac{\Delta\lambda_1}{\lambda_i}\right)^2\right]$$
$$\times\left[G_0+\ln\left(\frac{1-3.5\dfrac{\Delta\lambda_2}{\lambda_i}+\dfrac{c^2\Delta\lambda_2^3}{4a^2\lambda_i^3\sin^2(\theta/2)}}{1-3.5\dfrac{\Delta\lambda_1}{\lambda_i}+\dfrac{c^2\Delta\lambda_1^3}{4a^2\lambda_i^3\sin^2(\theta/2)}}\right)\right]^{-1} \tag{4.5.7}$$

为简单起见，我们令

$$\frac{c^2\Delta\lambda_1^2}{4\alpha^2\lambda_i^2\sin^2(\theta/2)}=\chi_1,\quad \frac{c^2\Delta\lambda_2}{4\alpha^2\lambda_i^2\sin^2(\theta/2)}=\chi_2$$

并有

$$G_0=\chi_2-\chi_1$$

因为 $\varepsilon<1$，故令 $\ln(1+\varepsilon)\cong\varepsilon$ 以简化公式，因此我们得到

$$T_{e_{\text{app}}}=T_{e_{\text{corr}}}\frac{\left\{\chi_2-\chi_1+\left[\chi_2^{1/2}\left(1-\dfrac{\chi_2}{3.5}\right)-\chi_1^{1/2}\left(1-\dfrac{\chi_1}{3.5}\right)\right]7\dfrac{a}{c}\sin(\theta/2)\right\}}{\chi_2-\chi_1} \tag{4.5.8}$$

以下例子将表明修正项的效应，其比较了近似与精确温度的差别，其中梯度分别在点 $\mathrm{e}^{-\chi}=0.9-0.3$ 和点 $\mathrm{e}^{-\chi}=0.9-0.5$ 之间取。

例一：

$$\chi_1=0.1;\chi_2=1.2$$

$$T_{e_{\text{app}}} = T_{e_{\text{corr}}}\left[1 + 5.8\times10^{-3}\sin(\theta/2)\left[T_e\,(\text{eV})\right]^{1/2}\right]$$

例二：

$$\chi_1 = 0.1; \chi_2 = 0.7$$
$$T_{e_{\text{app}}} = T_{e_{\text{corr}}}\left[1 + 8.4\times10^{-2}\sin(\theta/2)\left[T_e\,(\text{eV})\right]^{1/2}\right]$$

表 4.1 中对 $\theta = 90^\circ$ 的短波长侧的一些温度进行了估计。

表 4.1　短波长侧的温度值

$T_{e_{\text{corr}}}$/eV	$T_{e_{\text{app}}}$(0.90→0.30)/eV	$T_{e_{\text{app}}}$(0.90→0.50)/eV
100	104	106
400	433	447
900	1011	1058
1600	1865	1980
2500	3000	3240

对于长波长的测量，修正项取相反符号，近似公式 (4.5.6) 会低估温度。显然，如果测量整个散射谱，应该没有问题。除非没有高温时的校正，此时散射谱的偏移可能带来误差。

上述公式是 $T_e \lessapprox 5\text{keV}$ 的一个很好的近似值。温度更高时，更高阶项变得重要，谱将急剧变化甚至失真，如第 4.2 节所述，其中各种近似的分析如图 4.5 所示。

4.5.5　光子散射率

最后应该指出，我们必须考虑到散射光子能量随散射频率的变化而变化。我们现在将散射功率除以 hv_s，这等于将原始方程 (4.5.3) 乘以 ω_i/ω_s (Williamson and Clarke, 1971)。

$$\overline{\frac{\mathrm{d}N_s}{\mathrm{d}t}}(R,\lambda_s)\,\mathrm{d}\lambda_s\mathrm{d}\Omega = \frac{P_i r_0^2 \mathrm{d}\Omega n_e L}{hv_i 2\pi^{1/2}\sin(\theta/2)}\left[1 - 2.5\frac{\Delta\lambda}{\lambda_i} + \frac{c^2\Delta\lambda^2}{4a^2\lambda_i^3\sin(\theta/2)}\right] \cdot \frac{c}{a}\exp\left[\frac{-c^2\Delta\lambda^2}{4a^2\lambda_i^2\sin^2(\theta/2)}\right]\frac{\mathrm{d}\lambda_s}{\lambda_i} \tag{4.5.9}$$

只有在估算数量时才需要保持单位一致：$P_i/hv_i, r_0^2 n_e L, c/a, \Delta\lambda^2/\lambda_i^2, d\lambda_s/\lambda_i$。因此，广泛应用的实用单位是

$$P_i(\text{W})hv_i(\text{J}), h = 6.626\times10^{-34}\,(\text{J}\cdot\text{s}), v_s v_i\,(\text{s}^{-1})$$

$$r_0^2 = 7.95\times10^{-26}\text{cm}^2,\ n_\text{e}\,(\text{cm}^{-3}), L\,(\text{cm})$$

$$c/a = 5\times10^2/\left[T_e\,(\text{eV})\right]^{1/2};\quad \Delta\lambda, \lambda_i, \lambda_s(\text{Å 或者 μm})$$

4.5.6 非对称分布函数

一个例子是散射平面上的带有净漂移的分布，对于麦克斯韦速度分布的情况 ((Rose and Clark, 1961), 第 246 页)①

$$f_{e0}(\boldsymbol{v})=\frac{\exp-(\boldsymbol{v}+\boldsymbol{v}_d/a)^2}{(\pi a^2)^{3/2}},\quad f_{i0}(\boldsymbol{v})=\frac{\exp-(\boldsymbol{v}/b)^2}{(\pi b^2)^{3/2}} \tag{4.5.10}$$

其中

$$(\boldsymbol{v}+\boldsymbol{v}_d)^2=(v_k+v_{kd})^2+(v_{k\perp}+v_{\perp d})^2+(v_{kT})^2$$

注意，对于 β 中的一阶，在计算 v_{kd} 和 $v_{\perp d}$ 时，我们可以忽略 k 和 v 方向的变化，并且这些可以作为 $\boldsymbol{k}$ 方向的漂移分量。我们将处理最简单的情况，即散射平面垂直于 $\boldsymbol{E}_{i0}$，因此 $\cos\eta=\hat{i}\cdot\hat{0}=0$，$\hat{E}_{i0}\cdot\hat{0}=1$。我们以非集体性散射 $(\varepsilon=1)$ 为例，因为这对测量电子漂移速度很重要。

$$S(\boldsymbol{k},\omega)=\frac{2\pi}{k}\left(1+\frac{2\omega}{\omega_i}\right)\exp\left[-\left(\frac{\omega}{ka}+\frac{v_{kd}}{a}\right)^2\right] \tag{4.5.11}$$

对 ω 求微分，并设其等于零，即可确定散射谱中心的频率偏移为 ω_m：

$$\omega_m\simeq\left(-\frac{2v_{kd}}{c}\sin\frac{\theta}{2}+4\frac{a^2}{c^2}\sin^2\frac{\theta}{2}\right)\omega_i \tag{4.5.12}$$

4.5.7 电子温度的测量

通过绘制散射功率对 $(\Delta\lambda)^2$ 的对数 (见式 (1.8.8))，电子温度可从测量功率谱中获得，此图的斜率为

$$G=-\frac{c^2}{4a^2\lambda_i^2\sin^2(\theta/2)}=-\frac{6.4\times10^4}{\lambda_i^2\sin^2(\theta/2)}\frac{1}{T_e\,(\text{eV})} \tag{4.5.13}$$

其中，λ_i 与 $\Delta\lambda$ 的单位相同。

4.5.8 磁聚变等离子体的电子温度测量

非集体性散射的一个重要应用是测量磁聚变等离子体小半径上的电子温度 (分

① 麦克斯韦–朱特纳函数为

$$f(\beta)=\left[2\pi K_2\left(\frac{m_ec^2}{\kappa T_e}\right)\right]^{-1}\cdot\frac{m_ec^2}{2\kappa T_e}\frac{\exp\left[m_ec^2/\kappa T_e\left(1-\beta^2\right)^{1/2}\right]}{(1-\beta^2)^{5/2}}$$

其中 K_2 是第二类二阶修正贝塞尔函数。如果以 β 的幂展开它，就可以得到 β 的一阶形式，即非相对论形式。记住：$m_ec^2/2\kappa T_e=c^2/a^2\cong\beta^{-2}$。

布函数) 和密度。这在托卡马克 T-3 等离子体防护装置上首次得到验证 (Peacock et al., 1969; Artsimovich et al., 1969)，该装置的原理如图 4.8 所示。入射辐射源为 Q 开关激光器，$\lambda_i = 6943\text{Å}$; $\Delta\lambda_i = 0.1\text{Å}$，25ns 给出 6J。通过简单的透镜和棱镜系统

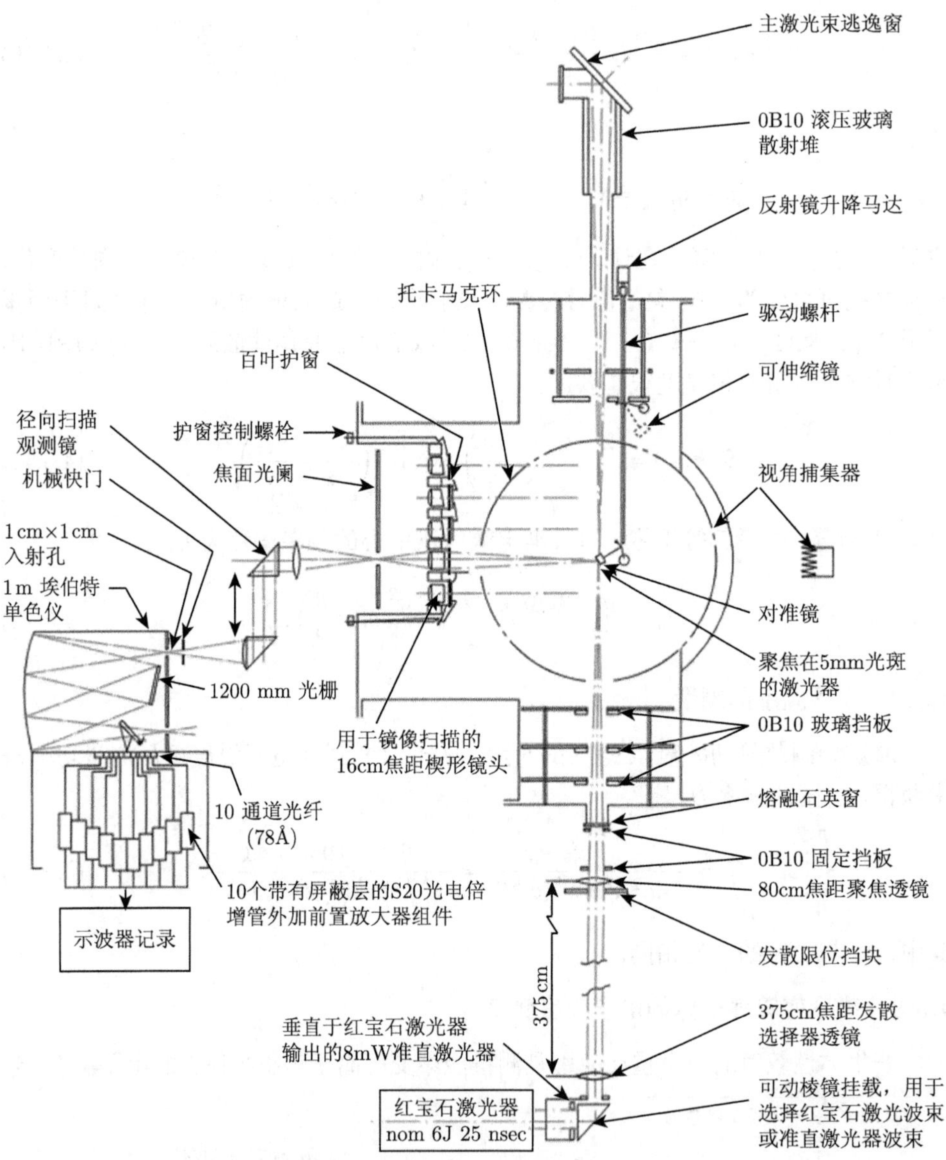

图 4.8　托卡马克 T-3 激光散射示意图 (由 CulhamLab.,UKAEA, U.K. and Peacock et al., Rep. CLM-R-107 提供)

在 $\theta = 90°$ 处收集散射辐射。利用衍射光栅光谱仪和十通道光导输出狭缝阵列对辐射进行了色散和分析，每个通道都由光电倍增管监控。实验的主要目的是证明从其他测量中推断出的高平均能量 (即约 1keV 的电子能量) 实际上与电子的高温热分布有关，而并非与低温分布尾部的少数高能电子有关。电子密度由总散射功率的绝对值确定，与微波干涉的测量结果吻合较好。第一次散射结果表明，大部分电子在高温 ($T_{\rm e} = 640$eV) 下具有热分布。

示意图 4.9 和图 4.10 是用于研究电子温度和密度分布时间演化的现代汤姆孙散射装置 (van der Meiden et al，2006)。内腔红宝石激光器由一个普克尔斯盒调制，在 10ms 的闪光灯持续时间内，可以产生 40 个脉冲，每个脉冲 10~15J，重复频率 10Hz，从而显示电子的时间演化。如图 4.10 所示，通过 Littrow 光栅光谱仪配置，将色散的光谱定向到图像增强器 (9)，然后将光成像到两个 CMOS 相机 (12) 上。该作者称，该系统能够测量 120 个空间点 (7.5mm 分辨率)，温度误差为 8%(50eV~keV)，密度误差为 4%，在 $n_e = 2.5 \times 10^{13} cm^{-3}$。图 4.11 显示了用该系统获得的时间间隔为 200ms 的 10 个 T_e 和 n_e 图像的序列。此实验将在第 7 章中作为实验和研究的一个例子进一步讨论。

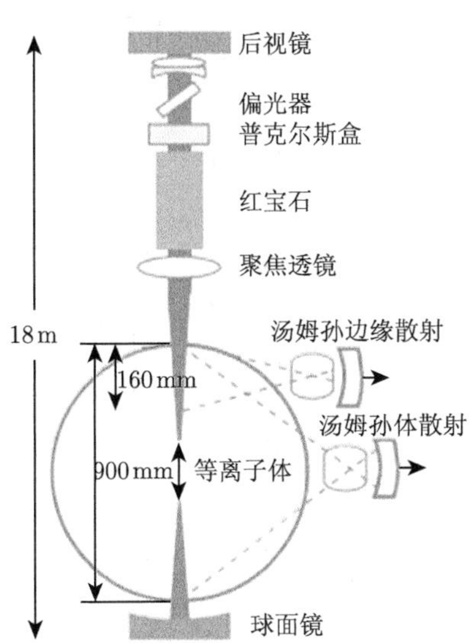

图 4.9 内腔激光器示意图，TEXTOR 管是其中的一部分。同时还显示了边缘和全弦汤姆孙散射的观测系统 (由 van der Meiden 提供)

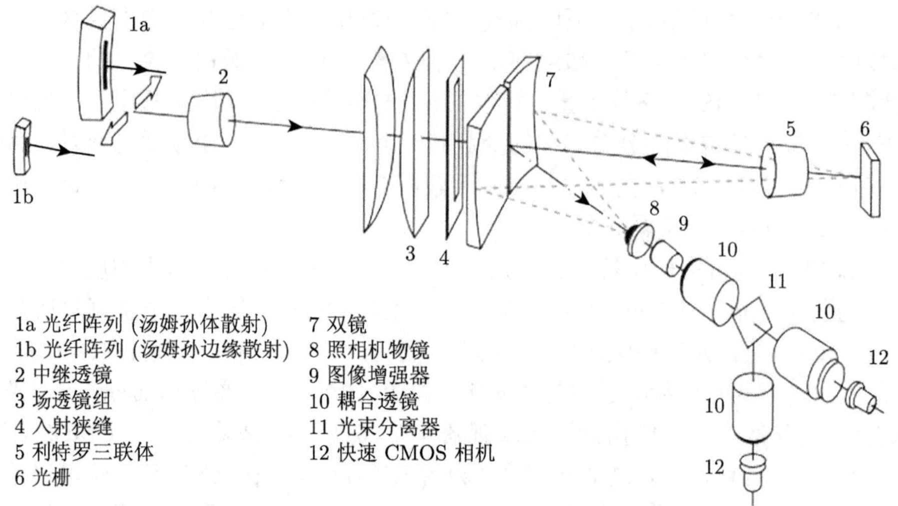

图 4.10　多脉冲汤姆孙散射系统的光谱仪布局 (由 van der Meiden 提供)

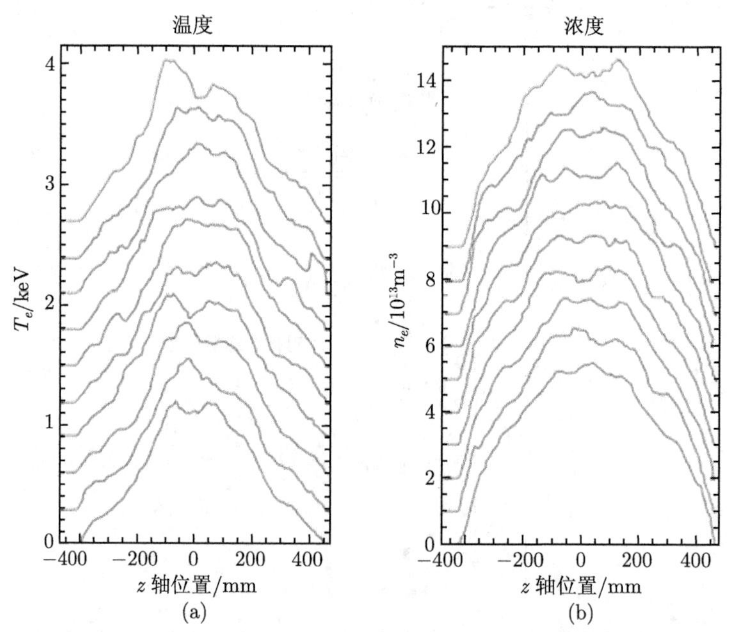

图 4.11　18 个 T_e 和 n_e 图像中的前 10 个，每 200ms 记录一次，平滑四个空间点。相应的激光能量范围为 $1.2 \sim 8\text{J}$，分别以 0.3keV 和 $1\times10^{13}\text{cm}^{-3}$ 等距离绘制 T_e 和 n_e 的剖面 (由 van der Meiden 提供)

4.6 磁化等离子体的非集体性散射

在磁场的作用下，电荷的运动轨迹呈螺旋形。当把非集体理论推广到低温磁化等离子体中时，我们仅需要考虑如下附加效应，假设入射波束不会干扰等离子体，且入射频率超过 Ω_e 和 ω_{pe}。

散射和电子运动轨迹如图 4.12 所示，电子运动方程为

$$\boldsymbol{r}\left(t_j'\right)=\boldsymbol{r}\left(0\right)+\rho_e\cos\phi\hat{x}+\rho_e\sin\phi\hat{y}+v_{\|}t_j' \tag{4.6.1}$$

其中 $\boldsymbol{r}\left(0\right)$ 是中心在 $t'=0$ 的位置，$v_{\|}$，$v_{\perp}\left(t'\right)$ 分别是平行于和垂直于磁场 $\boldsymbol{B}_0$ 的电子速度。磁场取 $\hat{z}$ 方向，回旋半径是 $\rho_e=v_{\perp}/\Omega_e$ 并且

$$\phi\left(t_j'\right)=\Omega_e t_j'+\phi\left(0\right) \tag{4.6.2}$$

速度为

$$\boldsymbol{v}\left(t_j'\right)=-v_{\perp}\sin\phi\hat{x}+v_{\perp}\cos\phi\hat{y}+v_{\|} \tag{4.6.3}$$

低温等离子体 $(\beta\ll 1)$ 的延迟时间为

$$t_j'\simeq t-\frac{R}{c}+\frac{\hat{s}\cdot\boldsymbol{r}\left(0\right)}{c} \tag{4.6.4}$$

考虑到 (参见式 (10.1.5))

$$\mathrm{e}^{\mathrm{i}a\sin\phi}=\sum_{l=-\infty}^{+\infty}J_l\left(a\right)\mathrm{e}^{-\mathrm{i}l\phi} \tag{4.6.5}$$

可见，对于低密度 $(\omega_{pe}\ll kc)$：

$$\cos\left[\boldsymbol{k}_i\cdot\boldsymbol{r}\left(t_j'\right)-\omega_j t_j'\right]=\sum_{l=-\infty}^{+\infty}J_l\left(k_{\perp}\rho_e\right)\cos\left\{k_sR-\omega_s t-\boldsymbol{k}\cdot\boldsymbol{r}\left(0\right)-l\left[\phi\left(0\right)+\delta\right]\right\} \tag{4.6.6}$$

$$\boldsymbol{k}_s=\frac{\omega_s}{c}\hat{s},\quad \omega_s=\omega_i\frac{1-\hat{i}\cdot\boldsymbol{v}_{\|}/c}{1-\hat{s}\cdot\boldsymbol{v}_{\|}/c}+l\Omega_e=\omega_0+l\Omega_e \tag{4.6.7}$$

其中 L 是整数，并且

$$\boldsymbol{k}=\boldsymbol{k}_s-\boldsymbol{k}_i,\ \tan\delta=\frac{\boldsymbol{k}\cdot\hat{x}}{\boldsymbol{k}\cdot\hat{y}},\ k_{\perp}=\left[\left(\boldsymbol{k}\cdot\hat{x}\right)^2+\left(\boldsymbol{k}\cdot\hat{y}\right)^2\right]^{1/2},\ k_{\|}=\boldsymbol{k}\cdot\hat{z}$$

利用方程 (4.6.6)，可以将式 (3.2.2) 改写为

$$\boldsymbol{E}_{sj}\left(\boldsymbol{R}_j,t\right)=\left(\frac{e^2}{c^2m_eR}\right)\left[\hat{s}\times\left(\hat{s}\times\boldsymbol{E}_{i0}\right)\right]\sum_{l=-\infty}^{+\infty}J_l\left(k_{\perp}\rho_e\right)$$

$$\times \cos\left[k_s R - \omega_s t - \boldsymbol{k}\cdot\boldsymbol{r}_0 - l\left(\phi\left(0\right)+\delta\right)\right] \tag{4.6.8}$$

从式 (4.6.7) 和式 (4.6.8) 可见，散射场包含无穷个频率为电子回旋频率整数倍的分量，具有最大振幅的分量出现在 $l \simeq k_{\perp}\rho_e$。

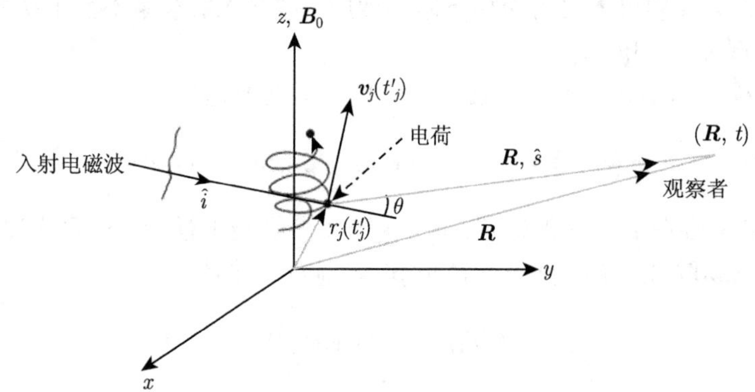

图 4.12 磁化等离子体的散射坐标系

4.6.1 单电子的散射功率

散射强度为

$$I_{sj}\left(\boldsymbol{R},\omega_s\right) = \frac{c}{4\pi}\lim_{T\to\infty}\frac{1}{T}\int_{-T/2}^{+T/2}\frac{e^4}{c^4 m_e^2 R^2}\left[\hat{s}\times\left(\hat{s}\times\boldsymbol{E}_{i0}\right)\right]^2$$
$$\times\sum_{l=-\infty}^{+\infty}J_l\left(k\perp\rho_e\right)\sum_{m=-\infty}^{+\infty}J_m\left(k\perp\rho_e\right)$$
$$\times\cos\left[\left(\omega_0+l\Omega_e\right)\left(\frac{R}{c}-t\right)\right]\cos\left[\left(\omega_0+m\Omega_e\right)\left(\frac{R}{c}-t\right)\right] \tag{4.6.9}$$

为了简化表达式，忽略初始相位因子，这并不影响非集体性散射。

该式仅有 $l=m$ 非零项，可得 $\mathrm{d}\Omega$ 内频率为 ω_s 的散射功率为

$$P_{sj}(\boldsymbol{R},\omega_s)\mathrm{d}\Omega = \frac{P_{\mathrm{i}}}{A}r_0^2\mathrm{d}\Omega\left[\hat{s}\times\left(\hat{s}\times\boldsymbol{E}_{i0}\right)\right]^2\sum_{l=-\infty}^{+\infty}J_l^2\left(k\perp\rho_e\right)$$

其中，$\omega_s=\omega_0+l\Omega_e, \boldsymbol{k}=\boldsymbol{k}_s-\boldsymbol{k}_j$。

4.6.2 热力学平衡下磁化等离子体的非集体性散射

在立体角 $\mathrm{d}\Omega$ 内，频率范围为 $\omega_s\to\omega_s+\mathrm{d}\omega_s$ 的总散射功率为①

① 我们再次强调积分上下限应该严格为 $-c\to+c$，但是在我们所选条件下可设为 $\pm\infty$ (见 3.3 节)。

$$P_s(\boldsymbol{R},\omega_s)\mathrm{d}\Omega\mathrm{d}\omega_s = P_i r_0^2 n_e L \mathrm{d}\Omega \frac{\mathrm{d}\omega_s}{k_\parallel}\left(1+\frac{2\omega}{\omega_i}\right)\left[\hat{s}\times\left(\hat{s}\times\hat{E}_{i0}\right)\right]^2$$
$$\times\int_0^{2\pi}\int_{-\infty}^{+\infty}\int_0^{+\infty}\mathrm{d}\phi\mathrm{d}v_\parallel v_\perp\mathrm{d}v_\perp$$
$$\times\sum_{l=-\infty}^{+\infty}J_l^2\left(k\perp\rho_e\right)\left(\frac{m_e}{2\pi\kappa T_e}\right)^{3/2}\exp\left[\frac{\left(v_\perp^2+v_\parallel^2\right)^2}{a^2}\right]$$
$$\times\delta\left[v_\parallel-\left(\frac{\omega_s-\omega_i-l\Omega_e}{k_\parallel}\right)\right]$$

其中 $a^2 = 2\kappa T_e/m_e$。这使用了 4.6 节中同样的步骤，只不过现在的坐标系 (图 4.13) 利于处理磁化等离子体。我们可以从式 (4.6.7) 得到

$$v_\parallel = (\omega_s-\omega_i-l\Omega_e)/k_\parallel, \quad k_\parallel = (\omega_s/c)\cos\theta_s - (\omega_i/c)\cos\theta_i \tag{4.6.10}$$

借助方程 (10.1.8) 和 (10.1.9)，我们可以得到

$$P_s\left(\boldsymbol{R},\omega_s\right)\mathrm{d}\omega_s\mathrm{d}\Omega = P_i r_0^2 n_e L\mathrm{d}\Omega\left(1+\frac{2\omega}{\omega_i}\right)\left[\hat{s}\times\left(\hat{s}\times\hat{E}_{i0}\right)\right]^2\exp\left(-\frac{k_\perp^2a^2}{2\Omega_e^2}\right)$$
$$\times\sum_{l=-\infty}^{+\infty}I_l\left(\frac{k_\perp^2a^2}{2\Omega_\mathrm{e}^2}\right)\exp\left(-\frac{\omega_s-\omega_i-l}{k_\parallel a}\right)\frac{\mathrm{d}\omega_s}{\pi^{1/2}k_\parallel a} \tag{4.6.11}$$

Stewart 于 1972 年推导了该结果，1969 年 Nee 等讨论了其相对论形式，该结果有很多值得讨论的地方，其中最值得注意的是回旋频率 Ω_e 处的调制。

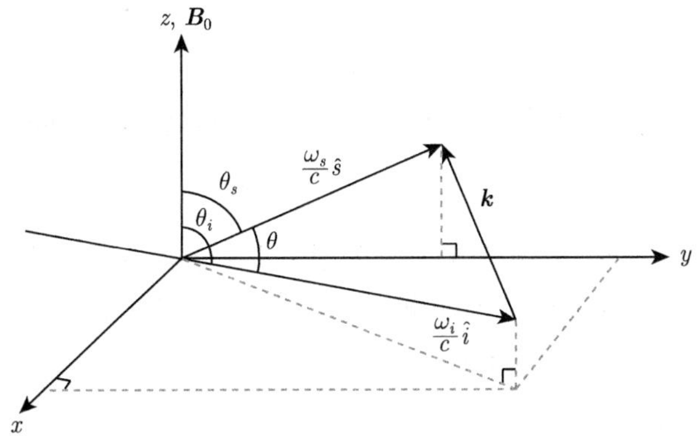

图 4.13 磁化等离子体波矢示意图

4.7 散 射 谱

4.7.1 精细结构

频谱中包含无穷个峰，这些峰的频率与入射频率间隔回旋频率整数倍。每个峰的频宽近似为 $k_{\parallel}a$。因此，仅在满足下列条件时调制才显得重要：

$$\left|k_{\parallel}a\right| \leqslant \Omega_e \tag{4.7.1}$$

随着 $k_{\parallel}$ 趋近于 0，峰将越来越窄。当 $k_{\parallel}$ 等于 0 时，在频率 $\omega_i + l\Omega_e$ 处可得一系列尖峰，如图 4.14 所示。

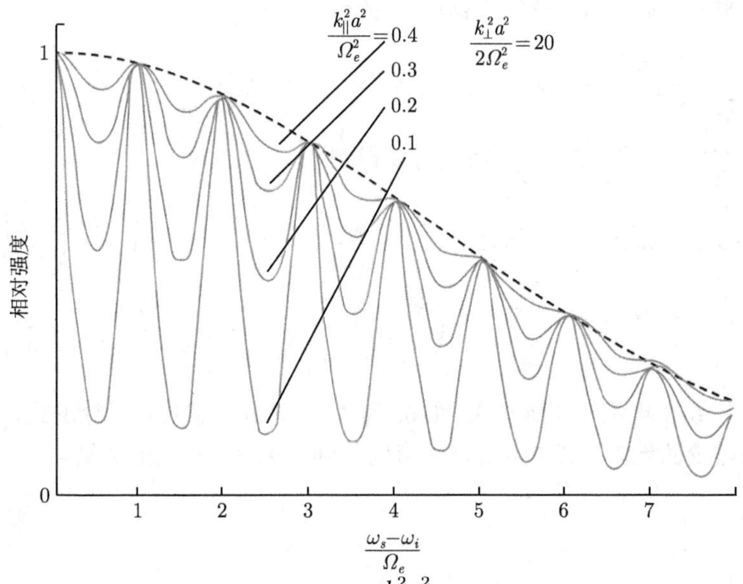

图 4.14　磁化等离子体非集体性散射谱，关于 $\frac{k_{\parallel}^2 a^2}{\Omega_e^2}$ 的函数 (参见 (Lehner and Pohl, 1970) Z Phys. 232, 405.)

这个结果十分重要，它让我们有可能通过调制的周期及角度得到 $\boldsymbol{B}_0$ 的大小和方向，或者某些情况下调制十分微弱。该调制在 1970 年被 Kellerer、Evans 与 Carolan、Lehner 与 Pohl 观测到。

4.7.2 精细结构分辨率

关于精细结构分辨率，我们提出以下两点：

(a) 首先，从式 (4.6.10) 可以看出，对于固定散射角 θ_s，微分散射矢量平行分

量 $k_{\parallel}$ 是 ω_s 的函数。当 $\theta_B = 90°$ 或 $k_{\parallel} = 0$ 时，频率表示为 ω_{0s} 则有

$$\omega_{0s} \cos \theta_s = \omega_i \cos \theta_i \tag{4.7.2}$$

代入式 (4.7.1)，在频率范围 $\omega_{0s} \pm \Delta\omega_s$ 内调制可解析，其中

$$|\Delta\omega_s| \cos \theta \,(a/c) \simeq \Omega_e \tag{4.7.3}$$

散射频谱总宽度近似为 $2ka = 4k_i a \sin(\theta/2)$ [见式 (4.5.1)]。代入式 (4.7.3)，可得在整个频谱内可观测到精细结构的条件：

$$4\omega_i\,(a/\mathrm{c})^2 \sin(\theta/2) \cos\theta_s \lesssim \Omega_e \tag{4.7.4}$$

(b) 其次，在实验中，辐射信号在一个有限的角度范围 $\Delta\theta_s(\simeq \Delta\theta)$ 被检测。$k_{\parallel}$ 对应的范围近似为 $\Delta k_{\parallel} \simeq (\omega_i/\mathrm{c})\,\Delta\theta_s \sin\theta_s$。为了求解精细结构，我们需要

$$\left|\Delta k_{\parallel}\right| a \simeq \omega_i\,(a/c)\,\Delta\theta_s \sin\theta_s \leqslant \Omega_e \tag{4.7.5}$$

事实上，1971 年 Carolan 和 Evans 已经论证过，该判据不是必须的限制条件。他们还指出，收集锥轴与 $\boldsymbol{B}_0$ 垂直而不是收集锥的角度范围 $\Delta\theta_s$。

当 $k_{\parallel} \to 0$ 时，磁场的大小由散射光谱精细结构的周期决定。在这方面，从式 (4.1.4) 可以看出，一阶 β 项的高温谱和低温谱没有区别。

仅当二阶 β 平方项重要时才需要考虑周期修正，因为此时回旋频率 $\Omega_e = |eB/m_0c|\left(1-\beta^2\right)^{1/2}$ 发生改变。由于 $\beta^2 = 4 \times 10^{-6}\,[T_e\,(\mathrm{eV})]^{1/2}$，当 $T_e < 10\mathrm{keV}$ 时，测量磁场大小应该不会有严重的问题。同样地，通过测量调制角度或使用傅里叶变换光谱学检测调制来确定磁场的方向也不会有其他问题。

4.7.3 谱包络

与非磁化等离子体相似，高温时谱包络向高频 (短波长) 漂移。

当 $k_{\perp} \to 0$，我们发现：

$$I_l\left(k_{\perp}^2 a^2/2\Omega_e^2\right) \cong \frac{\left(k_{\perp}^2 a^2/4\Omega_e^2\right)_l}{l!}$$

进一步有 $k_{\parallel} \to k$，因此对于很小的 $k_{\perp}$(注意不可能对所有频率都为 0)，由于 $\boldsymbol{k}$ 的方向是 ω 的函数，有

$$P_s^0\left(R,\omega_s\right) \mathrm{d}\omega_s \mathrm{d}\Omega \cong \frac{P_{\mathrm{i}} r_0^2 n_e L \mathrm{d}\Omega}{2\pi^{1/2}\sin(\theta/2)} \frac{c}{a} \exp\left[-\frac{c^2\Delta\lambda^2}{4a^2\lambda_i^2\sin^2(\theta/2)}\right] \frac{\mathrm{d}\lambda_s}{\lambda_i}$$
$$\times\left[1 - 3.5\frac{\Delta\lambda}{\lambda_i} + \frac{c^2\Delta\lambda^2}{4a^2\lambda_i^2\sin^2(\theta/2)}\right] \tag{4.7.6}$$

这与非磁化等离子体情况一致。式 (4.5.3) 中，$\chi = 90°$，$\varphi_0 = 90°$，由 $\lambda_s = \lambda_i + \Delta\lambda$，保留 $\dfrac{\Delta\lambda}{\lambda_i}$ 一阶项所得。

4.7.4　磁场强度的测量

1970 年，Kellerer 讨论了测量散射谱的磁调制必须满足的实际条件。当满足调制的每一个峰都有足量的散射光子这一条件时，最佳工作条件为 $\alpha = 1/k\lambda_{De} \simeq 0.5$。从一般理论出发 (见第 10 章)，我们发现谱线包含集中在入射线附近的集体效应。其在电子回旋频率处也被调制，这源于被称为 "伯恩斯坦模式" 的等离子体集体效应 (Bernstein，1958，见附录 C)。即使如此，仍有可能在严格的非集体性散射之外进行调制测量。

Evans 与 Carolan 于 1970 年完成该测量 ($\alpha \cong 0.3$) 的仪器如图 4.15 所示，等离子体由柱状线圈通电产生，该装置的优点是线圈轴附近的磁场指向性好，在适当的精度下可以认为它沿着线圈轴分布。

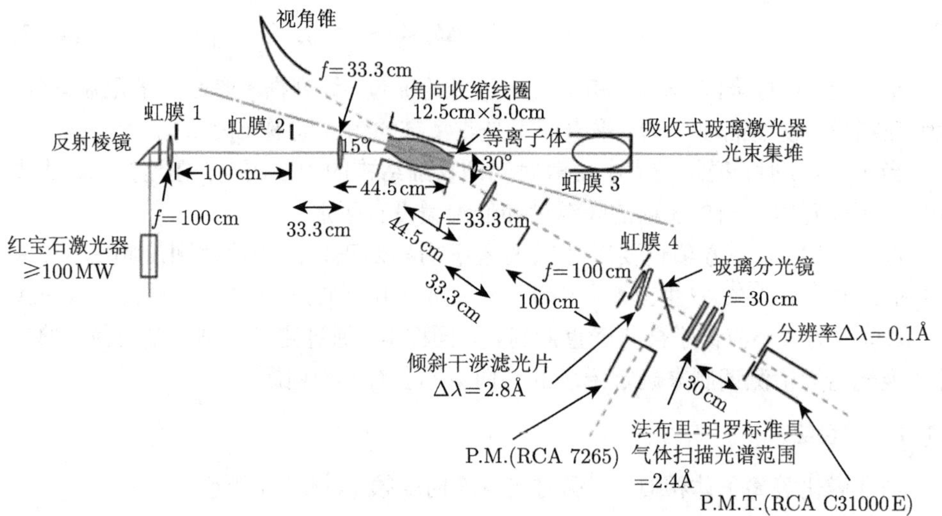

图 4.15　磁调制检测的实验装置示意图 (Evans and Carolan, 1970)

红宝石激光器 ($\lambda_i = 6943$Å; 1.5J/30ns) 入射光与线圈中心轴呈 15° 夹角，散射光在另一侧 15° 方向被收集，因此平均散射矢量 $\boldsymbol{k}$ 近似与场平行。

从全谱图中可得电子温度为 $T_e \cong 20$eV，电子密度为 $n_e \cong 2 \times 10^{15}\text{cm}^{-3}$。通过压力扫描，法布里–珀罗标准具在光谱中心区域测量调制。测量的光谱如图 4.16 所示，一种情况下调制周期对应于 14kG 的场，另一种情况对应 5.5kG 的场。该结果与法拉第旋转测量的 16kG 与 8kG 结果十分吻合①。在第 7 章我们将进一步讨论该实验的相关问题和技术。

① 磁化等离子体的一般散射谱计算参见第 10 章。

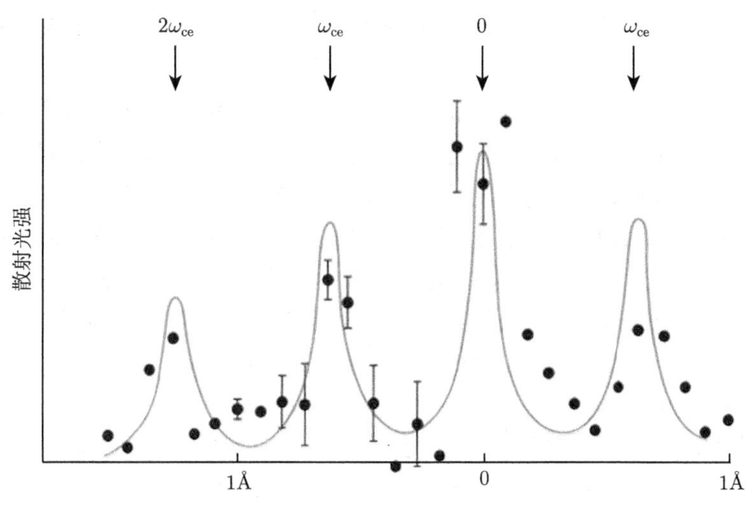

图 4.16 磁化等离子体散射辐射谱

$\lambda_i = 6943\text{Å}, \theta = 30° \pm 0.85°, \alpha = 0.4, T_e = 20\text{eV}, B = 16\text{kG}$ (Carolan and Evans, 1971)

4.8 等离子体磁场方向测量

已有很多可能从调制中检测出等离子体磁场方向的方法被提出。不幸的是，对于装置中的等离子体，例如托卡马克装置中，虽然测量很有意义，但是利用红宝石激光器作为辐射源时，传统方法探测得不到足够的散射光子，从而不能分辨出调制信号。

(a) 我们考虑一个有代表性的情况，$n_e = 2\times10^{13}\text{cm}^{-3}$，$T_e = 900\text{eV}$，$B = 25\text{kG}$，$\lambda_i = 6943\text{Å}$，$W_i = 10\text{J}$，$hv = 1.65\times10^{-19}\text{J}$，$\theta = 9°$，$\eta = 6\times10^{-2}$，$L = 1\text{cm}$，$T = 10^{-1}$。

由式 (4.7.2) 得，我们必须满足 $\Delta\theta_s \lesssim c\Omega_e/a\omega_i \sin(\theta/2)$ 且 $\text{d}\Omega \cong (\Delta\theta_s)^2$。在这个例子中，$\Delta\theta_s \cong \pm1°, \text{d}\Omega \cong 10^{-3}\text{sr}$。因此，仅检测调制就可以将场方向固定在 1° 以内。现在，探测到的光电子在整个光谱上积分得到总数为 $N_{pe} = (W_i/hv_i)\, r_0^2 n_e L \text{d}\Omega T\eta$。这些光电子被各个峰共享，并且这些峰的光电子数都非常接近 $2ka/\Omega_e$。

这个例子中，$N_{pe} \cong 360\text{pe}$，每个峰的光电子数为 3pe。因此，传统方法无法分辨调制。

(b)1970 年，Murakami 和 Perkins 等提出使用 CO_2 激光器。该激光源的优点在于有较大的 $\Delta\theta_s$ 可使用而不影响调制，且具有更少的峰数量，以至每个峰的光电子数更多。而且，在和红宝石激光器能量相近的情况下，光电子数为其 14 倍。然而，有限的噪声来自背景辐射而非量子统计，并且必须使用外差技术来克服背景噪声。

最后，需要注意的是，对于光谱调制较大的 $\Delta\theta_s$，意味着需要测量调制角度以决定最大值对应的角度，而不像红宝石激光源只需要存在调制就有足够的光电子。

(c) 利用红宝石激光的窄调制角提出复用技术。例如，已发现这样一种技术，即所有峰和所有倾角重叠，实际上给出一个包含足够浓度光电子的大峰和大倾角可测量调制。1970 年，Perkins 提出插入掩模栅格。从光栅光谱仪的输出光谱中选峰。1972 年，Sheffield 提出使用自由光谱范围等于回旋频率的法布里–珀罗标准具。该装置中，Ω_e 倍数频率的环形输出光谱是重叠的 (详见 7.6.1 节)。1971 年，Katzenstein 提出采用迈克耳孙干涉仪的类似意见。

这一技术存在三个主要的问题。首先，自由光谱范围与回旋频率匹配误差必须小于 1%，否则调制将被破坏。这限制了该技术的使用必须以知道精确的磁场为前提 (大部分托卡马克装置满足条件)。其次，如果当 $\omega_{0s} = \omega_i$ 时 $k_\parallel = 0$，那么我们必须限制光谱传输频带 $\pm\Delta\omega_s$，其中 $\Delta\omega_s = c\Omega_e/(a\cos\theta)$。这减小了有效的光子数。在我们的例子中，这并非一个严格的约束。第三，环形图案各峰中也有偏离 (寄生) 的辐射传输，这会淹没那些低密度的散射信号。我们有两种方法克服问题：既可以通过观察回旋加速器峰值之间的辐射来测量发射信号中的倾角，也可以使用自由光谱范围为 $\Delta\omega_F = 2\Omega_e$ 的标准具来观察不包含中心和寄生峰的间隔的峰 (Burgess, 1971)。

1978 年，Forrest 等利用迪特 (DITE) 托卡马克完成了这一测量。极向磁场的测量结果如图 4.17 所示。

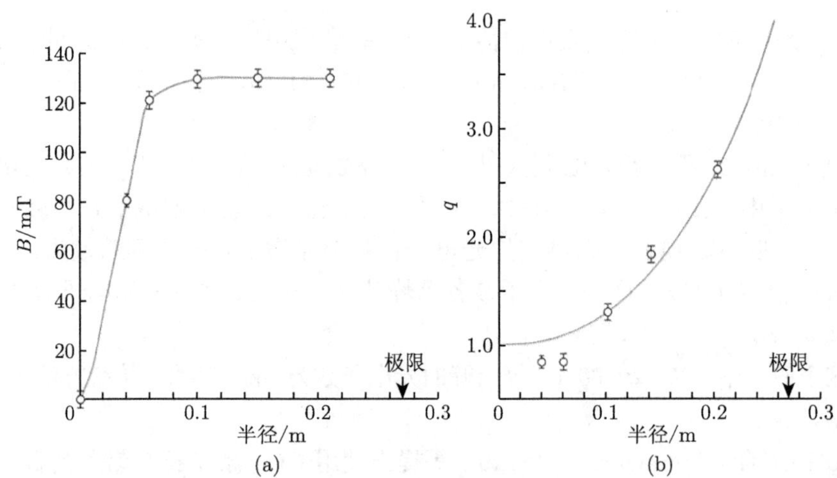

图 4.17　(a) 测量的极向场 $B_\theta(r)$ 分布; (b) 极向场测量的 “q” 分布 (圈) 与电子温度剖面 (线) 比较，假定 $j \propto T^{3/2}$ 且 Z_{eff} 为常数 (Carolan et al., 1978)

此外，2008 年 Smith 还提出了将散射与法拉第效应相结合来测量等离子体中磁场的脉冲偏振测量法 (见 8.2 节)。

习　题

4.1　由式 (1.7.19) 推导 $\boldsymbol{E}_s(R,t)=\dfrac{-e^2E_{i0}\left(1-\beta^2\right)^{1/2}}{\left[\left(m_ec^2R\right)\left(1-\hat{s}\cdot\boldsymbol{\beta}\right)^3\right]}\cdot$

$$\left\{(1-\beta_i)(1-\beta_s)-[(1-\beta_i)\cos\eta+(\cos\theta-\beta_s)\beta_E]\,\hat{s}+\beta_E(1-\beta_s)\hat{\mathrm{I}}\right.$$
$$\left.+[(1-\beta_i)\cos\eta-(1-\cos\theta)\beta_E]\,\boldsymbol{\beta}\right\}_{\mathrm{ret}}\times\cos\left[\boldsymbol{k}_i\cdot\boldsymbol{r}\left(t'\right)-\omega_it'\right]$$

4.2　证明在对输入电场指向没有限制或者在 e_i 方向没有输出偏振器的条件下，散射功率对全速度的依赖关系为

$$\left(1-\beta^2\right)\left[\frac{(1-\beta_i)^2}{(1-\beta_s)^2}\right]\cdot\left\{\frac{1-\cos^2\eta\left(1-\beta^2\right)}{(1-\beta_s)^2}+\left[\frac{2\cos\eta\beta_E\left(1-\beta^2\right)}{(1-\beta_i)(1-\beta_s)^2}\right]\right.$$
$$\left.\times(1-\cos\theta)-\left[\frac{\beta_E^2\cdot\left(1-\beta^2\right)}{(1-\beta_i)^2(1-\beta_s)^2}\right](1-\cos\theta)^2\right\}$$

有趣的是即使在一般情况下，依然可以提取 $\dfrac{(1-\beta_i)^2}{(1-\beta_s)^2}$。

4.3　讨论全去极化项与散射角 θ 的关系。准确地说，该项是否能在某个条件下 θ 取 0° 或 180° 的值相等？讨论入射电场垂直于散射平面且 $\cos\eta=0$ 时散射角的依赖关系。

4.4　对于圆极化入射光，入射波可以写成 $\boldsymbol{E}(\boldsymbol{R},t)=E_{i0}\left(\hat{e}_1\pm\mathrm{i}\hat{e}_2\right)\exp\left(\mathrm{i}k\cdot r-\mathrm{i}\omega t\right)$，正负取决于电矢量旋转是顺时针还是逆时针，$\hat{e}_1$ 和 $\hat{e}_2$ 是正交的，证明在 90° 散射时速度相关积分项为 (η 为电场分量与散射矢量夹角)

$$\left(1-\beta^2\right)\left\{\frac{(1-\beta_i)^2}{(1-\beta_s)^2}\right\}\cdot\left(\left\{\left[\frac{1+2\cos\eta\beta_{E1}\left(1-\beta^2\right)}{(1-\beta_i)(1-\beta_s)^2}\right]-\left[\frac{\beta_{E1}^2\cdot\left(1-\beta^2\right)}{(1-\beta_i)^2(1-\beta_s)^2}\right]\right\}\right.$$
$$\left.+\left\{\left[\frac{1+2\sin\eta\beta_{E2}\left(1-\beta^2\right)}{(1-\beta_i)(1-\beta_s)^2}\right]-\left[\frac{\beta_{E2}^2\cdot\left(1-\beta^2\right)}{(1-\beta_i)^2(1-\beta_s)^2}\right]\right\}\right)$$

4.5　计算在 694.3nm 处散射时，10keV 电子温度带来的波长漂移。比较该结果与 100eV 电子穿过 1cm 散射体积由于有限瞬态时间带来的线展宽。

4.6　相对论情况下，与公式 (4.2.1) 等价的光子散射率公式是什么？证明一阶 β 修正为 $\left(1+\dfrac{\omega}{\omega_i}\right)$。

4.7　推导光谱中心频移表达式 (4.5.12)。假设 $\left(\dfrac{v_{kd}}{c}\right)^2$ 与 $\left(\dfrac{a}{c}\right)^2$ 远小于 1 且前者显著小于后者。

4.8　画出 $\alpha=1$ 代表辐射源的 T_e-n_e 曲线，例如 X 射线、2ω 和 3ω-YAG、红宝石、CO_2、FEL 和 D_2O 在 10°、90° 和 180° 散射下的曲线。

4.9 文中举例说明了利用红宝石激光器系统测量回旋加速器峰值的困难。那么使用能量相当的脉冲 CO_2 激光系统会有什么优缺点？使用表 6.1 中的值 (红宝石 25J 和 15ns 脉冲，CO_2 17J 和 1s 脉冲，假设散射角相同)。

4.10 一种测量等离子体中磁场方向的方法是用调谐到回旋加速器频率的法布里–珀罗标准具增强与磁场成直角的信号。散射进立体角 $\mathrm{d}\theta\mathrm{d}\varepsilon$ 与频率 $\mathrm{d}\omega$ 内的光子数为

$$\mathrm{d}N_{pe}(\varepsilon)=\left(\frac{W_i}{hv_i}\right)r_0^2 n_e L\mathrm{d}\Omega\cdot\left(\frac{\mathrm{d}\Omega}{2\pi}\right)\exp\left(-\frac{k_\perp^2 a^2}{2\Omega_e^2}\right)\frac{2}{\pi}^{1/2}$$
$$\left[\sum_{l=-\infty}^{l=+\infty} I_l\left(\frac{k_\perp^2 a^2}{2\Omega_e^2}\right)\exp\left[-\frac{(\omega-l\Omega_e)}{k_\parallel a}\right]/\left(k_\parallel a\right)\right]$$

计算标准具透射的光子数随垂直于磁场与平行于磁场的散射矢量以及角度 ε 的函数变化。证明光仅在回旋加速器共振峰之间 $\left(\dfrac{s}{4}\rightarrow\dfrac{3s}{4}\text{，其中 } s=\dfrac{\Omega_e}{k_\parallel a}\right)$ 被收集的情况下，光子数为

$$N_{pe}(\varepsilon)=\left(\frac{W_i}{hv_i}\right)r_0^2 n_e T L\mathrm{d}\theta\mathrm{d}\varepsilon\cdot\frac{2}{\pi}^{1/2}$$
$$\cdot\left[\int_{s/4}^{3s/4}\mathrm{e}^{-y^2}\mathrm{d}y+\sum_{l=1}^{\infty}\int_{[s/4+1]}^{[3s/4+1]}\mathrm{e}^{-y^2}\mathrm{d}y\right]$$

在共振处以及它们之间收集散射光各有什么优缺点？

奇数习题答案

4.1 在式 (1.7.19) 中，

$$\boldsymbol{E}_s(R,t)=\frac{e^2}{m_e c^2 R}\frac{\left(1-\beta^2\right)^{1/2}}{(1-\hat{s}\cdot\boldsymbol{\beta})}\cdot\left[\hat{s}\times\left((\hat{s}-\boldsymbol{\beta})\times\left\{\boldsymbol{E}_{i0}+\boldsymbol{\beta}\times\left[n\left(\hat{i}\times\boldsymbol{E}_{i0}\right)\right]-\boldsymbol{\beta}(\boldsymbol{\beta}\cdot\boldsymbol{E}_{i0})\right\}\right)\right]$$
$$\times\cos\left[k_i\cdot r\left(t'\right)-\omega_i t'\right]$$

使用公式 $\boldsymbol{A}\times\boldsymbol{B}\times\boldsymbol{C}=(\boldsymbol{A}\cdot\boldsymbol{C})\boldsymbol{B}-(\boldsymbol{A}\cdot\boldsymbol{B})\boldsymbol{C}$：

$$\begin{aligned}&\left\{\hat{s}\times(\hat{s}-\beta)\times\left[\boldsymbol{E}_{i0}+\boldsymbol{\beta}\times\hat{i}\times\boldsymbol{E}_{i0}-\boldsymbol{\beta}(\boldsymbol{\beta}\times E_{i0})\right]\right\}\\
=&E_{i0}\left\{\left[-\hat{s}\cdot\hat{s}+\hat{s}\cdot\boldsymbol{\beta}+(\hat{s}\cdot\hat{s})\left(\boldsymbol{\beta}\cdot\hat{i}\right)-(\hat{s}\cdot\boldsymbol{\beta})\left(\boldsymbol{\beta}\cdot\hat{i}\right)\right]\hat{e}_i\right.\\
&+\left[\hat{s}\cdot\hat{e}_i+\left(\hat{s}\cdot\hat{i}\right)(\boldsymbol{\beta}\cdot\hat{e}_i)-\hat{s}\cdot\hat{e}_{\mathrm{i}}\left(\boldsymbol{\beta}\cdot\hat{i}\right)-(\hat{s}\cdot\boldsymbol{\beta})(\boldsymbol{\beta}\cdot\hat{e}_i)\right]\hat{s}\\
&+\left[-(\hat{s}\cdot\hat{s})(\boldsymbol{\beta}\cdot\hat{e}_i)+(\hat{s}\cdot\boldsymbol{\beta})(\boldsymbol{\beta}\cdot\hat{e}_i)\right]\hat{i}\\
&\left.+\left[-\left(\hat{s}\cdot\hat{i}\right)(\boldsymbol{\beta}\cdot\hat{e}_i)-\hat{s}\cdot\hat{e}_i\boldsymbol{\beta}+\hat{s}\cdot\hat{e}_i\left(\boldsymbol{\beta}\cdot\hat{i}\right)+(\hat{s}\cdot\hat{s})(\boldsymbol{\beta}\cdot\hat{e}_i)\right]\boldsymbol{\beta}\right\}\end{aligned}$$

代入 $\hat{s}\cdot\hat{i}=\cos\theta,\hat{s}\cdot\hat{e}_i=\cos\eta,\hat{e}_i=\hat{E}_{\mathrm{i0}},\boldsymbol{\beta}\cdot\hat{i}=\beta_{\mathrm{s}},\boldsymbol{\beta}\cdot\hat{e}_i=\boldsymbol{\beta}_E$ 重新整理得到

$$\boldsymbol{E}_s(R,t)=-\frac{e^2 E_{i0}\left(1-\beta^2\right)^{1/2}}{\left[(m_e c^2 R)(1-\hat{s}\cdot\boldsymbol{\beta})^3\right]}\cdot\left\{(1-\beta_i)(1-\beta_s)\hat{E}_{i0}\right.$$

$$-\left[(1-\beta_i)\cos\eta+(\cos\theta-\beta_s)\beta_E\right]\hat{s}+\beta_E(1-\beta_s)\hat{i}$$
$$+\left[(1-\boldsymbol{\beta}_i)\cos\eta-(1-\cos\theta)\beta_E\right]\boldsymbol{\beta}\}_{\text{ret}}\times\cos\left[k_i\cdot r(t')-\omega_i t'\right]$$

4.3 见 4.1 题:

$$(1-\beta^2)\left[\frac{(1-\beta_i)^2}{(1-\beta_s)^2}\right]\cdot\left\{\frac{1-\cos^2\eta(1-\beta^2)}{(1-\beta_s)^2}+\left[\frac{2\cos\eta\beta_E(1-\beta^2)}{(1-\beta_i)(1-\beta_s)^2}\right]\right.$$
$$\left.\times(1-\cos\theta)-\left[\frac{\beta_E^2(1-\beta^2)}{(1-\beta_i)^2(1-\beta_s)^2}\right](1-\cos\theta)^2\right\}$$

当 $\theta=0°$ 时，方括号里的项变成

$$\left[\frac{1-\cos^2\eta(1-\beta^2)}{(1-\beta_s)^2}\right]$$

当 θ= 180° 时，则

$$\left[\frac{1-\cos^2\eta(1-\beta^2)}{(1-\beta_s)^2}+\frac{4\cos\eta\beta_E(1-\beta^2)}{(1-\beta_i)(1-\beta_s)^2}-\frac{4\beta_E^2(1-\beta^2)}{(1-\beta_i)(1-\beta_s)^2}\right]$$

在这两个极端角度下去极化项相同的条件是: $\dfrac{4\cos\eta\beta_E(1-\beta^2)}{(1-\beta_i)(1-\beta_s)^2}=\dfrac{4\beta_E^2\cdot(1-\beta^2)}{(1-\beta_i)(1-\beta_s)^2}$ 或 $\cos\eta=\dfrac{\beta_E}{1-\beta_i}$。

当 $\eta=0$ 时，该项变成

$$(1-\beta^2)\left[\frac{(1-\beta_i)^2}{(1-\beta_s)^2}\right]\cdot\left\{1-\left[\frac{\beta_E^2\cdot(1-\beta^2)}{(1-\beta_i)^2\times(1-\beta_s)^2}\right](1-\cos\theta)^2\right\}$$

对于一个给定的电子速度分布，对速度积分将得到 $H(f(\boldsymbol{v}))$，散射功率将正比于

$$\left[\frac{(1-\beta_i)^2}{(1-\beta_s)^2}\right]\cdot\left[1-H(f(\boldsymbol{v}))(1-\cos\theta)^2\right]$$

随着散射角由 0° 增加到 180°，退极化项从一开始就逐渐减小。

4.5 对于电子温度为 10keV，$a=6\times10^7\text{m}\cdot\text{s}^{-1},\Delta\lambda_{1/2}=325\text{nm}$ 的电子，其在平均热速度下的波长漂移为: $\Delta\lambda_{1/2}\sim2.34a\dfrac{\lambda_i}{c}$，其中 $a=6\times10^5\left[T_e(\text{eV})\right]^{1/2}\text{m}\cdot\text{s}^{-1}$。

相反，100keV 的电子会有 $1.9\times10^8\text{m}\cdot\text{s}^{-1}$ 的速度，并且会在 53ps 内穿过散射区域。$\Delta\lambda_{FT}\sim\dfrac{v\lambda_i}{cd}\cdot\lambda_i$ 且对应的线宽只有 0.03nm。

一个具有速度 $\boldsymbol{v}$ 的电子将在散射区域运动 $\Delta t'=\dfrac{d}{v}$ 时间，其中 d 为散射区域在速度 $\boldsymbol{v}$ 方向的尺寸。

这种情况的结果将是，每个电子的波包减小，以致散射频率和波长的范围展宽。波长展宽大小为 $\Delta\lambda_{FT}\sim\dfrac{v\lambda_i}{cd}\cdot\lambda_i$

这可与由电子温度导致的波长漂移项比较，后者在电子平均热速度的情况下为 $\Delta\lambda_{1/2} \sim 2.34a\dfrac{\lambda_i}{c}$。

4.7　为了找到光谱中心，我们使 $\dfrac{\mathrm{d}}{\mathrm{d}\omega}\left\{\left(1+\dfrac{2\omega}{\omega_i}\right)\exp\left[-\left(\dfrac{\omega}{ka}+\dfrac{v_{kd}}{a}\right)^2\right]\right\}$ 为 0，可得 $\dfrac{2}{\omega_i}+\left(1+\dfrac{2\omega_m}{\omega_i}\right)\left(-\dfrac{2\omega_m}{ka}-\dfrac{v_{kd}}{ka^2}\right)=0$，其中 ω_m 是光谱峰对应的频率。

现有 $k=2k_i\sin\dfrac{\theta}{2}$ 以及 $k_i=\dfrac{c}{\omega_i}$，代入可得

$$4\omega_m^2+\omega_i\left[2+8\left(\frac{v_{kd}}{c}\right)\sin\frac{\theta}{2}\right]\omega_m+\omega_i^2\left[4\left(\frac{v_{kd}}{c}\right)\sin\frac{\theta}{2}-8\sin^2\frac{\theta}{2}\left(\frac{a}{c}\right)^2\right]$$

解得

$$\omega_m=\frac{\omega_i}{4}\left(-\left[1+4\left(\frac{v_{kd}}{c}\right)\sin\frac{\theta}{2}\right]\pm\left\{\left[1+4\left(\frac{v_{kd}}{c}\right)\sin\frac{\theta}{2}\right]^2\right.\right.$$
$$\left.\left.-4\left[4\left(\frac{v_{kd}}{c}\right)\sin\frac{\theta}{2}-8\sin^2\left(\frac{\theta}{2}\right)\left(\frac{a}{c}\right)^2\right]\right\}^{1/2}\right)$$

$$\omega_m\approx\left[-2\left(\frac{v_{kd}}{c}\right)\sin\frac{\theta}{2}-4\sin^2\frac{\theta}{2}\left(\frac{a}{c}\right)^2\right]\omega_i$$

4.9　为了解析各个峰，需要 $\Delta\Omega_s\leqslant\dfrac{c\Omega_e}{a\omega_i}\sin\left(\dfrac{\theta}{2}\right)$ 和 $\mathrm{d}\Omega\approx(\Delta\Omega_s)^2$，探测的光电子数为 $N_{pe}=\left(\dfrac{W_i}{hv_i}\right)r_0^2n_eL\mathrm{d}\Omega T\eta$。这些光电子被近似 $\dfrac{2ka}{\Omega_e}$ 的回旋峰共享。分别用下标 R 和 C 表示红宝石激光器和 CO_2 激光器，可得

$$\frac{(N_{pe})_C}{(N_{pe})_R}=\frac{(W_i)_C}{(W_i)_R}\cdot\frac{(v_i^3)_R}{(v_i^3)_C}\cdot\frac{\eta_C}{\eta_R}$$

对于所给示例，结果为 $\dfrac{(N_{pe})_C}{(N_{pe})_R}=2.4\times10^3\dfrac{\eta_C}{\eta_R}$。

如果在 10.59μm 处没有因检测器效率 (实际检测值) 较低产生较大损失，则 CO_2 系统将对每个回旋峰都检测到远多于红宝石系统的光电子。然而，由于脉冲长度增加 67 倍，等离子体光增大有限。

第 5 章　等离子体的集体性散射

5.1　引　　言

集体散射来自运动互相关联的电子，在大于德拜长度 ($\lambda \geqslant \lambda_{De}$) 的尺度上可被观察。在这种情况下，散射反映了电子的集体运动，因为它们为离子和其他电子提供了屏蔽。一般来说，热起伏是不相干的 (也就是说反映了宽的频率范围)，但来自于这些起伏运动的散射是相干的或者至少包括窄的频率特性 (在宽的非相干频率特性的顶部)。

第 3 章推导了无磁化无碰撞低温稳定等离子体的散射谱一般表达式。对于一阶 v/c，在散射角 θ 处，距离 $R \gg L, \lambda_i$，立体角 $\mathrm{d}\Omega$，频率范围 $\omega_s \to \omega_s + \mathrm{d}\omega$ 内散射功率为

$$P_s(\boldsymbol{R}, \omega_s)\,\mathrm{d}\Omega\mathrm{d}\omega_s = P_{\mathrm{i}} r_0^2 L \mathrm{d}\Omega\mathrm{d}\omega_s / 2\pi \left(1 + \frac{2\omega}{\omega_i}\right) \left|\hat{s} \times \left(\hat{s} \times \hat{E}_{i0}\right)\right|^2 n_e S(\boldsymbol{k}, \omega) \quad (5.1.1)$$

其中，L 是 $\boldsymbol{k}_i$ 方向散射区域的长度，$\boldsymbol{k} = \boldsymbol{k}_s - \boldsymbol{k}_i$，$\omega = \omega_s - \omega_i$，$P_i$ 是平均入射功率。

由于包含 $P_i(t)$ 和 $S(\boldsymbol{k}, \omega)$，散射功率也是时间的函数。但是注意，相比于微观时间 $\omega_{pe}^{-1}, v^{-1}, \omega_i^{-1}$，该推导是基于时间缓变条件。对于任意分布方程，谱密度函数表达式 (3.4.3) 为

$$S(\boldsymbol{k}, \omega) = \underbrace{\frac{2\pi}{k}\left|1 - \frac{\chi_e}{\epsilon}\right|^2 f_{e0}\left(\frac{\omega}{k}\right)}_{\text{电子部分}} + \underbrace{\frac{2\pi Z}{k}\left|\frac{\chi_e}{\epsilon}\right|^2 f_{i0}\left(\frac{\omega}{k}\right)}_{\text{离子部分}} \quad (5.1.2)$$

其中，f_{e0} 和 f_{i0} 分别是归一化的一维电子和离子速度分布函数，Z 为一个离子的带电量。对于多种离子的等离子体，式 (5.1.2) 第二项改写为

$$\sum_j \frac{2\pi}{k} \frac{Z_j^2 N_j}{N} \left|\frac{\chi_e}{\epsilon}\right|^2 f_{i0,j}\left(\frac{\omega}{k}\right)$$

其中，$N = \sum_j N_j Z_j$，N_j 为第 j 种离子的数密度。纵向介电函数可写为

$$\epsilon = 1 + \chi_e + \sum_j \chi_j$$

其中，j 是所有离子种类之和 (Evans and Carolan，1970)。

在集体区域，入射波束“看到”由每个电子 (式 (5.1.2) 的电子部分) 和每个离子 (式 (5.1.2) 的离子部分) 屏蔽的电子群。屏蔽效应被包含在介电函数 ϵ 中，并且对 $|\epsilon|^2$ 较小时的散射谱有显著的作用；在等离子体的自然共振下，即在非磁化情况时的电子等离子体频率共振 $\omega \simeq \omega_{pe}$ 和离子声波共振条件下，

$$\omega \simeq \omega_{ac} \simeq k\sqrt{\frac{Z\kappa T_e + 3\kappa T_i}{m_i\left(1 + k^2\lambda_{De}^2\right)}}$$

对于稳定的等离子体，朗道阻尼和碰撞使共振波振幅保持在一个较低的水平。这种阻尼的精确程度很依赖于分布函数的形式，因此我们必须指定 f_{e0} 和 f_{i0} 以获得详细的频谱。

在接下来的章节中，我们将在完全非相对论谱函数假设下处理麦克斯韦分布的非相干散射谱。第 5.4 节给出了一系列实验应用，演示了在测量一系列等离子体参数时集体汤姆孙散射的能力，研究了碰撞对散射谱特性的影响，讨论了电子和离子的相对小漂移对散射谱的影响。最后，确定了总散射截面 $S(\boldsymbol{k}) = S_e(\boldsymbol{k}) + S_i(\boldsymbol{k})$ 对 α 和 $T_e = T_i$ 的依赖性。

5.2 $\boldsymbol{S(k,\omega)}$，麦克斯韦分布函数

在热力学平衡中，一维速度分布是麦克斯韦分布

$$f_{e0} = \left(\frac{1}{\pi a^2}\right)^{1/2}\exp\left(-v^2/a^2\right) \text{ and } f_{i0} = \left(\frac{1}{\pi b^2}\right)^{1/2}\exp\left(-v^2/b^2\right)$$

其中平均热速度是

$$a = (2\kappa T_e/m_e)^{1/2}, \quad b = (2\kappa T_i/m_i)^{1/2} \tag{5.2.1}$$

从方程 (5.1.2)，可以写出

$$S(\boldsymbol{k},\omega) = \frac{2\pi^{1/2}}{ka}\left\{\frac{A_e}{|\epsilon|^2} + \frac{A_i}{|\epsilon|^2}\right\} \tag{5.2.2}$$

其中

$$\begin{aligned} A_e &= \exp\left(-x_e^2\right)\left\{\left[1 + \alpha^2\frac{ZT_e}{T_i}\mathrm{Rw}(x_i)\right]^2 + \left[\alpha^2\frac{ZT_e}{T_i}\mathrm{Iw}(x_i)\right]^2\right\} \\ A_i &= Z\left(\frac{m_iT_e}{m_eT_i}\right)^{1/2}\exp\left(-x_i^2\right)\left\{\left[\alpha^2\mathrm{Rw}(x_e)\right]^2 + \left[\alpha^2\mathrm{Iw}(x_e)\right]^2\right\} \end{aligned} \tag{5.2.3}$$

并且

$$|\epsilon|^2=\left\{1+\alpha^2\left[\mathrm{Rw}\left(x_e\right)+\frac{ZT_e}{T_i}\mathrm{Rw}\left(x_i\right)\right]\right\}^2+\left[\alpha^2\mathrm{Iw}\left(x_e\right)+\alpha^2\frac{ZT_e}{T_i}\mathrm{Iw}\left(x_i\right)\right]^2 \quad (5.2.4)$$

$$x_e=\omega/ka,\quad x_i=\omega/kb,\quad \alpha=1/k\lambda_{De}$$

对于麦克斯韦分布函数，电子和离子的磁化率 [参见方程 (3.3.9) 和 (3.3.10)] 可以写成

$$\chi_e(\boldsymbol{k},\omega)=-\frac{\alpha^2}{2}Z'(x_e)=\alpha^2\left[\mathrm{Rw}(x_e)+i\mathrm{Iw}(x_e)\right] \quad (5.2.5)$$

$$\chi_i(\boldsymbol{k},\omega)=-\frac{\alpha^2}{2}\frac{ZT_e}{T_i}Z'(x_i)=\alpha^2\frac{ZT_e}{T_i}\left[\mathrm{Rw}(x_i)+\mathrm{iIw}(x_i)\right] \quad (5.2.6)$$

其中，$\mathrm{Rw}(x)$ 和 $\mathrm{Iw}(x)$ 分别为 Fried 和 Conte(1961) 所列等离子体色散函数导数的实部和虚部。这个表达式用现代计算机可以很容易地计算 (参见附录 D)。正如在下一节中讨论的，可以简化这个复杂的表达式并得到有用的分析结果。

图 5.1 显示，实部为

$$\mathrm{Rw}(x)\equiv-\frac{1}{2}\mathrm{Re}[Z'(x)]=1-2x\exp(-x^2)\int_0^x\exp(p^2)\mathrm{d}p \quad (5.2.7)$$

而磁化率的虚部 (朗道阻尼项)

$$\mathrm{Iw}(x)\equiv-\frac{1}{2}\mathrm{Im}[Z'(x)]=\pi^{1/2}x\exp(-x^2) \quad (5.2.8)$$

若 $x<1$，即 $v_{ph}=\omega/k<v_{th}$(ph 表示相速度，th 表示热速度)

$$\mathrm{Rw}(x)\simeq 1-2x^2\left(1-\frac{2x^2}{3}+\frac{4x^4}{15}-\cdots\right) \quad (5.2.9)$$

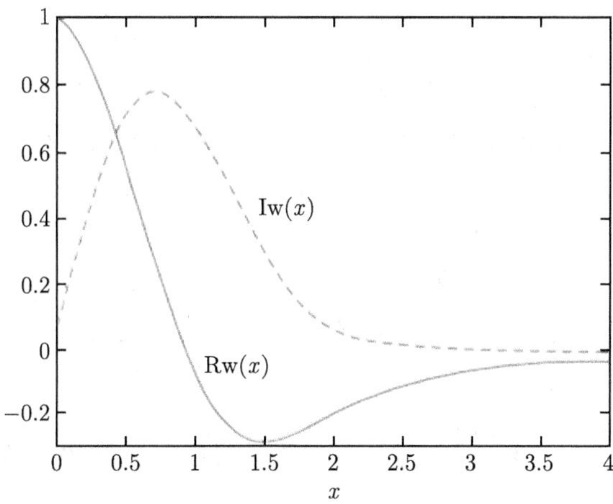

图 5.1 等离子体色散函数的实部 (实线) 与虚部 (朗道阻尼项)(虚线)

当 $x \gg 1$，即 $v_{ph} \gg v_{th}$ 时，

$$\mathrm{Rw}(x) \simeq -\frac{1}{2x^2}\left(1+\frac{3}{2x^2}+\frac{15}{4x^4}+\cdots\right) \tag{5.2.10}$$

5.2.1　高频 ($\omega \gg \omega_{pi}$)

根据离子对电子运动的响应能力，集体散射谱可以被分为两种状态：高频状态时 ($\omega \gg \omega_{pi}$)，离子不能响应 ($x_i \gg 1$)，离子分量可以忽略 ($A_i/|\epsilon|^2 \to 0$)，以电子分量 $A_e/|\epsilon|^2$ 为主。图 5.2 说明了当 $\alpha > 1$ 时在高频状态 (“电子特征”) 中测量到的共振 (关于电子等离子体波的讨论见 5.4 节)。

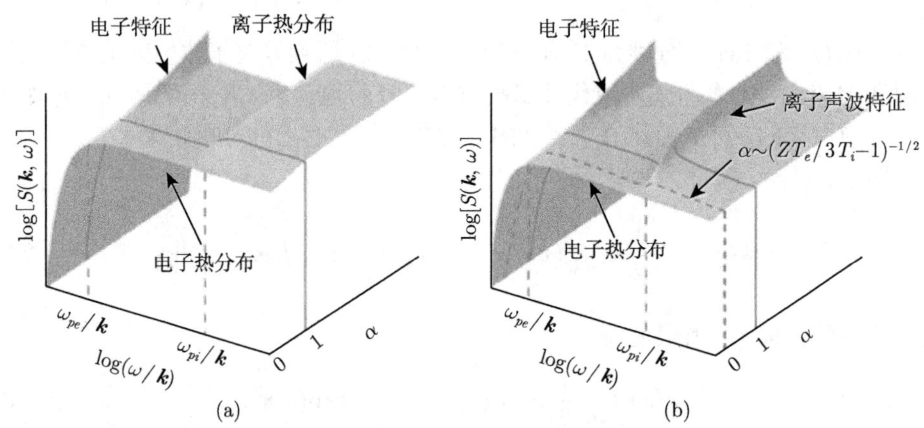

图 5.2　在散射谱中观察的特征 [方程 (5.2.2)] 随着散射参数的变化。(a)$Z=1, T_e/T_i=0.1$ (强阻尼离子声波) 和 (b)$Z=10, T_e/T_i=1$(弱阻尼离子声波) 时，电子密度随散射参数的变化而变化

5.2.2　低频 ($\omega \ll \omega_{pi}$)

在低频状态下，当 $ZT_e/T_i < 1$(离子波阻尼大) 时，离子分量占主导地位。图 5.2(a) 表明，在这些条件下，散射光谱的结果主要来自于由屏蔽离子的电子散射引起的多普勒频移，因此反映了离子的热扩散 (即离子速度分布)。当 $ZT_e/T_i \simeq 1$ 时，波的相速度 $v_{ph} \simeq (Z\kappa T_e/m_i)^{1/2} \simeq (\kappa T_i/m_i)^{1/2}$，处于重离子朗道阻尼出现的区域；此外，共振很弱。当 ZT_e/T_i 增大时，离子声波共振变得更加明显，相速度增大，波进一步传播到离子分布函数的尾部，此时阻尼减小。此时 ($ZT_e/T_i \gg 1$)，离子分量减小而电子分量占主导地位。离子分量的减小是由于 $\exp(-x_i^2)$ 因子，因为在此区域$x_i^2 = ZT_e/2T_i \gg 1$。尽管观察电子特征的条件是 $\alpha > 1$，图 5.2(b) 表明当 $\alpha < 1$ 但 $\alpha \gtrsim \left(\dfrac{ZT_e}{3T_i}-1\right)^{-1/2}$ 时离子声波特征可以在光谱中观测到。5.3 节将进一步推导和讨论这个条件。

5.3 $\boldsymbol{S}(\boldsymbol{k},\omega)$,$\boldsymbol{T}_e/\boldsymbol{T}_i \simeq \mathbf{1}$，萨普陀近似

Salpeter(1960) 首次证明了在这个区域，谱的形式相对简单。由方程 (5.2.1) 可知，当 $T_e/T_i \simeq 1$ 时，因 $m_e \ll m_i$，变量 $x_e/x_i = (m_eT_i/m_iT_e)^{1/2} \ll 1$。

5.3.1 电子分量–萨普陀近似

我们回忆一下，方程 (5.2.2) 的第一项包括 $\alpha \ll 1$ 时自由电子以及 $\alpha > 1$ 时电子加上电子德拜屏蔽对谱的贡献。现在，每个德拜屏蔽实际上是电子排斥和离子吸引的结果，以至于这种形式的德拜屏蔽涉及离子，因此该项中包括因子 $(ZT_e/T_i)\,\alpha^2\mathrm{Rw}(x_i)$。然而，大部分的电子运动很快以至于离子无法响应它们的运动；德拜屏蔽主要是通过其他电子的排斥来实现的。对于谱的高频部分 $x_e \simeq 1$，这里 $x_i \gg 1$，从方程 (5.2.10) 可知 $\mathrm{Rw}(x_i) \to 0$。同样地, $\mathrm{Iw}(x_i) = 0$，因为在这些高相速度下离子朗道阻尼是可以忽略的。离子只在低频时起作用，但如上所述，对于 $ZT_e \simeq T_i$，离子声波共振较弱，因此可以很好地近似成

$$S_e(\boldsymbol{k},\omega) \simeq \frac{2\pi^{1/2}\exp(-x_e^2)}{ka\{(1+\alpha^2\mathrm{Rw}(x_e))^2 + [\alpha^2\mathrm{Iw}(x_e)]^2\}} \tag{5.3.1}$$

5.3.2 离子分量–萨普陀近似

方程 (5.2.2) 中的第二项给出了聚合屏蔽每个离子的电子对散射谱的贡献。离子屏蔽是由电子的吸引和离子的排斥实现的。只有当我们观察的尺度相当于或大于德拜长度时这一项才起作用，这可以从对 α 的依赖看出。由于因子 $\exp(-x_i^2)$，该项仅在 $0 < x_i < 2$ 时才重要。这部分谱的典型频率是

$$\omega \simeq k\left(\frac{2\kappa T_i}{m_i}\right)^{1/2} = \left(\frac{2T_i}{\alpha^2 ZT_e}\right)^{1/2}\omega_{pi}$$

当 $2T_i/\alpha^2ZT_e \gg 1$(即 $\omega/\omega_{pi} \gg 1$) 时，离子不能集体响应，散射谱通过屏蔽离子的电子散射，反映了离子热扩散。当 $2T_i/\alpha^2ZT_e \ll 1$ 时，离子在屏蔽中起重要作用，并且谱是离子热速度和残留离子声波的组合。

对于 $\dfrac{T_em_i}{T_im_e} \gg 1$，我们探测的是电子分布的平坦中心 $(x_e \ll 1)$，因此 $\mathrm{Rw}(x_e) \simeq 1$，$\mathrm{Iw}(x_e) \simeq 0$，并且离子特征变成

$$S_i(\boldsymbol{k},\omega) \simeq \frac{2\pi^{1/2}}{kb}\frac{Z\alpha^4\exp(-x_i^2)}{[1+\alpha^2+\alpha^2(ZT_e/T_i)\mathrm{Rw}(x_i)]^2 + [\alpha^2(ZT_e/T_i)\mathrm{Iw}(x_i)]^2} \tag{5.3.2}$$

注意：当 ZT_e/T_i 明显大于 1 或离子和电子有相对漂移时，这种近似都是无效的。在这两种情况下，电子朗道阻尼变得很重要 (即 $\mathrm{Iw}(x_e) > 0$)。

5.3.3 完整的谱密度函数–萨普陀近似

联立方程 (5.3.1) 和 (5.3.2)，可以得到

$$S(\boldsymbol{k},\omega)\simeq\frac{2\pi^{1/2}}{ka}\Gamma_\alpha(x_e)+\frac{2\pi^{1/2}}{kb}Z\left(\frac{\alpha^2}{1+\alpha^2}\right)^2\Gamma_\beta(x_i) \tag{5.3.3}$$

其中

$$\Gamma_\alpha(x)=\frac{\exp(-x^2)}{[1+\alpha^2\mathrm{Rw}(x)]^2+[\alpha^2\mathrm{Iw}(x)]^2},\quad \beta^2=\frac{\alpha^2}{1+\alpha^2}\frac{ZT_e}{T_i} \tag{5.3.4}$$

这个结果在 $\dfrac{T_em_i}{T_im_e}\gg 1$ 和 $ZT_e/T_i\leqslant 1$ 时是准确的。

5.3.4 电子等离子体共振

正如我们所讨论的，由于等离子体波的波动，在高频频谱中存在共振，$\omega\simeq\omega_{pe}$。离子难以响应这种频率 ($x_i\gg 1$)，因此可以合理地忽略离子分量，这使我们得到谱的萨普陀近似，即方程 (5.3.1)。

共振出现在 $\epsilon_R=1+\alpha^2\mathrm{Rw}(x_e)=0$ 附近，图 5.1 表明，对于 $\alpha>1.86$，方程有两个根。然而，在低频根处，朗道阻尼项较大，共振具有较强的阻尼。因此只剩下高频根，我们用 $x_{eo}=\omega_o/ka\gg 1$ 来表示。相速度远大于电子平均热速度，因此，波在 $(\partial f_{eo}/\partial \mathrm{v})$ 较小的电子速度分布函数尾部向上传播，即朗道阻尼很小。如果忽略阻尼对谐振位置的影响，则利用方程 (5.2.10) 可以得到

$$\frac{1}{\alpha^2}\simeq\frac{1}{2x_{eo}^2}+\frac{3}{4x_{eo}^4}$$

重新整理可以给出色散关系

$$\omega_{epw}^2\simeq\omega_{pe}^2+\frac{3\kappa T_e}{m_e}k^2 \tag{5.3.5}$$

这是纵向电子等离子体波的波恩–格罗斯关系式，注意到这是一个尖锐共振，可以得到

$$S_e(\boldsymbol{k},\omega)\simeq\frac{\pi^{1/2}}{2ka}\frac{x_{eo}^2\exp(-x_{eo}^2)}{\{(x_e-x_{eo})^2+[(\pi^{1/2}/2)\alpha^2x_{eo}^2\exp(-x_{eo}^2)]^2\}} \tag{5.3.6}$$

5.3.5 离子声波共振

当 $\alpha\gtrsim\left(\dfrac{ZT_e}{3T_i}-1\right)^{-1/2}$ 时，散射谱可以揭示与离子声波相关的低频特征。这种共振发生在 $\omega_{ac}\approx k[(Z\kappa T_e+3\kappa T_i)/m_i]^{1/2}$ 附近。在这个频率附近，由于 $x_e(\omega_{ac})\simeq$

$\omega_{ac}/ka \ll 1$，所以，$\mathrm{Rw}(x_e) \simeq 1$ 且 $\exp(-x_e^2) \simeq 1$，因此散射谱包含了离子和电子分量共同的贡献，

$$S_{ac}(\boldsymbol{k},\omega) \simeq \frac{2\pi^{1/2}}{ka}\left\{\frac{[1+\alpha^2(ZT_e/T_i)\mathrm{Rw}(x_i)]^2}{|\epsilon|^2} + Z\left(\frac{m_iT_e}{m_eT_i}\right)^{1/2}\frac{\alpha^4\exp(-x_i^2)}{|\epsilon|^2}\right\} \tag{5.3.7}$$

其中

$$|\epsilon|^2 \simeq \left\{[1+\alpha^2+\alpha^2(ZT_e/T_i)\mathrm{Rw}(x_i)]^2 + [\alpha^2\mathrm{Iw}(x_e)+\alpha^2(ZT_e/T_i)\mathrm{Iw}(x_i)]^2\right\} \tag{5.3.8}$$

通过设定$\epsilon_{Re}=0$ 得到离子声波的色散关系。观察图 5.1 可发现，只有当 (T_i/ZT_e) $[(1+\alpha^2)/\alpha^2] < 0.29$ 时条件才满足，这导致观察离子特征的条件$\alpha \gtrsim \left(\dfrac{ZT_{\mathrm{e}}}{3T_i}-1\right)^{-1/2}$ 仅对 $ZT_e/T_i > 3$ 严格满足。对于较小的 ZT_e/T_i 值，共振具有强阻尼。对于 $ZT_e \gg T_i$，我们可以利用 $\mathrm{Rw}(x_i)$ 的近似方程 (5.2.10)，并忽略共振的虚部 $\mathrm{Iw}(x_i) \simeq 0$ 来得到离子声波色散关系

$$\omega_{ac} \simeq \pm k\left[\frac{\alpha^2 Z\kappa T_e}{(1+\alpha^2)m_i} + \frac{3\kappa T_i}{m_i}\right]^{1/2} \tag{5.3.9}$$

5.3.6 电子与离子的相对漂移

在前面的章节中我们已经看到，等离子体共振振荡的发展受到电子和离子朗道阻尼的限制，阻尼的强度与速度分布函数的梯度成正比，取决于波的相速度，共振受到离子和电子的共振漂移的强烈影响，因为它将波的相速度转移到分布函数的不同部分 (图 5.3)。

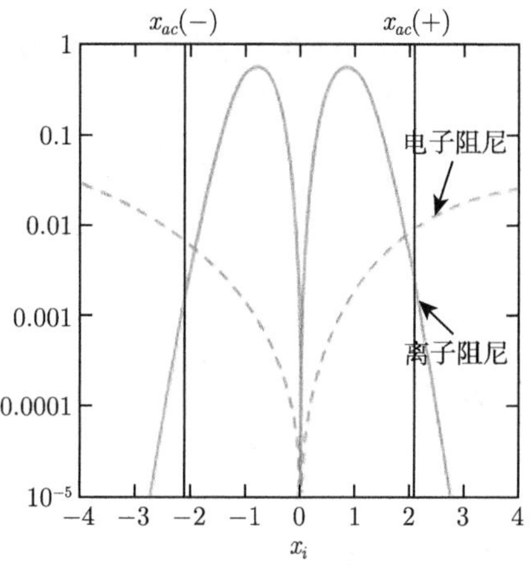

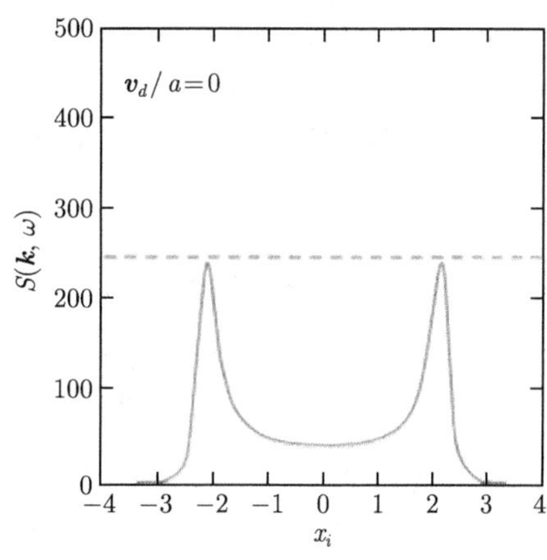

(a)

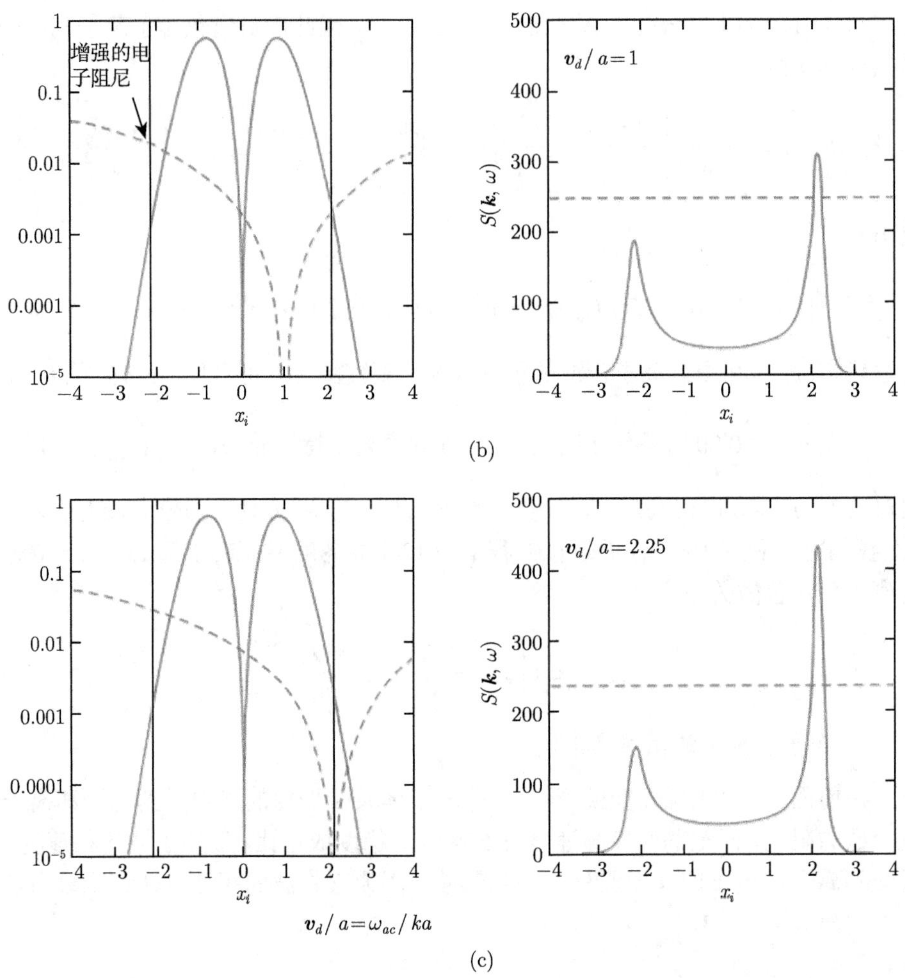

图 5.3　电子 (虚线) 和离子 (实线) 对朗道阻尼的贡献，(a) 电子和离子之间没有相对漂移 ($x_d = 0$)，(b) 适度的漂移 ($x_d = 1$)，(c) 与离子声波共振等效的漂移 ($x_d = x_{ac} \simeq 2.25$)。平均电荷状态为 $Z = 6$ 和 $T_e/T_i = 1$ 时，每种情况对应的散射谱如图所示

通过将电子速度分布函数转变成相对于离子参照系，可以研究相对于离子具有小漂移速度的电子。在这种情况下，麦克斯韦分布函数变成

$$f_{e0}(v) = \frac{\exp\{-[(v-v_d)/a]\}}{(\pi a^2)^{3/2}}, \quad f_{i0}(v) = \frac{\exp[-(v/b)^2]}{(\pi b^2)^{3/2}} \tag{5.3.10}$$

代入式 (5.1.2) 得到

$$S(\boldsymbol{k},\omega) = \frac{2\pi^{1/2}}{ka}\left(\frac{A_e}{|\epsilon|^2} + \frac{A_i}{|\epsilon|^2}\right) \tag{5.3.11}$$

其中

$$
\begin{cases}
A_e = \left\{ \left[1+\alpha^2 \dfrac{ZT_e}{T_i}\mathrm{Rw}(x_i)\right]^2 + \left[1+\alpha^2 \dfrac{ZT_e}{T_i}\mathrm{Iw}(x_i)\right]^2 \right\} \exp[-(x_e-x_d)^2] \\
A_i = Z\left(\dfrac{m_iT_e}{m_eT_i}\right)^{1/2} \left\{ \left[\alpha^2\mathrm{Rw}(x_e-x_d)\right]^2 + \left[\alpha^2\mathrm{Iw}(x_e-x_d)\right]^2 \right\} \exp(-x_i^2)
\end{cases}
\tag{5.3.12}
$$

其中 $x_e=\omega/ka$，$x_d=v_d/a\cos\chi$，χ 是 $\boldsymbol{v}$ 和漂移速度 $\boldsymbol{v}_d$ 之间的夹角。

$$
\begin{aligned}
|\epsilon|^2 = &\left(\left\{ 1+\alpha^2\left[\mathrm{Rw}(x_e-x_d)+\frac{ZT_e}{T_i}\mathrm{Rw}(x_i)\right]\right\}^2 \right. \\
&\left. + \left[\alpha^2\mathrm{Iw}(x_e-x_d)+\alpha^2\frac{ZT_e}{T_i}\mathrm{Iw}(x_i)\right]^2 \right)
\end{aligned}
\tag{5.3.13}
$$

当以下公式成立时，满足

$$
1+\alpha^2[\mathrm{Rw}(x_e-x_d)+\frac{ZT_e}{T_i}\mathrm{Rw}(x_i)] \Rightarrow 0 \tag{5.3.14}
$$

图 5.3 显示了在没有漂移的情况下离子声波频率处的共振波动幅值是对称的，这表明正负根处的朗道阻尼相等。在这些条件下 ($ZT_e/T_i=6$)，离子声波朗道阻尼相对于电子朗道阻尼的贡献较小。通过将谐振波分别移动到分布函数的较浅和较陡部分，增加漂移可以减小正根上的阻尼，并增加负根上的阻尼。对于归一化的漂移 $x_d=1$，正根上的电子和离子朗道阻尼几乎相等，负根上的电子朗道阻尼显著增大。当漂移速度大于离子声波速度，$v_d>(Z\kappa T_e/m_i)^{1/2}$ 时，正根上的电子阻尼趋于零，并且如果电子波的增长大于残余离子阻尼，则系统会变得不稳定。

这里必须强调的是，我们的计算只适用于 $\epsilon_{\mathrm{Im}}(\omega_{\mathrm{Re}})$ 保持有限时的小漂移，并且共振波动的程度小到足以验证我们忽略动力学方程中的非线性项是合理的。这些项不仅作用于波动还作用于整体平均条件，而且我们假设它们是稳定的。

还必须注意的是，方程 (5.3.11) 在 $\boldsymbol{k}$ 方向上产生了频谱，但是只要 $\mathrm{Im}(\omega)<0$ 就会出现不稳定性，这可能不是我们所研究的方向或特定的 $\boldsymbol{k}$ 值 (参见 (Infeld et al., 1972))。因此，只有当在所有方向上满足小波动幅度的限制时，才能使用这些方程。举一个简单的例子，考虑 $\boldsymbol{k}$ 垂直于 v_d 的情况，由于 $\cos\chi=0$，方程 (5.3.11) 和 (5.3.13) 简化为标准的无漂移形式，但是，如果 v_d 大到足以引起不稳定性，即使在垂直方向上也会出现一些增强的波动。

5.4 实验应用

一种用于集体性汤姆孙散射测量的现代典型装置将在 7.8 节中进一步讨论。这里，典型的汤姆孙散射诊断技术通过等离子体将探测波束聚焦，将收集到的散射光传输到光谱仪，光谱仪耦合到条纹相机用于时间分辨光谱，或电荷耦合器件 (CCD) 用于空间分辨光谱。选用具有适合测量电子等离子体波或离子声波的波长范围的光谱仪。下面几节概述了汤姆孙散射技术可开展的测量。

5.4.1　实验原理

根据动量方程和能量守恒方程，入射探测光束和聚光透镜 (θ) 之间的夹角决定了波动的方向

$$\boldsymbol{k} = \boldsymbol{k}_s - \boldsymbol{k}_i$$

$$\omega = \omega_s - \omega_i$$

由于散射发生在等离子体中，探测到的波矢量的大小需要了解等离子体参数以求解电磁波波数的色散关系

$$k_i = \left(\frac{\omega_i^2 - \omega_{pe}^2}{c^2}\right)^{1/2} \tag{5.4.1}$$

$$k_s = \left(\frac{\omega_s^2 - \omega_{pe}^2}{c^2}\right)^{1/2} \tag{5.4.2}$$

通常，这些方程可以和全功率谱结合以求解完整的频谱，但是通常使用适当的色散关系，可以方便地得到集体特征之间的预期波长间隔的估计值。对于电子等离子体波，$\alpha \gtrsim 2$ 时的色散关系由方程 (5.3.5) 给出，而离子声波的色散关系由方程 (5.3.9) 给出。

当离子声波散射时，散射波长近似等于入射波长 ($k_i \simeq k_s$)，离子声波矢量由实验几何和探测光的波数给出

$$k_{ia} \simeq 2k_i \sin\left(\frac{\theta}{2}\right) \tag{5.4.3}$$

通过将式 (5.3.4) 代入式 (5.3.9) 中并假设 $\omega_i \gg \omega_{pe}$，可以估算两个离子声波特征 ($\Delta\lambda_{ia}$) 的预期散射波长间隔，

$$\frac{\Delta\lambda_{ia}}{\lambda_i} \simeq \frac{4}{c}\sin\left(\frac{\theta}{2}\right)\sqrt{\frac{\kappa T_e}{m_i}\left[\frac{Z}{(1+k_{ia}^2\lambda_{De}^2)} + \frac{3T_i}{T_e}\right]} \tag{5.4.4}$$

对于 90° 散射，这导致离子声波典型归一化谱峰间隔为 $\Delta\lambda_{ia}/\lambda_i \sim 10^{-3}$。

对于电子等离子体波，可以将方程 (5.4.1) 和方程 (5.4.2) 代入波恩–格罗斯色

散关系式 (5.3.5)

$$\left(\frac{k_{epw}}{k_i}\right)^4-4\cos\varPhi\left(\frac{k_{epw}}{k_i}\right)^3$$
$$+4\left(\frac{k_{epw}}{k_i}\right)\cos^2\varPhi\left(1-\frac{1}{2\cos^2\varPhi}\frac{\omega_p^2}{c^2k_i^2}-\frac{3}{\cos^2\varPhi}\frac{a^2}{c^2}\right) \tag{5.4.5}$$
$$+4\left(\frac{k_{epw}}{k_i}\right)\frac{\omega_p^2}{c^2k_i^2}\cos\varPhi-4\frac{\omega_p^2}{c^2k_i^2}\left(1+\frac{3}{4}\frac{\omega_p^2}{c^2k_i^2}\right)=0$$

其中，$\varPhi$ 是 $\boldsymbol{k}_{epw}$ 和 $\boldsymbol{k}_i$ 之间的夹角。当散射角 $\theta=90°$ 时，$\cos\varPhi=-k_i/k_{epw}=-\lambda_i/\Delta\lambda_{epw}$，假设 $\frac{\omega_p^2}{c^2k_i^2}\sim\frac{n}{n_{cr}}$，电子等离子体波两个散射特征之间的波长偏移近似为

$$\frac{\Delta\lambda_{epw}}{\lambda_i}\approx 2\left(\frac{n}{n_{cr}}+3\frac{a^2}{c^2}\right)^{1/2}\left(1+\frac{3}{2}\frac{n}{n_{cr}}\right) \tag{5.4.6}$$

这与图 5.4(a) 中所示的散射结果非常一致，其中 $\frac{\Delta\lambda_{epw}}{\lambda_i}\sim 0.18$ 是密度为 $n/n_{cr}=0.005$ 时的估计值。

5.4.2 电子等离子体波

电子特征包括能够准确测量电子密度和某些状态下的电子和离子温度的能力。

(1) 波长偏移 $\frac{\Delta\lambda_{epw}}{\lambda_i}\propto\omega_{pe}$[见方程 (5.4.6)]，作为一阶近似，直接依赖于 n_e。

(2) 信号波的绝对幅度和宽度由波的阻尼决定。在无碰撞平衡的情况下，这是朗道阻尼，它取决于 n_e 和 T_e。

(3) 当 $ZT_e\simeq T_i$ 时，光谱的中心部分来自于离子项，信号散射截面与中心谱的比值由下式给出

$$\frac{S_e(\boldsymbol{k})}{S_i(\boldsymbol{k})}=\frac{1+\alpha^2[1+(ZT_e)/T_i]}{2Z\alpha^4} \tag{5.4.7}$$

其中

$$\alpha^2=\frac{1.17\times10^{-8}[\lambda_i(\mathrm{cm})]^2n_e(\mathrm{cm}^{-3})}{\sin^2(\theta/2)T_e(\mathrm{eV})} \tag{5.4.8}$$

因此，如果 T_e 已知，我们可以估算 T_i。有关电子等离子体波散射测量的综述，参见 (Peacock et al.，1969)；(Alladio et al.，1977)；(Landen et al.，1985)；(Behn et al.，1989)；(Snyder et al.，1994)；(Glenzer et al.，1997a，b)；(Pasqualotto et al.,1999)；(Wrubel et al.，2000)；(Gregori et al.，2002)；(Dzierzega et al.，2006)；(Ross et al.，2010)。

图 5.4 展示了从非集体 (参见第 4 章) 到集体状态的汤姆孙散射谱。这里，很明显，当 $\alpha < 1$ 时，散射谱开始揭示电子分布函数。将散射参数增大到 1 以上可以揭示上述电子等离子体波特征，其中电子温度和密度都已被精确测量 (Ross et al.，2010)。

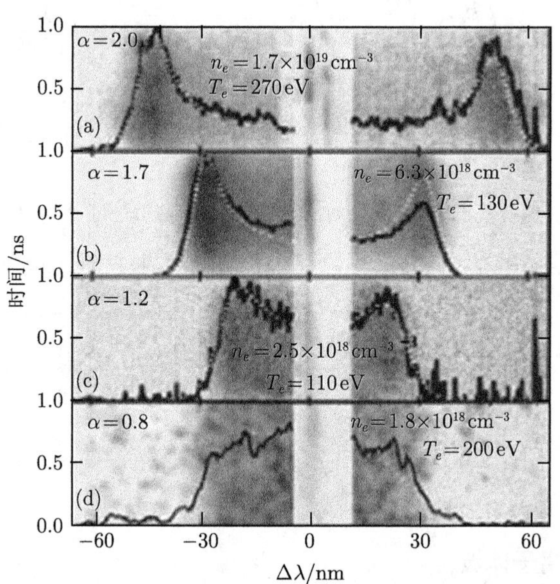

图 5.4　测量的时间分辨散射谱随散射参数 ($\lambda_i = 0.53\mu m, \theta = 90°$) 的变化。利用方程 (5.3.7) 绘制 0.5ns 处的谱线 (黑线) 并进行相应的拟合。(a) $\alpha = 2.0$; (b) $\alpha = 1.7$; (c) $\alpha = 1.2$; (d) $\alpha = 0.8$(由 J. S. Ross 提供)

1. 电子等离子体共振测量电子密度和温度

电子特征对电子温度和密度的敏感性如图 5.5 所示。由于电子等离子体波频率的增加，电子密度的增大会使偏移峰的间隔增大，而电子温度升高会增大峰的宽度，这是由于朗道阻尼增大了。电子密度和温度测量的不确定性是由电子密度和温度在拟合超出噪声之前的变化程度决定的。对于图 5.5 所示的测量光谱，温度和密度测量的不确定度在集体状态下均优于 15%。此外，计算得到的频谱是唯一的，同时改变温度和密度不会再现给定的频谱。

2. 不对称电子等离子体特征

图 5.6 显示了不同相速度下电子等离子体波的时间分辨集体汤姆孙散射。在 beta(非相对论) 中计算到零阶的散射功率 (见 2.3.3 节) 与测量值不符，而在方程 (5.1.1) 的 β 相对论修正中，即使在这些低温条件下 ($v_{osc}/c = \mathrm{e}E_0/m_e^2 \ll 1$,

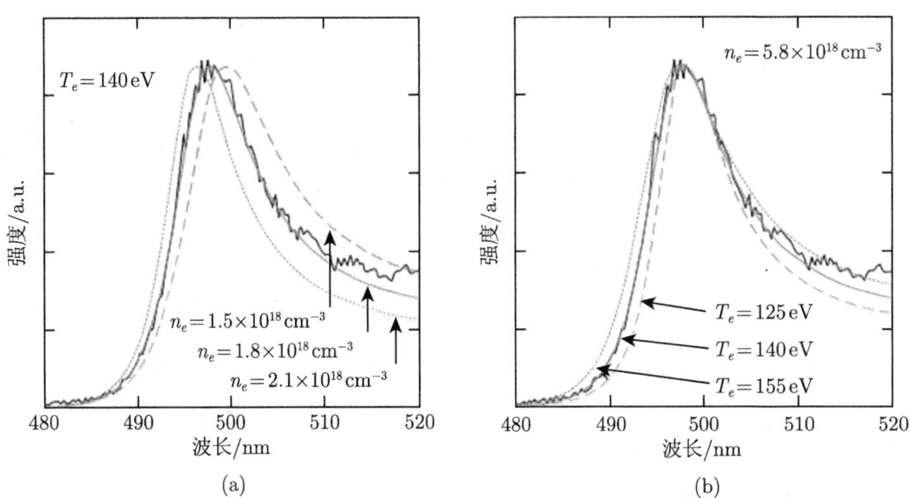

图 5.5 通过改变电子温度和密度，可以确定拟合的灵敏度。实验数据 (浅色实线) 的最佳拟合以黑色实线绘出 ($T_e = 140$ eV, $n_e = 5.8 \times 10^{18}$ cm^{-3})。(a) n_e 增加 15%(点状曲线) 或者小 15%(虚线)，电子温度保持不变；(b) 电子密度保持不变，电子温度升高 10%(点状曲线) 或者降低 10%(虚线)(由 J. S. Ross 提供)

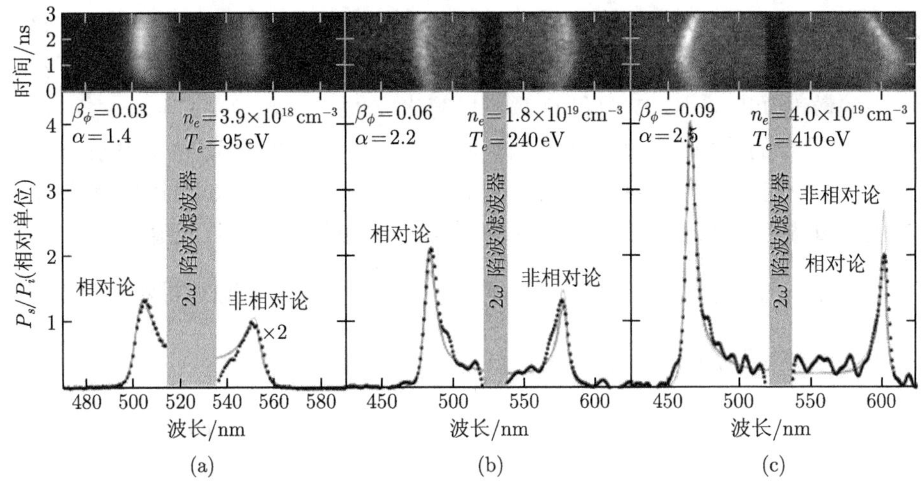

图 5.6 顶部：原始条纹数据。底部：2ns 处的实验数据 (点) 归一化为蓝移特征，并与非相对论和相对论形式因子进行比较。随着温度和密度的增加，电子等离子体波的相速度增大：(a) $\beta_\phi = 0.03$, (b) $\beta_\phi = 0.06$, (c) $\beta_\phi = 0.09$，并且非相对论和相对论形式因子之间的差别变得更加明显 (由 J. S. Ross 提供，2010 年)

$T_e < 1\,\text{keV}$)，散射功率的一阶修正也与测量的光谱在一定相速度范围内符合良好。在计算这个频谱时，由于组成电子等离子体波的快电子以接近波的相速度传播，因此必须包括一阶 v/c 修正 (Ross et al.，2010)。

在低温等离子体中，在非对称散射谱中观察到相对论效应，并归因于两个效应，对应于计算出的散射光谱的一阶 β 修正①。通过计算蓝移和红移电子等离子体波共振中峰值功率的比值，可以估计这些修正的效果

$$\frac{P^{\text{blue}}}{P^{\text{red}}} \approx \underbrace{\frac{P_{NR}^{\text{blue}}}{P_{NR}^{\text{red}}}}_{\text{A}} \underbrace{\left(\frac{1+\beta_\phi \cos\phi}{1-\beta_\phi \cos\phi}\right)^2}_{\text{B}} \underbrace{\left(\frac{1+\beta_\phi \cos\Phi}{1-\beta_\phi \cos\Phi}\right)^2}_{\text{C}} \tag{5.4.9}$$

其中，β_ϕ 是归一化相速度；ϕ 是 $\hat{k}$ 和 $\hat{k}_s$ 之间的夹角；Φ 是 $\hat{k}$ 和 $\hat{k}_i$ 之间的夹角；$P_{NR}^{\text{blue}}/P_{NR}^{\text{red}}$ 是蓝移和红移峰的峰值功率比值，用 β 中的零阶 (非相对论) 分别计算方程 (2.3.13) 给出的散射功率。

A 项的不对称性是红移和蓝移谐振波矢量大小不同的结果，大约是 $2\sqrt{\dfrac{n}{n_{cr}}} >$ 10%。

当朗道阻尼很小 ($\alpha \gg 1$) 时，等离子体波矢量的适度差异导致等离子体波阻尼有较大的相对变化。B 项是相对论像差的结果，也称为相对论前灯效应，其中光优先地指向发射器的传播方向。C 项是初始电子运动与磁场相互作用的结果。沿等离子体波方向以接近等离子体波相速度 ($\boldsymbol{v}_\phi$) 传播的电子和汤姆孙散射探测光的磁场相互作用。由此产生的 $\boldsymbol{v}_\phi \times \boldsymbol{B}_i$ 力与探测光电场力的方向平行或反平行，这取决于 $\boldsymbol{v}_\phi$ 相对于入射激光束 ($\boldsymbol{k}_i$) 的方向。因此，蓝移特征中的散射功率增强，红移特征中的散射功率减小。B 项和 C 项可以简化成 $(\omega_i + 2\omega_{\text{red}})/(\omega_i + 2\omega_{\text{blue}})$，这是 2.3.3 节中推导的非相对论散射功率的一阶修正。这一结果突出了考虑集体状态中散射功率的一阶修正的重要性，即使在低温等离子体中也是如此。因为导致集体特征的电子以接近电子等离子体波的相速度运动，这可能比较接近光速。

对于较小的朗道阻尼 ($\alpha 2$)，A 项的影响很小 $\dfrac{P_{NR}^{\text{blue}}}{P_{NR}^{\text{red}}} \approx 1$，可以通过将方程 (5.3.5) 给出的波恩–格罗斯频率代入方程 (5.1.1) 中来估算修正系数：

$$\frac{P^{\text{blue}}}{P^{\text{red}}} \approx \frac{1+\dfrac{2\omega_{epw}}{\omega_i}}{1-\dfrac{2\omega_{epw}}{\omega_i}} \approx 1 + 4\frac{\left[\omega_{pe}^2 + (2\kappa T_e/m_e)k^2\right]^{1/2}}{\omega_i} \tag{5.4.10}$$

图 5.7 比较了各种近似值，并表明 β 的一阶修正式 (5.4.9) 与实验非常符合，式 (5.4.10) 的结果在 10%以内。

① 请注意，2.3.3 节中讨论的和 4.5.4 节中应用于高温非集体性实验的是相同的效应。

3. 非麦克斯韦速度分布函数的影响

非麦克斯韦电子速度分布函数主要影响电子等离子体波的阻尼，而不同声速的等离子体对通过的离子声波影响较小 (Afeyan et al., 1998)。当把方程 (5.3.6) 写成任意但稳定的分布时，对电子等离子体波振幅的影响是明显的

$$S_e(\boldsymbol{k},\omega) \simeq \frac{\pi}{2k}\frac{\omega_o^2 f_{eo}(\omega_o/k)}{\{(\omega-\omega_o)^2+[(\pi\omega_o\omega_{pe}^2/2k)(\partial f_{eo}(v)/\partial v|_{v=\omega/k})]^2\}} \tag{5.4.11}$$

这说明了朗道阻尼的大小是如何依赖于波的相速度下的分布函数的梯度的。Zheng 等 (1997) 给出了更完整的推导和讨论，他们指出，如果速度分布函数偏离麦克斯韦方程组且未知，则通过拟合实验数据得到的汤姆孙散射等离子体参数并非唯一。

Glenzer 等 (2000b) 利用电子等离子体和离子声波同时测量的实验 (图 5.8)，表明对于其等离子体条件，麦克斯韦电子速度分布函数最适合。

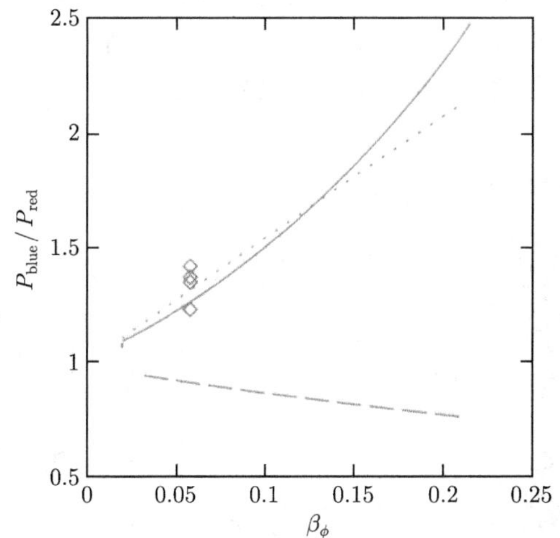

图 5.7 散射到蓝移峰值与红移峰值的峰值功率比值随着归一化相速度 β_ϕ 的变化关系。散射系数保持不变 (α=2)，密度和温度的范围分别为 $(2\sim150)\times10^{18}\text{cm}^{-3}$ 和 30~3000eV。在计算中，零阶 [式 (2.3.13)] 用虚线表示，一阶 [式 (5.4.9)] 用实线表示，近似计算 [方程 (5.4.10)] 用点划线表示，其与测量值的比较 (用方块表示)(Ross et al., 2010)

5.4.3 离子声波

实验上，离子声学特性包含了精确测量电子和离子温度、电子密度、等离子体流和电子离子相对速度的能力。

(1) 波长偏移 $\dfrac{\lambda}{\lambda_i}\propto\sqrt{\dfrac{Z\kappa T_e}{m_i}}$[见公式 (5.4.4)] 提供了等离子体中电子温度的精确

测量值，在等离子体中，电离状态已知，离子温度较小 ($3T_i < ZT_e$) 或已知。

(2) 膨胀等离子体多普勒频移使散射频率发生偏移，$\Delta\omega = \omega_a + \boldsymbol{k}\cdot\boldsymbol{v}_f$。

(3) 在无碰撞等离子体中，谐振的宽度由朗道阻尼给出，即 ZT_e/T_i。因此，当上移和下移都被解决时，ZT_e 由频率分隔得出，T_i 由谐振的宽度得出。

(4) 在具有多个离子成分的等离子体中，散射谱仅依赖于 ZT_e/T_i 的多个特征。

(5) 电子密度可以由散射功率的绝对校准来确定，$\boldsymbol{P}(\omega,\boldsymbol{k}) \propto n_e$，当无法进行绝对校准时，可以使用多个汤姆孙散射进行校正 (见 8.7 节)。

(6) 电子离子的相对漂移速度可以测量，见 5.3.6 节，该节与热输运有关，如 (Hawreliak et al., 2004); (Froula et al., 2007a);(Moody et al., 2003); (Gregori et al., 2004a).

1. 电子温度

图 5.8 给出使用 $\lambda_i = 0.53\mu m$ 的探针激光器测量金冠状等离子体得到的汤姆孙散射数据 (Glenzer et al., 2000b)。在这些实验中，探针光束被聚焦到一个直径为 170mm 的焦点，并与一个金圆盘目标平行排列。除了使用高分辨率的 1m 光谱仪测量离子特征外，还使用 1/4m 光谱仪观察 550~800nm 波长范围内的电子特征。

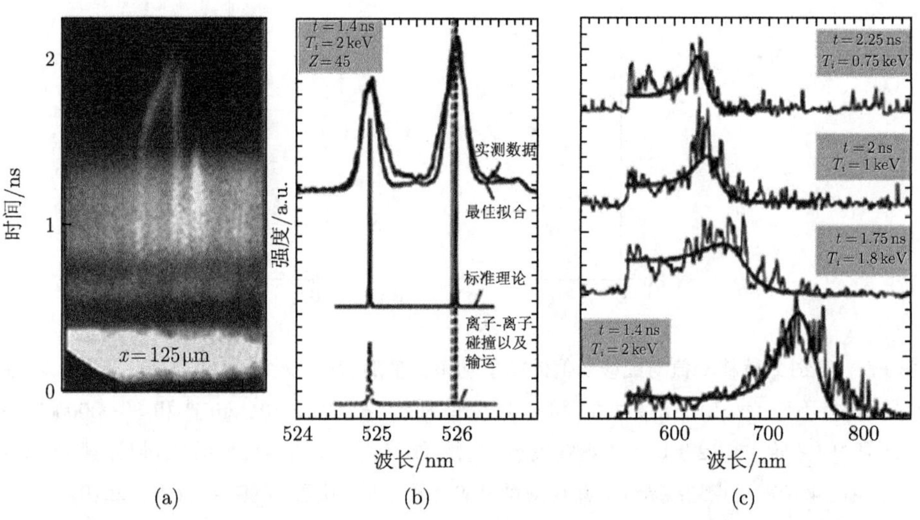

图 5.8　(a) 从金冠状等离子体测量的离子声谱为时间的函数。利用总能量为 3.8kJ 的激光光束 (0.351μm) 对固体靶加热 1.5ns；(b) 利用形状因子 [式 (5.1.2)] 拟合 1.4ns 处的散射光谱以确定平均电离状态 ($Z = 45$)；(c) 通过将形状因子拟合到电子特征的模拟测量来确定电子温度和密度 (Glenzer et al.，2000b)

利用光学条纹照相机记录散射光谱。这两个分光计都从等离子体中收集来自相同体积的光。

同时观测离子声波和电子等离子体波谱，为获得电子温度、电子密度和平均电离态提供了一种独特的方法。这里，他们首先从电子等离子体波谱确定电子温度和密度，如 5.4.2 节所述，然后使用这些值来确定离子声谱的平均电离状态。

在假设麦克斯韦分布函数的前提下，利用式 (5.1.2) 对整个汤姆孙散射谱进行自洽拟合。由于等离子体在散射体中的不均匀性，离子声波峰值明显变宽。离子声学特征的不对称很可能是热流和电子分布函数相应的位移造成的 (见 5.3.6 节)。考虑到这种不对称，仪器的展宽 (0.05 nm)，以及温度和等离子流的空间梯度，使得整个光谱具有良好的拟合性。电子温度是由电子特征给出的，误差约为 15%，是通过在数据噪声范围内改变计算谱确定的。因此，从离子特征谱可推导平均电离状态，其误差为 20%。

2. 离子温度

在无碰撞等离子体中，离子声波谐振的宽度由朗道阻尼给出。另外，通过离子声学特性的测量可以推断出离子温度。但当等离子体发生碰撞或汤姆孙散射体内等离子体梯度显著时，可以使用多离子等离子体来进行计算。

3. 离子声波频谱宽度

离子温度首先由 Ascoli-Bartoli 等 (1964) 用 θ 箍缩等离子体来进行了测量，最近，Benh 等 (1989) 使用 D2O 激光器，在 385μm 的情况下，在 1.4μs 内发射 0.5J 来测量 TCA 托卡马克中的离子温度。利用肖特基势垒二极管混频器和外差检测，获得了低至 10^{-19}W/Hz 的噪声等效功率和千赫范围内的中频带宽。实验布局如图 5.9 所示，测量的氦等离子体谱与图 5.10 理论进行了比较。

4. 多离子成分等离子体

在过去的 30 年里，许多人详细研究了在等离子体动力学中加入多种物质的影响 (例如，(Fried et al.，1971); (Williams et al.，1995))。最近，人们利用其获得准确的离子温度的测量 (Glenzer et al., 1996; Froula, 2002b; Froula et al., 2006b)。在等离子体中加入具有明显不同电荷状态的第二种离子，在动力学色散关系的解中引入了第二种模式。这些波模的阻尼随离子温度的变化而变化，因为它们的相速度不同，探测分布函数的不同点。因此，不同波模的相对阻尼提供了一种精确的离子温度测量方法，可以从离子声学特征的散射振幅中观察到。

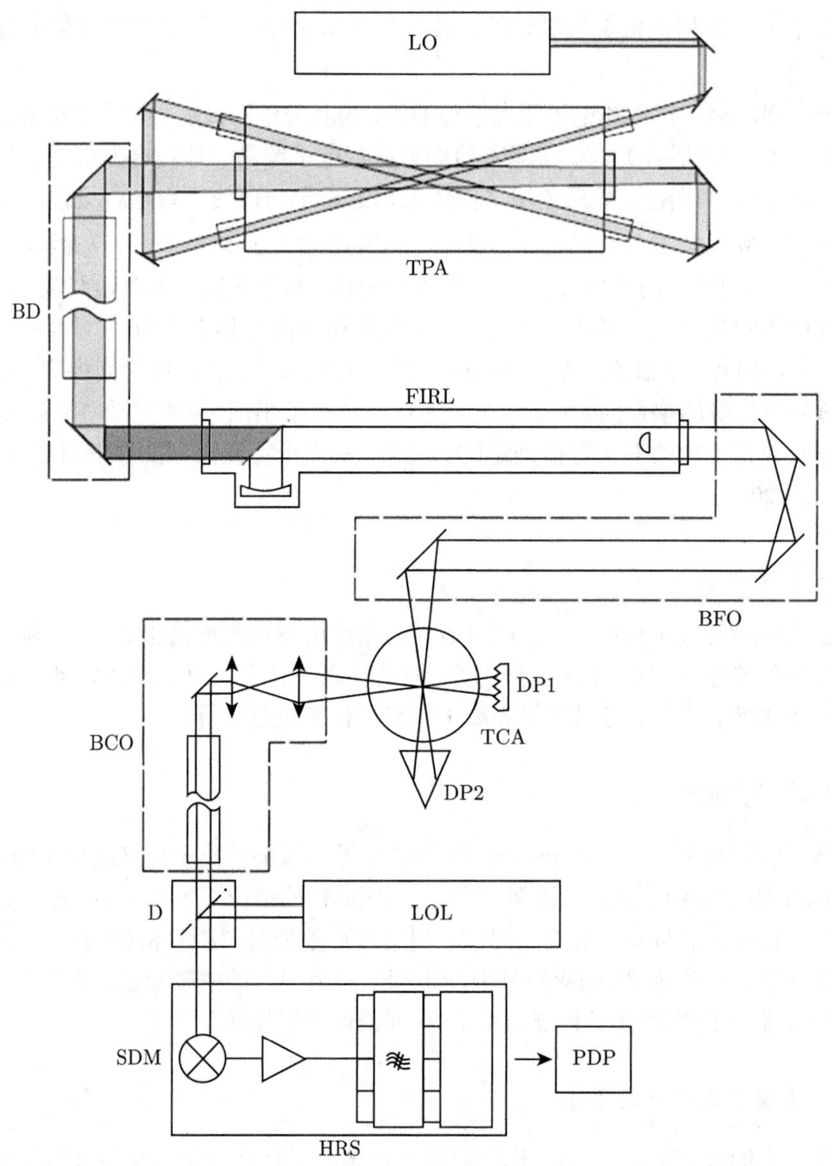

图 5.9　实验系统的组成示意图

LO：混合 TEACO_2 激光振荡器；TPA：三通 CO_2 激光放大器，电子束预电离；BD：束导管，70m；FIRL：D2OFIR 激光器；BFO：束聚焦光学仪器；TCA：托卡马克；DP1：查看转储，玻璃陶瓷；DP2：查看转储，Pyrex 圆锥；BCO：7m 长的用干氮填充的束收集光学仪器；D：天线共用器；LOL：局部振荡激光；SDM：肖特基二极管混合器；HRS：外差式接收机系统（由 Behn 等 (1989) 和美国物理学会提供）

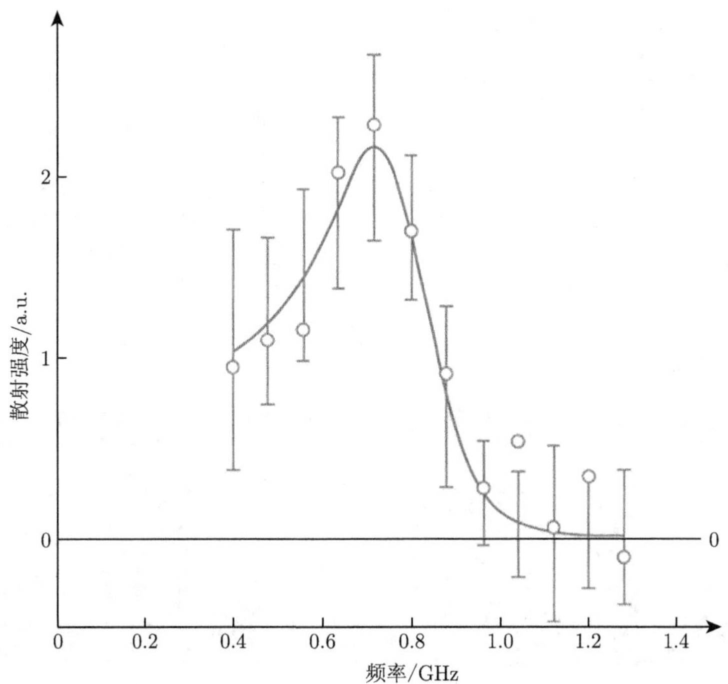

图 5.10 TCA 中氢等离子体的测量谱。实线是用最小二乘法拟合的结果，其中 $n_e = 7 \times 10^{13}\text{cm}^{-3}, T_e = 670\text{eV}$, 角度 $(\boldsymbol{k}, B) = 86°, Z_{\text{eff}} = 4.4$，拟合的收益率为 $T_i = 250\text{eV}$ (由 Behn 等 (1989) 和美国物理学会提供)

图 5.11 所示的散射谱显示了多离子碳氢等离子体中两种模式相对阻尼的变化，早期以类氢模式为主，在图 5.11(b)~(f) 所示的一系列谱中，类碳模随着时间的推移而增大，表明离子与电子温度的比值增大。当离子温度与激光加热的电子平衡时，类碳模式变得明显，并在散射实验结束时占据主导地位; 随着离子温度的升高，离子分布的宽度开始变宽，有效地抑制了快 (类氢) 态，而慢 (类碳) 态则以低速变平。用汤姆孙散射形式因子拟合出的双离子等离子体数据可以准确地测量出碳氢等离子体中的电子温度和离子温度。

值得注意的是，Liu 等 (2002) 指出，超高斯速度分布会影响两种离子声波的阻尼。在这种情况下，推断出的等离子体参数，如电子和离子温度，可能会有一些误差。他们指出，如果对等离子体参数进行独立测量，就可以利用双离子等离子体来推断超高斯速度分布。

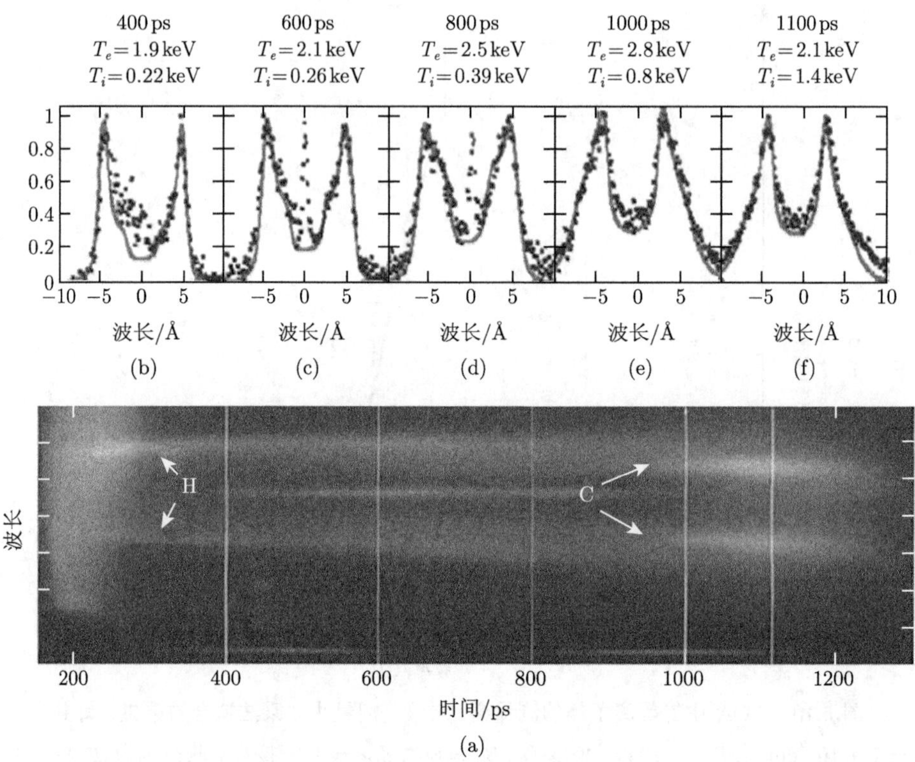

图 5.11　时间分辨汤姆孙散射谱显示了一个强阻尼类碳模与弱阻尼类氢模，波模的相对阻尼在 1ns 处反转，对散射谱拟合可以确定 T_e、T_i 和 n_e。(b) 400 ps, (c) 600 ps, (d) 800 ps, (e) 1000 ps, (f) 1100 ps(由 Froula 等 (2006b) 提供)

5.5　碰撞等离子体

5.5.1　电子等离子体共振

我们可以再次使用萨普陀近似，因为我们的兴趣集中在离子无法响应的高频区域，从方程 (3.7.11)、(3.7.12)、(3.7.15) 和 (3.7.16) 可以看到

$$S_e(\boldsymbol{k},\omega,v_e)=\frac{2}{ka}\frac{\mathrm{Im}\left[\mathrm{i}\pi^{1/2}\exp(-y_e^2)+2\exp(-y_e^2)\int\limits_0^{\infty}\exp(p^2)\mathrm{d}p\right]-\dfrac{2ka}{v_e}|D_e|^2}{\{1+D_e+\alpha^2[\mathrm{Rw}(y_e)-\mathrm{iIW}(y_e)]\}^2} \tag{5.5.1}$$

其中，$y_e=(\omega-\mathrm{i}v_e)/ka$，因为 $\omega\cong\omega_{pe}$，对于大多数的等离子体，可以得到 $v_e\ll\omega$。

对于 $y_e=(\omega-\mathrm{i}v_e)/ka\gg1$，$\alpha^2\gg1$，以及 $\psi_e=v_e/ka\ll1$，随着公式 (5.2.10)

对 $\mathrm{Rw}(y)$ 的扩展，可以利用公式 (3.7.17) 和 (3.7.18) 及

$$D_e \cong \frac{\mathrm{i}v_e}{\omega}\left(1+\frac{1}{2y_e^2}\right), \quad \mathrm{Rw}(y_e) \cong -\frac{1}{2y_e^2}-\frac{\mathrm{i}v_e}{y_e^2\omega}-\frac{3}{4y_e^4}$$

$$S_e(\boldsymbol{k},\omega,v_e) \cong \frac{x_{e0}^2\left[\pi^{1/2}\exp(-x_{e0}^2)+\dfrac{\psi_e}{2x_{e0}^4}\right]}{2ka\left\{(y_e-x_{e0})^2+\dfrac{x_{e0}^2\alpha^4}{4}\left[\dfrac{\psi_e}{2x_{e0}^3}+\pi^{1/2}x_{e0}\exp(-x_{e0}^2)\right]\right\}} \tag{5.5.2}$$

其中，$x_{e0}=\omega_0/ka \gg 1$ 是高频根 (见 (5.3.4))。对于一个任意分布的函数，

$$S_e(k,\omega,v_e) \cong \frac{\pi}{2k}\frac{\omega_0^2\left\{f_{e0}\left(\dfrac{\omega}{k}\right)+\dfrac{k^3\kappa T_e v}{\pi m_e\omega_0^4}\right\}}{\left\{(\omega-\omega_0)^2+\dfrac{\omega_{pe}^4}{\omega_0^4}\left(\dfrac{v_e}{v}-\dfrac{\pi\omega_0^3}{2k^2}\left[\dfrac{\partial}{\partial v}f_{e0}(v)\right]_{v=\omega_0/k}\right)^2\right\}} \tag{5.5.3}$$

对于这些电子等离子体频率特征，可以用 v_e 表示电子离子碰撞或电子中性碰撞，可以用 v_{ei} 和 v_{en} 表达式 (2.2.7) 和 (2.2.9) 给出的值。Ron 及 Tzoar(1963)、DuBois 和 Gilinsky(1964) 及 Perkins 和 Salpeter(1965) 对全电离等离子体获得了这种形式的谱。由于在碰撞项中使用了不同的近似，他们的结果因小的数值因素而不同 (见 (Boyd, 1965))。对于部分电离的等离子体，谱的形式 $T_e \cong T_i$ 由 Dougherty 和 Farley (1960) 得到。

共振发生在 $x_{e0}^2 \cong (\alpha^2/2)+\dfrac{3}{2}$，$\alpha \geqslant 4$，如果用 γ_L 表示朗道阻尼系数，对于麦克斯韦分布，有

$$\gamma_L \cong (2/\pi)^{1/2}\omega_{pe}\alpha x_{e0}^2\exp(-x_{e0}^2) \tag{5.5.4}$$

这可与碰撞频率进行比较 (参见 2.2.2 节)

$$v_{ei}=(2/\pi)^{1/2}\omega_{pe}\mathrm{In}\Lambda/\Lambda, \quad \Lambda=12\pi n\lambda_{De}^3 \tag{5.5.5}$$

和

$$v_{en}=2.8\times10^8[r_n(\mathrm{cm})]^2 n_n(\mathrm{cm}^{-3})[T_e(\mathrm{eV})]^{1/2}s^{-1} \tag{5.5.6}$$

对于大的 α 值，即 $\lambda \gg \lambda_{De}$，其波长与碰撞之间 $\lambda \to \lambda_{\mathrm{coll}}$ 的距离在同一量级，碰撞阻尼与完全电离等离子体中的朗道阻尼相当。

5.5.2 离子声波共振

DuBois 和 Gilinsky(1964) 讨论了带电粒子碰撞的情况。在下式所述的极限情况下得到简单的分析结果：

$$1 \gg \omega_{iac}/v_{ii} \gg (m_e/m_i)^{1/2}, \quad \omega_{ac}/v_{ii} \ll (m_e/m_i)^{1/2}$$

对于部分电离气体，当电荷与中性粒子的碰撞很重要时，谱由等式 (3.7.11) 和 (3.7.12) 给出，对于麦克斯韦速度分布情况，谱由 3.7.2 节中的函数给出。$T_e \cong T_i$ 的情况由 Dougherty 和 Farley (1963) 进行了处理；在该区域，式 (3.7.11) 的第二项占主导地位，电子朗道阻尼较小。如果我们也忽略电子碰撞项，则散射谱表示为

$$S_i(\boldsymbol{k}, \omega, v_i) = \frac{2Z}{kb} \frac{\alpha^4[\mathrm{i}\pi^{1/2}\exp(-y_i^2) + (k^3b^3v_i/2\omega^4)]}{(1+\alpha^2)[1 + D_i + \alpha^2(ZT_e/T_i)(\mathrm{Rw}(y_i)) - i\mathrm{IW}(y_i)]^2} \tag{5.5.7}$$

$$y_i = (\omega - \mathrm{i}v_{in})/kb$$

随着离子与中性粒子的碰撞频率的增加，离子声波峰变小然后消失，我们看到由离子热运动产生的多普勒偏移。散射来自于围绕每个离子的电子德拜屏蔽体，随着碰撞频率的增加，离子的方向变化越来越频繁，导致光谱变窄。最终，入射波只能以离子的扩散速度 “看到” 它们，这一现象出现在 $x_i \gg 1$ 或者 $\lambda imfp < 2\pi/k$。图 5.12 说明了这一点，其中显示了从散射谱的完整表达式计算得到的散射谱。在非常高的碰撞频率下，散射谱与碰撞电子特征相似。$T_e \gg T_i$ 的情况更为复杂，但是我们可以发现对于大的 x_i，当 $x_e \ll 1$ 时，电子的朗道阻尼可以忽略掉，式 (5.5.7) 的结果仍旧可以保留。因此，对于这个区域，我们从第 3.8 节得到

$$S_i(\boldsymbol{k}, \omega) \cong -\frac{2T_i}{T_e\alpha^2\omega}\mathrm{Im}\left(\frac{1}{1+\alpha^2+C_\mathrm{i}}\right) \tag{5.5.8}$$

和

$$\left|1+\alpha^2+C_i\right|^2 \cong \left[1+\alpha^2\left(1-\frac{ZT_e}{2x_i^2T_i}\right)\right]^2 + \left[\frac{\psi_i}{2x_i^3}\alpha^2\frac{ZT_e}{T_i}\right]^2, \quad \psi_i = v_{in}/kb$$

方程 3.8.1 给出了起伏–耗散理论的散射谱。Zheng(1999) 利用 Chang-Callen 13 阶矩方法推导了碰撞离子声波区的离子和电子磁化率 [式 (3.8.1) 中的 C_i 和 C_e]。在碰撞极限下，离子–离子的平均自由程 (λ_{ii}) 比探测到的尺寸 ($k\lambda_{ii} \ll 1$) 小得多，等离子体中可能存在两个低频模式：离子声波和熵模。在他们的解决方案中忽略了电子碰撞，并且考虑了离子–离子碰撞的影响，C_e 由式 (5.2.5) 得出，C_i 取以下值，其中 $x_i = -\mathrm{i}v/kb$，v 是总阻尼。

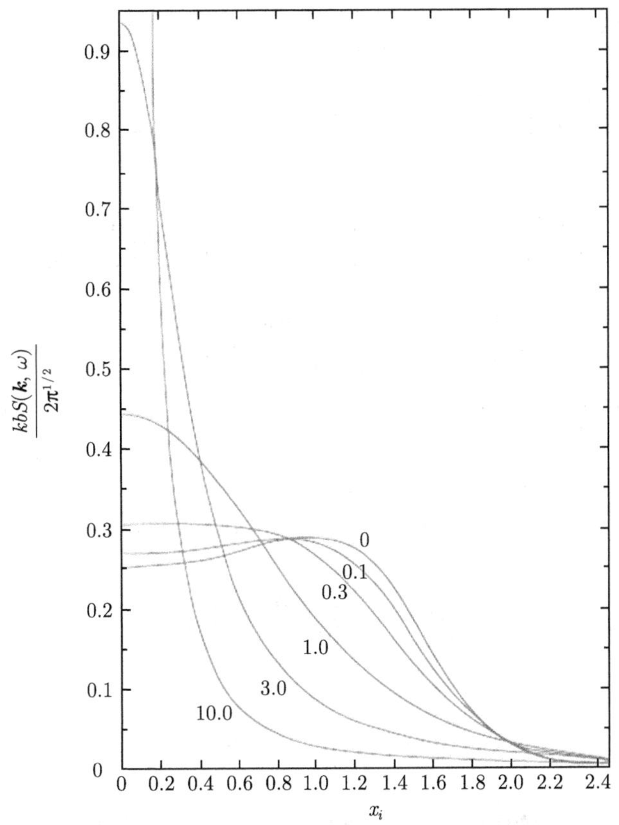

图 5.12 增加碰撞频率的影响 $\psi_i, \psi_e = \psi_i/10$，在 $T_e = T_i$ 的集合谱上 (由 Dougherty 和 Farley (1963b) 提供)

1. **碰撞极限，$k\lambda_{ii} \ll 1$**

碰撞极限下熵模的离子极化率表达式如下：

$$C_i = \frac{ZT_e}{T_i}\alpha^2 \left(1 + \frac{2}{5} \frac{s\dfrac{v/kv_{ii}}{k\lambda_{ii}}}{1 - s\dfrac{v/kv_{ii}}{k\lambda_{ii}}} \right) \tag{5.5.9}$$

其中，$s = 12[5\ln(1+\sqrt{2})]/\sqrt{2}$，并且

$$\frac{v_{\text{ent}}}{kb} = \frac{5}{2s} k\lambda_{ii} \frac{2}{3} \frac{1 + ZT_e/T_i}{5/3 + ZT_e/T_i} \tag{5.5.10}$$

在离子声波的模式下，给出了离子磁化率

$$C_i \simeq \frac{ZT_i}{T_i}\alpha^2 \left(-\frac{1}{x_i^2} - \frac{5}{3x_i^4} + \mathrm{i}\frac{10}{9}\frac{k\lambda_{ii}}{x_i^3} \right) \tag{5.5.11}$$

2. **中间区域**，$k\lambda_{ii} \sim 1$

$$C_i \simeq \frac{ZT_i}{T_i}\alpha^2\left(-\frac{1}{x_i^2}-\frac{11}{5}\frac{1}{x_i^4}+\mathrm{i}\frac{16}{25}\frac{1}{k\lambda_{ii}x_i^5}+i\sqrt{\frac{\pi}{2}}x_i e^{-x_i^2/2}\right) \tag{5.5.12}$$

其中

$$\begin{aligned}\frac{v_{ia}}{kb} =& \sqrt{\frac{\pi}{8}\frac{Zm_e}{m_i}}\left[1+\varGamma\frac{T_i}{ZT_e}\right]^{-3/2}\frac{\omega_{ia}}{kb}+\frac{8}{25}\frac{1}{k\lambda_{ii}(\omega_{ia}/kb)}\\ &+\sqrt{\frac{\pi}{8}}\left(\frac{\omega_{ia}}{kb}\right)^4\times\exp\left[-\left(\frac{\omega_{ia}}{\sqrt{2}kb}\right)^2\right]\end{aligned} \tag{5.5.13}$$

3. **无碰撞极限**，$k\lambda_{ii} \gg 1$

$$C_i \simeq \frac{ZT_i}{T_i}\alpha^2\left(-\frac{1}{x_i^2}-\frac{3}{x_i^4}+i\frac{8}{5}\frac{1}{k\lambda_{ii}x_i^5}+\mathrm{i}\sqrt{\frac{\pi}{2}}x_i e^{-x_i^2/2}\right) \tag{5.5.14}$$

5.6　总散射截面

总散射截面为

$$S_T(\boldsymbol{k}) = \int\limits_{-\infty}^{\infty}\mathrm{d}\omega S(\boldsymbol{k},\omega) \tag{5.6.1}$$

如果利用式 (5.2.2) 中的表达式，必须对式 (5.6.1) 进行数值积分，这是由 Moorcroft(1963) 完成的。我们在下面讨论中可以得到近似解析表达式的情况。

5.6.1　$T_e \simeq T_i$ 萨普陀近似

从式 (5.3.4) 可得

$$\int\limits_{-\infty}^{\infty}\varGamma_\alpha(x)\mathrm{d}x = -\mathrm{Im}\left[\int\limits_{-\infty}^{\infty}\frac{\mathrm{d}x}{\pi^{1/2}x\alpha^{1/2}\varepsilon(\alpha,x)}\right] = \frac{\pi^{1/2}}{1+\alpha^2} \tag{5.6.2}$$

这个积分是通过在复平面的上半部分使用稳定等离子体的特性进行轮廓积分来计算的 (见附录 A)，即 $\varepsilon(z)|_{z\to\infty}=1$，并且 $|\varepsilon|^2$ 在上半平面上不为零。

现在与式 (5.5.3) 一起使用，并且

$$S_T(\boldsymbol{k}) \simeq \underbrace{\frac{2\pi}{1+\alpha^2}}_{\text{电子分量}}+\underbrace{\frac{2\pi}{1+a^2}\frac{Z\alpha^4}{1+\alpha^2+\alpha^2(ZT_e/T_i)}}_{\text{离子分量}} \tag{5.6.3}$$

我们将右边的第一项定义为电子分量，$S_e(\boldsymbol{k})$；将第二项定义为离子分量，$S_i(\boldsymbol{k})$。

注意：这一结果仅适用于离子声波很小的区域，$ZT_e/T_i < 3$。可能会注意到有两个有趣的特性：

$$S_T(\boldsymbol{k}) \Rightarrow S_e(\boldsymbol{k}) = 1, \text{ 对于 } \alpha \to 0$$

$$S_T(k) \Rightarrow S_i(k) = \frac{Z}{1+Z}, \text{ 对于 } \alpha \gg 1 \text{ 和 } T_e = T_i$$

后一种结果最早是由 Bowles(1958) 观察到的。事实上，他的观察激发了这一领域的许多理论工作，从 $\alpha \gg 1$ 的总截面导出的一个简单的流体模型可以了解这些集体效应 (见 5.6 节)。

5.6.2　任意的 T_e/T_i

式 (5.1.2) 中的散射谱可以写成

$$S(k,\omega) = \underbrace{-\frac{2}{\alpha^2\omega}\left|\frac{1+\chi_i}{\varepsilon}\right|^2 \mathrm{Im}(\chi_e)}_{\text{电子分量}} \underbrace{-\frac{2T_i}{T_e\alpha^2\omega}\left|\frac{\chi_e}{\varepsilon}\right|^2 \mathrm{Im}(\chi_i)}_{\text{离子分量}} \tag{5.6.4}$$

我们注意到

$$-\frac{2}{\alpha^2\omega}\mathrm{Im}\left\{\frac{(1+\chi_i)\chi_e}{1+\chi_e+\chi_i}\right\} = -\frac{2}{\alpha^2\omega}\left|\frac{1+\chi_i}{\varepsilon}\right|^2 \mathrm{Im}(\chi_e) - \frac{2}{\alpha^2\omega}\left|\frac{\chi_e}{\varepsilon}\right|^2 \mathrm{Im}(\chi_i) \tag{5.6.5}$$

方程 (6.7.6) 与 (6.7.5) 的区别在于第二项的因子 T_i/T_e。如果我们能单独计算离子组分，可以从 (6.7.6) 中减去 T_e/T_i 乘以离子特征贡献，得到正确的电子分量。

现在

$$-\int_{-\infty}^{+\infty} \mathrm{d}\omega \frac{2}{\alpha^2\omega}\mathrm{Im}\left[\frac{(1+\chi_i)\chi_e}{1+\chi_e+\chi_i}\right] = \frac{2\pi[1+\alpha^2(ZT_e/T_i)]}{1+\alpha^2+\alpha^2(ZT_e/T_i)} \tag{5.6.6}$$

同样，这个积分是对上平面的轮廓积分得到的，对于 $\omega = \infty$，$\chi_e = \chi_i = 0$；对于 $\omega = 0$，$\chi_e = \alpha^2$，$\chi_i = \alpha^2 ZT_e/T_i$。

1) $T_e \simeq T_i$

为了检验这一方法，我们从式 (5.6.6) 中减去 T_e/T_i 乘以 (5.6.3) 离子特性，然后得到正确的电子特性 $S_e(\boldsymbol{k}) = 2\pi/(1+\alpha^2)$。

2) $T_e/T_i \leqslant 1$

在离子声波谐振较弱的区域，我们有 $\mathrm{Iw}(x_e) \ll (ZT_e/T_i)\mathrm{Iw}(x_i)$，并且覆盖了最

初的数据，但是对于 $T_e/T_i > 1$，共振是尖锐的，阻尼是分母的主要部分。因此

$$S_{\rm i}(k)_{\rm corr} \simeq \frac{2\pi\left(\dfrac{ZT_e}{T_i}\right)^3\exp\left(\dfrac{-ZT_e}{T_i}\right)Z\alpha^4}{\left[\left(\dfrac{Zm_e}{m_i}\right)^{1/2}+\left(\dfrac{ZT_e}{T_i}\right)^{3/2}\exp\left(\dfrac{-ZT_e}{2T_i}\right)\right]^2(1+\alpha^2)\left(1+\alpha^2+\alpha^2\dfrac{ZT_e}{T_i}\right)} \tag{5.6.7}$$

我们已经设定 $\omega_{ac} \simeq k(Z\kappa T_e/m_i)^{1/2}$，现在有

$$S_e(\boldsymbol{k}) \simeq \frac{2\pi[1+\alpha^2(ZT_e/T_i)]}{[1+\alpha^2+\alpha^2(ZT_e/T_i)]} - \frac{T_e}{T_i}S_i(\boldsymbol{k})_{\rm corr} \tag{5.6.8}$$

对于大的 α，结果在图 5.13 中给出；对于氢原子，它可以与 Moorcroft(1963) 的计算结果进行比较。注意，对 Z 和 m_i 的依赖关系出现在式 (5.6.8) 中。

3) 萨普陀修正 $\dfrac{T_e}{T_i} > \left(\dfrac{2Zm_e}{m_i}\right)^{1/2}$

在这个区域，式 (5.6.3) 给出的截面是不正确的，只是因为我们忽略了电子朗道阻尼项。通过对式 (5.6.3) 的积分，得到了一个很好的近似

$$\left[\frac{Z(T_e/T_i){\rm Iw}(x_i)}{{\rm Iw}(x_e)+(ZT_e/T_i){\rm Iw}(x_i)}\right]^2\Bigg|_{\omega/k=\omega_{ac}/k}$$

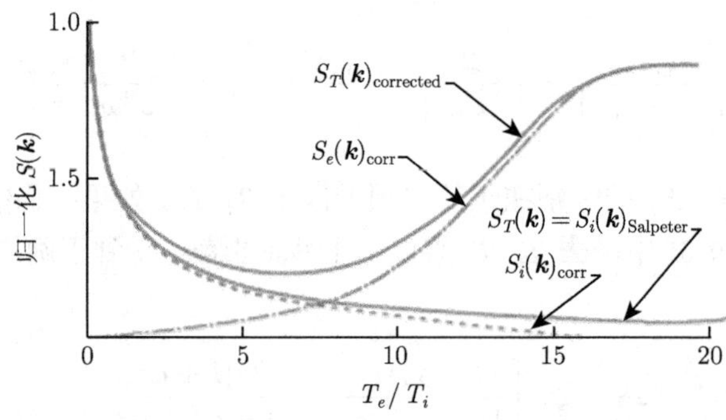

图 5.13　式 (5.6.8) 中归一化总截面随 T_e/T_i 的变化 $\alpha \gg 1, Z_1 = 1$

5.6.3　流体模型

对于 $\alpha \gg 1$ 的情况，通过考虑以下简单的模型，可以深入了解集体性效应。在这些波长，入射波“看到”的不是单个电荷，而是屏蔽或修正电荷。我们可以通过对背景等离子体的简单流体描述来确定修正的形式。一个带电电荷 q 的电势为 $\phi(r) = q/r$。在热力学平衡和固定电荷中，电子和离子的密度在电势范围内调整为

$$n_e(r) = n_{e0}\exp(e\phi/\kappa T_e), \quad n_i(r) = n_{i0}\exp(e\phi/\kappa T_i) \tag{5.6.9}$$

我们可以假定电荷是中性的，所以 $n_{e0} \simeq n_{i0} \equiv n$。对于移动的电荷，离子的惯性会减缓它们的反应。为了得到一个很好的近似，我们可以忽略离子相互作用，如果电荷速度超过离子平均热速度 b，电荷最近的距离为 $n^{1/3}$，$\left|eq/\kappa T_e n^{1/3}\right|$ 通常小于 1，因此，我们可以从式 (5.6.9) 近似得到

$$n_e(r) = n + \left(\frac{eqn}{\kappa T_e r}\right), \quad n_i(r) = n + \left(\frac{eqn}{\kappa T_i r}\right) \tag{5.6.10}$$

电荷密度的总扰动是通过对整个空间积分得到的。严格地说，我们应该使用一致的电势，它允许背景电荷的运动。这里，我们将会保持 $\phi = q/r$，并把积分限制在距离电荷 D 的范围内。我们认为半径为 D 的球内没有净电荷。净扰动，即电子数和离子数分别为

$$N_e = \left(\frac{2\pi eq}{\kappa T_e D}\right) nD^3, \quad N_i = -\left(\frac{2\pi eq}{\kappa T_i D}\right) nD^3$$

这里有三种情况需要考虑。

(1) 快速电子，即 $v_e > b$：离子不能反应，而修正是通过从测试电荷附近除去等效的一个电子而得到的。电子和“空穴”质量相同，可以对光束作出反应; 被修饰的电子是中性的，没有散射。

(2) 慢速电子，即 $v_e \leqslant b$：屏蔽是离子密度增加和电子密度减少的结果。更大质量的离子对入射波没有反应，散射来自于被离子中和的“电子测试电荷的一部分”。除 $T_i \gg T_e$ 之外，这类电子非常少，因此很少发生散射。

(3) 离子：电子和其他离子都能作出反应。屏蔽形式由包括测试离子在内的净电荷必须为零的要求得到，即 $q = +e$，

$$(+e) + 2\pi\frac{e^2nD^3}{\kappa T_e D}(-e) - 2\pi\frac{e^2nD^3}{\kappa T_i D}(+e) = 0$$

重新整理得到 $D^2 = 2\lambda_{De}^2 T_i/(T_e + T_i)$，我们可以看到屏蔽距离与德拜长度的量级相当 ($\lambda_{De}^2 = \kappa T_e/4\pi e^2 n$)。

修饰离子包含

$$(+e) + \left(\frac{T_i}{T_e + T_i}\right)(-e) - \frac{T_e}{T_e + T_i}(+e) = 0$$

修饰作用由电子 (吸附在德拜球内) 与离子 (被排斥) 组成。对于 $T_e = T_i$，修饰一半来自于电子，另一半来自于离子的缺失。入射波的每一个离子都充当半个电子。对于 $\alpha \ll 1$，总的截面是一半，由于修饰过程是伴随离子进行的，所以频谱反映了离子运动产生的多普勒频移。

事实上频谱 ($\alpha > 1$) 要比这些更复杂一些，即使是在热力学平衡中。因为正如我们看到的，电子等离子体波被激发。然而，这个流体极限模型为式 (5.6.3) 中的结果提供了一个简单的物理解释。

习　题

5.1 (a) 证明满足克斯韦分布时该等式成立

$$\chi_e(\boldsymbol{k},\omega)=-\frac{\alpha^2}{2}Z'(x_e)=\alpha^2[\mathrm{Rw}(x_e)+\mathrm{iIw}(x_e)]$$

从电子的磁化率开始

$$\chi_e(\boldsymbol{k},\omega)=\int_{-\infty}^{\infty}\mathrm{d}v\frac{4\pi e^2 n_{e0}}{m_e k^2}\frac{\boldsymbol{k}\cdot\partial f_{e0}/\partial v}{\omega-\boldsymbol{k}\cdot v-\mathrm{i}\gamma}$$

(b) 利用上述解可知，式 (5.1.2) 可以写成

$$S(\boldsymbol{k},\omega)=\frac{2\pi^{1/2}}{ka}\left\{\frac{A_e}{|\varepsilon|^2}+\frac{A_i}{|\varepsilon|^2}\right\}$$

其中

$$A_e=\exp(-x_e^2)\left\{\left[1+\alpha^2\frac{ZT_e}{T_i}\mathrm{Rw}(x_i)\right]^2+\left[\alpha^2\frac{ZT_e}{T_i}\mathrm{Iw}(x_i)\right]^2\right\}$$

$$A_i=Z\left(\frac{m_iT_e}{m_eT_i}\right)^{1/2}\exp(-x_i^2)\left\{[\alpha^2\mathrm{Rw}(x_e)]^2+[\alpha^2\mathrm{Iw}(x_e)]^2\right\}$$

和

$$|\varepsilon|^2=\left(\left\{1+\alpha^2[\mathrm{Rw}(x_e)+\frac{ZT_e}{T_i}\mathrm{Rw}(x_i)]\right\}^2+\left[\alpha^2\mathrm{Iw}(x_e)+\alpha^2\frac{ZT_e}{T_i}\mathrm{Iw}(x_i)\right]^2\right)$$

5.2 在萨普陀近似中做了什么近似呢？我们根据相速度在相关分布函数中的位置解释这些近似。

(a) 证明

$$S_e(\boldsymbol{k},\omega)\simeq\frac{2\pi^{1/2}\exp(-x_e^2)}{ka\{[1+\alpha^2\mathrm{Rw}(x_e)]^2+[\alpha^2\mathrm{Iw}(x_e)]^2\}}$$

(b) 证明

$$S_i(k,\omega)\simeq\frac{2\pi^{1/2}}{kb}\frac{Z\alpha^4(-x_i^2)}{[1+\alpha^2+\alpha^2(ZT_e/T_i)\mathrm{Rw}(x_i)]^2+[\alpha^2(ZT_e/T_i)\mathrm{Iw}(x_i)]^2}$$

5.3 在哪种情况下：

(a) 电子等离子体特征在散射谱中明显？

(b) 离子热分布在散射谱中明显？

(c) 离子声学特征在散射谱中明显？

5.4 (a) 推导出离子声波色散关系，证明 $ZT_e/T_i>3$ 时存在离子声波，并给出解释。

(b) 这个近似色散关系什么时候有效？

5.5 推导电子等离子体特征之间的波长分离。

(a) 从电子等离子体波的 Bohm-Gross 色散关系开始，证明

$$\left(\frac{k_{epw}}{k_i}\right)^4 - 4\cos\varPhi\left(\frac{k_{epw}}{k_i}\right)^2 + 4\left(\frac{k_{epw}}{k_i}\right)^2\cos^2\varPhi\left(1 - \frac{1}{2\cos^2\varPhi}\frac{\omega_p^2}{c^2k_i^2} - \frac{3}{\cos^2\varPhi}\frac{a^2}{c^2}\right)$$

$$+4\left(\frac{k_{epw}}{k_i}\right)\frac{\omega_p^2}{c^2k_i^2}\cos\varPhi - 4\frac{\omega_p^2}{c^2k_i^2}\left(1 + \frac{3}{4}\frac{\omega_p^2}{c^2k_i^2}\right) = 0$$

(b) 证明，当 $\theta = 90°$ 时，上式可表示为

$$\frac{k_{epw}}{k_i} = \left(2 + \frac{\omega_{pe}^2}{c^2k_i^2} + 6\frac{a^2}{c^2}\right) \pm 2\left[\frac{\omega_{pe}^2}{c^2k_i^2} + \left(\frac{\omega_{pe}^2}{c^2k_i^2}\right)^2 + 6\frac{a^2}{c^2}\left(1 + \frac{1}{2}\frac{\omega_{pe}^2}{c^2k_i^2} + \frac{3a^2}{2c^2}\right)\right]^{1/2}$$

(c) 根据上述公式，假设 $\dfrac{\omega_{pe}^2}{c^2k_i^2} \sim \dfrac{n}{n_{cr}}$ 时，推导

$$\frac{\Delta\lambda_{epw}}{\lambda_i} \approx 2\left(\frac{n}{n_{cr}} + 3\frac{a^2}{c^2}\right)^{1/2}\left(1 + \frac{3}{2}\frac{n}{n_{cr}}\right)$$

已知：

$$\Delta\lambda \equiv \lambda^{\rm red} - \lambda^{\rm blue} = 2\pi\left(\frac{1}{k^{\rm red}} - \frac{1}{k^{\rm blue}}\right)$$

$\lambda^{\rm red}$ 和 $\lambda^{\rm blue}$ 分别是共振上移和下移电子等离子体的特征波长。

5.6 推导离子声学特征之间的波长分离。

(a) 证明：当散射来自离子声波动时，波矢为

$$k_{ia} \simeq 2k_0\sin\left(\frac{\theta}{2}\right)$$

(b) 证明：

$$\frac{\Delta\lambda_{ia}}{\lambda_i} \simeq \frac{4}{c}\sin\left(\frac{\theta}{2}\right)\sqrt{\frac{\kappa T_e}{m_i}\left[\frac{Z}{(1 + k_{ia}^2\lambda_{De}^2)} + \frac{3T_i}{T_e}\right]}$$

5.7 集体区域中的散射功率的相对论修正

(a) 证明：当计算散射功率时 v/c 为一阶导数，B 和 C 项可以约简为修正项 D (见 2.3.3 节)。

$$\frac{P^{\rm blue}}{P^{\rm red}} = \underbrace{\frac{P_{NR}^{\rm blue}}{P_{NR}^{\rm red}}}_{\rm A}\underbrace{\left(\frac{1 + \beta_\phi\cos\phi}{1 - \beta_\phi\cos\phi}\right)^{1/2}}_{\rm B}\underbrace{\frac{1 + \beta_\phi\cos\varPhi}{1 - \beta_\phi\cos\varPhi}}_{\rm C} = \underbrace{\frac{P_{NR}^{\rm blue}}{P_{NR}^{\rm red}}\frac{\omega_i + 2\omega_{epw}}{\omega_i - 2\omega_{epw}}}_{\rm D}$$

提示：假设散射角是 90°。

(b) 利用 Bohm-Gross 色散关系，证明当 $2\omega_{epw}/\omega_i$ 很小时：

$$\frac{P^{\rm blue}}{P^{\rm red}} \approx \frac{1 + \dfrac{2\omega_{epw}}{\omega_i}}{1 - \dfrac{2\omega_{epw}}{\omega_i}} \approx 1 + 4\frac{\left[\omega_{pe}^2 + 3\left(\kappa T_e/m_e\right)k^2\right]^{1/2}}{\omega_i}$$

(c) 什么时候方程 (5.4.10) 与蓝移电子等离子体共振和红移电子等离子体共振的功率散射比是一个很好的近似。

(d) 计算当 $\theta = 90°, \lambda_i = 532\text{nm}, n_e = 4 \times 10^{19}\text{cm}^{-3}, T_e = 410\text{eV}$ 时电子等离子体频率共振散射出的光的峰值的不对称性。假设 $P_{NR}^{\text{blue}}/P_{NR}^{\text{red}} = 1$ 利用方程 (5.4.9) 和 (5.4.10) 并与图 5.6 所示结果比较。试思考相速度与平均电子热速度和光的速度相比如何？

提示：利用 5.6(b) 解决定散射波矢量。

5.8　利用汤姆孙散射的哪些观测量来确定以下参数？

(a) 电子温度；

(b) 离子温度；

(c) 电子密度；

还需要知道或者假设什么其他量？

5.9　在什么条件下 (n_e 和 T_e) 离子–电子碰撞会影响离子声波？为了简单起见，寻找近似答案，并考虑 $Z = 1, A = 1, 10$ 和 50，$T_i = T_e$，$\alpha = 2$ 的单个离子种类情况，讨论其他情况的影响。

5.10　利用流体近似，推导在非磁化冷等离子体中静电波的色散方程，离子被当作固定的、均匀的中性化背景，但是随着电子流会以恒定的漂移速度 v_0 在 $\hat{Z}$ 方向上漂移。画出 ω 和 k 的关系图，并识别快慢空间电荷波，求它们的群速度，推导出介电常数的表达式。提示：把泊松方程转化成 $\nabla \cdot (\varepsilon E_1)$ 形式。利用波的时间平均能量的表达式 (动能 + 静电能)

$$W_E = \frac{E_P^2}{8\pi}\frac{\partial(\varepsilon\omega)}{\partial\omega}$$

奇数习题答案

5.1　(a) 由德拜长度和电子热速度的一般定义，电子磁化率变成

$$\chi_e(\boldsymbol{k},\omega) = \frac{\alpha^2}{2}\int_{-\infty}^{+\infty}\mathrm{d}v\frac{\boldsymbol{k}\cdot\dfrac{\delta f}{\delta v}}{\omega - \boldsymbol{k}\cdot\boldsymbol{v}}$$

假设速度分布遵守麦克斯韦速度分布，k 与 v 和 $\dfrac{\delta f}{\delta v}$ 平行。

$$\chi_e(\boldsymbol{k},\omega) = \frac{\alpha^2}{(\pi a^2)^{1/2}}\int_{-\infty}^{+\infty}\mathrm{d}v\frac{(v/a)\,\mathrm{e}^{-v^2/a^2}}{(v/a) - \omega/(ka)}$$

令 $p = v/a$，$x_e = \omega/(ka)$，

$$\chi_e(\boldsymbol{k},\omega) = \frac{\alpha^2}{(\pi)^{1/2}}\int_{-\infty}^{+\infty}\mathrm{d}p\frac{p\mathrm{e}^{-p^2}}{p - x_e}$$

将 p 写成 $(p+x_e-x_e)$，由此将积分分成两部分

$$\chi_e(\boldsymbol{k},\omega)=\alpha^2\left\{\left(\pi^{-1/2}\int_{-\infty}^{\infty}\mathrm{d}p\mathrm{e}^{-p^2}\right)+\left[x_eZ(x_e)\right]\right\}$$

等离子体色散方程定义为 $Z(x_e)=\pi^{-1/2}\int\limits_{-\infty}^{\infty}\mathrm{d}p\dfrac{e-p^2}{p-x_e}$，因为括号里的第一项等于 1，所以电子的磁化率现在可以改写为

$$\chi_e(\boldsymbol{k},\omega)=\alpha^2\left[-\frac{1}{2}Z'(x_e)\right]$$

其中，$Z'=\dfrac{\mathrm{d}Z}{\mathrm{d}x_e}=-2[1+x_eZ(x_e)]$。假设 x_e 是纯真实的，

$$Z'(x_e)=-2\left[1+x\mathrm{e}^{-x^2}\left(\mathrm{i}\pi^{1/2}-2\int_0^{x_2}\mathrm{d}t\mathrm{e}^{t^2}\right)\right]$$

定义 $\mathrm{Rw}(x_e)=-\left(\dfrac{1}{2}\right)\mathrm{Re}\left[Z'(x_e)\right]$ 和 $\mathrm{Iw}(x_e)=-\left(\dfrac{1}{2}\right)\mathrm{Im}\left[Z'(x_e)\right]$，磁化率变成熟悉的形式：

$$\chi_e(k,\omega)=\alpha^2\left[\mathrm{Rw}(x_e)+\mathrm{i}\mathrm{Iw}(x_e)\right]$$

(b) 式 (5.1.2)：

$$S(\boldsymbol{k},\omega)=\frac{2\pi}{k}\left|1-\frac{\chi_e}{\varepsilon}\right|^2f_{e0}\left(\frac{\omega}{k}\right)+\frac{2\pi Z}{k}\left|\frac{\chi_e}{\varepsilon}\right|^2f_{i0}\left(\frac{\omega}{k}\right)$$

利用一维麦克斯韦分布函数在 ω/k 处取值以及电子和离子热速度的定义，则上述方程为

$$S(\boldsymbol{k},\omega)=\frac{2\pi}{k}\left|1-\frac{\chi_e}{\varepsilon}\right|^2\left(\pi a^2\right)^{-1/2}\mathrm{e}^{-x_e^2}+\frac{2\pi Z}{k}\left|\frac{\chi_e}{\varepsilon}\right|^2\left(\pi b^2\right)^{-1/2}\mathrm{e}^{-x_i^2}$$

其中 $x_e=\omega/ka$ 和 $x_i=\omega/kb$。利用上述磁化率公式以及 $1-\dfrac{x_e}{\varepsilon}=\dfrac{1+x_i}{\varepsilon}$ 得到

$$|1+\chi_i|^2=\left[1+\alpha^2\frac{ZT_e}{T_i}\mathrm{Rw}(x_i)\right]^2+\left[\alpha^2\frac{ZT_e}{T_i}\mathrm{Iw}(x_i)\right]^2$$

$$|\chi_e|^2=\left[\alpha^2\mathrm{Rw}(x_e)\right]^2+\left[\alpha^2\mathrm{Iw}(x_e)\right]^2$$

提出 π 并令 $a/b=\left(\dfrac{m_iT_e}{m_eT_i}\right)^{1/2}$ 得

$$S(\boldsymbol{k},\omega)=\frac{2\pi^{1/2}}{ka}\left\{\frac{A_e}{|\varepsilon|^2}+\frac{A_i}{|\varepsilon|^2}\right\}$$

其中

$$A_e=\exp\left(-x_e^2\right)\left\{\left[1+\alpha^2\frac{ZT_e}{T_i}\mathrm{Rw}(x_i)\right]^2+\left[\alpha^2\frac{ZT_e}{T_i}\mathrm{Iw}(x_i)\right]\right\}$$

$$A_i = Z\left(\frac{m_i T_e}{m_e T_i}\right)^{1/2} \exp(-x_i^2)\left\{\left[\alpha^2 \mathrm{Rw}(x_e)\right]^2 + \left[\alpha^2 \mathrm{Iw}(x_e)\right]^2\right\}$$

和

$$|\varepsilon|^2 = \left(\left\{1+\alpha^2\left[\mathrm{Rw}(x_e) + \frac{ZT_e}{T_i}\mathrm{Rw}(x_i)\right]\right\}^2 + \left[\alpha^2 \mathrm{Iw}(x_e) + \alpha^2 \frac{ZT_e}{T_i}\mathrm{Iw}(x_i)\right]^2\right)$$

5.3 (a) 当散射参数 $\alpha = 1/k\lambda_{De} \geqslant 1$ 时，研究电子等离子体的集体波运动，发现电子等离子体在散射光谱中具有明显的特征。

(b) 当探测频率小于离子等离子体频率时，离子热分布会发生散射，例如：

$$\alpha^2 \gg 2T_i/ZT_e$$

(c) 在满足 (b) 条件下观察到离子声学特性，且波没有强阻尼

$$\left[\frac{T_2}{ZT_e}(1+\alpha^2)/\alpha^2\right] < 0.29$$

5.5 电子等离子体波动。

(a) 已知

$$\omega_s^2 = \omega_{pe}^2 + c^2 k_s^2$$
$$\omega_s = \omega + \omega_i$$
$$\boldsymbol{k}_s = \boldsymbol{k} + \boldsymbol{k}_i$$

假设 1 维情况下：

$$(\omega+\omega_i)^2 = \omega_{pe}^2 + c^2(k+k_i)^2$$
$$\omega^2+2\omega\omega_i + \omega_i^2 = \omega_{pe}^2 + c^2k^2 + 2c^2kk_ic_1 + c^2k_i^1$$

其中，$c_1 = \cos\varPhi$ 是 k 和 k_i 之间的角。

利用 $\omega_i^2 = \omega_{pe}^2 + c^2k_i^2$，得

$$\omega^2+2\omega\omega_i = c^2k^2 + 2c^2kk_ic_1$$

利用 $\omega^2=\omega_{pe}^2 + 3a^2k^2$，得

$$\omega_{pe}^2 + 2\left(\omega_{pe}^2 + 3a^2k^2\right)^{1/2}\omega_i = \left(c^2 - 3a^2\right)k^2 + 2c^2kk_ic_1$$

假设 $3a^2 \ll c^2$，

$$2\left(\omega_{pe}^2 + 3a^2k^2\right)^{1/2}\omega_i = c^2k^2 + 2c^2kk_ic_1 - \omega_{pe}^2$$

将两边平方，

$$k^4 + 4k^3k_ic_1 + 4k^2k_i^2c_1^2\left(1 - \frac{\omega_{pe}^2}{2c^2k_i^2c_1^2} - \frac{3\omega_i^2a^2}{c^4k_i^2c_1^2}\right)$$

$$-4kk_ic_1\frac{\omega_{pe}^2}{c^2} + \frac{\omega_{pe}^4}{c^4} - 4\frac{\omega_{pe}^2\omega_i^2}{c^4} = 0$$

利用 $\omega_i^2=\omega_{pe}^2 k_i^2 c^2$，

$$k^4+4k^3k_ic_1+4k^2k_i^2\,c_1^2\left(1-\frac{\omega_{pe}^2}{2c^2k_i^2\,c_1^2}\frac{2\omega_{pe}^2a^2}{c^2c_1^2}\right)$$

$$+4kk_ic_1\frac{\omega_{pe}^2}{c^2}-4\frac{\omega_{pe}^2k_i^2}{c^2}\left(1+\frac{3}{4}\frac{\omega_{pe}^2}{c^2k_i^2}\right)=0$$

两边同时除以 k_i^4，得

$$\left(\frac{k_{epw}}{k_i}\right)^4-4\cos\varPhi\left(\frac{k_{epw}}{k_i}\right)^3$$

$$+4\left(\frac{k_{epw}}{k_i}\right)^2\cos^2\varPhi\left(1-\frac{1}{2\cos^2\varPhi}\frac{\omega_p^2}{c^2k_i^2}-\frac{3}{\cos^2\varPhi}\frac{a^2}{c^2}\right)$$

$$+4\left(\frac{k_{epw}}{k_i}\right)\frac{\omega_p^2}{c^2k_i^2}\cos\varPhi-4\frac{\omega_p^2}{c^2k_i^2}\left(1+\frac{3}{4}\frac{\omega_p^2}{c^2k_i^2}\right)=0$$

(b) 定义 $\varDelta\equiv k/k_ic_2\equiv(a/c)^2\,R=\dfrac{\omega_{pe}^2}{c^2k_i^2}$，

$$\varDelta^4-4c_1\varDelta^3+4\varDelta^2c_1^2\left(1-\frac{R}{2c_1^2}-\frac{3c_2}{c_1^2}\right)+4\varDelta c_1R-4R\left(1+\frac{3R}{4}\right)=0$$

对于散射角 $\theta=90°$，$k^2=k_i^2+k_s^2$ 和 $c_1=\cos\varPhi=-\dfrac{k_i}{k}=-\dfrac{1}{\varDelta}$，

$$\varDelta^4-\left(1+\frac{R}{2}+3c_2\right)\varDelta^2+4\left(1-\frac{3R^2}{4}\right)=0$$

利用二次公式，

$$\varDelta^2=(2+R+6c_2)\pm2\left[R+R^2+3c_2(2+R+3c_2)\right]^{1/2}$$

(c) 假设 $R\sim\dfrac{n}{n_{cr}}$，

$$\varDelta^2\simeq2+\frac{n}{n_{cr}}+6c_2^2\pm2\left[\frac{n}{n_{cr}}+6c_2^2+\left(\frac{n}{n_{cr}}\right)^2\right]^{1/2}$$

两边同时开方，假设 c_2 小于 N/N_{cr}，

$$\frac{k}{k_i}=\sqrt{2}\sqrt{1+\frac{1}{2}\frac{n}{n_{cr}}\pm\left[\frac{n}{n_{cr}}+6c_2^2+\left(\frac{n}{n_{cr}}\right)^2\right]^{1/2}}$$

展开得

$$\frac{k}{k_i}=\sqrt{2}\left\{1+\frac{1}{4}\frac{n}{n_{cr}}\pm\frac{1}{2}\left[\frac{n}{n_{cr}}+6c_2^2+\left(\frac{n}{n_{cr}}\right)^2\right]^{1/2}\right\}$$

定义

$$\Delta\lambda \equiv \lambda^{\text{red}} - \lambda^{\text{blue}} = 2\pi\left(\frac{1}{k^{\text{red}}} - \frac{1}{k^{\text{blue}}}\right)$$

$$\frac{\Delta\lambda}{\lambda_{\text{i}}} = \left(\frac{k_i}{k^{\text{red}}} - \frac{k_i}{k^{\text{blue}}}\right)$$

$$\frac{\Delta\lambda}{\lambda_i} = \left[\frac{1}{2}\left(\frac{n}{n_{cr}}\right) + 3c_2^2\right]^{1/2}$$

用散射波表示

$$\frac{\Delta\lambda_s}{\lambda_i} = \left(\frac{k_i}{k_s^{\text{red}}} - \frac{k_i}{k_s^{\text{blue}}}\right)$$

$$\frac{k_s}{k_i} = \sqrt{\Delta^2 - 1}$$

$$\frac{k_s}{k_i} = 1 \pm \left[\frac{n}{n_{cr}} + 6c_2^2 + \left(\frac{n}{n_{cr}}\right)^2\right]^{1/2}$$

代入得到

$$\frac{\Delta\lambda_s}{\lambda_i} = 2\left[\left(\frac{n}{n_{cr}}\right) + 6c_2^2 + \left(\frac{n}{n_{cr}}\right)^2\right]^{1/2}\left(1 + \frac{n}{n_{cr}}\right)$$

化简得到

$$\frac{\Delta\lambda_{epw}}{\lambda_i} \approx 2\left(\frac{n}{n_{cr}} + 3\frac{a^2}{c^2}\right)^{1/2}\left(1 + \frac{3}{2}\frac{n}{n_{cr}}\right)$$

5.7　集体区域中的散射功率的相对论修正。

(a) $\cos\Phi = k_s/k$，$\cos\phi = k_i/k$,

$$\frac{P^{\text{blue}}}{P^{\text{red}}} \approx \frac{P_{NR}^{\text{blue}}}{P_{NR}^{\text{red}}}\left(\frac{1+\beta_\phi\cos\phi}{1-\beta_\phi\cos\phi}\right)^2\left(\frac{1+\beta_\phi\cos\Phi}{1-\beta_\phi\cos\Phi}\right)^2 = \frac{P_{NR}^{\text{blue}}}{P_{NR}^{\text{red}}}\left(\frac{1+\beta_\phi\dfrac{k_i}{k}}{1-\beta_\phi\dfrac{k_i}{k}}\right)^2\left(\frac{1+\beta_\phi\dfrac{k_s}{k}}{1-\beta_\phi\dfrac{k_s}{k}}\right)^2$$

展开只保留 β 项，且 $k^2 = k_i^2 + k_s^2$

$$\frac{P^{\text{blue}}}{P^{\text{red}}} \approx \frac{P_{NR}^{\text{blue}}}{P_{NR}^{\text{red}}}\left(\frac{k^2 + 2\beta_\phi k_i k + 2\beta_\phi k_s k}{k^2 - 2\beta_\phi k_i k - 2\beta_\phi k_s k}\right) = \frac{P_{NR}^{\text{blue}}}{P_{NR}^{\text{red}}}\frac{\omega_i + 2\omega}{\omega_i - 2\omega}$$

(b) 用几何级数展开

$$\frac{P^{\text{blue}}}{P^{\text{red}}} \approx \frac{1+\dfrac{2\omega_{epw}}{\omega_i}}{1-\dfrac{2\omega_{epw}}{\omega_i}} \approx 1 + 4\frac{\omega}{\omega_i} + 4\left(\frac{\omega}{\omega_i}\right)^2$$

只保留一阶项并代入 $\omega = \left[\omega_{pe}^2 + 3\left(\kappa T_e/m_e\right)k^2\right]^{1/2}$ 得

$$\frac{P^{\text{blue}}}{P^{\text{red}}} \approx 1 + 4\frac{\omega}{\omega_i} + 4\left(\frac{\omega}{\omega_i}\right)^2 \approx 1 + 4\frac{\left[\omega_{pe}^2 + 3\left(\kappa T_e/m_e\right)k^2\right]^{1/2}}{\omega_i}$$

(c) 式 (5.4.10) 是一个很好的散射功率比近似时，与 c 相比 α 大，相速度小。当 α 较大时，朗道阻尼较小，两个谐振之间的阻尼率相差不大，因此两个电子等离子体谐振之间的散射功率相差不大。方程 (5.4.10) 只考虑 β 阶，即归一化相速度，所以当 β 很大时，式 (5.4.10) 不再是一个好的近似。

(d) 计算不对称性所使用的式 (5.4.9) 是 1.87,1.61 使用的近似式 (5.4.10),2.0 来自于图 5.6，其中 A 项假设没有归一化。$a = 0.028c, v_\phi = 0.066c, v_\phi/a \simeq 2.3$。

5.9 当碰撞频率接近离子声波频率时，碰撞的影响将变得明显，或者

$$2.92 \times 10^{-6} Z^2 n_i \left[\mathrm{cm}^{-3}\right] (T_e\,[\mathrm{eV}])^{-3/2} \ln \Lambda \rightarrow$$

$$k\left(\frac{\alpha^2 Z}{1+\alpha^2} + 3\frac{T_e}{T_i}\right)^{1/2} \left(\frac{m_e}{m_i}\right)^{1/2} \left(\frac{\kappa T_e}{m_e}\right)^{1/2}$$

其中

$$\Lambda = 1.5 \times 10^{10} (T_e\,[\mathrm{eV}])^{s/2} \left(n_e\left[\mathrm{cm}^{-3}\right]\right)^{-1/2}$$

现在，

$$k \approx \frac{1.36 \times 10^{-3}}{\alpha} \left(\frac{n_e\left[\mathrm{cm}^{-3}\right]}{T_e\,[\mathrm{eV}]}\right)^{1/2}$$

A	T_e/eV	n_e/cm^{-3}
1	10	$\rightarrow 5.6 \times 10^{18}$
1	100	$\rightarrow 5.6 \times 10^{21}$
10	10	$\rightarrow 1.8 \times 10^{18}$
10	100	$\rightarrow 1.8 \times 10^{21}$
50	10	$\rightarrow 0.8 \times 10^{18}$
50	100	$\rightarrow 0.8 \times 10^{21}$

并且

$$\left(\frac{\kappa T_e}{m_e}\right)^{1/2} = 4.243 \times 10^7 (T_e\,[\mathrm{eV}])^{1/2}$$

整理以上各式得到

$$\frac{n_i\left[\mathrm{cm}^{-3}\right] \ln \Lambda}{\left(n_e\left[\mathrm{cm}^{-3}\right]\right)^{1/2} (T_e\,[\mathrm{eV}])^{3/2}} \rightarrow 1.98 \times 10^{10} \frac{1}{Z^2} \left(\frac{Z}{1+\alpha^2} + \frac{3}{\alpha^2}\frac{T_e}{T_i}\right)^{1/2} \left(\frac{m_e}{m_i}\right)^{1/2}$$

对于这个问题的条件

$$\left(n_e\left[\mathrm{cm}^{-3}\right]\right)^{1/2} \frac{\ln \Lambda}{T_e\,[\mathrm{eV}]} \rightarrow 1.93 \times 10^{10} \left(\frac{m_e}{m_i}\right)^{1/2}$$

或者

$$\frac{\left(n_e\left[\mathrm{cm}^{-3}\right]\right)^{1/2}}{(T_e\,[\mathrm{eV}])^{3/2}} \rightarrow \frac{1.93 \times 10^{10}}{\ln \Lambda} \left(\frac{m_e}{m_i}\right)^{1/2}$$

或者

$$\ln \Lambda \rightarrow \ln\left[0.777 \left(\frac{m_e}{m_i}\right)^{1/2} \ln \Lambda\right]$$

$\left(\frac{m_e}{m_i}\right)\left(\frac{m_e}{m_i}\right)^{1/2} = 1837A$ 是一个缓慢变化的函数 (其中 A 是原子质量数)。对于氢来说 $\ln\Lambda = 5$，$A = 50$ 时 $\ln\Lambda = 7.2$，当 $\ln\Lambda = 6$ 时, 导致

$$\left(n_e\left[\mathrm{cm}^{-3}\right]\right)^{1/2}/T_e\left[\mathrm{eV}\right]^{3/2} \to 7.5\times10^7\left[1/A\right]^{1/2}$$

注释: 很明显，碰撞在热稠密物质区域和惯性聚变能量情况下是很重要的。Z^2 项在较高温度下很重要。注意: $Z > 1, n_i < n_e$。

第6章　散射实验的约束条件

6.1　引　　言

有许多优秀的论文对作者在编写本章和第7章时提供了很大的帮助: (Kunze, 1968); (Evans and Katzenstein, 1969a); (DeSilva and Goldenbaum, 1970); (Donné et al., 2008); (Luhmann et al., 2008)。

6.2　$(\lambda_i, \Delta\lambda_i)$ 源的选择

借助表6.1和表6.2中列出的源，为了让实验电压范围为0.05eV~9keV，密度范围为10^{16} ~10^{30}cm^{-3}，需要具备以下条件:

(1) 对于入射电磁辐射的运输，要求$\omega_i > \omega_{pe}$。

(2) 当$\alpha = \lambda_i/[4\pi\lambda_{De}\sin(\theta/2)] \leqslant 0.1$时为非集体性的散射，当$\alpha \geqslant 1$时为集体性散射。

(3) 高功率源。因为对于磁聚变装置中的密度来说，散射截面非常小且$P_s/P_i \cong 10^{-13}$。对于惯性约束聚变产生的高密度等离子体，可以获得更高的散射，但需要更高的光子能量探针。即使对于微波区域的散射信号，通常也需要一个输入功率$P_i \geqslant 10$MW的快速脉冲源。考虑信噪比(将在下面讨论)会导致更大的功耗需求。当然，如果脉冲持续时间很长，可以放宽这个要求。

(4) 辐射源发散性必须足够小，以便我们能够将入射束聚焦到等离子体中一个合理的直径$d(d \ll$ 等离子体半径)。

(5) 入射辐射必须是单色的，也就是说，$\Delta\lambda_i \ll \Delta\lambda_{s1/2}$(散射谱的半宽度)。

6.2.1　X射线探针的要求

在高密度等离子体中，光学探针不再适用，激光诱导X射线探针(Glenzer et al., 2003b, 2007)或者短波长自由电子激光(Fäustlin et al., 2010b)可用于散射实验。对于非集体散射，这些源必须提供$\Delta E/E \simeq 0.01$的较窄的带宽(Landen et al., 2001b)，以及为集体散射提供$\Delta E/E \simeq 0.02$的带宽(Urry et al., 2006)。例如，探测固体密度铍等离子体，温度为50eV, 电子密度为$n_e = 3\times10^{23}$cm^{-3}，后向散射呈几何形状，$\theta = 125°$，并且具有中等X射线能量源。例如，钛He-α在$E_0 = 4.75$eV处将会获得一个$|k| = 4\times10^{-10}$m^{-1}的散射量。在这种情况下，当$\alpha = 0.3$时，该

结构导致非集体性散射。康普顿特征 (见第 11 章) 将以$\Delta E_C = \frac{\hbar^2 k^2}{2m_e} = 70\text{eV}$ 从 E_0 移开，并且因热运动的谱展宽将出现一个 200eV 的宽度。为了解决这个问题，40eV 带宽的 X 射线探针已经足够，例如，由高能长脉冲激光器产生的钛 He-α 光谱。

另一方面，等离子体测量需要前向散射测量、中等 X 射线探针能量以及大约 7eV 的高光谱分辨率。已经采用高能长脉冲激光器在 3keV 有效地产生氯 Ly-α 来满足要求。随后，超短脉冲激光诱导 K-α 荧光辐射已被证明是一种可行的替代方案 (Kritcher et al., 2008)，因为不存在能够与降低等离子体功能相结合的双电子伴生特征。与长脉冲激光器产生的 X 射线相比，这些探头的效率和激光能量通常较低，但它们的寿命较短，因此可以使用效率更高的探测器。

表 6.1 适用于汤姆孙散射的辐射源选择

源	λ_i	脉冲周期	峰值功率	能量	参考文献
X-ray	3000~9000eV	10~100ps		0.1J	(Glenzer and Redmer, 2009)
Free Electron Laser(FEL)	60~8000eV	40~900fs		60~3mJ	(Fäustlin et al., 2010b), (Glenzer and Redmer, 2009)
Nd-YAG	1064nm,532nm,216nm	0.1~20ns	~200MW	>2J	(Ross et al., 2006), (Glenzer et al., 1999a), (MacKinnon et al., 2004)
Ruby	694.3nm	15ns	1.7GW	~25J	(Barth et al., 2001)
Ti:sapphire ($Ti:Al_2O_3$)	800nm/(10~100nm) (650~1000nm)	10~200fs	~1PW	30J	
Alexandrite	750nm	350ps		1~2J	(Gowers et al., 1990)
CO_2	10.6μm	CW	25~60W		(Lin et al., 2006)
CO_2	15.59μm	1μs	17MW	17J	(Kondoh et al., 2007)
CO_2	10.6μm	5ps	20TW		(Haberberger et al., 2010)
CH_3OD	57.2μm	CW	1.6W		(Nakayama et al., 2004)
D_2OH	118.8μm	CW	1.6MW		(Kawahata et al., 2005)
D_2O	385μm/100MHz FWHM	1μs	2.5MW	2.5J	(Semet et al., 1983)
HCOOH	393μm	CW	150mW		(Lehecka et al., 1990)
HCOOH	743μm	CW	12mW		(Lehecka et al., 1990)
$C^{13}H_3F$	1.22mm	~1μs	4kW	0.5mJ	(Brower et al., 1981)
$C^{13}H_3F$	1.22mm	CW	25mW		(Lehecka et al., 1990)

表 6.2 适用于汤姆孙散射的非激光源的选择

功率源	f_i	脉冲宽度	峰值功率	参考文献
回旋管	60GHz	CW-long pulse	1MW	(Thumm, 2007)
砷化镓 MMIC	100GHz	CW	>250mW	(Mehdi et al., 2008)
碳化硅 IMPATT	100GHz	CW	~ 1W	(Shur, 2008)
倍增二极管	110GHz	CW	~ 300mW	Virginia Diodes, Inc.
FEM	130~220GHz	CW	1MW	(Verhoeven et al., 1998)
EIK	140GHz	CW	50W	Communications and Power Industries
回旋管	170GHz	CW-long pulse	1MW	(Thumm, 2007)
磷化铟 GUNN	193GHz	CW		(Eisele and Kamoua, 2004)
奥罗管	200~370GHz	CW	30~50mW	Insight Product Co.
倍增二极管	210~360GHz	CW	~ 25mW	Virginia Diodes, Inc.
EIK	220GHz	CW	6W	Communications and Power Industries
返波管	280GHz	CW	300mW	Thomson-CSF data sheet
回旋管	345GHz	CW	80W	(Ogawa et al., 2006)
传统返波管	345~390GHz	CW	100mW	(Vavriv et al., 2007)
返波管	400GHz	CW	50mW	Thomson-CSF data sheet
传统返波管	442~510GHz	CW	50~100mW	(Vavriv et al., 2007)
回旋管	460GHz	CW	8W	(Han et al., 2006)
倍增二极管	473~490GHz	CW	~ 6mW	Virgina Diodes, Inc.
BWO	526~714GHz	CW	4~15mW	Insight Product Co.
BWO	789~968GHz	CW	3~8mW	Insight Product Co.
BWO	1034~1250GHz	CW	0.5~2mW	Insight Product Co.
VUV FEL	90eV	40 fs	10^{13} 光子	(Ackermann, 2007)
X 射线 FEL	8000eV	100 fs	10^{12} 光子	(Akre, 2008)
K-α 源	4500eV	10 ps	10^{12} 光子	(Kritcher, 2008)
He-α	4750~9000eV	1 ns	10^{15} 光子	(Glenzer, 2003a)
Ly-α	3000eV	1 ns	10^{15} 光子	(Glenzer, 2007)

激光源的 X 射线产率 Y 定义为每 1J 入射激光能量发射到整个球体的光子数。E_L 为目标上的总激光能量，则产生的光子总数为 YE_L。然后将 X 射线转换效率定义为 $\eta_X = Yh\nu$，并且是无量纲参数，是在单个激光照射中产生的单个 X 射线谱线中的 X 射线光子能量。对于 4～10keV He-α 和 Ly-α 的 X 射线，0:0005<x<0:01 的转换效率已经被证明 (Kauffman,1991; Park et al., 2006; Glenzer and Redmer, 2009)。例如，钛 He-α 跃迁是 $\eta \approx 10^{-3}$ 时通过照射固体圆盘目标产生的。转换效率与激光能量成线性关系，与脉冲长度的关系不大。更重要的是，通过测量得到 1053nm(1ω) 比 351nm(1ω) 的转换效率要高一个数量级，可知低能量 X 射线对激光频率的依赖性很强 (<4keV)。

与 e-α 和 $Ly-\alpha$ 源相比，用短脉冲激光照射 Z>20 的目标导致 K-α 转换效率几乎恒定或略微随着 K-αX 射线能量增加。随着 Z 的增加，辐射过程比非辐射的俄歇过程占优势，荧光 X 射线是由相对较冷的原子内的壳层跃迁发射的，其中的电子空穴是由短脉冲激光与固体靶相互作用与快速电子相互作用而形成的。在优化激光能量、功率、极化、预脉冲、入射角和目标点尺寸之后，这些源的产生率能够在 $10^{-5} < \eta_X < 10^{-4}$。

X 射线自由电子激光器已发展到提供峰值亮度每秒 $10^{32} \sim 10^{34}$ 个光子 · mrad^2 · mm^2 和 0.1%的光子带宽能量 10^2 ～10^4eV (Ackermann et al.，2007)。尽管激光能量可以调谐和高度聚焦，但是可用于探测的 X 射线光子数目比激光源小。对于目前的单次 X 射线散射应用，在 $\Delta E/E \leqslant 0.5\%$ 的带宽和 40fs 长的脉冲中，在致密等离子体中可以提供共 1012 个探头 X 射线光子。在较低的 X 射线能量下，可用光子的数量稍高，目标上的总能量是恒定的，在 8.5 keV 的能量下限制为 10^{12} 个光子 (Akre, 2008)。

6.3 散射角的选择 $(\theta, \Delta\theta)$

既要减少来自源的寄生辐射又要减少来自等离子体的背景辐射，这需要做出艰难的折中，谱宽应与现有光谱仪一致，使我们意识到，等离子体器件本身在物理上是非常有限的，因为对于磁场线圈、泵端口等因素，我们几乎没有选择的余地。

整理式 (1.8.8) 得到

$$\sin\frac{\theta}{2} = \frac{1.08\times 10^{-4}\lambda_i(\mathrm{cm})}{\alpha}\left[\frac{n_e(\mathrm{cm}^{-3})}{T_e(\mathrm{eV})}\right]^{1/2} \tag{6.3.1}$$

对于一个给定的等离子体 (已知 n_e、T_e 和源 λ_i)，θ 的容许范围是由特定的散射机制决定的。集体性和非集体性散射之间的分界线可以设置为 $\alpha \cong 1$，以此来定义 θ

的范围，并且我们发现集体散射是在比非集体散射更小的散射角下获得的。许多因素会影响 θ 的选择。

例如，当 T_e 在 1~100keV 范围内进行散射时，为了得到 90° 散射角 $(\alpha \geqslant 1)$，那么若 $\lambda_i = 1\mu\text{m}$，则密度必须介于 $4.3 \times 10^{15}\text{cm}^{-3}$ 和 $4.3 \times 10^{20}\text{cm}^{-3}$ 之间；若 $\lambda_i = 1\text{mm}$，则密度必须在 $4.3 \times 10^{9}\text{cm}^{-3}$ 和 $4.3 \times 10^{14}\text{cm}^{-3}$ 之间。

6.3.1 寄生辐射

寄生辐射是指通过等离子体散射以外的途径到达观察者的辐射。一般来说，寄生辐射在 0° 散射角附近最大 (因为我们在近距离观察源)，在 180° 散射角附近也最大 (因为我们要收集由束流捕集器反射的辐射)。要对寄生 (或杂散) 辐射级别作出一般性预测是不可能的，因为它显然取决于每次实验的特性。但一般认为，即使在设计良好的实验中，主要的辐射源来自于末端输入窗口或者入射光束聚焦透镜，如图 6.1 所示。显著减少寄生辐射的一个重要方法是使用门控或条纹探测器来测量汤姆孙散射光，并在较远表面的辐射到达之前关闭探测器。

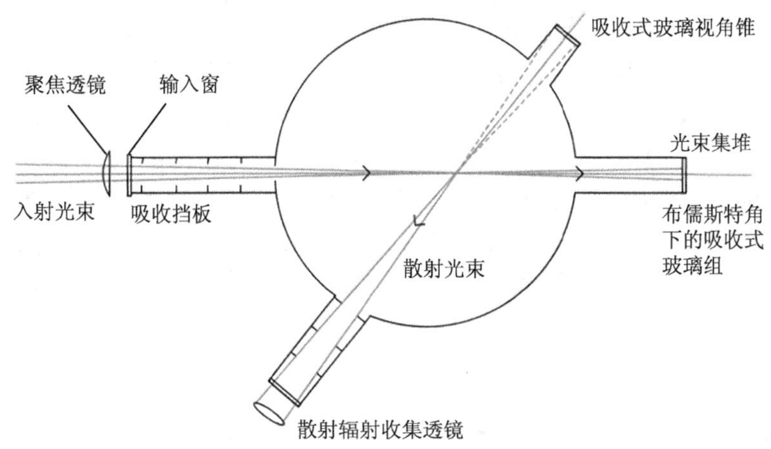

图 6.1 减少寄生 (杂散) 辐射的典型装置

1. 光束中的光学元件

这些元件应具有较高的光学质量，且必须保持清洁。尘埃和缺陷会导致寄生辐射，进而导致入射光束的强吸收，这将使光学元件严重损伤。

用 Q 开关激光器、高质量的硼硅酸盐玻璃进行可见光测量时，应使用低入射功率，比如小于 20MW/cm^2，而重晶石玻璃可以承受大于 100MW/cm^2 的入射功率 (Eidmann et al., 1972)。

在更高的功率下，应使用质量最好的熔融石英①，它可以承受超过 400MW/cm^2 的入射功率。另一种合适的材料是钕激光玻璃，在波长为 1055nm 处，30ns 之内的损伤阈值在 50J/cm^2 左右 (Glass and Guenther, 1970)。在纳秒脉冲高功率紫外 ($\lambda_i = 266$nm) 探测中，准分子级熔融石英光学器件 (康宁 7980,A 级) 表现出良好的性能，损伤阈值达到了 1J/cm^2(Ross,2010；Glenzer,1999；Mackinnon,2004)。

适合近红外的材料有锗、硅、氯化钠和砷化镓②，其中有些材料在使用中存在一定的问题。例如，氯化钠易潮湿，必须加以防护；锗的折射率约为 4，因此透射系数较小 (约 22%)。此外，锗和砷化镓中的电子有可能被束流激发到更高的能级，进而导致吸收，从而限制了它们承受高功率的能力。

2. 吸收挡板

黑色阳极氧化铝、黑钢吸收挡板或者可光见有色玻璃已经被采用 (如 Schott-NG,KG,UG 玻璃)。例如，许多种蓝色玻璃③很容易吸收红宝石激光器产生的激光，也可以用于束流捕集器。在后一种应用中，玻璃以布儒斯特角倾斜，这些挡板的作用是减少视角捕集器中来自输入系统和束流捕集器的初级散射辐射等级。

理想情况下，视角捕集器应该是一个类似于束流捕集器的深腔，这样寄生辐射在到达观察者之前将不得不散射和反射许多次。这在使用瑞利喇叭的磁调制实验 (图 4.15) 中可以实现。该装置通过连续的反射和吸收，使大部分辐射远离观测者。在托卡马克 T-3 实验中 (图 4.8)，可用空间较小，于是采用一系列平行抛光钢刀刃解决了这一问题。它们的夹角约为 20°，其作用方式与瑞利喇叭相似，至少被观察表面应该是粗糙的，如果可能的话，还应是黑色的。在远红外和毫米波段，人们已经观察了带有凹槽或孔洞的石墨束流捕集瓦片和碳化硅金字塔形瓦片 (Woskoboinikow et al.，1983；Rhee et al.，1992)。

3. 尘埃和沉积物质

微米级粒子的散射截面很大，如果光束或散射体中含有这种粒子，它们肯定会导致非常高水平的寄生辐射。当使用高气压下氮气的瑞利散射校准收集系统时，这个问题尤其严重。在这种情况下，通常的做法是将气体过夜放置以稳定下来。在产生等离子体时也会出现这个问题，必须非常小心以确保系统清洁。

另一个问题是窗口上的物质沉积。Yoshida 等 (1997) 讨论了一种进行原位传输测量和使用激光清洗沉积的方法。

注意汤姆孙散射也被用于监测磁聚变等离子体中的尘埃。

① 例如, Corning 7940, General Electric 150, or Thermal Syndicate, Spectrosil A and B.

② Handbook of Military and I. R. Technology. Office of Naval Research, Dept. of the Navy, Washington, D.C.

③ 例如, Corning, C. S. series–Chance–Pilkington O. B. 10.

6.3.2 散射角 $\Delta\theta$ 的范围

辐射以有限立体角 $\mathrm{d}\Omega$ 聚集，这意味着我们是在一定的散射角范围内观察 $\mathrm{d}\Omega \cong (\mathrm{d}\theta)^2$。由于频谱是 θ 的函数，因此在任何测量中，都能得到光谱的平均值。此外，散射体积的大小正比于 $\mathrm{d}\theta$，因此我们通过增大 $\mathrm{d}\Omega$ 和 V 来获得信号电平，但增大 $\mathrm{d}\theta$ 会损害空间分辨率以及光谱分辨率的精确度。一般来说，我们使 $\Delta\theta$ 尽可能小以符合信噪比和分辨率的要求。Carolan 和 Evans(1971) 在磁调制实验中讨论了这个问题。

在 X 射线散射实验中，小 $\Delta\theta$ 有利于探测集体等离子体特征 (Gregori，2006；Glenzer and Redmer，2009)。

6.4 信 噪 比

光束能量 W_i 和光束持续时间 $\delta\tau_{\mathrm{i}}$ 的最小容许值取决于信噪比的要求。波长较短 ($\lambda_s < 1\mu\mathrm{m}$) 时，光子能量较高，主要的限制是量子统计，就是说，如果我们的探测器效率为 10%，若产生 1000 个光子，在一个探测器响应时间内将平均检测到 100 个光子，但准确的数字将随着脉冲的变化而变化，从而导致单次测量的不确定性。除了这种噪声源的贡献外，还有来自等离子体辐射、探测器周围局部热辐射以及电路噪声的贡献。后两个问题在波长较长 ($\lambda_s > 1\mu\mathrm{m}$) 时非常重要，将在 6.7 节讨论。

6.4.1 量子统计噪声

注：采集系统在测量过程中接收到的散射光子数为 N_{p}。严格地说，这里我们关心的是在探测器回路的积分时间 τ 内到达的光子数，然而，积分时间通常接近脉宽，这样我们就可以假定所有散射光子都被计算在内 (9.1 节给出了一个很好的例子)。

为了测量密度，应将所有的光子集中到一个探测器上。更常见的是，光子被分散在多个通道 C 中，以便我们分析光谱。每个通道馈入一个单独的探测器，每个接收器接收的光子数大约为 $N_{pc} = N_p/C = (P_s\tau_{\mathrm{I}})/hv_iC$，其中 P_s 为散射功率。

并非所有光子都能被探测到。T-3 实验中使用的光电倍增管的量子效率 (η 光电子每光子)，在 7000Å 时大约为 2.5×10^{-2}。正如第 6.7 节所讨论的，如今的检测器效率更高。

对于检测概率较小的情况，统计理论 (Lambe，1967；Oliver，1965) 告诉我们，探测到的光电子 (N_{pec}) 概率呈泊松分布

$$P(N_{pec}) = \mathrm{e}^{-m}m^{-N_{pec}}/N_{pec} \tag{6.4.1}$$

其中 $m = N_p \cdot \eta$ 是光电子最大可能数目，测量方差为 $\sigma^2 = m$，标准差为 $\sigma = m^{1/2}$。

6.4.2　单脉冲信号的测量

给定通道的信号为

$$N_{pec} = N_{pc} \cdot \eta \pm (N_{pc} \cdot \eta)^{1/2} \text{ 光电子} \tag{6.4.2}$$

也就是说，如果一个通道在一个给定的脉冲上检测到 100 个光电子，那么这个结果的不确定性就是 ±10 个光电子。

换句话说，信噪比为

$$S/N = N_{pec}/(N_{pec})^{1/2} = (N_{pec})^{1/2} \tag{6.4.3}$$

6.4.3　多脉冲的测量平均值

如果重复测量 s 次，可以提高平均值的准确性，均值为

$$\overline{N_{pec}} = \sum_s N_{pec}^s / s \tag{6.4.4}$$

均值误差为 $\pm(N_{pec}/s)^{1/2}$。信噪比现在为

$$S/N = \left(s\overline{N_{pec}}\right)^{1/2} \tag{6.4.5}$$

注意：脉冲不同，等离子体条件可能会改变，测量过程中可能始终存在一定的扩散。

均值的标准差为

$$\bar{\sigma} = \left[\sum_s \frac{(N_{pec}^s - \overline{N_{pec}})^2}{s}\right]^{1/2}$$

我们必须注意区分平均值的精确度和标准差，标准差是衡量实验可重复性的一个指标。

6.4.4　等离子体噪声

不幸的是，等离子体辐射的存在使信噪比变得更差。这种辐射来源于自由–自由跃迁 (轫致辐射)、自由–束缚跃迁 (复合辐射) 和束缚–束缚跃迁 (线辐射)。

轫致辐射一直被认为是等离子体辐射的主要原因 (Evans，1969)，然而，这与托卡马克 T-3 测量结果不一致，实际上托卡马克 T-3 测量结果说明引起问题的是铬和铁杂质以及氢的线辐射。我们认为只有对轫致辐射进行一般性的计算才能说明问题，因为在不同的实验中，杂质含量差异很大。该计算结果在 6.5 节中给出。

设给定通道检测到的等离子体光子数为 $N_{pl}\cdot\eta=N_{plc}$。在计算信噪比时，必须把这些额外的光电子加到真实信号中，这时变为单脉冲

$$S/N=N_{pec}/(N_{pec}+N_{plc})^{1/2}=(N_{pec})^{1/2}/[1+(N_{plc}/N_{pec})]^{1/2} \tag{6.4.6}$$

同样，我们必须区分单次测量的准确度和多次测量平均值的准确度。对于后一种情况，有 m 个测量值

$$S/N=(N_{pec}m)^{1/2}/(N_{pec}+N_{plc})^{1/2} \tag{6.4.7}$$

由于等离子体的非再生性，测量中仍会有扩散，均值的标准差为 $\bar{\sigma}$，则

$$(\bar{\sigma})^2=s^{-1}\left\{\sum_s\left[N_{pec}^s+N_{plc}^s-(\overline{N_{pec}+N_{plc}})\right]^2\right\} \tag{6.4.8}$$

在大多数情况下，散射光子和等离子体光子之间没有相关性，因此

$$(\bar{\sigma})^2=(\bar{\sigma}_{pec})^2+(\bar{\sigma}_{plc})^2$$

在一般性讨论中应注意以下三点。

(1) 在上面的例子中，假设已经考虑到了入射功率的变化，也就是对入射功率进行监测，并对每次测量值进行归一化。

(2) 从实用的角度来看，通过研究偏振的入射辐射，以及垂直于入射矢量 $\boldsymbol{E}$ 的散射面 (即 $\varphi_0=90°$，见 1.7.2 节和 2.3.2 节)，我们已有所获。散射辐射都是垂直于散射面偏振的 (对于高温等离子体，见第 4 章)，在这个方向设置的偏振片可鉴别出等离子体辐射，后者被认为是非偏振的。对于带有偏振片的单脉冲

$$S/N\cong N_{pec}/(N_{pec}+N_{plc}/2)^{1/2} \tag{6.4.9}$$

(3) 造成问题的不仅仅是等离子体辐射中的噪声。

(a) 如果辐射的平均水平与入射波束在同一时间尺度上发生变化，则难以分离散射信号 (图 6.2)。

(b) 如果平均辐射水平很高，在散射测量之前，有时会有脉冲探测器能量耗尽的危险。因此，通常的做法是只在散射发生时操作探测器，或者在探测器前面设置一个快速快门。

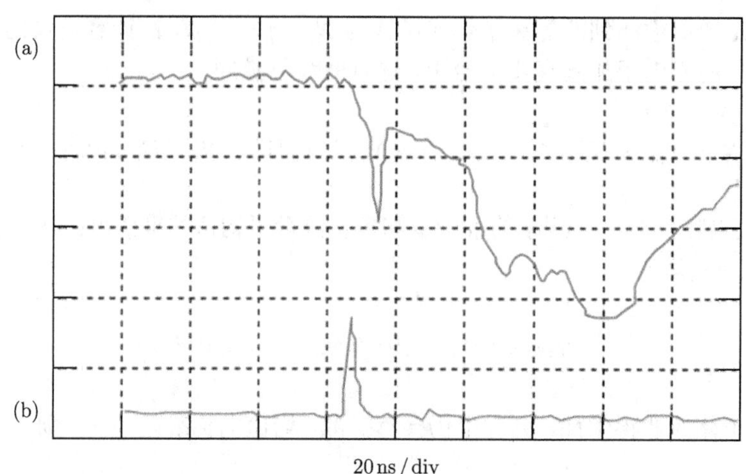

图 6.2　(a) 这个轨迹显示了快速变化的等离子体辐射如何影响散射信号的分辨率；(b) 激光器的监测脉冲

6.5　散射功率与轫致辐射功率之比

6.5.1　轫致辐射

在波长间隔为 $\lambda_s \to \lambda_s + \mathrm{d}\lambda_s$、体积 V_p、立体角 $\mathrm{d}\Omega$ 内等离子体的电子–离子轫致辐射功率为 (Glasstone and Lovberg，1960；Finkelburg and Peters，1957；Gabriel et al.，1962)

$$P_B\mathrm{d}\Omega\mathrm{d}\lambda_s = 2.09\times10^{-36}gZ^2\left(\frac{n_e n_i}{\lambda_s^2 T_e^{1/2}}\right)\exp\left(-\frac{1.24\times10^{-4}}{\lambda_s T_e}\right)V_p\frac{\mathrm{d}\Omega}{4\pi}\mathrm{d}\lambda_s(W) \quad (6.5.1)$$

其中，Z 是离子电荷。一般来说，冈特因子 (Gaunt factor) g 与温度和密度相关 (Fortmann et al.，2006)。对于典型实验室等离子体，冈特因子在 $\lambda_s 10^{-5}$cm 时接近 1，而在远红外 ($\sim 10^{-2}$cm) 时增大到约为 5。

一般来说，等离子体中会有大量的离子且 $P_B \propto \sum\limits_Z \dfrac{Z^2 n_i}{n_e}$。Naito 和 Hatae(2003) 指出，在线辐射小于背景辐射 10%的情况下，利用背景辐射信号测量有效电离态 Z_{eff}(位置的函数) 是可行的。对于可见光中的氢 (H_1)，这一项变为

$$P_B\mathrm{d}\Omega\mathrm{d}\lambda_s = 2.09\times10^{-36}\left\{\frac{n_e n_i}{\lambda_s^2 T_e^{1/2}}\right\}\exp\left(-\frac{1.24\times10^{-4}}{\lambda_s T_e}\right)V_p\frac{\mathrm{d}\Omega}{4\pi}\mathrm{d}\lambda_s(W) \quad (6.5.2)$$

(n_e, n_i 单位为 cm^{-3}; V_p 单位为 cm^3; λ_s 单位为 cm; T_e 单位为 eV)。

为了确定信噪比，必须计算 N_{pec} 和 N_{plc}^{B} 的比值。严格地说，我们首先应该在每个通道所覆盖的波长范围内 $(\lambda_s \to \lambda_s + \Delta\lambda_c)$ 对散射和等离子体功率的方程积分，从而适当考虑系统所有组件的波长响应。而且，由于这种计算只设置了一个最可能的信噪比级别，因此我们做了一些实际近似。

6.5.2　散射功率与韧致辐射功率之比

为了说明等离子体辐射造成的问题，可以比较我们的计算结果与托卡马克 T-3 的实验结果, 我们考虑由红宝石激光 $(\lambda_i = 6934\text{Å})$ 散射的氢等离子体 $T_e > 10\text{eV}$。

(1) 一个很好的近似为，式 (1.5.2) 中的指数项为 1，而 P_B 只随波长缓慢变化。

(2) 通常有 $[\widehat{s} \times (\widehat{s} \times \widehat{E}_{i0})]^2 \cong 1$。

(3) $\Delta\lambda_{s(1/e)} \ll \lambda_i$，因此 $\lambda_s \approx \lambda_i$。

(4) 为了简单起见，我们把散射谱平均分配给 C 个通道。注意到对整个谱线积分时式 (1.8.8) 为

$$\int_{-\infty}^{+\infty} [b\exp(-b^2x^2)/\pi^{1/2}]\mathrm{d}x = 1$$

(5) 散射光子和等离子体光子都遵循相同的光路，辐射在相同立体角和相同时间内被收集。

现在, 我们利用式 (4.5.1)[忽略了修正项 $\dfrac{\Delta\lambda}{\lambda_i}$] 和式 (1.5.2) 得到

$$\frac{N_{pec}}{N_{plc}^{B}} = \frac{\displaystyle\int^{\tau_I} \mathrm{d}tP_i(t)r_0^2\lambda_i^2T_e^{1/2}4\pi}{\tau_I CA2.09 \times 10^{-36}n_e\Delta\lambda_c}\frac{V}{V_p} \tag{6.5.3}$$

其中，τ_I 是探测器回路的积分时间，V 是散射体积，$r_0^2 = 7.95 \times 10^{-26}\text{cm}^2$，$A$ 是入射波束的面积。

6.5.3　散射功率和韧致辐射功率之比的有趣特征

(1) 散射体积 V 与观察到的等离子体体积 V_p 不相同 (图 6.3)。显然，在设计实验时，如果有选择，必须尝试保持 V_p 为最小值 (参见第 6.3 节)。等离子体的体积不像观察者在散射体上所得到的那样辐射到相同的立体角。由 DeSilva 和 Goldenbaum 的计算 (1970) 指出，散射到 $\mathrm{d}\Omega$ 中的等效等离子体体积通常是等离子体中观察孔的图像面积乘以沿视线的等离子体平板的厚度。

(2) 散射功率和韧致辐射功率之比与散射谱的宽度成反比，$\Delta\lambda \cong C\Delta\lambda_c$。对于非集体热等离子体散射, $\alpha \ll 1$，$\Delta\lambda_{1/e} = (2a/c)\lambda_i \sin(\theta/2)$，因此较小的散射角更有利 (参见 6.3 节)。

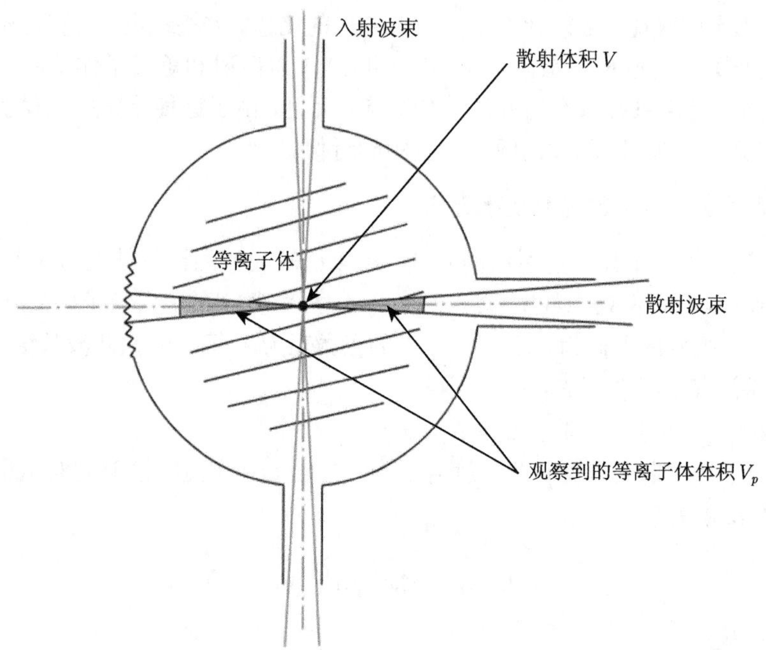

图 6.3　从聚光系统视角考察散射体积与等离子体体积之间的差异

对于集体性散射，$\alpha \geqslant 1$(第 5 章讨论过此问题)，光谱宽度很小 $(m_e/m_i)^{1/2}$，轫致辐射噪声不是大问题。

(3) 我们发现式 (1.5.3) 的值显然取决于积分时间 τ_I 相对于入射脉冲宽度 $\delta\tau_i$。

(a) 对于 $\tau_I \leqslant \delta\tau_i$ 是可行的，但对于 $\tau_I \ll \delta\tau_i$ 不太好，除非在积分时间内有足够数量的散射光子，这样我们就可以测量散射辐射的时间变化。

(b) 处理 $\tau_I > \delta\tau_i$ 对我们没有好处，因为我们已经在 $\tau_I = \delta\tau_i$ 时达到了散射光子的极限，而只是增加了等离子体光子的数量。然而，扫描相机可能在用 τ_i 表示扫描窗口的极限下工作。这种装置允许人们通过使用激光脉冲前后的测量数据，从散射数据中扣掉轫致辐射和背景辐射。现在，$\tau = \dfrac{1}{2}\Delta f$，其中 Δf 为检测系统的频宽，这说明探测器系统需要有足够大的带宽来匹配入射脉冲宽度。

(c) $\tau_I \cong \delta\tau_i$, 对式 (6.5.3) 积分，得

$$\frac{N_{pe}}{N_{pl}^B} = \frac{W_i r_0^2 \lambda_i^2 T_e^{1/2} 4\pi}{\delta\tau_i 2.09 \times 10^{-36} Z_{\text{eff}} n_e 2\Delta\lambda_{1/e}} \frac{L}{V_p} \tag{6.5.4}$$

其中，$C\Delta\lambda_c$ 由 $2\Delta\lambda_{1/e}$ 替换，W_i 为入射波束的总能量 (单位为焦耳)，$L = V/A$ cm.

一般来说，由于热边界问题，辐射源功率在最短脉冲宽度内最大，因此，我们

通过使用快速脉冲来获得信号等离子体噪声 (图 6.4)。然而，这个结果必须满足这样的要求：W_i 必须足够大，以提供足够数量的光电子来进行重要的测量。

$$N_{pe} = (W_i/hv_i r_0^2 \mathrm{d}\Omega n_e LT\eta) \tag{6.5.5}$$

其中，T 是收集和检测系统的透射系数，η 是探测器的量子效率。

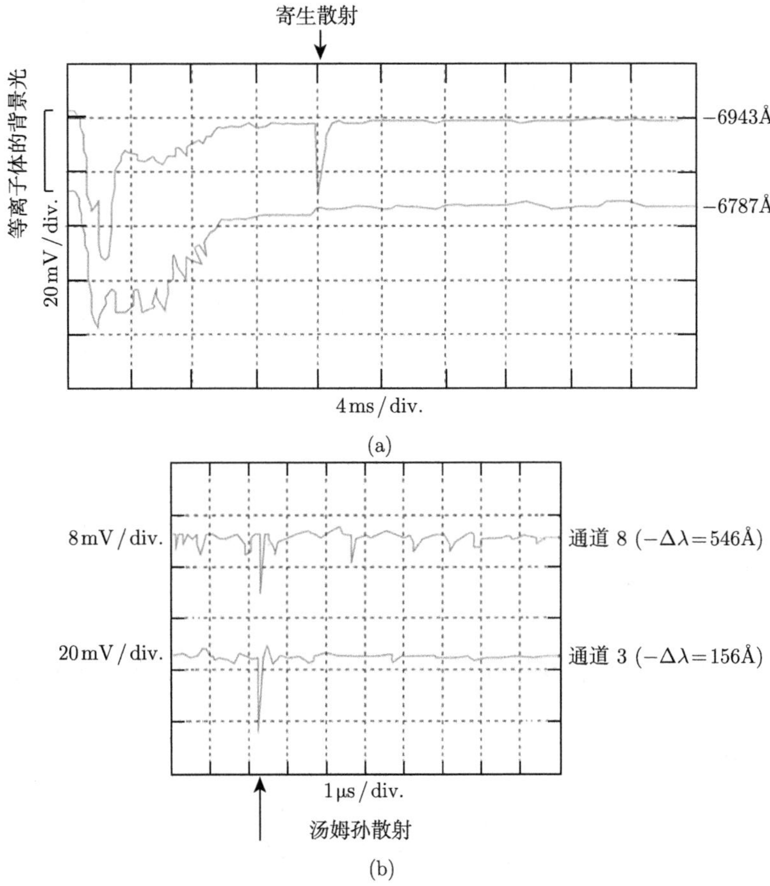

图 6.4 (a) 在弛豫工作模式下，散射信号被背景辐射淹没。6943Å处的寄生辐射信号显示出了散射信号位置；(b) 在快速脉冲模式下，散射信号超过背景辐射 (由 Forrest 等 (1970) 提供，英国 Culham 实验室)

6.5.4 线辐射

线辐射功率密度由 Jensen 等 (1977) 给出，

$$P_{LR} = \sum_{Z} n_e n_Z f(Z)(\mathrm{W \cdot m^{-3}}) \tag{6.5.6}$$

一些代表性元素的 $f(Z)$ 如图 6.5 所示。

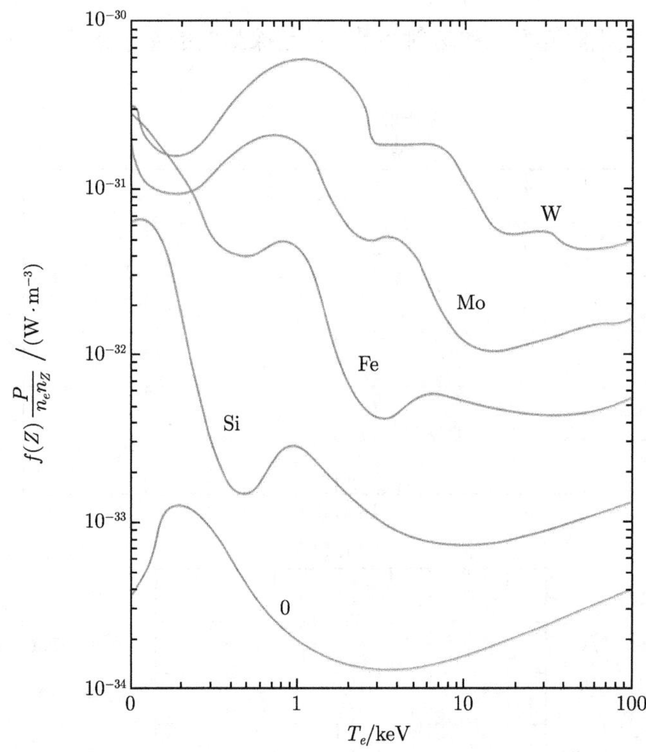

图 6.5　典型杂质下线辐射因子随着电子温度的变化关系 (Jensen 等 (1977)、核聚变)

6.5.5　同步检波

一种处理不利信号等离子体辐射水平的方法是使用调制 (可能是连续波) 源，然后使用调谐到调制频率的放大器检测散射辐射，这在低等离子体密度 $n_e \lesssim 10^{14}\mathrm{cm}^{-3}$ 时尤为重要。这当然不能分辨寄生辐射。Koons 和 Fiocco(1968) 将该技术应用于电弧放电，$n \cong 5 \times 10^{12}\mathrm{cm}^{-3}$ ，$T_e \cong 1.2\mathrm{eV}$。他们使用的是在 385Hz 下调制功率为 0.5W 的氩离子激光器。此外，在这个示例中，可以调节电弧电流 (70 Hz)，这使得他们能够通过检测和频 (455Hz) 来分辨寄生辐射，装置原理图如图 6.6 所示。结果令人印象深刻, 背景等离子体辐射、寄生辐射和散射辐射的光电子计数率分别为 10^5、5×10^3 和 64(单位为：光电子/s)。

一般来说，等离子体是不可能被调制的，寄生辐射必须通过其他方法去除。在这一点上，零差 (外差) 技术很有价值。将该信号与来自另一个源 (可能是入射源本身) 的辐射混合，检测到不同频率的信号。这将在第 6.7.5 节中讨论。Yokoyama 等 (1971) 利用 2kHz 调制的 CO_2 激光进行了类似的电子密度测量，在电弧放电中 n_e 为 $10^{13} \sim 10^{14}\text{cm}^{-3}$，实测密度与干涉测量值吻合得很好。

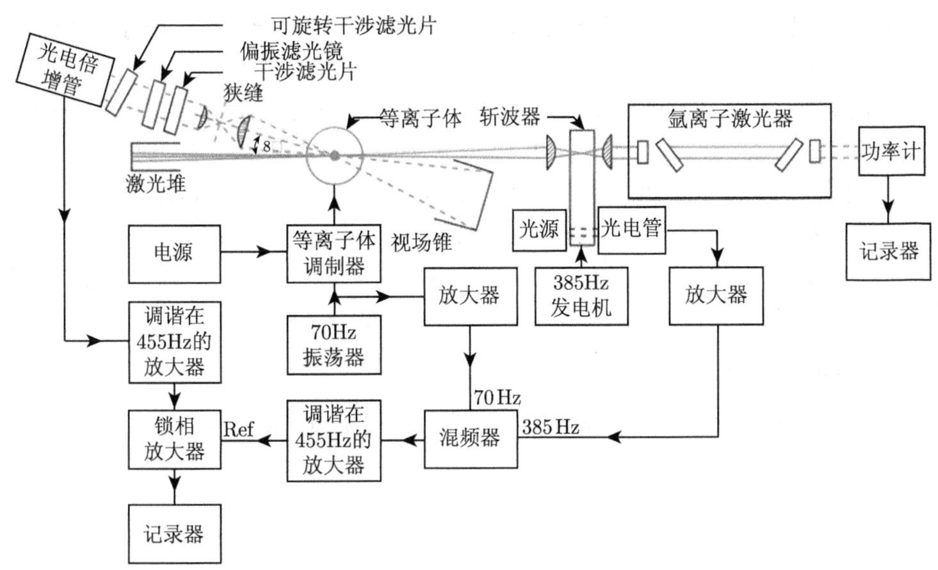

图 6.6 低密度电弧散射辐射同步检测装置示意图 (由 Koons 和 Fiocco(1968) 提供)

6.6 入射波束对等离子体的影响

6.6.1 引言

在 1.8.1 节，我们简要介绍了在无碰撞情况下电磁波与非磁化等离子体的宏观相互作用。我们发现当 $\omega_i > \omega_{pe}$ 时，波完全透射；而当 $\omega_i < \omega_{pe}$ 时，波完全反射。在现实生活中，等离子体中给定的电荷 (即电子处于较高频率 $\omega_i \gtrsim \omega_{pe}$) 不能在波中自由振荡；它将与其他电荷和中性粒子相互作用，一些入射能量将在等离子体中损耗。损耗的数量级可以通过一个简单的经典计算来确定，用朗之万方程来表示电子的运动，用碰撞频率 ν 来表示给定的损耗过程。

对于处于平衡态的等离子体，在线性近似下我们有：

(1) 通过电子–离子碰撞直接加热。在量子力学处理中，这称为逆轫致辐射。在天然等离子体共振附近，ω_{pe}，Ω_e，我们必须修正简单的碰撞项，使辐射与等离子体中的波耦合①。

(2) 直接通过电子–中性粒子碰撞和背景中性粒子的电离来加热。

在高强度入射下，我们必须考虑非线性效应。

(3) 多光子过程对逆轫致辐射吸收截面的修正。

(4) 有效碰撞频率的增加是因为电子激发等离子体波，而这些等离子体波可能是波耦合过程中的朗道阻尼或衰减。这不仅会导致更多的能量转移到等离子体中，而且散射谱也会增强。

(5) 最后, 如果我们充分驱动等离子体, 特别是如果 ω_i 或其谐波、次谐波接近自然共振, 可能会导致不稳定 (见 12.7 节)。当 ω_i 接近自然共振时，辐射吸收的估值已由 Kaw 等 (1970)，Kruer 等 (1970)，Porkolab 等 (1971)，Freidberg 等 (1972)，Yamanaka 等 (1972)，以及 Martineau 和 Pepin(1972) 测得。

后一种方法有时不适合散射测量, 而我们的主要兴趣在于 $\omega_i \gg \omega_{pe}$、Ω_e 时的散射。然而，UHR 共振散射已由 Gusakov 等 (2006) 开展过。

6.6.2　经典碰撞损耗

电子被入射波加速，它们获得的一些定向能因碰撞而随机化。

$$\frac{\mathrm{d}\boldsymbol{u}}{\mathrm{d}t} = -\frac{\mathrm{e}}{m_e} E_{i0}\cos(\boldsymbol{k}_i\cdot\boldsymbol{r}-\omega_i t) - v\boldsymbol{u} \tag{6.6.1}$$

其中

$$\boldsymbol{r} = \int_0^t \boldsymbol{u}\mathrm{d}t + \boldsymbol{r}(0)$$

现在对于一个电磁波，$\boldsymbol{k}_i$ 和 $\boldsymbol{E}_{i0}$ 是正交的，如果忽略磁场 (即非相对论处理，$\omega_i/k_i = c \gg u$)，我们看到任何由波引起的位置矢量 $\boldsymbol{r}$ 的变化都垂直于 $\boldsymbol{k}_i$。设 $\boldsymbol{u} = \boldsymbol{u}_k + \boldsymbol{u}_E + \boldsymbol{u}_\perp$。对式 (4.6.1) 积分，有

$$\boldsymbol{u} = -\frac{\mathrm{e}\boldsymbol{E}_{i0}}{m_e[v^2+(\omega_i - k_i u_k)]^2}[v\cos(\boldsymbol{k}_i\cdot\boldsymbol{r}-\omega_i t)\sin(\boldsymbol{k}_i\cdot\boldsymbol{r}-\omega_i t)] \tag{6.6.2}$$

单位体积平均功率耗散为

$$W_D = \frac{1}{2T}\int_{-T}^{+T}\mathrm{d}t(\boldsymbol{J}\cdot\boldsymbol{E}) = \frac{n_e\mathrm{e}^2 v}{m_e c\varepsilon_0\omega_i^2}\frac{P_i}{A}(\mathrm{W}\cdot\mathrm{m}^{-3}) \tag{6.6.3}$$

其中，$\boldsymbol{J} = n_e e\boldsymbol{u}$ 是由入射场引起的电流密度。单位面积入射功率为

$$P_i/A = c\varepsilon E_{i0}^2/2\ (\mathrm{W}\cdot\mathrm{m}^{-2})$$

① Dawson 和 Oberman(1962) 及 Aliev 等 (1966) 分别讨论了非磁化情况和磁化情况。

其中

$$\varepsilon_0 = 8.85 \times 10^{-12}\mathrm{F \cdot m^{-1}},\ n_e(\mathrm{m^{-3}}),\ c(\mathrm{m \cdot s^{-1}})$$

$$\omega_i(\mathrm{rad \cdot s^{-1}}),\ v(\mathrm{s^{-1}}),\ e = 1.6 \times 10^{-19}\mathrm{C}, m_e = 0.911 \times 10^{-30}\mathrm{kg}$$

6.6.3 库仑碰撞

在碰撞中获得随机能量的是电子。Kunze(1968) 比较了单位体积入射波的能量沉积与电子热能密度 $U_0 = \frac{3}{2}\kappa T_e n_e$。电子温度的相对变化为

$$\frac{\Delta T_e}{T_e} = \frac{\displaystyle\int_0^\tau \overline{W_D}\mathrm{d}t}{\frac{3}{2}\kappa T_e n_e} \tag{6.6.4}$$

τ 是入射脉冲宽度。

对于 $\tau > \tau_{ie}$ 的离子平衡时间，在散射体积内能量分配给离子。

对于 $\tau > \tau_{Tc}$ 的热传导时间，热传递给邻近的等离子体。

最大温升出现在 $\tau < \tau_{ie}$，τ_{Tc} 时。现在，对于单电荷离子，

$$v_{ei} = 2.9 \times 10^{-2} n_i(\mathrm{m^{-3}})[T_e(\mathrm{eV})]^{-3/2} \ln \varLambda(\mathrm{s^{-1}}) \tag{6.6.5}$$

其中 $\varLambda = 12 n_e \lambda_{De}$，通常 $\ln \varLambda \sim 10$，代入得

$$\frac{\Delta T_e}{T_e} = 1.28 \times 10^2 \frac{n_i \ln \varLambda}{\omega_i^2 A (T_e)^{5/2}} \int_0^\tau P_i \mathrm{d}t \tag{6.6.6}$$

考察方程发现，在密度大、温度低、入射频率小的情况下，问题最为严重。

例如，

$$n_e = 10^{21} m^{-3}, \quad T_e = 1\mathrm{eV}(\ln \varLambda = 6)$$

$$\omega_i = 2.7 \times 10^{15}\mathrm{rad \cdot s^{-1}} \quad (\text{红宝石激光器})$$

总入射能量为 $U_T = 6\mathrm{J}$，取 $A = 10^{-6}\mathrm{m}^2$，得

$$\Delta T_e / T_e \cong 1$$

对于 CO_2 激光器，

$$\omega_i = 1.76 \times 10^{14}\mathrm{rad \cdot s^{-1}}$$

相同能量下

$$T_e \leqslant 10\mathrm{eV},\ n_i = 10^{21}\mathrm{m^{-3}},\ \Delta T_e / T_i \gtrsim 1$$

6.6.4　量子力学效应

在量子力学中，这个碰撞过程是逆轫致辐射 (Spitzer，1962；Bekefi，1966)。辐射被电子吸收，因为它与离子有库仑相互作用。此外，诱导轫致辐射发射, 这减少了净吸收, 而量子校正因子为

$$(h\omega_i/\kappa T_e)[1-\exp(-h\omega_i/\kappa T_e)]$$

当 $h\omega_i/\kappa T_e \to 0$ 时，这个因子趋向于 1，因此，除了 X 射线探测外，大多数散射情况下的校正是可以忽略的 (见第 11 章)。注意，即使对于红宝石激光器的高能光子，$h\omega_i$ 也只有 1.79eV。

为了完整性起见，我们注意到对于非常强的入射光束，结果应有修正 (Rand，1964；Nicholson-Florence，1971)。当电子在入射场 $\left(\dfrac{1}{2}m_e u_0^2,\text{ 其中 } u_0=\dfrac{eE_{i0}}{m_e\omega_i}\right)$ 中获得的能量与光子能量 ($h\omega_i$) 相当时，多光子过程就变得非常重要。

例如，

$$\frac{m_e u_0^2}{2h\omega_e}=\frac{e^2E_{i0}^2}{2m_e\omega_i^3}=\frac{10^{29}}{[\omega_i(\mathrm{rad}\cdot\mathrm{s}^{-1})]^3}\left[\frac{P_i}{A}(\mathrm{W}\cdot\mathrm{m}^{-2})\right]P_i=10^9\mathrm{W}$$

$$A=10^{-6}m^2\omega_i=2.7\times10^{15}\mathrm{rad}\cdot\mathrm{s}^{-1}$$

$$m_e u_0^2/2h\omega_i\cong5\times10^{-3}$$

因此，对于典型的红宝石激光器，校对不是很重要；但是对于功率密度相当的 CO_2 激光器，校正可能是必要的。

6.6.5　中性粒子的碰撞和电离

电子中性粒子的碰撞频率为 (见 2.2.2 节)

$$\nu_{en}=2.8\times10^6[r_n(\mathrm{m})]^2n_n(\mathrm{m}^{-3})[T_e(\mathrm{eV})]^{1/2}\mathrm{s}^{-1} \tag{6.6.7}$$

中性粒子的半径 r_n 通常为 10^{-10}m。

同样，在低温等离子体中，这种效应也很重要。当 $T_e>1$eV 时，氢在最大密度下基本完全电离 ((Tanenbaum, 1967), pp. 12,348)。

令

$$\ln\Lambda=10,\quad r_n=10^{-10}\mathrm{m}$$

然后

$$\nu_{en}/\nu_{ei}\cong10^{-3}(n_n/n_i)[T_e(\mathrm{eV})]^2$$

显然，中性粒子只在弱电离等离子体中使电子运动随机化起作用，而且一般来说，这种作用并不显著。

电离既可以通过与电子直接碰撞发生，也可以通过光致电离发生。在前一种情况中，我们要求

$$\frac{1}{2}m_e v_{\max}^2 > eV_i \text{ 或者 } \frac{e}{m_e c\varepsilon_0\omega_i^2}\frac{P_i}{A} > V_i$$

$$\omega_i \gg \omega_{pe}, \nu$$

6.6.6 集体效应

如果电子被加速到与热速度相当的速度，它们就能激发电子等离子体波。这些波的增长由朗道阻尼来平衡，理论上也可以将其衰减为离子声波。这是一种将能量从入射场转移到等离子体的机制，但是，它只发生在高入射功率密度的情况下。我们要求

$$v_{\max} = \frac{eE_{i0}}{m_e\omega_i} = \frac{e}{m_e\omega_i}\left(\frac{2P_i}{c\varepsilon_0 A}\right)^{1/2} \cong \left(\frac{\kappa T_e}{m_e}\right)^{1/2}$$

或者

$$\frac{1.14\times10^7}{\omega_i(\mathrm{rad\cdot s^{-1}})}\left[\frac{P_i}{A}\left(\frac{\mathrm{W}}{\mathrm{m}^2}\right)\right]^{1/2} \cong [T_e(\mathrm{eV})]^{1/2} \tag{6.6.8}$$

例

$$P_i = 10^9\mathrm{W},\ A = 10^{-6}\mathrm{m}^2,\ \omega_i = 2.7\times10^5\mathrm{rad\cdot s^{-1}}$$

(红宝石激光器)。这种效应对于 $T_e \lesssim 40\mathrm{eV}$ 可能很重要。

这种非线性效应，即朗道阻尼平衡波的增长，已经由 Albini 和 Rand(1965) 研究过了。他们计算得出这一过程的单位体积功率损耗为

$$W_{\mathrm{DNL}} = 2.3\times10^{-31}\frac{n_i(\mathrm{m}^{-3})n_e(\mathrm{m}^{-3})}{[T_e(\mathrm{eV})]^{1/2}}F(B,\lambda)\frac{W}{m^3} \tag{6.6.9}$$

其中

$$B \equiv 0.21\times10^{30}[T_e(\mathrm{eV})]^3/[\omega_i(\mathrm{rad\cdot s^{-1}})]^2$$

且

$$\lambda = \frac{0.64\times10^{14}}{T_e(\mathrm{eV})[\omega_i(\mathrm{rad\cdot s^{-1}})]^2}\left[\frac{P_\mathrm{i}}{A}\left(\frac{\mathrm{W}}{\mathrm{m}^2}\right)\right]$$

对于 $B\lambda \ll 1$，

$$F(B,\lambda) = \lambda\int_{1/B}^{\infty}\mathrm{e}^{-y}\mathrm{d}y/y$$

我们必须记住，该计算是在 $\omega_i \gg \omega_{pe}$ 的条件下，因此，ω_i 的值与给定等离子体密度下的情况一致。

6.7 探 测 器

6.7.1 光电子探测器

在这些装置中，入射辐射释放电子，随后这些电子被检测到，进入真空或传导带。在 1000~15000Å(1.5μm) 的高光子能量下，该过程为光发射。在光电倍增管中，当入射光子能量超过光电阴极的功函数时首先出现光电子，这一现象推动了低功函数阴极在长波长光探测中的发展，以及量子效率的提高。为了提供可测量的电流水平，电子被“倍增”。在传统的光电倍增管 (PMT) 中，光电子被加速到一个被称为“打拿极”的电极上，通过调整电位差来最大限度地提高二次发射率。二次电子反过来撞击另一个打拿极，该过程持续进行，直到获得 $10^5 \sim 10^7$ 的最终增益。来自最终打拿极的二次电子被阳极收集，阳极通过电阻器 (~100Ω) 或高阻抗跟随器电路提供外部电流，随后测量电压。关于光电倍增管技术的综述可以参见 Boutot 等 (1987) 、Hungerford 和 Birch (1996) 的文章。

另一个倍增过程 (Dhawan and Majka, 1977) 涉及使用微通道板 (MCP)。MCP 可以视为 PMT 阵列，因为它们由一层薄薄的氧化铅玻璃盘中的许多 (数百万个) 微观通道/孔 (直径为 4~25μm) 组成，这些通道从一个面到另一个面彼此平行。每个通道的功能类似于一个微小的图像增强器：撞击墙壁的电子会喷射额外的二次电子，从而产生一连串电子，通道可以限制这些电子，从而提高分辨率。本书后面会讲到，随着 MCP 在紫外线和 X 射线检测中得到更大的应用，电荷耦合器件 (CCD) 在光学区域中占主导地位。

由于倍增过程的不同，光电阴极被配置为不透明或半透明，其中前者指的是光入射在厚光电发射材料上并且电子从同一侧发射的情况。在第二种类型中，通过在透明介质上沉积光电发射材料来制造半透明光电阴极，使得电子从与入射光相对的光电阴极的背面发射。根据感兴趣的光谱区域，可以使用各种阴极材料，包括 CsI, CsTe, Cs 3 Sb, bialkali, trialkali,GaAs(Cs), InGaAs(CS), and InP/InGaAsP(Cs)。图 6.7 说明了 GaAs 和 InGaAs MCP/PMTs 的可见光光谱响应。表 6.3 和表 6.4 总结了常见光电阴极材料的特性。在图像转换器中，使用相同的过程，但最终电子撞击在光敏表面上，并且接收到入射辐射的增强图像不同。

在 50~2000Å 紫外区域的典型光阴极材料是碱性卤化物，如 CsI 和 KBr (Siegmund，1998; Tremsin and Siegmund，2000)。对其他材料 (GaN 和 Diamond) 的开发活动取得了令人振奋的结果；GaN 光电阴极在紫外线下的检测效率 η>50%，而金刚石光电阴极的检测量子效率为 40%，灵敏度高达 200nm(Siegmund，2004)。X 射线区域则采用了多种技术。例如，可以使用闪烁窗口在 PMT 之前的“混合”PMT (D'Ambrosio and Leutz，2003)。研究人员还报告了将大面积雪崩光电二极管用作

软 X 射线探测器的研究结果 (Yatsu et al.，2006)。

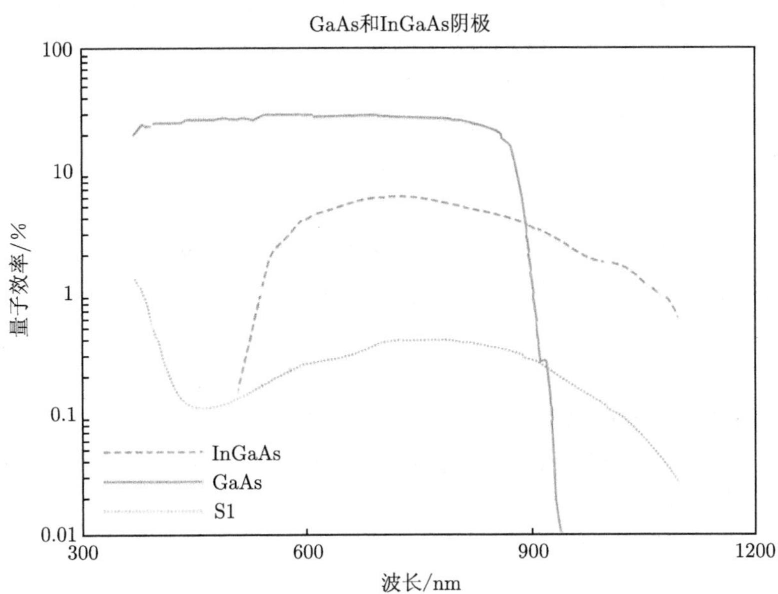

图 6.7 在 GaAs 和 InGaAs MCP/PMTs 可见光条件下的谱响应及其与 S1 响应的比较 (由 Burle Industries Inc. 提供)

在较低的能量下，光子不能在表面势垒上激发电子，价带和导带之间的低能跃迁被用于探测。在纯 (本征) 材料中，该波段可低至 0.1eV，检测波长可达 10μm①。为了检测到更长的波长，可以使用化合物半导体。常用的材料是带隙可以变化的碲镉汞，随着带隙的改变 (1.00~0.09eV)，临界波长也随之变化 (1.2414μm)。这些设备通过冷却操作 (20~80K)，可以降低噪声和提高效率 (Lerner, 2009)。

在该区域外，允许在 10~200μm 范围内进行非本征半导体禁带隙中杂质能阶的激发的检测，该范围对应于 Si、Ge 和 GaAs 中浅能级的结合能 (几个 MeV 到 10MeV)。一种常用的探测器材料是 p 型掺杂镓的锗 (Ge:Ga)，这种材料制成的探测器的截止波长为 115μm。在 1.8K 下运行时，它们的响应率为 7A/W，η =20%，暗电流 <200e$^-$/s (Young, 2000)。通过向探测器施加单轴向应力②，响应可扩展至 ~0μm。

阻挡杂质带 (BIB) 探测器的结构中有与高纯度阻挡层耦合的掺杂吸收层，用来抑制跳跃传导对暗电流的贡献。掺杂剂浓度的增加可导致线性光吸收系数的增强和波长响应的延长。轻掺杂 GaAs:Se 和 GaAs:Te 的使用使得探测器可以在

① 在本征 Si 和 Ge 情况下，长波截止波长分别为 1.1μm 和 1.8μm。
② 从而分裂了价带边缘的简并性，从而减小了束缚态与价带顶部的能量差。

170~320μm 区域工作 (Watanabe et al., 2008)。在 287μm 的波长下，当 GaAs:Te 样品的噪声等效功率 (NEP) 为 $8.52\times10^{-15}\text{W}\cdot\text{Hz}^{-1/2}$ 时，它们各自的响应率分别为 1.46A/W 和 1.86A/W。InAs 和 InSb 非本征半导体具有比 GaAs 更低的电子 (空穴) 结合能，可以获得更长的波长响应。具体来说，InAs 的电子结合能为 1.4MeV，InSb 的电子结合能为 ~0.7MeV，分别导致 886μm 和 1772μm 的光电导起始 (Haller and Beeman, 2002)。

另一个重要的红外探测器是量子阱红外光电导体 (QWIP)，它利用通过生长宽带隙材料的分层结构形成的量子阱中的载流子的红外线激发 (Rogalski, 2003)。这里，利用带隙 "工程学" 来调整材料，使结构中选定状态之间的能量差与要检测的红外光子的能量匹配。

在能量非常低的情况下，传导带中电子被直接吸收。在非常低的温度 (4K) 下，可检测到 1000μm 的迁移率变化。冷却这些长波长探测器是必须的，因为在能量间隙很小的情况下，室温下的热搅动会引起电子的显著激发，从而导致电噪声。图 6.7 显示了各个区域的光电倍增管的一些典型量子效率。对于红外探测器，量子效率在 $0.15<\eta<1.0$ 变化，但通常为 0.05。

6.7.2　热探测器

在这些装置中，探测器的主体吸收入射辐射，并监测一些与温度有关的量，如电阻率。它们的优点是可以在整个光谱范围内使用。然而，较差的频率响应和灵敏度限制了它们的实用性。微机械加工和薄膜光刻制造技术的应用与新材料和天线耦合方案相结合，产生了灵敏的高速微测辐射热计，并已广泛应用于毫米波和太赫兹领域 (Dietlein et al., 2007; Miller et al.,2004;Grossman et al., 2004; Middleton and Boreman, 2006; Rebeiz et al., 1987; Neikirk et al., 1984)。

一种易于制造的探测器元件是辐射热测量计，其电阻取决于辐射增加的温度。传统辐射热计的一个局限性是其相对较大的热质量，这限制了它们的响应速度以及它们的 NEP①。这一问题使人们努力减少元件尺寸，从而降低热质量 (典型的微测辐射热计尺寸为 $4\mu\text{m}^2$ 和 1000Å)。然而，元件尺寸的减小降低了收集效率，于是人们在辐射计元件的温度变化范围内研制了辐射收集用的基片天线，改善了这一问题。通过在薄膜②上制作探测器等技术，减少与基体的热耦合，进一步改善了响应时间和 NEP(Rebeiz et al.,1987)。其目标是实现一个大的温度，电阻系数 α 定义：$\alpha=\frac{1}{\rho}\frac{\mathrm{d}\rho}{\mathrm{d}T}$，它决定了响应 (用公式 $\Re_v=\frac{i_{\text{bias}}R\alpha\eta}{G\sqrt{1+\omega^2\tau^2}}$表示)，

① 在声子噪声限制热辐射计中，NEP 由 $(4\kappa T^2/\tau_0)^{1/2}$ 给出，其中 C 为热容，G 为辐射热计与散热器之间的导热系数，$\tau_0=C/G$ 为热时间常数。

②薄膜的使用也减少了衬底模式。

表 6.3 典型谱响应特征的参考数值

曲线代码 (S Number)	光电阴极材料	窗材料	光照灵敏度 (Typ.) /(μA/1m)	谱响应				
				谱范围/nm	峰值波长			
					辐射 /(mA/W)	灵敏度 /nm	量子 /%	效率 /nm
100 M	Cs-1	MgF_2	—	115~200	14	140	13	130
200 S	Cs-Te	Quartz	—	160~320	29	240	14	210
200 M	Cs-Te	MgF_2	—	115~320	29	240	14	200
400 K	Bialkali	Borosilicate	95	300~650	88	420	27	390
400 U	Bialkali	UV	95	185~650	88	420	27	390
400 S	Bialkali	Quartz	95	160~650	88	420	27	390
401 K	High temp. bialkali	Borosilicate	40	300~650	51	375	17	375
500 K(S-20)	Multialkali	Borosilicate	150	300~850	64	420	20	375
500 U	Multialkali	UV	150	185~850	64	420	25	280
500 S	Multialkali	Quartz	150	160~850	64	420	25	280
501 K(S-25)	Multialkali	Borosilicate	200	300~900	40	600	8	580
502 K	Multialkali	Borosilicate (prism)	230	300~900	69	420	20	390
700 K (S-1)	Ag-O-Cs	Borosilicate	20	400~1200	2.2	800	0.36	740
—	ln P/nGaAs P(C s)	—	—	950~1400	10	1250	1.0	1000~1200
—	ln P / ln GaAs (C s)	—	—	950~1700	10	1550	1.0	1000~1200

Courtesy of Hammamatsu

表 6.4 典型谱响应特征的参考数值

曲线代码 (S Number)	光电阴极材料	窗材料	光照灵敏度 (Typ.) /(μA/1m)	谱范围/nm	谱响应			
					峰值波长			
					辐射 /(mA/W)	灵敏度 /nm	量子 /%	效率 /nm
150 M	Cs-1	MgF_2	—	115~200	25.5	135	26	125
250 S	Cs-Te	Quartz	—	160~320	62	240	37	210
250 M	Cs-Te	MgF_2	—	115~320	63	220	35	220
350 K(S-4)	Sb-Cs	Borosilicate	40	300~650	48	400	15	350
350 ∪(S-5)	Sb-Cs	UV	40	185~650	48	340	20	280
351 U(Extd S-5)	Sb-Cs	UV	70	185~750	70	410	25	280
452	Bialkali	UV	120	185~750	90	420	30	260
456 ∪	Low dark bialkali	UV	60	185~680	60	400	19	300
552 U	Multialkali	UV	200	185~900	68	400	26	260
555 s	Multialkali	UV	525	185~900	90	450	30	260
650 U	GaAs(Cs)	UV	550	185~930	62	300~800	23	300
650 s	GaAs(Cs)	Quartz	550	160~930	62	300~800	23	3000
851 K	InGaAs(Cs)	Borosilicate	150	300~1040	50	400	16	370
—	InP/nGaAsP(Cs)	Borosilicate	—	300~1400	10	1250	1.0	1000~1200
—	InP/nGaAs(Cs)	Borosilicate	—	300~1700	10	1550	1.0	1000~1200

Courtesy of Hammamatsu

其中，R 是辐射热计的电阻，i_{bias} 是通过辐射热计的电流偏差。Neikirk 等 (1984) 的原始微辐射热计采用金属铋，其 α 仅为 0.003K^{-1}。通过使用碲，这个数字提高了约 3 倍 (Wentworth and Neikirk，1989)。Miller 等 (2004) 报告了未冷却的 THz-Nb 微辐射热计 (~35nm 膜厚)，其在 95GHz 下的响应超过 $85\text{V}\cdot\text{W}^{-1}$，NEP 为 $2.5\times10^{-1}\text{W}\cdot\text{Hz}^{-1/2}$。

然而，通过在过渡温度附近操作超导体，可能获得更高的电阻温度系数 ($>0.50\text{K}^{-1}$)。这种用超导薄膜制成并在过渡边缘附近操作的热辐射测量具有很高的灵敏度，被称为过渡边缘辐射热计或过渡边缘超导 (TES) 辐射热计 (Kenyon et al., 2006; Wentworth and Neikirk, 1990)。

热电子直接探测器 (HEDD) 使用了由 Ti 和 Nb 薄膜制成的微米级热电子传感器，由于电子的热容量很小，因此能够探测到 THz 辐射的单量子 (Karasik et al., 2003)。在 0.3K 时，获得 $10^{-19}\text{W}\cdot\text{Hz}^{-1/2}$ 的 NEP，并在 0.1K 时降至 $10^{-20}\text{W}\cdot\text{Hz}^{-1/2}$。在具有平面螺旋天线的 Si 基板上，由 12nm 厚的 Nb 膜制成的 1μm 长的器件在 250~900GHz 的范围内表现出平坦的响应。在覆盖有 SiO_2 或 SiO_3N_4 层的硅衬底上使用钛和铌薄膜的纳米硬度计在 65mK 时产生 $9\times10^{-21}\text{W}\cdot\text{Hz}^{-1/2}$ 的 NEP (Wei et al., 2008)。在 (Siegel, 2002) 中可以找到其他 THz 热探测器的参考资料。

6.7.3 X 射线探测器

在 X 射线探针的散射实验中经常采用电荷耦合器件 (CCD) 相机，主要是因为它们具有高检测效率和多功能性。对于能量 $E<4\text{keV}$ 的 X 射线，量子效率 (η) 接近于 1，当 $E=10\text{keV}$ 时，量子效率降至 0.1，当能量 $E>20\text{keV}$ 时，量子效率可忽略不计。对于小于 0.5%和大于 80%的全动态范围内的信号，CCD 线性度为 ±0.25%，读出噪声每像素小于 5 个电子。

对于更高的 X 射线能量，以及在高电磁脉冲、中子和高伽马通量环境中，传统上曾是 CCD 相机的替代品的胶片，现在正被图像板 (IP) 所取代 (Izumi et al., 2006)。这些 X 射线探测器对约 100keV 的 X 射线能量敏感，此时 $\eta>0.03$，在 $E<4\text{keV}$ 时，其灵敏度低于 CCD 相机。对于 $2\text{keV}<E<20\text{keV}$ 的能量，Amemiya 和 Miyahara (1988) 估计 IP 探测器的量子效率为 60%~80%。荧光粉的高吸收效率导致了高值。动态范围为 $1:10^5$，具有高线性度，空间分辨率为 150μm(最大半宽)，符合测量稠密等离子体散射实验的 X 射线光谱的要求。

对于高能纳秒激光束产生的长时间 X 射线探针，利用微通道板探测器测量了时间分辨率为 100ps 的散射光谱。对于高达 100keV 的能量，量子效率值 (背照式) 在 0.01~0.1 范围内 (Bateman,1977)。据 Lowney 等 (2004) 的报道，能量 $E\leqslant1\text{keV}$ 的掠入射 X 射线可以使 CsI 光电阴极的效率提高一个数量级。Landen 等 (2001b) 研究了入射角对脉冲微通道板探测器性能的影响。与使用 $\sim 8^\circ$ 的标准配置相比，

在 $\sim 3^\circ$ 处应用掠入射探测，可改进大约三个因素。

在未来，还可能应用 CMOS(互补金属氧化物半导体) 图像传感器。其量子效率与前照式 CCD 探测器相当，但填充系数为 65%。它的读出噪声和增益不均匀性明显大于 CCD 相机；噪声为每像素 200 电子，每对电子–空穴 3.6eV。CMOS 向着更小的特征和更低的电压发展，这两者都会影响成像性能，但也意味着其对中子引起的噪声的灵敏度更低。对于 3 ~10mV 的中子能量，CMOS 探测器每像素每入射中子具有小于 2×10^{-10} 个损伤点。CCD 每像素每入射中子有 4×10^{-8} 个损伤点，比 CMOS 大两个数量级。这些特征表明，在中子环境中需要强屏蔽，并且很可能会将用这些探测器进行的常规散射实验限制在中子通量小于 $10^{14}/4\pi$ 个中子的环境中。

1. **光子 (X 射线) 估计**

对于在 4.75keV 下能提供转换效率 $\eta_x \simeq 0.004$，带宽 $\Delta E/E = 0.5\%$ 的热 He-α 箔源，估计其每入射 1J 激光能量，提供总光子数为 5×10^{12} 和 4πsr 的立体角。假设激光脉冲的能量为 1kJ / 100ps，并且密集等离子体对着立体角 $\mathrm{d}\Omega = 1\mathrm{sr}$ 时，在密集等离子体中，一次照射将产生

$$B(4.75\mathrm{keV})=5\times10^{12}\times10^{3}\times(4\pi)^{-1}=4\times10^{14}/100\mathrm{ps}/0.5\%\mathrm{bw/sr}$$

的峰值 X 射线亮度。

在 X 射线散射实验中，强 X 射线源和紧密耦合的几何结构导致了大量的散射光子的产生。在汤姆孙散射截面 $n_e = 3\times10^{23}\mathrm{cm}^{-3}$，路径长度 $L = 0.1\mathrm{cm}$ 时，散射分数为 $n_e\sigma_T L = 0.02$，接近避免多次散射所需的最大值。再加上源立体角为 1sr，散射效率为 10^{-3}，这远远大于允许在等离子体样品上用 10^{12} 个光子进行单次激发实验的光学汤姆孙散射实验。

根据方程 (11.2.6) 估算出探测到的光子总数 N_p，

$$N_p = \left(\frac{E_L}{hv}\eta_X\right)\left(\frac{\Omega_{\mathrm{plasma}}}{4\pi}\eta_{\mathrm{att}}\right)\times\left(\frac{n_e\sigma_T L}{1+\alpha^2}\right)\left(\frac{\phi_c R_{\mathrm{int}}}{4\pi}\eta_d\right) \tag{6.7.1}$$

其中，E_L 是激光能量；η_X 是激光能量到探针 X 射线的转换效率；η_{att} 是探针 X 射线通过稠密等离子体的衰减；Ω_{plasma} 是等离子体相对于 X 射线源的相对立体角；ϕ_c 是由晶体或探测器宽度和与等离子体的距离决定的接受角；R_{int} 是晶体的综合反射率；η_d 是探测器的效率，包括 MCP 效率和滤波器传输。系数 $\left(1+\alpha^2\right)^{-1}$ 适用于非弹性散射信号的估计 (见方程 (5.6.3))。

对于 $\eta_{\mathrm{att}} \approx \dfrac{1}{e}$，在 4.75keV 产生 He-α 源的 killojoule 激光器可产生 2×10^{14} 个光子

$$\frac{E_L}{hv}\eta_X\frac{\Omega_{\mathrm{plasma}}}{4\pi}\eta_{\mathrm{att}} \approx 2\times10^{14}$$

收集效率为 0.1rad × 3mrad/4π ≃ 3 × 10^{−5}(第 7.4.2 节)，MCP 探测器加滤波器的检测效率 $\eta_d \simeq 0.01$，结果收集分数为 3×10^{-7}。再结合 0.02 的散射分数，收集到的光子总数为 10^6。

在 K-α 源的实验中，检测效率得到了显著提高。弯曲晶体将收集效率提高了 2 倍 (Urry et al., 2006)，使用 IP 探测器将检测效率提高了约 50 倍。在 4.5keV 时，K-α 源可提供 2×10^{12} 个光子。对于 Kritcher 等 (2008) 的实验，位于 0.25sr 和 L =0.01cm 下方的目标处，单次发射中产生的光子有 $N_{\text{photons}} \simeq 3 \times 10^3$ 被收集到。

用于增益为 $g_{\text{CCD}} = 3.5eh/\text{count}$(每计数电子空穴) 的 CCD 相机，$g_{eh} = 3.6\text{eV}/eh$ 是每个入射光子能量 E 释放电子空穴 (eh) 对所需的能量，以及预计总数为 $N_{\text{photons}} \times E/(g_{\text{CCD}} g_{eh})$。Kritcher 等 (2007) 的实验采用了弯曲的 HOPG 晶体光谱仪，照明约 50×20 像素。因此，收集的光子分布在 10^3 个像素上，产生的散射信号约为 1000 个/像素。

光计量学对 X 射线汤姆孙散射测量的时间和空间分辨率有一些实际的限制。用 X 射线自由电子激光器进行的散射实验将提供与 Kritcher 等 (2008) 类似的单次探测信号，并且具有 20fs 时间分辨率和可能的 1μm 级空间分辨率。此外，高重复率能力将提供信噪比大于 100 的光谱，相比之下，单次拍摄实验的信噪比为 10~20。在国家点火设施的未来实验中，一个合适能量 (18keV) 的 X 射线探测器 (其中 X 射线以 $\eta_{\text{att}} \approx 1/e$ 穿透致密腔体) 必须克服 $10^{-7}\text{J}\cdot(\text{eV}\cdot\text{sr})^{-1}$ 的韧致辐射发射，以实现每电子伏 10^4 个探测光子。在这种情况下，比 Kritcher 等 (2008) 的实验高两个数量级以上的电子密度将导致可接受的信噪比。

6.7.4 等效噪声功率

将产生等于均方根背景噪声功率的信号的入射功率称为“等效噪声功率”。我们将在此确定理想探测器的等效噪声功率数量级。

对于均匀辐照，在频率范围 $v \to v + \mathrm{d}v$、温度 T 下，位于空腔中的区域 A 上的黑体功率入射为

$$P_B \mathrm{d}v = 2\pi\left(v^2/c^2\right)\left[Ahv/\left(\mathrm{e}^{hv/\kappa T-1}\right)\right]\mathrm{d}v \ \ (\mathrm{W}) \tag{6.7.2}$$

探测器响应时间 ($\tau_1 = 1/2\Delta f$，其中 Δf 是探测器带宽) 内入射且在所有频率上积分的被探测光子的平均数量为

$$\overline{N_{Be}} = \int_0^\infty \frac{2\pi(\kappa T)^3}{c^2h^3} A\eta 2\Delta f \frac{x^2\mathrm{e}^{-x}}{(\mathrm{e}^x-1)^2}\mathrm{d}x \tag{6.7.3}$$

其中 $x = hv/\kappa T$. 由于我们对被测信号的噪声感兴趣，所以引入了光电探测器的量

子效率 η。事实上，现在的讨论仅限于光电探测器，因为通常在散射测量中需要良好的频率响应。对于热探测器，η 代表吸收系数，A 是探测器的敏感区域。

统计理论上的均方根噪声电平 (见 6.4 节) 由 $\sqrt{N_{Be}^2}=\sqrt{N_{Be}}$ 给出。

(1) 现在，我们的探测器的阈值为 hv，低于该阈值时未检测到光子，因此我们近似 $\eta=\eta_0$，$x\geqslant x_0$，$\eta=0$，$x<x_0$。

(2) 对于光发射探测器，波长为 λ 的噪声等效功率为

$$P_N\cong\frac{(2\pi)^{1/2}(\kappa T)^{3/2}}{\lambda h^{1/2}}\left(\frac{A\Delta f}{\eta_0}\right)^{1/2}\left[\int_{x_0}^{\infty}\frac{x^2\mathrm{e}^{-x}\mathrm{d}x}{(\mathrm{e}^x-1)^2}\right]^{1/2}\ (\mathrm{W})\tag{6.7.4}$$

(注意，检测到的功率为 $\eta_0 P_N$)

(3) 对于光电导检测器，总噪声功率包括受激光子复合的贡献。因此，P_N (光电导) $\cong 2P_N$ (光电发射)。

1. 可探测性

一种常见的方法是使用量化的可检测性来表征探测器。我们定义

$$D\equiv P_N^{-1}\tag{6.7.5}$$

为了进一步比较探测器，我们引入了比探测率

$$D^*\equiv D(A\Delta f)^{1/2}\tag{6.7.6}$$

在图 6.8 中，给出了在室温环境 (290K) 中，每个波长的阈值波长 (λ=λ_0) 下工作的理想光电器件的比探测率的曲线图，还显示了一些典型的红外探测器的特性。事实上，这些探测器通常在低温，即小于其阈值能量的等效值下工作，以降低背景噪声。下面讨论克服背景噪声问题的外差 (零差) 技术。

6.7.5 克服背景噪声的外差和零差法①

如果我们在散射信号中加入本振场，注意在整个波前保持探测器的相对相位不变，那么探测器的总电场，包括背景辐射场，是

$$E_t=E_s\cos\omega_s t+E_B(t)+E_L\cos(\omega_L t+\varphi)\tag{6.7.7}$$

① 引自 (Teich, 1970)。

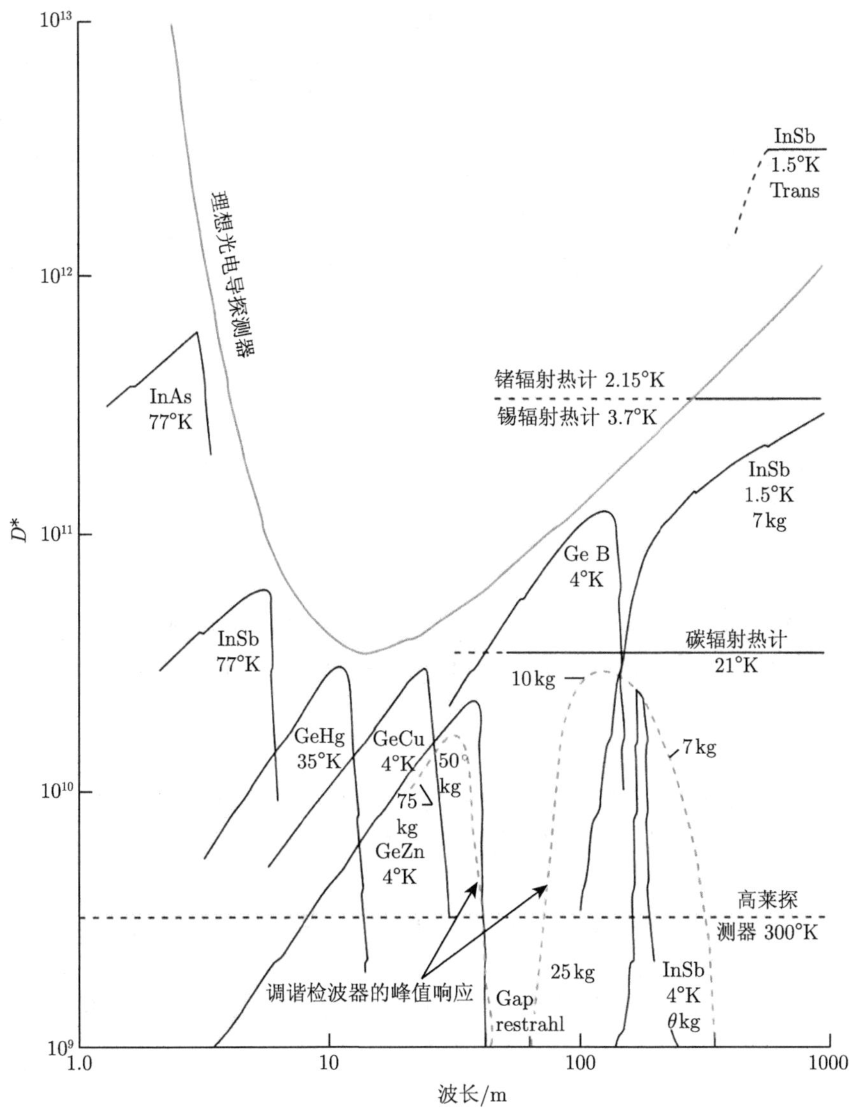

图 6.8 远红外探测器性能 (由 E. H. Putley(1966) 和物理研究所提供)

检测器处的强度在高频上平均，例如 $2\omega_s$、$2\omega_L$ 以及 $\omega_s+\omega_L$，有

$$I_t = I_s + I_L + I_B + 2\left(I_s I_L\right)^{1/2}\cos\left[\left(\omega_s-\omega_L\right)t\right] \tag{6.7.8}$$

其中任意相位因子已经被舍去。背景场中 E_B 和 E_L 或 E_s 之间没有相关性，因此平均来说，我们从这 1/4 里没有得到互相关的贡献。

与散射信号相关的在探测器响应时间内检测到的光子数的均方为

$$\langle N_{\text{pes}}^2 \rangle = \left(\frac{2\eta A \Delta f}{hv} \right)^2 I_s I_L + \left(\frac{2\eta A \Delta f I_s}{hv} \right)^2 \tag{6.7.9}$$

其中，A 是探测器的面积；η 是量子效率。噪声水平涉及在响应时间内到达的所有光子引起的统计波动，由下式给出：

$$\langle N_{\text{pes}}^2 \rangle = \frac{2\eta a \Delta f}{hv} (I_s + I_L + I_B) \tag{6.7.10}$$

我们在第 6.4 节中定义的信噪比是

$$S/N = \left[\langle N_{\text{pes}}^2 \rangle / \langle N_{\text{pen}}^2 \rangle \right]^{1/2} \tag{6.7.11}$$

显然，如果让本振足够强大，信号和噪声都会被它控制，就可以克服背景辐射。因此，在极限 $|I_{\text{L}}| \gg I_s, I_B$ 中，

$$S/N \Rightarrow (2\Delta f \eta P_s / hv)^{1/2} = N_{\text{pes}}^{1/2} \tag{6.7.12}$$

这样，我们就恢复了在第 6.4 节中讨论的光发射探测器的量子噪声极限。

对于光电导检测器，其中噪声通过复合近似加倍，我们发现

$$S/N \Rightarrow (\Delta f \eta P_s / hv)^{1/2} \tag{6.7.13}$$

当本振与入射辐射源分离时，通常称其为“外差”方法。当本振是从入射源发出的辐射时，它被称为“零差”方法。可能的应用包括小角度前向散射，其中寄生辐射可以用作本振信号。

一些与外差混频器/接收机系统相关的术语 (特别是在微波到 THz 区域)，如图 6.9 所示。

噪声系数定义为输入端信噪比与输出端信噪比之比 (在 290K 测量)

$$NF = \frac{(S/N)_i}{(S/N)_o} \geqslant 1 \tag{6.7.14}$$

等效噪声温度被定义为产生相同噪声功率所需的绝对温度①:$T_n = P_n / \kappa B$，其中 B 是带宽。对于由 N 个具有噪声系数 NF_i 和增益 G_i 的模块组成的级联电路，总噪声系数只由两部分的噪声系数表达，由下式给出：

$$NF = NF_1 + \frac{NF_2 - 1}{G_i} \tag{6.7.15}$$

① 注意，这不是设备的物理温度。同样，上面的公式利用了噪声电阻的功率关系 $P_n = \left(\frac{v_n}{2R} \right)^2 R = \frac{v_n^2}{4R} = \kappa TB$，这使得负载获得最大功率 $P_n = \kappa TB$。

转换损耗 L_C 定义为所需输出信号电平与输入信号电平之比，通常以 dB 表示。因此，对于一个简单的混合接收器，我们有 $T_{\text{sys}} = T_{\text{mixer}} + L_C T_{IF}$。

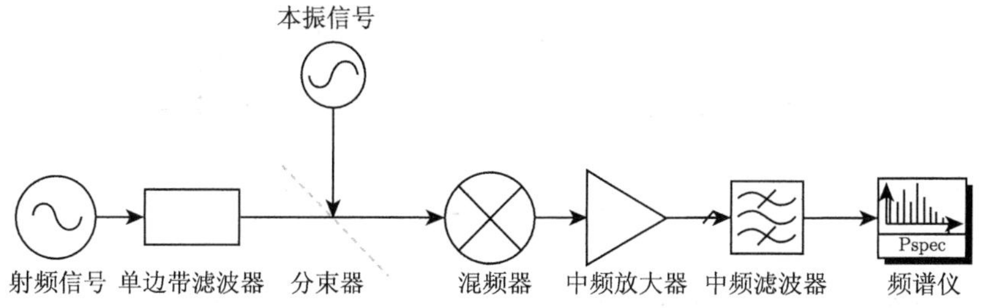

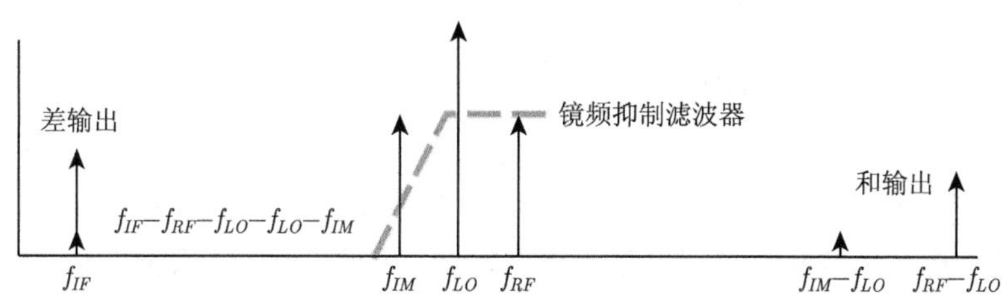

图 6.9 外差式混频/接收系统示意图

注意，混合过程在 $f_{RF} - f_{LO}$ 和 $f_{LO} - f_{IM}$ 处产生下变频 (差数) 信号，其中 f_{RF} 是期望的信号频率，f_{IM} 是所谓的镜像频率。双边带 (DSB) 噪声系数包括 RF 和镜像频率下的噪声和信号贡献。在单边带 (SSB) 噪声系数的情况下，尽管包括镜像噪声，但不包括镜像信号。假设混频器在镜像和所需频率上的性能相同，则 SSB 噪声系数是 DSB 噪声系数的 2 倍。术语图像拒绝混频器指的是其中镜像信号被消除的混频器配置。

混频器校准和表征的常用技术是所谓的 Y 因子或热–冷负荷技术。这利用了放置在混频器 (或放大器) 输入端的噪声源，其中两个噪声源具有不同的噪声 “温度”(在感兴趣的频率范围内的等效温度)。

使用这两个终端 (热端和冷端)，在接收器或放大器的输出端进行两次噪声功率测量，根据这两次测量，可以计算出被测器件的增益和噪声系数。两个终端输出功率由下式给出：

$$P_n(H) = (T_H + T_s)\kappa B G_{IF} \tag{6.7.16}$$

$$P_n(C) = (T_C + T_s)\kappa B G_{IF} \tag{6.7.17}$$

其中，T_s 是系统温度，B 是 IF 带宽，G_{IF} 是 IF 放大器系统的增益。在上式中，当输入以温度为 $T_H\,(T_C)$ 的负载终止时，$P_n(H)$ 和 $P_n(C)$ 是系统输出功率。结合

方程 (6.7.16) 和 (6.7.17)，可以计算出系统噪声温度，得出

$$T_s = \frac{P_n(C)\,T_H - P_n(H)\,T_C}{P_n(H) - P_n(C)} \tag{6.7.18}$$

通常，人们只对接收器噪声温度感兴趣，定义由 $Y \equiv P_H/P_C$ 给出的 Y 因子，并记

$$T_R = \frac{T_H - YT_C}{Y - 1} \tag{6.7.19}$$

这里我们注意到，到目前为止，假设满足瑞利–金斯噪声公式 $P^{R-J} = \kappa T$ W/Hz，这也是普朗克表达式的极限：

$$P^{\text{Planck}} = \kappa T\left[\frac{h\nu/\kappa T}{\exp(h\nu/\kappa T) - 1}\right] \tag{6.7.20}$$

正如 Kerr 等 (1997) 和 Kerr (1999) 指出的，这忽略了零点 (量子) 噪声 $h\nu$ =2W/Hz，这对于低噪声毫米波和光子器件是不可忽略的。因此，当量子噪声明显，普朗克定律的非线性不能被忽视时，Kerr 指出正确的表达应是 Callen 和 Welton (1951) 所提出的：

$$P(C\&W) = \kappa T\left[\frac{h\nu/\kappa T}{\exp(h\nu/\kappa T) - 1}\right] + \frac{h\nu}{2} \tag{6.7.21}$$

Kerr(1999) 给出了 100GHz(3mm) 和 200THz(1.5μm) 频率下这三种关系的预测结果如图 6.10 所示。可以看出，对于 1.5μm 的情况，其零点噪声控制在 3000K 以下时，瑞利–金斯与 Callen 和 Welton 的差异很大。

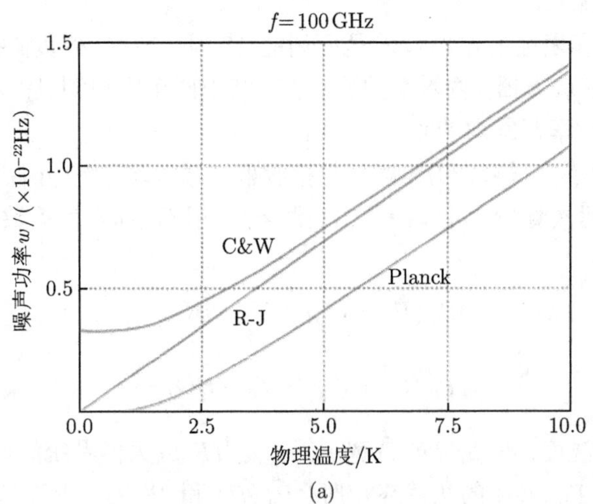

(a)

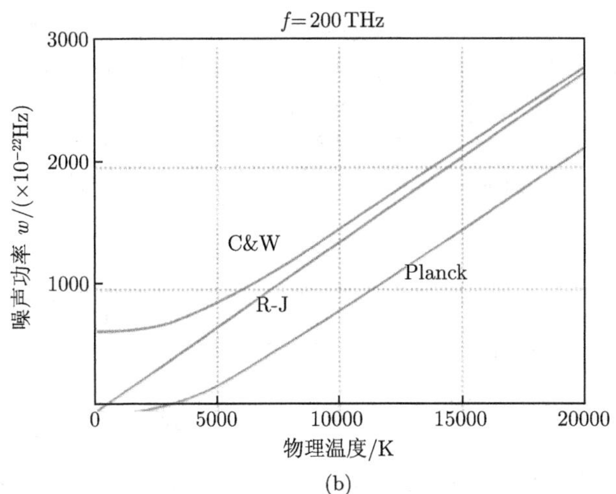

图 6.10　根据瑞利–金斯, Planck，Callen 和 Welton 定律，分别在 (a)100GHz、(b) 200THz ($\lambda = 1.5\mu m$) 时计算得到的电阻噪声功率密度随物理温度的变化曲线

习　　题

6.1　计算可见光散射信号超过轫致辐射 10 倍时的电子密度和探测光束脉冲长度。假设氢等离子体具有 $Z_{\text{eff}} = 1$，$W_i = 10\text{J}$，90° 散射，$L/V_P = 0.1$ 和 0.01。讨论 $n_e = 10^{14}\text{cm}^{-3}$ 时磁聚变等离子体的输入波长和脉冲长度的耦合要求。

讨论为什么可见光的简化公式不适用于 10^{22}cm^{-3} 和 $T_e = 50\text{eV}$ 处的热密度物质等离子体。注意，输入波长必须小于临界波长

$$\lambda_{i\text{crit}} = 3.33 \times \frac{10^6}{\left[n_e\left(\text{cm}^{-3}\right)\right]^{1/2}}\ \text{cm}$$

6.2　线辐射，特别是等离子体边缘的线辐射，经常超过等离子体中的轫致辐射。大约

$$P_{LR}/P_B \approx \frac{\sum\limits_{Z} n_e n_z f(z)}{\left(2\times 10^{-38} n_e^2 Z_{\text{eff}}\left[T_e\left(\text{eV}\right)\right]\right)^{1/2}}$$

等离子体表面收集水中的氧是一种常见的杂质，尤其是在未焙烤的系统中。对于具有 $T_e \sim 400\text{eV}$ 和 $Z_{\text{eff}} = 1.2$ 以及氧杂质的氢等离子体 (取平均值 $Z = 4$ 和 $f_z \sim 6\times 10^{-34}\text{W}\cdot\text{m}^3$)，计算 n_z/n_e 和 $P_{LR}/P_B = 1$ 的值。假设 n_z/n_e 为常数，讨论什么情况下线辐射会很重要。请注意，$Z_{\text{eff}} = \sum\limits_{Z} Z^2 n_z/n_e$，$n_i = n_e - Z n_z$。

6.3　讨论连续减小探测光束脉冲长度的结果。

6.4　一般来说，在一个相当干净的氢等离子体中的轫致辐射不应该对散射测量产生太大的干扰。当使用非常长的测量时间时，即使输入光束能量会增加，也会发生异常 (例如，10J、20ns 持续时间和 100J、1ms 持续时间之间的差异)。

正如在开创性的 T-3 托卡马克电子温度测量中发现的那样，线性辐射会带来更大的问题。考虑 $T_e = 1\text{keV}$，$n_e = 5 \times 10^{13}\text{cm}^{-3}$，$Z_{\text{eff}} = 2$，并且含有氧、铁、钼和钨作为杂质的氢等离子体的信噪比问题。为了简单起见，假设每个不纯原子的电荷状态等于其原子序数的一半 [O(4), Fe(13), Mo(21), W(37)]。然而在现实中，由于杂质较多且伴随着 N_z 和 Z 在视线范围内变化，情况会变得复杂得多，但这个问题有助于说明杂质的影响。将测量值设为 700nm 处的可见光，并注意，假设线辐射在散射光谱的区域内。

由于 $Z_{\text{eff}} = \sum_Z Z^2 n_z / n_e$，$n_i = n_e - Z n_z$，$P_{LR}/P_B \approx \dfrac{\sum_Z n_e n_z f(z)}{\left(2 \times 10^{-38} n_e^2 Z_{\text{eff}}\left[T_e\,(\text{eV})\right]\right)^{1/2}}$ 其中近似地有：$f(z) = O\left(2 \times 10^{-34}\right)$，$\text{Fe}\left(4 \times 10^{-32}\right)$，$\text{Mo}\left(2 \times 10^{-31}\right)$，$W\left(6 \times 10^{-31}\right)$。

近似地有 $\dfrac{N_{pe}}{N_B} = \dfrac{7.5 \times 10^{38} W_i r_0^2 \lambda_i L}{\delta\tau_i n_e \sin(\theta/2)\, V_p}$，所有尺寸单位为厘米。$W_i\,(J)$ 是输入光束中的能量，$\delta\tau_i\,(s)$ 是测量持续时间，L 是散射体积的长度，V_p 是收集光学设备观察到的等离子体体积，并使 $L = 1\text{cm}$，$V_p = 100\text{cm}^3$。

6.5 估计第 6.4 节中描述的托卡马克 T-3 散射测量中获得的每个通道的光电子数：参数 $n_e = 2.5 \times 10^{19}\text{m}^{-3}$，$\lambda_i = 694.3\text{nm}$，$L = 0.007\text{m}$，$V_p = 10^{-5}\text{m}^3$，$W_i = 6\text{J}$，散射光对探测器的透射系数 $T = 0.1$，$\text{d}\Omega = 2.3 \times 10^{-2}\text{sr}$，$\eta = 2.5 \times 10^{-2}$ 光电子/光子。

6.6 相位对比成像 (PCI) 实验采用液氮冷却的碲化汞半导体二极管检测红外光。这会产生与入射光子通量成比例的电流：

$$\langle i_0 \rangle = A e \eta \langle \Phi_0 \rangle$$

上述参数中 A 是探测区域，e 是电子电荷，η 是量子效率，Φ 是光子通量 (来自 Weisen)。

(a) 如果噪声功率 $\langle i_n^2 \rangle$ 仅由光子的泊松统计 $(\Delta N = N^{1/2})$ 引起，那么它与 $\langle i_0 \rangle$ 相关的噪声功率是多少？你应该考虑带宽 Δf 对应于有效积分时 $\tau_{\text{eff}} = 1/(2\Delta f)$。这种噪声叫做散粒噪声。

(b) 当参数为 $\lambda = 10.6\mu\text{m}$, $A = 1\text{mm}^2$，$hv\Phi_0 = 2\text{mW/mm}^2$, $\eta = 0.5$，$\Delta f = 0.5\text{MHz}$ 时，信噪比 (公式) 是多少，PCI 是哪一种？

(c) 使用 PCI 的最小可检测相移是多少？注意，$hv\Phi_0 = 2\text{mW/mm}^2$ 对应于接近检测器饱和的水平，因此不应超过该水平。

6.7 使电磁光束穿过湍流折射介质，其折射率波动的平均振幅为 Δn，z 方向上的相干长度为 l，L 是折射介质的长度 (来自 Weisen)。

(a) 激光束穿过介质后相位波动的平均幅度 (方差 1/2) 是多少？假设几何光学是有效的，用有效积分长度表示结果。

(b) 认为湍流是各向同性的。结果表明，那么，在 $\Delta\varphi$ 的 X 方向上的自相关函数与 Δr 变量中表示的 Δn 自相关函数的 Abel 变换成正比。

6.8 假设你参与了微波散射实验，正在配置具有如下特性的 3 级放大器链：请问总增益和噪声系数是多少？

级	功率增益	噪声系数
1	10dB	3dB
2	13dB	6dB
3	14.8dB	7.8dB

6.9 考虑如下图所示，当信号波前相对于完全准直的激光波前以角度 θ 撞击混频器检测器时的一般情况 (Rieke(1994) 提供的问题)。因此，在激光和信号之间，探测器会发生相移。

(a) 确定导致中频信号相位完全不同相的条件。

(b) 由此给出 $\Omega A - \lambda^2$。

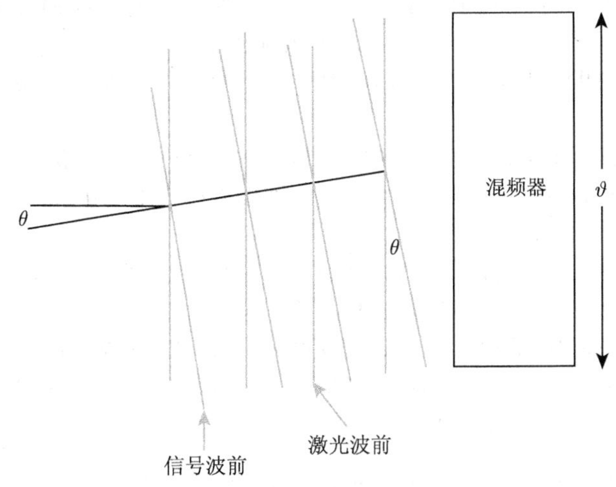

奇数习题答案

6.1

$$\frac{N_{pe}}{N_B}=\frac{\left(4\pi W_i r_0^2\lambda_i^2 T_e^{1/2}L\right)}{\left(2.09\times10^{-36}\delta\tau_i n_e 2\Delta\lambda_{1/e}V_{\rm p}\right)}$$

此时，

$$\Delta\lambda_{1/e}=\frac{2a\lambda_i\sin(\theta/2)}{c}$$

其中

$$a=6\times10^7\left[T_e(\mathrm{eV})\right]^{1/2}\ \ (\mathrm{cm\cdot s^{-1}})$$

代入，

$$\frac{N_{pe}}{N_B}=\frac{7.5\times10^{38}W_i r_0^2\lambda_i L}{\delta\tau_i Z_{\rm eff}n_e\sin(\theta/2)V_p}$$

使用示例中的值以及 $r_0^2=7.95\times10^{-26}\mathrm{cm}^2$，$n_e\delta\tau_i/\lambda_i\leqslant(8.41\times10^{13}\sim8.43\times10^{12})\mathrm{cm}^{-4}\cdot\mathrm{s}$。

对于磁聚变等离子体，我们需要 $\delta\tau_i/\lambda_i\leqslant(5.62\times10^{-1}\sim5.62\times10^{-2})\mathrm{s\cdot cm^{-1}}$。

$$\lambda_{i\mathrm{crit}}=3.33\times10^{-1}\mathrm{cm}$$

例如，$\lambda_i = 6.943 \times 10^{-5}$cm 并且 $\delta\tau_i \leqslant (3.9 \times 10^{-5} \sim 3.9 \times 10^{-6})$s。

对于波分复用等离子体，$\lambda_{icrit} = 3.33 \times 10^{-5}$cm，韧致辐射功率表达式中的项 $\exp[-1.24 \times 10^{-4}/(\lambda_s T_e)]$ 不接近于 1。

考虑 $\lambda_i \approx \lambda_s = 10^{-7}$cm，指数项 $= 1.7 \times 10^{-11}$ 的情况。

$$\delta\tau_i/\lambda_i \leqslant (497 \sim 49.7)\text{cm}^{-1} \cdot \text{s}$$

例如 $\lambda_i = 10^{-7}$cm，$\delta\tau_i \leqslant (4.97 \times 10^{-5} \sim 4.97 \times 10^{-6})$s。

6.3 通常用于散射测量的红宝石激光系统的典型脉冲长度约为 10ns。激光频率为 $4.32 \times 10^{14}\text{s}^{-1}$，周期为 2.3×10^{-15}s。脉冲长度的倒数为 10^{-8}s^{-1}，与输入频率或散射光谱的典型半宽为 $(8 \times 10^{12} \sim 8 \times 10^{13})\text{s}^{-1}$(对于范围为 10~1000eV 的 T_e) 相比，这非常小。

然而，强激光的脉冲长度远低于 1ns，例如 1ps，这里脉冲长度的倒数是 10^{-12}s^{-1}，这是不可忽略的。

第二个影响是，在非常短的脉冲长度下，入射光束的长度可以小于散射体积的比例。例如，当典型的标度长度为 10^{-2}m，在 10ps 时，入射光的长度仅为 3×10^{-3}m。因此，随光束移动的电子将比逆光束移动的电子散射更长。

6.5 $N_{pe} = (W_i/hv_i)\, r_0^2 \mathrm{d}\Omega n_e LT\eta$ 光电子 $H = 6.626 \times 10^{-34}\,\text{J} \cdot \text{s}$, $v_i = 4.32 \times 10^{14}\text{s}^{-1}$, $r_0^2 = 7.95 \times 10^{-30}\text{m}^2$。将这些值代入各项得出 1677 个光电子。

6.7 (a) 该问题对应于振幅为 $s = k_0 l \Delta n$ 的 $m = L/l$ 阶跃的随机游动问题，随机游动的平均游动振幅为 $S = sm^{1/2}$，平均相位扰动为 $\varphi_{\text{rms}} = k_0 (Ll)^{1/2} \Delta n$。$\sqrt{Ll}$ 为有效积分长度。

(b) 答案见 Weisen 等 (1988b)。

6.9 (a) 当 $\ell \sin(\theta_D) = \dfrac{\lambda}{2} \cong \ell\theta_D \leftarrow \theta_{\text{Destructive}}$ 时，产生的 IF 信号将完全异相。

(b) 有效干扰 (同相 IF 信号) 将保持上述角度的一半: 回想一下 $\Omega = \Pi \sin^2\theta$，那么 $\Rightarrow \Omega \approx \pi(\lambda/2\ell)^2$ 但，从 $\ell^2 \sim A \Rightarrow \Omega A \sim \lambda^2$。

第 7 章 光学系统

7.1 引 言

在前面的章节中我们已经讨论了获得等离子体有用辐射散射而出现的各种问题。本章中进一步探讨在分析这种散射辐射中可能用到的一些技术。

对于一个给定的散射实验，光谱宽度会在规定的范围内。举例来说，对于非集体性散射而言，半宽度为

$$\Delta\lambda_{1/e} = 4\times10^{-3}\lambda_i\left[T_e\,(\mathrm{eV})\right]^{1/2}\sin(\theta/2) \tag{7.1.1}$$

$\Delta\lambda_{1/e}$ 和 λ_i 有相同的单位。

对于在磁旋频率处的磁调制分辨率，

$$\Delta\lambda_{ce} \cong \lambda_i\left(\varOmega_e/\omega_i\right) \tag{7.1.2}$$

显然 $\Delta\lambda/\lambda_\mathrm{i}$ 的范围为 $1\sim10^{-5}$。

对于集体散射而言，有几点需要注意：具体与谱特征的分辨率或者仅仅是这些特征的分离。总体而言，从谱宽度可解析出波形阻尼的信息。解析这种分离提供了一种共振频率的测量，而共振频率与离子声波的声速或是电子等离子体的频率是息息相关的；关于可获得的其他等离子体参数的细节可参见 5.4 节，一种简单的双离子声波特征之间的散射波长分离的估计可以由方程 (5.4.4) 给出，

$$\frac{\Delta\lambda_{ia}}{\lambda_i} \simeq \frac{2}{c}\sin\left(\frac{\theta}{2}\right)\sqrt{\frac{\kappa T_e}{m_i}\left[\frac{Z}{1+k_{ia}^2\lambda_{De}^2}+\frac{3T_i}{T_e}\right]} \tag{7.1.3}$$

对于 90° 的散射，从上面式子可以推出典型的归一化峰–峰离子声波谱分离量，其量级为 $\Delta\lambda_{ia}/\lambda_i\sim10^{-3}$。

对于散射角为 90° 的汤姆孙散射，两个电子等离子体波特征之间的波长漂移可以由方程 (5.4.6) 给出

$$\frac{\Delta\lambda_{epw}}{\lambda_i} \approx 2\left(\frac{n}{n_{cr}}+3\frac{a^2}{c^2}\right)^{1/2}\left(1+\frac{3}{2}\frac{n}{n_{cr}}\right) \tag{7.1.4}$$

这里，对于密度比 $n/n_{cr}=0.005\%$，$\Delta\lambda_{epw}/\lambda_i\sim0.18$。

选择色散单元器件的第一个因素是分辨能力，因为我们需要去解析一些小的分量；第二个因素是仪器的效率，包括光收集能力 (聚光率) 和透过率。

在实验室中最常用的仪器有衍射光栅光谱仪、法布里–珀罗光谱仪 (它们的理论会在以下详细讨论) 和干涉滤波器 (一些图像解析器和探测器也被使用到，它们的特性也会介绍一下。)

本章最后，我们介绍一些有趣的应用。

7.2 光谱仪的一般属性：仪器函数

仪器函数 $K(p,\theta_1,\theta_2,\lambda)$ 描述了波长范围[①]为 $\lambda \to \lambda+\mathrm{d}\lambda$，立体角范围为 $\theta_1 \to \theta_1+\mathrm{d}\theta_1, \theta_2 \to \theta_2+\mathrm{d}\theta_2$ 的入射辐射是如何通过光谱仪被重定向 (分散) 到输出参数范围 $p \to p+\mathrm{d}p$ 的。通常 p(它可能依赖于一系列的参数) 与入射和传输波前的夹角 φ 有关 (图 7.1)。

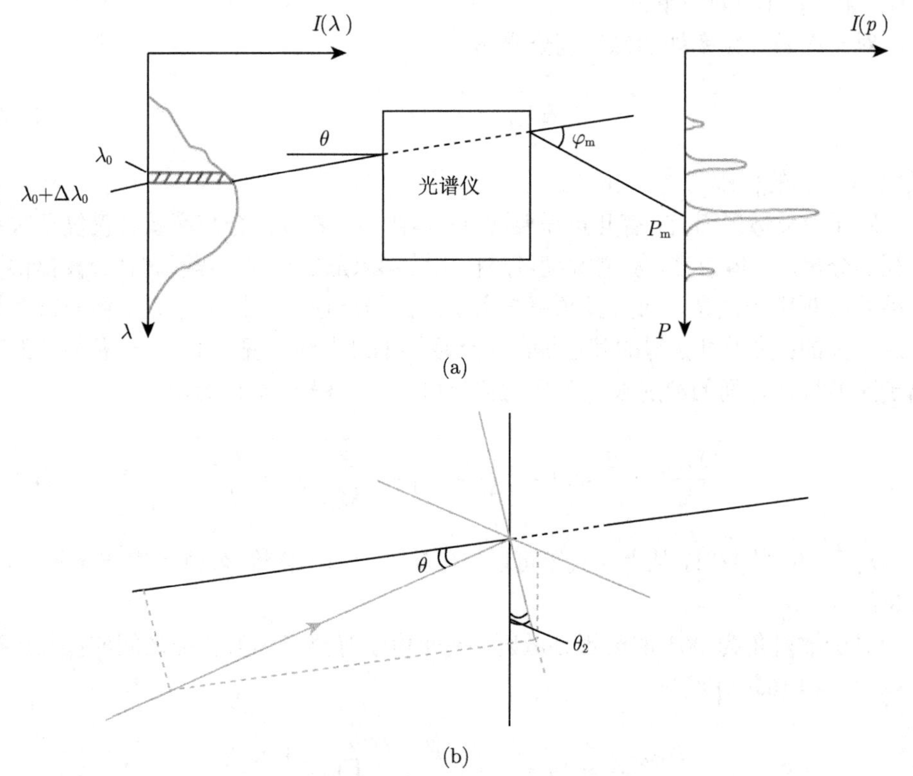

图 7.1 (a) 光谱仪对入射辐射的响应；(b) 入射辐射的几何示意图

① 这个方程也可以以频率 ω 的形式等价地定义。

设 $I_i(\lambda,\theta_1,\theta_2)\,\mathrm{d}\lambda$ 为在输入面内单位面积，参数范围为 $\lambda\to\lambda+\mathrm{d}\lambda,\theta_1\to\theta_1+\mathrm{d}\theta_1,\theta_2\to\theta_2+\mathrm{d}\theta_2$ 的入射能量。在输出面内单位面积参数范围是 $p\to p+\mathrm{d}p$ 的传输能量有如下形式：

$$\int_p^{p+\mathrm{d}p} I_t(p)\,\mathrm{d}p=\int_p^{p+\Delta p}\mathrm{d}p\int_{-\infty}^{\infty}\lambda\int_0^{\frac{\pi}{2}}\mathrm{d}\theta_1\int_0^{2x}\mathrm{d}\theta_2 I_1(\lambda,\theta_1,\theta_2)\,K(p,\theta_1,\theta_2,\lambda_1) \tag{7.2.1}$$

7.2.1 单色谱

简单来说，仪器函数就是当 $\Delta p\to 0$，并且入射辐射是平面单色辐射时的归一化传输光谱。例如，$I_i=I_i(\lambda,\theta_1,\theta_2)\,\delta(\lambda_0-\lambda)\,\delta(\theta_{10}-\theta_1)\,\delta(\theta_{20}-\theta_2)$, 当

$$K(p,\theta_{10},\theta_{20},\lambda_0)=I_t(p,\theta_{10},\theta_{20},\lambda_0)\,/I_i(\lambda_0,\theta_{10},\theta_{21}) \tag{7.2.2}$$

时，仪器的特性就由这个方程来确定 (图 7.1)，在一些特定的角度 φ_m 我们发现 $K(p,\theta_{10},\theta_{20},\lambda_0)$ 会急剧上升，换句话说，是一个对于波长 λ_0 干涉的最大值。补充说明一点，还会有其他的峰值，注意在 p 的每个取值处都会有贡献。

7.2.2 分辨能力

当 λ_0 改变的时候，每一个输出峰的中心值 p_0 也会随之改变。通常认为两个相邻的单色线 λ_{01} 和 $\lambda_{02}=\lambda_{01}+\Delta\lambda_0$ 是可分辨的，如果它们对应的漂移 $p_{01}-p_{02}=\Delta p_0$ 比仪器方程中的 p 大的话，这在图 7.2 中有所表示，分辨能力定义为 $\lambda_{01}/\Delta\lambda_0$。

7.2.3 宽输入谱

在一个实验中，我们在每个范围 $p\to p+\Delta p$ 测量能量并且由此获得谱函数 $P_t(p)\,\Delta p$。现在，它与输入能量谱 $P_i(\lambda)\,\mathrm{d}\lambda$ 并不严格相等。原因是，尽管 $P_t(p)$ 的主体部分来自于入射波长的一个很小的范围，但是其他波长也有一定贡献。

要得到 $P_i(\lambda)$，我们必须要么用仪器方程展开 $P_t(p)$，要么对预期谱进行最佳拟合 (结合仪器响应函数校正)，或者如果我们选择去解释 $P_t(p)\,\mathrm{d}p$ 作为 $P_i(\lambda)\,\mathrm{d}\lambda$ 的一个反射的话，我们必须接受上述提到的误差。在一些例子中，我们可以通过用一个与考察的谱类似的另外一个谱对仪器进行校正来克服这个困难。

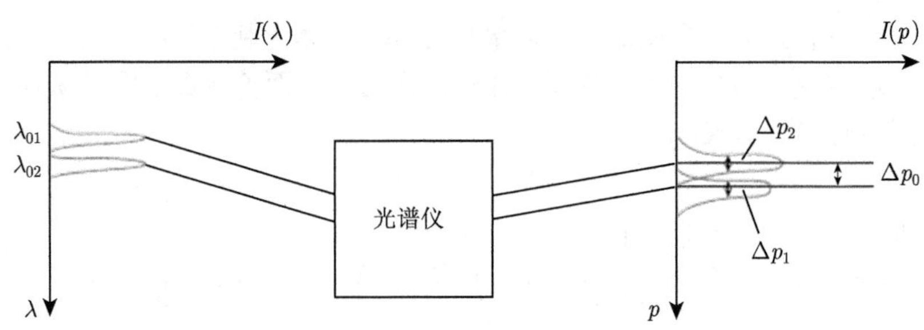

图 7.2　光谱分辨能力的定义示意图

7.3　衍射光栅光谱仪：理论

7.3.1　介绍性说明

1. 光栅的校准

用于校准光栅效率的仪器原理如图 7.3 所示。一个双单色器用作白光滤波器，使用它可以在一个宽的波长范围内选择一种单色光。光照亮一个位于镜子或是透镜的焦点的狭缝，镜子反射后的平行光入射到测试光栅中。探测器首先检测入射辐射，然后旋转探测器来收集衍射辐射，信号的比就是光栅的效率，旋转光栅就可以为探测器带来不同的效率。

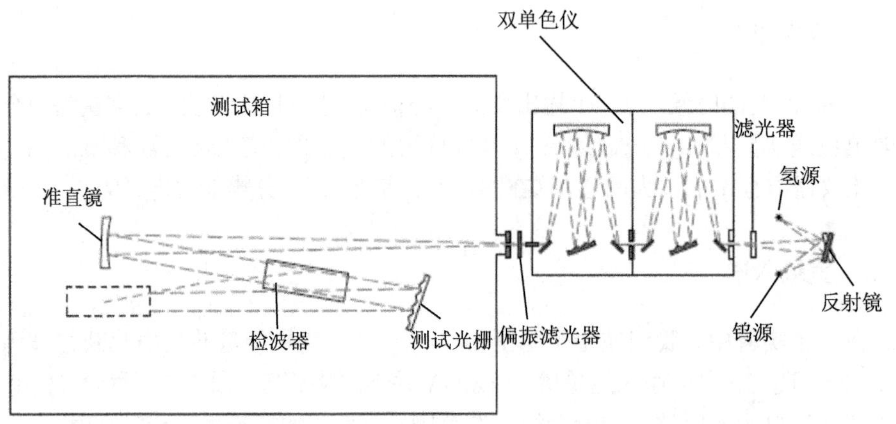

图 7.3　用于校准光栅效率的仪器示意图 (图来自 R.G. Schmitt, Jarrell-Ash Division of Fisher Scientific Company, Waltham, Massachusetts)

2. 闪光反射光栅

通常我们也会将平面镜切出一个与光栅背面成角 φ_B 的斜面 (图 7.4)，我们可

以选择 φ_B，使得入射和反射辐射与镜面几乎垂直的时候出现感兴趣的波长的干涉极大。这就给出了设备的最大传输条件，如图 7.4 所示间距为 d，线宽度 $l \cong d$。平行入射在相邻两个镜面上的射线的光程差为

$$AB - EB = d\left(\sin\theta_1 - \sin\varphi_2\right) = p \tag{7.3.1}$$

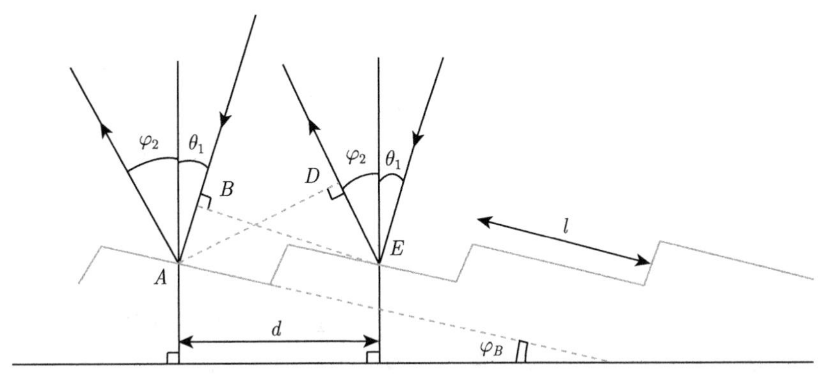

图 7.4　闪光光栅反射辐射的几何示意图

当光程差是波长的整数倍时，就会出现干涉极大

$$p = m\lambda_0, \quad m = 0, \pm 1, \pm 2, \cdots \tag{7.3.2}$$

3. 衍射效应

这些极大值在夫琅禾费衍射图案上叠加，这与每个镜子有关 (Born and Wolf，1965，401-404)。闪光波长 λ_B 就是干涉极大 (通常是一阶) 与衍射图案的最大值重合对应的波长。

对于 $\lambda_0 \ll l$，单镜的衍射图案由下面的式子给出：

$$D\left(q, \lambda_0\right) = \left|\frac{\sin\left(\pi l q / \lambda_0\right)}{\pi l q / \lambda_0}\right|^2 = \left|U\left(q, \lambda_0\right)\right|^2 \tag{7.3.3}$$

式中，$q = \sin\left(\theta_1 - \varphi_B\right) - \sin\left(\varphi_2 + \varphi_B\right)$。

对于 $\lambda_0 \cong l$，图像扩大了并且趋向于当 $\lambda_0 \gg l$ 时 (所有镜面上的电子都有一个同相位的入射波) 的单辐射体的双极状图案。大多数的系统都工作在这两种状态之间，因此我们有必要通过校正光栅来确定衍射效应。需要补充说明的是，这种响应严重依赖于入射辐射的偏振，这种关系如图 7.5 所示。

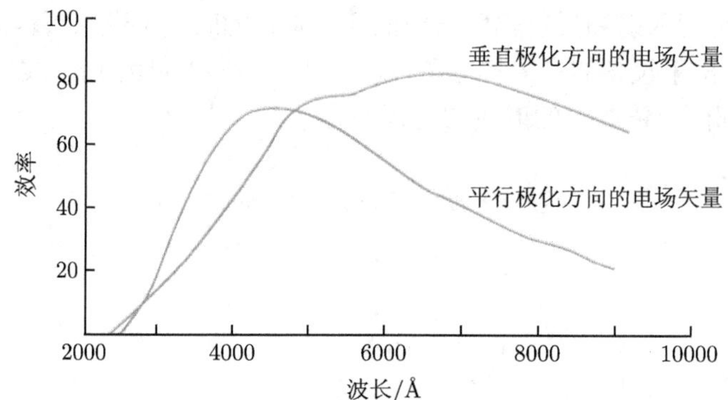

图 7.5　闪光光栅测量的效率，1180 线/mm，与 $\lambda_B = 5000\text{Å}$(图来自 R.G. Schmitt, Jarrell-Ash Division of Fisher Scientific Company, Waltham, Massachusetts)

7.3.2　仪器函数

设从一个输入平面 (或者说是聚焦镜) 到最近的光栅上的的镜面以及到一个输出平面的距离之和为 X_0，然后，到第二个镜面上的距离就是 X_0+p，以此类推，到第 g 个镜面的距离就是 X_0+gp。考虑一个单色平面波以 θ_1 的角度入射到光栅上。

$$E_i = E_0 \exp\left[\mathrm{i}\left(2\pi X/\lambda_0\right) - \mathrm{i}\omega_0 t\right] \tag{7.3.4}$$

在输出平面上某个角度 φ_2 的总反射场，由于辐射最终是由一整个透镜或是镜面合成的，因此我们对 M 个贡献取平均，得到

$$E_t^T = \left(\frac{aE_0U}{M}\right) U\left(q, \lambda_0\right) \sum_{g=0}^{M-1} \exp\left[\mathrm{i}\left(2\pi/\lambda_0\right)\left(X_0 + gp\right) - \mathrm{i}\omega_0 t_1\right] \tag{7.3.5}$$

式中，M 是光栅上镜面 (线) 的总数。假设它们同样照亮，系数 $A = a^2$ 允许简单的吸收和散射损失。

显然，反射场的最大值出现在每当 gp 是波长的整数倍的时候。入射强度为

$$I_i = (\mathrm{c}/4\pi)\left|\overline{E_i}\right|^2 = \left(cE_0^2/8\pi\right)$$

平均值表示时间上的平均。

反射强度为

$$I_t = I_i \frac{AD\left(q_i\lambda_0\right)}{M^2} \sum_{g=0}^{M-1} \sum_{l=0}^{M-1} \mathrm{e}^{\mathrm{i}(2\pi p/\lambda_0)(g-l)} \tag{7.3.6}$$

然而，

$$\sum_{g=0}^{M-1} \mathrm{e}^{\mathrm{i}(2\pi p/\lambda_0)} = \left[1 - \mathrm{e}^{\mathrm{i}(2\pi Mp/\lambda_0)}\right] / \left[1 - \mathrm{e}^{\mathrm{i}(2\pi p/\lambda_0)}\right]$$

因为

$$1/(1+b)=1-b+b^2-b^3+\cdots,\quad -1<b<1$$

因此，重新整理光栅的仪器方程，得到

$$K(\lambda_0,p,q)=\frac{I_t(\lambda_0,p,q)}{I_i(\theta_1,\lambda_0)}=AD(q,\lambda_0)\left|\frac{\sin(\pi Mp/\lambda_0)}{M\sin(\pi p/\lambda_0)}\right|^2 \tag{7.3.7}$$

这个函数与分量函数的理论形式见图 7.6。式中 A 表示吸收，$D(q,\lambda_0)$ 是单镜 (刻线) 衍射图案，$q=\sin(\theta_1-\varphi_B)-\sin(\varphi_2+\varphi_B)$(图 7.6)。最终的形式就是干涉图案，$p=d(\sin\theta_1-\sin\varphi_2)$。$M$ 是被照亮的缝的总数，d 是缝间距，$\theta_1,\varphi_2,\varphi_B$ 分别表示入射角、反射角和闪光角。

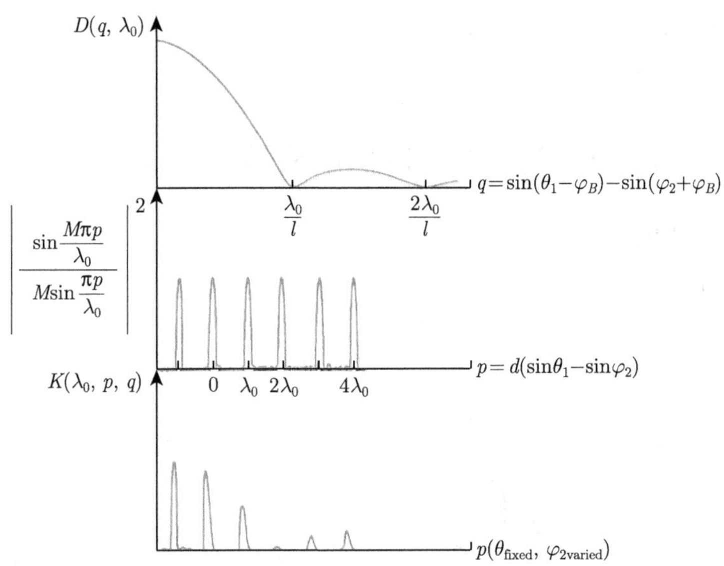

图 7.6 衍射图案、干涉图案和衍射光栅的仪器方程

光栅测量到的效率，比如说，对于 $I(\lambda_0)=$ 常数，$K(\lambda_0),\lambda_0$ 如图 7.6 所示，它是因子 $AD(q,\lambda_0)$ 的一个度量。光栅是非常典型的用来分析散射可见激光的仪器。缝宽度为 8500Å，一阶闪耀波长为 5000Å，上述讨论的当 $\lambda_0\cong d$ 时的效应非常明显，它们是用图 7.3 所示的仪器得到的。

7.3.3 时间仪器函数

光谱仪的时间展宽是光谱仪的光程差导致的 (Visco et al., 2008)。对于一个具有反射镜的标准光谱仪，光程差是由光栅的衍射效应引入的。两束平行光线的光程差，如图 7.4 所示，由式 (7.3.1) 给出。对所有照亮的凹槽 (M) 求和得到一个由光栅带来的总的光程差：

$$p_{\text{tot}} = Md\left(\sin\theta_1 + \sin\psi_2\right) \text{ 或 } p_{\text{tot}} = Mm\lambda_0 \tag{7.3.8}$$

因此，从光栅的两端到达探测器的光子在时间上的偏差就是

$$\Delta t_g = \frac{Mm\lambda_0}{c} \tag{7.3.9}$$

注意：对于 $\theta_1 = -\psi_2$ 的零阶情况是没有拓宽的。这也是因为零阶情况就相当于纯粹的反射系统，通过这个系统的所有光学路径都是等价的。对于光学散射而言，由光谱仪引入的时间上的分散典型的量级在 100ps。通常的做法是通过遮盖光栅来减少照亮凹槽的数量来提高时间分辨能力，这种做法降低了理论上的分辨能力，见 7.4.1 节，但是理论上的分辨能力通常比由公式 (7.4.4) 和输入的狭缝宽度给出的实际分辨能力要好得多。

7.4　光谱仪：图像解析器与应用

7.4.1　光栅光谱仪

一个典型的光谱仪如图 7.7 所示，仪器方程由公式 (7.8.2) 给出。

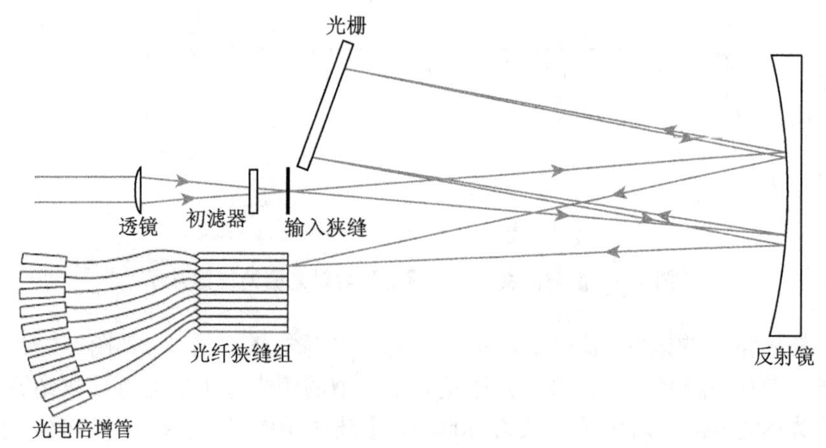

图 7.7　典型的多通道衍射光栅光谱仪的结构示意图

我们会设定 $AD\left(q, \lambda_0\right) = 1$，由此带来的误差在上文已经讨论过，在这里，

(1) 最大值出现在 $p = \pm m\lambda_0, m = 0, 1, 2, \cdots$。

(2) 最小值出现在 $Mp/\lambda_0 = \pm n, n = 1, 2, 3, \cdots$。

(3) 第一个最大值与最小值分离出现在 $\Delta p = \lambda_0/M$。

如果我们改变 $\lambda_0 \to \lambda_0 + \Delta\lambda_0$，那么在第 m 个最大值处带来的 p 的改变量为 $\Delta p' = |m|\Delta\lambda$。从 $\Delta p = \Delta p'$，我们可以得到如下。

1. 理论分辨能力

$$R^T = \lambda_0/\Delta\lambda = |m|\, M = (Md/\lambda_0)\,(\sin\theta_1 - \sin\varphi_2) \tag{7.4.1}$$

最大可能值为 $(\lambda_0/\Delta\lambda)_{\max} = 2Md/\lambda_0$。

2. 色散

我们将式 (7.3.1) 和式 (7.3.2) 结合，对固定的 θ_1 求微分，得到

$$\mathrm{d}\varphi_2/\mathrm{d}\lambda_0 = m/(\mathrm{d}\cos\varphi_2) \tag{7.4.2}$$

3. 线性色散

如果一个焦距为 f_2 的透镜或是镜子用来收集输出辐射，$\mathrm{d}l$ 代表在聚焦平面内分散方向上一个无限小的距离 $\mathrm{d}\varphi = \mathrm{d}l/f_2$，并且有

$$D_G = \mathrm{d}\lambda_0/\mathrm{d}l = \mathrm{d}\cos\varphi_2/(f_2\,|m|) \tag{7.4.3}$$

4. 实际分辨能力

设输出狭缝的宽度为 Δl_0，实际最小可分辨波长是 $\Delta\lambda_{\min} = \Delta l_0 D_G$，因此实际分辨能力就是

$$R_p = \lambda_0/\Delta\lambda_{\min} = f_2\,|m|\,\lambda_0/(\Delta l_0 \mathrm{d}\cos\varphi_2) \tag{7.4.4}$$

显然输入狭缝与镜子 (或是透镜) 必须一致，例如 $f_1 = f_2$，然后就有 $\Delta\lambda_i < \Delta l_0$。

5. 聚光率

光收集能力 $E_G = aA/f_1^2$，其中 a 表示输入狭缝的面积，A 表示收集透镜或镜子的面积与光栅面积中的较小值，输入狭缝位于焦点 f_1 处。

6. 效率

光线在刻线的镜面区域间被散射和吸收，虽然一个高质量的光栅可以有接近衍射图案峰值的高达 80%的效率 (图 7.5)。如果 $d \cong \lambda_0$ 并且闪光波长满足 $\lambda_B < \lambda_{\min}$，这种水平可以在一个宽的波长范围内达到，而且，入射电场分量应与刻线垂直。由于入射狭缝衍射图案的边缘辐射也会带来一些损失，但总效率超过 50%是有可能的。

7. 图像解析

在过去，通常的做法是用一个多通道光纤或光导、切口组件，其中每个光纤束或每一组光纤束对应一个探测器。更加现代化的方法是用一个强化的 CCD 相机。

8. 总体传输率

在使用多透镜、截止滤波器、光纤和光谱仪的系统中，从散射体积传输到探测器的效率可能只占 0.1。注意到每个这样的光学组件都可能导致 10% 甚至更多的损失，精细设计的系统以及使用镜子和波导的系统，比如说微波系统，可以有 0.3 的传输。

7.4.2 晶体光谱仪

测量 X 射线汤姆孙散射信号需要高效率的光谱仪和中等光谱分辨率来分辨弹性和非弹性散射成分。对于真空紫外光谱范围 ($6.7\text{nm} < \lambda < 32\text{nm}$) 内的的自由电子或软 X 射线实验，由 Beiersdorfer 等 (1999)，Nakano 等 (1984)，Harada 等 (1999) 提供的反射光栅光谱仪可供选择。与传输光栅光谱仪 (Jasny et al.，1994) 相比，它们是更先进的，因为它们是高反射，而且传输光栅的支持结构不会出现幻影。

对于波长小于 6.5nm 的 X 射线，高反射的晶体可供选择 (Beisersdorfer et al.，2004)。在能量范围为 $3\text{keV} < E < 9\text{keV}$ 的 X 射线散射实验，马赛克聚焦模式的布拉格晶体 (Yaakobi et al.，1983；Glenzer et al.，2003a) 已经被用于光谱分离高效探测器上的散射光子 (见 6.7 节)。对于一个特定的 $\boldsymbol{k}$-向量，晶体相交成一个 $0.1\text{rad}\times 3\text{mrad}/4\pi$ 的立体角来测量光谱 (Pak et al.，2004)。或者，由 Saiz 等 (2007) 发展的使用高度取向的热解石墨的宽角度光谱仪已经被用于一次性拍摄宽角度范围的稠密等离子体测量散射 X 射线的能量分辨光谱。

理想的马赛克晶体包括与散射平面有轻微不同取向的马赛克块，该特性由马赛克传播系数 γ 来衡量。这些块必须独自满足 Bragg 条件 $n\lambda = 2\text{d}\sin\theta_{\text{B}}$，其中 n 表示衍射阶数，λ 表示 X 射线波长，θ_B 表示 Bragg 角。这种特性导致了一个宽泛的摇摆曲线。此外，马赛克晶体应该足够厚，以至于在马赛克分布的中间几乎是完全反光的。对于能量范围为 $4.5\text{keV} < E < 9\text{keV}$ 的 X 射线，在 Marshall 和 Oertel(1997) 及 Pak 等 (2004) 的研究显示，对 $\gamma = 0.4°(\text{ZYA})$ 和 $\gamma = 3.5°(\text{ZYH})$ 的 HOPG 晶体会有一个 $2 \sim 9\text{mrad}$ 的散射。Döpper 等 (2008) 的研究表明，在一阶 12.6keV 的情况下会有 4mrad 的反射率。在二阶的情况下，作者还报道了在 12.6keV 会有 1mrad 的散射率，22.2keV 下是 0.5mrad。当到四阶的时候，反射率会以 10 的因子线性衰减。

通过对布拉格定律求微分，我们得到对晶体色散的一个简单估计。$\Delta\lambda/\lambda = \Delta E/E = \Delta\theta/\tan\theta_B$，其中 E 是 X 射线的能量，$\Delta\theta$ 是入射 X 射线的角度扩展。另

一方面，在法向平面内的能量空间分布 (如分散) 是

$$\frac{\Delta E}{\Delta x}=\frac{E}{2f\tan\theta_B} \tag{7.4.5}$$

其中，$\Delta x=2f\Delta\theta$，f 表示焦距 (源到晶体的距离)。为了得到最佳的信号收集，沿着曲率半径为 $R=115\text{mm}$ 的矢状面弯曲 (如非色散) 的晶体由 Urry 等 (2006) 提供。当源和晶体以及晶体到像的距离由 $f=R/\sin\theta_B$ 确定的时候，能达到色散和矢状方向上的聚焦。

图 7.8 展示了使用 4.5keV 的钛 K-α X 射线源时石墨晶体的测量光谱分辨率，当源和晶体的距离与晶体到探测器平面的距离相等的时候，光谱分辨率为 $\Delta\lambda/\lambda=0.003$ 的聚焦图像 (马赛克聚焦) 就可以被观测到。分辨率的值由体积 (深度) 扩大决定。后者还会诱导增强光谱特征的高能翼的不对称性。如果距离的比值显著偏离 1 的话，就会观测到晶体的马赛克结构，从而导致一个很低的光谱分辨率。这些测试进一步确认了石墨晶体具有高反射率，是 LiF 的 4 倍，比 PET 或 KAP 大超过一个数量级。

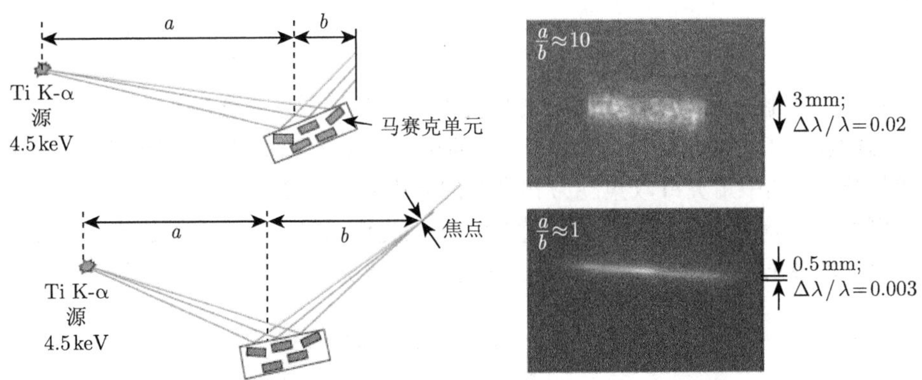

图 7.8　来自 Glenzer 等 (2003) 的使用 HOPG 布拉格晶体的马赛克聚焦模式示意图。这个装置在光谱分辨 X 射线汤姆孙散射测量方面提供了一种同时获得碳晶体的高反射和足够的波长分辨能力的方法 ($\Delta\lambda/\lambda=0.003$)

7.4.3　举例

例 1　考虑图 7.7 所示的情形，以下是有关参数。收集透镜的焦距为 $f=50\text{cm}$，直径为 10cm，$A=79\text{cm}^2$。散射辐射从长为 1cm，直径为 1mm 的入射束流被收集。散射光收集系统的聚光率为

$$E_E=0.1\times1.0\times79/(50)^2=3.1\times10^{-3}\text{cm}^2$$

收集透镜以单位放大率将光聚焦在输入狭缝上，在入射束流的方向上狭缝有 1cm 长，为简单起见，$\Delta l_i = \Delta l_0$。

光栅为 10cm × 10cm，每毫米有 1200 条刻线 ($d = 8400\text{Å}$)，刻线总数 $M = 1.2\times10^5$。光栅安装时狭缝的长边与刻线平行，镜子的焦距为 $f = 100\text{cm}$，入射光谱的中心为 $\lambda_0 = 7000\text{Å}$。(a) 对于 $\varphi_2 \cong 0$ 的一阶情况 ($m = 1$)，有 $D_G = 8.4\text{Å/mm}$。对于最大传输，我们要求 $E_G \geqslant E_i$，因此所有的散射辐射都被接收。

$$E_G = \frac{\Delta l_0 \times 1.0 \times 100}{(100)^2} = \Delta l_0\,(\text{mm}) \times 10^{-3}\text{cm}^2$$

若 $E_G = E_E$，则有 $\Delta l_0 \geqslant 3.1\text{mm}$，$R_T = 1.2\times10^5$，并且对于最小的 Δl_0，有 $R_p = 2.8\times10^2, \Delta\lambda_{\min} = 25\text{Å}$。

(b) 为了得到更好的分辨率，我们可以利用四阶 ($m = 4$)，对于 $\varphi_2 \cong 0$ 且 $\Delta l_i = \Delta l_0 = 0.1\text{mm}$，我们得到

$$D_G = 2.1\text{Å/mm},\ R_p = 3.3\times10^4,\ \Delta\lambda_{\min} = 0.2\text{Å}$$

然而，

$$E_G = (0.01\times1.0\times100)/(100)^2 = 10^{-4}\text{cm}^2 \ll E_E$$

我们看到在传输的大幅减少为代价的情况下可以获得更好的分辨率。

这就表明了，对于散射实验来说，好的传输是至关重要的，光栅要适应更宽的光谱的分析，其中将光纤收集能力和足够的分辨率相结合。

例 2 考虑到光栅光谱仪对一个宽的平面光谱 ($\Delta\lambda \gg \Delta\lambda_{\min}$) 的响应，当 $\Delta p \to 0$ 时，忽略光栅的吸收和衍射响应，对于这种情况，公式 (7.3.7) 变为

$$I_t(p) = I_i(p)\int_{-\infty}^{\infty} \text{d}\lambda \left|\frac{\sin(\pi Mp/\lambda)}{M\sin(\pi p/\lambda)}\right|^2$$

现在，与 $\sin(\pi p/\lambda)$ 相比，$\sin(\pi Mp/\lambda)$ 随着 λ 变化非常迅速，因此可以得到一个好的近似

$$I_t(p) = I_i(p)\int_{-\infty}^{\infty} \text{d}x\,|\sin(X)/X|^2 = \pi^2 M\,[pI_i(p)] \tag{7.4.6}$$

可以看出仪器函数使输出光谱发生了失真，入射光谱由 $I_i(p) \propto I_t(p)/p$ 给出。这个效应可以用白光源校准来解决，从吸收、衍射特性和探测器响应也可以进行很多修正。

7.5 法布里–珀罗标准具：理论

Born 和 Wolf(1965, pp.323-333) 就平面单色入射辐射的响应问题有过讨论。为了说明标准具在光谱上的效应，这里将考虑任意平面光谱的响应。设时间平均入射强度为 $I_i(X_1)$，X_1 表示在标准具前面的一个平面。这样就有

$$I_i(X_1) = (c/4\pi)\lim_{T\to\infty}\frac{1}{T}\int_{-\infty}^{\infty}\mathrm{d}t\left|E_i(X_1,t)\right|^2 \tag{7.5.1}$$

对入射场进行傅里叶分析，频率为 ω 的分量就由下式给出：

$$E_i(X_1,\omega) = \int_{-\infty}^{\infty}\mathrm{d}tE_i(X_1,t)\,\mathrm{e}^{-\mathrm{i}\omega t} \tag{7.5.2}$$

由帕塞瓦尔定理 (见附录 A) 可得

$$I_i(X_1) = (c/4\pi)\lim_{T\to\infty}\frac{1}{T}\int_{-\infty}^{\infty}\mathrm{d}(\omega/2\pi)\left|E_i(\omega)\right|^2 \tag{7.5.3}$$

在 ω 附近的单位频率间隔的平均强度为

$$I_i(\omega) = \frac{c}{4\pi}\lim_{T\to\infty}\frac{1}{T}\left|E(\omega)\right|^2 \tag{7.5.4}$$

标准具的效应如图 7.9 所示，传输场是多次反射场的总和。这里，$r, a, r'a'$ 各自表示辐射进入和离开标准具的反射率和透过率。强度反射率为 $R = r^2 = r'^2$，其中 $r' = -r$，透过系数为 $T = a^2 = a'2$，并且有 $R + T = 1$。严格来说，还会有辐射的散射与吸收，我们用 A 来表示，因此就有

$$R + T + A = 1 \tag{7.5.5}$$

两束连续传输光束的光程差为 $2\varepsilon h\cos\theta_h$，$\theta_k$ 是入射辐射与标准具镜面之间的夹角，板间距为 h，两板之间的折射率为 ε。对于定向发射光束，设 X_0 表示从 X_1 处的入射平面到 X_2 处的传输平面的光程差。其他所有的传输组件将走过更远的距离，大概是 $2\varepsilon h\cos\theta_h$ 的数倍，频率为 ω 的总的透射的电场为

$$E_t(X_2,\omega) = E_\omega\mathrm{e}^{-\mathrm{i}\omega X_0/c}\sum_{g=0}^{\infty}AR^g\exp\left[-\mathrm{i}g\left(2\omega/c\right)\varepsilon h\cos\theta_h\right] \tag{7.5.6}$$

代入 (7.5.3)，并联立方程 (7.5.4) 我们得到

$$I_t\left(X_2\right)=\int_{-\infty}^{+\infty}(\mathrm{d}\omega/2\pi)\left\{\sum_{g=0}^{\infty}\sum_{j=0}^{\infty}A^2R^{g+j}\exp\left[\mathrm{i}\left(g-j\right)\left(2\omega/c\right)\varepsilon h\cos\theta_h\right]\right\} \tag{7.5.7}$$

大括号中的数量就是标准具的仪器方程，它给出了对单色辐射的响应。

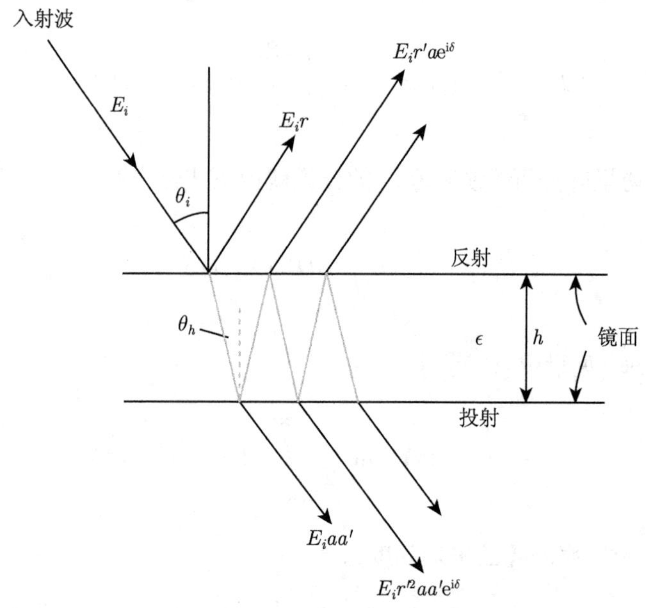

图 7.9　法布里–珀罗标准具平面入射辐射示意图

1. **自相关函数**

强度谱的自相关函数定义如下：

$$F\left(\tau\right)=\int_{-\infty}^{+\infty}(\mathrm{d}\omega/2\pi)\,\mathrm{e}^{\mathrm{i}\omega\tau}I_i\left(\omega\right) \tag{7.5.8}$$

或者是

$$I_i\left(\omega\right)=\int_{-\infty}^{+\infty}\mathrm{d}\tau\mathrm{e}^{-\mathrm{i}\omega\tau}F\left(\tau\right)$$

对于我们的情形

$$\mathrm{i}\left(g-j\right)\left(2\varepsilon h\cos\theta_h/c\right)\times\omega=\mathrm{i}\omega\tau$$

因此

$$\tau=\left(g-j\right)\left(2\varepsilon h\cos\theta_h/c\right)$$

并且有

$$I_t(X_2)=\sum_{g=0}^{\infty}\sum_{j=0}^{\infty}A^2R^{g+j}F(\tau) \tag{7.5.9}$$

例如，考虑洛伦兹强度函数的响应

$$I_i(\omega)=\left\{\nu/\left[(\omega-\omega_0)^2+\nu^2\right]\right\}I_0 \tag{7.5.10}$$

或是

$$F(\tau)=\mathrm{e}^{-\nu|\tau|}I_0$$

常数 ν 表示半高度处光谱的半宽度。

我们将此代入公式 (7.5.9) 中得到

$$I_t(\theta_h)=\frac{1-R}{(1+R)}\frac{1-\left(R\mathrm{e}^{-\nu\tau_1}\right)^2}{\left[\left(1-R\mathrm{e}^{-\nu\tau_1}\right)^2+4R\mathrm{e}^{-\nu\tau_1}\sin^2(\omega_0\tau_1/2)\right]} \tag{7.5.11}$$

其中，$\tau_1=(2\varepsilon h\cos\theta_h)/c$，$h$ 表示镜面距离，ε 表示两板之间的折射率。

2. 仪器函数

如果使 $\nu\to 0$，就得到频率为 ω 的单色入射辐射，我们发现

$$K(\theta_h,\varepsilon h,R,\omega)=\frac{(1-R)^2}{(1-R)^2+4R\sin^2(\omega\tau_1/2)} \tag{7.5.12}$$

其中，R 是板的反射率，如图 7.10 所示。

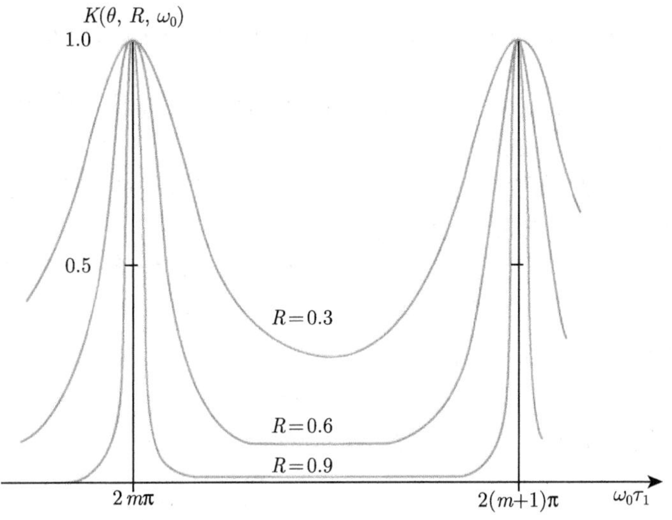

图 7.10　不同反射系数下的法布里–珀罗标准具的仪器函数

7.6　法布里–珀罗标准具光谱仪：图像解析器与应用

7.6.1　典型的光谱仪

图 7.11 展示了一个典型的光谱仪。注意在一个常规的法布里–珀罗光谱仪中，透镜之间的介质通常是一种 $\varepsilon \cong 1$ 的气体，此外标准具外面也通常是同种气体，结果就是 $\theta_h \cong \theta_1$，θ_1 为入射角。在所有的讨论中，我们删掉下标 h(对于一个滤波器 (见 7.6.4 节)，这种情况就不适用；当倾斜滤波器的时候就必须考虑 θ_h 和 θ_1 的差别)。

(1) 最大值出现在

$$\omega\tau_1/2 = (2\varepsilon h\cos\theta_h/\lambda)\,\pi = m\pi \tag{7.6.1}$$

其中，m 是一个整数。

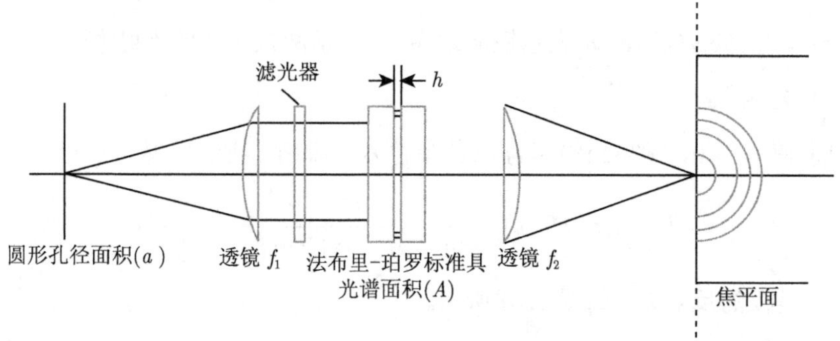

图 7.11　典型的法布里–珀罗标准具光谱仪的布局示意图

(2) 对于一个固定的入射频率，聚焦的输出是一系列圆环形的亮条纹，每一个条纹对应一个特定的入射角。

注意：中间角度的辐射主要被反射了，并且只有当辐射以特定的角度进入标准具时才会有特别的一个或是一段条纹。

(3) 在频率为 $\Delta\omega_F$ 的自由光谱范围：对于频率 ω_0 和特定角度会出现一个条纹，相同的条纹会出现在相邻的频率 $\omega_0 + n\Delta\omega_F$，其中 n 是一个整数 (对应不同的阶数)，其中有

$$\Delta\omega_F = \pi c/\varepsilon h\cos\theta \tag{7.6.2}$$

(4) 半高处条纹宽度 $\Delta\omega_{1/2}$：对于好的反射率，近似有

$$\frac{(1-R)^2}{(1-R)^2 + 4R\left(\dfrac{1}{2}\Delta\omega_{1/2} \times \dfrac{1}{2}\tau_1\right)} = \frac{1}{2}$$

从中我们可以得到

$$\Delta\omega_{1/2} = 2(1-R)/\tau_1 R^{1/2} \tag{7.6.3}$$

(5) 精密性：通常用来描述标准具的一个参数

$$F \equiv \frac{\Delta\omega_F}{\Delta\omega^{1/2}} = \frac{\pi R^{1/2}}{1-R} = \frac{\text{有效频率间隔}}{\text{可分辨频率间隔}} \tag{7.6.4}$$

实际上这个理论值是不能达到的，因为它要求绝对平整的镜面，如果表面平到 λ/S，我们做一个粗略的估计就得到 $F \lesssim S/2$。

(6) 分辨能力

$$R_T = \frac{\omega}{\Delta\omega_{1/2}} = \frac{\lambda}{\lambda_{1/2}} = \frac{\omega\varepsilon h\cos\theta}{\pi c}F \tag{7.6.5}$$

(7) 色散 D_{FP}：我们对公式 (7.6.1) 求微分，发现当改变波长 $\Delta\lambda$ 时给定的最大值偏移了 $\Delta\theta$，并且对于很小的 θ 角 (θ 以弧度表示) 而言有$\Delta\lambda/\lambda = \dfrac{\sin\theta}{\cos\theta}\Delta\theta \cong \theta\mathrm{d}\theta$，透射辐射由透镜 f_2 收集，并且在聚焦平面内，角度在 $\theta \to \theta + \Delta\theta$ 范围内的辐射径向扩散为 $r \cong \theta f_2 \to r + \Delta r \cong \theta f_2 + \Delta\theta f_2$。

$$D_{FP} = \Delta\lambda/\Delta r = -\lambda r/f_2 \tag{7.6.6}$$

如果在系统轴上使用半径为 Δr_1 的孔径，就有

$$r \cong \Delta r_1, \quad \Delta\lambda_{\min} \cong \lambda\Delta r_1^2/f_2^2 \tag{7.6.7}$$

(8) 对比度

$$C = \frac{\text{最大强度}}{\text{最小强度}} = \frac{(1+R)^2}{(1-R)^2} \tag{7.6.8}$$

(9) 透射：除了很小一部分被吸收以外，对应于最大角度值的单色入射辐射全部被透射，对应于最小值的入射辐射主要被反射。取平均来说就是辐射覆盖了一个自由光谱范围的话，无论是因为光谱范围比较宽，还是因为入射辐射的角度在一个范围内，多数的辐射被反射。平均来说只有一小部分 $1-R$ 在第一个镜子处被透射，于是粗略来说，在腔体中的辐射一半被透射，一半被反射。平均透射就是

$$\overline{T} \cong 2/F \tag{7.6.9}$$

Asoli-Bartoli 等 (1967) 提出一种通过收集反射辐射并且将其以一个不同的角度送回用以提高透射的方法。

(10) 聚光率：现在有 $E_{FP} = A\mathrm{d}\Omega$，其中 A 是法布里–珀罗标准具的面积，$\mathrm{d}\Omega$ 表示与一个给定的分辨率一致的立体角。对于一个轴上孔径 $\mathrm{d}\Omega \cong \theta\mathrm{d}\theta = \Delta\lambda_{\min}/\lambda$，其中 $\Delta\lambda_{\min}$ 表示要求的波长分辨率，因此就有

$$E_{FP} \cong A\Delta\lambda_{\min}/\lambda \tag{7.6.10}$$

7.6.2　图像解析器与多标准具系统

光谱可能是由一系列的改变光路和采用一个输出聚焦平面的轴上孔径等一系列测量后得到。改变光路的一种便捷的方法就是使用气体填充的标准具并且改变气体压强，SF_6(Dehler and Ribe，1967；Daehler et al.，1969) 和氟利昂 (Evans et al.，1966) 已经被使用过。在通常使用的高阶的情况下，一个小的折射率 ($\varepsilon \cong 1$) 的调整就要求覆盖一个自由光谱范围。或者，在其中的一个板中可能会用到压电晶体安装座，如果需要快速改变光路的话，这通常是一个有效的方法。板的惯性就限制了速度。

对于一个单脉冲而言，光谱测量需要一些技巧，因为条纹图案的尴尬的形式。通常的解决方法就是使用 "Fafnir" 平面镜系统 (Hirschberg and Platz，1965；Hirschberg，1967)。它由一系列的同心环镜子组成 (一般 10 个)，每一个倾斜投射辐射到一个不同的方向 (图 7.12)。此外，一些其他的方法也已经经过测试，比如说使用一个

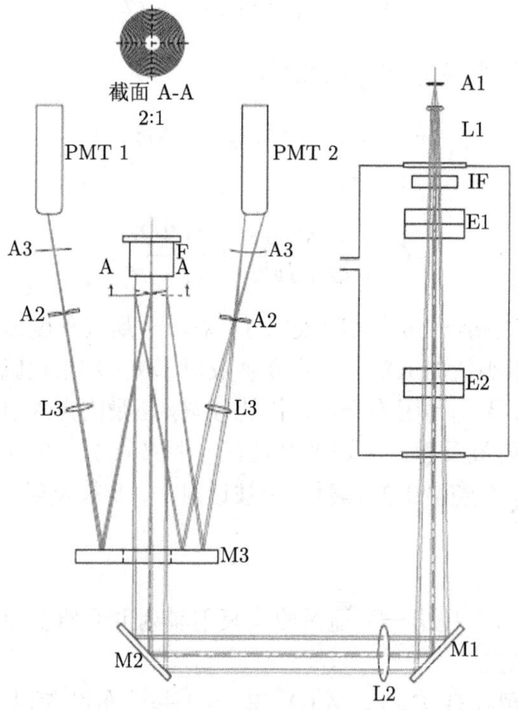

图 7.12　多通道法布里–珀罗光谱仪中的 Fafnir 多镜系统 F 的示意图 (图来自 M. Daehlcr, G. A. Sawyer, & K. S. Thomas (1969). Phys.Fluids 12, 225)

同心偏移菲涅耳透镜系统 (Hirschberg，1967)、一个薄的轴棱镜 (Katzenstein，1965) 和一个光纤图像解剖器。

多标准具系统：

当使用一系列的标准具的时候，在分辨率和对比度上就会有明显的提高。Mack 等 (1963) 详细研究了使用三个标准具的系统，该系统已经被 Daehler 和 Ribe(1967) 用于散射的测量。

7.6.3 举例

例 1 使用 10 个通道，我们希望在中心频率$\omega_0=2.5\times10^{15}\text{rad}\cdot\text{s}^{-1}(\lambda_0=7000\text{Å})$对光谱达到 $\Delta\omega_{\max}=3.8\times10^{11}\text{rad}\cdot\text{s}^{-1}\left(\Delta\lambda_{\max}=1\text{Å}\right)$ 的分辨率。我们使用一个气体填充的标准具，并且通过轴上孔径接近法线入射，因此有 $\cos\theta\cong1,\varepsilon\cong1$。

首先，我们设定 $\Delta\omega_F>\Delta\omega_{\max}$，于是不同阶的图案就不会重叠，因此 $\Delta\omega_F=2\Delta\omega_{\max}=7.6\times10^{11}\text{rad}\cdot\text{s}^{-1}$。当 $h=0.124\text{cm}$ 时，它修正了标准具平板分离方程 (7.6.2)。我们设定输入输出透镜的焦距满足 $f_1=f_2=50\text{cm}$，为了能够分辨 $\Delta\omega_{\max}/10=\Delta\omega_F/20$，我们要求 $F\geqslant20$。公式 (7.6.4) 告诉我们反射率必须满足 $R\geqslant0.85$，平板表面公差必须至少是 $\lambda/40$。从公式 (7.6.6) 和 (7.6.7) 中我们可以计算出对于分辨率为 $\Delta\omega=\Delta\omega_{\max}/10$ 的情况，输出光圈的最大半径为

$$\Delta r_1=(\Delta\omega/\omega_0)^{1/2}f_2=0.2\text{cm}$$

由对称性可知，输入光圈也必须是相同的半径。从公式 (7.6.10) 可知，聚光率为 $E_{FP}=\left(A\pi\Delta r_1^2\right)/f_2^2$。

一个好的标准具应该有 20cm^2 的工作面积，由此可知，对于一个可以分辨 0.1Å 的系统，聚光率 $E_{FP}\cong10^{-3}\text{cm}^2$(将其与 7.4.3 节中的光栅例子 1(b) 比较)。

例 2 宽光谱的标准具效应。

考虑一个与自由光谱范围的宽度相当的洛伦兹谱。我们以很小的间隔 τ_1 便利自由光谱范围，因此可能要忽略公式 (7.5.11) 中指数上的变化的影响。我们以频率改变的形式来表示输出，这样就是设定

$$\omega\left(\tau_1+\Delta\tau_1\right)=\left(\omega+\Delta\omega\right)\tau_1,\quad \Delta\omega=\omega-\omega_0,\ \omega\tau_1=m2\pi$$

m 是一个整数，现在由公式 (7.6.2) 有

$$\Delta\omega_F=\pi c/\varepsilon h\cos\theta=2\pi/\tau_1$$

由公式 (7.6.3) 可得仪器方程的半宽度为

$$\Delta\omega_{1/2} = \left[(1-R)/\pi R^{1/2}\right]\omega_F$$

为了使不同阶次的图案不重叠，我们通常工作在一个比自由光谱小得多的范围内，因此有

$$\nu \ll \Delta\omega_F, \quad \nu\tau_1 \ll 1 \tag{7.6.11}$$

最终，对于好的反射率，$R^{1/2} \cong R \cong 1$，将其代入得到

$$I_t = \frac{1-R}{1+R}\frac{\omega_F}{2\pi}\left\{\frac{\nu + \frac{1}{2}\Delta\omega_{\frac{1}{2}}}{(\omega-\omega_0)^2 + \left(\nu + \frac{1}{2}\Delta\omega_{\frac{1}{2}}\right)^2}\right\} \tag{7.6.12}$$

与公式 (5.5.10) 相比发现，通过一个等于仪器方程宽度的量，标准具拓宽了光谱。也许更重要的是光谱翼的高度的显著增加。

7.6.4 干涉滤波器

这些滤波器本质上就是在镜子之间只有很短的光程 εh 的法布里–珀罗标准具。在这种情况下公式 (7.6.1) 中阶数 $m = (2\varepsilon h/\lambda)\cos\theta_h$ 很小，公式 (7.6.2) 的自由光谱范围却很大。因此，就有可能孤立一个干涉极大，例如，一个使用明胶截止滤波器与干涉滤波器搭配的有限的高透射频率区域。θ_h 表示镜子中间辐射的角度，对于滤波器外是真空的条件，根据折射定律就有 $\varepsilon\sin\theta_h = \sin\theta_1$。半高度的条纹宽度由公式 (7.6.3) 给出 $\Delta\omega_{1/2} = c(1-R)\left(R^{1/2}\varepsilon h\cos\theta_h\right)$，高反射率的镜子可以使它更小。它们通常是 $R > 0.95$ 的介质镜。

在使用滤波器的时候通常是接近轴线方向入射 ($\theta_h \cong 90°$)，通过倾斜滤波器来改变通带。透射峰值对应的波长为

$$\lambda \cong \lambda_0\left(1 - \frac{1}{2}\theta_h^2\right) \cong \lambda_0\left[1 - \frac{1}{2}(\theta_1/\varepsilon)^2\right] \tag{7.6.13}$$

其中，λ_0 对应垂直入射的峰值波长。

一个现代的多色滤波器将在 7.8 节中讨论 (Carlstrom et al.，1990，1992)，透射曲线如图 7.13 所示。

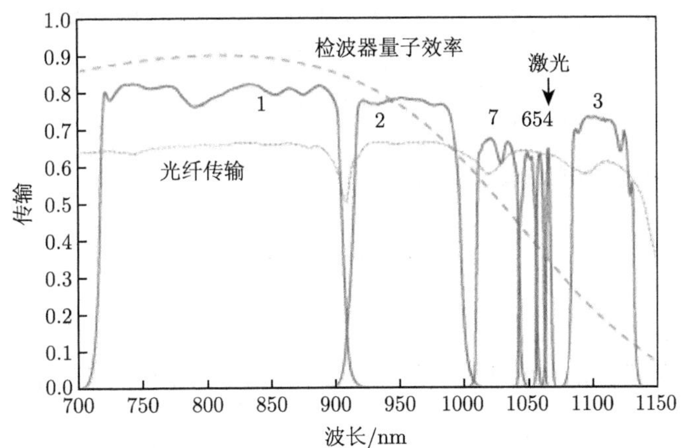

图 7.13 实测的多色仪传输曲线 (实线) 以及实测光纤传输 (点线) 和估计量子效率 (虚线)(图来自 (Carlstrom, 1992) 和 the American Institute of Physics)

7.7 校准与对准

对于一个校准过程来说有三个主要的层面。首先我们需要知道在散射谱波长范围内的相对传递 (包括探测器的响应)。第二点，对于一个绝对校准来说，我们需要对散射体积立体角和某个特定波长的透射有一个精准的评估。第三点，绝对校准与散射测量在时间尺度上应该具有可比性。

对于相对谱响应，我们可以用一个斩波的白光源或者等离子体连续辐射 (Kunze，1968)。对于绝对校准共有四种方法。

(1) 瑞利散射；

(2) 拉曼散射；

(3) 电子回旋发射截止数据；

(4) 基于微湍流和集体波研究的校准。

7.7.1 瑞利散射

在瑞利散射中气体靶由等离子体替代 (DeSilva and Goldenbaum, 1970；Vande-Snade，2002)，正如范德 · 桑德所讨论的，总的瑞利散射能量为

$$P_R = P_i n_R \frac{\mathrm{d}\sigma_R}{\mathrm{d}\Omega}\Delta\Omega \tag{7.7.1}$$

其中，n_R 是提供瑞利散射的气体密度。

对于瑞利散射而言，原子气体的微分散射截面与原子的极化 α 有关，

$$\frac{\mathrm{d}\sigma_R}{\mathrm{d}\Omega} = \frac{\pi^2\alpha^2}{\epsilon_0^2\lambda_i^4}\left(1-\sin^2\theta\cos^2\phi\right) \tag{7.7.2}$$

极化 (微观) 也可以写成气体 (宏观) 折射率的形式

$$\alpha = \frac{3\epsilon_0}{n_\mu}\frac{\mu^2-1}{\mu^2+2} \approx \frac{2\epsilon_0(\mu-1)}{n_\mu} \tag{7.7.3}$$

对于 $(\mu-1)\ll 1$。

表 7.1 展示了范德 · 桑德给出的 $\lambda_i = 532\mathrm{nm}$，$\theta = 90^\circ$ 情况下的 $\mathrm{d}\sigma_R/\mathrm{d}\Omega$ 的几个例子。

表 7.1　对于 $\lambda_i = 532\mathrm{nm}, \theta = 90^\circ$ 由范德 · 桑德给出的 $\mathrm{d}\sigma_R/\mathrm{d}\Omega$ 的例子

粒子	Ar	Ar^+	He	N_2	O_2	CO_2
$\mathrm{d}\sigma_R/\mathrm{d}\Omega\,(10^{-12}\mathrm{m}^2)$	5.40	2.12	0.087	6.07	4.99	13.6
$\mathrm{d}\sigma_{J\to J}/\mathrm{d}\Omega$			0.038	0.10	0.38	

对于 N_2 的 $\lambda_i = 532\mathrm{nm}$ 的情况，实际上所有的瑞利散射辐射像汤姆孙散射辐射一样都是极化的。

范德 · 桑德还讨论了分子的瑞利散射。总的截面由平均极化率的极化贡献加上极化率各向异性 γ 的去极化贡献 $(\rho = 3/4)$ 给出。后者的贡献是所有的旋转过渡 $J\to J$ 的总和。

$$\frac{\mathrm{d}\sigma_R}{\mathrm{d}\Omega} = \frac{\mathrm{d}\sigma_{R,\alpha}}{\mathrm{d}\Omega} + \sum_J \frac{n_J}{n}\frac{\mathrm{d}\sigma_{J\to J}}{\mathrm{d}\Omega} \tag{7.7.4}$$

其中，(n_J/n) 为 J 的分子数所占的比例。

对于汤姆孙散射而言，$\mathrm{d}\sigma_T/\mathrm{d}\Omega = r_0^2\left(1-\sin^2\theta\cos^2\phi\right)$。汤姆孙散射与瑞利散射的截面之比 (σ_T/σ_R) 由 DeSilva 和 Goldenbaum 给出，一些常用气体的数据如表 7.2 所示。

表 7.2　DeSilva 和 Goldenbaum(1970) 给出的 σ_T/σ_R

气体	干空气	N_2	O_2	H_2
σ_T/σ_R	401	380	462	1769

给定立体角的总积分强度必须进行比较，这是因为多普勒频移到来的谱宽对于瑞利散射而言要小得多。如果假定每个谱都是高斯分布，那么相对散射能量就是

$$\frac{P_R}{P_T} = \frac{\sigma_R n_R}{\sigma_T n_T} = \frac{(\Delta\lambda_R I_{R_P})}{\Delta\lambda_T I_{T_P}} \tag{7.7.5}$$

其中，$\Delta\lambda$ 是谱的半宽度；I_P 是峰值散射强度。这种方法的优势就是校准信号穿过了整个光路而且从正确的散射体积出发，时间变化与汤姆孙散射的信号相同。我们还可以进一步使用信号来优化收集系统和入射系统的对准。

缺点就是我们需要相对比较高的气体压强 (1Torr < 压强 < 760Torr) 来获得一个与汤姆孙散射幅度相当的信号。在这种压强下灰尘被搅动，因此我们必须将系统静置很长的一段时间 (最好是经过一整夜) 来使得灰尘沉淀。进一步，当气压改变的时候，真空系统的组件也许会移动，这也会改变对准的情况。作为预防措施，有必要检查一下散射信号是否是随着填充气压线性变化。

对于束流的初始对准，通常的做法是通过使用入射束流在胶片上显影来确定束流的路径。当胶片在收集体积内时，波束会被 (比如) 氦氖激光器照亮来提供一个收集光学系统对准的参考。此外，一个小的平面镜或是一块平玻璃也可以作为对准的参考物体 (图 4.8)。其他的对准技术将在 7.8.2 中详细讨论。

7.7.2 拉曼散射

拉曼散射辐射用于校准的方法是由 Röhr(1977，1981) 提出的，实际应用的例子由 Howard 等 (1979)，Flora 和 Giudicotti (1987)，Muraoka 等 (1998)，van deSande(2002)，LeBlanc(2008) 给出。

拉曼散射与瑞利散射相比的一个优点是工作在不同的波长而不是入射辐射，这样的话，校准系统就不需要使用汤姆孙散射装置不同排列，后者需要滤波器来处理杂散辐射和瑞利散射辐射。

Penney 等 (1974) 给出拉曼跃迁 $J \to J''$ 的微分散射截面如下：

$$\frac{\mathrm{d}\sigma_{J\to J'}}{\mathrm{d}\Omega} = \frac{64\pi^4}{45_0^2}\frac{b_{J\to J'}\gamma^2}{\lambda_{J\to J'}^4}\left((1-\rho)\cos^2\left\{\xi\left[1-\sin(2\theta)\cos(2\phi)\right]\right\}+\rho\right) \tag{7.7.6}$$

其中，$b_{J\to J+2} = \dfrac{3(J+1)(J+2)}{2(2J+1)(2J+3)}, b_{J\to J-2} = \dfrac{3J(J-1)}{2(2J+1)(2J-1)}$；$\gamma$ 是分子极化率张量的各向异性；ρ 表示去极化率，对于线性分子去极化率为 3/4。在表 7.3 中给出了多种分子的 $\lambda_i = 532\text{nm}$ 的入射辐射的 γ^2 的估计。

在拉曼散射的测试中，LeBlanc 在国家球形环形实验 (NSTX) 穿越一个主要半径的实验测量中，利用 1064nm 的 N_2 分子瑞利散射与 1048nm 拉曼散射的校准因子之间存在很好的一致性。

Bassan 等 (1993) 指出足够高的填充密度依赖于入射能量，这种受激拉曼散射会影响校准。

表 7.3　范德 · 桑德给出的 $\lambda_i = 532\text{nm}$ 的入射辐射的数据和 LeBlanc 给出的其他入射波长的数据

$\gamma^2/(10^{-82}\text{F}^2\cdot\text{m}^4)$	532nm	694.3nm	1064nm
N_2	$0.395\pm8\%$	0.353%	$0.400\pm5\%$
O_2	$1.02\pm10\%$		
CO_2	$4.08\pm13\%$		

7.7.3　电子回旋加速器辐射截止数据

使用高气压的气体来校准散射系统的缺点就是一些气体分子最终进入了真空容器壁。它们在随后的放电过程中释放会干扰等离子体。AlcatorC-Mod，Zhurovich 等 (2005) 年提出了一种替代的校准方法，就是使用等离子体电子回旋加速器发射 (ECE) 来探测频率截止的临界密度层的位置。特别是在特殊的模式中，这种技术涉及监测垂直于磁场的二次谐波 ECE。如果二次谐波 ECE 的频率小于右手截止频率的话，ECE 信号就截止了。

$$\Omega_{ce} < \omega_R = \Omega_{ce}\frac{\left[1+\left(1+\dfrac{4\omega_{pe}^2}{\Omega_{ce}^2}\right)\right]^{1/2}}{2} \text{ 或 } \Omega_{ce}^2 > \frac{\omega_{pe}^2}{2} \tag{7.7.7}$$

在上面的公式中临界密度为 $n_{\text{crit}} = 2\Omega_{ce}^2 m_e\epsilon_0/e^2$。

在一个托卡马克装置中，使用的环形场以 $1/R^2$ 的规律变化并且是已知的，利用等离子体模拟代码计算了校准因子，用于获得总场 (由极向场与顺磁场引入的)。

在放电期间，这种测量方法允许在选定点的密度的校准。汤姆孙散射系统在测量半径上的校准来自 ECE 节点之间的插值。散射测量和干涉仪的积分线密度的比较表现出 5% 以内的一致性 (图 7.14)。总体来说，绝对准确度估计在 10% 或是更好。

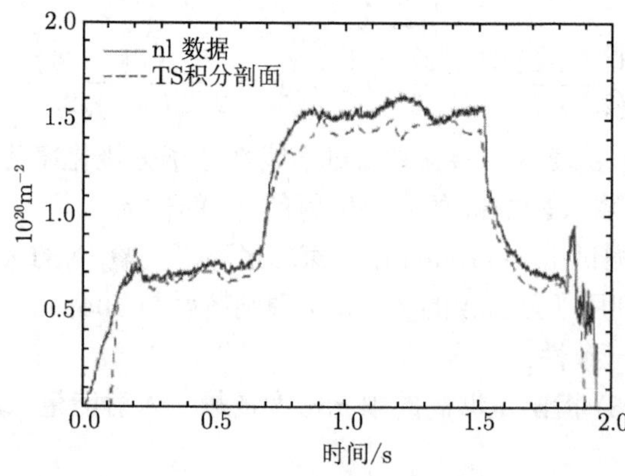

图 7.14　汤姆孙散射剖面的积分 (虚线) 与双色干涉仪测量线积分强度 (实线) 的对比 (图来自 (Zhurovich，2005) 和 The American Institute of Physics)

7.7.4 微湍流与相干波的集体性散射系统的校准

在微湍流和相干波研究中经常应用集体散射。然而，参考散射能量简化方程和图 7.15，可以发现散射系统参数 (如散射长度和波数分辨率) 必须小心测量，以此通过集体散射获得准确的波分散关系和振幅。进一步，绝对的密度波动和谱密度 $[S(k)]$ 的测量要求整个光学系统和接收系统的绝对校准。这里需要指出，在各向同性湍流和简单几何形状的情况下，散射体积就是束流重叠的区域。然而一个不均匀的磁场 (轴向和径向) 将重叠区域的部分调整到探测器上，从而强加了一个压缩散射长度的仪器选择性方程 (Mazzucato，2006)。需要注意的是，等离子体微湍流的各向异性和几乎垂直于磁场的波动，可以提高空间分辨率。

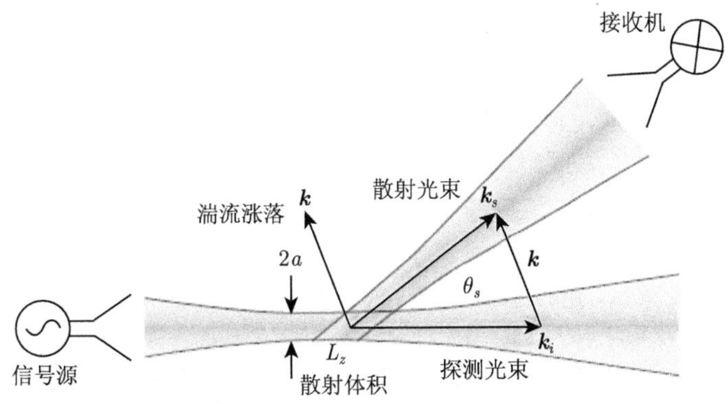

图 7.15 研究微湍流和相干波现象积的集体性散射几何示意图

一种对于毫米波和远红外散射系统非常有用的方法是利用声学单元去校准光学系统 (Satio et al.，1981；Park et al.，1982)。图 7.15 展示了这种方法。这里，声学单元包括了一个具有在设计的 FIR 工作频率段有低传输损耗 (如 TPX，聚乙烯) 和一个压电传感器来发射与我们感兴趣的现象相同的频率 (如微湍流)。对于一个准确的校准，声波的振幅必须精细控制，即使在 PZT 的驱动电压是一个常数的情况下这也是一个挑战。由于 PZT 传感器呈现出与其厚度 d 相关的一系列共振，因此声波的振幅对频率非常敏感，并且 d 有下列关系：

$$d = \frac{\lambda}{2}, \frac{3\lambda}{2}, \frac{5\lambda}{2}, \cdots \tag{7.7.8}$$

式中，λ 是 PZT 传感器中声波波长。由于这种强的频率依赖性，在每一个声学小室的每一个频率段上，发射的声波的振幅必须被监测。这项工作由 Park 等 (1982) 完成，通过使用一个在 FIR 中有良好传输性能 (在可见光范围也有令人满意的传输) 的 TPX 塑料，Park 完成了与 FIR 散射平面正交的小角度 He-Ne 激光散射。为了在布拉格细胞中探测声波波长，采用了一种飞行时间的技术来发射波包，从而允许

在介质 (由已知的 ω 可得 k) 中声速 (对于 TPX，$\sim 2.2\times10^5\text{cm/s}$) 的测量。参考图 7.16 可以看出，我们必须对在电介质–空气界面上的除了某些特定的普通入射以外的所有角度的 FIR 辐射的弯曲做修正，因此必须应用斯涅尔定律来校正这样角度偏移的数据。

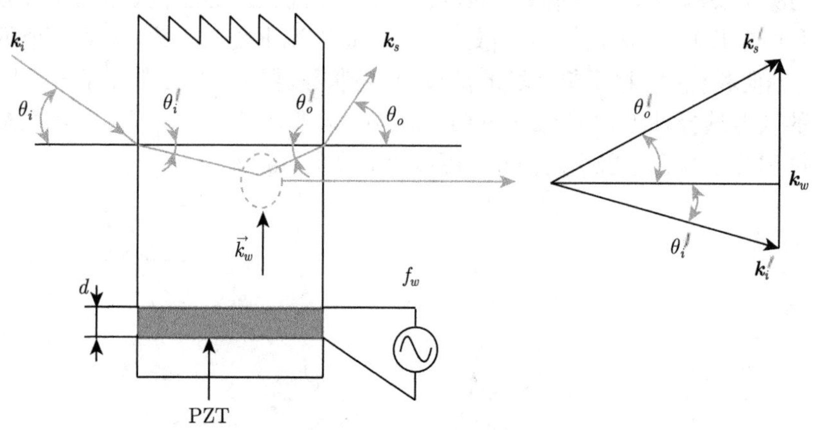

图 7.16　用布拉格盒进行光学系统校准的散射几何示意图

使用上面提到的技术，Park 等 (1982) 对一个多通道的远红外散射仪器的光学系统做了校准。通过在改变频率的时候保持声波振幅不变，就得到每个通道的波数分辨率，如图 7.17 所示。使用这些数据，他们得到 $\Delta k = 1.1\text{cm}^{-1}$，这与使用公式 $\Delta k = 2/a_0$，并结合测量的 $a_0 \approx 1.8\text{cm}$ 数据的预测值十分吻合。

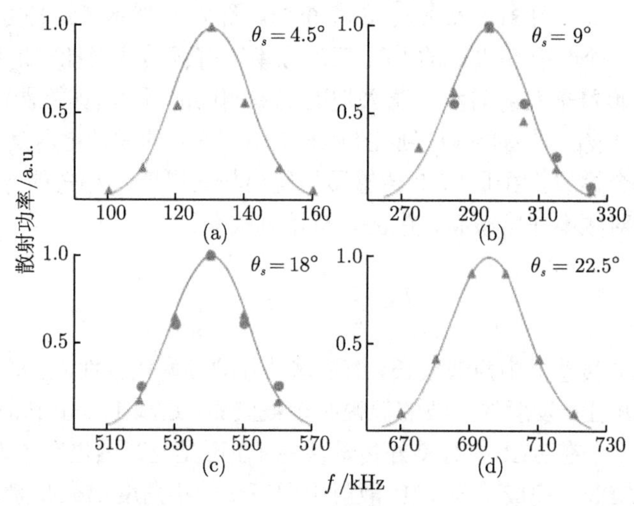

图 7.17　散射系统波数分辨的声学单元校准 (图来自 (Park et al., 1982))

散射长度可以通过沿着入射波束扫描声学单元和监测散射能量测得，Park 等得到的理论结果如图 7.18 所示，曲线半高宽的散射长度与理论值 $L_z = 2a_0/\sin\theta_s$ 吻合得很好，注意到 4.5° 和 9° 通道的散射长度等离子体直径。

上述的方法是一种已经被应用在国家球形环形实验室 (NSTX) 等离子体中的电子陀螺仪密度波动研究中的 5 通道、280GHz 集体散射系统的校准 (Lee et al.，2008，2009a，b；Smith et al.，2004)。

这里，解释了复杂磁场几何对纵向散射体积长度和定位波数有着显著的影响，从下面的式子出发

$$P_s = \frac{1}{4} P_i n_e^2 r_0^2 \lambda_i^2 L_z^2 f\left(\boldsymbol{k}_w, \boldsymbol{k}_m\right) \tag{7.7.9}$$

其中, P_i 是探测波束能量，n_e 是密度涨落，$r_0 = e^2/\left(4\pi\epsilon_0 m_e c^2\right)$ 是经典电子半径，λ_i 是探测波束波长，L_z 是相互作用长度。k 匹配函数定义为

$$f\left(\boldsymbol{k}_w, \boldsymbol{k}_m\right) = \exp\left[-2\frac{\left(\boldsymbol{k}_w - \boldsymbol{k}_m\right)_\perp^2}{\left(2/a_0\right)^2}\right] \sin\left\{c^2\left[\frac{\left(\boldsymbol{k}_w - \boldsymbol{k}_m\right)_\parallel^2 L_z}{2}\right]\right\} \tag{7.7.10}$$

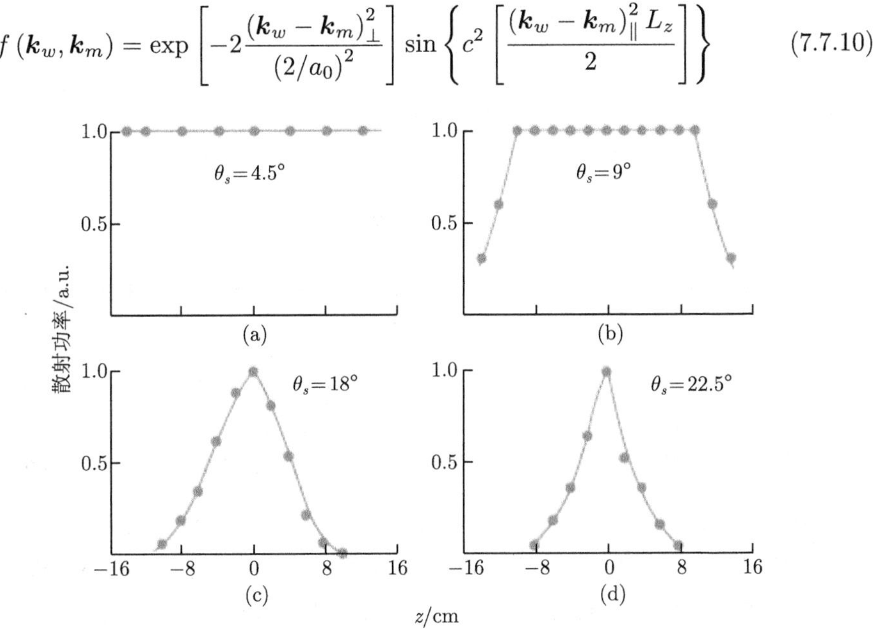

图 7.18 对六个系统通道中的四个进行散射长度的声学单元校准 (图来自 (Park et al., 1982))

在使用声学单元的时候，他们考虑了均匀和环形曲率两种情况下的差别：在均匀的情况下，声学单元有固定的角度，在环形曲率的情况下，声学单元可以沿着探测束流的路径指向径向。

接收器的噪声温度和转化损耗可以由标准冷热负荷测量和在 6.7.5 节中提到的 Y 因素分析得到。我们也可以使用 Lee 等 (2009a) 提出的方法，利用一个相干源来

得到接收器系统的总体能量校准。他们的配置的概要如图 7.19 所示，其中校准源能量为 −4dBm (= 0.4mW)，在通过一堆校准后的纸和标准 ECCOSO 微波吸收器之后减弱到 −54dBm、−49dBm 和 −47dBm。对于他们的 NSTX 实现，线性极化探针和散射波的法拉第旋转是不可忽略的。使用 0.5 的总体效率评估，他们估计 5 通道的能量响应为 26dB, 36dB, 30dB, 33dB 和 30dB。由于混合器的耦合效率，传输先损失和增益的差别带来了不同道之间的响应的不同。图 7.20 展示了他们测量得到的通道响应。

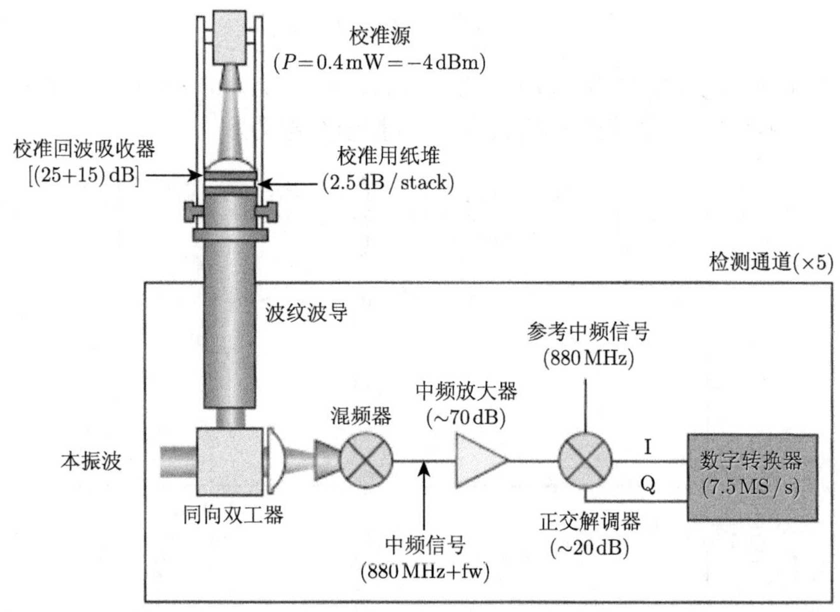

图 7.19 外差检测系统功率校准的实验装置示意图 (图来自 (Lee et al., 2009b))

关于声光单元校准，Dürr 和 Schmidt(1985) 做了非常有用的工作。在这里，他们描述了使用 Ge 代替 TPX 的研究以及在 119μm 和 10.6μm 处的测量。他们认为，虽然 Ge 有着可观的电磁吸收，但这部分的缺点由低声波吸收和高绩效所补偿。

最后，我们提到 Chang 等 (1990a) 发展了一种与空气驱动的声波协同工作的双激光系统来校准一个集体 CO_2 激光散射系统。在这个方法中，他们确定声光衍射的外差检测的声压而不是直接检测声场的声压或是检测 CO_2 激光光束的衍射能量。这里，声波由压电传感器产生，频率为 245kHz，散射 He-Ne 激光器的束流由光电倍增管检测，CO_2 束流由 HgCdTe 探测器探测。

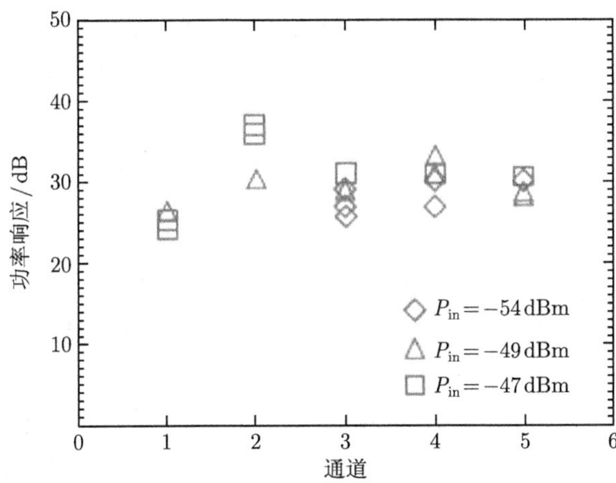

图 7.20 测量的功率响应。不同通道响应的差别主要是混合器和放大器增益的耦合效应的差别，每个通道的最大值就是探测功率的最大可能值 (图来自 (Lee et al., 2009b))

7.7.5 散射体积与对准

散射体积大约是两个圆柱体的交点。当接收圆柱的轴与入射辐射的轴相交时，就可以得到最大的散射能量。关于这方面的更加详细的讨论可参考 Blindslev 等 (2003) 给出的 ITER 中快离子散射实验，他们计算的波束重叠由下面的式子给出

$$O_b = 2\frac{\arcsin\theta}{2\pi\left[\left(\omega_n^i\right)^2 + \left(\omega_n^s\right)^2\right]}\exp\left[\frac{-2\Delta n}{\left(\omega_n^i\right)^2 + \left(\omega_n^s\right)^2}\right] \tag{7.7.11}$$

其中，θ 是散射角，ω_n^i 和 ω_n^s 是入射和接收束流的高斯半宽，Δn 是束流中心线间的最短距离。他们定义散射体积为包含 90% 的散射辐射的小体积。

Yoshida 等 (1997) 描述了用于光学检测系统的一个精确快速可靠的定量对准方法，该方法使用特殊的准直光纤束，也可参阅 TFIR 系统，Johnson(1992) 和 D-IIID 系统，Carlstrom 等 (1992) 也用了类似的方法。

7.8 典型的集体性散射实验装置与一些考虑

7.8.1 实验装置

图 7.21 展示了一个典型的汤姆孙散射系统，透镜将收集等离子体散射光并且使光线准直，准直光线传输到透镜然后透镜将其聚焦到光谱仪上，总而言之一个高分辨率的光谱仪要求能分辨离子声波的特征。对于一个典型的完全电离氮等离子体 ($T_e = 1\text{keV}, T_e/T_i = 3, n_e = 10^{20}\text{cm}^{-3}, Z = 7$) 并且散射角为 $\theta = 90°$ 的情况，公

式 (7.1.3) 给出了离子声波特征的分离为 $\Delta\lambda/\lambda_i = 2.5 \times 10^{-3}$。为了分辨这种分离，一个现代化实验系统通常使用一个 1m 的 $f/8.7$ 的带有一个 3600 线/mm 的光栅 (110mm × 110mm) 的成像光谱仪。对于一个光学散射装置 $\lambda_i = 0.26\mu m$ 的实际分辨能力 [见公式 (7.4.4)] 为 $R_p = \lambda_i / (\Delta q D_G) \approx 10^5$，其中 $\Delta q \simeq 15\mu m$ 是像素的大小 (“输出狭缝宽度”)，$D_G \approx 2 \times 10^{-7}$ 是线性分散。为了收集足够的光子，典型的光谱切口的大小为 $\Delta r = 100\mu m$。它减小了有效分辨能力 $R_p = \lambda_i / (\Delta r D_G) \approx 10^4$，由光谱仪缝宽给出的分辨能力在汤姆孙散射实验中占主导地位。

下面讨论两种典型的探测器。成像汤姆孙散射使用电荷耦合器件 (CCD) 来测量沿着探测光束的汤姆孙散射光谱的时间积分，而条纹汤姆孙散射采用条纹相机来记录等离子体体积微元中散射信号的时间演变 (图 7.21)。典型的成像汤姆孙散射 (ITS) 数据由门控增强型 16 位 CCD 相机记录，而时间分辨汤姆孙散射 (STS) 数据使用一个高动态范围条纹相机，典型的是时间狭缝宽度 $\Delta s \approx 150\mu m$。时间分辨能力由光谱仪决定 (见 7.3.3 节)。

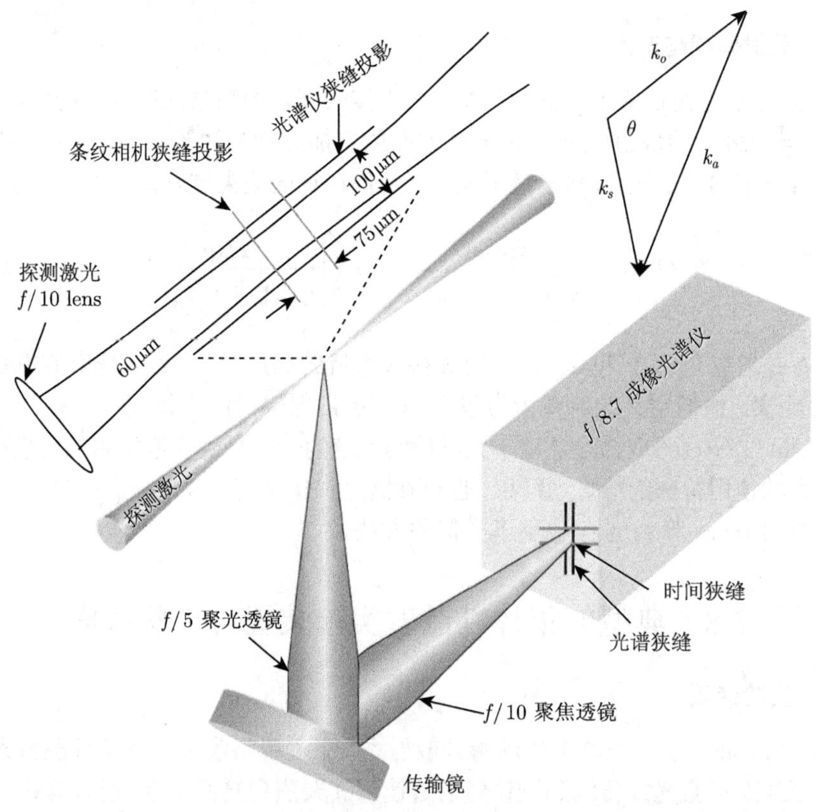

图 7.21　一个典型的汤姆孙散射装置示意图。将光谱仪与条纹相机狭缝在等离子体面上投影，可定义汤姆孙散射体积，散射矢量图如图所示 (图来自 (Froula et al., 2006a))

7.8.2 参数选择与散射体积定义

我们通过选择收集和聚焦透镜的焦距来使得经过系统的耦合最大化，同时确定汤姆孙散射体积 (V_{TS}) 的大小。为了使通过光谱仪的耦合最大化，聚焦透镜的 f 数 ($f^{\#}_{\text{focus}}$) 必须和光谱仪的 f 数相当。汤姆孙散射体积由探测激光的波束和条纹相机缝在等离子体平面上的投影决定；等离子体平面上的光谱和时间狭缝的宽度由透镜 f 数的比值给出的放大率 $M \simeq f^{\#}_{\text{col}}/f^{\#}_{\text{focus}}$ 来决定。典型的有，高能量的纳秒尺度光学探测激光的 $f_{\text{probe}} \sim 10$，这就产生了一个以 $\phi = 60\mu\text{m}$ 为直径的波束。一个 $f^{\#}_{\text{col}} = 5$ 的收集透镜与一个 $f^{\#}_{\text{focus}} = 10$ 的聚焦透镜联合使用就确定了一个圆柱体体积 $V_{TS} = \pi\,(30\mu\text{m})^2 \times 75\mu\text{m}$(图 7.21)。最小化汤姆孙散射体积的过程减小了梯度效应带来的光谱展宽，并且在等离子体中定义了一个精确的位置，但是随之而来的代价就是减少了收集到的散射光总量。

测量到的汤姆孙散射光谱由探测离子–声波范围 ($\delta\lambda_{\text{optics}}$) 展宽。当我们测量离子声波的热散射光谱的时候，这种展宽可以由公式 (5.4.3) 计算

$$\frac{\delta\lambda_{\text{optics}}}{\lambda_i} = \frac{1}{2\tan(\theta/2)}\left(\frac{1}{f^{\#}_{\text{col}}} + \frac{1}{f^{\#}_{\text{probe}}}\right)\frac{\Delta\lambda}{\lambda_i} \tag{7.8.1}$$

对于典型的完全电离氮等离子体 ($T_e = 1\text{keV}, T_e/T_i = 3, n_e = 10^{20}\text{cm}^{-3}, Z = 7$)，在 $\theta = 90°$ 时和以上讨论的光学配置中，$4\omega(\lambda_i = 265\text{nm})$ 激光散射带来的光谱拖尾效应导致的展宽量是 $\delta\lambda_{\text{optics}}/\lambda_i = 4 \times 10^{-4}$，这由光谱仪 ($1/R_p \approx 10^{-4}$) 的仪器方程卷积得到。当我们试图通过声速 [见公式 (7.1.3)] 测量电子温度，或是测量等离子声波特征峰的宽度，或是测量离子温度的时候，与离子声波特征的分离 $\Delta\lambda/\lambda_i = 2.5 \times 10^{-3}$ 相比，得到的结果就是 $\delta\lambda/\lambda_i = 5 \times 10^{-4}$。为了提高这个系统的分辨能力，可以提高收集透镜的 f 数，但是分辨能力提高 2 倍需要 f 数增加 4 倍，导致了 16 倍的散射信号的减弱。也就是说，探测的 f 数可以提高，但是要以增加波束直径和散射体积为代价。

1. 光学对准

成功的汤姆孙散射测量最重要的就是光学对准。仪器狭缝到等离子体上的投射必须与入射探测光束重叠，这就要求对准的精度高于 50μm。标准的对准实验中将 100μm 的球体准确地放置在设定的汤姆孙散射体积的位置上。一个低能量的与入射束流相同频率的对准激光器用来对对准球做背光校准。当诊断狭缝开启的时候，球的图像就通过光谱仪投射到汤姆孙散射探测器上。使用传输镜，使得球位于狭缝中央，并且狭缝围绕着球闭合，这样探测激光可与球对准，通常有必要在真空中进行最后的对准。

2. 对于离子声波特征的探测激光要求

对于一个给定的实验条件，我们可估计能得到合适信噪比的激光能量。在选择合适的激光的能量的时候有三个标准要考虑：实验中产生背景光的加热光束的能量，轫致辐射和探测器的灵敏度。对于大激光装置的实验 (大于两个束流)，杂散加热器束流光没有被带通滤波器和光谱仪光栅完全滤掉，其中部分贡献给了背景光。对于小的设备，等离子体的轫致辐射和探测器的灵敏度是探测一个可探测的汤姆孙散射中最重要的影响因素。将公式 (5.4.2) 在集体状态下的离子声波特征上积分就可以把探测激光的能量与散射能量联系起来。

$$E_s = \frac{\pi r_0^2 n_e L}{8 f_{\text{col}}^{\#2}} E_0 \tag{7.8.2}$$

其中，L 是沿着探测激光轴的汤姆孙散射体积的长度。对于束流半径为 ϕ 并且光学放大率为 $M = f_{\text{col}}^{\#}/f_{\text{focus}}^{\#}$，光谱仪入口狭缝的散射注量为

$$\varPhi_{sT} = \frac{E_T}{M^2 L \phi} \tag{7.8.3}$$

其中，T 是光学系统的总体透射率。

在如图 7.21 所示的几何条件下，最佳光谱狭缝宽度为 $\Delta r \sim M\phi$(小的狭缝宽度减小了散射信号。但是狭缝宽度过大会增加噪声)。假设离子声波特征的分离可以很好地分辨，它们的宽度受光谱狭缝宽度的限制，探测器处的注量是狭缝处注量的一半，并且每个像素的光电子总数为

$$N_{\text{pec}} = \frac{\phi_s}{2} \frac{\sigma\eta}{h\nu_i} = \frac{E_s T}{2LM\Delta r} \frac{\sigma\eta}{h\nu_i} \tag{7.8.4}$$

其中，σ 是单个像素的面积，η 是探测器的量子效率 (光电子/光子)。

公式 (7.8.2) 和 (7.8.4) 给出了 (时间积分) 成像光谱仪系统 (ITS) 所需的探测激光能量

$$E_0^{\text{ITS}} = \frac{16 f_{\text{col}}^2}{r_0^2 n_e} \frac{hcN_{\text{pec}}}{\lambda_i \sigma \eta} \frac{M\Delta r}{T} \tag{7.8.5}$$

条纹光谱仪系统 (STS) 所需要的激光能量为

$$E_0^{\text{STS}} = E_0^{\text{ITS}} \frac{\Delta t}{\Delta T} \tag{7.8.6}$$

其中，ΔT 是时间狭缝宽度；Δt 是探测激光的脉冲宽度。假定一个系统只受量子统计噪声限制，公式 (6.4.3) 说明了对于 $N_{\text{pec}} = 100$，我们期望的信噪比为 10。因此最小的探测能量要求是，对于 $f_{\text{col}} = 5$，$\lambda_i = 265\text{nm}$，$n_e = 10^{20}\text{cm}^{-3}$，$\eta = 20\%$，$T = 30\%$，$M = 2$，$\Delta r = 100\mu\text{m}$，$\sigma = 225\mu\text{m}^2$，$E_0^{\text{ITS}} = 0.5\text{mJ}$。进行上述计算时忽略了探测器之外的噪声源 (见 6.4 节)。

习 题

7.1 对于一个微波散射系统，如果你想配置一个外差接收器，并且想确定是否有必要购买一个高频前放，为了解决这个问题，需要考虑以下两种配置情况：

(a) 前放 (15dB 增益，2dBNF) 后接混合器 (5dBCL，5dBNF)

(b) 混合器 (5dBCL，5dBNF) 后接中频放大器 (15dB 增益，2dBNF)

两种情况下的总体增益、NF 和噪声温度各是多少？

7.2 你有一个 10~11μm 的外差接收器，并且希望做一个热–冷噪声温度校准。背景温度为 290K，HgCdTe 二极管光混合器的参数如下：$\lambda_{\text{cutoff}} = 15\mu\text{m}$，对于 $\lambda < 13\mu\text{m}$ 有 $\eta = 40\%$，大小为 $100\mu\text{m} \times 100\mu\text{m}$，工作偏压下耗尽层宽度 $\sim 1\mu\text{m}$，反向偏置阻抗 $\sim 150\Omega$，电介质常数为 10。

接收器的参数为 LO : CO_2 激光器反射、10%反射率双工器。双工器传输 90%的输入信号。光混合器输出到 150Ω 输入阻抗的放大器。

放大器增益 100，带宽 3×10^9Hz，输出电流噪声：$< I_N^2 >^{1/2} = 33.2\text{A/Hz}^{1/2}$。

通过观测冷热源来测试接收器。

500K 热源：$V_H = 1.040\text{V}$

300K 冷源：$V_C = 1.000\text{V}$

(a) 中频带宽：是否有放大器或混合器的时间尝试限制？

(b) 在热或量子噪声限制下接收器是否可以正常工作？

(c) 放大器的噪声温度是多少？

(d) 要克服放大器噪声需要的激光能量多大？

(e) 如果 $P_L = 20 \times 0.68\text{mW}$(最小值)，转换增益为多少？

(f) 期待的系统噪声温度是多少？

(g) 测量的系统噪声温度是多少？

7.3 考虑一个实验，采用 6J，25ns 的红宝石激光器以 90° 来散射等离子体中的光，等离子体的物性参数为：$n_e = 5\times10^{13}\text{cm}^{-3}$，电子温度 T_e 约为 1keV，对于散射体积有 L =1cm，$A = 0.3\text{cm} \times 0.7\text{cm}$，收集立体角为 2×10^{-2}sr。对于色散，使用一个 1200 线/mm 的光栅，面积为 $10\text{cm} \times 10\text{cm}$，$\varphi_2 = 20°$，入口狭缝宽度为 1cm。

(a) 计算光纤通道的一致宽度值和最终透镜的焦距，使得能够分辨散射光在电子温度 $T_e =$ 1keV 散射的 1/10，当收集聚光率是光栅聚光率的 2 倍。

(b) 对于短波长的散射光使用图 6.7 所示的光电倍增管，假设总体透射系数为 $T = 0.1$，计算每个道的光子数的平均值和数据噪声。

(c) 叙述当温度从 0.1keV 到 5keV 变化的时候启动该如何运作，当温度升高的时候允许光谱向下偏移。

7.4 考虑一个实验，来探测 $n_e = 2 \times 10^{15}\text{cm}^{-3}$，$T_e = 20\text{eV}$，磁场为 1.6T 的等离子体在与 4.7 节所讨论的类似的带有一个 5J 的红宝石激光器的启动过程中的磁调制。收集立体角为 0.9×10^{-3}sr，收集聚光率为 $2.5 \times 10^{-4}\text{cm}^2 \cdot \text{sr}$。

(a) 计算法布里–珀罗光谱仪特性，仪器聚光率是收集聚光率的 2 倍，计算 f_2 和 Δr_1 使得最小分辨率 $(\Delta\lambda_{\min})$ 可以达到回旋峰的分离的 1/10。

(b) 假设 $L = 1\text{cm}, T = 2\times 10^{-2}, \eta \approx 0.25, C = 0.04$，计算光电子的数量。

(c) 当 $\Delta\theta_s \cong 3\times 10^{-2}\text{rad}, \theta = 30°, \theta_s = 15°$ 时，说明这种启动满足公式 (4.7.4) 和 (4.7.5)。

7.5 考虑使用表 6.1 所示的 CO_2 脉冲激光器 ($\lambda_i = 10.59\mu\text{m}$，1μs 能量 17J) 来测量等离子体中的磁场调制，等离子体的参数为 $B = 3\text{T}, n_e = 5\times 10^{15}\text{cm}^{-3}, T_e = 1\text{keV}$。探测器参数为 $D^* = 10^{10}\text{W}^{-1}\cdot\text{cm}\cdot\text{s}^{-\frac{1}{2}}$，响应时间 $< 1\mu\text{s}$，带宽 $\Delta f \cong 10^6\text{Hz}$，面积为 $A = 10\text{cm}^2$(见 6.7.3 节)，$L = 0.5\text{cm}$。

(a) 对于 90° 的散射，计算 $\Delta\theta_s$ 和 θ_s 的值，使其满足公式 (4.7.4) 和 (4.7.5) 的约束。

(b) 计算当 $T = 0.25$，$C = 10^{-2}$ 时，超过噪声当量能量 $P_N = (A\Delta f)^{1/2}/D\,(\text{W})$ 的最小激光能量。

(c) 计算当 $\eta \approx 0.5$ 时的光电子数量。

(d) 比较散射和轫致辐射信号，公式 (6.5.3) 中 $L = 0.5\text{cm}$，等离子体体积 $V_p = 50\text{cm}^3$。

奇数习题答案

7.1 (a)10dB，NF=2.18dB，噪声温度为 189.45K。

(b)10dB，NF=7.00dB，噪声温度为 1163.44K。

7.3 (a) 散射光的半宽度由公式 (7.1.1) 给出

$$\Delta\lambda_{1/e} = 19.3\,[T_e\,(\text{eV})]^{1/2}\,\text{Å}$$

在 1keV，$\Delta\lambda_{1/e} = 610\text{Å}$ 时，线性分离由公式 (7.4.3) 给出，$D_G = d\cos\varphi_2/f_2(\text{Å/cm})$，其中焦距单位是厘米，$d = 8300\text{Å}$。

设 $\Delta\lambda_{1/e}/10 = a_s D_G$，得到 $a_s/f_2 = 61/(d\cos\varphi_2) = 7.8\times 10^{-3}$。

收集聚光率为 $E_c = 0.42\times 10^{-2}\text{cm}^2\cdot\text{sr}$，光栅聚光率 (7.4 节) 为

$$E_G = 100a_s/f_2^2\ \text{cm}^2\cdot\text{sr}$$

设 $2\times E_c = E_G$，得到 $a_s/f_2^2 = 0.84\times 10^{-4}$，最终有，$f_2 = 93\text{cm}$，$a_s = 0.72\text{cm}$。

(b) 在一个通道里检测到的光电子的数量由公式 (6.5.5) 给出。

$N_{\text{pec}} \approx (W_i/h\nu_i)\,r_0^2\text{d}\Omega n_e LT\eta C$，其中 C 是通道数。

对于这个例子，如图 6.7 所示设 $\eta = 0.25$。$N_{\text{pec}} \approx 4200$，并且数据误差由公式 (6.4.3) 给出为 ±65。

(c) 在最低温度下 $\Delta\lambda_{1/e} = 193\text{Å}$，此时大约只有 3 或 4 个通道；然而信号强度可能会比较高，足够用来估计温度和密度。在最高温度，$\Delta\lambda_{1/e} = 1365\text{Å}$，由公式 (4.7.4) 可得 $\Delta\lambda_m \approx 486\text{Å}$，光学探测系统的工作波长跨度为 610Å。这表明，如果能有一套为此温度范围量身定制的光谱仪就会更好，在等离子体中，温度范围既是空间又是时间的函数。

7.5 (a)$\Omega_e = 5.28 \times 10^{11}\text{rad} \cdot \text{s}^{-1}$，$\omega_i = 1.78 \times 10^{14}\text{rad} \cdot \text{s}^{-1}$，$a/c = 6.3 \times 10^{-2}$。从公式 (4.7.4) 我们需要 $\cos\theta_s < 74.7^\circ$，$\Delta\theta_s < 0.049\text{rad}$，$\Delta\Omega \cong (\Delta\theta_s)^2 \leqslant 2.4 \times 10^{-3}$。

(b) 对于所给的例子，$P_N = 3.16 \times 10^{-7}\text{W}$，$P_s = P_i r_0^2 \text{d}\Omega L n_e T C$ W，其中满足 $P_i \geqslant 2.6 \times 10^8\text{W}$。

(c)$N_{\text{pec}} \approx (W_i/h\nu_i)\, r_0^2 \text{d}\Omega n_e L T \eta = 1.1 \times 10^8$。

(d) 公式 (7.1.1) 给出光谱半宽度为 $\Delta\lambda_{1/e} = 4 \times 10^{-3} \lambda_i \left[T_e\,(\text{eV})\right]^{1/2} \sin(\theta/2)$。

$N_{pe}/N_{plB} = \left(P_i r_0^2 \lambda_i 4\pi L\right) / \left(2.09 \times 10^{-36} n_e 8 \times 10^{-3} \sin(\theta/2)\, V_p\right) = 3$，这就说明更高能量的激光更有利。

第 8 章　汤姆孙散射技术

8.1　引　　言

自本书第一版发行以来，Bretz (1997)，Luhmann 等 (2008)，Donné等 (2008)，Muraoka (2006)，Glenzer 和 Redmer (2009) 先后讨论了汤姆孙散射的主要研究进展。

实验室中最早的汤姆孙散射测量是在等离子体中每次测量一个点。在 PPPL 开发并且应用于 PLT 和 TFTR 上的电视汤姆孙散射系统 (Johnson et al.，1985) 可从输入电子束方向的多个点收集散射信号，比如 1cm 分辨率的 74 个点，这种方法可以更加容易地获得 n_e 和 T_e 的二维图像。从总体上说，与 1975 年第一版相比，目前已经有了很多高效的检测器。在波长为 115~1040nm 内，不同光电阴极的量子效率为 15%~30%，在红外波段的量子效率为 0.15~1.0(典型值为 0.5)。微机械加工、新材料的薄膜光刻技术制造以及天线耦合技术方案的应用促进了高灵敏度、高速的微辐射热测量技术的发展，这些技术在毫米波和太赫兹等领域都有了广泛的应用。在 6.7 节中我们详细讨论了探测器。

第二个重要的进步是在 Garching 高重复率的 YAG 激光器的应用 (Röhr et al.，1982)，这使得我们可以以 100Hz 甚至更高的频率获取数据。在工业等离子体的测量中这种激光器具有非常重要的作用，在 6.2 节中我们讨论了激光光源。

更大的进步是由斯图加特大学和 JET(Salzmann et al.，1987) 联合开发的光线探测和测距系统 (LIDAR，激光雷达)。它使用了持续时间为 0.3ns 的超短激光脉冲，并且收集了向后散射光，这就允许了沿着等离子体中一个弦的测量。

Kono 和 Nakatani(2000) 使用了一个带遮罩的三光栅光谱仪用于分离出中心波长的辐射。vander Mullen 等 (2004) 在磁多极等离子体的测量中采用了这个技术，在测量中，等离子体的电子温度范围为 1.5~5eV，密度范围为 $10^{18} \sim 5\times10^{18}\text{m}^{-3}$。9.1 节中将讨论该技术在工业等离子体中的应用。

经过 35 年的发展，惯性约束聚变技术已经成熟，汤姆孙散射也成为密度在 $10^{19} \sim 10^{21}\text{cm}^{-3}$ 范围内的等离子体测量和通过直接探测不稳定性研究激光–等离子体相互作用 (Froula et al.，2010) 的一种常规的方法。

现在关于热稠密物质的测量越来越多，Glenzer 和 Redmer(2009) 讨论了 X 射线激光器的使用问题。关于这方面，将在 11 章中详细介绍。

8.1.1 一些有趣的技术

1. **组合激光雷达，YAG，二维**

图 8.1 展示了一个综合利用激光雷达、YAG 激光器以及二维测量的例子。短激光脉冲在等离子体中来回反射，并且有着足够长的时间延迟，使得可以用更少的多色仪来测量两个维度上的光谱 (Sumikawa et al.，2007)。

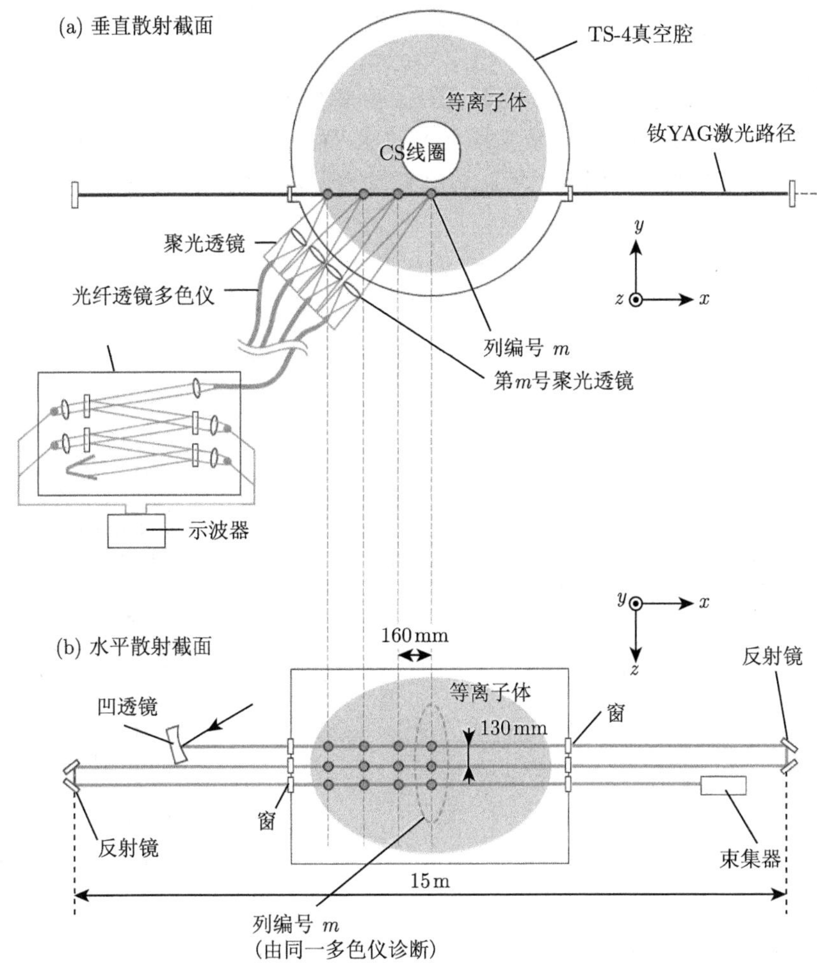

图 8.1　TS-4 上的二维汤姆孙散射系统的垂直和水平截面 (图来自 (Sumikawa et al.，2007) 和日本等离子体科学与核聚变研究学会)

2. **脉冲偏振测量**

脉冲偏振测量利用具有法拉第效应的辐射散射来测量等离子体中的磁场

(Smith，2008)。特别地，在高密度等离子体中可以达到毫米量级的空间分辨率，类似于场反向构型。重要的特性包括同时测量局部的 T_e、n_e 和沿着视线方向的 $B_\parallel$ 的能力，以及屈光效果的弹性。Mirnov 等 (2007) 研究表明，在高温等离子体中相对论效应很重要的，可改变法拉第旋转角。

干涉多色仪：使用了高性能的干涉滤波器 (传输率 $\lesssim 80\%$，激光波长的抑制 $> 10^5$) 的多色仪, 在 ASDEX 托卡马克装置中通常被使用到 (Röhr et al.，1987)。与可重复脉冲 YAG 激光器相结合就成了磁约束系统中的标准方法，例如，如图 8.2 和图 7.13 所示，在 DIII-D 中，Carlstrom 等 (1990，1992) 展示了多色仪的结构图和 DIII-D 系统的传输曲线；Hughes 等 (2001) 所做的工作在图 8.3 中有所表示。Cantarini 等 (2009) 建议其用于 W 7-X，而如图 8.4 所示，Kajita 等 (2009) 也建议用于 ITER 边缘。用于 ITER 边缘测量的实验系统布局见图 8.4。

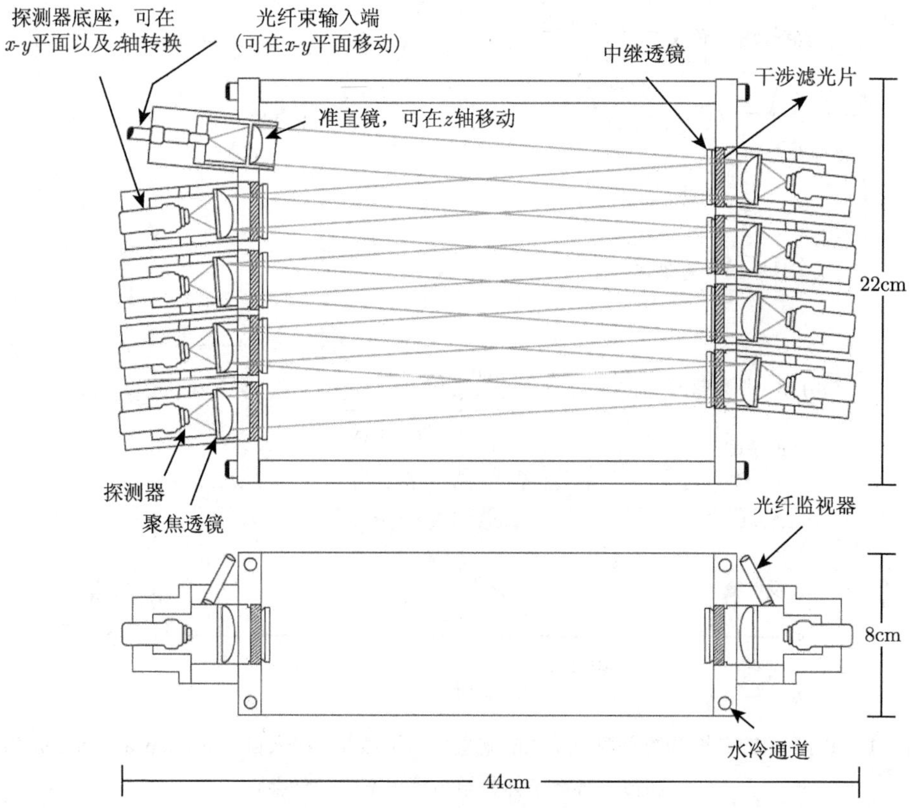

图 8.2　使用 3cm 光学系统的 $f/1.75$ 干涉滤波多色仪示意图 (图来自 (Carlstrom et al., 1992) 和美国物理学会)

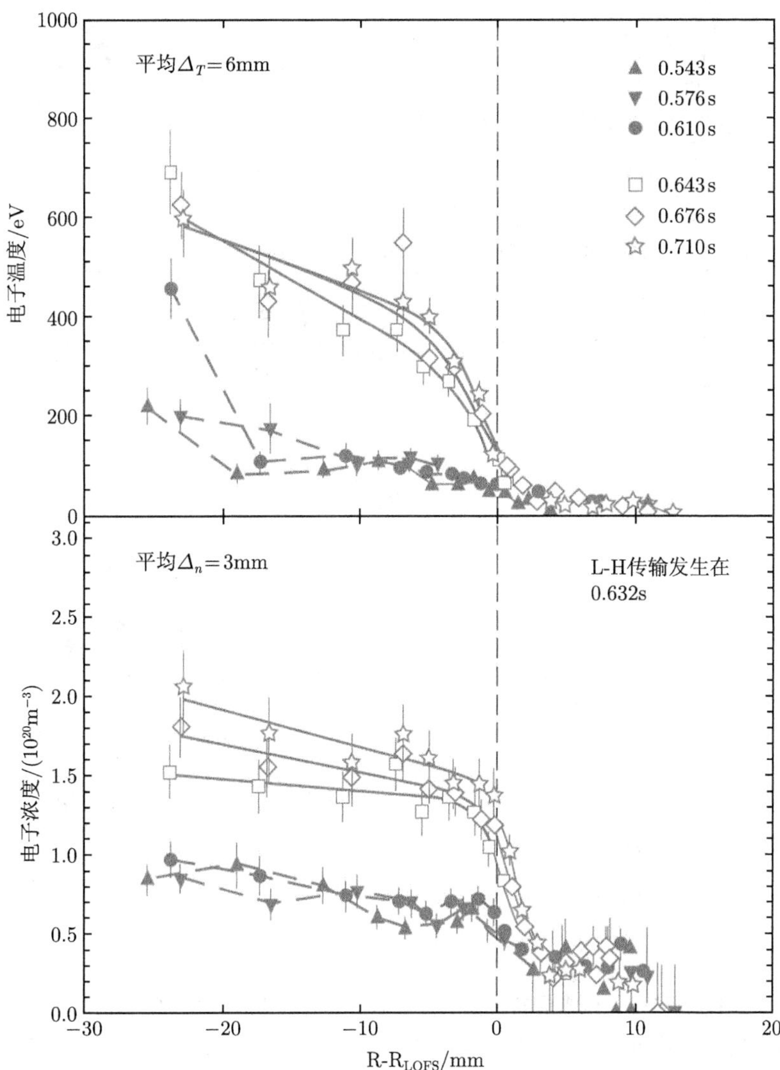

图 8.3 L-H 传输前后的 T_e, n_e 边缘剖面。T_e, n_e 的误差棒反映了估计数据的不确定度，n_e 的误差棒代表绝对校准的不确定度 (图来自 (Hughes et al., 2001) 和美国物理学会)

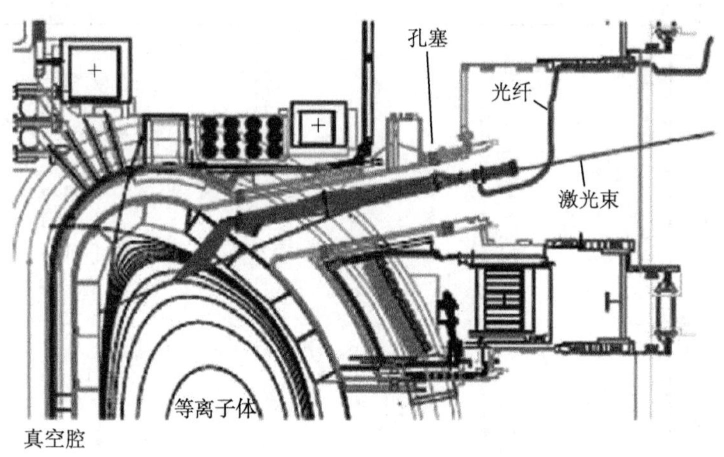

(a)

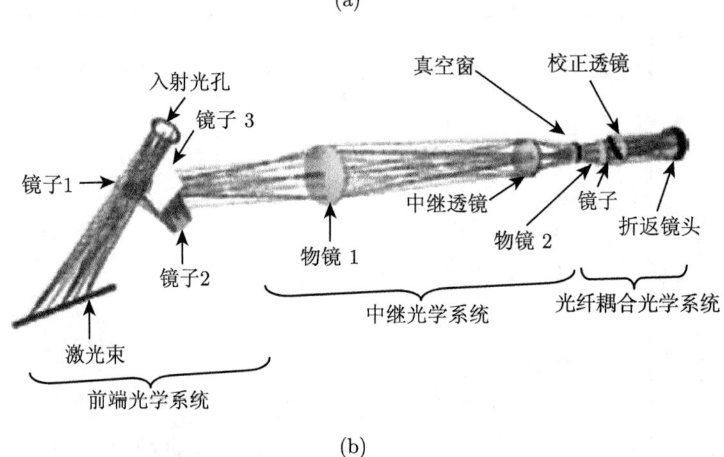

(b)

图 8.4 (a) 目前 ITER 边缘汤姆孙散射系统设计图示；(b) 收集光学系统示意图，包括前端光学系统、中继光学系统和光纤耦合光学系统 (图来自 (Kajita，2009) 和 Elsevier)

3. 相位共轭镜

多通道汤姆孙散射系统常用于增加测量面积、测量时长和测量信号强度，使用高反射率的镜子可以实现以上目的。基于受激布里渊散射的相位共轭镜 (SBS-PCM) 已经在 JT-60U 散射系统 (Hatae et al.，2006) 中使用并达到 95%的反射率，平均能量也提高了 8 倍，从 45W(1.5J，30Hz) 到 343W(7.46J，50Hz)，工质为液态碳氟化合物 (商品名 3MFluorinert，FC-75)，此系统的结构图如图 8.5 所示，图 8.6 展示了预估性能。

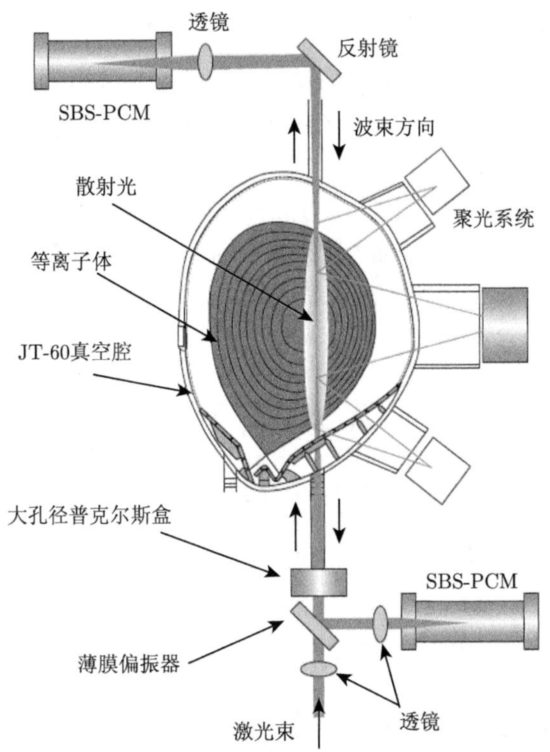

图 8.5　使用 SBS-PCM 的多通道汤姆孙散射示意图 (图来自 (Hatae et al., 2006) 和美国物理联合会)

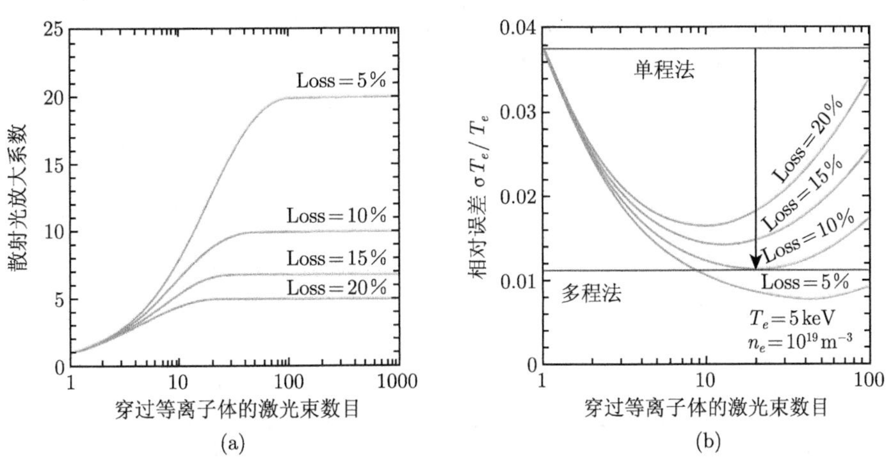

图 8.6　多通道汤姆孙散射方式的性能估计。(a) 散射光的放大倍数和通过等离子体的激光波束数量关系；(b) 电子温度相对误差与通过等离子体激光波束数量的关系。在相对误差的估计中考虑了探测器的噪声特征 (图来自 (Hatae et al., 2006) 和美国物理联合会)

4. 极化干涉仪

在极化干涉仪中，穿过偏振器的汤姆孙散射光入射到一个双折射平板上，双折射平板的快轴与极化方向成 45° 的夹角。平板分离了入射的散射标量波分量，将标称等幅度分量延迟 τ 在最后一个偏振器上组合，并且聚焦在一个探测器上 (Howard，2006；Hatae et al.，2007；Haward and Hatae，2008)。在最后一个偏振分光器上的正交极化输出形成了输入辐射的互补或反相干涉图像。通过选取合适的光学延迟，这些独立的输出就提供了足够的信息来确定电子温度和密度。图 8.7 展示了诊断原理图。

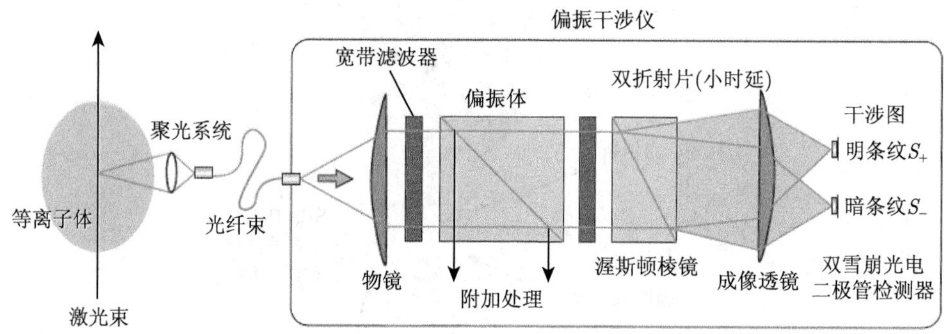

图 8.7　用于汤姆孙散射诊断的偏振干涉仪的示意图 (图来自 (Hatae et al., 2007) 和日本等离子体科学与核聚变研究学会)

这种傅里叶变换光谱仪的主要优点就是高吞吐量、高信噪比，并且简单紧凑。计算得到的散射光谱和它们的干涉如图 8.8 所示。采用单个波板估计的分辨率 dT_e/T_e 为 0.04，甚至更好。

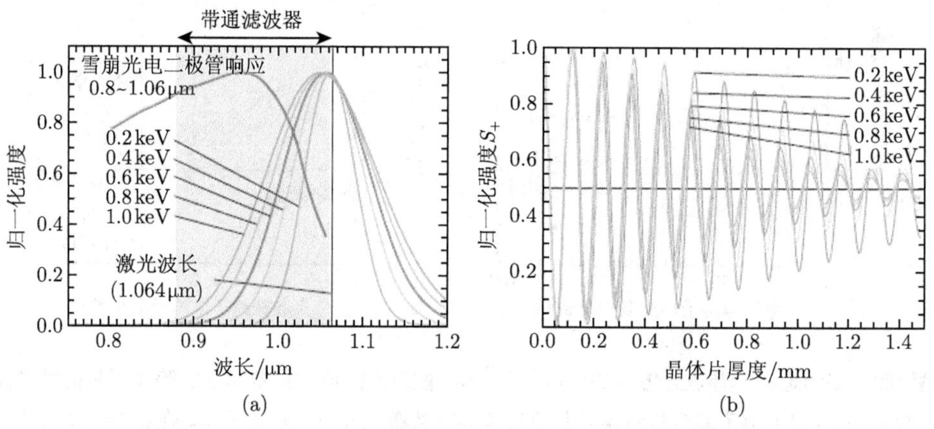

图 8.8　(a) 温度范围为 0.2~1keV 的汤姆孙散射光谱；(b) 计算的干涉图 (图来自 T.Hatae 和 JSPF)

5. 通道数量和精度

Yoshida 等 (1999b) 描述了 JT-60U 高空间分辨率多点汤姆孙散射系统：60 点，8mm 空间分辨率，重复率 0.5Hz，在突发运行中有 2ms 的间隔，使用两个红宝石激光器。图 8.9 展示了其结构。图 8.10 展示了不同通道的波长覆盖范围。图 8.11 展示了核心和边缘测量的相对误差。Yoshida 等 (1999a) 讨论了光电二极管阵列的使用。Naito 等 (1999) 分析了给定精度时至少需要多少个通道。

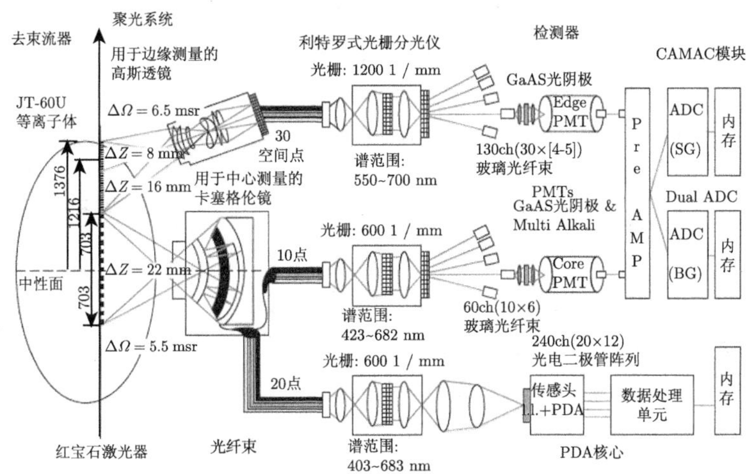

图 8.9　JT-60U 中的收集和光纤系统、光谱仪、探测器系统和数据获取系统 (图来自 (Yoshida et al., 1999b) 和美国物理联合会)

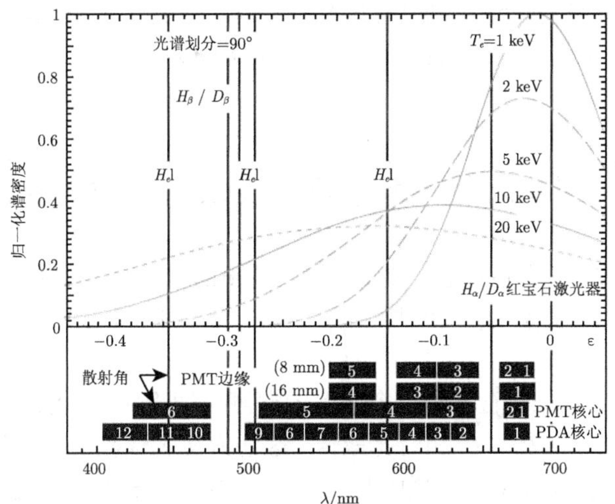

图 8.10　汤姆孙散射光谱密度和边缘与核心光电倍增管 (PMT) 的谱分离以及核心光电二极管探测系统。每个频带中的图像意味着分离光谱通道数和定义为 $(\lambda_s-\lambda_i)/\lambda_i$ 的归一化波长偏移 (图来自 (Yoshida et al., 1999b) 和美国物理协会)

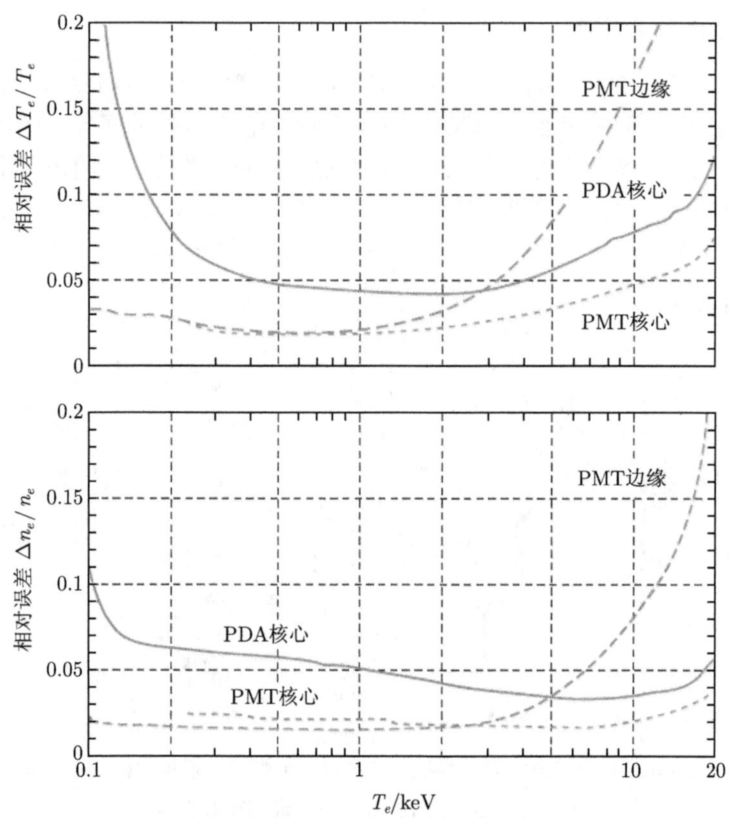

图 8.11 由实际校准数据和探测器特性计算的 T_e 和 n_e 的总体相对误差 (图来自 (Yoshida et al., 1999b) 和美国物理协会)

8.2 前向散射、相位闪烁成像与相位对比成像

我们非常关注散射角超过入射波束的发散角的情况，正如以下我们所见的，通过放松这个限制，涨落的最大可测量波长 $\lambda_{\max}$ 就可以超过由最小散射角 $\theta_{s\min} = 2\theta_d$ 所决定的 $\lambda_{\max} = \pi\omega_i c/2$，其中 $\Delta\theta_s = \theta_d = \lambda_i/(\pi w)$ 是高斯波束由于衍射效应带来的发散角。文献中包含了与三个基本的探测密切相关的长波长波动的方法，即前向散射，相位闪烁成像，位相对比成像。这些方法所依赖的基本物理原理是探测电磁波在经过折射等离子体介质的时候发生了相位和振幅的改变，这与波长、频率、振幅以及我们感兴趣的相位波动的位置都有关。衍射波前中包含信息的提取方法不同，这可用于区分以上各种技术。Donné等 (2008) 和 Luhmann 等 (2008) 对这类技术有详细的评述。

图 8.12 简要展示了对于前向散射的实验布局，其中等离子体密度波动导致了在远场探测到的波束的改变 (Evans et al.，1982)。这里，假设等离子波沿着 x 方向传播，与 z 方向传播的高斯探测束流垂直。等离子体波充当了一个移动的正弦相位的光栅 $\phi(x)=\phi_0\sin(kx-\omega t)$，导致了探测波束的衍射。一阶衍射波束的振幅和相位由 (James and Yu，1985) 给出：

$$I_1=\frac{P_0\Delta\phi}{\pi w_2^2}\mathrm{e}^{-\left(u_s^2+u_v^2\right)}\left[\mathrm{e}^{-\nu^2/2}\left(\mathrm{e}^{2u_s\nu}+\mathrm{e}^{-2u_s\nu}-2\cos\rho\nu^2\right)^{1/2}\right] \tag{8.2.1}$$

$$I_1\sin\phi_1=\frac{P_0\Delta\phi}{\pi w_2^2}\mathrm{e}^{-\left(u_s^2+u_v^2\right)}\left(\mathrm{e}^{-\nu^2/2}\left\{\mathrm{e}^{u_s\nu}\cos\left[\rho\nu\left(u_x-\frac{\nu}{2}\right)\right]+\mathrm{e}^{-u_s\nu}\cos\rho\nu\right\}\left(u_x+\frac{\nu}{2}\right)\right) \tag{8.2.2}$$

其中，P_0 是入射能量，$u_x=x_2/w_2, u_y=y_2/w_2, \nu=w_1k/\left(1+\rho^2\right)$，并且有 $\rho=z_1/z_{r1}+k_0w_1^2\left(L_1-L\right)/L_1^2$，$w_1$ 和 w_2 分别是在波的位置和探测器位置处的探测束流强度剖面 $1/e$ 处对应的半径，并且与束腰半径 w_0 有以下关系：$w_1=w_0\sqrt{1+(z_1/z_n)^2}$，$w_2=\left(L_1L_2/L\right)\sqrt{1+\rho^2}/w_1$，其中 $z_n=k_0w_0^2$ 是瑞利长度，$L=(1/L_1+1/L_2-1/f)^{-1}$，L_1 和 L_2 分别是从透镜 (焦距 f) 到波和探测器的距离。强度分布可以解释为两个散射项与未受干扰项差频的结果，其中当波的频率与外差探测器得到的 IF 信号频率一致的时候，未受干扰的项扮演了一个本地振荡器的角色。波动的波数可以由强度包络 I_1 的包络轮廓推出。这里要注意散射发生在拉曼–奈斯区，例如等式 $Lk^2/k_i=1$ 成立 (Klein and Cook，1967；Chen and Chatterjee，1996)。

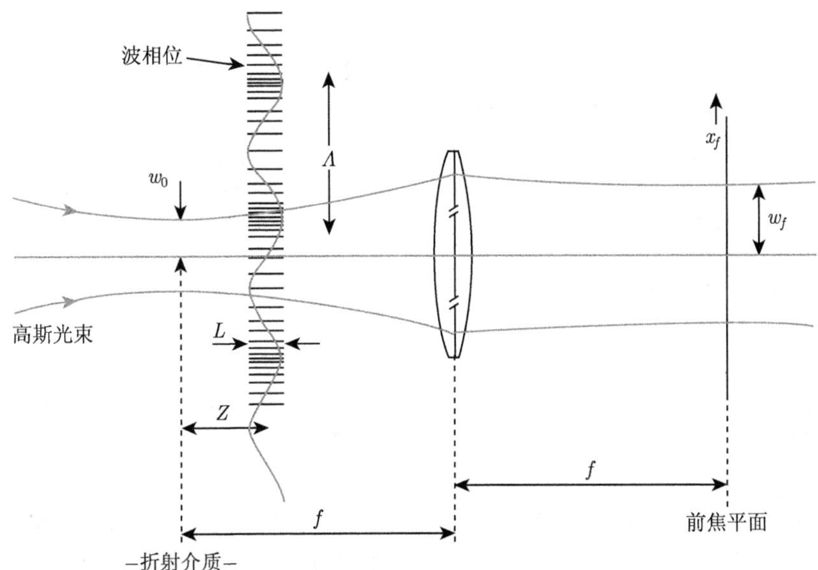

图 8.12 前向散射实验布局示意图 (Evans et al.，1982)

前向散射技术通常在 TOSCA(Evans et al.，1983) 和 TEXTOR(Vanandel et al.，1987) 托卡马克装置中测量长波长湍流，在实验室设备下 (Vonhellermann and Holzhauer，1984)测量压缩阿尔文波，在实验室条件下测量波的阻尼(Yu et al.，1988)。这种方法有如下吸引人的特点：对振动不敏感，并且实验上很简单。然而，它对高斯波形的微小偏离非常敏感。这种技术对传统散射系统难以分辨的长波长相干波非常有用，并且非常适合长波长微湍流测量。

相位闪烁成像与射电天文学中采用的测量行星际和星际波动的技术非常类似(Thompson et al.，1986；Sharp，1983；Nazikian and Sharp，1987)。尽管与前向散射技术相关，相位闪烁成像在测量近场带来的相位波动中是不同的，近场中测量到的相位波动谱与等离子体密度波动谱有直接关系。这两种技术对应近场和远场中密度波动带来的衍射辐射的测量，并且都可以用一般性的衍射理论来解释 (James and Yu，1985,1987；Howard and Sharp，1992)。在大多数的相位闪烁系统中，都使用了一个两路的干涉仪来测量探测波束的相位调制。在这种方法中机械振动会引起一些问题。

通过包含相位对比板，我们可以实现内部相位参考。这种近场检测技术被称为相位对比成像 (Weisen，1986，1988)。图 8.13 展示了实验布局 (Weisen，1988)。这里我们要注意这种技术对机械振动相对不敏感，另一个需要注意的就是相位板的使用就意味着最大可分辨波长比探测波束的束腰半径的一半要小。

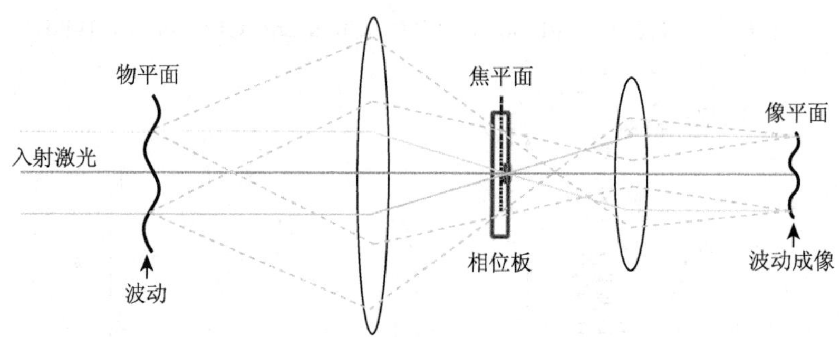

图 8.13　相位对比成像的光学布局示意图。实线表示非散射光，虚线表示散射光

这种技术在众多领域应用，从微湍流 (Weisen，1988；Tanaka et al.，1993, 2003；Coda et al.，2000；Vyacheslavov et al.，2005) 到外部驱动的射频波 (Weisen et al.，1989a，b；Lin et al.，2005)。Donné等 (2008) 对此技术做了详细的讨论，这里我们将讨论一些有代表性的系统。

首先我们讨论一下 MIT 开发并且用于 GenaralAtomics，SanDiego 和 CA 中的 DIII-D 托卡马克装置中的基于 CO_2 激光器的系统 (Coda et al.，1992；Porkolab et al.，2006)。图 8.14 包含了两个托卡马克装置中都使用的光学输出系统的简化示意图。两个系统都采用了带有一个 16 元件光伏 HgMnTe 探测器阵列 (已在 DIII-D 中使用)，而 C-Mod 中采用了 32 元件 HgCdTe 光伏探测器阵列。要求的 π/2 相位偏移的 LO 波束在扩展 CO_2 激光器波束 (10-20cm 宽) 从 $\lambda/8$ 步长凹槽反射时产生，这样就经过了总光程差为 $\lambda/4(90^\circ$ 相位偏移)，正如图 8.14 所示。

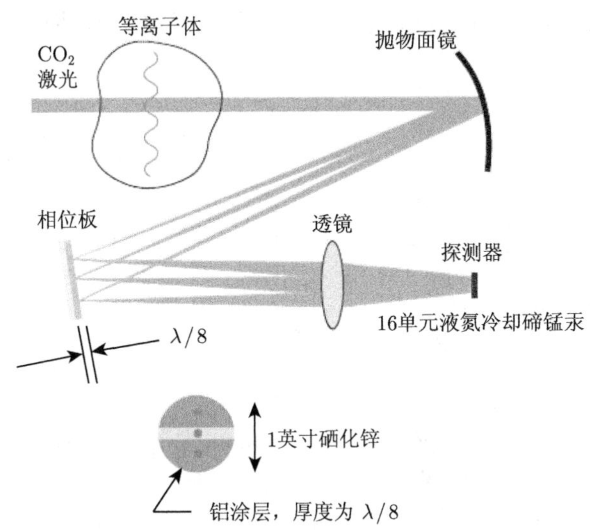

图 8.14 相位对比成像光学系统的概念布局，包括相位板和探测器阵列，实际上的光学设计要复杂得多

接着，散射分量信号在探测器阵列中与相移中心分量混频从而产生了一个幅度变化。Porkolab 等 (2006) 为了对此进行说明，采用了如下一组简化的方程。

相位板前的波场：

$$E_0\left(1+\mathrm{i}\Delta\phi\right) \tag{8.2.3}$$

相位板后的波场：

$$E_0\left(\mathrm{i}+\mathrm{i}\Delta\phi\right) \tag{8.2.4}$$

探测器阵列处的场强：

$$I\propto|E|^2=E_0^2\left(1+2\Delta\phi\right) \tag{8.2.5}$$

其中，$\Delta\phi\left(R\right)\simeq\int\left(\epsilon^{1/2}-1\right)\mathrm{d}z\propto\int n\left(R,z\right)\mathrm{d}z$。

结果就是入射到探测器阵列上的强度与弦积分线密度成正比，探测器阵列的位置与垂直于 CO_2 激光波束传播方向的空间位置直接相关。因此，这种诊断提供了波长组分和垂直于激光波束传播的相关长度。由于对于足够长波长等离子体波，散射光与非散射光不能分离，因此存在一个实际长波长探测极限。对于这两个系统，这个极限的值为 ~ 0.7cm。两个系统的波束光束路径如图 8.15 所示。此外，图 8.15 还显示了计算的扬声器信号的传播轨迹。表 8.1 总结了两个相位对比成像系统 (PCI) 的规格参数。通过部分遮挡相位板，Lin 等 (2006) 展示了在 C-Mod 系统中，可以通过磁箍缩角变化实现一定程度的垂直定位。图 8.16 展示了所谓准相干模式 (QC) 下的散射数据，显示了区分等离子体横截面顶部和底部的能力。

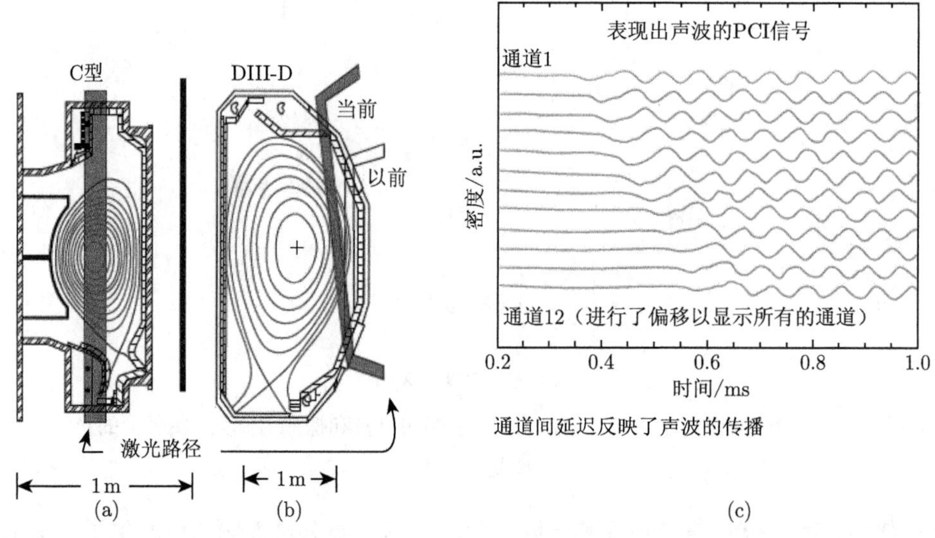

图 8.15　(a) 在 C 型托卡马克装置中的激光波束路径；(b) DIII-D 托卡马克装置；(c) PCI 诊断探测到的声波的传播 ($k \sim 2\text{cm}^{-1}$)

表 8.1　DIII-D 与 C-Mod PCI 系统性能参数

	DIII-D	C 型
探测器阵列	16 元件 HgMnTe	32 元件 HgCdTe
探测器元件分离	650μm	850μm
等离子体激光直径	5cm	6 ~ 12cm
相位板槽宽	450μm	400μm
光学放大率	0.125~0.62	0.21~0.81
奈奎斯特 k-限制	$6.5 \sim 30\text{cm}^{-1}$	$8 \sim 32\text{cm}^{-1}$
低 k-截止	0.7cm^{-1}	0.7cm^{-1}
激光能量	20W	60W

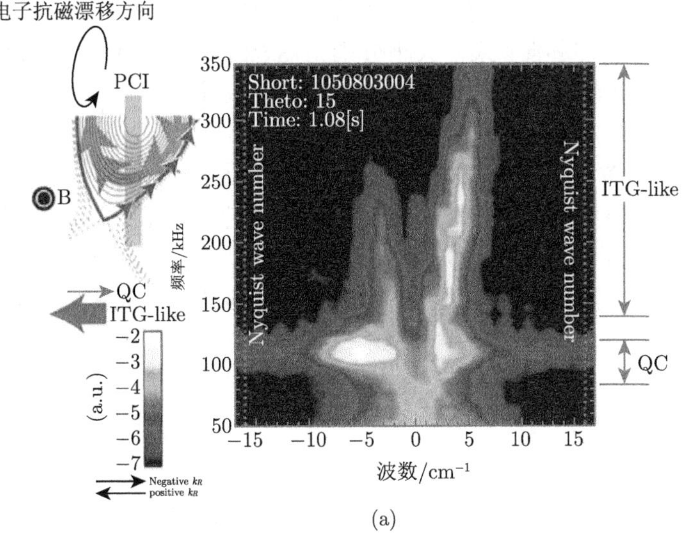

(a)

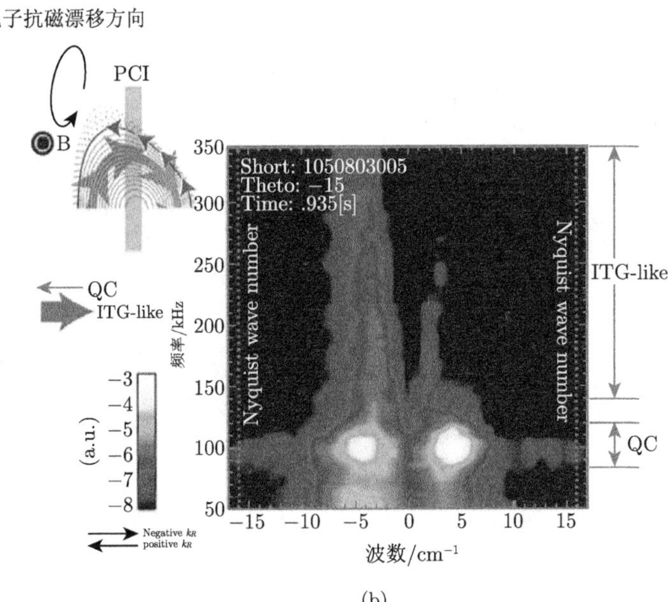

(b)

图 8.16 由 C-Mod PCI 诊断测量到的等离子体涨落的频率/波数谱。在每一个图的左边角落上给出了根据掩模相位板设置的诊断线：(a) 底部等离子体视角；(b) 顶部等离子体视角

最后一个关于 PCI 的例子是在日本的国家聚变科学研究中心的大型螺旋装置中的二维仪器 (图 8.17)(Tanaka et al.，2008；Michael et al.，2006；Vyacheslavov et al.，2005；Sanin et al.，2004)。采用一个二维探测器阵列和磁剪切，探测器阵列由一个 8×6 的 HgCdTe LN 冷却光电导体组成，单元尺寸为 $0.5\text{mm} \times 0.5\text{mm}$，间

距为 1.4 mm 和 0.62mm。光学系统提供的放大率为 5.68，这就导致了等离子体中 x 和 y 方向 (径向和环向) 采样大小分别为 3.52 mm 和 7.95mm，这与奈奎斯特波数 0.89cm^{-1} 和 0.40cm^{-1}(mm) 对应。探测波束利用了 CO_2 激光器 8W 输出的 20%左右，剩余的能量用于干涉仪，等离子体中心体的宽度为 62mm(环形方向) 和 72mm(主径向)。在 2006 年的升级中，他们改变了系统放大能力，通过仅采样一部分 CO_2 波束，采样的范围依赖于他们是对高 k 还是低 k 的波动感兴趣。图 8.18 展示了积分二维自相关函数 $\varGamma(\delta x, \delta y, \delta\omega)$ 在 (78 ± 15)kHz 处的实部和虚部的一个例子。通过采用二维最大熵方法，他们将 $\varGamma(\delta x, \delta y, \delta\omega)$ 变换来得到线积分波数谱 $\partial N^2/(\partial k_x \partial k_y \partial\omega)$。

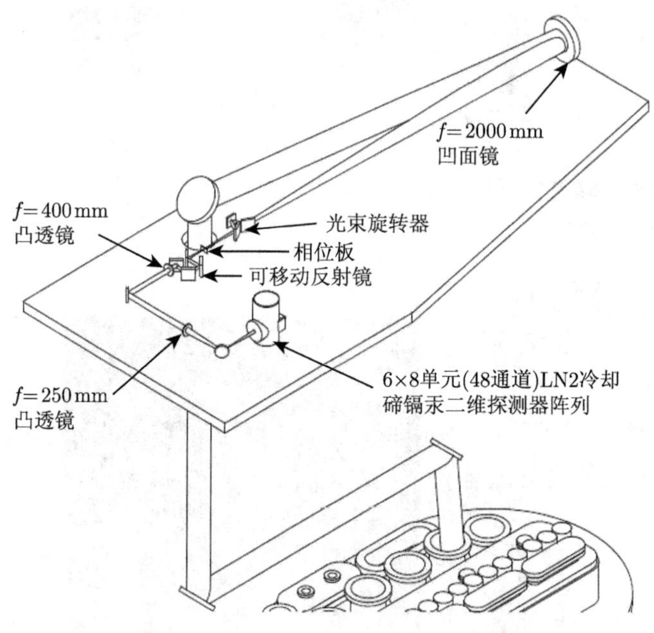

图 8.17　LHD 2DPICI 探测系统示意图

图 8.19 包含了一个如图 8.20 所示的二维 MEM 得到的局部波数谱 $\partial n^2/\partial k$ 的例子。作者也得到了实验室坐标系下的局部波动相速度，使用 $v = \omega/k$ 和 $\mathrm{d}v/\mathrm{d}\omega = 1/k$，将 $\partial n^2/(\partial k \partial\omega)$ 转化为 $\partial N^2/(\partial k \partial v)$。图 8.20 展示了相速度曲线 $\partial N^2/\partial v$，其中谱对 k 积分，白线表示在每一个地点的最大波动能量下的波动的相速度。从这些数据我们可以看出，在核心区 $(|\rho| < 0.7)$ 离子反磁方向和边缘区电子反磁方向 $(|\rho| \geqslant 0.7)$ 的波动传播导致了强的速度剪切。

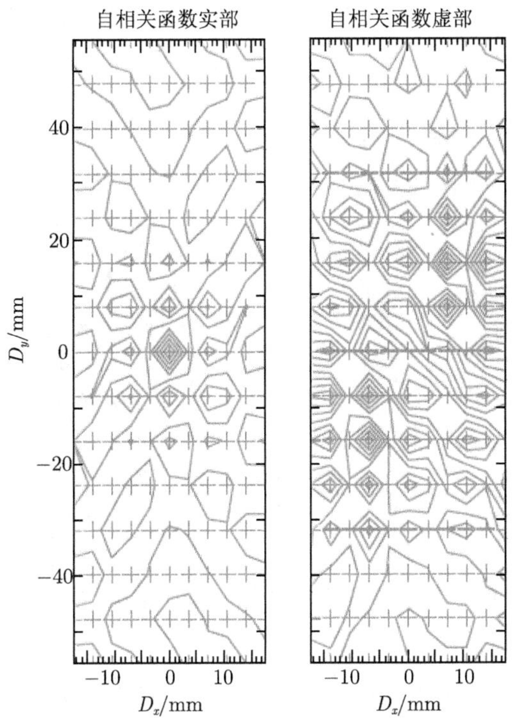

图 8.18 积分二维自相关函数 $\Gamma(\delta x, \delta y, \delta\omega)$。图中给出了实部和虚部，也给出了 (78 ± 15)kHz 频率分量

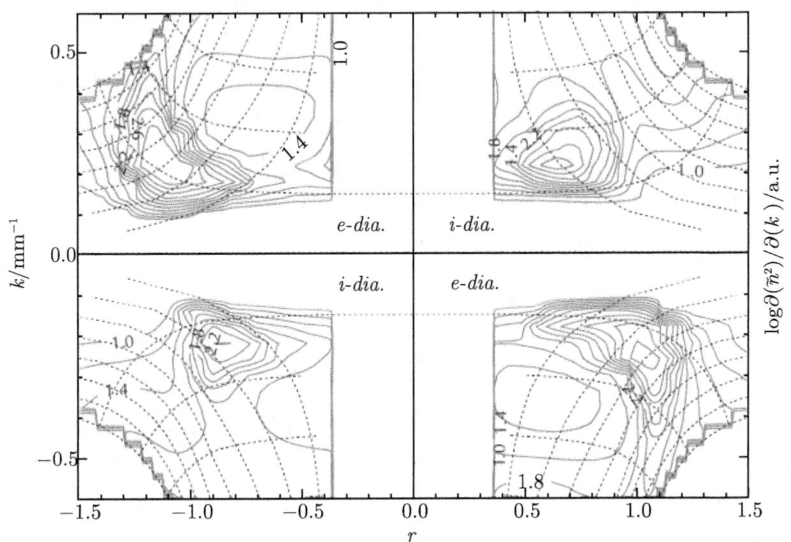

图 8.19 通量表面坐标系下的局部波数谱，谱积分范围是 20~500kHz

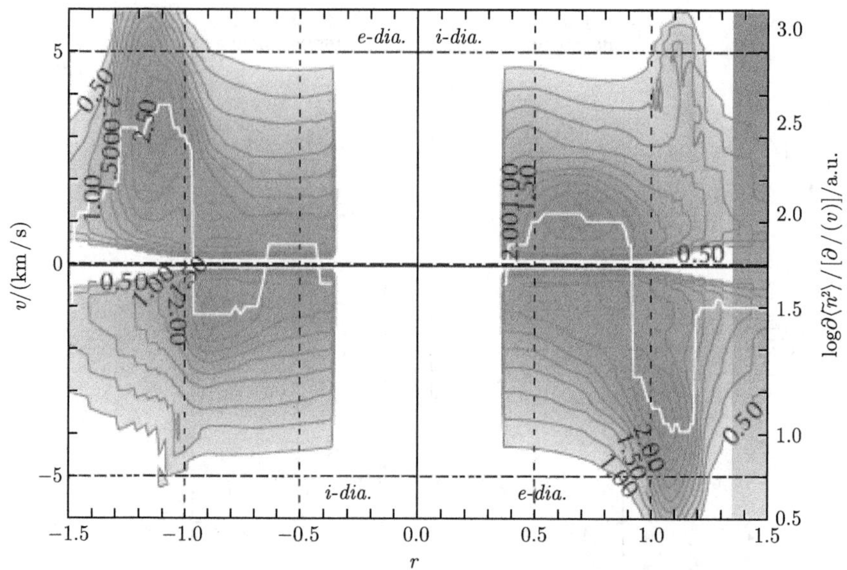

图 8.20 相速度剖面 $\partial n^2/\partial v$，谱对 k 积分。白线表示在最大涨落功率处波动的相速度

8.3 来自驱动 (非热) 波的汤姆孙散射

汤姆孙散射探测确定波矢的独特能力可用于驱动或非热不稳定性的研究，见 (Walsh and Baldis，1982)；(Giles and Offenberger，1983)；(Clayton et al.，1985)；(Baker et al.，1996)；(Baldis and Labaune，1996)；(Depierreux et al.，2000)；(Glenzer et al.，2001b)；(Rous-seaux et al.，2006)。举例来说，受激布里渊散射 (SBS) 是一个三波不稳定性，它来自于强激光脉冲 k_{ib}、散射光波和离子声速等离子体波 (k_{driven}) 的共振耦合。对于一个给定的与入射相互作用波束共同传播的离子声波，这个过程是共振的 (详细的 SBS 和其他激光等离子体不稳定性的讨论见 12.7 节)。通过选取一个汤姆孙散射几何构型使得探测波矢与驱动波矢匹配，离子声波就可以被探测到。对于 SBS 驱动的离子声波，驱动波矢有明确的定义 [见公式 (5.4.3)]，$k_{\mathrm{driven}} \simeq 2k_{ib}$，并且汤姆孙几何构型满足以下关系：

$$\theta \simeq 2\arcsin\left(\frac{k_{ib}}{k_{TS}}\right) \tag{8.3.1}$$

其中，k_{TS} 是汤姆孙探测波束的波矢。通过使用汤姆孙散射来同时探测驱动离子声波和反向传播的热波动，这就是受激布里渊散射的情况，离子声波的绝对振幅可以通过测量得出 (Froula，2002b；Froula et al.，2003a)。驱动声波的绝对振幅 ($\delta n/n_e$) 通过比较热起伏与驱动离子声波的散射能量得出。散射到热离子声波中的能量可以通过将式 (5.5.7) 代入式 (5.1.1)，对离子声波特征峰处积分得到

$$P_{\text{thermal}} = \frac{1}{2} r_0^2 n_e L P_i \mathrm{d}\Omega \tag{8.3.2}$$

其中，L 是沿着探测波束方向的散射体积的长度。

受驱动的相干起伏波的散射功率会导致动量守恒方向上的散射功率的大幅度增强，并且由下式给出功率值：

$$P_{\text{driven}} = \frac{1}{4} r_0^2 n_e^2 \lambda_i^2 L L_c P_i \left(\frac{\delta n}{n_e}\right)^2 \tag{8.3.3}$$

其中，$\delta n / n_e$ 是驱动声波的振幅；L_c 是沿着探测波束方向的相关长度。这样就得到了散射到驱动波和热波中的功率之比为

$$\frac{P_{\text{driven}}}{P_{\text{thermal}}} = \sqrt{\pi} n_e \lambda_i^2 L_c \sqrt{\mathrm{d}\Omega_{\max}} \left(\frac{\delta n}{n_e}\right)^2 \tag{8.3.4}$$

其中，$\mathrm{d}\Omega_{\max}$ 为驱动波散射光和光学收集系统间的最小立体角。对于来自 SBS 驱动波的散射，驱动波的立体角由相互作用波束的 f 数给出，$f_{ib}^2 = \pi / (4\mathrm{d}\Omega_{ib})$，相关长度可以由相互作用光束产生的散斑的横向尺寸来估计，$L_c = f_{ib} \lambda_{ib}$。

Froula 等 (2002，2003b) 使用多汤姆孙散射装置与多离子种类的等离子体来测量离子温度 (见 5.4.3 节)，为低 Z 值激光诱导等离子体中俘获的热离子提供直接定量的证据 (图 8.21(a))。进一步，通过测量驱动离子声波的绝对频率，这个小组使用了多汤姆孙散射装置来测量俘获离子导致的频移。

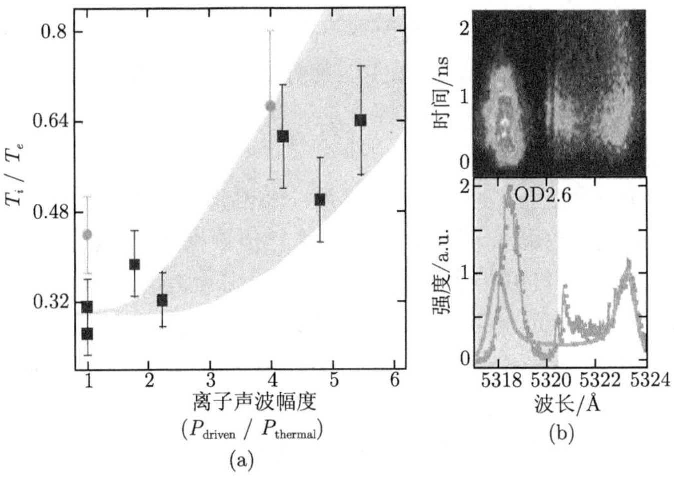

图 8.21 (a) 作为归一化的离子波幅度函数的电子与离子温度比 [公式 (8.3.4)]，展示了在 Be/Au 等离子体中由离子俘获产生热离子。(b) 在 SBS 驱动的离子声波中测量到频率偏移；实线表示由不受 SBS 影响的二次汤姆孙散射诊断测量的谱。通过在条纹相机的狭缝处使用一个 OD2.6 可过滤半数的谱 (图来自 (Froula et al., 2002,2004))

8.4 直接前向汤姆孙散射

在传统的大角度汤姆孙散射实验装置中，散射角由收集和探测波束孔径所限制。举例来说，对于 $f/20$ 聚焦和合理 f 数的收集透镜，探测光束的很大一部分会以 25mrad 的散射角进入收集光学系统。在研究小 k 等离子体波中这种限制就尤为重要。举例来说，在用光探测 CO_2 激光器驱动的相对论电子等离子体波时要求接近准确的前向散射 ($k_{\mathrm{epw}} \sim 1/100\mu\mathrm{m}^{-1} \ll k_{\mathrm{probe}}$)。因此，散射光沿着与探测光相同的方向传播，使得两者的分离非常困难。进一步，在低密度等离子体 ($\sim 10^{16}\mathrm{cm}^3$) 中，散射效率非常小 (典型值为 $10^{-11} - 10^{-9}$)，波长偏移小于 1nm。

Filip 等 (2003) 展现了一个新颖的汤姆孙散射系统，此系统能够在一个宽密度范围内通过使用空间光谱滤波器将弱散射光从强探测光中分离的方法来探测直接前向散射汤姆孙散射光。这个系统将未偏移的探测光衰减 10^9 倍，从而允许汤姆孙散射光 $3 \sim 24$Å 的偏移能够探测。图 8.22(a) 展示了实验设备，其中双频 CO_2 激光脉冲驱动的 He 填充的相对论等离子体波会产生拍频信号 (Filip et al., 2004)。等离子体波由 Nd:YAG 激光器产生的长为 2ns、线性极化的、50mJ、$\lambda_i = 532$nm 的脉冲的二次谐波探测。探测波束通过离轴抛物面镜 (OAP) 上的一个小孔进入 CO_2 波束的中心，并且在相互作用点被聚焦到一个 90μm 大小的光斑。IR 和可见波束以一个小于 $0.4°$ 的角度一同传播。大约 10^{-9} 的光子会有一个 $\pm\omega_{pe}$ 的频移，对应的波长偏移为 ±8Å。剩下的探测光子是不想要的杂散光，将从相互作用室进入汤姆孙散射诊断装置中，后者包含两个主要部分：第一部分是空间光谱滤波器，它用于过滤掉波长为 λ_i 的杂散光；第二部分是光谱仪与条纹相机的组合，用于在频率和时间上分辨散射光。

在三次通过一个法布里–珀罗标准具后，未偏移的探测光被 (见 7.5 节) 衰减 1000 倍。标准具反射红移和蓝移的散射光并且传输探测光。标准具设计的传输波长 (FWHM) 为 2.6Å，自由光谱范围是 ~ 27Å。由于标准具的抗反射涂层外表面产生寄生干涉，如同剩余光一样，有 10% 的入射光被反射。

标准具后面接的是一个空间滤波器，用于阻挡高能量探测波束在波束路径上 12 个光学表面产生的光环。注意到，对于空间滤波器的操作而言，标准具对杂散光能量 1000 倍的衰减是比较严格的，这是由于能量必须足够低来避免等离子体在空间滤波器中分解，这会导致整个光谱中都有杂散光。为了进一步降低杂散探测光，一个刀刃式全息光栅用来将整体的入射光能量从 20MW 降到 2mW。最后，光在光谱仪的狭缝处成像，并且被一个条纹相机记录。

图 8.22(b) 展示了散射角小于 0.4mrad 的汤姆孙散射光谱。在 $\lambda_i \pm 8.1$ 处短而

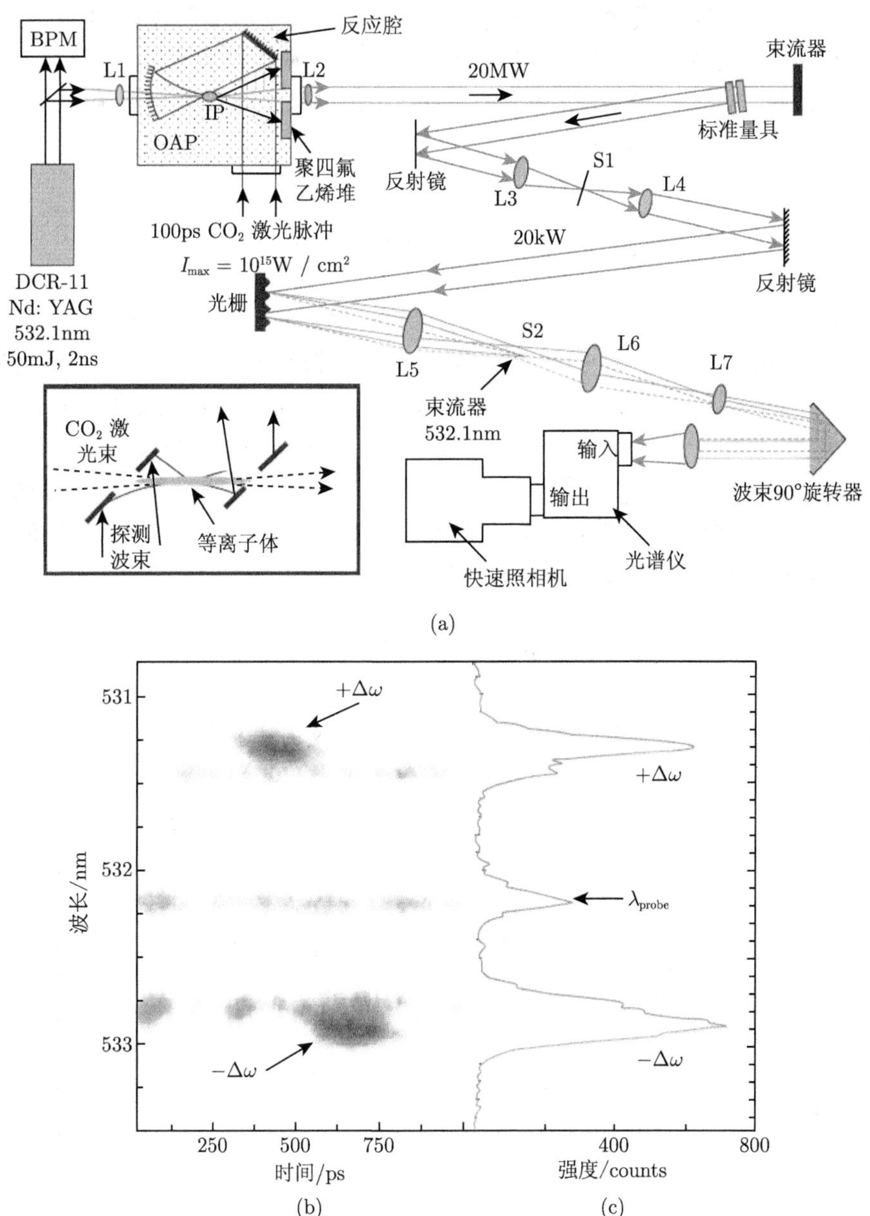

图 8.22 (a) 直接前向汤姆孙散射诊断示意图。L1-L7 是透镜，S1，S2 是空间滤波器，OAP 是偏轴抛物面镜，IP 是相互作用点，BPM 是波束位置监测器。(b) 记录在 10^{16}cm^{-3} 的 He 中的汤姆孙散射光的时间分辨谱。(c) 汤姆孙散射边带峰的线路输出 (图来自菲律宾的 C. Joshi(2003) 和科学仪器审查委员会)

强的边带信号是汤姆孙散射信号。值得注意的是，这两个边带在时间上实际上是重合的，但由于红色和蓝色分量通过空间光谱滤波器的路径长度不同而出现偏移。图 8.22(b) 表明，即使在这种能量水平下，信噪比仍然在 100 量级。当等离子体密度降到 $2\times10^{15}\text{cm}^{-3}$ 时，信号电平接近于噪声。

8.5　$(\omega, \boldsymbol{k})$–分辨汤姆孙散射

汤姆孙散射已经被用于分辨许多激光等离子体不稳定性的频率波数谱：驱动离子声波的谐波 (Walsh and Baldis，1982)，电子等离子体波和离子声速波的波模耦合 (Clayton et al.，1985；Everett et al.，1995)，朗缪尔衰减不稳定性 (Depierreux et al.，2002；Kline et al.，2005)，双离子衰减 (Niemann et al.，2004)。这种技术说明收集透镜的每一个径向位置都对应于一个不同的散射波矢和一个等离子体波。这个波的放大率由余弦定律给出，对于离子声波 ($k_s\simeq k_i$)，还可以进一步做简化来展示波矢对于散射角的依赖关系 (见 5.4 节)。

$$k_{ia}\simeq 2k_i\sin\left(\frac{\theta}{2}\right) \tag{8.5.1}$$

将这个范围的角度 (比如说收集透镜) 成像到光谱仪的狭缝上，就可以分辨一定波矢范围的频率。

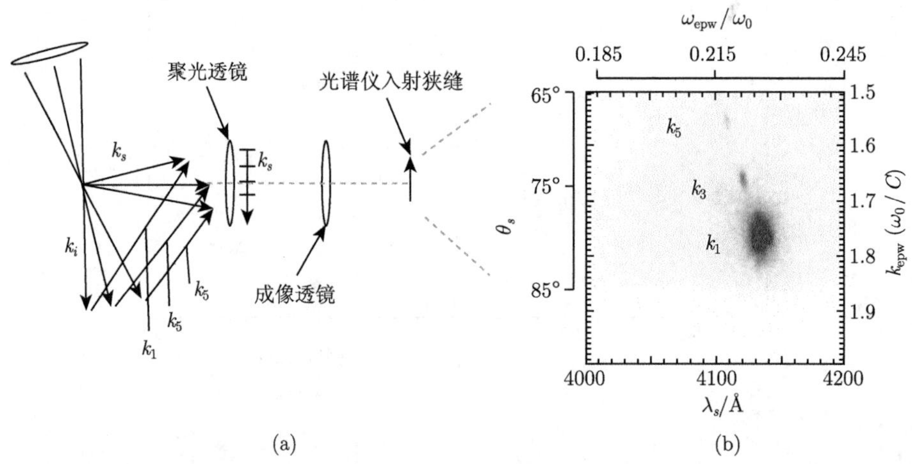

图 8.23　设计用于分辨 ω, k 谱的汤姆孙散射系统示意图。(a) 散射光波长和散射角与 (ω, k) 是直接相关联的。(b) 角度分辨谱 [(ω, k) 谱]。受激拉曼散射二次电子等离子体波 (k_1) 和朗缪尔衰变不稳定性驱动的两个电子等离子体波 (k_3, k_5) 如图所示 (图来自 (Montgomery et al., 2004))

洛斯·阿拉莫斯国家实验室中 Kline 和 Montgomery 领导的一个团队在三叉戟激光设施中使用了这项技术，来观测与受激拉曼散射相关的流体 (波–波) 和动力学 (波–粒子) 非线性特征 (Kline et al.，2005)。图 8.23 展示了他们的汤姆孙散射实验装置示意图，其中使用了一个带有 200ps 脉冲持续时间的 351nm，0.5J 的汤姆孙探测波束。汤姆孙探测波束用一个 $f/4$ 的透镜聚焦，汤姆孙散射光由一个 $f/2.4$ 的透镜收集，收集透镜成像到与电荷耦合器件 (CCD) 耦合的成像光谱仪的 1/4 m 的狭缝上。该系统提供了 200ps 的角度分辨光谱帧，并且数据直接与驱动电子等离子体波的 (ω, k) 谱 (图 8.23(b)) 相关联。

8.6 受激拉曼散射的亚皮秒时间分辨汤姆孙散射

在受激布里渊散射和受激拉曼散射中，激光泵波辐射将散射离子声波或电子等离子体波。这些波的非线性阻尼就导致了非麦克斯韦速度分布，并且改变了波的阻尼系数 (Afeyan et al.，1998)。Kline 等 (2005) 发现在 $k\lambda_{De} = 0.29$ 时从流体向动力学效应的过渡，其中 k 是最不稳定 SRS 驱动电子等离子体波的波数。测量这种现象的一个困难是等离子体不稳定性具有非常短的生长时间——几皮秒。Rousseaux 等 (2006) 报道了离子声波和电子等离子体波 (由 SBS 与 SRS 驱动) 的亚皮秒分辨率的汤姆孙散射探测。

一个 1.059μm 的激光器，其 FWHM 为 550ps，功率密度为 $10^{14}\mathrm{W/cm^2}$，用于电离氦气。主波束 (1.5TW，1.059μm 和 1.5ps 的 FWHM) 在峰值电子密度为 $4 \times 10^{19}\mathrm{cm^{-3}}\,(0.04n_{cr})$ 和 $T_e\,(T_i)$ 接近 300eV(50eV) 下与等离子体相互作用。主脉冲的一小部分通过时间压缩和三倍频得到一个 2mJ、FWHM 为 0.3ps 的汤姆孙探测波束，光谱宽度为 1.2nm。

离子声波和电子等离子体波的发展如图 8.24 所示。电子等离子体波在脉冲峰值附近快速衰减，并且与平均激光强度无关。这就表明在皮秒量级时间尺度上，非线性动力学效应 (比如电子俘获和变形) 是 SRS 中断的主要原因。

在随后的工作中，Rousseaux 等 (2009) 使用二维汤姆孙散射来展示 SRS 驱动的电子等离子体波随着时间推移越来越倾斜。粒子模拟 (二维) 定量复现了测量的光谱并且揭示了斜波数主要来自波前弯曲，而大幅度电子等离子体波则受到二次不稳定性的破坏。关于不稳定性进一步的讨论见 12.7 节。

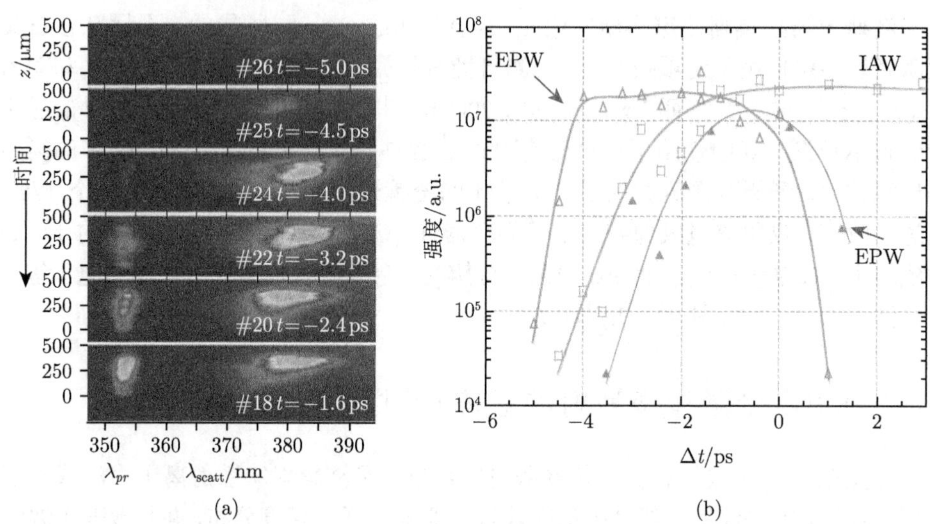

图 8.24　1.5ps 激光脉冲 ($I = 9 \times 10^{17}\mathrm{W/cm^2}$) 驱动的离子声波 (IAW) 和电子等离子体波 (EPW)。最右边的 EPW 曲线是在低强度下 ($I = 7 \times 10^{15}\mathrm{W/cm^2}$) 得到，而在这种强度下 IAW 信号还处于探测限以下 (图来自 (Rousseaux et al., 2006) 和物理评论快报)

8.7　多离子声速汤姆孙散射用于探测 $(\boldsymbol{T_e}, \boldsymbol{n_e})$

在等离子体集体散射中，通过识别离子声波特征来测量电子温度已经成为 30 多年来汤姆孙散射测量的一种标准的方法 (见 5.4.3 节)，然而更弱的集体电子特征 (见 5.4.2 节) 可以用于测量电子密度，但是集体电子特征却是更加难以捉摸的。这里我们将讨论一种由 Froula 等 (2005) 首次提出的技术，在此技术中利用了离子声速波动的色散，并通过使用多汤姆孙散射诊断两个显著不同的离子声速波矢量来探测密度与温度。

两个离子声波的频率可以通过使用两个探测波长或是使用一个探测激光器的两个不同散射角来测量。可以选择小角度诊断 k_1 来提供电子温度的测量，并且电子温度与密度之间有很小的依赖关系 ($k_1\lambda_{De} < 1$)，而大角度诊断可以较好地测量电子密度 ($k_1\lambda_{De} > 1$)。对于满足集体汤姆孙散射 ($ZT_e/3T_i \gg k^2\lambda_{De}^2$，见 5.3.5 节) 给出的大角度 (给定探测波长) 有一个限度，对于小角度，由于仪器分辨光谱峰的能力 (比如，波长分离与角度成比例，见公式 (5.4.10)) 也有一个极限。

Froula 等 (2005) 通过使用两个 0.5J 不同波长的探测激光器演示了这个技术，其中 $\lambda_i^{2\omega} = 532\mathrm{nm}$，$\lambda_i^{4\omega} = 266\mathrm{nm}$。图 8.25(a) 展示了实验装置。$2\omega$ 和 4ω 的探测波束分别使用一个 $f/5$ 和 $f/10$ 的透镜聚焦到最小直径为 75μm。散射几何示意图

图 8.25(b) 所示，其中两个系统有相同的散射角 ($\theta = 120°$)，但是探测不同的波数 ($k_{4\omega}/k_{2\omega} = 2$)。两个 $f/5$ 的收集透镜将在接近完全离子化的氮等离子体中一个散射体积的散射光准直。散射光通过使用两个 $f/10$ 的聚焦透镜聚焦在 3/4 m(对于 2ω) 和 1m(对于 4ω) 的成像光谱仪狭缝上。光谱仪与条纹相机耦合。与等离子体中的入射波束重叠的光谱仪和条纹相机的狭缝定义了一个 50μm × 100μm × 75μm 的体积。图 8.25(c)、(d) 展示了这个实验装置的汤姆孙散射光谱，很明显两个系统之间散射波长之差大于 2 倍 ($\Delta\lambda_{2\omega} > 2\Delta\lambda_{4\omega}$)——这是色散等离子体的结果。

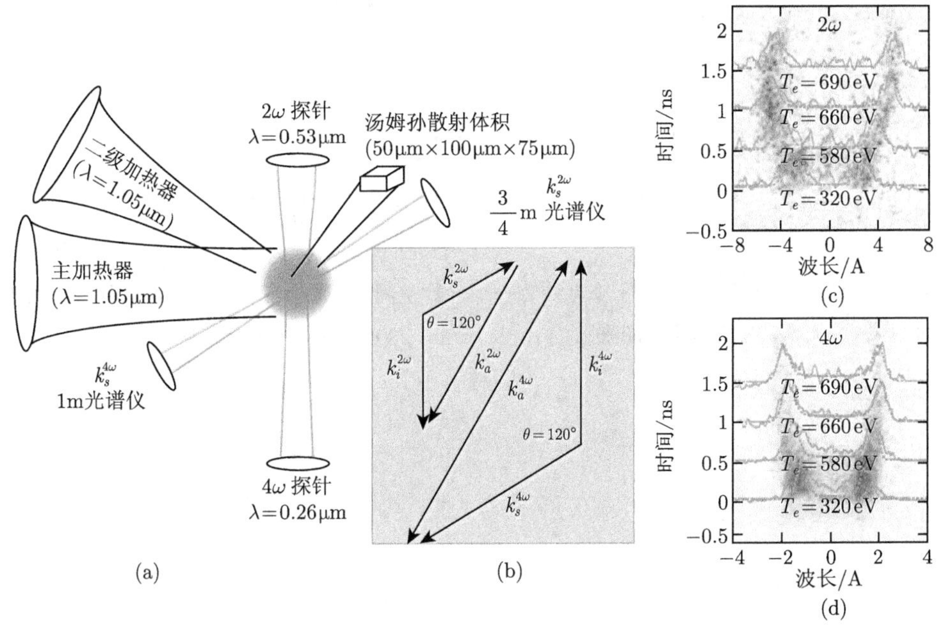

图 8.25 (a) 使用了两个汤姆孙散射探测波束 (来自于显著不同的波矢量) 的实验装置；(b) 来自相同散射体积的汤姆孙散射光谱展示了等离子体色散特性，等离子体温度随着时间增长，2ω 光谱特征峰的增长比 4ω 快得多。每次都要拟合理论形态因子 (式 (5.1.2))(图来自 (Froula et al., 2005) 和物理评论快报)

图 8.26 展示了一系列的计算，其中测量得到的电子温度和密度的参数空间由每个汤姆孙散射诊断的实际测量不确定度决定 ($\delta\lambda_{4\omega} = 0.014$Å, $\delta\lambda_{2\omega} = 0.05$Å)。当电子温度较低的时候，波长分离较小。如果 $k\lambda_{De}$ 也很小的话，诊断对密度不敏感，密度测量误差由离子声波谱峰测量误差决定 (图 8.26 右下)。

对于一个典型的惯性约束等离子体 ($T_e = 5$keV, $n_e = 5 \times 10^{20}$cm^{-3})，两个收集光学系统的光学散射角是 $40° < \theta_{k2} < 80°(0.4 < k_2\lambda_{De} < 0.7)$，$\theta_{k1} > 140°(k_1\lambda_{De} > 0.9)$；使用这些散射角度的单个 4ω 探测激光器和典型的仪器分辨率，当电子温度

测量误差在 10%以内时，局部密度可以测量到误差优于 25%。

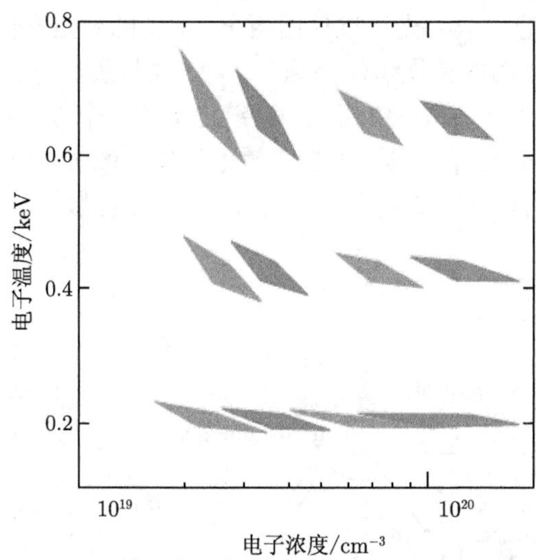

图 8.26　对每个电子温度与电子密度计算一个参数空间，对每个汤姆孙散射实验使用了典型的探测误差 (图来自 (Froula et al., 2005) 和物理评论快报)

第 9 章　工业等离子体与高能离子的散射

9.1　工业与其他的低温等离子体

等离子体在聚变能研究之外还有很广泛的应用，例如荧光灯、等离子显示屏、半导体加工、涂层制作、表面清洁、有毒化学品销毁，以及等离子体隐身等方面。由于可在不扰乱等离子体的前提下进行局部测量，汤姆孙散射正成为一种有吸引力的探测方法。

这样的等离子体的关键特点是 0.1~30eV 范围内的低温和 $10^{10} \sim 10^{18}\text{cm}^{-3}$ 范围内的电子密度，并且一般有 $n_n \gg n_e$。正如 Muraoka 等 (1998)、Warner 和 Hieftje(2002)，以及 van de Sande(2002) 的出色的综述中所讨论的那样，这样的参数使得使用汤姆孙散射作为测量方式存在挑战，因为低密度下的光子计数率较低，散射线宽较窄，强的瑞利散射、杂散光和背景等离子光 (参考图 9.1，Bowden et al.，1999)。除此之外，对于蚀刻，通常使用化学反应性气体。

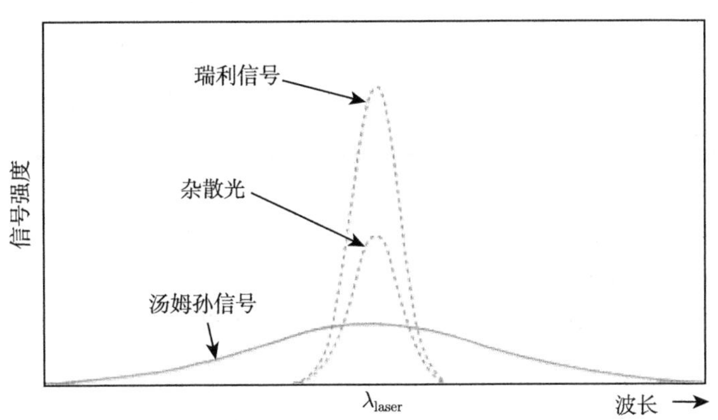

图 9.1　散射谱的不同成分 (摘自 K. Uchino in Bowden et al. (1999))

工业等离子体通常在稳态下操作，因此，已经被应用于脉冲源的方法是:

(1) 积累多达 10^3 个脉冲信号;

(2) 独立测量瑞利散射成分并且从整体中扣除;

(3) 有两个或三个单色器串联以减少杂散光。

在远紫外光刻中使用的 Z-箍缩等离子体的示例装置如图 9.2 和图 9.3 所示，可以使用掩模来屏蔽光谱的中心部分 (图 9.4)。

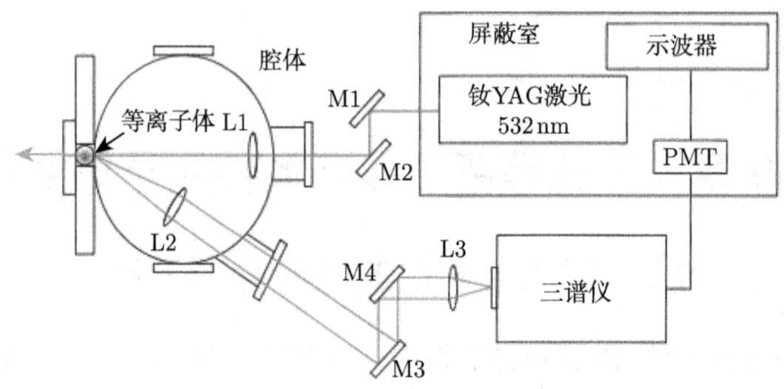

图 9.2　实验布局示意图 (摘自 (Tomita, 2009))

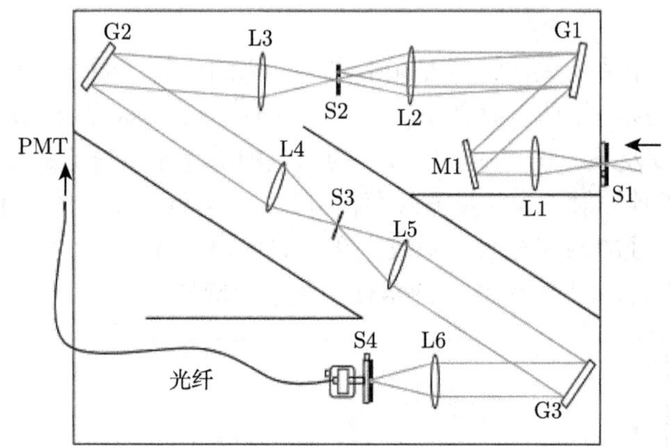

图 9.3　三光栅光谱仪示意图。S1-S4：狭缝，M1：平面镜，G1-G3：光栅，L1-L6 透镜 (摘自 (Tomita，2009))

已经在以下领域开展了测量实验：

- 大气中的脉冲击穿等离子体 (Uchino et al., 1982)；
- 电子回旋共振 (ECR) 源 (Bowden et al., 1993,1999)；
- 射频感应耦合源 (Hori et al.,1996a，b，1998)；一个电子温度测量的例子如图 9.5 所示；
- 磁中性环放电 (Sakoda et al.,1997)；
- 电容耦合射频源 (Wesseling and Kronast, 1996)；
- 电容耦合射频放电和 GEC 参考电池中的活性等离子体 (Kazcor and Soltwisch，1999, 2001)；
- 微放电等离子体，用于等离子显示器面板 (Noguchi et al.,2001, 2002；Hassaballa et al., 2004, 2005)；
- 氖–汞正柱区 (Bakker and Kroesen, 2001)；

- 大气氩等离子体 (Zaidi, 2001)；
- 锡蒸气放电 (Kieft et al., 2004,2005)；

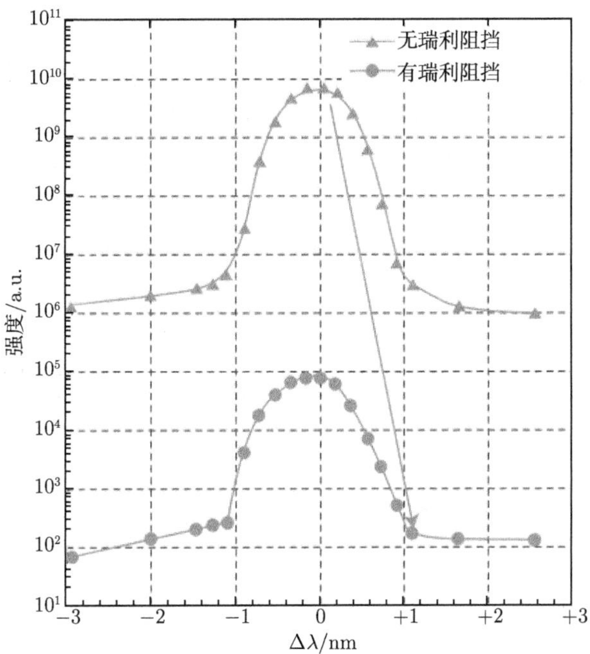

图 9.4 可屏蔽光谱中心部分的掩模 (摘自 (Uchino et al., 2004) 和 IEEE)

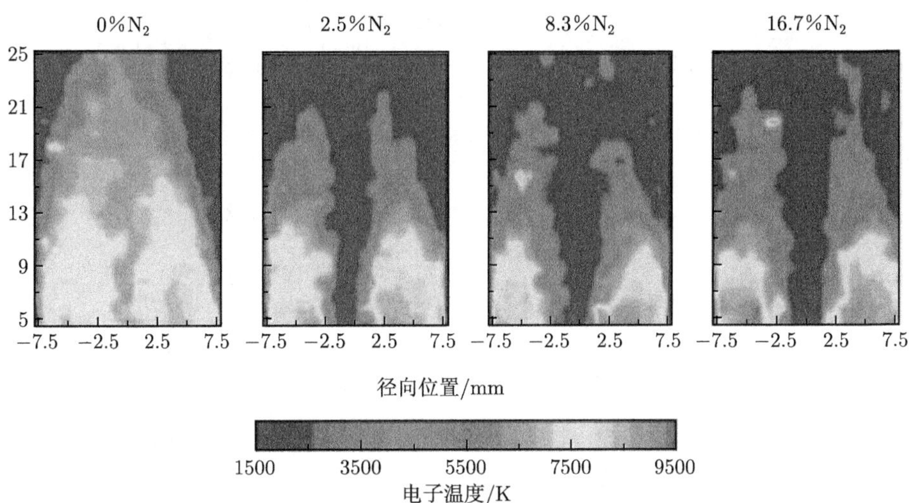

图 9.5 氩离子回旋加速器等离子体中心通道流中添加不同百分比氮时的电子温度 (摘自 (Warner and Hieftje, 2002))

- 微波等离子体炬 (van der Mullen, 2004)；
- 磁多极 (Maurmann et al., 2004)；
- EUV 光源 (Tomita et al.,2009)。

Hori 等 (1996a) 证明了在电感耦合等离子体中测量非麦克斯韦电子能量分布的能力，在辉光放电的测量中发现了类似的结果 (Gamez et al., 2003)，气体压力降低时麦克斯韦分布的偏差如图 9.6 所示，Bowden 等 (1999) 研究了 ECR 等离子体的系统, 如图 9.7 所示。

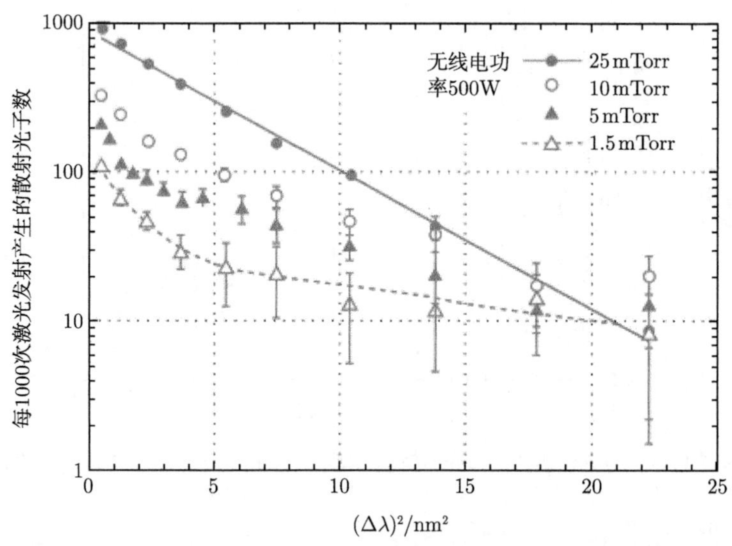

图 9.6　不同压强下等离子体的汤姆孙散射 (摘自 (Uchino et al., 1998))

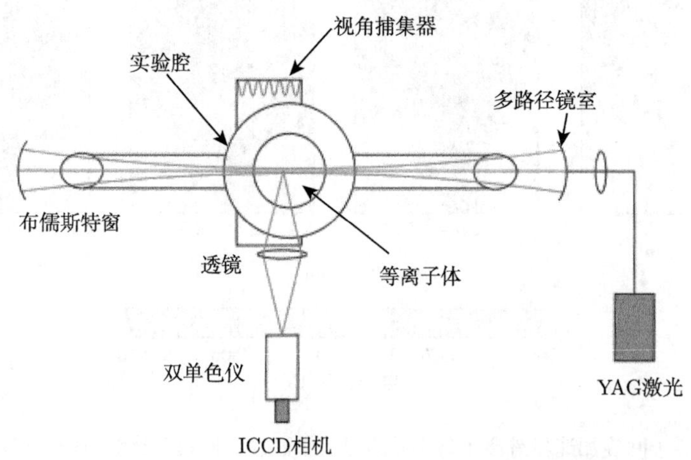

图 9.7　装置示意图 (摘自 (Bowden et al., 1999))

ECR 等离子体在 1 毫托 (3.5×10^{13} 粒子/cm^3) 的氩气中工作。由拟合的高斯光谱确定的电子密度和温度分别为 $(2.1\sim6.2)\times10^{11}cm^{-3}$ 和 2.5~3.1eV。在一个实验中，他们以 532nm 和 1kHz 重复率操作 YAG 激光，其中 1mJ 脉冲的持续时间为 7ns，光束发散为 0.5mrad。为了改善信号，他们使用球面镜通过散射体积将激光反射提高 26 倍。这种方法的一个难点是, 由于测量的持续时间较长，背景光相对增加。密度测量能力的下限估计为 $5\times10^{10}cm^{-3}$。

一个更好的方法是使用 10Hz 重复频率的激光，其 10ns 脉宽的能量为 0.5J，光束发散为 0.5mrad。估计密度能力下限为 $1\times10^{10}cm^{-3}$。图 9.8 所示为测量的光谱 (不含等离子体)。

Scotti 和 Kado 于 2009 年测量了密度为 $10^{12}cm^{-3}$ 时低至 0.05eV 的电子温度，与分流器等离子体的理论模型一致。Sakoda 等 (1997) 在中性回路放电中测量了电子密度 (n_e为$(0.7\sim5.5)\times10^{11}cm^{-3}$) 和温度廓线 ($0.9\sim2$eV)。

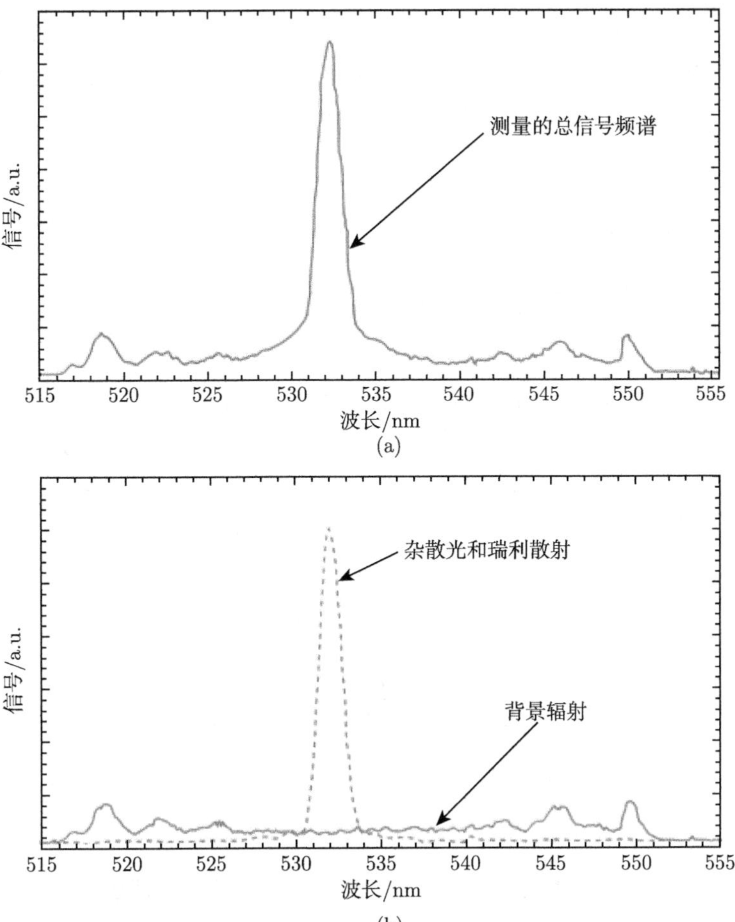

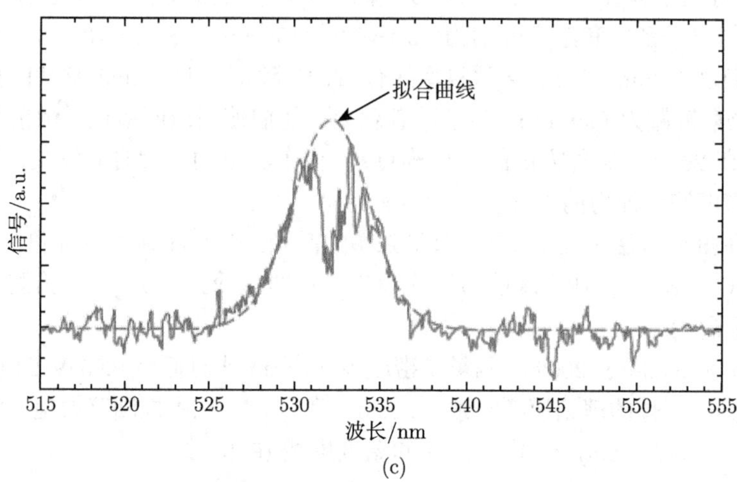

图 9.8　用 ICCD 相机测量的光谱实例。(a) 当激光被等离子体散射时测量的全光谱；(b) 显示了其中两个额外的光谱，要确定 (a) 中光谱的汤姆孙散射组成必须先测量这些光谱；(c) 中所示为 (a) 光谱的汤姆孙散射信号成分。虚线是高斯拟合得到的曲线 (摘自 (Uchino et al., 1999))

锡蒸汽放电是正在开发的用于远紫外光刻的源之一。在预箍缩阶段，电子温度和密度分别在 5~30eV 和 $10^{17} \sim 10^{18}\text{cm}^{-3}$ 的范围内。Kieft 等 (2004，2005) 已经对这种等离子体进行了集体散射测量，见图 9.9。

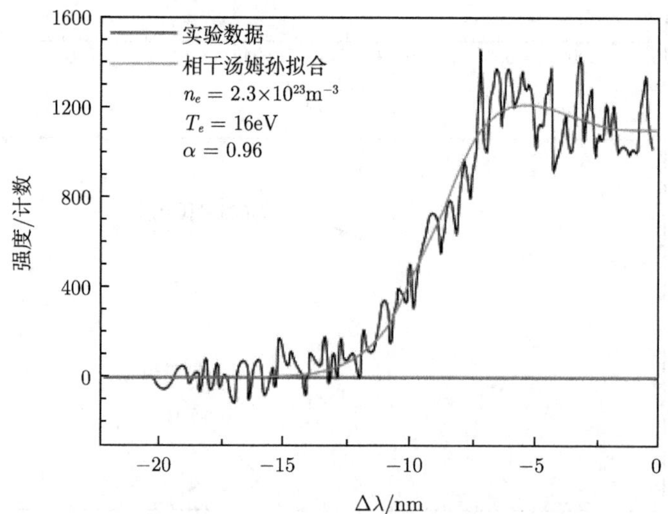

图 9.9　集体性汤姆孙散射谱测量的实例。较低波长段的负数是背景消除引起的 (摘自 (Kieft, 2004))

Tomita 等 (2009) 已经对远紫外光源氙等离子体中的 n_e、T_e 和 Z 等参量进行了集体汤姆孙散射测量，如图 9.10 所示。

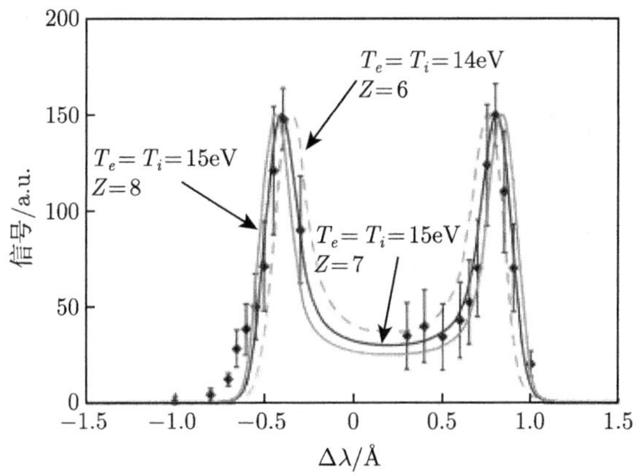

图 9.10　从氙气放电中观测的离子光谱和拟合的理论曲线 (摘自 (Tomita, 2009))

Noguchi 等 (2001，2002) 和 Hassaballa 等 (2004) 在小尺度 (0.1~1 mm) 等离子体中测量了微放电，正如等离子体显示器 (PD) 中所用。他们成功的一个关键是借助三重光栅光谱仪抑制强激光杂散光。等离子体参数是 $n_e \sim 8 \times 10^{12}\text{cm}^{-3}$ 和 $T_e \sim 0.5 \sim 1.4\text{eV}$。这种等离子体深度很小，约为 2mm，因此测量需要分辨率 0.1mm。对 n_e 和 T_e 所做的详细测量如图 9.11 所示。在另一个实验中，Hassaballa 等 (2005) 在蚀刻等离子体显示实验中测量了 n_e 和 T_e。

van der Mullen 等 (2004) 在微波等离子体炬中使用二维汤姆孙散射系统测量了高分辨率的 n_e 和 T_e 图 (图 9.12)。

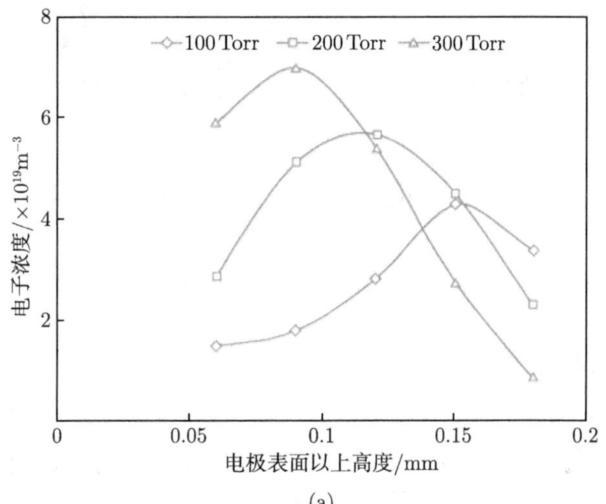

(a)

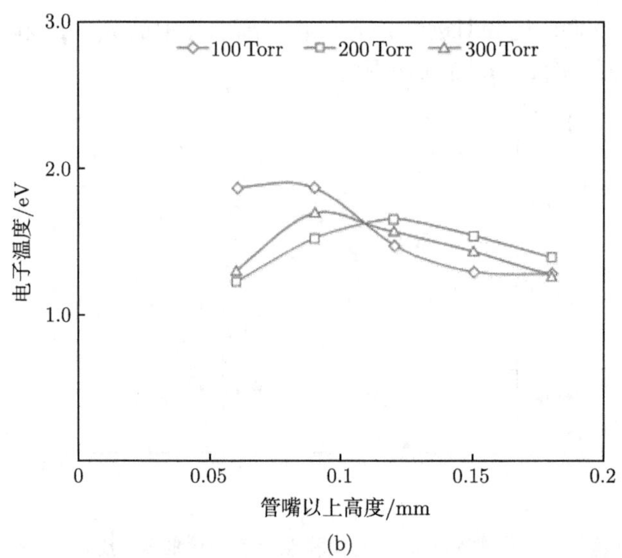

(b)

图 9.11　(a) 在启动放电脉冲后 220ns 时电极表面上方 Z 方向上电子浓度的空间依赖性；(b) 在启动放电脉冲后 220ns 时电极表面上方 Z 方向电子温度的空间依赖性 (摘自 (Uchino et al., 2004))

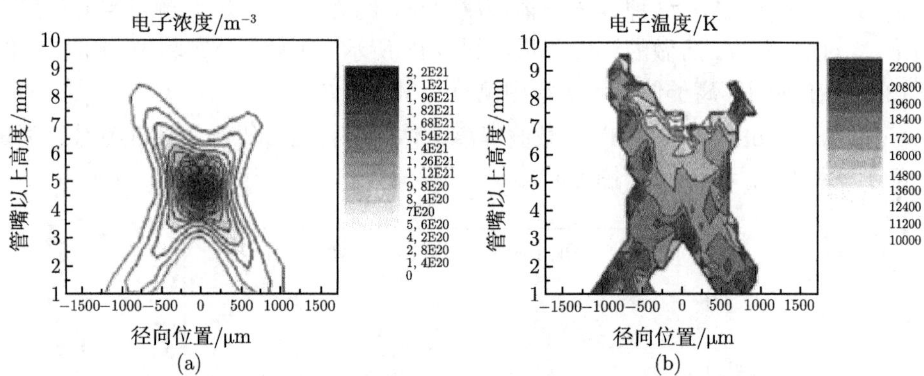

(a)　(b)

图 9.12　氩微波等离子炬中的电子浓度和温度图 (摘自 (van der Mullen, 2004))

9.2　高能离子的散射

9.2.1　快离子分布函数

能量 $E_f > T_i$ 的高能离子有两个主要来源，被中性射线和射频波 (RF) 加热以及聚变。在被射频波加热的情况下，离子从符合背景速度分布的速度开始加速，产生高能尾。在中性束加热和聚变情况下，离子以能量 E_{f0} 开始，然后碰撞减速，最初只与电子碰撞，然后再与其他粒子碰撞。一般来说有 $v_i < v_f < v_e$，分别对应热离子、快离子和电子。它们的减速速度分布函数的最简单形式为

$$f_f(\boldsymbol{v}) = \frac{F_0}{v_f^3 + v_c^3} \tag{9.2.1}$$

其中，$F_0 = 3/[4\pi\ln(1+v_f^3/v_c^3)]$，当 $v_f \leqslant v_{f0}$ 时上式中 $v_c = \left(3\pi^{1/2}\hat{z}/4\right)^{1/3}$ 是来自电子的阻力和来自等离子体离子的阻力相等时的速度，并且有 $\hat{z} = \sum_j z_j^2 n_j/n_e m_i/m_e$。

然而，也有一些离子在其注入能量基础上被移动速度更快的电子加热，从而产生服从以下形式的高能尾：

$$f_f(\boldsymbol{v}) \propto \exp\left[-\left(E_f - E_{f0}\right)/T_e\right] \tag{9.2.2}$$

当 $v_f > v_{f0}$ 时。

在实际中情况可能要复杂得多。在环形几何体的情况下，离子可能被囚禁在镜像场区域，也可能沿径向扩散 (见 (Cordey，1976)，其中给出了解析解)。关于等离子体中快离子行为的一般讨论可在文献 (Goldston and Rutherford, 1995) 第 14 章中找到。

9.2.2 快离子散射

Hutchinson 等于 1985 年提出了利用 CO_2 激光电磁辐射的散射测量 α 粒子分布函数的建议，Woskov 于 1987 年提出了利用毫米波的方法，总散射谱是

$$S(\boldsymbol{k},\omega) = S_e(\boldsymbol{k},\omega) + S_i(\boldsymbol{k},\omega) + S_\alpha(\boldsymbol{k},\omega) \tag{9.2.3}$$

其中，对于磁场中的麦克斯韦背景等离子体，电子和离子项由公式 (10.3.9) 给出，并且介电函数 $\epsilon = 1 + H_e + H_i + H_\alpha$。对于未磁化的 α 粒子，有

$$H_\alpha = \frac{\omega_{p\alpha}^2}{k^2}\int \mathrm{d}^3 v \frac{\boldsymbol{k}\cdot(\partial f_\alpha/\partial \boldsymbol{v})}{\omega - \boldsymbol{k}\cdot\boldsymbol{k} + \mathrm{i}\delta} \tag{9.2.4}$$

Vahala 等 (1986, 1988) 年计算了满足公式 (9.2.1) 的速度分布函数的 $S_\alpha(\boldsymbol{k},\omega)$:

$$S_\alpha(\boldsymbol{k},\omega) = \left|\frac{\boldsymbol{H}_e}{\epsilon_L}\right|^2 \frac{4n_{\alpha 0}}{n_{e0}}\frac{2\pi}{|\boldsymbol{k}|} f_\alpha^{(1)}(\omega/k) \tag{9.2.5}$$

其中，$f_\alpha^{(1)}$ 是一维分布函数，垂直于 $\boldsymbol{k}$ 的速度分量被整合了。

Vahala 等指出在较低的混杂共振区域，散射功率增强；$\omega_{LH} = [\omega_{pi}^2/(1 + \omega_{pe}^2/\Omega_e^2)]^{1/2}$。正如文献中所讨论的，整体离子通常占据频谱中低混杂慢波频率附近的这一部分：然而，在低混杂快波区域，快离子特征不会被离子所掩盖。在静电

近似中，这个区域的光谱没有得到充分的描述，因此有必要考虑电磁效应。随后的论文包括 (Aamodt and Russell, 1990, 1992)、(Chiu, 1991)、(Bindslev et al.)。在后一篇论文中，Bindslev 指出不仅要考虑来自电磁涨落的散射，还要考虑速度分布函数的一阶矩。这是因为快速磁声波的散射密度和电磁涨落几乎完全相互抵消，显著降低了光谱功率密度。Bindslev 于 1991 年对相对论效应进行了讨论。

Chiu 推导的低混杂波的色散关系是：

快波

$$\left(\frac{ck_\perp}{\omega}\right)^2_{FW} = \frac{\left(S-n_\parallel^2\right)^2 - D^2}{S-n_\parallel^2} + \frac{D^2}{|\epsilon_{zz}|^2}\mathrm{Re}\left(\epsilon_{zz}\right)\frac{n_\parallel^2}{S-n_\parallel^2} \tag{9.2.6}$$

慢波

$$\left(\frac{ck_\perp}{\omega}\right)^2_{\mathrm{SW}} = \mathrm{Re}\left(\epsilon_{zz}\right)\frac{S-n_\parallel^2}{S} \tag{9.2.7}$$

其中，$n_\parallel = ck_\parallel/\omega$，

$$S \approx 1 - \sum_i \frac{\omega_{pi}^2}{\omega^2} + \frac{\omega_{pe}^2}{\varOmega_e^2}$$

$$D \approx \frac{\omega_{pe}^2}{\varOmega_e^2}$$

$$\epsilon_{zz} \approx \left(\frac{2\omega_{pe}^2}{\omega^2}\right)\xi_e^2\left[1+\xi_e Z\left(\xi_e\right)\right] \tag{9.2.8}$$

其中，$\xi_e = \omega/k_\parallel v_e$。

在这一点上，对于 Chiu 的公式，给出一些具体数值是有意义的：对 D-T 等离子体，有 $n_D = n_T$，$n_e = 1\times10^{14}\mathrm{cm}^{-3}$，$T_e = T_D = T_T = 30\mathrm{keV}$，$B = 4.5\mathrm{T}$，$\omega = 0.8\omega_{LH}$，以及 $n_\alpha/n_e = 2.27\times10^{-2}$。$\omega_{pi} = 8.34\times10^9\mathrm{rad\cdot s^{-1}}$，$\omega_{pe} = 5.64\times10^{11}\mathrm{rad\cdot s^{-1}}$，$\varOmega_i = 1.72\times10^8\mathrm{rad\cdot s^{-1}}$，$\omega_{LH} = 6.8\times10^9\mathrm{rad\cdot s^{-1}}$，以及 $\omega = 5.4\times10^9\mathrm{rad\cdot s^{-1}}$。除此之外，$S=-0.85$，$D=75.6$。表 9.1 列出了电子、等离子体离子和 α 粒子的散射功率的相对值，相对 $n_\parallel$ 的变化，注意已经归一化到 α 粒子功率。

表 9.1　归一化到 α 粒子的相对散射功率

$n_\parallel$	0	1	1.5	2.5	3
α	1	1	1	1	0
电子	0	0	1.4	5.2	—
等离子体离子	9.4	0.14	0	0	

对于聚变等离子体的温度，必须包括相对论效应，正如第 2、3、4、5 章所讨论的。事实上，对于高能聚变离子产物和高能束离子 (如为 ITER 提出的 1MeV 氘核束)，也应考虑有限速度效应 (表 9.2)。

表 9.2 相对于光速的快离子速度

快离子	$v_{fk0}/c/\%$
1 Deuteron MeV	3.3
3.5MeV α	4.3
3.02MeV 质子	8.0
14.7MeV 质子	17.7

正如公式 (2.3.17) 所示，在 $(1+2\omega/\omega_i)$ 的 ω/ω_i 中，$S(\boldsymbol{k},\omega)$ 存在一个一阶修正因子，大致以如下形式给出：

$$\left(1+2\frac{\omega}{\omega_i}\right) \simeq \left(1+4\sin\frac{\theta}{2}\right)\frac{v_{fk0}}{c} \tag{9.2.9}$$

因此，对于较大的散射角 (如用于 TEXTOR 和 ASDEX-UG 的后向散射)，对初始速度的校正非常重要，并建议用于 ITER，见 (bindslev et al.，2004；meo et al.，2004)。

9.2.3 ITER 的实验数据和计划

迄今为止，实验测试已经加入了中性束注入产生离子的测量。正如 Hutchinson 等于 1985 年提出的，最初的尝试使用的是二氧化碳激光器。然而，使用 10.6μm 光的一个主要问题是需要非常小的散射角，以获取足够高 a 值 ($a=1/k\lambda_{De}$)，从而使来自 α 粒子的散射信号等于来自电子的散射信号。对于相速度 $\omega/k=v_\alpha$，

$$\frac{P_{s\alpha}}{P_{se}} = \pi^{\frac{1}{2}}\frac{a}{v_\alpha}\frac{Zn_\alpha}{n_e}a^4\frac{1+I_\omega^2(x_e)}{\exp\left(-x_e^2\right)} \tag{9.2.10}$$

其中，$I_\omega(x_e)=\pi^{\frac{1}{2}}\exp\left(-x_e^2\right)$，$x_e=v_\alpha/a$。

例如，若 $Z=2, n_\alpha=7.5\times10^{11}\text{cm}^{-3}, n_e=1.2\times10^{14}\text{cm}^{-3}, P_{s\alpha}/P_{se}=0.193\alpha^4$，要求当 $P_{s\alpha}/P_{se}=1$ 时，$a=1.67$。光波长为 10.6μm 时，平均值 $\theta=0.70°$(见 8.4 节小角度散射实验示例)。

Donne 和 Barth(2006) 介绍了在先进环形设施 (ATF) 上用粒子束进行的原理验证实验 (Richards et al.，1993)。随后，JT-60U 上安装了一个系统 (Kondoh et al.，2003；Richards et al.，2003)，结果受到大杂散光水平、激光产生的电子噪声和高阶激光模式的阻碍。一种具有高能量 (17J)、高重复率 (15Hz)、单模和反馈控制的改进型二氧化碳激光器改善了信噪比 (Kondoh et al.，2006,2007)。

正如 Luhmann 等 (2008) 所提，一种更成功的方法是在毫米水平使用更长波长的辐射，在回旋管 (Woskoboinikow，1986) 发展之后，这种辐射很容易获得。在毫米波范围的低端，基本上没有散射角的限制，并且离子特征总是占主导地位，从而允许选择散射几何参数来满足其他目标。在这个频率范围，面对的挑战是相对较强的电子回旋发射 (ECE) 会引起背景噪声。因此，由于过度的 ECE、探头的吸收

和散射辐射，某些毫米波频率是不可用的。对于纵横比为 3 或 3 以上的环形聚变等离子体中高达 ~10keV 的电子温度，可使用探头频率介于 ECE 谱的基波和二次谐波特征之间的 CTS 系统。

2001 年 ITER 最终设计报告中讨论了 ITER 中测量 α 粒子的要求：时间分辨率为 100ms，空间分辨率为 $a/10 \approx 20$cm，能量范围为 0.1~3.5MeV，α 粒子密度范围为 $10^{11} \sim 2 \times 10^{13}\text{cm}^{-3}$，以及准度 20%。其中能量分辨率未定义。参考 H-模式等离子体有 $B = 5.3\text{T}, n_e = 1 \times 10^{14}\text{cm}^{-3}, T_e = T_i = 25\text{keV}$，以及 α 粒子密度为 $5 \times 10^{11}\text{cm}^{-3}$。Bindslev 等 (2004) 已经分析了四种光源，如表 9.3 所示。

表 9.3　ITER 中 α 测量的替代源*

探测频率	与 ECE 频谱的关系	可能性来源	重点	最大 θ 角
60GHz	X-模式, $\omega_i < \omega_{ce}$	振荡陀螺仪	折射, ECE	无限制
170GHz	O-模式, $\omega_{ce} < \omega_i < 2\omega_{ce}$	振荡陀螺仪	ECE	50°
3THz	In Upper Tail of ECE Spec.	光泵有限脉冲响应滤波器	来源, ECE	4°
28THz	Far Above ECE	CO_2 激光	来源, 小的散射角	0.4°

*Courtesy of Bindslev et al. (2004)

对于 ITER 中所预期的高温，他们总结为最佳选择是工作在 55~60GHz 的区间，低于基本的 ECE 共振。此选项可以满足 ITER 的要求，并且能够既平行 (共同和反向) 又垂直于磁场测量。他们未不考虑 170GHz，因为这需要过高的功率要求。3THz 方案的问题是当前缺少所需的源 (根据他们的估计需要 6J 和 600 ns 脉冲长度)。然而，应该意识到其实也没有技术障碍来阻碍兆瓦级 FEL 的发展以实现如此功率水平。28THz(CO_2 激光) 方法已经以小角度散射条件下在 JT-60 上尝试了，但对于 ITER 这仍然不切实际。

由 Risϕ 团队提出的用于 ITER 的系统 (Bindslev et al.，2003,2004；Meo et al.，2004) 将使用 $\phi = 10°$ 和 $\theta = 20°$ 的 60GHz 回旋管。假设测量将在存在被中性束加热的 1MeV 氘核的情况下进行。图 9.13 中的计算光谱表明，通过散射光谱的不对称性可以将 α 粒子从射线加热离子中区分开来。

在 JET 上首次基于回旋管对来自中性束的快离子进行了测量 (Bindslev et al.，1999a)。随后，用于测量束离子的类似系统部署于 TEXTOR(Bindslev et al.，2006, 2007; Nielsen et al.，2008) 和 ASDEX-U(Michelsen et al.，2004; Korsholm et al.，2006)。TEXTOR 上的实验设置如图 9.14 所示。

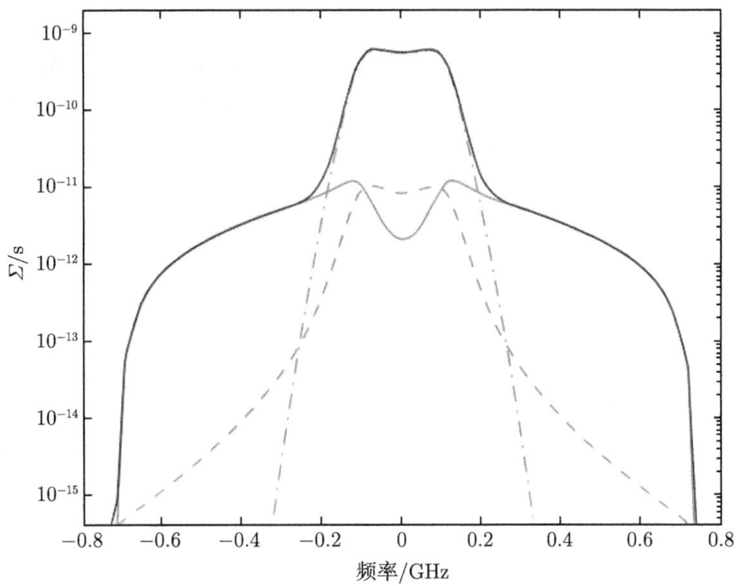

图 9.13　ITER 的计算频谱。从图的顶部中心下降，我们得到了散射光谱中总、离子、电子和 α(中心突出的倾角) 的贡献。α 贡献了大部分明显的肩峰 (摘自 (Bindslev et al., 2003))

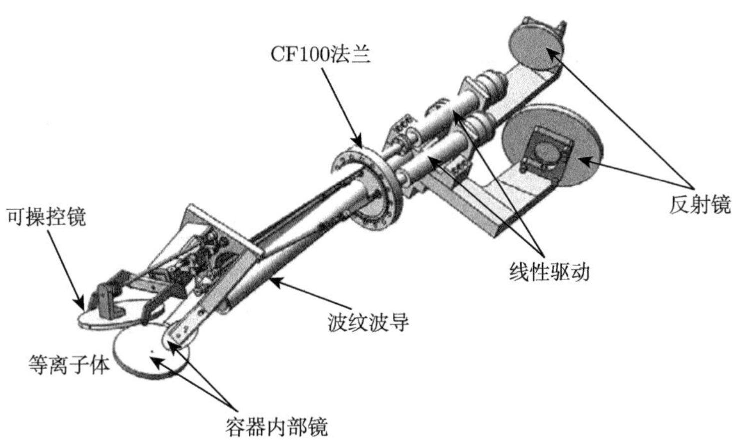

图 9.14　TEXTOR 上的散射实验装置 (摘自 (Bindslev et al., 2007))

该系统使用 200kW、110GHz 回旋管源，持续时间为 0.2s。散射角为 150° ~170°，接收器有 42 个通道，以及 106.3~113.4GHz 的带宽。在接收器前端使用一对 60dB 的波长陷波滤波器来抑制杂散回旋管辐射。此外，当杂散回旋管模式存在时，快速切换的衰减器用于在回旋管瞬态开启和关闭期间阻挡接收器信号。回旋管由一连串多达 100 个，持续时间 2ms 的脉冲来控制，这些脉冲之间具有可调节的时间延迟，以在等离子发射期间暂时跟踪快离子的演变。

如上所述，注入的离子以特定的速度诞生并在空间中扩散。散射辐射来自 $\boldsymbol{k}$ 方向的速度分量。TEXTOR 的各种频率的时间轨迹如图 9.15 所示，热离子的旋转速度如图 9.15(b) 所示。图 9.16 显示了离子速度分布的对数。

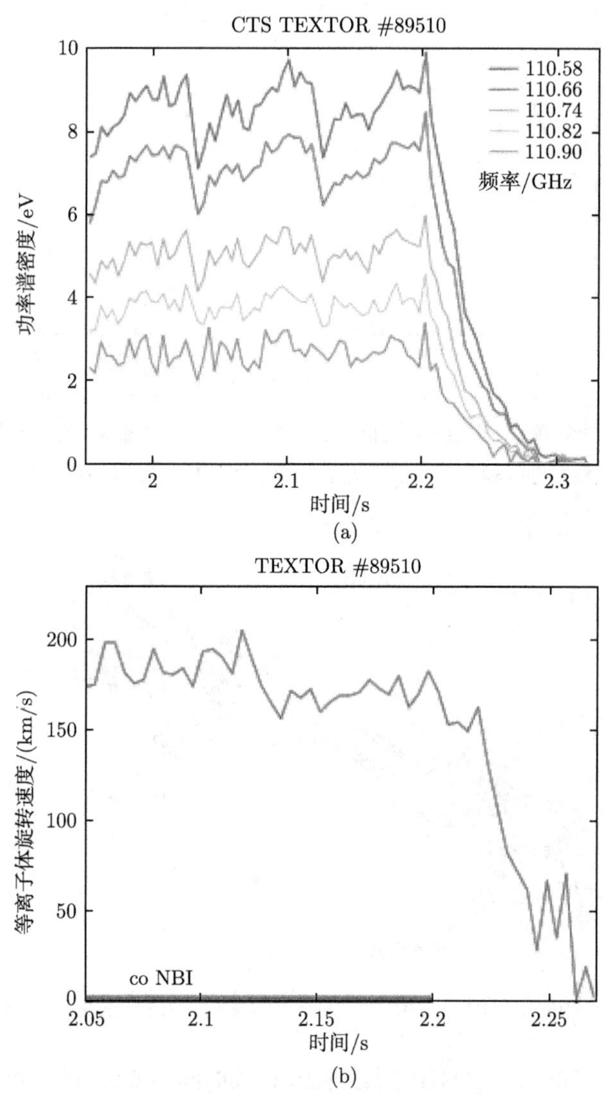

图 9.15　(a) 5 个通道中集体汤姆孙散射 (CTS) 光谱功率密度的时间轨迹。信号分别响应图例右上角所示的频率。(b) 热离子总体的环形旋转速度与从热离子 CTS 光谱特征翼推断的时间。辅助加热开启 2.2s((Bindslev et al., 2007) 和 JSPF)

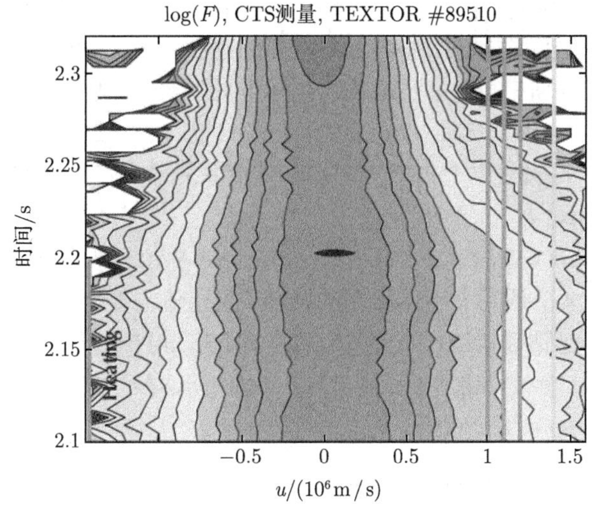

图 9.16 测量的离子速度分布的对数等值线图。辅助加热在 $t = 2.2\text{s}$ 时关闭 (摘自 (Bindslev et al., 2007))

Nishiura 等 (2008) 为 LHD 仿星器设计了一种用于测量整体和尾部离子分布的 77GHz 系统。

9.3 燃烧等离子体

D-T 燃烧等离子体的诊断对光学系统提出了许多挑战。除了等离子涂层光学表面 (通常是镜子或窗口) 烧蚀材料的问题外，聚变中子还需要更复杂的最终光学器件来保护敏感设备。中子可能散射到各个角落，经验法则是，在到达一个需要实际操作维护的区域之前，中子应该经过三个或四个直角散射，以将其通量降低到安全水平。在如 TFTR、JET、国家点火装置 (NIF)、NOVA 设施和惯性聚变的 Omega 设施中，低 14MeV 的中子通量和注量条件下已经在面对这个问题。伽马射线和惯性聚变中的 X 射线也必须考虑在内。该系统还必须设计为防止氚泄漏。所有靠近等离子体的成分都将被活化，所以需要远程处理。校准将变得更加困难，因为即使没有等离子体，真空容器的内部也会有来自感应放射性的辐射。

9.3.1 磁聚变

2014~2015 年和 20 世纪 20 年代初，ITER 为 JET 托卡马克提出了主要的氘–氚 (D-T) 实验。Walsh 等 (2008) 对 ITER 的汤姆孙散射系统进行了性能评估，所考虑的主要系统是偏滤器区域、中间平面核心和边缘区域。在强背景光的存在下，需要测量从偏滤器中~1eV 的电子温度到等离子体中心高达 40keV 的电子温度，在那里蓝移将很大 (第 4 章)。值得关注的是，在核心区域频谱可能偏离麦克斯韦分布，可能是由于来自辅助加热的高能尾的存在。在 TFTR 和 JET 托卡马克上已经观察到非麦克斯韦分布，同时发现在 T_e 电子磁旋辐射测量与汤姆孙散射测量之间的差异 (de la Luna et al.，2003；Taylor and Harvey，2008，2009)。为了有助于分析这种情况，Naito 等 (1996) 计算了相对论散射谱和广义洛伦兹分布的非集体效应谱 (同见 Naito et al., 1997)。

ITER 采用 1064nm 钕–钇铝石榴石固体 (Nd-YAG) 激光器进行核心激光雷达 (LIDAR) 测量。由于预期会出现极端的蓝移，测量值需要降低到 300nm。该系统的组成部分预计将包括镀铑镜，以及多个功率为 5J，脉冲长度 150ps，附有 6~8 通道多色仪的激光器。一个发射 100Hz、5J 激光的 Nd-YAG 激光器正在研制中，将用于边缘测量 (Hatae et al.,2007)。

9.3.2　为 ITER 提出的其他系统示例

Bindslev 等 (2003) 讨论了一个测量 ITER 中 α 粒子分布的系统 (见 9.2.2 节)。

Smith(2008) 曾建议使用脉冲极化法测量等离子体中的磁场。重要特征包括沿视线时测量局部 T_e、n_e 和 $B_\parallel$ 的能力，以及对折射效应的抵抗能力 (见第 8.2 节)。Kajita 等 (2009) 提出了边缘等离子体散射系统 (图 8.5)。

9.3.3　惯性聚变

惯性约束聚变 (ICF) 使用光子烧蚀装有低温冷却氘和氚的密封罐外壳。径向向外的烧蚀压缩密封罐，以形成一个中心 “热点”，后者可引发热核燃烧。在压缩过程中形成的致密外壳限制了 α 粒子，使聚变得以持续，直到耗尽足够的燃料，从而在输入能量上产生实质性的增益 (Nuckolls et al, 1972)。有两种主要的方式可实现 ICF：直接驱动用激光直接照亮密封罐 (McCrory et al., 2008)，而间接驱动则使用辐射腔 “空腔” 将激光转换成软 X 射线，进而驱动密封罐 (Lindl et al., 2004)。随着 2009 年劳伦斯利弗莫尔国家实验室的国家点火装置 (NIF)(Moses and Wuest, 2004) 竣工，实验开始 (Glenzer et al, 2010) 将物质压缩到比太阳内部更高的密度和温度，从而引发核聚变和燃烧。NIF 由 192 束能量为 1.8MJ 的 0.35μm 激光束和激光组成，这些激光束被布置成分别从上半球和下半球照射空腔。这种 “间接驱动” 激光几何学已被选为第一个实验。空腔采用低 Z 低温气体填充，以防止快速壁等离子体吹脱，从而产生不对称胶囊内爆条件。因此，激光束必须首先通过高达 1cm 的稠密低 Z 等离子体传播，然后才能将能量储存在空腔壁中。为了产生所需的软 X 射线分布，间接驱动需要在低密度等离子体中有效且可重复的激光束传播，而对激光等离子体相互作用过程的预测建模需要对不稳定性的详细理解，这包括受激布里渊散射 (stimulated Brillouin scattering, SBS) 和受激拉曼散射 (stimulated

Raman scattering, SRS) 的激光后向散射、激光束偏转、光束细丝化和自聚焦 (见 8.3 节、8.6 节和 12.7 节)。缓解这些不稳定性的能力需要对入射激光束所遇到的等离子体条件 (如 T_e、T_i、n_e) 有一个扎实的认知 (Froula et al., 2010)，因此，汤姆孙散射已成为大型惯性聚变装置的一个关键诊断。

惯性约束聚变研究通常需要电子密度 $n_e \sim 10^{21}\text{cm}^{-3}$ 为高密度等离子体。在这种情况下，波长在 $0.35\mu\text{m} < \lambda_i < 0.8\mu\text{m}$ 区间的光学激光的吸收变得十分重要。此外，光在高密度下的色散不可忽略，这会影响光波的相位和群速度。为了降低探测激光的吸收和光波的色散，还需要一种短波长激光。因此，一些大型激光设备已经实现了高能量、高功率的 4ω 探测激光器。

1. NOVA 汤姆孙散射

4ω 探测激光器 (操作波长 $\lambda_i = 263.3\text{nm}$) 在 30kJ 的 Nova 激光装置中实现的 (Glenzer et al., 1999a)。NOVA 激光器是一种工作在 1.055mm(1ω) 的钕玻璃激光器，使用安装在靶室的磷酸二氢钾 (KDP) 晶体，频率可转换为 2ω 或 3ω。对于 4ω 的光束线，则在主放大器链和变频晶体之间分离出一个 Nova 激光束的中心未使用部分，并重新定向到 Nova 靶室的单独专用端口。

此设置导致在通过频率转换晶体之前，激光束在 1ω 时的最大测量能量为 220J。用一个 II 型的倍频器和一个 I 型的四倍频器 KDP 晶体 (面积 15cm^2，厚度：倍频器为 18mm，四倍频器为 8mm) 将光束转换成 4ω。在通过 KDP 晶体后，一个 20cm 直径的熔融石英透镜通过一个厚度为 1.9cm 的碎片屏蔽 (也用作真空屏障) 将光束聚焦于目标 ($f/16.6$，光束直径 15cm)。这些光学器件由准分子级熔融石英 (Corning7980，A 级，“Ø”) 制成，可在 4ω 的高通量水平下存在。在常规操作条件下，变频效率 20%，4ω 时最大能量为 50 J 已经实现了。

Glenzer 等 (2001a) 使用 NOVA 的 4ω 激光束从空腔等离子体中散射光以及测量电子温度。4ω 激光束被约束于空腔之中，并且汤姆孙散射光通过空腔侧面的 $400\mu\text{m} \times 400\mu\text{m}$ 诊断孔收集 (图 9.17(a))。图 9.17(b) 显示了一个应用理论形状因子 $S(\boldsymbol{k}, \omega)$(式 (5.1.2))，用最小二乘法拟合的光谱。可以看出，通过假设在纯金等离子体上的散射，光谱拟合得很好，其中离子峰的宽度由仪器函数和金等离子体中合适的速度梯度决定。在这些条件下，拟合对电子密度和离子温度的选择不敏感，因此使用了辐射流体力学模型的参数，分别为 $n_e = 1.4 \times 10^{21}\text{cm}^{-3}$，$T_i = 0.8\text{keV}$。这些结果表明，为更好地理解 X 射线的产生，开发高 Z 等离子体的稳态动力学代码的重要性，特别是汤姆孙散射结果表明，与详细的原子物理模拟相比，电离分布转移到了更高的电荷状态。

这个 4ω 汤姆孙散射系统运作多年，它提供了很多重要的测量结果 (摘自 (Glenzer et al., 1997a,b, 1999b, 2001a,b)；(Wharton et al., 1998, 1999)；(Glenzer et al.,

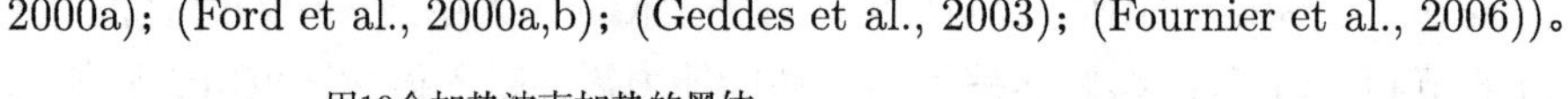

2000a)；(Ford et al., 2000a,b)；(Geddes et al., 2003)；(Fournier et al., 2006))。

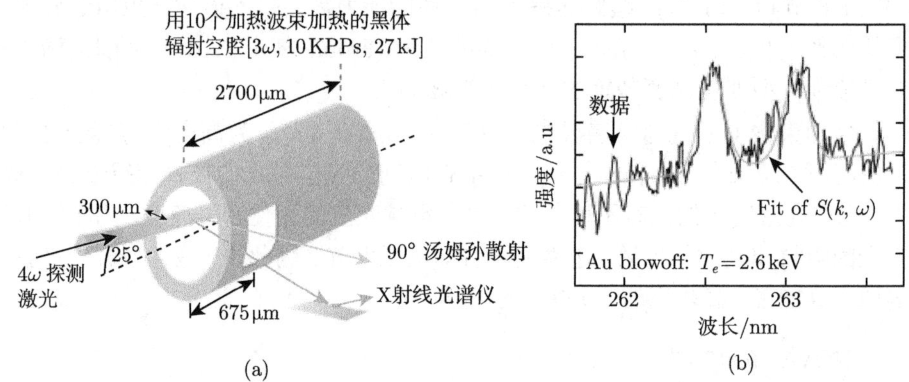

图 9.17　(a) 实验示意图，用 4ω 光束测量空腔内金喷射等离子体示意图；(b) X 射线光谱测量的电子温度 $T_e = 2.6\text{keV}, Z = 51$ 条件下，汤姆孙散射光谱与理论形状因子相吻合 (Glenzer et al., 2001a)

2. OMEGA 汤姆孙散射

MacKinnon 等 (2004) 通过将 60 个现有 2ω 光束中的一个 (直径 =280 mm，目标最大能量 =1s 内 400 J) 转移到一个专用端口，在 Omega 激光器装置上实现了 4ω 汤姆孙散射探针光束。一个直径为 30cm、焦距为 150cm 的非球面透镜将光束会聚于目标。为了将探针转换为四次谐波，在系统中的最终 2ω 转动镜之后插入一个直径为 30cm、厚度为 10mm 的 I 型 KDP 晶体。从 2ω 到 4ω 的最大转化率为近 70%。在峰值转换时，该系统目标在 1ns 脉冲内产生 260J、264nm 光的能量。当使用 200ps 脉冲时，目标的最大能量是 60J。

汤姆孙散射光由一个焦距为 50cm 消色差熔融石英 $f/10$ 透镜所收集。光学器件被安装在距离等离子体 50cm 的 10in 机械手 (ten inch manipulator, TIM) 中。在 TIM 和探测光束之间的夹角是 101°。在光线收集元件前，安装了一个熔合石英防爆罩，其涂层可阻挡来自加热器光束 3ω 的光线。然后，收集到的光从 TIM 的后面传送到一系列的转向镜上，这些转向镜将散射的光引导到诊断表上 (图 9.18)。用 50:50 点分光器将光分到一个 1m 分光计和一个 0.3m 分光计中。使用一个 $f/5$ 的聚焦镜将导入 0.3m 分光计的光会聚。采用一个具有 200mm 的入口狭缝的 600 线/mm 光栅来解决电子等离子体的特点，使用一个焦距为 75cm、放大倍数为 1.5 的反光镜来会聚被导入 1m 分光计狭缝的光。这个分光计使用一个具有 100μm 的入口狭缝的 3600 线/mm 光栅，使用一个增强的门控 16 位电荷耦合器件 (ICCD)

1in=2.54cm.

或超高速扫描照相机耦合光谱仪的输出。当使用 ICCD 时，分光计的狭缝旋转成平行于探针束。

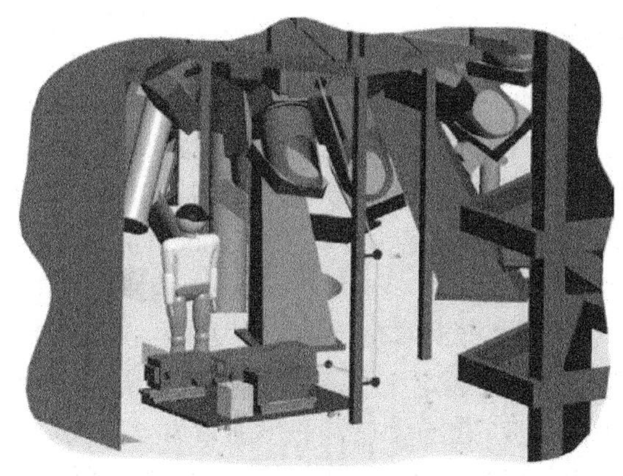

图 9.18 OMEGA 激光装置中汤姆孙散射诊断示意图 (摘自 J. S. Ross)

Ross 等 (2006) 使用此系统在一个非对称加热充气腔中测量了电子温度分布。图 9.19 展示了空间分辨的汤姆孙散射光谱用于测量电子温度梯度，这种电子温度梯度是通过仅在空腔的一侧用加热光束加热目标而产生的。在空腔内的 1mm 区域内，电子温度在 1.5~3keV 变化。这些温度是通过将多种离子形态因子与实验数据相匹配来测量的。

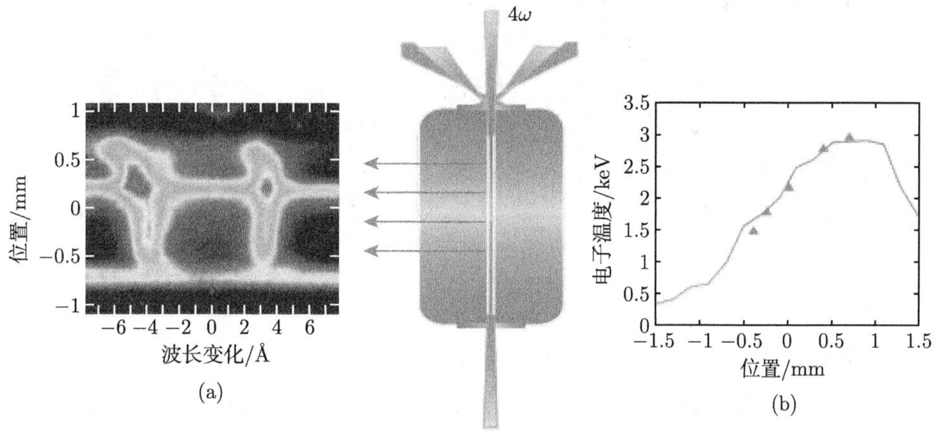

图 9.19 (a) 汤姆孙散射光谱显示出沿空腔轴线的大温度梯度；(b) 电子温度分布图 (三角形) 显示出与使用通量限制为 0.05 的通量限制扩散模型的 HUDRA 模拟 (实线) 非常一致 (摘自 (Ross et al., 2006))

该系统仍在运行，迄今为止已提供了许多重要的测量方法 (Froula et al., 2006, 2007b；Heater et al., 2007；Niemann et al., 2008；Petrasso et al., 2010)。

3. NIF *汤姆孙散射*

计划在 NIF 上使用 4ω 激光器作为汤姆孙散射探针。四光束将转换为 4ω 并用于测量点火室中的等离子体条件 (图 9.20)。在能量和对准方面，对 4ω 探针波束的最严苛要求是由空腔中汤姆孙散射要求来决定的，参照先前的空间实验，在一个 20kJ 的 3ω 光加热的 OMEGA 空腔中，在小于 100μm 尺度内用 4ω 激光器需要聚焦能量 ~100J，故当使用 400~1800kJ 从空腔实验散射时，NIF 上的 4ω 光束需要聚焦能量 2kJ。为了解决等离子体梯度问题，需要 0.2~0.5mm 的光斑尺寸。如果指向 150 mm 以内，则允许很好地定义汤姆孙散射体积。带宽要尽可能小，没有高频调制器的光谱色散平滑效应 (SSD)。脉冲长度通常为 2~10ns 平方。显然，开放式几何构型实验要求较少的能量，通常为 100~500J 水平，汤姆孙散射测量温度与密度，或者法拉第旋转测量磁场。

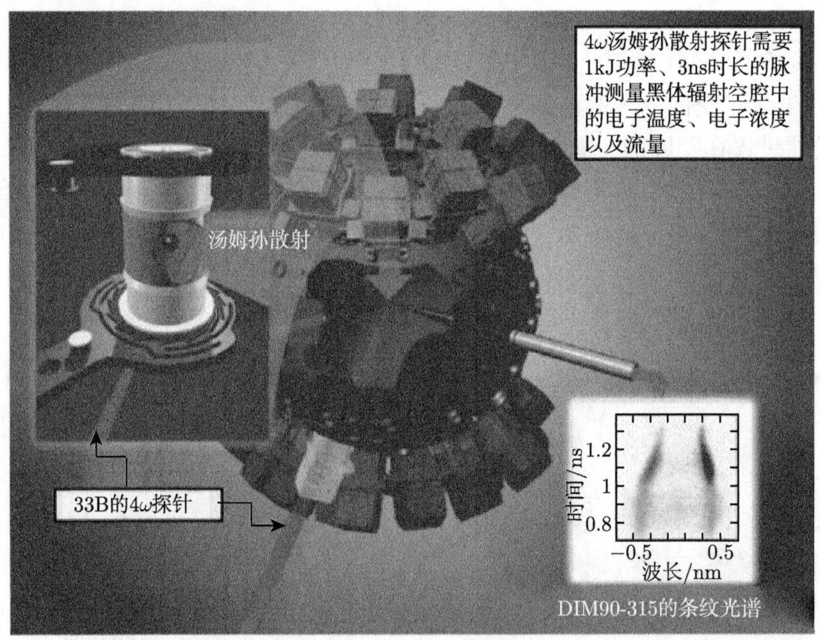

图 9.20　NIF 靶室的示意图。图中所示是一个点火室 (~1cm 长的气缸)，其上有一个诊断孔，允许 4ω 探针的散射光通过底部进入，由位于诊断操纵器 (DIM)90~315 中的望远镜收集。光从 DIM 的后面被传送出去，在那里光谱被分散并记录下来 (Courtesy of C. Dahlen)

习　题

9.1　在低温等离子体中，瑞利散射将扮演一个重要角色，其中等离子体未完全离子化。以 $T_e \sim 0.5\text{eV}$ 和电离百分比 0.08%的工业氩等离子体为例，在 $\lambda_i = 532\text{nm}$ 下比较瑞利散射和汤姆孙散射功率。

9.2　利用冷流体理论，证明了冷下混杂波的色散关系近似为

$$\omega^2 \cong \omega_{LH}^2 \left(1 + \frac{\omega_p^2}{\Omega_p^2} \frac{n_\parallel^2}{n_\perp^2}\right) = \omega_{LH}^2 \left(1 + \frac{m_i}{m_e} \frac{n_\parallel^2}{n_\perp^2}\right)$$

其中 $\omega_{LH}^2 = \dfrac{\Omega^2}{\left(1 + \dfrac{\omega_{pe}^2}{\omega^2}\right)}$ 以及 $n_\parallel^2 \ll n_\perp$。

提示：由于存在静电波，故色散关系可以写为

$$k_\perp^2 \varepsilon_{xx} + k_\parallel \varepsilon_{zz} = 0$$

9.3　考虑一个未磁化的均匀实验室氩等离子体，密度 $n_e = 10^{11}\text{cm}^{-3}$，$T_e = 5\text{eV}$，$T_i = 0.5\text{eV}$。计算一下加入氦杂质的效果。计算氦浓度为 0%、0.1%、1%、5%、10%、50%和 100%时的总离子声波阻尼和频率实部并作图。

添加轻离子杂质的效果可以从下图中理解。这包含叠加在电子和两个离子速度分布函数上的离子波相速度的示意图。函数已在 v=0 处归一化。由少量轻离子产生的阻尼增加是显而易见的。

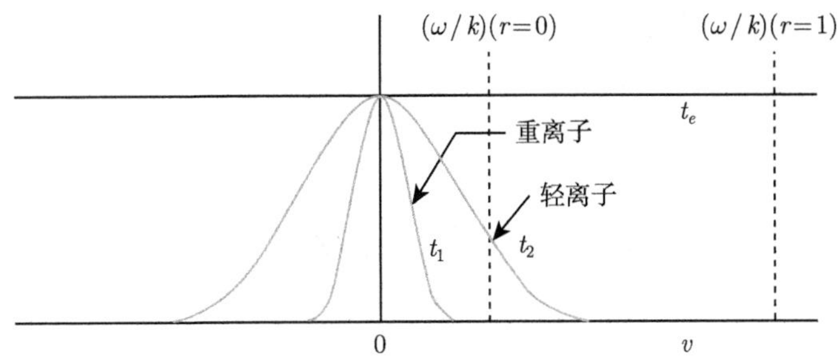

9.4　证明 X0 模式色散关系可以用如下形式表示：

$$\frac{c^2k^2}{\omega^2} = 1 - \frac{\omega_{pe}^2}{\omega^2 - \omega_c^2} - \frac{\Omega_p^2}{\omega^2 - \Omega_c^2} - \frac{\left(\dfrac{\omega_c}{\omega}\dfrac{\omega_{pe}^2}{\omega^2 - \omega_c^2} - \dfrac{\Omega_c}{\omega}\dfrac{\Omega_p^2}{\omega^2 - \Omega_c^2}\right)^2}{1 - \dfrac{\omega_{pe}^2}{\omega^2 - \omega_c^2} - \dfrac{\Omega_p^2}{\omega^2 - \Omega_c^2}}$$

使用如下色散关系：

(a) 证明较低的混杂共振 ω_{LH} 总是位于离子磁旋频率 Ω_c 之上。

(b) 证明 ω_{LH} 始终位于左侧截止点 ω_L 下方。

(c) 对于 X0 模式，如我们课上所做的那样，定性地画出 $v_{ph}/c^2 = \omega^2/(c^2k^2)$ 的图形，但是现在要求包括离子运动。

9.5 针对 8.2 节中所给例子，令 $n_{\|} = 1.5$，比较聚变 α 离子的速度与快、慢 LHR 的相速度。

9.6 对于 $P_{s\alpha}/P_{se} = 1$ 的情况，在 ITER 中计算 α(3.5MeV) 散射测量的最大散射角 (参考 H 型等离子体有 B=5.3T，$n_e = 1 \times 10^{20}\text{m}^{-3}$，$T_e = T_i = 25\text{keV}$，$Z = 1.5$，以及 α 密度为 $5 \times 10^{17}\text{m}^{-3}$)。使用如下的源波长：10.6μm，385μm 以及 5mm。

奇数习题答案

9.1 对于汤姆孙散射，有 $\mathrm{d}\sigma_T/\mathrm{d}\Omega = r_0^2\left(1 - \sin^2\theta\cos^2\phi\right)$。对于瑞利散射，有

$$\mathrm{d}\sigma_R/\mathrm{d}\Omega = \left(\pi^2\alpha_p^2/\varepsilon_0^2\lambda_i^4\right)\left(1 - \sin^2\theta\cos^2\phi\right)$$

其中极化率 $\alpha_p = (3\varepsilon_0/n_\mu)\left(\mu^2 - 1\right)/\left(\mu^2 + 2\right)$，$\mu$ 是在密度 n_μ 下测量的气体折射率。

对氩气，有 $\alpha_p = 1.85 \times 10^{-40}$，以及 $r_0^2 = 7.95 \times 10^{-30}\text{m}^2$，故有 $(\mathrm{d}\sigma_R/\mathrm{d}\Omega)/(\mathrm{d}\sigma_T/\mathrm{d}\Omega) = 6.8 \times 10^{-3}$。但是对于散射功率，我们必须乘以 $n_n/n_e \sim 1.25 \times 10^3$，得出瑞利散射的散射功率是汤姆孙散射的 8.5 倍。

9.3 色散关系由下式给出：

$$1 = \sum \frac{\omega_{pj}^2}{k^2 v_{tj}^2} Z'\left(\frac{\omega}{k v_{tj}}\right)$$

我们用 $Z'(\xi_e) \simeq -2$ 和 $\omega_{pe}^2/v_{te}^2 = k^2\lambda_{De}^2$ 得出

$$\frac{2k^2}{k^2\lambda_{De}^2} = -2 + \sum \frac{\Omega_{pj}^2}{\omega_{pe}^2}\frac{v_{te}^2}{v_{tj}^2} Z'(\xi_j)$$

或者在 $k\lambda_{De} \ll 1$ 时，

$$\frac{k^2}{k^2\lambda_{De}^2} = -1 + \sum_j \frac{\alpha_j}{2}\frac{T_e}{T_j} Z'(\xi_j) \simeq 0$$

故有

$$1 = \sum_j \frac{\alpha_j}{2}\frac{T_e}{T_j} Z'(\xi_j)$$

假定离子温度相等，均为 T_j，该式变为

$$\frac{2T_j}{T_e} = \sum_j \alpha_j Z'(\xi_j) = 2\theta$$

这个问题已经被 Fried 等 (1971) 解决了。他们考虑了离子声波在多离子种类等离子体中的传播。同样，色散关系为

$$\frac{2k^2\lambda_{De}^2}{k_1^2} = \frac{1}{\theta(1-f)} Z'\left[s\left(\frac{m_e}{m_1}\right)^{\frac{1}{2}}\theta^{-\frac{1}{2}}\right] + Z'(s) + \frac{f}{1-\rho} Z'\left[s\left(\frac{m_e}{m_1}\right)^{\frac{1}{2}}\right]$$

其中 $k_1^2 = \dfrac{4\pi n_1 e^2}{\kappa T_1}$，$s = \dfrac{\omega}{ka_1}$，$T_1 = T_2$，$\theta = \dfrac{T_e}{T_1}$，$f = \dfrac{n_2}{n_e} = 1 - (n_1/n_e)$，以及 $a_i = (2\kappa T_1/m_i)^{1/2}$

$$f_1^{(0)} = \left(\pi^{\frac{1}{2}} a_1\right)^{-1} \exp\left[-(v/a_1)^2\right]$$

$$f_2^{(0)} = \left(\pi^{\frac{1}{2}} a_2\right)^{-1} \exp\left[-(v/a_2)^2\right]$$

$$f_e^{(0)} = \left(\pi^{\frac{1}{2}} a_e\right)^{-1} \exp\left[-(v/a_e)^2\right]$$

现在，对于感兴趣的情况，温度比是 10，导致相速度比两个离子热速度都大。我们有 $s \gg 1$ 以及 $s \gg (m_1/m_2)^{1/2}$。因此，可以对离子 Z' 函数使用渐近线表达式。然后有

$$-\frac{\mathrm{Im}(s)}{\mathrm{Re}(s)} = \frac{\pi^{\frac{1}{2}} s^3}{1 - f + (m_1/m_2) f} \left[\theta^{-\frac{3}{2}}\left(\frac{m_e}{m_1}\right)^{\frac{1}{2}} + 2f\left(\frac{m_2}{m_1}\right)^{\frac{1}{2}} \exp\left(-\frac{m_2}{m_1}s^2\right) + 2(1-f)\exp\left(-s^2\right)\right]$$

以及

$$s^2 = 1 + \frac{m_1}{m_2}\frac{\theta(1-f)}{2}$$

以下来自 Samec 等的图显示了离子成分对降低阻尼的作用，这两种离子是氩和氦。

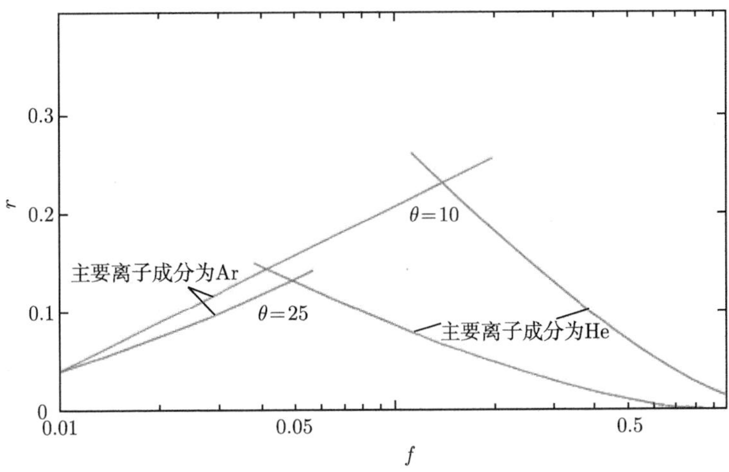

9.5 以式 (9.2.6)∼ 式 (9.2.9) 开始。

一个氘氚等离子体，有 $n_D = n_T$，$n_e = 1 \times 10^{20}\mathrm{cm}^{-3}$，$T_e = T_D = T_T = 30\mathrm{keV}$，$B = 4.5T$，$\omega = 0.8\omega_{\mathrm{LH}}$，以及 $n_\alpha/n_e = 2.27 \times 10^{-2}$。

$$\omega_{pi} = 8.33 \times 10^9 \mathrm{rad \cdot s^{-1}}, \quad \omega_{pe} = 5.65 \times 10^{11} \mathrm{rad \cdot s^{-1}}$$

$$\varOmega_e = 7.92 \times 10^{11} \mathrm{rad \cdot s^{-1}}, \quad \varOmega_i = 1.73 \times 10^8 \mathrm{rad \cdot s^{-1}}$$

$$\omega_{LH} = 6.8 \times 10^9 \mathrm{rad \cdot s^{-1}}, \quad \omega = 5.44 \times 10^9 \mathrm{rad \cdot s^{-1}}$$

以及 $S = -0.85$，$D = 74.1$。

对于 $n_{\|} = 1.5$，有 $\xi_e = 1.92$，$\varepsilon_{zz} \sim \mathrm{Re}(\epsilon_{zz}) \sim 8 \times 10^4$。因为 $\varepsilon_{zz} \sim \mathrm{Re}(\epsilon_{zz}) \gg D \gg \left|S - n_{\|}^2\right|$，我们得到

$$\frac{\left(\dfrac{ck_{\perp}}{\omega}\right)^2_{SW}}{\left(\dfrac{ck_{\perp}}{\omega}\right)^2_{FW}} = \frac{\left[\dfrac{\omega}{k_{\perp}}\right]_{FW}}{\left[\dfrac{\omega}{k_{\perp}}\right]_{SW}} \approx -\frac{\mathrm{Re}(\epsilon_{zz})\left(S - n_{\|}^2\right)^2}{D^2 S} \approx 165$$

$[\omega k_{\perp}]_{SW} \approx 5.6 \times 10^5 \mathrm{ms^{-1}}, [\omega k_{\perp}]_{FW} \approx 9.2 \times 10^7 \mathrm{m \cdot s^{-1}}$，以及 α 粒子从 $v_{\alpha} = 1.29 \times 10^7 \mathrm{m \cdot s^{-1}}$ 开始减速。

第 10 章　磁化等离子体的散射

10.1　引　　言①

事实上，大多数等离子体都包含磁场。在磁聚变研究中，等离子体被磁场控制和保持稳定。除此之外，等离子体中还存在由电流产生的磁场。例如，在自然界中，我们有地球电离层和磁层中的磁场以及太阳风中太阳的磁场。显然，有必要确定磁场对散射谱的影响。从另一方面看，它至少能使我们建立忽略磁场效应的条件。当然，更重要的是它给了我们获取有关该领域信息的可能性。

辐射被等离子体密度涨落所散射，并且通过泊松方程 (3.3.3) 能够建立与等离子体中纵向模式的联系。在先前 $\boldsymbol{B}_0 = 0$ 的计算中，实际上我们只考虑过这些模型。横向模式通过已经被我们所忽略的麦克斯韦旋度方程进入。这对于纵向和横向模式可以解耦的非磁化非相对论等离子体来说是一个合理的限制。在外磁场的作用下会发生耦合，从而改变纵向模式的色散关系。10.2.2 节给出了完整求解的示例。重要的是要理解模式耦合在什么地方进入理论，并确定什么时候可忽略该效应，这将在 10.5 节中讨论。

10.1.1　动力学方程

我们将考虑一个磁场大小为 $B_0\hat{z}$ 的平衡状态等离子体，坐标系如图 10.1

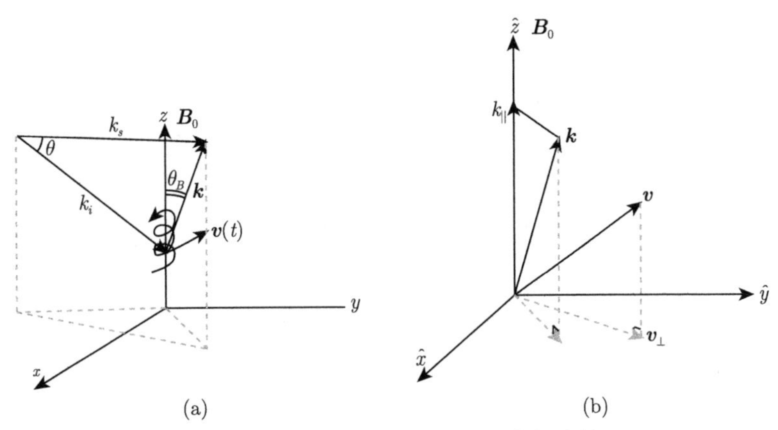

图 10.1　(a) 散射坐标系；(b) 波矢分量

① 本章中所列计算基于 Bernstein(1958)、Salpeter(1961a,b)、Farley(1961) 以及 Dougherty 和 Farley (1963b) 等的论文。

所示。给定电荷的基本运动轨迹是

$$\boldsymbol{r}(t)=\boldsymbol{r}(0)-\rho_q\cos\varphi\hat{(x)}+\rho_q\sin\varphi\hat{y}+v_{\|}t \tag{10.1.1}$$

其中，$\rho_q=v_\perp/\Omega_q$ 是磁旋半径，$\Omega_q=qB_0/m_qc$，$\varphi=\Omega_qt+\varphi(0)$。如果我们从磁场的方向观察 ($z$ 轴正方向)，电子是顺时针旋转的，而离子是逆时针旋转的。由于与其他电荷的相互作用，每个电荷对这个轨道都有小的扰动。对磁化等离子体行为的全面了解来自于对动力学方程的研究。在无碰撞情况下，如方程 (2.2.3)、(2.2.4) 和附录 B 所述，有

$$\frac{\partial F_{0q}}{\partial t}+\boldsymbol{v}\cdot\frac{\partial F_{0q}}{\partial\boldsymbol{r}}+\frac{q}{m}\left(\frac{\boldsymbol{v}}{c}\times\boldsymbol{B}_0\right)\cdot\frac{\partial F_{0q}}{\partial\boldsymbol{v}}=0 \tag{10.1.2}$$

$$\frac{\partial F_{1q}}{\partial t}+\boldsymbol{v}\cdot\frac{\partial F_{1q}}{\partial\boldsymbol{r}}+\frac{q}{m}\left(\frac{\boldsymbol{v}}{c}\times\boldsymbol{B}_0\right)\cdot\frac{\partial F_{1q}}{\partial\boldsymbol{v}}+\frac{q}{m}\boldsymbol{E}_1\cdot\frac{\partial F_{0q}}{\partial\boldsymbol{v}}=0 \tag{10.1.3}$$

其中对于均匀等离子体，$\partial F_{0q}/\partial\boldsymbol{r}=0$，对于一个静态系统，方程 (10.1.2) 描述了电荷的基本螺旋轨道。我们注意到①

$$\frac{\boldsymbol{v}}{c}\times\boldsymbol{B}_0\cdot\frac{\partial F_{1q}}{\partial\boldsymbol{v}}=-\frac{B_0}{c}\frac{\partial F_{1q}}{\partial\varphi} \tag{10.1.4}$$

10.1.2 有用的恒等式

在涉及磁化等离子体的计算中，有许多数学恒等式可以应用，为方便读者阅读，将其收集如下：

$$\text{A 和S②}\quad \mathrm{e}^{iz\sin\varphi}=\sum_{l=-\infty}^{+\infty}J_l(z)\mathrm{e}^{\mathrm{i}l\varphi} \tag{10.1.5}$$

$$\text{A 和S}\quad J_{l-1}(z)+J_{l+1}(z)=(2l/z)J_l(z) \tag{10.1.6}$$

$$\text{A 和S}\quad \sum_{m=-\infty}^{+\infty}J_m^2(z)=1 \tag{10.1.7}$$

①方程 (10.1.4) 如下：

$$\frac{\boldsymbol{v}}{c}\times\boldsymbol{B}_0\frac{\partial F_{1q}}{\partial\boldsymbol{v}}=\left(\frac{v_yB_0}{c}\right)\frac{\partial F_{1q}}{\partial v_x}-\left(\frac{v_xB_0}{c}\right)\frac{\partial F_{1q}}{\partial v_y}+(0)\frac{\partial F_{1q}}{\partial v_z}$$

$$\frac{\partial F_{1q}}{\partial V_x}=\frac{\partial v_\perp}{\partial v_x}\frac{\partial F_{1q}}{\partial v_\perp}+\frac{\partial\phi}{\partial v_x}\frac{\partial F_{1q}}{\partial\phi}$$

以及

$$\frac{\partial v_\perp}{\partial v_x}=\frac{v_x}{v_\perp},\frac{\partial\varphi}{\partial v_x}=-\frac{v_y}{v_x^2}\cos^2\varphi,\frac{\partial v_\perp}{\partial v_y}=\frac{v_y}{v_\perp},\frac{\partial v_\perp}{\partial v_y}=\frac{v_y}{v_\perp},\frac{\partial\varphi}{\partial v_y}=\frac{\cos^2\varphi}{v_x}$$

$$\frac{\partial F_{1q}}{\partial v_y}=\frac{\partial v_\perp}{\partial v_y}\frac{\partial F_{1q}}{\partial v_\perp}+\frac{\partial\varphi}{\partial v_y}\frac{\partial F_{1q}}{\partial\varphi}$$

②见 (Abramowitz and Stegun, 1965).

A 和S $J_{-l}(z)=(-1)^l J_l(z),\quad I_{-l}(z)=I_l(z)$ (10.1.8)

W① (p.395) $$\int_0^\infty J_l^2(bt)\exp\left(-p^2t^2\right)t\mathrm{d}t=\frac{1}{2p^2}\exp\left[-\left(\frac{b^2}{2p^2}\right)\right]I_l\left(\frac{b^2}{2p^2}\right)\tag{10.1.9}$$

A 和S 对于小参数,$I_l(z)\cong(z/2)/|l|!$ (10.1.10)

A 和S 当$\mu=4l^2$时

$$I_l(z)\cong\frac{e^z}{(2\pi z)^{1/2}}\left\{1-\frac{\mu-1}{8z}+\frac{(\mu-1)(\mu-9)}{2!(8z)^2}-\cdots\right\}\tag{10.1.11}$$

W (p.358) $$\sum_l J_l^2(z)\mathrm{e}^{-\mathrm{i}l\Omega et}=J_0\left[2^{1/2}z\left(1-\cos\Omega_e t\right)^{1/2}\right]\tag{10.1.12}$$

A 和S $$\sum_l J_l(z)\mathrm{e}^{\mathrm{i}l\varphi}\cos\varphi=\sum_l\frac{l}{z}J_l(z)\mathrm{e}^{\mathrm{i}l\varphi}$$

$$\sum_l J_l(z)\mathrm{e}^{\mathrm{i}l\varphi}\sin\varphi=\sum_l\frac{\partial J_l(z)}{\mathrm{d}z}\mathrm{e}^{\mathrm{i}l\varphi}\tag{10.1.13}$$

A 和S $$\int_0^\infty v_\perp\mathrm{d}v_\perp\exp\left[-\left(v_\perp^2/a^2\right)\right]J_0(k_\perp v_\perp t)=\left(a^2/2\right)\exp\left[-\left(a^2k_\perp^2t^2/4\right)\right]\tag{10.1.14}$$

A 和S $$\sum_{l=-\infty}^{+\infty}I_l(z)=\mathrm{e}^z\tag{10.1.15}$$

A 和S $$\sum_{m=1}^{+\infty}m^2I_m(z)\mathrm{e}^{-z}=z/2\tag{10.1.16}$$

使用如下递推关系获得:

$$I_{m-1}(z)-I_{m+1}(z)=\frac{2m}{z}I_m(z)$$

10.2 谱密度函数 $S(\boldsymbol{k},\omega)$ 的计算

10.2.1 密度涨落的计算

磁化等离子体的谱密度函数可以用第 3 章的方式来计算。但有一个前提，即我们必须仔细规定系统的特征长度和时间。简单地说，如果我们要探测到电荷旋转效应，就必须看到它们在旋转。

①见 (Watson, 1958).

下面的计算适用于电子和离子都被磁化的情况。这需要满足 $\rho_e, \rho_i \ll L$(散射体积的尺寸)，以及 $2\pi/\Omega_e, 2\pi/\Omega_i \ll \tau_c, \tau_I$，其中 $\tau_c = \lambda_i^2/2c\Delta\lambda_i$ 是源的相干时间，τ_I 是探测器的积分时间。对于离子来说，条件当然是最难满足的。考虑质子的情况，平均质子垂直速度是 $v_\perp \cong (2\kappa T_i/m_i)^{1/2}$，并且从方程 (1.4.6) 和 (1.4.7) 可以得到，第一个条件需要

$$\frac{1.4\times 10^2\left[T_i\left(\mathrm{eV}\right)\right]^{1/2}}{B_0\left(G\right)\ll L}\mathrm{cm} \tag{10.2.1}$$

这在一些实验室实验中是可以达到的，例如 $T_i \lesssim 100\mathrm{eV}$，$B_0 \lesssim 10\mathrm{kG}$，$L = 1\mathrm{cm}$。

时间条件可以写为

$$\frac{\lambda_i/\lambda_i \ll \lambda_i\left(\mathrm{cm}\right)B_0\left(\mathrm{G}\right)}{2\times 10^6} \tag{10.2.2}$$

这是比较难满足的。例如对一个 $\lambda_i = 6.943\times 10^{-5}\mathrm{cm}$ 的红宝石激光源，$B_0 = 10\mathrm{kG}$，因此需要 $\lambda_i \ll 2.4\times 10^{-3}\text{Å}$。如第 5 章所见，很多情况下只有在满足 $\alpha = \dfrac{1}{k\lambda_{De}} > [ZT_e/3T_i - 1]^{-1/2}$的长波长或高密度条件下离子声学特性才是可观察的，并且在这些长波段，很容易满足方程 (10.2.2)。因此，完整的磁化计算是值得的。本节的末尾我们处理的是离子非磁化但电子磁化的情况。

涨落密度通过方程 (3.3.1) 给出：

$$n_{1q}\left(\boldsymbol{k},\omega\right) = \sum_v \mathrm{d}\boldsymbol{v}F_{1q}\left(\boldsymbol{k},\boldsymbol{v},\omega\right)$$

因而，我们计算的第一步是通过对方程 (10.1.3) 做傅里叶–拉普拉斯变换来获取 $F_{1q}\left(\boldsymbol{k},\boldsymbol{v},\omega\right)$。我们发现

$$\begin{aligned}&-F_{1q}\left(\boldsymbol{k},\boldsymbol{v},0\right) + \left[\mathrm{i}\omega + \lambda - \mathrm{i}\boldsymbol{k}\cdot\boldsymbol{v}\right]F_{1q}\left(\boldsymbol{k},\boldsymbol{v},\omega\right)\\&-\frac{qB_0}{m_q c}\frac{\partial F_{1q}\left(\boldsymbol{k},\boldsymbol{v},\omega\right)}{\partial\varphi} + \frac{q}{m_q}E_1\left(k,\omega\right)\cdot\frac{\partial F_{0q}}{\partial\boldsymbol{v}} = 0\end{aligned} \tag{10.2.3}$$

现在，

$$\boldsymbol{k}\cdot\boldsymbol{v} = k_\perp v_\perp\cos\left(\phi - \delta\right) + k_\parallel v_\parallel$$

其中

$$k_\perp = \left[\left(\boldsymbol{k}\cdot\hat{x}\right)^2 + \left(\boldsymbol{k}\cdot\hat{y}\right)^2\right],\quad \tan\delta = \frac{\boldsymbol{k}\cdot\hat{x}}{\boldsymbol{k}\cdot\hat{y}} \tag{10.2.4}$$

在方程 (10.1.5) 的帮助下，可以转换方程 (10.2.3) 以获得下式

$$\begin{aligned}F_{1q}\left(\boldsymbol{k},\boldsymbol{v},\omega\right) = &-\int\mathrm{d}\varphi'\exp\left[-\left(\mathrm{i}\omega + \gamma - \mathrm{i}k_\parallel v_\parallel\right)\varphi'/\Omega_q\right]\sum_{l=-\infty}^{+\infty}J_l\left(k_\perp\rho_q\right)\mathrm{e}^{\mathrm{i}l\varphi'}\\&\times\left[F_{1q}\left(\boldsymbol{k},\boldsymbol{v},0\right) - \left(q/m_q\right)\boldsymbol{E}_1\left(\boldsymbol{k},\omega\right)\cdot\partial F_{0q}/\partial\boldsymbol{v}\right]\end{aligned}$$

$$\div \Omega_q \exp\left\{\left[-\left(\mathrm{i}\omega+\gamma-\mathrm{i}k_{\parallel}v_{\parallel}\right)\varphi+\mathrm{i}k_{\perp}\rho_q\sin\varphi\right]/\Omega_q\right\} \tag{10.2.5}$$

我们将只考虑 F_{0q} 独立于 φ 的情形，然后

$$\boldsymbol{k}\cdot\frac{\partial F_{0q}}{\partial \boldsymbol{v}}=k_{\parallel}\frac{\partial F_{0q}}{\partial v_{\parallel}}+k_{\perp}\cos\varphi\frac{\partial F_{0q}}{\partial v_{\perp}}$$

我们利用恒等式 (10.1.6) 并定义

$$\boldsymbol{k}\cdot\frac{\partial F_{0q}}{\partial \boldsymbol{v}^*}=k_{\parallel}\frac{\partial F_{0q}}{\partial v_{\parallel}}+\frac{l}{\rho_q}\frac{\partial F_{0q}}{\partial v_{\perp}} \tag{10.2.6}$$

完成在 φ' 上的积分，我们获得

$$\begin{aligned}F_{1q}\left(\boldsymbol{k},\boldsymbol{v},\omega\right)=&-\sum_{l=-\infty}^{+\infty}\sum_{m=-\infty}^{+\infty}\left[-F_{1q}\left(\boldsymbol{k},\boldsymbol{v},0\right)-\left(\mathrm{i}q/m_q\right)\boldsymbol{E}_1\left(\boldsymbol{k},\omega\right)\cdot\partial F_{0q}/\partial\boldsymbol{v}^*\right]\\&\times J_l\left(k_{\perp}\rho_q\right)J_m\left(k_{\perp}\rho_q\right)\mathrm{e}^{\mathrm{i}(l-m)\varphi}/\left(\omega-k_{\parallel}v_{\parallel}-l\Omega_q-\mathrm{i}\gamma\right)\end{aligned} \tag{10.2.7}$$

(在低温情况下相位因子未直接显示)。

10.2.2 纵向近似

在这一点上，我们做了纵向近似，只使用泊松方程就可以确定电场。从方程 (3.3.3) 和 (3.3.6) 中，我们发现

$$\boldsymbol{E}_1\left(\boldsymbol{k},\omega\right)=\frac{4\pi\mathrm{i}}{k^2}\boldsymbol{k}\rho_1\left(\boldsymbol{k},\omega\right) \tag{10.2.8}$$

其中，$\rho_1\left(\boldsymbol{k},\omega\right)=Zen_{1i}\left(\boldsymbol{k},\omega\right)-en_{1e}\left(\boldsymbol{k},\omega\right)$ 是电荷密度涨落的傅里叶–拉普拉斯变换形式。代入方程 (10.2.7) 导出

$$\begin{aligned}F_{1q}\left(\boldsymbol{k},\boldsymbol{v},\omega\right)=&-\sum_{l}\sum_{m}\left[-\mathrm{i}F_{1q}\left(\boldsymbol{k},\boldsymbol{v},0\right)-\left(4\pi q/m_qk^2\right)\rho_1\left(\boldsymbol{k},\omega\right)\boldsymbol{k}\cdot\partial F_{0q}/\partial\boldsymbol{v}^*\right]\\&\times J_l\left(k_{\perp}\rho_q\right)J_m\left(k_{\perp}\rho_q\right)\mathrm{e}^{\mathrm{i}(l-m)\varphi}/\left(\omega-k_{\parallel}v_{\parallel}-l\Omega_q-\mathrm{i}\gamma\right)\end{aligned} \tag{10.2.9}$$

其中，对于电子，

$$q/m_q=-e/m_{\mathrm{e}},\quad \Omega_e=-eB_0/m_ec\rho_q=\rho_e,\quad F_{0e}=n_{e0}f_{0e}$$

而对于离子，

$$q/m_q=-Ze/m_i,\quad \Omega_e=-\mathrm{Z}eB_0/m_ic,\quad \rho_q=\rho_i,\quad F_{0i}=\left(n_{e0}/Z\right)f_{0i}$$

将这些代入方程 (10.2.9) 并且将两个速度上的组合方程相加，以得到 n_{1e} 和 n_{1i} 的表达式。采用与 3.3 节相似的方式来消去 n_{1i}，然后得到

$$n_{ie}(\boldsymbol{k},\omega)=-\mathrm{i}\Bigg[\left(1-\frac{H_e}{\varepsilon_L}\right)\sum_{j=1}^{N}\mathrm{e}^{\mathrm{i}\boldsymbol{k}_0\cdot\boldsymbol{r}_j(0)}\sum_{l,m}\frac{J_l(k_{\perp}\rho_e(0))J_m(k_{\perp}\rho_e(0))}{\omega-k_{\parallel}v_{\parallel j}(0)-l\Omega_e-\mathrm{i}\gamma}\mathrm{e}^{\mathrm{i}(l-m)\phi(0)}$$

$$+\frac{ZH_e}{\varepsilon_L}\sum_{h=1}^{N/Z}\mathrm{e}^{\mathrm{i}\boldsymbol{k}_0\cdot\boldsymbol{r}_h(0)}\sum_{l,m}\frac{J_l(k_\perp\rho_i(0))J_m(k_\perp\rho_i(0))}{\omega-k_\parallel v_{\parallel h}(0)-l\Omega_i-\mathrm{i}\gamma}\mathrm{e}^{\mathrm{i}(l-m)\phi(0)}\Bigg] \tag{10.2.10}$$

其中纵向介电函数为

$$\varepsilon_L(\boldsymbol{k},\omega)=1+H_e(\boldsymbol{k},\omega)+H_i(\boldsymbol{k},\omega) \tag{10.2.11}$$

现在，$\mathrm{d}\boldsymbol{v}=v_\perp\mathrm{d}v_\perp\mathrm{d}v_\parallel\mathrm{d}\phi$，并且在 H_e 中对 ϕ 积分得到

$$\sum_{l,m}\int_0^{2\pi}\mathrm{d}\varphi\mathrm{e}^{\mathrm{i}(l-m)\phi}=2\pi+0 \tag{10.2.12}$$

因此

$$\begin{aligned}H_e(\boldsymbol{k},\omega)&=\int_{-\infty}^{+\infty}\mathrm{d}\boldsymbol{v}\frac{4\pi e^2n_0}{m_ek^2}\sum_l\frac{J_l^2(k_\perp\rho_e)\boldsymbol{k}\cdot\partial f_{0e}/\partial\boldsymbol{v}^*}{\omega-k_\parallel v_\parallel-l\Omega_e-\mathrm{i}\gamma}\\H_i(\boldsymbol{k},\omega)&=\int_{-\infty}^{+\infty}\mathrm{d}\boldsymbol{v}\frac{4\pi Ze^2n_0}{m_ik^2}\sum_m\frac{J_m^2(k_\perp\rho_i)\boldsymbol{k}\cdot\partial f_{0i}/\partial\boldsymbol{v}^*}{\omega-k_\parallel v_\parallel-l\Omega_i-\mathrm{i}\gamma}\end{aligned} \tag{10.2.13}$$

按照 3.4 节的方法，利用方程 (10.1.7) 可以得到

$$\begin{aligned}S(\boldsymbol{k},\omega)=&2\lim_{\gamma\to0}\gamma\left|1-\frac{H_e}{\varepsilon_L}\right|^2\int_{-\infty}^{+\infty}\frac{\mathrm{d}\boldsymbol{v}\sum\limits_l J_l^2(k_\perp\rho_e)f_{0e}(\boldsymbol{v})}{\left(\omega-k_\parallel v_\parallel-l\Omega_e\right)^2+\gamma^2}\\&+Z\left|\frac{H_e}{\varepsilon_L}\right|^2\int_{-\infty}^{+\infty}\frac{\mathrm{d}\boldsymbol{v}\sum\limits_m J_m^2(k_\perp\rho_i)f_{0i}(\boldsymbol{v})}{\left(\omega-k_\parallel v_\parallel-l\Omega_i\right)^2+\gamma^2}\end{aligned} \tag{10.2.14}$$

10.2.3　非磁化离子

方程 (10.2.11) 中 $\varepsilon(k,\omega)$ 和方程 (10.2.14) 中 $S(\boldsymbol{k},\omega)$ 的表达形式分别揭示了电子集体屏蔽其他电子和离子的独立性。对于非磁化离子的情况，我们简单地在方程 (3.3.10) 中用 $\chi_i(\boldsymbol{k},\omega)$ 代替 $H_i(\boldsymbol{k},\omega)$

$$\chi_i(\boldsymbol{k},\omega)=\int_{-\infty}^{+\infty}\mathrm{d}\boldsymbol{v}\frac{4\pi Ze^2n_0}{m_ik^2}\frac{\boldsymbol{k}\cdot\partial f_{0i}/\partial\boldsymbol{v}}{\omega-\boldsymbol{k}\cdot\boldsymbol{v}-\mathrm{i}\gamma} \tag{10.2.15}$$

然后把方程 (10.2.14) 的后半部分替换为方程 (3.4.3) 的相应部分

$$\mathrm{S}(\boldsymbol{k},\omega)=2\lim_{\gamma\to0}\gamma\left|1-\frac{H_e}{\varepsilon_{L0}}\right|^2\int_{-\infty}^{+\infty}\frac{\mathrm{d}\boldsymbol{v}\sum\limits_l J_l^2(k_\perp\rho_e)f_{0e}(\boldsymbol{v})}{\left(\omega-k_\parallel v_\parallel-l\Omega_e\right)^2+\gamma^2}+\frac{2\pi Z}{k}\left|\frac{H_e}{\varepsilon_{L0}}\right|^2f_{i0}\left(\frac{\omega}{k}\right) \tag{10.2.16}$$

其中

$$\varepsilon_{L0} = 1 + H_e + \chi_i \tag{10.2.17}$$

事实上，在第二步，对 $f_{i0}(\omega/k)$ 的依赖就意味着在低频条件下这一项是主要的，因为低频下 H_e 相对独立于磁场。

10.3 $S(\boldsymbol{k},\omega)$，麦克斯韦分布函数

麦克斯韦分布是

$$f_{0e} = \exp\left(-v^2/a^2\right)/\left(\pi a^2\right)^{3/2}, \quad f_{i0} = \exp\left(-v^2/b^2\right)/\left(\pi b^2\right)^{3/2} \tag{10.3.1}$$

其中平均热运动速度为

$$a = (2\kappa T_e/m_e)^{1/2}, \quad b = (2\kappa T_e/m_e)^{1/2} \tag{10.3.2}$$

利用 $v^2 = v_\perp^2 + v_\parallel^2$，将上述公式代入方程 (10.2.14)，然后用方程 (10.1.9) 计算分子中的积分

$$\begin{aligned}
&\lim_{\gamma\to 0}\int_0^{2\pi}\frac{\mathrm{d}\phi}{(\pi a^2)^{\frac{3}{2}}}\int_0^{\infty}v_\perp \mathrm{d}v_\perp \sum_l J_l^2\left(k_\perp\rho_e\right)\exp\left(-\frac{v^2}{a^2}\right)\int_{-\infty}^{+\infty}\frac{\mathrm{d}v_\parallel \omega\exp\left(-\frac{v_\parallel^2}{a^2}\right)}{\left(\omega-k_\parallel v_\parallel - l\Omega_e\right)^2+\gamma^2}\\
&=\pi^{\frac{1}{2}}\sum_{l=-\infty}^{+\infty}\exp\left(-k_\perp^2\bar{\rho}_e^2\right)I_l\left(k_\perp^2\bar{\rho}_e^2\right)\cdot\frac{\exp\left\{-\left[\frac{(\omega-l\Omega_e)}{k_\parallel a}\right]^2\right\}}{k_\parallel a}
\end{aligned} \tag{10.3.3}$$

其中

$$\rho_e = v_\perp/\Omega_e, \quad \bar{\rho}_e = a/2^{\frac{1}{2}}\Omega_e, \quad \bar{\rho}_i = b/2^{\frac{1}{2}}\Omega_i \tag{10.3.4}$$

类似地，利用方程 (10.1.7) 和 (10.1.9)，有

$$\begin{aligned}
H_e(\boldsymbol{k},\omega) &= \lim_{\gamma\to 0}\int_0^{2\pi}\mathrm{d}\varphi\int_0^{\infty}v_\perp \mathrm{d}v_\perp\int_{-\infty}^{+\infty}\mathrm{d}v_\parallel\frac{4\pi e^2 n}{m_e k^2}\sum_l\frac{J_l^2\left(k_\perp\rho_e\right)\left(k_\parallel\frac{\partial f_{0e}}{\partial v_\parallel}+\frac{l\Omega_e}{\partial v_\perp}\frac{\partial f_{0e}}{\partial v_\perp}\right)}{\omega-k_\parallel v_\parallel - l\Omega_e - \mathrm{i}\gamma}\\
&= \lim_{\gamma\to 0}\alpha^2\left[1-\sum_{l=-\infty}^{+\infty}\exp\left(-k_\perp^2\bar{\rho}_e^2\right)I_l\left(k_\perp^2\bar{\rho}_e^2\right)\right.\\
&\qquad\left.\times\int_{-\infty}^{+\infty}\frac{\mathrm{d}v_\parallel\omega\exp\left(-v_\parallel^2/a^2\right)}{(\pi a^2)^{\frac{1}{2}}\left(\omega-k_\parallel v_\parallel - l\Omega_e-\mathrm{i}\gamma\right)}\right]
\end{aligned}$$

$$
\left(k_{\parallel}=0\right)=\alpha^{2}\left[1-\sum_{l}\exp\left(-k_{\perp}^{2}\bar{\rho}_{e}^{2}\right)I_{l}\left(k_{\perp}^{2}\bar{\rho}_{e}^{2}\right)\frac{\omega}{\omega-l\Omega_{e}}\right] \tag{10.3.5}
$$

$$
\begin{aligned}
\left(k_{\parallel}\neq 0\right)=\alpha^{2}\Bigg\{&1-\sum_{l}\exp\left(-k_{\perp}^{2}\bar{\rho}_{e}^{2}\right)I_{l}\left(k_{\perp}^{2}\bar{\rho}_{e}^{2}\right)\frac{\omega}{\omega-l\Omega_{e}}\\
&\times\left[2x_{el}\exp\left(-x_{el}^{2}\right)\int_{0}^{x_{el}}\exp\left(p^{2}\right)\mathrm{d}p+\mathrm{i}\pi^{\frac{1}{2}}x_{el}\exp\left(-x_{el}^{2}\right)\right]\Bigg\}
\end{aligned} \tag{10.3.6}
$$

其中

$$
x_{el}=\left(\omega-l\Omega_{e}\right)/k_{\parallel}a,\quad \alpha=1/k\lambda_{De}
$$

括号中的函数本质上是在 5.2 节讨论的等离子体色散函数 [见方程 (5.2.7) 和 (5.2.8)]，虚部是朗道阻尼项。

$$
\begin{aligned}
H_{i}(\boldsymbol{k},\omega)=&\frac{ZT_{e}}{T_{i}}\alpha^{2}\Bigg[1-\sum_{m}\exp\left(-k_{\perp}^{2}\bar{\rho}_{i}^{2}\right)I_{m}\left(k_{\perp}^{2}\bar{\rho}_{i}^{2}\right)\frac{\omega}{\omega-m\Omega_{i}}\\
&\times\left\{\begin{array}{ll}1, & k_{\parallel}=0\\ \left\{2x_{im}\exp\left(-x_{im}^{2}\right)\displaystyle\int_{0}^{x_{im}}\exp\left(p^{2}\right)\mathrm{d}p+\mathrm{i}\pi^{\frac{1}{2}}x_{im}\exp\left(-x_{im}^{2}\right)\right\}, & k_{\parallel}\neq 0\end{array}\right\}\Bigg]
\end{aligned} \tag{10.3.7}
$$

其中

$$
x_{im}=\omega-m\Omega_{i}/k_{\parallel}b,\quad \lambda_{De}=\left(\kappa T_{e}/4\pi e^{2}n_{e}\right)^{1/2}\text{(高斯单位)} \tag{10.3.8}
$$

谱密度函数为

$$
\begin{aligned}
S(\boldsymbol{k},\omega)=&2\pi^{\frac{1}{2}}\left|1-\frac{H_{e}}{\varepsilon_{L}}\right|^{2}\sum_{l=-\infty}^{+\infty}\exp\left(-k_{\perp}^{2}\bar{\rho}_{e}^{2}\right)I_{l}\left(k_{\perp}^{2}\bar{\rho}_{e}^{2}\right)\exp\frac{\left[-\left(\dfrac{\omega-l\Omega_{e}}{k_{\parallel}a}\right)^{2}\right]}{k_{\parallel}a}\\
&+2\pi^{1/2}\left|\frac{H_{e}}{\varepsilon_{L}}\right|^{2}\sum_{l=-\infty}^{+\infty}\exp\left(-k_{\perp}^{2}\bar{\rho}_{i}^{2}\right)I_{m}\left(k_{\perp}^{2}\bar{\rho}_{i}^{2}\right)\frac{\left\{-\left[\left(\omega-m\Omega_{e}\right)/k_{\parallel}b\right]^{2}\right\}}{k_{\parallel}b}
\end{aligned} \tag{10.3.9}
$$

其中 $\varepsilon_{L}=1+H_{e}+H_{i}$。

10.3.1　非磁化离子

$$
\chi_{i}=Z\frac{T_{e}}{T_{i}}\alpha^{2}\left[1-2x_{i}\exp\left(-x_{i}^{2}\right)\int_{0}^{x_{i}}\exp\left(p^{2}\right)\mathrm{d}p-\mathrm{i}\pi^{1/2}x_{i}\exp\left(-x_{i}^{2}\right)\right] \tag{10.3.10}
$$

其中 $x_i=\omega/kb$，代入方程 (10.2.16) 得到

$$S(\boldsymbol{k},\omega)=2\pi^{\frac{1}{2}}\left|1-\frac{H_e}{\varepsilon_{L0}}\right|^2\sum_l \exp\left(-k_\perp^2\bar{\rho}_e^2\right)I_l\left(k_\perp^2\bar{\rho}_e^2\right)\frac{\exp\left[-\left(\frac{\omega-l\Omega_e}{k_\parallel a}\right)^2\right]}{k_\parallel a}$$
$$+2\pi^{1/2}Z\left|\frac{H_e}{\varepsilon_{L0}}\right|^2\frac{\exp\left(-v^2/b^2\right)}{kb} \tag{10.3.11}$$

其中 $\varepsilon_{L0}=1+H_e+\chi_i$。

10.4 碰撞磁化等离子体

10.4.1 任意分布函数

以下计算按照 3.7 节中的 $B=0$ 计算方法，因此只列出了主要步骤。在动力学方程 (10.1.2) 的右侧增加了碰撞项 $-\nu_q\left[F_{1q}-n_{1q}F_{0q}(\boldsymbol{v})\right]$，使用纵向近似，该方程的傅里叶–拉普拉斯变换为

$$-F_{1q}(\boldsymbol{k},\boldsymbol{v},0)+(\mathrm{i}\omega+\nu_q-\mathrm{i}\boldsymbol{k}\cdot\boldsymbol{v})F_{1q}(\boldsymbol{k},\boldsymbol{v},\omega)-\frac{qB_0}{m_qc}\frac{\partial F_{1q}(\boldsymbol{k},\boldsymbol{v},\omega)}{\partial\varphi}$$
$$+\frac{\mathrm{i}4\pi q}{k^2m_q}\rho_1(\boldsymbol{k},\omega)\boldsymbol{k}\cdot\frac{\partial F_{0q}}{\partial\boldsymbol{v}}=\nu_qn_{1q}(\boldsymbol{k},\omega)F_{0q}-n_{1q}(\boldsymbol{k},0)F_{0q} \tag{10.4.1}$$

已经添加了碰撞项的初值 [见方程 (3.7.5)]，整理方程并对 φ 积分。

$$F_{1q}(\boldsymbol{k},\boldsymbol{v},\omega)=-\sum_l\sum_m$$
$$\left[\frac{\mathrm{i}F_{1q}(\boldsymbol{k},\boldsymbol{v},0)+\frac{4\pi}{k^2}\frac{q}{m}\rho_1(\boldsymbol{k},\omega)\boldsymbol{k}\cdot\frac{\partial F_{0q}}{\partial\boldsymbol{v}^*}+\mathrm{i}\nu_qn_{1q}(\boldsymbol{k},\omega)F_{0q}-\mathrm{i}n_{1q}(\boldsymbol{k},0)F_{0q}}{\omega-k_\parallel v_\parallel-l\Omega_q-\mathrm{i}\nu_q}\right]$$
$$\times J_l(k_\perp\rho_q)J_m(k_\perp\rho_q)\mathrm{e}^{\mathrm{i}(l-m)\varphi} \tag{10.4.2}$$

这个方程的电子和离子形式是通过对速度求和得到的。

$$n_{1e}(\boldsymbol{k},\omega)(1+U_e)$$
$$=-\mathrm{i}\sum_{j=1}^N\mathrm{e}^{\mathrm{i}(\boldsymbol{k}\cdot\boldsymbol{r}_j(0))}\left\{\sum_{l,m}\frac{J_l(k_\perp\rho_e(0))J_m(k_\perp\rho_e(0))}{\omega-k_\parallel v_{\parallel j}(0)-l\Omega_e-\mathrm{i}\nu_e}\mathrm{e}^{\mathrm{i}(l-m)\varphi(0)}-\frac{U_e}{\mathrm{i}\nu_e}\right\} \tag{10.4.3}$$

$$+\frac{H_e}{e}\rho_1(\boldsymbol{k},\omega)n_{li}(\boldsymbol{k},\omega)(1+U_i)$$

$$
\begin{aligned}
&= -\mathrm{i}\sum_{h=1}^{\frac{N}{Z}} \mathrm{e}^{\mathrm{i}[\boldsymbol{k}\cdot\boldsymbol{r}_h(0)]}\left[\sum_{l,m}\frac{J_l\left(k_\perp\rho_i(0)\right)J_m\left(k_\perp\rho_i(0)\right)}{\omega-k_\parallel v_{\parallel h}(0)-l\Omega_i-i\nu_i}\mathrm{e}^{\mathrm{i}(l-m)\varphi(0)}-\frac{U_i}{\mathrm{i}\nu_i}\right]\\
&\quad+\frac{H_e}{e}\rho_1(\boldsymbol{k},\omega)
\end{aligned}
\tag{10.4.4}
$$

其中

$$
U_q=\mathrm{i}\nu_q\sum_l\int\frac{\mathrm{d}vJ_l^2\left(k_\perp\rho_q\right)f_{0q}}{\omega-k_\parallel v_\parallel-l\Omega_q-\mathrm{i}\nu_q}
\tag{10.4.5}
$$

在这两个方程之间消去 n_{li}，然后可以获得 $n_{le}(\boldsymbol{k},\omega)$ 以及

$$
S(\boldsymbol{k},\omega)=\frac{2\nu_q}{V}\frac{\left|n_{le}(\boldsymbol{k},\omega)\right|^2}{n_0}
$$

$$
S(\boldsymbol{k},\omega)=2\left|1-\frac{L_e}{\varepsilon_L}\right|^2M_e+2Z\left|\frac{L_e}{\varepsilon_L}\right|^2M_i
\tag{10.4.6}
$$

其中

$$
M_q=\frac{\nu_q}{\left|1+U_q\right|^2}\sum_l\int\frac{\mathrm{d}\boldsymbol{v}f_{0q}(\boldsymbol{v})J_l^2\left(k_\perp\rho_q\right)}{\left(\omega-k_\parallel v_\parallel-l\Omega_q\right)^2+\nu_q^2}-\frac{\left|U_q\right|^2}{\nu_q^2}
\tag{10.4.7}
$$

以及

$$
\varepsilon_L=1+\frac{H_e(\nu_e)}{1+U_e}+\frac{H_i(\nu_i)}{1+U_i}=1+L_e+L_i
\tag{10.4.8}
$$

10.4.2　麦克斯韦分布函数

我们可以按照 3.7.2 节和 10.3 节采用的方法推导如下：

$$
\begin{aligned}
U_e=&\mathrm{i}\sum_l\exp\left(-k_\perp^2\bar{\rho}_e^2\right)I_l\left(k_\perp^2\bar{\rho}_e^2\right)\frac{\nu_e}{\omega-l\Omega_e-\mathrm{i}\nu_e}\\
&\times\left[2y_{el}\exp\left(-y_{el}^2\right)\int_0^{y_{el}}\exp\left(p^2\right)\mathrm{d}p+\mathrm{i}\pi^{1/2}y_{el}\exp\left(-y_{el}^2\right)\right]
\end{aligned}
\tag{10.4.9}
$$

$$
\begin{aligned}
L_e=&\frac{\alpha^2}{1+U_e}\left[1-\sum_l\exp\left(-k_\perp^2\bar{\rho}_e^2\right)I_l\left(k_\perp^2\bar{\rho}_e^2\right)\frac{\omega-\mathrm{i}\nu_e}{\omega-l\Omega_e-\mathrm{i}\nu_e}\right.\\
&\left.\times\left\{2y_{el}\exp\left(-y_{el}^2\right)\int_0^{y_{el}}\exp\left(p^2\right)\mathrm{d}p+\mathrm{i}\pi^{\frac{1}{2}}y_{el}\exp\left(-y_{el}^2\right)\right\}\right]
\end{aligned}
\tag{10.4.10}
$$

$$
M_e=\sum_l\frac{\exp\left(-k_\perp^2\bar{\rho}_e^2\right)I_l\left(k_\perp^2\bar{\rho}_e^2\right)}{\left|1+U_e\right|^2}
$$

$$\times \operatorname{Im}\left\{\frac{2y_{el}\exp\left(-y_{el}^2\right)\int\limits_0^{y_{el}}\exp\left(p^2\right)\mathrm{d}p+\mathrm{i}\pi^{\frac{1}{2}}y_{el}\exp\left(-y_{el}^2\right)}{\omega-l\Omega_e-\mathrm{i}\nu_e}\right\}-\frac{|U_e|^2}{\nu\left|1+U_e\right|^2} \tag{10.4.11}$$

其中

$$y_{el}=\left(\omega-l\Omega_e-\mathrm{i}\nu_e\right)/k_{\|}a$$

对 U_i、L_i 和 M_i 有相似的表达式。

由于碰撞在所有情况下都提供阻尼，因此不必要区分 $k_{\|}=0$ 和 $k_{\|}\neq 0$ 的情况。对小的 ν_e 和 ν_i，这些表达式可以使用非磁化情况的展开式进行展开 (3.7.2 节)。

10.5 横向模式

由于对磁化等离子体中波谱的完整计算过程太冗长，故不在此展开。这里主要关注色散关系，这有助于我们确定何种条件下横波和纵波之间存在重要耦合。Sitenko (1967) 对这个话题做了广泛的综述。低混杂共振的情形已经在 9.2.2 节中讨论过。我们首先联立麦克斯韦方程 (1.3.4) 以消除 $\boldsymbol{B}$，然后得到

$$\nabla\times(\nabla\times\boldsymbol{E})+\frac{1}{c^2}\frac{\partial^2\boldsymbol{E}}{\partial t^2}=-\frac{4\pi}{c^2}\frac{\partial\boldsymbol{J}}{\partial t} \tag{10.5.1}$$

其中电流密度为

$$\boldsymbol{J}=\sum_q q\int F_{1q}\boldsymbol{v}\mathrm{d}\boldsymbol{v} \tag{10.5.2}$$

我们寻求 $\exp\left[\mathrm{i}\left(\boldsymbol{k}\cdot\boldsymbol{r}-\omega t\right)\right]$ 形式的解，代入化简导出

$$\boldsymbol{E}-\frac{k^2c^2}{\omega^2}\left[\boldsymbol{E}-\left(\hat{k}\cdot\boldsymbol{E}\right)\hat{k}\right]=-\mathrm{i}\frac{4\pi}{\omega}\sum_q q\int F_{1q}\left(\boldsymbol{k},\boldsymbol{v},\omega\right)\boldsymbol{v}\mathrm{d}\boldsymbol{v} \tag{10.5.3}$$

目前 $F_{1q}\left(\boldsymbol{k},\boldsymbol{v},\omega\right)$ 已经通过方程 (10.2.5) 给出。首先忽略初始条件再次代入 (本次计算不需要初始条件)；然后可以获得在 $\hat{x}$、$\hat{y}$ 和 $\hat{z}$ 方向上的分量方程；最后，通过将带有未知量 E_x、E_y 和 E_z 的三个方程的行列式等于 0 得到了色散关系表达式。

为了便于计算，我们将 $\hat{k}$ 置于 xz 平面，$\boldsymbol{B}_0=B_0\hat{z}$。我们假设 F_{0q} 只是 $|\boldsymbol{v}|$ 的函数，在这种情况下

$$\frac{\partial F_{0q}}{\partial v_i}=\frac{\partial v}{\partial v_i}\frac{\partial F_{0q}}{\partial v}=\frac{v_\perp}{v}\frac{\partial F_{0q}}{\partial v}$$

然后，

$$\boldsymbol{E}_1 \cdot \frac{\partial F_{0q}}{\partial \boldsymbol{v}} = \frac{E_{1x}v_x + E_{1y}v_y + E_{1z}v_z}{v}\frac{\partial F_{0q}}{\partial v}$$

除此之外，我们可以利用恒等式 (10.1.13)。

色散关系为

$$\left[1-\left(\frac{\omega}{ck}\right)^2\varepsilon_{yy}\right]\left[-\left(\frac{\omega}{ck}\right)^2\underline{\underline{\left(\eta_\perp^2\varepsilon_{xx}+2\eta_\parallel\eta_\perp\varepsilon_{xz}+\eta_\parallel^2\varepsilon_{zz}\right)}}+\left(\frac{\omega}{ck}\right)^4\varepsilon_{xx}\varepsilon_{zz}-\left(\frac{\omega}{ck}\right)^4\varepsilon_{xz}^2\right]$$
$$+\left(\frac{\omega}{ck}\right)^4\left[\eta_\perp\varepsilon_{xy}-\eta_\parallel\varepsilon_{yz}\right]^2-\left(\frac{\omega}{ck}\right)^6\left(\varepsilon_{zz}\varepsilon_{xy}^2+\varepsilon_{xx}\varepsilon_{yz}^2+2\varepsilon_{xy}\varepsilon_{yz}\varepsilon_{xz}\right)=0 \tag{10.5.4}$$

其中

$$\eta_\parallel = \hat{k}\cdot\hat{z}, \quad \eta_\perp = \hat{k}\cdot\hat{x}$$

下划线部分为静电色散关系，该结果以 Callen 和 Guest(1973) 使用过的形式表达。他们曾讨论了镜约束等离子体中这种耦合与不稳定性的关系，给出介电函数

$$\varepsilon = \delta_{ij} - \sum_q \frac{\omega_{pq}^2}{\omega^2}\delta_{ij} - \sum_l \int \mathrm{d}\boldsymbol{v}\frac{k_\parallel\dfrac{\partial f_{0q}}{\partial v_\parallel}+l\dfrac{\Omega_q}{v_\perp}\dfrac{\partial f_{0q}}{\partial v_\perp}}{\omega-k_\parallel v_\parallel-l\Omega_q}\pi \tag{10.5.5}$$

其中

$$\eta_\parallel = \hat{k}\cdot\hat{z}, \quad \eta_\perp = \hat{k}\cdot\hat{x}$$

可以看出，忽略横向模式与纵向模式耦合的判据是，对于所有 $\varepsilon_{ij} \ll c^2$ 有

$$\left(\omega^2/k^2\right)\varepsilon_{ij} \ll c^2$$

当应用于散射时，用 α 形式重写方程是很方便的，因此有

$$\frac{\alpha^2}{2}\frac{\omega^2}{\omega_{pe}^2}\cdot\varepsilon_{ij}a^2 \ll c^2, \quad \frac{\alpha^2}{c^2} \cong 4\times10^{-6}T_e\,(\mathrm{eV})$$

需要注意的重要一点是，虽然可能发生耦合，但由于 α 的实际限制，在可实现的散射区域内它不是必须的。对稳态等离子体，我们可能会发现 $\varepsilon_{ij} \lesssim \omega_{pe}^2/\omega^2$[见方程 (10.5.5)]。因此，作为忽略耦合的一个初步判据，我们要求

$$\alpha \ll 700/\left[T_e\,(\mathrm{eV})\right]^{1/2}$$

(对于不稳定的情况不可能做出一般性的陈述)。Weinstock (1965a,b) 讨论的一个例子是，电子等离子体频率伴随信号。完整的色散关系为

$$\omega^2 = \omega_{pe}^2 + \Omega_e^2\sin^2\theta + \left(\omega_{pe}^2\Omega_e^2/c^2k^2\right)\sin^2\theta$$

而对于 $\omega_{pe}^2/\Omega_e^2 \gg 1$ 的情况，纵向近似为 $\omega_{app}^2 = \omega_{pe}^2 + \Omega_e^2 \sin^2\theta$[见方程 (10.8.15)]。如果满足如下条件，后者是有效的

$$\left(\omega_{pe}^2 \Omega_e^2/c^2k^2\right)\sin^2\theta \text{ 或者 } \omega_{pe}^2/c^2k^2 \ll 1$$

显然，这就是上述讨论得出的判据。

10.6　磁化谱的一般特征

10.6.1　参数

磁化谱相对比较复杂，因此我们只详细研究准平衡情况 (麦克斯韦速度分布，但任意 T_e/T_i)，然后只在有限的情况中：

(a) 对方程 (10.3.5)~(10.3.8)、(10.3.9) 以及 (10.4.9)~(10.4.11) 的检查表明，重要参数为

$$\alpha = 1/k\lambda_{De} \cong \lambda/\lambda_{De}, \quad k_{\parallel} = k\cos\theta_B, \quad k_{\perp} = k\sin\theta_B$$

$$k_{\perp}\bar{\rho}_e \cong \bar{\rho}_e/\lambda k_{\perp}\bar{\rho}_i \cong \bar{\rho}_i/\lambda$$

以及在碰撞情况下 ν_e/Ω_e，ν_i/Ω_i。

(b) $\alpha \ll 1$, 在这种情形下，$H_e, H_i \Rightarrow 0$，我们恢复到非集体性效应谱。

(c) $\alpha \gtrsim 1$，在这种情况下，等离子体效应很重要，并且光谱由两项组成：

(i) 电子特征 (方程 (10.3.4) 的第一项)，当 $\omega \lesssim k_{\parallel}a$ 时，方程 (10.3.9) 分子部分表明，电子特征将变得重要；

(ii) 离子特征 (方程 (10.3.9) 的第二项)，当处于 $\omega \lesssim k_{\parallel}b$ 的较低频范围，这一项将十分重要。[我们假定 $T_i/T_e \ll (m_i/m_e)^{1/2}$。] 这种情况与非磁化情形 (见 5.2 节) 相似，但现在分子和分母都由一系列以磁旋频率倍数表示的项组成。有时，各项混合产生类似于未磁化情况的谱，但在其他条件下，它们会产生一种独特的调制。

(d) $\theta_B \to 0$，在这种极限下，有 $k_{\parallel} \to k$ 以及 $k_{\perp} \to 0$。利用恒等式 (10.1.10)，我们知道

$$\exp\left(-k_{\perp}^2\bar{\rho}^2\right) I_l\left(k_{\perp}^2\bar{\rho}^2\right) = \begin{cases} 1, & l = 0 \\ 0, & l \neq 0 \end{cases} \tag{10.6.1}$$

最终 (10.3.9) 谱表达式简化为 (5.2.2) 的非磁化等离子体谱。

(e) $\theta_B \to \pi/2$，在这种极限下，有 $k_{\parallel} \to 0$ 以及 $k_{\perp} \to k$，并且在磁化和非磁化谱之间的区别将变得十分显著。当我们观察完全垂直磁场传播的波时，可以观察到最显著的影响，此时，调制几乎没有模糊。对于 $k^2\bar{\rho}^2 \gg 1$ 的情况，利用方程 (10.1.11) 我们发现

$$\exp\left(-k_{\perp}^{2}\bar{\rho}^{2}\right)I_{l}\left(k_{\perp}^{2}\bar{\rho}^{2}\right)\cong\left(\frac{2}{\pi}\right)^{\frac{1}{2}}\frac{1}{k^{2}\bar{\rho}}\left(1-\frac{4l^{2}-1}{8k_{\perp}^{2}\bar{\rho}^{2}}+\cdots\right)\tag{10.6.2}$$

对很大范围内的 l，这个量都有一个显著的值，因此这里存在大量的峰。

对于 $k_{\perp}^{2}\bar{\rho}^{2}\ll 1$ 的情况，只有 $l=0$ 项才能够获得重大贡献，因此频谱集中在零频率附近。物理解释很简单，就是电子与磁力线相连，我们在比磁旋半径大得多的尺度 λ 上观察，电子似乎没有移动太多，多普勒频移也可以忽略不计。

(f) $k_{\perp}\bar{\rho}$，用不同的形式改写这个因子是有用的：

$$k_{\perp}\bar{\rho}_{e}=\frac{k_{\perp}a}{\sqrt{2}\Omega_{e}}=\frac{\omega_{pe}}{\Omega_{e}}\frac{\sin\theta_{B}}{\alpha}=\frac{c}{a}\beta_{e}^{1/2}\frac{\sin\theta_{B}}{\alpha}\tag{10.6.3}$$

$$k_{\perp}\bar{\rho}_{i}=\frac{k_{\perp}b}{\sqrt{2}\Omega_{i}}=\frac{\omega_{pe}}{\Omega_{e}}\left(\frac{m_{i}T_{i}}{m_{e}T_{e}}\right)^{1/2}\frac{\sin\theta_{B}}{\alpha}\tag{10.6.4}$$

其中，$\beta_{e}=4\pi n\kappa T_{e}/B^{2}$ 是电子气压和磁压力之比。我们注意到 $(c/a\alpha)=ck/\sqrt{2}\omega_{pe}$，并且有

$$\frac{\omega_{pe}}{\Omega_{pe}}=\frac{3.2\times10^{-3}\left[n_{e}\left(\mathrm{cm}^{-3}\right)\right]^{1/2}}{B\,(\mathrm{G})}$$

典型地，

$$m_{i}T_{i}/m_{e}T_{e}\gg 1$$

因此，$k_{\perp}\bar{\rho}_{i}\gg k_{\perp}\bar{\rho}_{e}$。实验室等离子体的例子如图 1.1 所示。对于聚变反应堆的条件，我们可以预期 $c/a\cong 10$，$\beta_{e}^{1/2}\cong 0.3$，因此 $k_{\perp}\bar{\rho}_{e}\cong\left(3\sin\theta_{B}\right)/\alpha$。

(g) 碰撞，对于 $\theta_{B}=\pi/2$，频谱减少到只有一系列的 δ 函数峰，除此之外朗道阻尼项也消失了 [见方程 (10.3.5) 和 (10.3.7)]。这将在 10.6.2 节中讨论。在实际情况中，由于碰撞，我们没有得到这样一个尖峰的分布。每个峰简化为洛伦兹形式：

$$\nu_{q}/\left[\left(\omega-l\Omega_{q}\right)^{2}+\nu_{q}^{2}\right]\tag{10.6.5}$$

对于 $k_{\|}\neq 0$ 情形，当 θ_{B} 从 $pi/2$ 降低时，这些磁旋峰变得更宽。每个峰的宽度大约是 $k_{\|}a$、$k_{\|}b$，在无碰撞情况下，如 4.7.2 节中所讨论的，只有 $k_{\|}a=ka\cos\theta_{B}<\Omega_{e}$ 或对离子 $k_{\|}b<\Omega_{i}$ 时，这些峰是可解析的。对于一个碰撞等离子体，当然还有额外的碰撞加宽，并且从方程 (10.6.5) 中我们知道需要满足 $v_{q}\ll\Omega_{q}$ 才能使磁场对光谱产生显著影响。当条件未被满足时，电荷不再能完成磁旋轨道运动，而且它们实际上没有被磁化。对于高碰撞频率的情况与第 5 章相似 (见图 10.5(a) 和 (b))。

10.6.2 极限情况 $B_0 \to 0\,(k_\parallel = 0)$

这种情况会很有趣，因为对于有限的 B_0，不存在朗道阻尼 [见方程 (10.3.5) 和 (10.3.7)]。然而，在等效的无磁情况下却存在阻尼。简单的物理图像是，在磁化的情况下，每个电荷在一半磁旋轨道上会损失能量 (以特定波运动时)，但由于这个过程是可逆的，它会在轨道的另一半再次获得能量。因此，只要我们看到的时间比磁旋周期长得多 (或者将系统当做静态处理)，我们将看不到阻尼。阻尼只出现在一个小于 $1/\Omega$ 的时间尺度上或 $B_0 = 0$ 的静态情况。Baldwin 和 Rowlands (1966) 详细地讨论了这个话题。

10.7 总散射截面 $S_T(\boldsymbol{k})$

由于散射辐射的一些重要特征，在研究频谱之前先考察总散射截面是很有指导意义的。

$$S_T(\boldsymbol{k}) = \int_{-\infty}^{+\infty} \mathrm{d}\omega S(\boldsymbol{k},\omega) \tag{10.7.1}$$

对于平衡磁化等离子体的情形，Dougherty 和 Farley (1963b) 已经对上式进行了评论。

$$T_e = T_i$$

对 $T_e = T_i$ 的情形，我们可以改写方程 (10.3.9) 和 (10.4.6)~(10.4.11) 中的 $S(\boldsymbol{k},\omega)$ 为以下形式：

$$S(\boldsymbol{k},\omega) = -\frac{2}{\alpha^2\omega}\left|\frac{1+H_i}{\varepsilon_L}\right|^2 \mathrm{Im}(H_e) - \frac{2}{\alpha^2\omega}\left|\frac{H_e}{\varepsilon_L}\right|^2 \mathrm{Im}(H_i) \tag{10.7.2}$$

对于有碰撞情形，我们用 L_e 代替 H_e，用 L_i 代替 H_e。在这些表达式中保留碰撞，以避免当 $k_\parallel = 0$ 时出现问题。在无碰撞情况下，H_e 和 H_i 是实数。方程 (10.7.2) 可以被改写为

$$S(\boldsymbol{k},\omega) = -\frac{2}{\alpha^2\omega}\mathrm{Im}\left[\frac{(1+L_i)L_e}{1+L_e+L_i}\right] \tag{10.7.3}$$

通过曲线积分法，很容易计算出对频率的积分 (见 5.6 节及附录 A)。对于稳态等离子体，ε_L 在上半平面没有极点，我们仅在 $\omega = 0$ 处发现极点

$$S_T(\boldsymbol{k}) = \frac{2\pi}{\alpha^2}\frac{[1+L_i(0)]L_e(0)}{1+L_e(0)+L_i(0)} = \frac{2\pi\left(1+Z\alpha^2\right)}{1+\alpha^2+Z\alpha^2} \tag{10.7.4}$$

这与方程 (5.6.3) 和 (5.6.6) 的非磁化情形的总散射截面相同。

在 5.3 节和 5.6 节中，我们发现有可能分离出电子和离子的特性 (萨普托近似)。这里可以使用一个相似的近似 (Salpeter, 1961b)。这种磁化情况中的本质区别在于方程 (10.3.9) 中分子的形式。在电子特性中，我们有因子

$$\sum_{l=-\infty}^{+\infty} \exp\left(-k_\perp^2 \bar{\rho}_e^2\right) I_l\left(k_\perp^2 \bar{\rho}_e^2\right) \exp \frac{\left\{-\left[\left(\omega - l\Omega_e\right)/k_\| a\right]^2\right\}}{k_\| a}$$

我们可以将条件 $l=0$ 的情形和条件 $l \neq 0$ 的情形分开。当 $\omega \cong l\Omega_e$ 时，$l \neq 0$ 的情形十分重要，一般来说，对离子而言这些都是高频，它们不能响应，因此 $L_i, H_i = 0$。

当 $\omega \lesssim k_\| a$ 时，条件 $l=0$ 的情形变得重要，尽管这包含 $\omega = 0$，如果 $k_\| a \gg \Omega_i$，即弱磁场的情况，那么对于这种情况涵盖的主要频率范围，由于$(\omega - m\Omega_i)/k_\| b \gg 1$，我们可以也设 $L_i, H_i = 0$。另一方面，如果 $\theta_B \to \pi/2$ 且 $k_\| a \ll \Omega_i$，即 $(1/k_\perp \bar{\rho}_i) \cdot (m_e m_i) \gg \cos\theta_B$，我们必须保留电子特性中 $L_i(0)$ 和 $H_i(0)$ 的一部分。

1) $k_\| a \gg \Omega_i$ 情形

(比如，$\theta_B \neq \pi/2$，小磁场，$k_\perp \bar{\rho}_e \gg m_e/m_i$。)

$$S_e(\boldsymbol{k}, \omega) \cong \frac{2\pi^{1/2}}{\left|1+H_e\right|^2} \sum_l \exp\left(-k_\perp^2 \bar{\rho}_e^2\right) I_l\left(k_\perp^2 \bar{\rho}_e^2\right) \exp \frac{\left\{-\left[\left(\omega - l\Omega_e\right)/k_\| a\right]\right\}}{k_\| a}$$

从方程 (10.3.6)

$$S_e(\boldsymbol{k}, \omega) = \frac{2}{\alpha^2 \omega} Im\left(\frac{1}{1+H_e}\right) \tag{10.7.5}$$

通过曲线积分法，有

$$S_e(\boldsymbol{k}) = 2\pi/\left(1+\alpha^2\right) \tag{10.7.6}$$

因此，对于小磁场且 $\theta_B \neq \pi/2$ 的情况，电子特征截面与非磁化情况相同。离子特征截面通过方程 (10.7.4) 与方程 (10.7.5) 相减得到 [见方程 (5.6.3)]

$$S_i(\boldsymbol{k}) = 2\pi Z\alpha^4/\left(1+\alpha^2\right)\left(1+\alpha^2+Z\alpha^2\right) \tag{10.7.7}$$

2) $k_\| a < \Omega_i$ 情形

(比如，$\theta_B \cong \pi/2$，大磁场，$k_\perp \bar{\rho}_e < m_e/m_i$。) 考虑 $l=0$ 的情形。那么，$\omega \lesssim k_\| a < \Omega_i$，$k_\perp \bar{\rho}_e \ll 1$。对于小 ω，我们不能减小分母中的 H_i，但是由于 $x_{el}, x_{im} \gg 1$，我们可以在 $l, m \neq 0$ 时减小所有项。除此之外，$\omega \cong k_\| a \gg k_\| b$，因此有

$$2x_{i0} \exp\left(-x_{i0}^2\right) \int_0^{x_{i0}} \exp\left(p^2\right) \mathrm{d}p + \mathrm{i}\pi^{1/2} x_{i0} \exp\left(-x_{i0}^2\right) = 1, \quad x_{i0} = \omega/k_\| b$$

以及

$$S_{e0}(\boldsymbol{k},\omega) \cong \frac{2\pi^{1/2}}{k_{\|}a}\Bigg(\Bigg\{\left|1+Z\alpha^2\left[1-\exp\left(-k_{\perp}^2\bar{\rho}_i^2\right)I_0\left(k_{\perp}^2\bar{\rho}_i^2\right)\right]\right|^2$$
$$\times\exp\left(-k_{\perp}^2\bar{\rho}_e^2\right)I_0\left(k_{\perp}^2\bar{\rho}_e^2\right)\exp\left[-\left(\omega/k_{\|}a\right)^2\right]\Bigg\}$$
$$\div\Bigg|1+Z\alpha^2\left[1-\exp\left(-k_{\perp}^2\bar{\rho}_i^2\right)I_0\left(k_{\perp}^2\bar{\rho}_i^2\right)\right]+\alpha^2\left[1-\exp\left(-k_{\perp}^2\bar{\rho}_e^2\right)I_0\left(k_{\perp}^2\bar{\rho}_e^2\right)\right]$$
$$\times\left[2x_{e0}\exp\left(-x_{e0}^2\right)\int_0^{x_{e0}}\exp\left(p^2\right)\mathrm{d}pi\pi^{1/2}x_{e0}\exp\left(-x_{e0}^2\right)\right]\Bigg|^2\Bigg)$$
$$=-\left(2/\alpha^2\omega\right)\left|1+Z\alpha^2\left[1-\exp\left(-k_{\perp}^2\bar{\rho}_i^2\right)I_0\left(k_{\perp}^2\bar{\rho}_i^2\right)\right]\right|^2\mathrm{Im}\left(1/\varepsilon_L\right) \tag{10.7.8}$$

$$S_{e0}(\boldsymbol{k}) = \mathrm{Im}\frac{2\pi\mathrm{i}}{\alpha^2}\left[\frac{1}{\varepsilon_L(\infty)}-\frac{1}{\varepsilon_L(\infty)}\right]\left[\left|1+Z\alpha^2\left(1-X_{i0}\right)\right|^2\right]$$
$$=\frac{2\pi X_{e0}\left|1+Z\alpha^2\left(1-X_{i0}\right)\right|^2}{\left[1+Z\alpha^2\left(1-X_{i0}\right)+\alpha^2\right]\left[1+Z\alpha^2\left(1-X_{i0}\right)+\alpha^2\left(1-X_{e0}\right)\right]} \tag{10.7.9}$$

其中

$$X_{q0}=\exp\left(-k_{\perp}^2\bar{\rho}_q^2\right)I_0\left(k_{\perp}^2\bar{\rho}_q^2\right)$$

对于离子特征，$\omega \lesssim k_{\|}b < k_{\|}a$，因此有 $H_e=\alpha^2$，以及

$$S_{e0}(\boldsymbol{k},\omega) \cong -\frac{2\alpha^2}{\omega}$$
$$\mathrm{Im}\left(1+\alpha^2+Z\alpha^2\left\{1-X_{i0}\left[x_{i0}\exp\left(-x_{i0}^2\right)\int_0^{x_{i0}}\exp\left(p^2\right)\mathrm{d}p+\mathrm{i}\pi^{\frac{1}{2}}x_{i0}\exp\left(x_{i0}\right)\right]\right\}\right)^{-1} \tag{10.7.10}$$

$$S_{i0}(\boldsymbol{k})=2\pi Z\alpha^4X_{i0}/\left[1+\alpha^2+Z\alpha^2\left(1-X_{i0}\right)\right]\left[1+\alpha^2+Z\alpha^2\right] \tag{10.7.11}$$

现在，对于 $k_{\perp}^2\bar{\rho}_e^2 \ll 1$，$X_{e0} \Rightarrow 1$，有

$$S_{e0}(\boldsymbol{k})+S_{i0}(\boldsymbol{k}) \cong 2\pi\frac{1+Z\alpha^2}{1+\alpha^2+Z\alpha^2}=S_T(\boldsymbol{k}) \tag{10.7.12}$$

因此对于接近垂直于 B_0 的 $\boldsymbol{k}$，以及足够大的磁场，我们发现所有的强度都集中在零频率的中心线上，这基本上与 $k_{\perp}\bar{\rho}_i$ 的值无关。原因也很简单，电子与磁力线相连，如果在一个 $\lambda \gg \bar{\rho}_e$ 的尺度上近距离观察垂直方向，我们看不到电子平均位置的显著变化，因此多普勒频移很小。此外，因为电子运动只在德拜长度上与离子耦合，故对于 $\lambda_{De} \ll \lambda \ll \bar{\rho}_e$，电子运动受到限制，多普勒频移很小。

总结：

(1) 总散射截面与非磁化情况相同。

(2) 对于 $k_{\|}a \gg \Omega_i$，即弱磁化等离子体以及 $\theta_B \neq \pi/2$ 的情况，分子中的所有项都起作用，电子和离子特征具有与非磁化情况相同的独立散射截面 (事实上，除调制外，频谱的包络与非磁化情况相似)。

(3) 对于 $k_{\|}a \ll \Omega_i$，即强磁化等离子体以及 $\theta_B \cong \pi/2$ 的情况，电子运动被限制，多普勒频移很小，大部分的频谱功率都在零频率区。

10.8 高 频 谱

10.8.1 $\boldsymbol{k}_{\|}=0$, $\omega \cong \omega_{pe}$, Ω_e

频谱函数方程 (10.3.9) 中的分子项决定了每一项都很重要的频率范围。对于高频 $\omega \cong \omega_{pe}$，Ω_e 的情况，主要贡献来自于电子特征。集体谱 $\alpha \gtrsim 1$ 的特征形式由介电函数 $S(\boldsymbol{k},\omega) \propto 1/\left|\varepsilon_L\right|^2$ 的行为决定，同时光谱中的峰值出现在由 $\left|\varepsilon_L\right|^2=0$ 给定的共振中。大量学者已经讨论过这些光谱，尤其是 Bernstein(1958) 和 Salpeter(1961a,b)。由于 $k_{\|}=0$ 的情形具有磁化光谱中最不寻常的特征，我们将首先处理这种情形。方程 (10.3.5)、(10.3.7) 以及 (10.3.9) 中纵波的色散关系为

$$\begin{aligned}\varepsilon_L=1&+\alpha^2\left[1-\sum_l \exp\left(-k_\perp^2\bar{\rho}_e^2\right) I_l\left(k_\perp^2\bar{\rho}_e^2\right)\frac{\omega}{\omega-l\Omega_e}\right]\\&+Z\frac{T_e}{T_i}\alpha^2\left[1-\sum_m \exp\left(-k_\perp^2\bar{\rho}_i^2\right) I_m\left(k_\perp^2\bar{\rho}_i^2\right)\frac{\omega}{\omega-m\Omega_i}\right]=0 \qquad (10.8.1)\end{aligned}$$

从方程 (10.8.1) 的形式中，我们看到方程有许多根，被称为“伯恩斯坦模式”。正如章节 10.6.2 中所讨论的，对于无碰情形，波没有阻尼，但是在实际情况中，是存在碰撞的。从方程 (10.4.10) 中我们可以看到，因子 $\omega/\left(\omega-l\Omega_q\right)$ 转变为 $\left(\omega-\mathrm{i}\nu_q\right)/\left(\omega-l\Omega_q-\mathrm{i}\nu_q\right)$。

1) $k_\perp^2\bar{\rho}_e^2 \ll 1$ 情形

我们看到 $\omega/\left(\omega-m\Omega_i\right)\rightarrow 1$，同时利用方程 (10.1.15)，我们认识到 ε_L 的离子项可以忽略。重新整理方程 (10.8.1) 可导出

$$\varepsilon_L=1-2\alpha^2\sum_{l=1}^{\infty}\exp\left(-k_\perp^2\bar{\rho}_e^2\right) I_l\left(k_\perp^2\bar{\rho}_e^2\right)\frac{l^2}{\left(\omega/\Omega_e\right)^2-l^2} \qquad (10.8.2)$$

利用方程 (10.1.10)，我们得到

$$\varepsilon_L=1-2\alpha^2\left(1-k_\perp^2\bar{\rho}_e^2\right)\left\{\frac{k_\perp^2\bar{\rho}_e^2}{2\left[\left(\omega/\Omega_e\right)^2-1\right]}+\frac{k_\perp^2\bar{\rho}_e^2}{2\left[\left(\omega/\Omega_e\right)^2-4\right]}+\cdots\right\}=0 \quad (10.8.3)$$

我们现在想解这个关于 ω/Ω_e 的方程，共有两种情况。

(1) 如果 ω/Ω_e 不接近一个整数，那么由于 $k_\perp^2\bar{\rho}_e^2 \ll 1$，我们可以忽略这个数列中除了第一项之外的所有项，然后得到方程 (10.7.4) 的优势根，为 ω_0/Ω_e：

$$(\omega_0/\Omega_e)^2 = 1 + \alpha^2 k_\perp^2 \bar{\rho}_e^2 \quad \text{或者} \quad \omega_0^2 = \omega_{pe}^2 + \omega_e^2 \tag{10.8.4}$$

这通常称为“上混杂频率”。

显然，对磁化等离子体，频率 $\pm\omega_0$ 对应于非磁化情况下的等离子体频率特征 (5.4.2 节)。对于 $\lambda_{De}^2 \ll \bar{\rho}_e^2$，方程 (10.8.4) 降低为等离子频率。通过与方程 (10.7.5) 的推导进行类比，我们看到每个伴随信号的积分强度是

$$S(\boldsymbol{k})|_{\omega_0} \cong \int \mathrm{d}\omega \frac{2}{\alpha^2\omega}\mathrm{Im}\left(\frac{1}{\varepsilon_L}\right) = \frac{2\pi k_\perp^2\bar{\rho}_e^2}{1+\alpha^2 k_\perp^2\bar{\rho}_e^2} \tag{10.8.5}$$

这里假定碰撞程度很低，以至于 ε_L 具有虚部。当 $\lambda_{De}^2 \ll \bar{\rho}_e^2$ 时，降为方程 (10.7.6)。最终，我们必须评价一下 (10.8.3) 的其他根。这些频率相当于 $(\omega/\Omega_e) - l^2$ 小到足以使第 l 项与第一项相比较的频率。然而，这些项的强度为

$$S(\boldsymbol{k})|_{\omega_l} \cong= \frac{2\pi\left(k_\perp^2\bar{\rho}_e^2\right)^l}{2^{(l-1)}l!\,(1+\alpha^2 k_\perp^2\bar{\rho}_e^2)}$$

并且相比于方程 (10.8.5)，这依然是小量。

(2) 如果 ω/Ω_e 处于一个整数 l 的附近，那么第 l 项在对优势频率的评估中就会占有贡献。我们设 $\omega/\Omega_e = l \pm \omega/\Omega_e$ 且 $\omega/\Omega_e \ll l$，然后发现

$$\frac{\omega}{\Omega_e} \cong \frac{\alpha^2}{(l-1)!}\left(\frac{k_\perp^2\bar{\rho}_e^2}{2}\right)^l \tag{10.8.6}$$

因此在 $\omega/\Omega_e = \pm l$ 的两侧各有一条线，并且它们分享了方程 (10.8.5) 的强度。Platzman 等 (1968) 在一些细节上对 $l = 1$ 和 $l = 2$ 模式的耦合进行了讨论 (图 10.2)。

2) $k_\perp^2\bar{\rho}_e^2 \gg 1$ 情形

在这种情形下，可以利用拓展方程 (10.6.2) 以及

$$\varepsilon_L \cong 1 - 2\alpha^2\left(\frac{2}{\pi}\right)^{1/2}\frac{1}{k_\perp^2\bar{\rho}_e^2}\left[\frac{1}{(\omega/\Omega_e)^2-1} + \frac{4}{(\omega/\Omega_e)^2-4} + \cdots\right] \tag{10.8.7}$$

可以看出，当 $k_\perp\bar{\rho}_e \gg 2l^2\alpha^2$ 时，共振伴随 $\omega/\Omega_e \cong l$ 出现。Surko 等 (1972) 在一个 $k_\perp\bar{\rho}_e \cong 0.3 \sim 5$ 的等离子体中驱动了伯恩斯坦模式，并且观测到它们的二氧化碳辐射散射。他们的仪器如图 10.3 所示。这种波是通过将 268MHz 的电压施加到等离子体探针上激发的。他们研究了垂直于磁场传播的波，并使用外差探测

系统 (见 6.7.5 节)，以提高信噪比 ($n_e \cong 4\times10^{10}\text{cm}^{-3}$)。探测器被固定以接收特定的

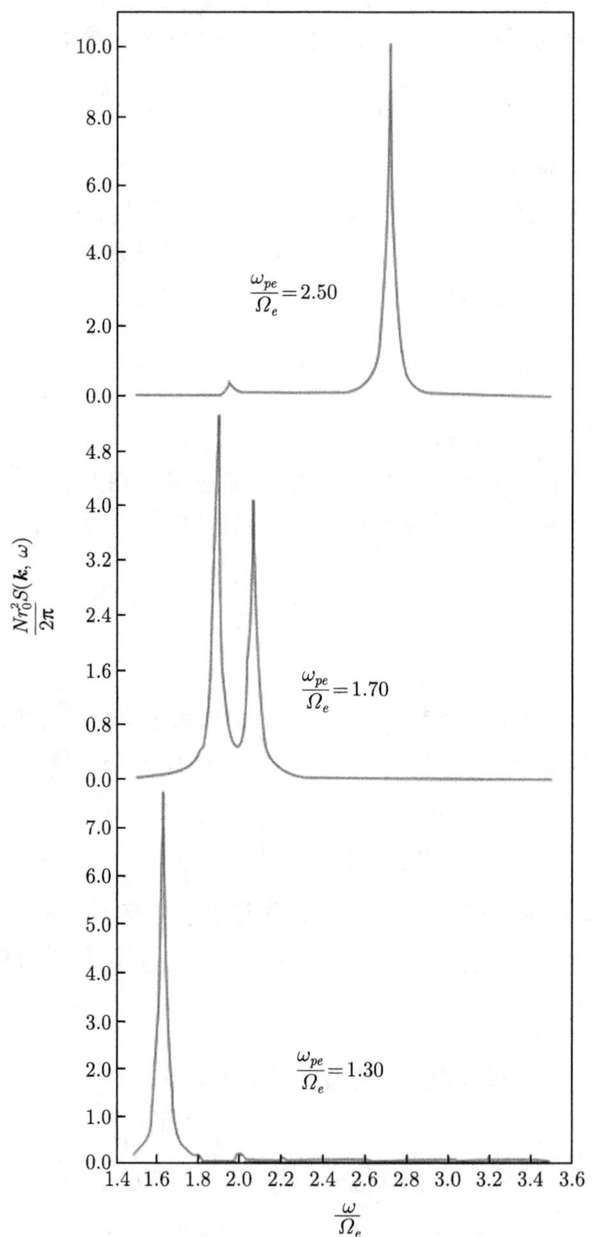

图 10.2　$\alpha=14$ 和 $\Omega_e/\nu_e=50$ 下 ω/Ω_e 的散射截面对比。当 $\omega_{pe}/\Omega_e=1.3$ 时，强度主要在 $\omega=1.65\Omega_e$ 的上混杂模式。当 $\omega_{pe}/\Omega_e=1.7$ 时，上混杂模式和磁旋模式具有相似的强度。当 $\omega_{pe}/\Omega_e=2.5$ 时，强度主要在 $\omega=2.7\Omega_e$ 的上混杂模式 (摘自 (Platzman et al.，1968))

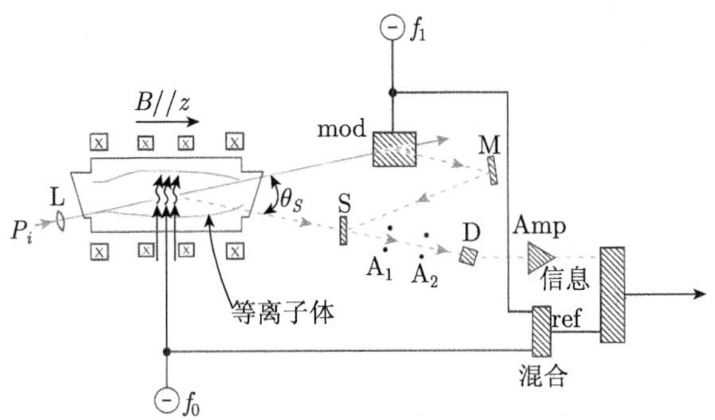

图 10.3 10.6μm 辐射光混合光谱仪示意图

波数，扫描磁场时接收到的典型信号如图 10.4(a) 所示。信号电平的调制是由散射场和本振场之间的相位角随磁场的变化引起的。频谱包络中的最大值对应于共振等离子体波数与检测波数的一致处。观测与理论色散关系 $(\omega/\Omega_e)^2$ 与 $k_\perp\bar{\rho}_e/\sqrt{2}$[方程 (10.8.3) 和 (10.8.7) 在两个极限下] 的比较如图 10.4(b) 所示。

10.8.2 $\boldsymbol{k}_\parallel \neq 0, \boldsymbol{\omega} \cong \boldsymbol{\omega}_{pe}, \boldsymbol{\Omega}_e, \boldsymbol{k}_\parallel a$

在这种情形下，我们得到方程 (10.7.1) 中积分的一个类似于等离子体色散函数的因子 (5.2 节)，并且我们重新获得了朗道阻尼项，这来自于电荷沿磁场线方向的运动。

$$\begin{aligned}
\varepsilon_L|_{k_\parallel\neq 0} =&1+\alpha^2\left\{1-\sum_{l=-\infty}^{+\infty}\exp\left(-k_\perp^2\bar{\rho}_e^2\right)I_l\left(k_\perp^2\bar{\rho}_e^2\right)\frac{\omega}{\omega-l\Omega_e}\right.\\
&\left.\times\left[2x_{el}\exp\left(-x_{el}^2\right)\int_0^{x_{el}}\exp\left(p^2\right)\mathrm{d}p+\mathrm{i}\pi^{1/2}x_{el}\exp\left(x_{el}^2\right)\right]\right\}\\
&+Z\frac{T_e}{T_i}\alpha^2\left\{1-\sum_{m=-\infty}^{+\infty}\exp\left(-k_\perp^2\bar{\rho}_i^2\right)I_m\left(k_\perp^2\bar{\rho}_i^2\right)\frac{\omega}{\omega-lm\Omega_i}\right.\\
&\left.\times\left[2x_{im}\exp\left(-x_{im}^2\right)\int_0^{x_{im}}\exp\left(p^2\right)\mathrm{d}p+\mathrm{i}\pi^{1/2}x_{im}\exp\left(x_{im}^2\right)\right]\right\}
\end{aligned}\tag{10.8.8}$$

其中

$$x_{el}=\left(\omega-l\Omega_e\right)/k_\parallel a x_{im}=\left(\omega-m\Omega_i\right)/k_\parallel b$$

图 5.1 绘制了函数 $\mathrm{Rw}\left(x\right)=1-2x\exp\left(-x^2\right)\int_0^x\exp\left(p^2\right)\mathrm{d}p$ 与函数 $\mathrm{Iw}\left(x\right)=\mathrm{i}\pi^{1/2}x\exp\left(x^2\right)$。对 $x<1(v_{ph}<v_{th})$ 的情形，

$$1-\mathrm{Rw}\left(x\right)\cong 2x^2\left(1-\frac{2x^2}{3}+\frac{4x^4}{15}+\cdots\right)\tag{10.8.9a}$$

对 $x \gg 1\,(v_{ph} \gg v_{th})$ 的情形，

$$1 - \mathrm{Rw}\,(x) \cong 1 + 2x^2 \left(1 + \frac{3}{2x^2} + \frac{15}{4x^4} + \cdots\right) \tag{10.8.9b}$$

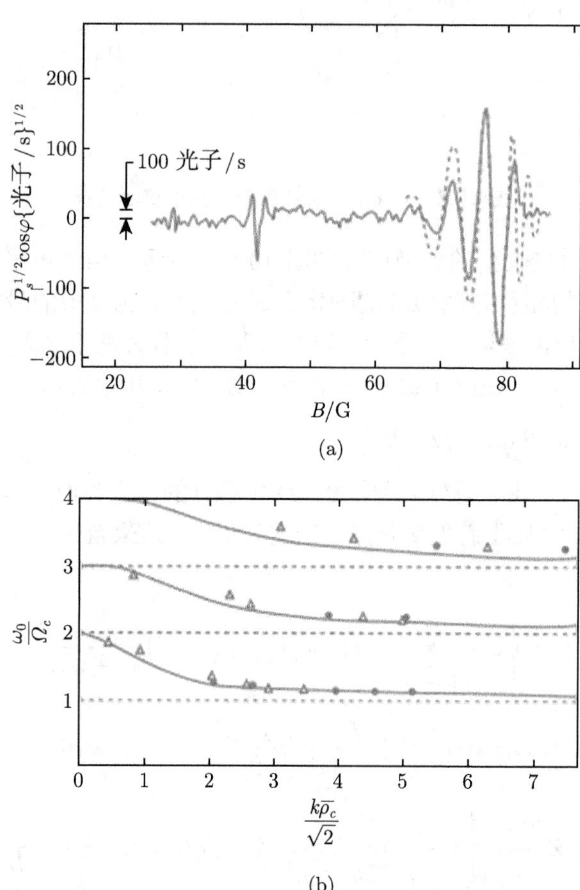

图 10.4　(a) 实线对应于光混合信号 $P_S^{1/2}\cos\varphi$，作为 B 函数的 LI 的输出 (φ 是散射和本振电场之间的相位角)。探测器定位于 1.5mm 波的布拉格角。虚线对应于计算信号。(b) 光散射数据 (实心圆圈) 及使用射频干涉仪和探针的数据 (空心三角形)。实线表示 $(\omega_{pe}/\Omega_e)^2 = 120$ 的回旋谐波的理论色散关系 (摘自 (Surko et al., 1972))

1. 高频成分

在这种情况下，$\omega \gg k_\parallel b$，并且从方程 (10.1.10) 和 (10.1.11) 中可以发现，除非 $m\Omega_i < k_\parallel b$，否则 $\exp\left(-k_\perp^2 \bar{\rho}_i^2\right) I_m \left(-k_\perp^2 \bar{\rho}_i^2\right)$ 项就是一个小量，因此，我们有 $x_{im} \gg 1$，这个因子总是有一个显著的值，可以使用在方程 (10.8.9a) 中的第二个拓展式。除

此之外，我们还可以去掉离子朗道阻尼项。在方程 (10.1.15) 和 (10.1.16) 的帮助下，我们发现

$$H_i \cong -ZT_e\alpha^2k^2b^2/T_i2\omega^2, \quad k^2 = k_\perp^2 + k_\parallel^2 \tag{10.8.10}$$

当 $k_\perp^2\bar{\rho}_i^2 \lesssim 1$ 时，这个结果自然是合理的，因此，$k_\perp^2\bar{\rho}_e^2 \ll 1$，并且

$$\exp\left(-k_\perp^2\bar{\rho}_i^2\right) I_l\left(-k_\perp^2\bar{\rho}_i^2\right) \cong \left(1-k_\perp^2\bar{\rho}_e^2\right)_{l=0} + \left(k_\perp^2\bar{\rho}_e^2/2\right)_{l=1} + \cdots \tag{10.8.11}$$

其中利用了恒等式 (10.1.10)。现在，通过设置 $\varepsilon_L = 0$ 时的共振频率为高频 $\sim \omega_{pe}$，Ω_{pe}，两者都取最大值。因此，如果 $\alpha \gg 1$，则有 $x_{el} \gg 1$，并且在这种情况下，我们可以对色散函数再一次应用方程 (10.8.10) 中的第二个拓展式。由于阻尼项很小，因此共振峰会很尖锐，并且可以通过 $\mathrm{Re}\left(\varepsilon_L\right) = 0$ 获得，$\mathrm{Re}\left(\varepsilon_L\right)$ 通过下式给出

$$\mathrm{Re}\left(\varepsilon_L\right) \cong 1 - \alpha^2\left[\frac{k^2a^2}{2\Omega_\mathrm{e}^2}\frac{\left(\omega/\Omega_e\right)^2 - \cos^2\theta_B}{\left[\left(\omega/\Omega_e\right)^2 - 1\right]\left(\omega/\Omega_e\right)^2} + \frac{ZT_ek^2b^2}{T_\mathrm{i}2\omega^2}\right] = 0 \tag{10.8.12}$$

我们对 $\left(\omega/\Omega_e\right)^2$ 项求解

$$\left(\omega/\Omega_e\right)^2 = \frac{1}{2}\left\{\left(1+\alpha^2k^2\bar{\rho}_e^2\right) \pm \left[\left(1+\alpha^2k^2\bar{\rho}_e^2\right) - 4\alpha^2k^2\bar{\rho}_e^2\left(Zm_e/m_i + \cos^2\theta_B\right)^{1/2}\right]\right\} \tag{10.8.13}$$

其中我们已经舍弃了 $m_e/m_i \ll 1$。

$$\alpha^2k^2\bar{\rho}_e^2 \ll 1$$

共有两个解

$$\omega^2 = \omega_{pe}^2 + \Omega_e^2 - \frac{\omega_{pe}^2\Omega_e^2}{\omega_{pe}^2 + \Omega_e^2}\left(\frac{Zm_e}{m_i} + \cos^2\theta_B\right) \tag{10.8.14}$$

这等价于 (10.8.4)，并且当 $\theta_B \to \pi/2\,(m_e/m_i \ll 1)$ 时，可以推导出该式。另一个解是

$$\omega^2 = \left(\frac{Zm_e}{m_i} + \cos^2\theta_B\right)\frac{\omega_{pe}^2\Omega_e^2}{\omega_{pe}^2 + \Omega_e^2} \tag{10.8.15}$$

当 $\theta_B \to \pi/2$ 时，由于电子运动被限制，这个根出现在低频

$$\omega^2 \cong \frac{Zm_e}{m_i}\frac{\omega_{pe}^2\Omega_e^2}{\omega_{pe}^2 + \Omega_e^2}$$

对于实际情况，如果 $1/k^2\bar{\rho}_e^2 \gg \alpha^2 \gg 1$，其可以导出离子等离子体频率 ω_{pi}。

10.9 低 频 谱

10.9.1 $\boldsymbol{\omega} \cong \boldsymbol{\omega}_{pi}$, $\boldsymbol{\Omega}_i$

在低频下，离子可以很容易地做出响应，并且它们在产生共振中起着重要作用。在这些条件下 $\boldsymbol{k}_{\|}=0$，介电函数的电子成分与方程 (10.8.3) 的形式相同，我们保留第一项。对于 $\alpha \ll 1$，我们发现方程的根满足 $\omega \gg \Omega_i$，因此，我们重新整理了方程 (10.1.1) 中离子项的和，然后设

$$(m\Omega_i)^2\left(\omega^2-m^2\Omega_i^2\right) \cong m^2\Omega_i^2/\omega^2$$

利用方程 (10.1.15) 可以得到

$$\varepsilon_L=1-\frac{\alpha^2 k_\perp^2 \bar{\rho}_e^2}{\left(\omega/\Omega_e\right)^2-1}-\alpha^2\frac{ZT_e}{T_i}k_\perp^2\bar{\rho}^2\frac{\Omega_i^2}{\omega^2}=0 \tag{10.9.1}$$

在 ω_r/Ω_i 不接近整数的前提下，解是

$$\omega_r^2=\frac{m_e}{m_i}Z\Omega_i^2\frac{\alpha^2 k_\perp^2\bar{\rho}_e}{1+\alpha^2 k_\perp^2\bar{\rho}_e^2}=\frac{m_e}{m_i}\frac{\omega_{pe}^2\Omega_e^2}{\omega_{pe}^2+\Omega_e^2} \tag{10.9.2}$$

对于 $\cos^2\theta_B \ll Zm_e/m_i$，解是有效的 [见式 (10.1.15)]。重新整理方程 (10.9.2)，表明对大的 α，有 $\omega_r^2 \gg (kb)^2$，因此共振主要通过电子特征贡献。在极限 $1/k_\perp^2\bar{\rho}_e^2 \gg \alpha^2 \gg 1$ 条件下，$\omega_r \to \omega_{pi}$。如果 ω_r/Ω_i 接近一个整数 m，就可获得一个与方程 (10.8.6) 相似的大概在 $\omega_r/\Omega_i=\pm m$ 的两条线。

$$k_\perp\bar{\rho}_i^2, k_\perp^2\bar{\rho}_e^2 \gg 1$$

对这种情形，$\lambda \ll \rho_e, \rho_i$，也就是在弱磁场条件下，频谱由多条谱线组成，它们由磁旋频率和显著的幅度分开 [见方程 (10.6.2)]。频谱的包络线类似于无场情况 (图 10.5)。

10.9.2 $\boldsymbol{k}_{\|}=0$, $\boldsymbol{\omega} \cong \boldsymbol{\omega}_{pi}$,$\boldsymbol{\Omega}_i$, $\boldsymbol{k}_{\|}\boldsymbol{b}$

对于 $k_{\|}=0$，主要的贡献来自于离子特征，即方程 (10.3.9) 中的第二项。对于接近垂直于 $\boldsymbol{B}_0$ 的方向，强度主要在 $m=0$ 项，这一项的散射截面由方程 (10.7.11) 给出。对于 $Z=1, \alpha \gg 1$，它是

$$S_{i0}(\boldsymbol{k})=\pi X_{i0}/\left(2-X_{i0}\right) \tag{10.9.3}$$

这可以和方程 (10.7.12) 中 π 总散射截面对比。现在，$X_{i0}=\exp\left(-k_\perp^2\bar{\rho}_i^2\right)I_0\left(k_\perp^2\bar{\rho}_i^2\right)$。当 $k_\perp^2\bar{\rho}_i^2=0$ 时，这个数量从一开始就减少了而 $k_\perp^2\bar{\rho}_i^2=0$ 在增加 [见方程 (10.6.2)]。因此，对于 $k_\perp^2\bar{\rho}_i^2 \ll 1$，大多数的强度都集中在中心线上。对于 $k_\perp^2\bar{\rho}_i^2 \gtrsim 1$，它在许多项上都有分布，并且当 θ_B 从 π_2 减少时，这些项合并在一起并接近无场光谱。

对 $\cos\theta_B \gg (m_e/m_i)^{1/2}$，在低频 $H_e \Rightarrow \alpha^2$，如果也有 $\cos\theta_B < \Omega_i/kb$，各峰仍较窄且可分辨，阻尼较小，色散关系减小至

$$\varepsilon_L = 1 - \alpha^2 - 2Z\alpha^2 \sum_{m=1}^{\infty} \exp\left(-k_\perp^2 \bar{\rho}_i^2\right) I_m\left(k_\perp^2 \bar{\rho}_i^2\right) \frac{m^2}{\left(\omega/\Omega_i\right)^2 - m^2} \tag{10.9.4}$$

这些结果如图 10.5(a) 和 (b) 所示，此外图中还显示了离子–中性粒子碰撞的影响。随着碰撞频率的增加，相对于碰撞为主的未磁化谱来说谱减小是明显的 [见 10.6.1 节 (g)]。

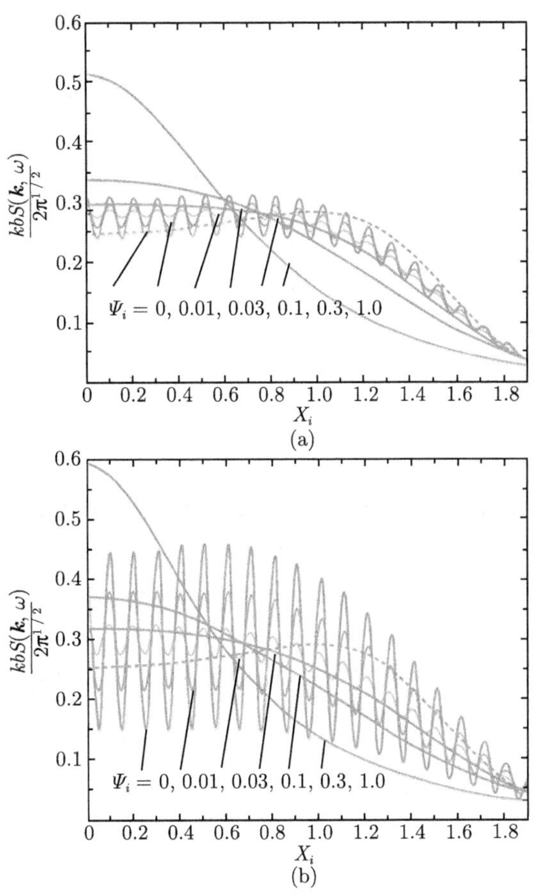

图 10.5 (a)θ_B(k 和 B 之间的角) 等于 87° 时以及不同归一化碰撞频率 $\psi_i = \nu_i/k_\| b$ 和 $\psi_c = \psi_i/10$ 下的散射光谱值。虚线光谱对应于 $\psi_i = \theta_B = 0$。这里，$x_i = \omega/k_\| b$ 和 $\Omega_i/kb = 0.1$。(b)θ_B 等于 87° 时的光谱 $\Omega_i/kb = 0.1$(摘自 (Dougherty and Farley, 1963b))

习　题

10.1　使用贝塞尔函数恒等式证明：当 B 趋于零时，磁化等离子体项 [公式 (10.3.5) 和 (10.3.6) 中的 H_e] 简化为非磁化情况 [公式 (5.2.5) 和 (5.2.6)][见公式 (10.1.11)]。

10.2　我们考察磁化等离子体中低频波 ($\omega \ll \omega_c$) 的斜向传播 ($B_0 = \hat{z}B_0$)，设 k 位于 x-z 平面。

(a) 求解冷等离子体中快模和慢模的色散关系。

(b) 假设 $T_e \neq 0$，证明存在三种传播模式。

10.3　考虑具有线性密度梯度的冷等离子体，推导右侧截止频率和 X0 模谐振频率之间距离 Δx 的表达式。

10.4　推导冷等离子体中 $\omega < \Omega_c$ 时斜传播波的色散关系，证明此处存在共振：

$$\omega^2 = \frac{\Omega_c^2 k_{||}^2 c^2}{k_{||}^2 c^2 + \Omega_p^2}$$

并证明当 $\omega \cong \Omega_c$ 时，色散关系可近似表示为

$$n^2 \cong \frac{c^2/v_A^2}{1+\cos^2\theta} \quad (\text{快模})$$

$$n^2\cos^2\theta \cong \frac{\left(\dfrac{c^2}{v_A^2}\right)(1+\cos^2\theta)\Omega_c^2}{\Omega_c^2 - \omega^2} \quad (\text{慢模})$$

10.5　从公式 (10.2.3) 推导出公式 (10.2.5)，注意相位因子 (δ) 没有显示。

10.6　求出斜向传播 (相对于磁场 $B_0 = \hat{z}B_0$) 时波的静电色散关系。

假设 $k = \hat{x}k\sin\theta + \hat{3}k\sin\theta = \hat{x}k_\perp + \hat{z}k_{||}$，$k_{||}v_{thi} \ll \omega \ll k_{||}v_{the}$，$c_z^2 = \dfrac{\kappa T_e}{m_i}$，$\omega_s^2 = k^2c_s^2/(1+k^2\lambda_{De}^2)$。注意，色散关系的一个根位于 Ω_c 之上，另一个根位于 Ω_c 之下。在 $\omega_s^2/\Omega_c^2 \ll 1$ 和 $\omega_s^2/\Omega_c^2 \gg 1$ 的极限中找到 ω^2 的表达式。

10.7　解释当 $\theta_B = \pi/2$ 时，为什么公式 (10.4.6) 中单个回旋峰简化为洛伦兹形式 (10.6.5)。电子-离子碰撞会对电离层回旋峰 ($n_e = 10^5\text{cm}^{-3}$，$T_e = 0.1\text{eV}$ 和 $4\times10^{-5}\text{T}$)、工业等离子体 ($n_e = 10^{12}\text{cm}^{-3}$，$T_e = 2\text{eV}$ 和 $B = 0.1\text{T}$) 和磁聚变等离子体 ($n_e = 10^{14}\text{cm}^{-3}$，$T_e = 10\text{eV}$ 和 $B = 6\text{T}$) 产生显著的阻尼。

10.8　由公式 (10.7.3) 推导出公式 (10.7.4).

奇数习题答案

10.1　这个问题与 $\sum_1 \exp(-k_\perp^2\rho_e^2)I_1(k_\perp^2\rho_e^2)(\omega/(\omega-1\Omega_e))$(当 B 趋于零时) 的变化特征有关。因为 Ω_e 趋于零，ρ_e 趋于无穷。

参照公式 (10.1.11)，函数 $I_1(z) \to \left\{\exp(z^2)/(2\pi z)^{1/2}\right\}\{1-(\mu-1)/8z+\cdots\}$，其中 $\mu = 41^2$，在这种情况下：$z = k_\perp^2\rho_e^2$。

代替 I_1 得到: $\sum_1\{1-(\mu-1)/8z+\cdots\}/(2\pi z)^{1/2}$，随着 B 而趋于零。

10.3 我们回想一下，$\omega_{UH}=\sqrt{\omega_{pe}^2+\omega_c^2}$ 和 $\omega_R=\dfrac{1}{2}[\omega_c+\sqrt{\omega_c^2+4\omega_{pe}^2}]$。就密度而言，可得到

$$\frac{\omega_{p^2}^2}{\omega^2}=1-\frac{\omega_c^2}{\omega^2}\quad (\text{上混杂波})$$

$$\frac{\omega_{p^2}^2}{\omega^2}=1-\frac{\omega_c}{\omega}\quad (\text{R 波截止})$$

此处 $\omega_{p1}<\omega_{p2}$，B_0 为常数，那么，$\dfrac{\omega_{p2}^2}{\omega_{p1}^2}=\dfrac{1-\dfrac{\omega_c^2}{\omega^2}}{1-\dfrac{\omega_c}{\omega}}=1+\dfrac{\omega_c}{\omega}$。

设 $n=n_0\left(1+\dfrac{X}{L}\right)$，$\omega_{p1}^2=\dfrac{4\pi n_e e^2}{m_e}$，可得到

$$\frac{\omega_{p2}^2}{\omega_{p1}^2}=\frac{n_e\left(1+\dfrac{\Delta X}{L}\right)}{n_e}=1+\frac{\Delta X}{L}=1+\frac{\omega_c}{\omega}\text{或}\quad \Delta X=\frac{\omega_c}{\omega}L$$

10.5

$$(\mathrm{i}\omega+\gamma-k\cdot v)F_{1q}(k,v,\omega)-(qB_0/m_e c)[\delta F_{1q}(k,v,\omega)/\delta\varphi]=F_{1q}(k,v,0)-(q/m_e)E_1(k,\omega),$$

$F_{0q}(\omega)/\delta v=\mathrm{RHS}$，其中 $k\cdot v=k_\perp v_\perp\cos(\varphi-\delta)+k_{||}v_{||}$。为了简单起见，我们忽略相位因子。

$$\delta(\cos(\varphi-\delta))/\delta\varphi=-\sin(\varphi-\delta),\quad qB_0/m_e c=\Omega_q \text{ 和 } v_\perp/\Omega_q=\rho_q$$

现在，

$$\begin{aligned}(\mathrm{i}\omega+\gamma-k\cdot v)\Omega_q=&\{\delta\exp[-(\mathrm{i}\omega+\gamma-k_{||}v_{||})\varphi/\Omega_q+k_\perp v_\perp\sin\varphi/\Omega_q]/\delta\varphi\}\\&/\exp[-(\mathrm{i}\omega+\gamma-k_{||}v_{||})\varphi/\Omega_q+k_\perp v_\perp\sin\varphi/\Omega_q]\end{aligned}$$

利用 $\delta(ab)/\delta\varphi=a\delta b/\delta\varphi+b\delta a/\delta\varphi$ 和 $\mathrm{e}^{(\mathrm{i}z\sin\varphi)}=\sum\limits_{l=-\infty}^{l=+\infty}J_1(z)\mathrm{e}^{\mathrm{i}l\varphi}$，得到

$$\begin{aligned}F_{1q}(k,v,\omega)=&-\int^{\varphi}\mathrm{d}\varphi'\exp[-(\mathrm{i}\omega+\gamma-k_{||}v_{||})\varphi'/\Omega_q]\cdot\sum_{l=-\infty}^{l=+\infty}J_1(k_\perp\rho_q)\mathrm{e}^{\mathrm{i}l\varphi'}\\&\mathrm{RHS}/\{\Omega_q\cdot\exp[-(\mathrm{i}\omega+\gamma-k_{||}v_{||})\varphi/\Omega_q+k_\perp v_\perp\sin\varphi/\Omega_q]\}\end{aligned}$$

10.7 当 $\theta_B=\pi/2$ 时，平行波数 $k_{||}=0$。在这种情况下，公式 (10.4.7) 的分母项可以移到 v 的积分之外，这样就得到公式 (10.6.5) 项乘以一个表示散射谱包络的因子的表达式。

等离子体	$\Omega_e/(\mathrm{rad}\cdot\mathrm{s}^{-1})$	v_{ei}/s^{-1}
电离层	7.0×10^6	1.3×10^2
工业等离子体	1.8×10^{10}	1.1×10^7
磁聚变等离子体	1.1×10^{12}	4.2×10^3

在这些条件下，电子-离子碰撞不会对回旋峰产生显著的阻尼。

第 11 章　X 射线汤姆孙散射

11.1　概　　述

随着千禧年高能量密度物理场 (Drake, 2006) 的到来，出现对密度、温度条件、物理性质以及高密度等离子体的精确测量需求。在 1 Mbar=10^2GPa=10^5J·cm^{-3} 以上的气压下，密度接近或高于固体密度，电子温度在十几电子伏特。强 X 射线和光谱分辨的出现使得这些测量得以实现。这些测量需要高通量的 X 射线光子、可分辨物质中短寿命的康普顿散射和等离子体激元特征的高分辨光谱。第一个实验用 He-α 和 Ly-α 源证明了在等温加热物质中存在的康普顿散射，并测量了物质中的等离子体激元 (Glenzer et al.，2003b, 2007)。Regan 等将这种实验上的原理验证扩展到了冲压物质，并利用 K-α X 射线 (Kritcher et al., 2008, 2009; LePape, 2010) 对冲击特征进行了研究，时间分辨达到皮秒量级。在实验验证的同时，有研究者对 X 射线散射进行了研究，除了墨明 (Mermin) 的任意相位近似方法和近耦合修正 (Redmer et al., 2005; Höll et al., 2004; Thiele et al., 2008; Gregori et al., 2003a)，还包括非弹性散射的适当描述。

值得注意的是, 在 X 射线散射实验中发现了准弹性散射和非弹性散射的特征，例如，康普顿散射和等离子体激元散射特征，后者是非集体散射和集体散射的特征，分别从后向散射和前向散射获得。对于理想或适当耦合的等离子体而言，这些特征已从理论上解释。相反，除了简单的极限讨论外，弹性散射仍然需要进一步研究。例如，使用具有量子势或密度泛函理论的超网络方程进行理论描述 (Schwarz et al., 2007; Wunsch et al., 2008, 2009)。能量范围为 2 keV $< E <$ 9 keV 的强 X 射线入射到密度高于固体的冲压材料上得到了非弹性散射。从纳秒激光等离子体中得到的激光致 He-α 和 Ly-α 辐射或是从超快脉冲激光等离子体中得到的 K-α 辐射，从光子数和可分辨的光谱宽度来看，足以满足单发射实验中散射测量的迫切需求。另外，在自由电子激光源中已经用到了多发射模式 (Höll et al., 2007; Faustlin et al., 2010b)。

在康普顿后向散射区域，散射过程是非相干的。从光谱中看到，由于热电子的运动，向下平移的康普顿散射线出现展宽 (Glenzer et al., 2003b)。在简并系统中，康普顿散射的谱线宽度决定于费米能，这为电子密度的测量提供了一种测量手段 (Lee et al., 2009a)。在这种情况下，必须考虑泡利不相容原理和有限的集体效应。另外，在非简并的加热物质中，电子速度分布函数转变为麦克斯韦–玻尔兹曼分布，

产生了电子温度 (Landen et al., 2001b)。因此，对于致密等离子体中的弹性以及非弹性散射的理论解释，Gregori 等已经进一步发展了 Chihara 的理论因子，可以解释这些现象，并且可以包含自由–自由和束缚–自由过程。

在等离子体激元 (前向) 散射模式下，等离子体激元的集体效应产生的微小频移已由 Glenzer 等 (2007)、Kritcher 等 (2008)、Lee 等 (2009a) 和 Neumayer 等 (2010) 观测到。另外，有研究者在高电子温度条件下测量到等离子体激元频率上移的特征，这使得温度可由详细的平衡关系推断。等离子体激元的频移决定于等离子体激元的色散关系，主要决定于等离子体频率 (也就是其密度)，而电子温度会对等离子体朗缪尔振荡的空间传输有二阶效应 (Thiele et al., 2008)。在已知准确密度的等离子体中，等离子体激元频率可以提供一种电子温度的估计方法。另外，等离子体激元特征的阻尼是目前实验中的一个重要的现象。等离子体激元的频谱宽度对温度以及碰撞很敏感。对于碰撞，利用 Mermin 方法进行理论近似可以进行碰撞和局部场的修正 (Redmer et al., 2005)。局域场修正为实验谱提供了一致的描述 (Glenzer et al., 2007; Neumayer et al., 2010)。

11.2 X 射线散射关系式

利用波长为 λ_i、能量为 E 的非偏振 X 射线照射铝箔，或是利用自由电子偏振激光辐射沿着入射波矢 $\boldsymbol{k}_i$ 的方向照射，可产生稠密等离子体，其中 $\boldsymbol{k}_i = 2\pi/\lambda_i$。用探测器观察散射角为 θ 的散射辐射，散射波矢为 $\boldsymbol{k}_S$，探测器位置远大于等离子体尺寸。在散射过程中，入射 X 射线光子转移平均动量 $\hbar\boldsymbol{k}$、平均能量 $E_C = \hbar\omega = \hbar^2k^2/2m_e = \hbar\omega_i - \hbar\omega_s$ 给电子，其中 ω_S 为散射波的频率。在非相对论极限下 $(\hbar\omega \ll \hbar\omega_i)$，有 $\boldsymbol{k} = 2\boldsymbol{k}_i\sin(\theta/2)$，我们可以将散射波矢表述为探测能量的关系：

$$k = |\boldsymbol{k}| = 4\pi\frac{E}{hc}\sin(\theta/2) \tag{11.2.1}$$

方程 (11.2.1) 决定了散射实验中测量到的电子密度的波动范围尺寸为 $\lambda^* \approx 2\pi/k$。相比于屏蔽尺寸，λ_S 决定了散射区域，后者由无量纲散射参数决定：

$$\alpha = \frac{1}{k\lambda_S} \tag{11.2.2}$$

屏蔽尺寸可以由费米积分数值计算得到，或者利用有效电子温度分析得到。在非简并情况下，可以获得德拜屏蔽长度：

$$\lambda_S^{-1} \to \lambda_{De}^{-1} = \left(\frac{n_e e^2}{\varepsilon_0 \kappa T_e}\right)^{1/2} \tag{11.2.3}$$

对于简并系统，我们可以得到托马斯–费米屏蔽长度：

$$\lambda_S^{-1} \rightarrow \lambda_{TF}^{-1} = \sqrt{\frac{m_e \mathrm{e}^2}{\pi\varepsilon_0 \hbar^2}\left(\frac{3n_e}{\pi}\right)^{1/3}} \tag{11.2.4}$$

这种模式由一个简并参数 $\Theta \leqslant 1$ 决定，Θ 表示系统的量子统计效应。由热能和费米能 ϵ_F 之比定义：

$$\Theta = \frac{\kappa T_e}{\epsilon_F}, \quad \epsilon_F = \frac{\hbar^2}{2m_e}\left(3\pi^2 n_e\right)^{2/3} \tag{11.2.5}$$

在非简并等离子体中，费米能量大于热能，如 $\Theta \leqslant 1$，大部分电子处于费米面内，量子效应非常重要。

从方程 (11.2.3) 和 (11.2.4) 可以看到，λ_S 决定于等离子体的条件，即密度和温度，而 λ^* 主要决定于 X 射线的探测能量和散射角 (例如，通过散射实验得到方程 (11.2.1))。但是，由于散射辐射的有限频移和致密等离子体中的辐射色散，散射矢量的尺度需要修正。散射参数 $\alpha > 1$ 定义了散射实验区域，该条件下为集体散射模式，可观察到集体等离子体激元和声波振荡。另外，对于 $\alpha \gg 1$ 的情况，散射谱反映了电子的非集体运动。

由方程 (11.2.1) 定义散射矢量 $\boldsymbol{k}$，电子密度为 N 的散射功率在频率间隔 $\mathrm{d}\omega$ 和立体角 $\mathrm{d}\Omega$ 下表示如下：散射谱由方程 (2.3.13) 给出

$$P_S(\boldsymbol{R},\omega)\mathrm{d}\Omega\mathrm{d}\omega = \frac{P_i r_0^2 \mathrm{d}\Omega}{2\pi A} NS(\boldsymbol{k},\omega)\mathrm{d}\omega \times \left|\widehat{s} \times \left(\widehat{s} \times \widehat{E}_i\right)\right|^2 \tag{11.2.6}$$

在方程 (11.2.6) 中，P_i 表示入射 X 射线功率，A 表示入射 X 射线照射的等离子体面积，$S(\boldsymbol{k},\omega)$ 为总的电子动态结构因子。该结构因子由电子密度振荡的傅里叶变换定义 (方程 (2.3.14))，包括相关的多粒子系统 (Ichimaru et al.，1984；Ichimaru，1984a)。偏振项反映了散射能量对入射偏振辐射的依赖关系； 对于无偏振激光诱导 X 射线源，方程 (4.2.3) 给出，$\left|\widehat{s} \times \left(\widehat{s} \times \widehat{E}_i\right)\right|^2 = \left(1 - \frac{1}{2}\sin^2\theta\right) = \frac{1}{2}\left(1+\cos^2\theta\right)$。乘以方程 (11.2.6) 和散射体的尺度 L，可以看到，散射能量取决于散射实验中的散射角度、散射波长、探测光的偏振状态、探测器所张立体角、电子密度、等离子体尺寸以及总的动态结构因子 $S(\boldsymbol{k},\omega)$。

完整的理论结构因子考虑了非弹性康普顿散射或者等离子体激元散射、入射 X 射线能量下的弹性散射，束缚电子对总非弹性散射的贡献。总的电子动态结构因子 $S(\boldsymbol{k},\omega)$ 包括实验中估计的所有温度范围的散射效应，Chihara(1987，2000) 导出了下面的形式：

$$\begin{aligned} S(k,\omega) = & \left|f_{\mathrm{I}}(k) + q(k)\right|^2 S_{ii}(k,\omega) + Z_f S_{ee}^0(k,\omega) \\ & + Z_b \int \mathrm{d}\omega' \tilde{S}_{ce}(k,\omega-\omega') S_S(k,\omega') \end{aligned} \tag{11.2.7}$$

方程 (11.2.7) 中的第一项解释了电子密度随离子运动的动态关系，包括束缚电子，由离子项 $f_I(k)$ 表示，离子周围的屏蔽电子云由 $q(k)$ 表示。离子–离子密度关系函数 $S_{ii}(k,\omega)$ 反映了离子的热运动和离子等离子体频率。方程 (11.2.7) 中的第二项给出了高频运动的自由电子对散射的贡献，这种高频运动的电子不跟随离子运动。这里，$S^0_{ee}(k,\omega)$ 是电子–电子关系函数中的高频项，在光学探测光入射的情况下退变为寻常的电子特征 (见 5.2.1 节)。方程 (11.2.7) 的最后一项包括了束缚电子的非弹性散射，它来源于离子附近的核心电子连续性的拉曼过渡 (即 $\tilde{S}_{ce}(k,\omega)$)，离子受到自运动的调制，表示为 $S_S(k,\omega)$。

可推导简单解析方程以说明散射谱对密度和温度依赖性。康普顿散射和多普勒效应：

$$\omega = -\hbar k^2/2m_e \pm \boldsymbol{k}\cdot\boldsymbol{v} \tag{11.2.8}$$

前者是入射光子的动量转移到电子，导致辐射的康普顿散射频率下移到更低的 X 射线频域。这一项定义了完全非集体 X 射线汤姆孙散射实验中的非弹性项。因此，康普顿频率下移谱线反映了电子的速度在散射矢量方向下的分量。

为了计算电子对展宽的贡献 (方程 (11.2.8))，考虑三维速度空间，速度在区间 $v_x \sim v_x + \mathrm{d}v_x$ 内的电子数正比于 v_x 周围的体积，需对所有可能的速度在 v_x 方向上的投影并积分。由简并等离子体中的费米分布函数，在 $\kappa T_e < \epsilon_F$ 条件下，Landen 等得到下面表达式：

$$f_0\left(\frac{v_x}{v_F}\right) \propto \int_0^{\pi/2} \frac{(v_x/v_F\cos\beta)^2\tan\beta\mathrm{d}\beta}{\mathrm{e}^{\left[\left(\frac{v_x}{v_F\cos\beta}\right)^2-\eta\right]\Big/\left(\frac{T_e}{\epsilon_F}\right)}+1} \tag{11.2.9}$$

其中，$v_F = (2\epsilon_F/m_e)^{1/2}$ 为费米速度；β 为速度 $\boldsymbol{v}$ 和 v_x 轴的夹角；η 由萨墨菲尔德定理给出

$$\eta = 1 - \left(\frac{\pi^2}{12}\right)\left(\frac{T_e}{\epsilon_F}\right)^2 \tag{11.2.10}$$

这里的二次项说明费米子态占优时的表达式中 $[\exp(E-\mu)/k_bT_e+1]^{-1}$，化学势在有限温度下对温度具有依赖关系。对于非简并系统，表达式变为 $\eta = \left(n_e\Lambda_e^3\right)/2$，其中 Λ_e 是热波长，后面可能会用到。一般的解决方法是如方程 (11.2.2) 所提到的对费米积分的反演。

在非简并系统中，方程 (11.2.9) 和方程 (11.2.10) 可以提供康普顿谱线的公式描述，谱线宽正比于 $(\epsilon_F)^{1/2}$，也就是正比于 $(n_e)^{1/3}$，可以得到等离子体密度。在非简并等离子体中，康普顿散射谱将反映出麦克斯韦–玻尔兹曼分布，测量谱线宽度可以得到电子温度。

随着散射角度的减小，散射长度增加，散射参数满足 $\alpha > 1$。散射模式为集体性散射，方程 (11.2.7) 将描述集体等离子体激元振荡和声波共振。后者在目前的 X 射线散射实验中无法分辨，而且受限于测量准弹性散射 X 射线的相对强度或者绝对强度 (Riley et al., 2000; Saiz et al., 2008a,b; Ravasio et al., 2007; Kritcher et al., 2009; Barbrel et al., 2009; Kugland et al., 2009)。另外，等离子体激元谱可由激光诱导 X 射线和自由电子激光源分辨。等离子体激元频率转 (从 E) 换决定于等离子体激元的色散关系，谱线宽度取决于朗道阻尼和碰撞阻尼过程。对于小的 k 值和大的 Θ，利用费米积分的反演可以得到修正过的 Bohm-Gross 色散关系 (Thiele et al., 2008)。

$$\omega_{pl}^2 = \omega_{pe}^2 + \frac{3}{2}k^2 a_{th}^2 \left(1 + 0.088 n_e \Lambda_e^3\right) + \left(\frac{\hbar k^2}{2m_e}\right)^2 \tag{11.2.11}$$

其中，$\omega_{pe}\kappa\Lambda_e = h/\sqrt{2\pi m_e \kappa T_e}$ 是热波长。

在方程 (11.2.11) 中，第一项是等离子体中的电子振荡，第二项表示热压中振荡的传播效应，第三项包括费米压强导致的非简并效应，最后一项是量子衍射频移。

与介电函数的估值、结构因子的形状和碰撞效应的模型无关，介电函数满足以下关系：

$$\frac{S(\boldsymbol{k},\omega)}{S(-\boldsymbol{k},-\omega)} = e^{-\hbar\omega/\kappa T_e} \tag{11.2.12}$$

这被称为具体的平衡关系。因此，结构因子相对于 $\boldsymbol{k}$ 和 ω 表现出非对称性。在集体散射模式下，对于足够高温度的情况，观测上移等离子体激元散射可用于温度测量 (Döppner et al., 2009)。

11.3　X 射线散射实验

在等温加热固体铍上进行了首次温密物质谱分辨后向与前向 X 射线散射实验，由来自中等 Z 箔的 L 壳 (厚度为 1~2μm 的 Mg, Rh 或 Ag 箔包裹固体)X 射线均匀、等温加热该固体，在 $t = 0.5$ns 后用钛或者氯产生的窄带的 He-α 或者 Ly-α 探测光照射致密等离子体。用大约 10kJ 的激光能量产生窄带 X 射线探测光，而使用千焦耳级激光器产生的宽带加热辐射，并提供了足够的光子，用于产生均匀的高能量密度等离子体 (HEDP) 状态和单次照射探测实验，该目标平台被随后用于等容加热碳的探测。等容加热实验具有以下优点：质量密度是先验已知的，因此如果电离状态是已知的，则可以直接推断电子密度，反之亦然。

由加热铍产生的后向散射光谱如图 11.1 所示。观察到来自 4.75keV 的钛 He-α 辐射和 4.96keV 的 Ly-α 辐射的弹性散射以及频率下移的康普顿散射特征。由于电子的热运动，康普顿散射出现显著的展宽，而且这种展宽的半高全宽是冷铍的 3 倍，例如不加热的激光光束。谱线与理论上用钛探测 X 射线测量的谱、分辨率和动态结构因子具有一致性。由展宽的频率下移康普顿散射可以得到温度，由弹性和非弹性散射分量的比值可以得到密度值。由图同样可以看到红移康普顿散射侧翼形状对于温度的灵敏度，上述结论均由准确度大约为 10% 的数据推断。

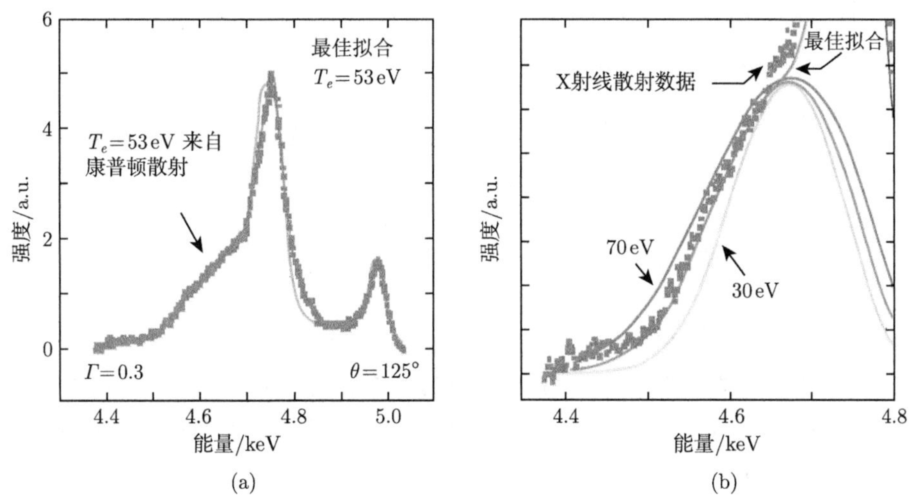

图 11.1 (a) 等容加热铍的散射谱 (点)，摘自 (Glenzer et al., 2003b)。从钛 He-α 和 Ly-α 探测 X 射线观察到弹性和非弹性 (康普顿) 散射分量；(b) 该光谱与采用动态结构因子 (实线) 的理论散射谱非常吻合。康普顿散射谱的红移方向侧翼的拟合对温度敏感。这些数据得到温度 $T_e = 53\text{eV}$ 与电子密度 $n_e = 3.3 \times 10^{23}\text{cm}^{-3}$，它们表征了固体密度等离子体模式 (误差大约为 10%)

电离态和电子密度可由弹性和非弹性散射辐射强度比得到。在这些条件中，大的 $\boldsymbol{k}$ 条件下，弱束缚电子对非弹性散射辐射的贡献很弱，弹性散射特征达到 f_I^2。对于图 11.1 中的数据，比例表明密度的准确度大约为 15%。然而，在低温条件下，束缚电子散射是非弹性的，自由电子和弱束缚电子对散射的贡献混合在一起。但是，束缚–自由谱常常是可知的，并且可以从自由电子的康普顿散射谱中分辨出来，谱线可以得到温度和密度信息，误差只是轻微大于误差棒。

图 11.2 显示了在 2.96 keV 的氯 Ly-α 谱线的前向散射中测量的等容加热的铍的实验散射光谱。这些实验在弱简并的固体密度铍等离子体中获得集体散射，电子温度为费米温度的量级，$T_e \simeq T_F = 15\text{eV}$。需满足前向散射角 $\theta = 40°$，X 射线探测光能量在 $E = 3\text{keV}(\lambda_i \approx 0.4\text{nm})$ 的量级。在这些条件中，主要探测的散射光波矢 $\boldsymbol{k}$ 在 $k = 1\text{Å}^{-1}$ 量级。在 $\alpha = 1.6$ 的有效温度下计算屏蔽长度。在这种模式下，散射光

谱显示出集体效应，对应于去离子声波共振散射和去等离子体波，如等离子体激元。

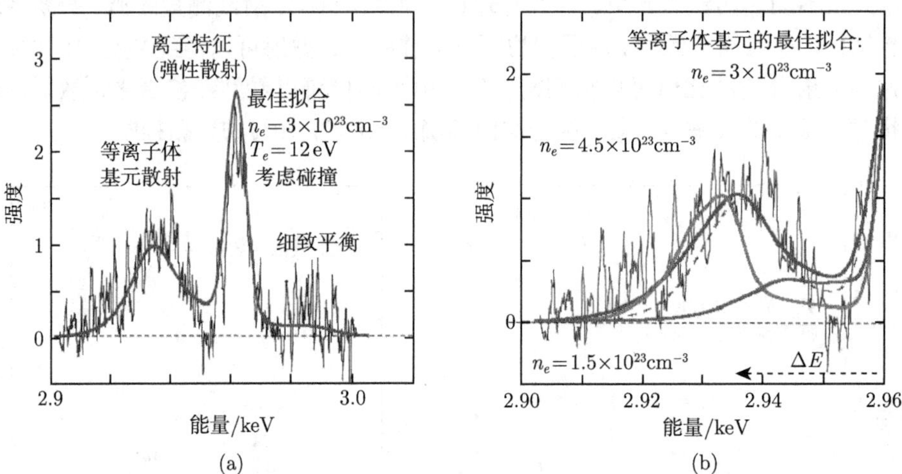

图 11.2　(a) 等容加热铍的散射谱 (灰线)，由 Glenzer 等 (2007) 得到。观察到频率下移和频率上移的等离子体，其中频率上移的等离子激元的强度根据平衡而减小，参见方程 (11.2.12)。对于电子温度 $T_e=12\mathrm{eV}$，电子密度 $n_e=3\times10^{23}\mathrm{cm}^{-3}$ 的条件，11.2 节的理论散射谱对光谱拟合得最好。(b) 正如图中对电子密度分别为 $n_e=4.5\times10^{23}\mathrm{cm}^{-3}$ 和 $n_e=1.5\times10^{23}\mathrm{cm}^{-3}$ 的等离子体激元谱作比较，表明谱线对 $n_e=3\times10^{23}\mathrm{cm}^{-3}$ 的情况符合得非常好。虚线表示电子密度为 $n_e=3\times10^{23}\mathrm{cm}^{-3}$ 的情况，忽略碰撞

为了分辨等离子体激元的频移和阻尼，X 射线带宽必须小于康普顿散射测量所用的带宽。图 11.2 中，等离子体激元频率移动 $\Delta E=28\mathrm{eV}$ 在氯 Ly-α 探测光下测量得到，探测光的有效带宽为 7.7 eV，并且在 Ly-α 双线的红移方向侧翼没有明显的介电伴随辐射，图中给出了理论散射曲线，代表了理论形态因子的卷积，针对严重的 $\boldsymbol{K}$ 矢量范围进行计算，具有 7.7eV 的光谱分辨率。

观察到离子特征为 $E=2.96\mathrm{keV}$ 处的弹性散射峰，在该实验中没有分辨出来。在离子特征的低能量侧翼上，我们观察到 2.93keV 的强等离子激元共振。在具有几乎相同频移的散射谱高能翼侧，数据中显示了弱的上移等离子体激元信号。与频率下移的等离子激元的强度相比，强度因 Bose 函数而降低，参见方程 (11.2.12)，体现了平衡的原则，因此这些等离子体激元特性的强度比对温度敏感。

在 $S(\boldsymbol{k},\omega)$ 中，等离子体激元的碰撞效应用 Born Mermin 近似，包括简并效应，拟合得到温度 $T_e=12\mathrm{eV}$ 和密度 $n_e=3\times10^{23}\mathrm{cm}^{-3}$。图 11.2(b) 表明，密度由等离子体激元的频移精确决定。对于目前实验中探测到的小 k 矢量，不期望来自随机相位近似的 ω_{pl} 的显着偏差，产生密度误差，其仅由信噪比和拟合质量确定。密度的计算值 $n_e=4.5\times10^{23}\mathrm{cm}^{-3}$ 和 $n_e=1.5\times10^{23}\mathrm{cm}^{-3}$ 表明密度的误差在 20%的量

级；随着信噪比的提高，这个值已经显著改善。例如，文献 (Döppner et al., 2009); (Neumayer et al., 2010) 所述。

仅从集体散射光谱推断温度需要对频率上升的等离子体激元的精确测量和平衡的应用，也可以使用等离子体激元的频宽。在等容加热铍的条件下，碰撞导致约 5eV 的额外展宽。当 k 矢量模糊可忽略不计时，散射谱的差异可能大到 1.5 倍。显然，为了测试稠密等离子体的碰撞与电导率模型，开展碰撞主导等离子体激元散射谱展宽的实验是有趣的。通过对碰撞项校准，可实现对等离子体激元散射谱的良好拟合 (在温度为 12eV 时)，并在玻恩近似下计算碰撞频率。

图 11.3 给出了冲压物质的谱分辨 X 射线散射谱的例子，氢化锂已被纳秒激光

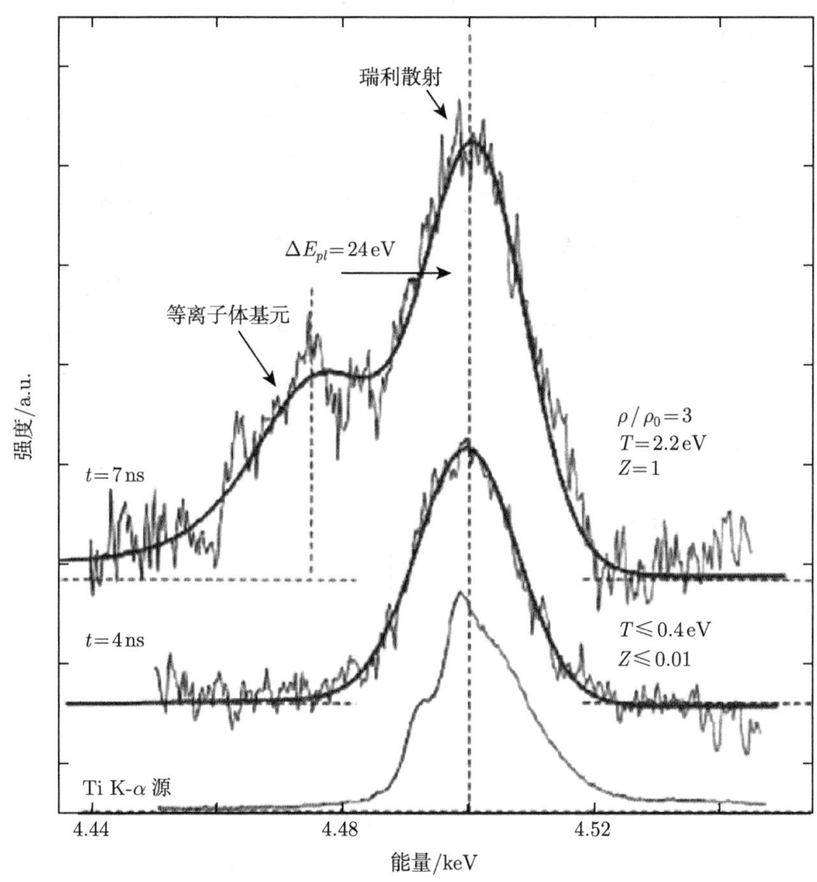

图 11.3 来自冲击压缩的 LiH 的实验和理论散射光谱，摘自 (Kritcher et al., 2008)。在 $t = 7\mathrm{ns}$，散射参数为 $\alpha \simeq 1$，非弹性散射分量表明 K-α 产生频率下移 24eV 的等离子体激元。在 $t=4\mathrm{ns}$ 时，非弹性散射的缺失表明低的电子温度和可忽略的电离。图中所示源于 K-α X 射线探测光谱

束压缩，密度和温度条件已用 10ps K-α 源测量 (Kritcher et al.，2008)。纳秒激光的功率调整为 $10^{13}\text{W}\cdot\text{cm}^{-2}$(4ns 长)，峰值功率密度为 $3\times10^{13}\text{W}\cdot\text{cm}^{-2}$(2ns 长)，向目标发射两个激波。辐射–流体力学模拟表明激波聚合、压缩目标三倍以上 (在激光驱动开始后 7ns，在 600μm 的聚焦区域)。通过改变纳秒激光光束与短脉冲激光产生的 K-α X 射线之间的延迟，用 10ps 的分辨率测量了聚集前后的条件。X 射线穿透致密材料，用散射角约为 40° 的 HOPG 晶体光谱仪对激波演化过程中不同时刻的弹性和非弹性散射分量进行了测量。

在 t = 7ns 时，观察到等离子体激元能量下降了约 24eV。变化由等离子体频率，也就是电子密度决定，而量子衍射则导致了 7eV 的修正。由于激波的低温和高密度，系统退化，$\alpha \simeq 1$，此时等离子体激元的宽度和变化产生的电子密度为 $n_e = 1.7 \times 10^{23}\text{cm}^{-3}$。由于噪声的影响，密度的误差棒约为 20%。

用非弹性散射分量标校弹性散射强度，这样我们可以从动态的结构因子的依赖性来推断历史温度。在初期，$t < 6\text{ns}$ 时，缺乏非弹性散射是低电离态的显著特征，$Z < 0.1$；同时温度较低，T <0.5eV。在激波聚集过程中，当散射谱显示集体性等离子体激元振荡时 (向稠密金属等离子体过渡)，可观测到快速加热到 $T = 2.2\text{eV}$ 的现象，这 10ps 可允许测试激波聚焦模型（变化范围为 300ps）。

自由电子激光散射谱如图 11.4 所示。实验使用汉堡自由电子激光器 (FLASH) (Ackermann et al., 2007)，光子能量为 91.8eV。利用椭圆镜将脉冲重复频率为 5Hz、

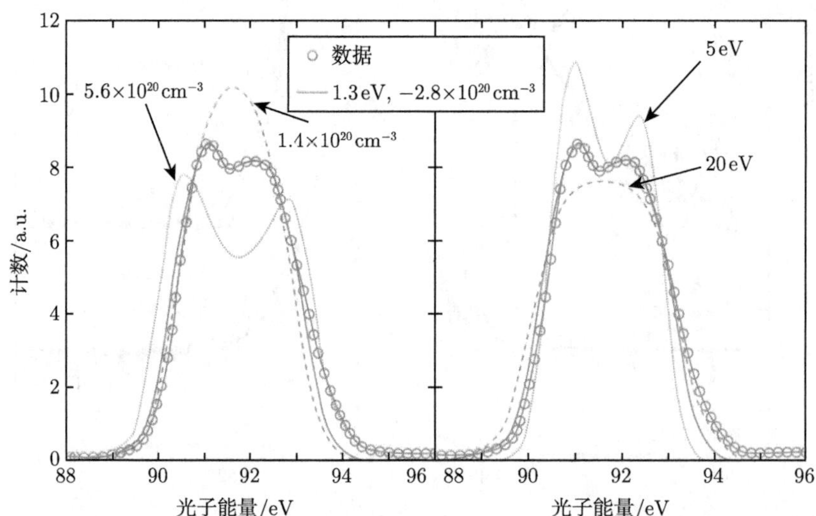

图 11.4　Fäustlin 等 (2010b) 的实验谱 (圆圈) 和使用 Born-Mermin 近似 ($n_e = 2.8 \times 10^{20}\text{cm}^{-3}$ 和 $T_e = 13\text{eV}$ 的) 的最佳拟合计算谱 (实线)。图中还显示了密度 (左图) 为 $n_e = 5.6 \times 10^{20}\text{cm}^{-3}$(虚线) 和 $n_e = 1.4 \times 10^{20}\text{cm}^{-3}$(虚线)，温度 (右图) 为 20eV(虚线) 和 5eV(虚线) 的理论谱的比较 (由 R. R. 福斯特林和 T. Tschentscher 提供)

目标的平均脉冲能量为 15μJ、脉宽约为 40fs 的自由电子激光辐射聚焦到 25μm 的点上，产生强度约为 $8\times10^{13}\mathrm{W\cdot cm^{-2}}$。脉冲辐射的液氢射流直径为 20μm，原子密度为 $8\times10^{22}\mathrm{cm^{-3}}$，温度为 2meV。由于自由电子激光辐射是水平偏振的，所以散射数据是在垂直平面上用可变线空间光栅摄谱仪 (Fäustlin et al.,2010a) 在相对入射辐射为 90° 时测量的。

强自由电子激光脉冲在探测系统的同时将能量注入液氢。由于超短的脉宽和较高的穿透深度，液氢被等容加热。在 15min 积分时间 (4500 脉冲) 内，散射光谱呈现出不对称的峰，具有相等的红移和蓝移，从入射光子能量看相差 0.65eV。观测的散射谱主要被入射激光带宽 (半高全宽为 1.1eV) 展宽了。此外，还考虑了源增宽效应 (20μm 源直径对应 0.2eV)。这些散射数据表明，由于相互作用的时间尺度较短，电离程度较低。虽然电子系统在自由电子激光脉冲的作用下发生了热化，但在高电子温度下，由于各组分之间没有达到平衡，电离度较低。

11.4 应　　用

谱分辨 X 射线散射探测技术对于测量由物质等容加热或固体激波压缩产生的稠密等离子体的温度和密度具有重要意义。激光激波压缩金属箔中稠密等离子体的实验结果如图 11.5 所示。在这些研究中，强度范围为 $10^{14}\mathrm{W\cdot cm^{-2}} < I < 10^{15}\mathrm{W\cdot cm^{-2}}$ 的激光束直接照射铍箔来压缩铍箔，烧蚀压力为 20~60Mbar。

采用 6.2keV He-α X 射线探头在非集体散射中测量的康普顿散射数据，$\alpha\simeq0.5$，散射矢量 $k=4.4\text{Å}^{-1}$，得到近似费米简并等离子体的抛物线样谱，式 (11.2.5) 表明康普顿谱的宽度提供了费米能量。此外，费米简并等离子体的弹性和非弹性散射特性的强度比对离子温度敏感，因为在这种情况下弹性散射依赖于离子–离子结构因子。

除了康普顿散射谱外，等离子体激元的测量方法是采用 α =1.56 和 $k=1.36\text{Å}^{-1}$ 的集体散射体系。与非集体性散射相比，广义非弹性康普顿散射特性被两个小等离子体激元特性所取代，这两个小等离子体激元特性在能量上比两个入射 X 射线探针特性偏移了约 40eV。在这种情况下，由康普顿效应引起的频移为 7eV 量级，而等离子体激元频移主要由等离子体 (朗缪尔) 振荡频率决定。

实验散射谱与理论谱相吻合，通过改变电子密度和温度确定了等离子体对等离子体条件的敏感性。在分析中，假设 $T_e=T_i$ 和 Z =2 与计算结果和等容加热的铍的观测值一致。由康普顿散射光谱得到的密度和温度分别为 $n_e=7.5\times10^{23}\mathrm{cm^{-3}}$ 和 T =13eV。这些测量中由于噪声引起的误差为 5%~10%。此外，由等离子体激元的频移提供了电子密度为 $n_e=7.5\times10^{23}\mathrm{cm^{-3}}$ 的精确测量，误差为 ±6%。相反，利用 90° 散射数据的电子密度，我们得到了从等离子体激元热修正后的电子温度，

其估值为 $T_e = (13 \pm 3)$eV。这一结果表明，在这些激波压缩箔片中遇到致密物质条件下，电子和离子的温度与预期相同。此外，这些发现建立了在非集体散射中推导温度的方法。

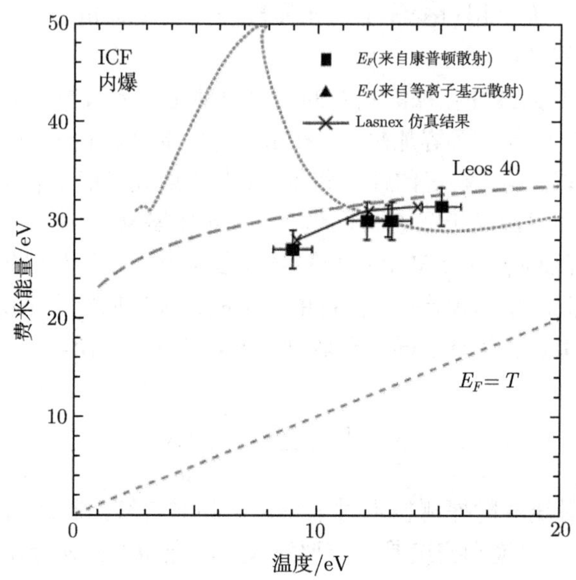

图 11.5　Lee 等 (2009a) 从康普顿和等离子体激元散射的测量数据中推断出的费米能量随温度的变化。从 Lasnex(实曲线) 和 Leos 数据表 (长虚线) 的预测中可以发现高度简并。图中还显示了惯性约束聚变聚爆模型 (虚线) 中铍的轨迹，以及 $E_F = T$ 曲线 (短虚线)

实验结果表明，该方法可以直接测量单激波箔片的简并度和绝热性能。与使用 Leos 状态方程 (More et al.,1988) 的辐射–流体动力学 Lasnex 模拟 (Zimmerman and Kruer, 1975) 直接比较表明，与数据相符。模拟结果表明，考虑 X 射线预热和冲击区密度的平均，压缩比 Leos 预测的 Hugoniot 数据略低。结果与 Lasnex 相符表明，低驱动条件下存在明显的梯度效应。然而，在更高驱动下测量的数据与 Lasnex 和 Leos 都很好地吻合。

图 11.5 还计算了聚爆期的惯性约束聚变实验预测条件。这些计算通过 1.2MJ 激光驱动器，在国家点火设施上使用铍烧蚀体，预测点火和增益。本实验表明，这些条件可以通过 X 射线汤姆孙散射得到，可以直接测量聚爆时的简并度。

利用非弹性和准弹性散射分量的比值，通过光谱分辨的非集体 X 射线散射测量方法证明了电离平衡测量的有效性。图 11.6 所示为采用多种目标平台的等容加热碳的测量结果，这些平台的电子温度从低温一直到 280eV 时 (碳完全电离状态)。

在黑体辐射空腔软 X 射线驱动下的低密度 ($0.2\text{g}\cdot\text{cm}^{-3}$) 碳泡沫靶上得到了中高 T_e 数据点 (Gregori et al.，2008)，而中低 T_e 点对应的硬 X 射线等容加热高密

度 (0.7g · cm^{-3}) 碳泡沫 (Gregori et al.，2004)。Regan 等 (2007) 的冷 CH 塑料薄膜 (1g · cm^{-3}) 的低温数据点和完全电离气袋等离子体的高温数据点也如图 11.6 所示。为了从 CH 薄膜中得到温度和电离状态，Gregori 等 (2006b) 将 $S_{ii}(k,\omega)$ 扩展到多组分等离子体中。完整的数据集给出了碳的电子温度为 2eV $< T_e <$ 300eV 和密度为 $10^{21}\text{cm}^{-3} < n_e < 10^{23}\text{cm}^{-3}$ 的全电离平衡曲线。

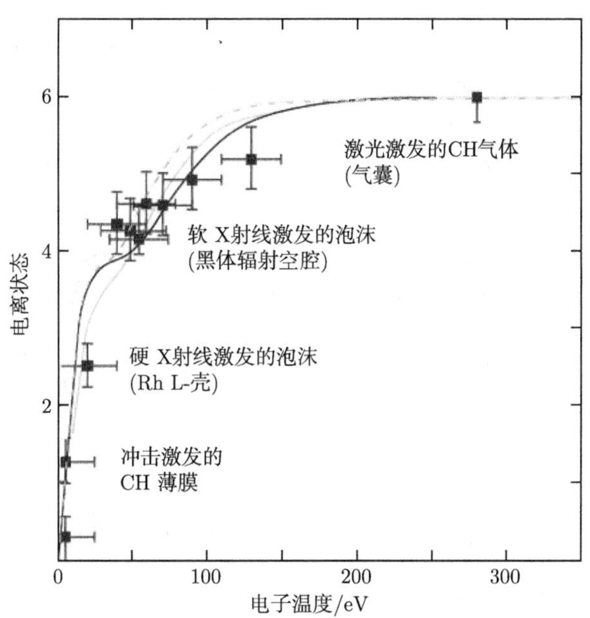

图 11.6　Gregori 等 (2006b) 所测碳的电离态随所测电子温度的变化关系。这些实验采用了不同目标平台上的非集体 X 射线散射。实验数据点分别对应激光驱动气袋实验、软 X 射线驱动碳泡沫、硬 X 射线驱动碳泡沫和冷塑料薄膜。图中还显示了基于 Flychk 代码的动力学计算结果，对应密度为 10^{21}cm^{-3}(点线)、10^{22}cm^{-3}(虚线) 和 10^{23}cm^{-3}(灰实线)，以及使用 Comptra 代码对 0.2g · cm^{-3}(黑实线) 碳计算的结果

Comptra(Kuhlbrodt et al.，2005) 和 Flychk(Chung et al.，2003) 模拟结果与电离平衡计算结果的比较如图 11.6 所示。Comptra 在图中给出的计算结果对应于 0.2g · cm^{-3} 固体密度碳的情况。模型与实验数据吻合得较好，但在 120～170eV 范围内，近似于类氦向类氢碳过渡。Flychk 的三个计算结果也显示了类似的行为。从 Saha 平衡来看，计算更高的密度导致更小的电离态。除类氦向类氢碳过渡区域外，电离平衡计算与实验结果吻合得较好。这些结果可以推广到其他物质，以测试等离子体动力学碰撞辐射模型的预测能力。

一般来说，激波压缩物质实验已经有了数据，这表明对离子–离子结构因子计算结果的测试是可能的 (Riley et al., 2000; Saiz et al., 2008a,b; Ravasio et al., 2007;

Kritcher et al., 2009; Barbrel et al., 2009; Kugland et al., 2009)。Saiz 等 (2008b) 对激波锂的实验，在用自由电子的测量信号校准测量到的弹性散射振幅时，可以推断出离子-离子静态结构因子; 后者由 f-sum 规则决定，

$$\int_{-\infty}^{\infty}\left(\frac{\mathrm{d}^2\sigma}{\mathrm{d}\Omega\mathrm{d}\omega}\right)_{\text{free}}\omega\mathrm{d}\omega=\frac{Z\hbar k^2}{2m_e} \tag{11.4.1}$$

分别用密度泛函理论和分子动力学计算描述了所有电子和离子的离子-离子结构因子。实质上使用单组分类等离子体行为的计算低估了总体结构因子，而使用密度泛函理论推导出的势的计算则与数据一致。

对激波压缩氢化锂的弹性散射振幅随散射矢量的变化进行了广泛的研究，如图 11.7 所示。电子密度和温度由非弹性 X 射线散射特性测量得到，分别为 $1.6\times10^{23}\text{cm}^{-3}$ 和 1.7eV，实验数据中的噪声误差约为 ±20%。绝对散射强度考虑了对极化的依赖性，并进一步修正了每次拍摄中源光子数的变化和源立体角的变化。

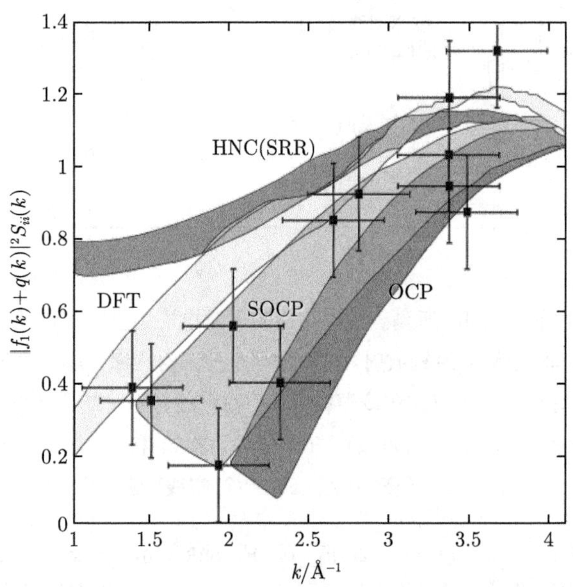

图 11.7　Kritcher 等 (2009) 利用 Ti K-α X 射线 (方形) 的激波压缩 LiH 目标测量得到的弹性散射强度随散射波矢的变化关系。还显示了弹性散射强度的理论模型，标记为 SOCP 的区域表示屏蔽单组分等离子体 (SOCP) 模型，该模型使用带电硬球表示离子，并对裸球进行屏蔽修正。标记为 HNC 的橙色曲线使用了短程排斥 (SRR) 的超网状链方程，标记为 DFT 的区域为使用密度泛函理论和分子动力学的计算结果

图 11.7 同样还显示了弹性散射强度的理论模型，该模型依赖于离子-离子结构因子值，利用总二离子物质 Chihara 公式计算总离子散射分量。每个模型的数值范

围是在一定的温度和密度条件下计算出来的，这些条件可以解释两次拍摄间驱动光束波形和强度的变化。将由屏蔽单组分等离子体模型 (Gregori et al.，2006a) 计算的电子作为中和背景，将离子模型化为线性屏蔽的带电硬球，以考虑短程强耦合效应。超网状链方程模型利用汤川势来考虑屏蔽效应，在德拜势中加入短程斥力作为有效的离子相互作用势，还绘制了密度泛函理论的计算结果，耦合了分子动力学 (MD) 模拟 (Wünsch et al., 2008)。

利用二离子组分 Chihara 公式计算了离子散射分量，且计算结果与实验数据吻合得较好。使用单离子组分总离子结构因子的模型高估了散射离子特征的强度，因子为 1.5~3 倍。该数据逼近简单的大 k 极限，其中 $q \to 0$，$S_{ii}(k,\omega) \to 1$ 且总弹性散射分量的尺度 $Z_b^2 = (1/N)\sum N^\alpha (Z_b^\alpha)^2$。这里，$N^\alpha$ 和 Z_b^α 分别是每分子的原子序数和 α 组分的束缚电子数，参数 N 是原子的总数。对于单离子组分模型，束缚电子的平均数目较大，弹性散射分量估计过高。

忽略屏蔽效应的模型，如单组分等离子体模型 (OCP)，当 $k < 3\text{Å}$ 时，低于数据。DFT-MD 的计算结果与实验数据基本一致，但略大于离子组分的实测值。SOCP 模型与测量值有较好的一致性，这表明屏蔽势与数据最接近，压缩锂也能观察到这一点 (Saiz et al.，2008b)。对于小 k，SRR 势过于接近弹性散射特性。

冲击压缩物质实验也被用来测量致密等离子体的光学特性和碰撞特性 (Neumayer et al.，2010)。硼的非弹性 X 射线散射的等离子体激元宽度和位移与散射波矢 k 的函数关系如图 11.8 所示。实验结果与有无局域场修正的 RPA 和 BMA 计算结果进行了比较 (Fortmann et al.，2010)。最小和最大 k 矢量处的数据与三种模型一致。在小 k 值时，局域场修正 (比例为 k^2) 是可以忽略的，当 $k \to 0$ 时三个模型中的等离子体激元频移都趋向于等离子体频率。在强非集体态下，等离子体激元色散用康普顿位移 (单粒子脊) $\Delta E_{\text{Compton}} = \hbar^2 k^2/2m_e$ 来描述。在误差范围内，$k = 4.3\text{Å}^{-1}$ 处的实验点由康普顿位移来描述，且与三种模型均符合。在这个极限下，相关性变得不那么重要，因为探测距离小于屏蔽长度。

在 $k = 1.5\text{Å}^{-1}$ 和 $k = 3\text{Å}^{-1}$ 之间，等离子体激元位移 $\Delta E_{\text{plasmon}}$ 在 32eV 和 34eV 之间，即等离子体激元位移几乎不随 k 变化。这种消没的等离子体激元色散与考虑了 e-e 相关性的 BMA+LFC 模型非常吻合。RPA 和 BMA 在缺乏 e-e 相互作用的情况下均预测 ΔE_{pl} 有更强的增加。

水平等离子体色散在激波压缩等离子体中是一个重要的观测结果，揭示了电子–电子相关性对这些极端状态物质动力学性质的重要性。显然，等离子体激元群速度 $v_G = \mathrm{d}\omega/\mathrm{d}k$ 在 $\hbar\omega \simeq 32\text{eV}$ 时消失，即等离子体激元不会以这种能量传播。

与 BMA+LFC 色散相比，色散数据更倾向于一个更弱的、可能为负的色散，而 BMA+LFC 色散预测了更大的等离子体激元位移 (例如 $k = 2.6\text{Å}^{-1}$ 这一点)。这符合通过金属中的非弹性 X 射线散射和电子能量损失谱测量的等离子体激元色散，其还报告了等离子体激元色散低于由局域场校正的 RPA 计算结果。

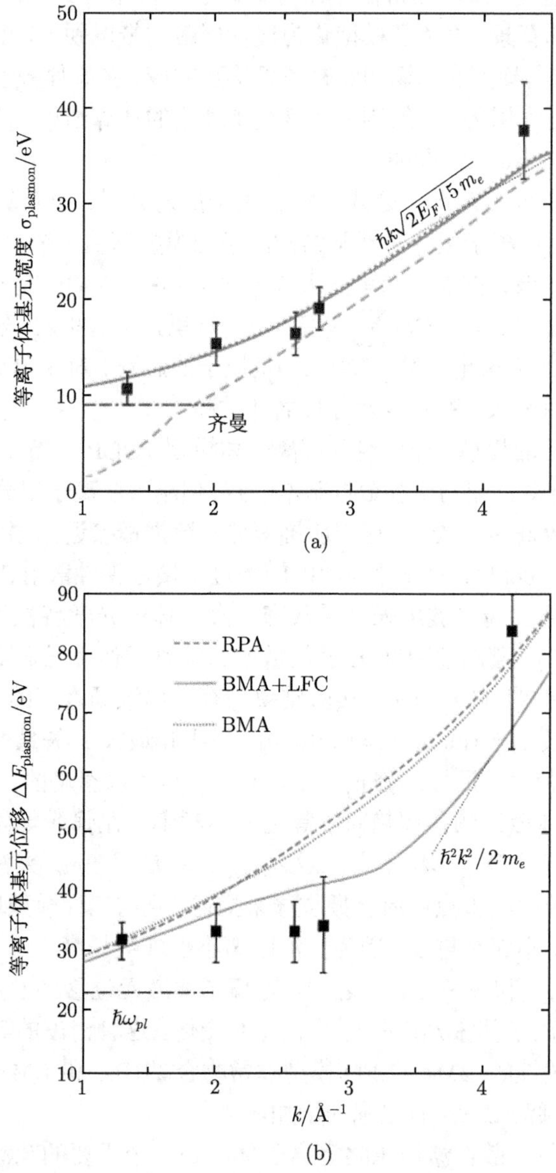

图 11.8 等离子体激元宽度 (a) 和位移 (b) 随散射波矢 k 的变化关系。实验数据与随机相位近似 (长虚线)、Born-Mermin 近似 (短虚线) 和 Born-Mermin(实曲线) 计算的结果进行了比较，其中 Born-Mermin 计算具有局域场修正。直线分别表示小 k 和大 k 处的色散和阻尼极限 (由 P. Neumayer 和 C. Fortmann 提供)

对于数据与 BMA+LFC 计算结果之间的剩余偏差，可能的解释包括通过将集体模式耦合到内核电子与能带结构效应的剩余部分 (在近有序相关离子系统中) 仍来降低等离子体激元位移，也有可能额外的等离子体激元降低是电子–离子相互作用 (如多次散射) 中高阶项的特征。在目前应用的偶极近似中，e-i 碰撞不影响等离子体激元色散，因为只考虑与 k 无关的项。

最后，确定了等离子体激元宽度随 k 的变化关系。测量到的本征等离子体激元的宽度 (即无仪器增宽) 是均方根 (rms) 宽度 σ_{plasmon}。由于等离子体激元散射信号是动力结构因子与仪器函数的卷积，其均方偏差为二者之和，$\sigma_{\text{total}}^2 = \sigma_{\text{inst}}^2 + \sigma_{\text{plasmon}}^2$，已知 $\sigma_{\text{inst}} = 8.5\text{eV}$，减去准弹性离子特性后从数据中提取 σ_{total}^2，然后得到 σ_{plasmon}。结果如图 11.8(a) 所示，并与有无局域场校正的 RPA 和 BMA 进行了比较。与集体散射对应的 $k = 1.3\text{Å}^{-1}$ 和 2.0Å^{-1} 两点表明，在这些激波压缩条件下 (强简并 + 强集体)，等离子体阻尼主要是由电子–离子碰撞造成的。相反，RPA 严重低估了等离子体激元宽度。这与等容加热铍的集体散射实验结果一致 (图 11.2)。

在目前的参数下，属于优良模式的等离子体激元临界波数为 $k_c = 1.7\text{Å}^{-1}$。在 RPA 理论中，大于 k_c 的等离子体激元与单对连续体相融合，产生了朗道阻尼。在波矢 $k = 1.3\text{Å}^{-1}$ 处，我们发现 $E_{pl} = 32\text{eV}$ 处的等离子体激元共振超出了单对连续介质 $\hbar\omega_{\text{pair}} \leqslant \hbar^2(k^2 + 2kk_F)/2m_e = 29.1\text{eV}$ 的截止能量。对连续体的锐边界反映了简并电子的阶梯形费米分布。因此，两种模式不能耦合 (朗道阻尼)，RPA 中的等离子体激元是无阻尼的。这些研究为准确测量致密等离子体的碰撞特性和电导率提供了前景，有助于理解输运和材料特性。

习　题

11.1　考虑一光子能量为 $\hbar\omega_1$，动量为 $\hbar c\boldsymbol{k}_1$，与一静止电子 (静止质量为 m_ec^2) 发生散射。散射后，探测到光子与 k_1 成 θ 角。

(a) 证明被散射光子能量 $\hbar\omega_2$ 的公式 (康普顿位移)：

$$\hbar\omega_2 = \frac{\hbar\omega_i}{1 + \dfrac{\hbar\omega_i}{m_ec^2}(1 - \cos\theta)}$$

提示：使用能量和动量守恒定律并考虑电子的静止质量。

(b) 证明对于非相对论极限 ($\hbar\omega_i/m_ec^2 \ll 1$)，转移给电子的动量由

$$p_e = \hbar k = |\boldsymbol{k}_i - \boldsymbol{s}_s| = 2\frac{\hbar\omega_1}{\hbar c}\sin\theta/2$$

给出。

(c) 证明该极限下，康普顿位移由 $\Delta\omega_C = \omega_i - \omega_s = \hbar k^2/2m_e$ 给出。

(d) 波长为 $\lambda_i = 0.24\text{nm}$ 的光子被一电子散射，散射角为 $\theta = 140°$，计算康普顿位移。不重复计算，用质子替换电子，相同波长、相同角度散射，估计康普顿位移。

11.2 习题 1 计算的 RPA 介电函数给出了无碰撞等离子体的介电响应。包含碰撞的一个简单方法是 Drude 模型。在此方法中，给出了 "光学" 介电函数 $\varepsilon(0,\omega)$ 的拟设：

$$\varepsilon^{\text{Drude}}(0,\omega) = 1 - \frac{\omega_{pe}^2}{\omega(\omega + \mathrm{i}\nu)}$$

其中，参数 ν 为碰撞频率。

(a) 利用麦克斯韦方程组和欧姆定律 $\boldsymbol{j} = \sigma \boldsymbol{E}$，证明碰撞频率与动态电导率 $\sigma(\omega)$ 相关

$$\sigma(\omega) = \frac{\omega_{pe}^2 \varepsilon_0}{\nu} \frac{1}{1 - \mathrm{i}\omega/\nu}$$

提示：写下麦克斯韦方程组场方程 $\boldsymbol{E}(\boldsymbol{r},t)$ 和 $\boldsymbol{B}(\boldsymbol{r},t)$。利用关系式 $\nabla \times \nabla \times \boldsymbol{E}(\boldsymbol{r},t) = -\nabla^2 \boldsymbol{E}(\boldsymbol{r},t)$ 消掉 $\boldsymbol{B}(\boldsymbol{r},t)$。用欧姆定律消掉电流密度 $\boldsymbol{j}(\boldsymbol{r},t)$。另外，考虑电场形式为 $\boldsymbol{E}(\boldsymbol{r},t) = \boldsymbol{E}_0 \mathrm{e}^{\mathrm{i}(\boldsymbol{k}\cdot\boldsymbol{r} - \omega t)}$，并利用 $\nabla^2 \boldsymbol{E}(\boldsymbol{r},t) = -k^2 \boldsymbol{E}(\boldsymbol{r},t)$ 及 $\dfrac{\partial}{\partial t}\boldsymbol{E}(\boldsymbol{r},t) = -\mathrm{i}\omega \boldsymbol{E}(\boldsymbol{r},t)$，然后得到关于 k^2，σ，ω^2 的表达式。与等离子体中电磁波的色散关系 $k^2c^2 = \omega^2 \varepsilon(k,\omega)$ 进行比较，就建立了所需表达式。

11.3 介电函数控制着带电粒子对电磁场的响应。定义为

$$\varepsilon_c^{\text{RPA}}(k,\omega) = 1 - V_{cc}(k) \sum_{\boldsymbol{p}} \frac{n_F^{(c)}(\boldsymbol{p} + \hbar \boldsymbol{k}/2) - n_F^{(c)}(\boldsymbol{p} - \hbar \boldsymbol{k}/2)}{\hbar\omega - \hbar \dfrac{\boldsymbol{k}\cdot\boldsymbol{p}}{m_e} + \mathrm{i}\eta}$$

其中，c 表示粒子种类，例如电子、质子和离子；$n_F^{(c)}(p)$ 是费米动量分布函数；$\eta > 0$ 是小而有限的频率，以确保求和收敛。

在下文中，我们考虑电子的 RPA 介电函数的经典极限。

(a) 给出电子的费米分布函数的定义，表明在高温下，费米分布可以通过 Maxwell-Boltzmann 分布近似

$$f(\boldsymbol{p}) = n_e \lambda_e^3 \exp(-p^2/2m_e \kappa T)$$

并确定归一化常数 λ_e(热德布罗意波长)。

(b) 对于软光子，即在极限 →0 中，经典电子气的 RPA 介电函数采用如下形式：

$$\varepsilon^{\text{RPA}}(k,\omega) = 1 - \frac{e^2}{\varepsilon_0 k^2} \int \frac{d^3p}{(2\pi\hbar)^3} \frac{\boldsymbol{k}\cdot\boldsymbol{\nabla} f(\boldsymbol{p})}{\boldsymbol{k}\cdot\boldsymbol{p}/m_e - \omega - \mathrm{i}\eta}$$

得出这个结果。

(c) 使用笛卡儿坐标评估上述积分，在 p_x 和 p_y 方向的积分之后，得到

$$\varepsilon^{\text{RPA}}(k,\omega) = 1 + \frac{\kappa_D^2}{k^2}[1 + \mathrm{i}x\sqrt{\pi}w(x)], \quad x = \frac{\omega}{k}\sqrt{\frac{m_e}{2\kappa T}}$$

其中 $x=\dfrac{\omega}{k}\sqrt{\dfrac{m_e}{2\kappa T}}\kappa_D^2=n_e e^2/\kappa T\varepsilon_0$ 是 Debye 筛选参数，并且

$$w(z)=\frac{\mathrm{i}}{\pi}\int\limits_{-\infty}^{\infty}\frac{\mathrm{e}^{-t^2}\mathrm{d}t}{z-t}=\mathrm{e}^{-z^2}\left(1+\frac{2\mathrm{i}}{\sqrt{\pi}}\int\limits_0^z\mathrm{e}^{t^2}\mathrm{d}t\right),\quad \mathrm{Im}z>0$$

是 Dawson 积分。

在下文中，我们将利用道森积分的系列展开。

泰勒展开：

$$w(x)=\sum_{n=0}^{\infty}\frac{(\mathrm{i}x)^n}{\Gamma(n+1/2)}$$

$x\to\infty$ 的渐近展开：

$$-\mathrm{i}x\sqrt{\pi}w(x)\simeq\left(1+\sum_{m=1}^{\infty}\frac{1\cdot3\cdot5\cdot\cdots\cdot(2m-1)}{(2x^2)^m}\right)$$

(d) 使用这些级数展开，证明在有限 k 的静态极限 $\omega\to0$，得到了熟悉的筛选函数

$$\varepsilon^{\mathrm{RPA}}(k,0)=1+\frac{\kappa_D^2}{k^2}$$

此外，证明在有限 ω 的长波长限制 $k\to0$ 时，“光学” 介电函数为

$$\varepsilon^{\mathrm{RPA}}(0,\omega)=1-\frac{\omega_{pe}^2}{\omega^2}$$

(e) 证明在 $k=0$ 时，集体纵向等离子体振荡 (等离子体激元) 发生在 $\omega=\omega_{pe}$。提示：集体共振出现在 k 和 ω，其中 $\mathrm{Re}\varepsilon^{\mathrm{RPA}}(k,\omega)=0$。

(f) 证明小波数 (如 $k\ll\kappa_D$), 等离子共振大约位于

$$\omega(k)=\omega_{pe}\left(1+\frac{3k^2}{2\kappa_D^2}\right)$$

这种关系通常被称为 Bohm-Gross 等离子体色散关系。

(g) 为什么这个公式不包含康普顿频移 $\Delta\omega C=\dfrac{\hbar^2k^2}{2m_e}$?

(h) 证明只有那些满足临界波数 $k<k_c$ 的波数才会出现集体振荡 $k_c\simeq0.9\kappa_D$。

(i) 确定 $\omega_{pe},\kappa_D,k_c,k$ 和 $\omega(k)$，对于以下实验：波长为 0.24nm 的光子在等离子体上以 30° 散射角散射，其中 $n_e=3\times10^{23}\mathrm{cm}^{-3}$，$\kappa T=$10eV。散射是集体性的吗？即等离子体激元是否出现在光谱中？推导介电函数的假设是否合理？

(j) 证明介电函数的对称关系：

$$\mathrm{Re}\varepsilon^{\mathrm{RPA}}(k,-\omega)=\mathrm{Re}\varepsilon^{\mathrm{RPA}}(k,\omega)$$

$$\mathrm{Im}\varepsilon^{\mathrm{RPA}}(k,-\omega)=-\mathrm{Im}\varepsilon^{\mathrm{RPA}}(k,\omega)$$

动态结构因子通过波动耗散定理与介电函数产生联系：

$$S(k,\omega)=-\frac{\hbar\varepsilon_0 k^2}{\pi n_e e^2}\frac{\mathrm{Im}\varepsilon^{\mathrm{RPA}}(k,\omega)}{\exp(\hbar\omega/\kappa T)-1}$$

(k) 说明 $S(k,\omega)$ 的对称关系。

(l) 计算 $S(k,0)$。

(m) 显示“详细的平衡条件” $S(k,-\omega)/S(k,\omega)=\exp(\hbar\omega/\kappa T)$。

11.4 (a) 费米动量分布函数 $n_F(p)$ 如何定义？

(b) 在实践中，人们对给定密度 n 和温度 T 下等离子体的热力学性质感兴趣。给出有限 T 处理想费米气体的内能和平均动量的表达式。解释如何计算化学势 μ。用费米积分 $F_\ell(\eta)$ 表示你的答案，

$$F_\ell(\eta)=\frac{1}{\Gamma(\ell+1)}\int_0^\infty \mathrm{d}x\frac{x^\ell}{\mathrm{e}^{x-\eta}+1}$$

(c) 证明费米积分的以下限制情况：

$$\lim_{\eta\to-\infty}F_\ell(\eta)=\exp(\eta)$$

$$\lim_{\eta\to+\infty}F_\ell(\eta)=\frac{\eta^{\ell+1}}{(\ell+1)\Gamma(\ell+1)}$$

(d) 计算两个极限中密度为 n_e 和温度为 T 的电子系统的化学势、内能和平均动量。

(e) 对于这两种情况，说明天体物理等离子体的两个例子很好地符合这些限制。

(f) 将 1mg 低温氢气从 $0.1\mathrm{g/cm^2}$ 压缩到 $100\mathrm{g/cm^3}$ 需要多少能量？

11.5 考虑电子等离子体 $(q_e=-e)$ 和离子 $(q_i=+Ze)$。对于位于 $r=0$ 的离子，想要计算给定带电粒子“感觉”的有效电位，考虑到由于所有其他电荷而对中心离子的筛选。

(a) 证明该问题 $\varPhi(\boldsymbol{r})$ 的泊松方程是有效

$$\nabla^2\varPhi(\boldsymbol{r})=-\frac{Ze}{\varepsilon_0}\delta(\boldsymbol{r})-\frac{1}{\varepsilon_0}\sum_c q_c n_c[T,\mu_C-q_c\varPhi(\boldsymbol{r})]$$

(b) 扩大密度 $n_c(T,\mu_c-q_c\varPhi(\boldsymbol{r}))$ 进入泰勒级数到 $q_c\varPhi(\boldsymbol{r})=0$。忽略 q_c^2 和更高阶的所有项，并表明线性化泊松方程读数：

$$\nabla^2\varPhi(\boldsymbol{r})=-\frac{Ze}{\varepsilon_0}\delta(\boldsymbol{r})-\kappa^2\varPhi(\boldsymbol{r})$$

用筛选参数

$$\kappa^2=\sum_c\frac{q_c^2}{\varepsilon_0}\frac{\partial}{\partial\mu_c}n_c(T,\mu_c)$$

求解线性化泊松方程 (11.5.2) 如下：

(c) 在等式的两边执行傅里叶变换。δ 函数的傅里叶变换是 $\int \mathrm{d}^3\boldsymbol{r}\delta(\boldsymbol{r})=(2\pi)^3$。

(d) 证明傅里叶变换下的势函数

$$\varPhi(\boldsymbol{k})=\frac{Ze}{\varepsilon_0(k^2+\kappa^2)}$$

(e) 通过 $\Phi(\boldsymbol{k})$ 的逆傅里叶变换计算 $\Phi(\boldsymbol{r})$。对于逆傅里叶变换，使用积分

$$\int_0^\infty \mathrm{d}x \frac{x^{2m+1}\sin(ax)}{(x^2+z)^{n+1}} = \frac{\pi}{2}\frac{(-1)^{n+m}}{n!}\frac{\mathrm{d}^n}{\mathrm{d}z^n}\left(z^m \mathrm{e}^{-a\sqrt{z}}\right)$$

并表明

$$\Phi(\boldsymbol{r}) = \frac{Ze}{4\pi\varepsilon_0 r}\exp(-\kappa r)$$

(f) κ_D 的物理含义是什么?

(g) 对于经典的完全电离氢等离子体 (德拜屏蔽)$T = 10^6$ K，$n_e = n_i = 10^{20}$ cm^{-3} 的情况和零温度下 $n_e = 10^{23}$cm^{-3} 的电子气 (Thomas–Fermi screening)，计算 κ_D。

提示：利用 $\dfrac{\partial}{\partial\eta}F_\ell(\eta) = F_{\ell-1}(\eta)$ 来进行费米积分。

奇数习题答案

11.1 (a) 从能量和动量守恒定律，我们可得到

$$mc^2 + \hbar ck_i = \sqrt{m_e^2c^4 + p_e^2c^2} + \hbar ck_s$$

$$\hbar\overrightarrow{k_i} = \hbar\overrightarrow{k_s} + \overrightarrow{p_e}$$

将方程的两边求平方，消除能量守恒方程中的 p_e^2 即可。

(b) 在 p_e^2 表达式中，忽略所有的 $\hbar\omega_1/m_ec^2$ 项，利用 $1-\cos\theta = 2\sin\theta/2$，得到

$$p_e^2 = \frac{\hbar^2\omega_i^2}{c^2}(2 - 2\cos\theta)$$

(c) 在 $\hbar\omega_i/m_ec^2$ 一阶项中，对 $\omega_i - \omega_s$ 展开，得到

$$\Delta\omega_C = \omega_i - \omega_s = \frac{\hbar\omega_i^2}{m_ec^2}(1-\cos\theta)$$

11.3 (a) 费米分布定义为

$$n_F^{(e)}(\boldsymbol{p}) = [\exp(p^2/2m_e\kappa T - \mu_e/\kappa T)+1]^{-1} = \exp(\mu_e/\kappa T)[\exp(p^2/2m_e\kappa T)+\exp(\mu_e/\kappa T)]^{-1}$$

对于高温等离子体，化学势趋于 $-\infty$，并且在分母中忽略 $\exp(\mu_e/\kappa T)$，得到

$$\lim_{T\to\infty} n_F^{(e)}(\boldsymbol{p}) = \exp(\mu_e/\kappa T)\exp(-p^2/2m_e\kappa T)$$

令 $\exp(\mu_e/\kappa T) = n_e\lambda_e^3/2$，并且对自旋自由度 (因子 2) 求和，即可。

采用规范化条件：$\displaystyle\int \frac{\mathrm{d}^3p}{(2\pi\hbar)} f(\boldsymbol{p}) = n_e$；

利用积分：$\displaystyle\int_{-\infty}^{\infty} \mathrm{d}x\exp(-x^2/2\alpha^2) = \sqrt{2\pi}\alpha$，这里 $\lambda_e = \sqrt{2\pi\hbar^2/m_e\kappa T}$。

(b) 对于软光子，我们有 $f(\boldsymbol{p}+\hbar\boldsymbol{k}/2) - f(\boldsymbol{p}-\hbar\boldsymbol{k}/2) \simeq \hbar\boldsymbol{k}\cdot\overrightarrow{\nabla}f(\boldsymbol{p})$

(注意：对动量和自旋状态的求和须用 $2\Omega_0 \int \mathrm{d}^3p/(2\pi\hbar)^3$ 代替，Ω_0 是归一化体积)。

(c) 设 $\boldsymbol{p}=\boldsymbol{e}_z p$，对 x 和 y 分量积分得到因子 λ^{-2}。中间结果是

$$\varepsilon(k,\omega)=1-\frac{e^2}{\varepsilon_0 k^2}\frac{n_e}{\sqrt{2\pi m_e\kappa T}}\int_{-\infty}^{\infty}\mathrm{d}p\frac{kp}{m_e\kappa T}\frac{\exp(-p^2/2m_e\kappa T)}{\omega-kp/m_e+\mathrm{i}\eta}$$

代替积分变量 $t=p/\sqrt{2\pi m_e\kappa T}$，并求道森积分即可。

(d) 忽略所有频率依赖性，即可得到静态极限下的解。

(e) 在极限 $k\to 0$ 中，利用道森积分的渐近展开，忽略 x^{-4} 和更高阶的项，即可。

(f) 利用纵向色散关系 $\mathrm{Re}\varepsilon(0,\omega)=0$，可推导出 $\omega=\pm\omega_{pl}$ 时的表达式。

(g) 将道森积分扩展到 x^{-4}，并在 $\mathrm{Re}\varepsilon(k\to 0),\omega(k)=0$，得到二次方程 $\omega^2(k)$：

$$\omega^4(k)-\omega^2(k)\omega_{pe}^2-3k^2\omega_{pe}^2\frac{\kappa T}{m_e}=0$$

解 $\omega^2(k)$ 得

$$\omega^2(k)=\frac{\omega_{pe}^2}{2}\left(1+\sqrt{1+12\frac{k^2}{\kappa_D^2}}\right)$$

利用 $\sqrt{1+x}\approx 1+x/2$ 即可。

(h) 为了使 $\mathrm{Re}\varepsilon(k,\omega)$ 有解，$1-2x\sqrt{\pi}\exp(-x^2)\int_0^{\infty}\exp(t^2)\mathrm{d}t$ 需为负值。在 $x=0.92$，$\exp(-x^2)\int_0^{\infty}\exp(t^2)\mathrm{d}t$ 取最大值 0.54。解 $\mathrm{minRe}\varepsilon(k,\omega)<0$ 得到 $k\leqslant 0.8724\kappa_D$.

(i) 若忽略所有 $\hbar$ 项，在经典 RPA 中将不包含康普顿偏移项 α。

(j) 由于 $\omega_{pe}=3.09\times10^{16}\mathrm{s}^{-1}=20.34\mathrm{eV}$，$\kappa_D=2.32\times10^{10}\mathrm{m}^{-1}=1.23a_B^{-1}$，可得到 $k_c\approx 2.1\times10^{10}\mathrm{m}^{-1}, k=1.36\times10^{10}\mathrm{m}^{-1}$，因此，散射是集体性的，$\alpha\approx 0.6$，玻恩-格罗斯色散关系 $\omega(k)=27.33\mathrm{eV}$；简并参数 $\vartheta\approx T/T_F\approx 0.61$，因此量子效应很重要，必须考虑 $\hbar$ 的有关项。

(k) $S(k,-\omega)=\exp(\hbar\omega/\kappa T)S(k,\omega)$。

(l) $S(k,0)=\dfrac{1}{\pi}\sqrt{\dfrac{m_e}{2\kappa T}}\dfrac{1}{k}\dfrac{1}{(1+\kappa_D^2/k^2)^2}$。

第 12 章　不稳定等离子体的散射

12.1　引　　言

12.1.1　不稳定等离子体

很容易找到不满足热力学平衡的等离子体的情况。事实上，严格意义上讲大多数高温等离子体偏离了等离子体平衡状态。我们通常将“平衡”意味着一种瞬态，其中等离子体在感兴趣的时间尺度上没有显着变化。

在前面的章节中，我们实际上考虑了与平衡的小偏离，例如电子温度和离子温度不相等，非麦克斯韦分布以及电子和离子之间存在小相对漂移。然而，人们一直认为，虽然这些条件可能会改变波动 n_1, F_1, $S(\boldsymbol{k},\omega)$，但它们不会导致平均条件 n_0, F_0, T_e, T_i 的显著变化。换句话说，我们要求“自由能量”足够小，系统会安静地恢复到平衡状态。

现在，我们将注意力转向自由能量大的情况，以便系统可以以“爆炸性”或“不稳定”的方式恢复平衡。

等离子体中的不稳定性是重要的，因为它们可以改变等离子体的微观和整体行为。在磁化等离子体中，它们可以增强带电粒子在场内的传输 (见第 12.6 节)。在惯性约束的高温等离子体中，它们可以通过瑞利–泰勒模式限制目标的压缩，并且通过离子声波模式增强入射激光的反射 (参见第 12.7 节)。如今随着光源与探测器的发展，我们可以利用散射技术研究很多不稳定性，参见 Chen(1987)，Ross(1989)，Horton(1999)，Glenzer 和 Redmer(2009)，Hammett(2009) 的综述。

12.1.2　增强散射

从散射的观点来看，主要特征是等离子体中的不稳定模式增长到较大振幅，并且对于这些模式，谱密度函数被增强到远高于离散角的热运动水平。因此，通常可以在参数区域中进行测量，这些参数区域是不可接近的，因为寄生辐射会淹没热光谱，即密度非常低并且散射角非常小。同样不稳定模式可能污染热运动谱。Daehler 和 Ribe(1967) 及 Daehler 等 (1969) 的工作很好地说明了这一点。他们通过红宝石激光的前向散射测量了 θ 箍缩等离子体离子特征 ($\theta = 5.5° - 17°$)，该装置如图 12.1 所示。新型多通道法布里–珀罗标准具光谱仪的更详细图示见 7.6 节。通过辅助测量确定电子密度 $n_{\mathrm{peak}} = (2.8 \pm 0.4) \times 10^{-16}\mathrm{cm}^{-3}$，温度 $T_e = (345 \pm 40)\mathrm{eV}$, 离子温度 $T_i = 2\mathrm{keV}$。图 12.2 中的光谱比热水平提高了 15 倍。这种增强归因于在热等离子体产生期间的微观不稳定性。

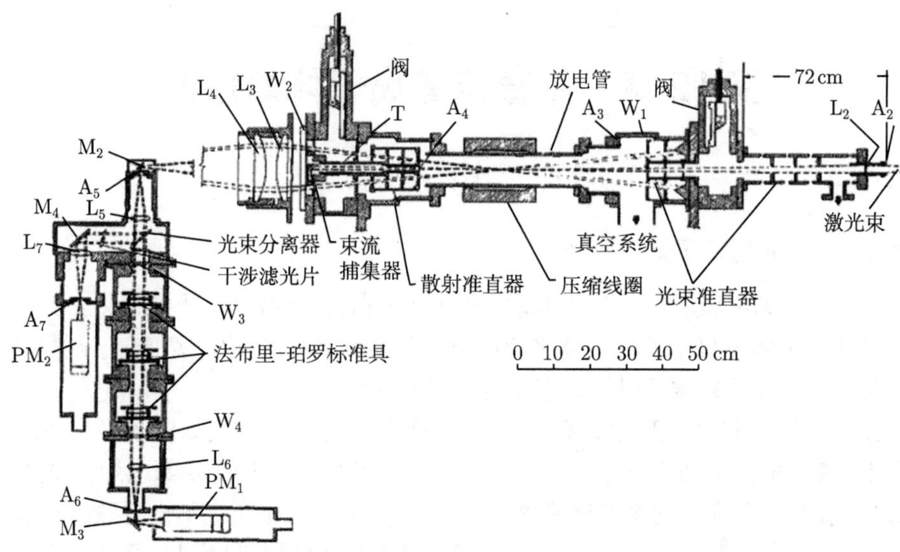

图 12.1　θ 箍缩装置和散射设备的侧视图 (摘自 Los Alamos Sci.Lab 以及 (Daehler and Ribe, 1967))

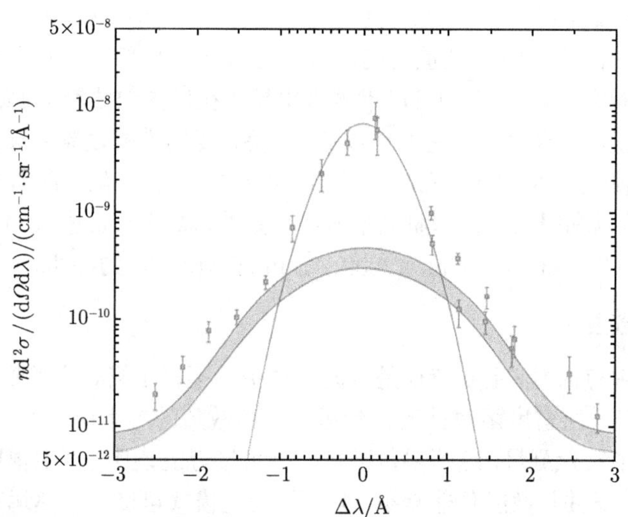

图 12.2　散射谱的对数图。阴影带是对应于 $T_i = 2\text{keV}$ 的理论曲线，考虑了预期的密度变化，细曲线是高斯拟合结果 (摘自 Los Alamos Sci.Lab 以及 (Daehler and Ribe, 1967))

12.1.3 不稳定性尺度

等离子体可以在宏观上 (尺度 $\gg \lambda_{De}$, ρ_i) 和微观上 (尺度 $\cong \lambda_{De}, \rho_e, \rho_i$) 不稳定。目前还没有关于不稳定性或湍流状态演变的一般理论。我们将集中讨论微观不稳定的等离子体，因为该主题已成为许多有趣的实验研究的主题 (将散射作为诊断技术)，并且可以将理论和实验进行有限的比较。第 12.2 节给出了相关不稳定性理论的简要回顾，并在随后的章节中讨论了各种不稳定性有关的实验工作。

第 12.3 节：不稳定性的 "开始"，讨论了在边界稳定状态下等离子体在离子声学模式下散射的实验工作。

第 12.4 节：弱不稳定等离子体的准线性理论，讨论了 "轻微碰撞" 不稳定性的工作。

第 12.5 节：弱湍流和强湍流理论，讨论了激波中湍流的散射结果。

12.2 微观不稳定性理论

12.2.1 基本方程

在任何等离子体中，我们可以看到在所有频率和波长处的某种程度的涨落，当然与观察时间和特征长度有关。每种模式涨落的程度受阻尼机制的限制，在等离子体中为碰撞和朗道阻尼。

在不稳定的情况下，系统具有 "自由能"。例如，在等离子体中，这可能是由于速度分布的各向异性、电子和离子的相对漂移、或者强空间梯度的存在。这种自由能可用于促进特定模式的增长。我们可以通过研究等离子体中每种模式的时间行为来确定系统是稳定的还是不稳定的。

对于均匀的非相对论等离子体，分布函数满足等式 (B.7.9) 和 (B.7.10)。为简单起见，我们仅考虑一种未磁化的等离子体 ($B_0 = 0$)，此时傅里叶变换方程为

$$\frac{\partial F_{0q}(\boldsymbol{v},t)}{\partial t} = \frac{q}{m_e}\int \frac{\mathrm{d}k}{(2\pi)^3}\mathrm{i}\boldsymbol{k}\cdot\frac{\partial}{\partial t}\left\langle F_{1q}(\boldsymbol{k},v,t),\varphi_1(-k,t)\right\rangle \tag{12.2.1}$$

$$\times\left(\frac{\partial}{\partial t}-\mathrm{i}\boldsymbol{k}\cdot v\right)F_{1q}(\boldsymbol{k},\boldsymbol{v},t)+\frac{\mathrm{i}q}{m_e}\varphi_1(\boldsymbol{k},t)k\cdot\frac{\partial F_{0q}}{\partial v}$$

$$=\frac{\mathrm{i}q}{m_e}\int\frac{\mathrm{d}\boldsymbol{k}'}{(2\pi)^3}(\boldsymbol{k}-\boldsymbol{k}')\cdot\frac{\partial}{\partial v}\left[\varphi_1(k-k',t)F_{1q}(\boldsymbol{k}',\boldsymbol{v},\boldsymbol{t})\right] \tag{12.2.2}$$

$$E_1(\boldsymbol{k},t) = \mathrm{i}\boldsymbol{k}\varphi_1(k,t), \varphi_1(\boldsymbol{k},t) = \frac{4\pi}{k^2}\sum_q q\int \mathrm{d}vF_{1q}(k,\boldsymbol{v},t) \tag{12.2.3}$$

傅里叶变换的定义是

$$F(\boldsymbol{k},t) \equiv \int \mathrm{d}r \mathrm{e}^{\mathrm{i}k\cdot r} F(r,t) \tag{12.2.4}$$

对方程 (12.2.2) 进行时域积分可得

$$\begin{aligned} F_{1q}(\boldsymbol{k},\boldsymbol{v},0) = & -F_{1q}(\boldsymbol{k},\boldsymbol{v},0)\mathrm{e}^{\mathrm{i}k\cdot vt} - \frac{\mathrm{i}q}{m_e}\int_0^t \mathrm{d}t'\varphi_1 \mathrm{e}^{\mathrm{i}k\cdot v(t-t')}\boldsymbol{k}\cdot\frac{\partial F_{0q}}{\partial \boldsymbol{v}} \\ & + \frac{\mathrm{i}q}{m_e}\int \frac{\mathrm{d}k'}{(2\pi)^3}\int_0^t \mathrm{d}t' \mathrm{e}^{\mathrm{i}k\cdot v(t-t')}\varphi_1(\boldsymbol{k}-\boldsymbol{k}',t')\cdot\left(\boldsymbol{k}-\boldsymbol{k}'\right)\cdot\frac{\partial}{\partial v}F_{1q} \end{aligned} \tag{12.2.5}$$

此时，$n_{1e} = \int \mathrm{d}vF_{1e}(\boldsymbol{k},\boldsymbol{v},t)$, 谱密度函数满足

$$S(\boldsymbol{k},t) \propto \left\langle \left|n_{1e}(\boldsymbol{k},t)\right|^2 \right\rangle$$

在式 (12.2.5) 右边的项中，导致 k 值波动的因素有以下几项：(a) 初始涨落；(b) 电荷沿着基本轨道运动导致的涨落；(c) 包含模式耦合的非线性项，能量从一个模式转化为另一个模式。在强湍流的框架下，可以从它对基本粒子轨道扰动影响的角度对该项进行分析。

12.2.2 不稳定性的产生

由于在不稳定性建立之前系统是趋于热平衡态，故可以通过解线化性的方程 (12.2.1) 和 (12.2.2) 获得不平衡态的产生条件。Jackson (1960), Mikhailovskii 和 Laing (1992), Mikhailovskii (1998) 对微观系统稳定性的评估方法进行了讨论。

在 A.4 节中，我们简要分析了当 $B_0 = E_0 = 0$ 时纵向等离子体振荡的稳定性，得到方程 (12.2.1) 和 (12.2.2) 的波动电场解为

$$E_1(k,t) = \mathrm{i}\frac{4\pi e}{k^2}\sum_c \mathrm{e}^{\mathrm{i}\omega_c t}\mathrm{Residue}\left[\frac{\int \mathrm{d}vF_0(k,v,0)/\left(\omega/k - v\right)}{\varepsilon(k,\omega)}\right]_{\omega=\omega_c} \tag{12.2.6}$$

其中，$\omega = \omega_c$ 是色散方程 $\varepsilon(k,\omega) = 0$ 的解。如果 $\mathrm{Im}(\omega_c) < 0$，该模式会在 (k_c, ω_c) 处随着时间呈指数增长，即该模式是不稳定的。如果所有模式都满足 $\mathrm{Im}(\omega_c) > 0$，则该模式是稳定的。

当系统从稳定态转变为不稳定态时，色散关系的解将会跨过实轴进入 ω 区域内。图 12.3 表明了该过程。注意到不稳定态会首先会出现在一个确定的值 k_c 处后。如果我们想通过散射研究不稳定态的临界条件的话，就必须研究 k_c 的值。

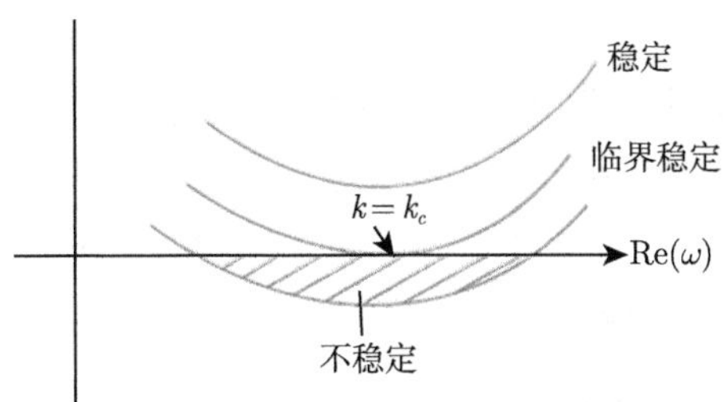

图 12.3 $\varepsilon(\omega_c, k_c) = 0$ 时的变化曲线

根据速度分布函数 f 的斜率值可以得出，粒子以接近波相速度运动时从系统获得能量或者为系统提供能量。因此，对单一系统而言，一个从平均速度单调递减的速度分布函数的系统是稳定的；相反地，一个带有凸点的速度分布函数则具有相反的性质，它包含了一个朗道增长区间。同样，如果电子和离子有相对漂移，即使每一段速度分布函数都是从相应区间平均速度单调递减，当 $\boldsymbol{k}\cdot(\partial f/\partial v)$ 在波的相速度上计算是正值时，这个波便是不稳定的 (图 12.4)。

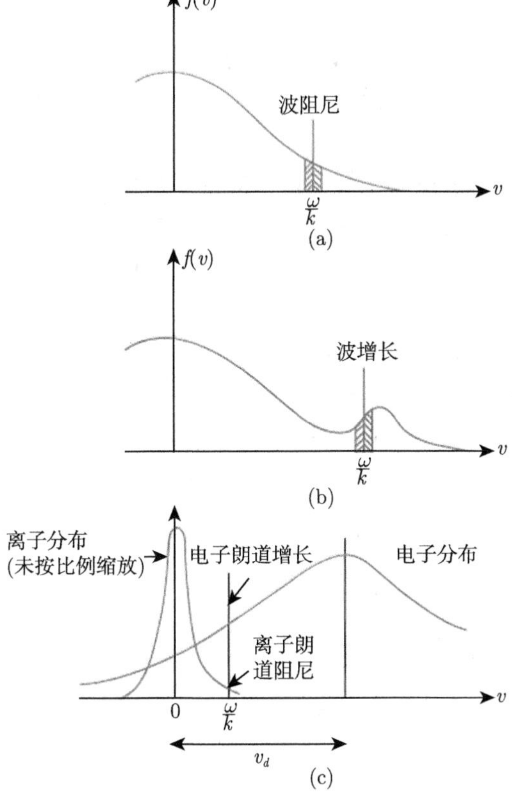

图 12.4 一些稳定和不稳定分布函数的说明

在漂移不稳定的情况下，在离子和电子的速度分布峰值之间以相速度传播的波在离子分布上受到朗道阻尼，但从电子中获得能量。增加相对漂移的速度甚至接近于不稳定态会产生一种效果，即在最不稳定的自然模式下 $[\mathrm{Re}(\varepsilon(k,\omega))\cong 0]$ 增加涨落程度。由于阻尼项的存在，$\varepsilon(k,\omega)$(方程 (12.2.6)) 也接近于零 (见 5.3.6 节)。

12.2.3　不稳定性的初始演化

不稳定态一旦建立，非线性项便随着 $\exp[2\mathrm{Im}(\omega_c)/t]$ 变化，并且变得相当重要。它们在很多方面影响着这个系统。

(a) 由于逐渐增强的波的作用，方程 (12.2.1) 的碰撞项需要被修正，这导致在速度空间中扩散的增强，即改变了 F_{0q}。Rogister 和 Oberman (1968) 推导了雷纳德–巴列斯库方程的修正形式 (B.8.2 节)，忽略之前的一些贡献，它还包含了稳定情况下的弱阻尼模态和亚不稳定情况下的增长模态。再加上一个描述场能量演化的方程 $I(k,t)\cong|\varphi_1(k,t)|^2$，这可以用来跟踪速度分布函数从稳定区域到边缘不稳定区域的演化过程。Joyce 和 Salat (1971) 讨论了它在散射中的应用。

(b) $\boldsymbol{F}_{0q}$ 项中的改变会反过来通过方程 (12.2.5) 右边第二项的变化，引起 F_{1q} 项的变化。

(c) 最后，方程 (12.2.5) 中的非线性项会变得很重要，这也会影响 $\boldsymbol{F}_{1q}$ 项。

最终，如果系统是受迫的话，例如 $E_0\neq 0$，系统便可能会达到一个准平衡态，此时系统会在驱动源的增强作用和一些非线性的阻尼机制之间建立平衡，并且驱动源输入的能量会有一个持续性的损耗。如果系统不是受迫的，则增强过的波动会最终稳定下来，并且达到一个稳定的静态。“自由能” 将通过加热等离子体或增加系统损耗而耗散。在失稳演化过程中，等离子体中可能存在准稳态，其中存在非热涨落。

在大多数情况下，跟踪这种演化的细节是不可能的。除非有严格的近似，否则非线性方程是不可解的，我们只能被迫猜测系统渐近行为。因此，我们寻找一个准静态，此时存在某个机制可以平衡增长。

12.2.4　准线性理论

我们可以做一个极端近似，即忽略方程 (12.2.2) 中的非线性项，这样可以找到一个解，使不稳定性增长被 F_{0q} 修正项限制，此时 F_{0q} 的修正是由方程 (12.2.1) 中速度扩散项的增强导致的。

此时准线性方程是

$$\frac{\partial \boldsymbol{F}_{0q}}{\partial t}=\frac{\partial}{\partial v_\alpha}\left(D_{\alpha\beta}\frac{\partial F_{0q}}{\partial v_\beta}\right) \tag{12.2.7a}$$

其扩散系数为

$$D_{\alpha\beta}=\frac{e^2}{m_e^2}\sum_k \frac{k_\alpha k_\beta \langle \varphi(k,t)\cdot\varphi(-k,t)\rangle}{\mathrm{i}(\boldsymbol{k}\cdot\boldsymbol{v}-\omega)} \tag{12.2.7b}$$

且

$$\frac{\partial}{\partial t}\langle \varphi(k,t)\varphi(-k,t)\rangle = 2\mathrm{Im}(\omega)\langle \varphi(k,t),\varphi(-k,t)\rangle,\quad \mathrm{Im}(\omega)<0$$

如果波幅度很小，以至于在 F_{0q} 短时间尺度上相对于 F_{1q} 是缓慢变化的，模式耦合项较弱且作用时间相对于系统从不稳定态到饱和态的时间更长，则这种近似是有效的。这一理论被 Drummond 和 Pines (1962b) ，Vedenov 等 (1961) 应用到了尾部带有"凸点" 的电子分布情况中 (图 12.4 和 12.2 节)。

12.2.5 弱湍流

在下一个近似级别中包含了模式耦合项。这些项以波动电场能量密度与热能密度之比的幂形式进行展开，保留到 $|E_k|^4$ 项。这种方法有效的条件是:

(a) $\mathrm{Im}(\omega)/\omega \ll 1$;

(b) $\sum |E_k|^2/n_e kT \ll 1$;

(c) 在低能级上一定存在一个连续的波谱，且初始相位是随机的。模式耦合项 (Aamodt 和 Drummond,1965) 包括:

(1) 共振三波相互作用满足色散关系，其中两个波结合起来，产生第三波，这是等离子体的一种自然模式 (满足色散关系)，因此，$k''+k'=k$ 和 $\omega''+\omega'=\omega$。这包括两个波的合并产生一个波和一个波的衰减产生两个波。

(2) 非共振三波相互作用，其拍波不是一种自然模式，但这种虚拟波的相速度接近于一种电荷的热速度，可以被朗道阻尼，这有时被称为"非线性朗道阻尼"。注意此时波又可以与等离子体中的波结合，使原波再生，从而降低净阻尼。

这两项都把能量从频谱的不稳定部分转移到阻尼发生的区域，并且在该区域可以发现准稳定的湍流状态，此时该状态的增益是由这些机制平衡的。Kadomstev (1965), Vedenov (1968), Tsytovich (1972) 已经研究了该理论。最有趣的应用也许是解释激波前沿的反常 (非经典) 耗散 (12.5 节)。

12.2.6 强湍流

有一类情形是即使在不稳定态发展过程中 F_{0q} 与 F_{1q} 在相似的时间尺度上演化，非线性项影响仍然很大，针对该情形的理论不是太成熟。对于波幅超过弱湍流，但由于 F_{0q} 的演化速度仍然比 F_{1q} 慢的情形，可以通过将方程 (12.2.2) 非线性项作为扰动基本粒子轨迹的源来实现。在粒子轨道中引入扩散可以改变涨落，以至于在非热谱中达到准静态。Dupree (1966) 已经研究了该理论 (Einaudi and Sudan,1969)。

12.3 临界稳定等离子体散射

12.3.1 漂移不稳定性的产生

Ichimaru (1962)、Ichimaru 等 (1962a) 对于离子–声波漂移不稳定的情况已经进行了研究。从方程 (5.3.8) 知色散方程形式为

$$\begin{aligned}k^2\lambda_{De}^2 =& - Rw\left(x_e - x_d\right) - \frac{ZT_e}{T_i} Rw\left(x_i\right) \\ &+ \mathrm{i}\pi^{1/2}\left\{\left(x_e - x_d\right)\exp\left[-\left(x_e - x_d\right)^2\right] + \frac{ZT_e}{T_i} x_i \exp\left(-x_i\right)^2\right\} \quad (12.3.1)\end{aligned}$$

当 $x_e = \omega/ka, x_i = \omega/kb$ 时，离子–电子相对漂移速度为 v_d，且 $x_d = v_d/a$。选择 $k//v_d$ 为最不稳定的例子。

$$Rw(x) = 1 - 2x\exp(-x^2)\int_0^x \exp(p^2)\mathrm{d}p \rightarrow \begin{cases} 1 - 2x^2, & x < 1 \\ -1/2x^2, & x \gg 1 \end{cases}$$

当 ε 中的增长项与 $\mathrm{Im}(\omega) = 0$ 中的阻尼项平衡时，系统边界稳定状态才会发生，x 为实数且

$$x_e - x_d \ll 1\,\left(x_e - x_d\right)\exp\left[-\left(x_e - x_d\right)^2\right] + \frac{ZT_e}{T_i} x_i \exp\left(-x_i\right)^2 = 0$$

Jukes 和 Shaffer (1960) 对这一情况作了详细的分析。当 $ZT_e/T_i \ll 1, v_d/a \gtrsim 1$ 且 $ZT_e/T_i \gg 1, v_d/a \ll 1$ 时，他们得到了起始条件的解析表达式。在后一种情况下 (离子–声学不稳定态)$x_e - x_d \ll 1$，满足以下条件时，不稳定边界会出现。

$$x_d = x_e + \frac{ZT_e}{T_i} x_i \exp\left(-x_i\right)^2$$

由于 $x_i \gg 1$,

$$k^2\lambda_{De}^2 \cong -1 + \frac{ZT_e}{T_i x_i^2} \quad 或 \quad \omega_{ac} \cong \left(\frac{ZT_e}{m_i}\right)^{1/2}$$

又 $v_d/a > \left(m_e Z/2m_i\right)^{1/2}$，当 $k_c^2 = 0, x_i^2 = ZT_e/2T_i$ 时，边界出现。此时起始漂移速度为

$$\frac{v_c}{a} = \left(\frac{m_e Z}{2m_i}\right)^{1/2} + 2\left(\frac{ZT_e}{2T_i}\right)^{3/2} e^{-(ZT_e 2T_i)} \quad (12.3.2)$$

当 $v_d/a > \left(m_e Z/2m_i\right)^{1/2}$ 时，边界条件会出现在有限的 k 值处，此时

$$v_c/a \cong x_i\left(m_e T_i/m_i T_e\right)^{1/2} \quad (12.3.3)$$

且

$$x_i^2 \cong \frac{3}{2}\ln(ZT_e/T_i)+\frac{1}{2}\ln\left(m_i/m_eZ\right)+0\left(2\ln x_i\right)$$

临界值 k 由下式给出：

$$k_c^2\lambda_{De}^2 \cong \left(Zm_e/2m_i\right)\left(a^2/v_d^2\right)-1$$

对于轻元素，当 $T_e/T_i \cong 10$ 时，满足 $v_d/a \cong \left(m_eZ/2m_i\right)^{1/2}$。

碰撞的影响如下。

实际上，等离子体中始终存在碰撞，则波会受到 $\lambda \gtrsim \lambda_{\text{coll}}$ 的阻尼，因此 $k^2=0$ 即 $\lambda \to \infty$ 的情况不可能出现。此外，有限的几何尺寸也会影响这个问题。因此，当 $\text{Im}(k^2)=0$ 且 $0<\lambda<\lambda_{\text{coll}}$ 时，起始条件会出现。Ichimaru (1962) 已经研究了碰撞的影响。当 $T_e/T_i \gg 1$ 时，ε 的虚部由下式给出：

$$\text{Im}\left(\varepsilon\right)=-\alpha^2\left[\pi^{1/2}\left(x_e-\frac{v_d}{a}\right)+\frac{\psi_i}{2x_i^3}\frac{ZT_e}{T_i}+\frac{ZT_e}{T_i}\pi^{1/2}x_i\exp\left(-x_i^2\right)\right] \tag{12.3.4}$$

此时 $\psi_i=v_i/kb$ 且忽略电子碰撞 (5.5.2 节)$\left[\text{注}:(\psi_i/2x_i^3)(ZT_e/T_i)-2x_e\psi_e>0\right]$。不稳定性初始谱 $T_e/T_i \gg 1, \alpha^2 \gg 1$ 且 $x_i^2 \gg 1$。

将上述条件运用于方程 (5.3.7) 中，此时方程中第一项占主导且可以简化为

$$S(k,\omega)_{\text{res}}=\frac{2\pi^{1/2}}{k_ca}\frac{\omega_c^2}{4\left(\omega-\omega_{ac}\right)^2+\pi\omega_{ac}^2\left[\underbrace{\left(\frac{v_c-v_d}{a}\right)}_{\text{电子朗道共振}}+\underbrace{\frac{ZT_e}{T_i}\frac{\omega_{ac}}{kb}\exp\left(-\frac{\omega_{ac}}{k_cb}\right)^2}_{\text{离子朗道阻尼}}\right]} \tag{12.3.5}$$

此时 $v_c=\omega_{ac}/k_c$ 且 k_c 与漂移速度 v_d 平行。

当漂移速度以足够大的值超过 v_c 克服离子朗道阻尼时，系统就会发生失稳。

12.3.2 离子–声波不稳定性的观测

Arunasalam 和 Brown (1965) 研究了 $v_d \cong v_c$，$k_c \cong 0$ 且 $\omega_c \cong 0$ 的临界稳定条件下的不稳定性。随后 Mase 和 Tsukishima (1975) 测量了采用微波散射的圆柱形汞放电中的离子波湍流 (20mW，35 GHz)，实验装置如图 12.5 所示。

图 12.6 给出了波数谱。图中 θ_s 是 $\boldsymbol{k}_i$ 与 $\boldsymbol{k}_s$ 之间的夹角，L 是离网格的距离，网格的势能处于浮动状态。当 L=28cm 时，总的波能量饱和；L=15cm 的光谱作为基准用来对比。可以看出，随着湍流的发展，波能量向低 k 值区转移，结果与 Mannheimer (1971) 预测的 $|E(k)|^2 \propto k^{-5}$ 基本一致。

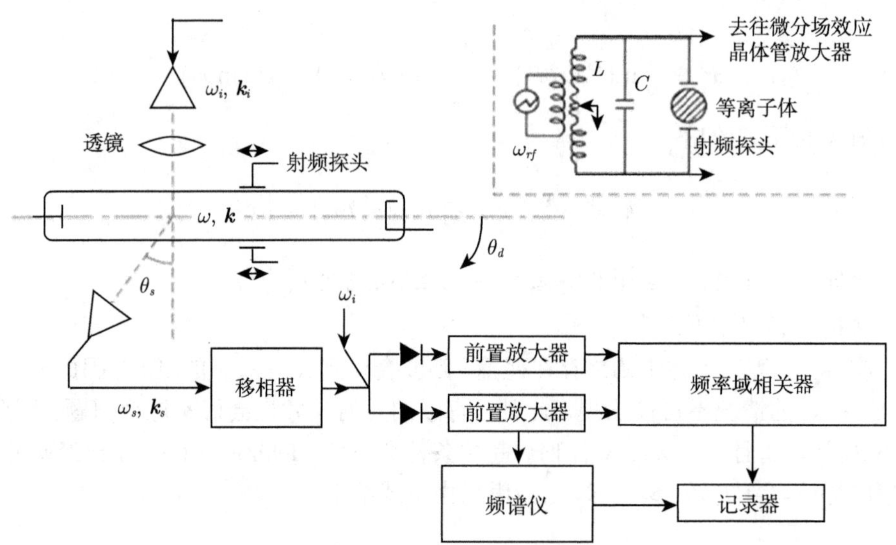

图 12.5 实验装置示意图 (摘自 (Mase and Tsukishima, 1975))

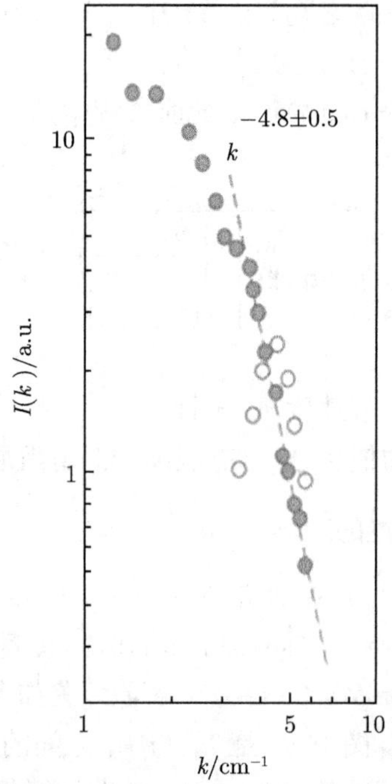

图 12.6 当 θ_s =0 时的波谱数 $\boldsymbol{I}(k)$，点代表 $L = 28$cm，曲线代表 $L = 15$cm(摘自 (Mase and Tsukishima，1975))

12.4 弱不稳定等离子体的散射

12.4.1 波束–等离子体不稳定性

Drummond 和 Pines (1962b) 与 Vedenov 等 (1961) 从理论上研究了含小高能电子束等离子体的非线性行为，Shapiro (1963) 则研究了单能光束的情况，发现通过解准线性方程 (10.2.1) 和 (10.2.7) 可以得到“轻微凸起不稳定性系统”的解。结果发现当 $\omega \cong \omega_{pe}$ 时，在 $f(v)$(图 12.4) 正梯度的窄带内产生了一个光谱。该区域的电子与波发生强烈相互作用，通过在速度空间中的各种扩散作用使得凸起平坦化，从而使得不稳定的系统稳定化。假设凸起很小，即要求 $(n_{\text{beam}}/n_{\text{lasma}})^{1/3} < 1$ 时，模态耦合项对失稳演化没有影响，包括直到最后的拟线性稳定态也是一样。

另外，发现的第二个效应是在这些波的势阱中捕获一些速度接近共振波速的电子。这些电子在阱中振荡 (反弹)，并以振荡频率 $\Delta\omega = \omega_{pe}(n_B/3n_e)^{1/4}$ 产生伴波。

对于给定的初始条件 n_e, T_0, n_B, v_d，这个理论预测：

(a) 在最终状态下，等离子体频率附近不稳定波的能量密度；

(b) 垂直波数的范围；

(c) 使波达到最终准稳态的空间 e 衰减数；

(d) 增强谱的宽度和等离子体波的线性增长率：

$$P(\omega) \propto \frac{\gamma}{\pi\left[(\omega-\omega_{pe})^2+\gamma^2\right]}, \quad \gamma \cong \frac{\sqrt{3}}{2}\left(\frac{n_B}{2n_e}\right)^{1/3}\omega_{pe}$$

(e) 等离子体电子的加热，由于来自泵波的能量转移。

12.4.2 不稳定波束–等离子体系统散射

微波散射已被 Bohmer 和 Raether(1966), Malmberg 和 Wharton(1969), Arunasalam 等 (1971) 以及 Bollinger 和 Bohmer (1972) 应用于波束等离子体不稳定性的研究中。以下简要回顾了 Arunasalam 对轻微碰撞不稳定性进行的详细研究。首先采用电子回旋共振加热的方法，在线性镜机上制备了氩和氖等离子体，这就产生了一个等离子体，它的电子分布主要集中于电子温度 $T_e = 15\text{eV}$，但是在离子温度 $T_i \cong 680\text{eV}$ 处有一个小的峰值，并且通过向轴向注入电子束产生了一个轻微的凸起，其特征频率为 $\omega_{ce} \cong 1.8\text{GHz}, \omega_{pe} \cong 0.5 \sim 1.2\text{GHz}$。

散射是由功率为 6mW、波长为 8mm 的微波光束引起的；散射体积约为 2cm^3；散射向量 $\boldsymbol{k}$ 与 v_d 的方向平行，实验数据见图 12.7。

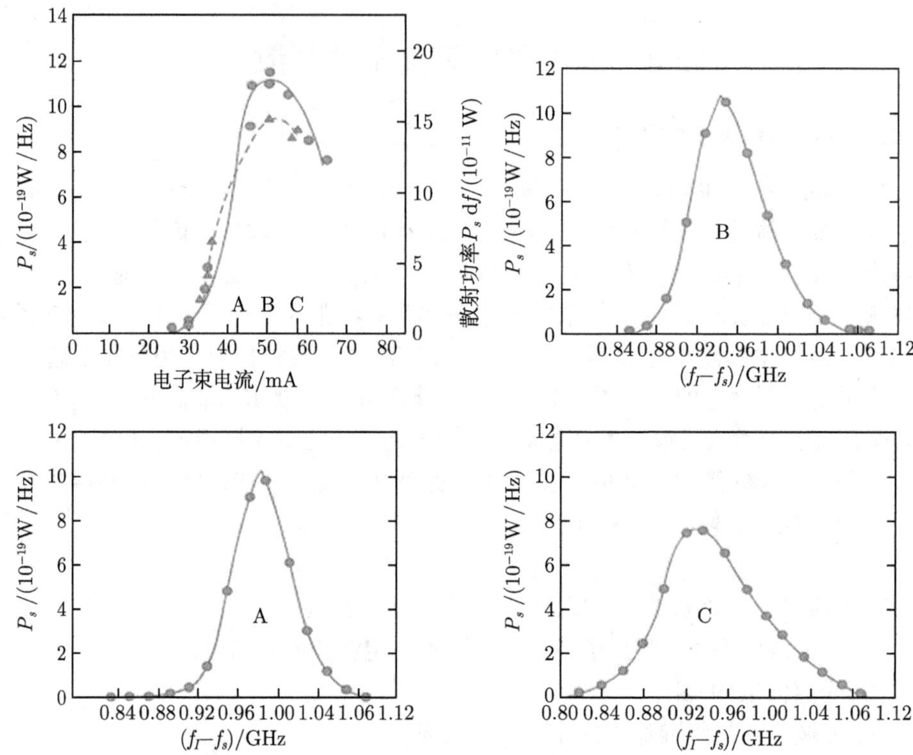

图 12.7 典型散射功率 P_s(填充圆) 和等离子体线的形状 (填充三角形) 作为波束电流的函数，保持所有其他参数不变。曲线 A 表示准线性、稳态条件前；B 表示准线性稳态条件下；而 C 超出了准线性稳态，表现出非线性模式耦合效应 (摘自 (Arunasalam et al., 1971))

12.5 激波前沿微湍流的散射

12.5.1 引言

在不稳定等离子体中，自由能在等离子体中常常转化为随机能，即不稳定性起到加热等离子体的作用。这种现象的一个有趣的例子发生在穿过磁化等离子体中磁场的激波前沿。

应用质量守恒定律、动量守恒定律和能量守恒定律，我们可以计算激波等离子体基本参数 (如密度、磁场) 的变化，而无须详细讨论如何实现这些变化。通过上述计算, 我们可以求得在激波前沿所消耗的能量。这种随机能在电子和离子之间分配的方式是一个独立的问题，但是对于一些低马赫数激波的情况 ($M_A<3$，$v_{\text{shock}}\cdot B_0=0$)，大部分的能量均转移到了电子 ($M_A\equiv$ 激波速度/磁声速度)。在

这种情况下，耗散机制是电阻率。磁场 B_z 在激波前沿存在着阶跃，因此，存在平行于前沿的电流 $j_y \cong \partial B_z/\partial x$。电流受到电子–离子碰撞的阻碍，一些定向能随着较轻的电子被加热而耗散。

Paul 等 (1967) 发现，对于 Tarantula 实验中的垂直激波，以观察到的电流密度分布在经典速率下的耗散将仅仅提高约 5eV 的电子温度。然而，满足守恒定律的是 40eV，在这个能级上的电子温度变化是由红宝石激光的非集体散射来测量的。

在经典水平上耗散率的增加是由于激波前的微不稳定性引起的湍流。不稳定性发生的原因是电子离子的相对漂移速度超过了一系列不稳定性发生的临界水平。由于密度 n 与温度 T 梯度的存在，大量不稳定性可能是湍流的来源。此外，还有一个问题是，这种情况是适合弱湍流还是适合强湍流。下面将讨论关于这一现象的一些实验工作。

12.5.2　实验

(a) Tarantula 设备和散射设备的示意图如图 12.8 所示，包括指示散射几何

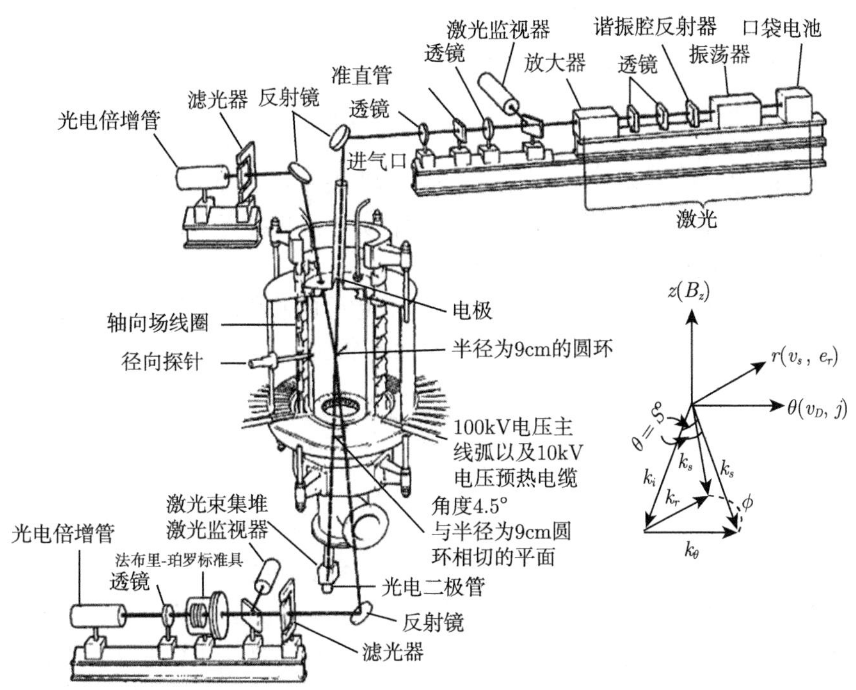

图 12.8　Tarantula 激波实验及正向散射装置示意图与矢量方向 (由 Paul 等 (1971) 和英国 UKAEA Culham 实验室提供)

构型的矢量图。初始磁场为 z 方向，B_{z0}=0.12Wb/m^2, n_e=6.4×10^{14}cm^{-3}, $T_{e0} \cong T_{i0} \cong$1eV。激波呈放射状传播，$M_A$=2.5，最终电子温度为 44eV，激波宽度约为 1mm，激波速度为 v_s =2.4×10^{7}cm· s^{-1}。与激波中的磁场跳跃相关联的电流在方位角 θ 方向上。

通过激波，我们可以得到 $T_e/T_i \cong 1-10$ 和 $v_d/a \leqslant 1$，在忽略磁场影响的情况下，我们期望系统驱动离子–声波不稳定性。磁场主要起到传播非常接近垂直于 $B_z\,(\pm 2°)$ 的波的作用; 在这里，伯恩斯坦波模将被驱动到不稳定状态 (参见 10.8.1 节)。

不稳定波的波长从 $\sim \lambda_{De}$ 到几 λ_{De}。已经用红宝石激光源进行了测量，实验中的困难在于在振荡等离子体中以 $k\lambda_{De} \leqslant 1$ 散射所需的小散射角 $\theta < 10°$。在 Tarantula 实验中 (摘自 (Paul et al.,1969;Daughney et al.,1970; Muraoka et al., 1973)，θ 的范围为 3.3° ~6.9°，允许测量到 $k\lambda_{De} \cong$0.7(注意，振荡内的分辨率是不可能的，德拜长度是平均值)。激光脉冲波长为 λ_i = 6943Å，功率为 50 MW, 35ns 半宽大于激波穿过视场的时间 ~6ns。

第一个重要的结果是，在激波阵面通过激光束的过程中，可以观测到光谱相对于热运动的显著增强。

随后，在不同的散射角度即不同的 k 值下测量光谱，观察到 $k\lambda_{De} < 1.0$ 的光谱符合 Kadomtsev(1965，第 71 页) 预测的理论形式

$$S(k) \propto (1/k^3)\ln(1/k\lambda_{De})$$

(图 12.9)。Keilhacker 等 (1971)、Keilhacker 和 Steuer (1971a) 以及 Machalek 和 Nielsen(1973) 也观察到了类似的光谱。不幸的是，结果并不能证明理论的有效性，因为这种光谱形状只能用于较小的 $k\lambda_{De}$ 值。

湍流谱密度函数比热能级高两个数量级。增强的涨落增加了速度扩散项强度，这也增加了能量随机化的速率。Paul 等 (1969) 得到了有效碰撞频率的形式为:

$$V_{ei}^* = \frac{1}{6\pi^2}\left(\frac{e}{m_e}\right)^2 \frac{1}{a^3} \int_0^{1/\lambda_{De}} < E^2 > k\mathrm{d}k$$

积分值主要是依赖于 λ_{De} 附近的谱测量，测量结果 v_{ei}^*= 4.5×10^{9}Hz 和 $\overline{v_{ei}}$= 3.4× 10^{9}Hz 具有良好的一致性，这是解释异常大电阻所必须的。

频谱分析使用法布里–珀罗干涉仪标准具。观察到波在漂移方向上传播，峰值频率为 $\omega \cong \omega_{pi}$，且当 $\omega_{pi} \cong \omega_{ce}$ 时，发现它与 ω_{pi} 成比例，而不是 ω_{ce}; Keilhacker 和 Steuer(1971a) 发现 $\omega \cong 0.5\omega_{pi}$; Machalek 和 Nielsen (1973) 发现 $\omega \cong 0.2\omega_{pi}$。这一证据表明，至少在这种情况下，伯恩斯坦波模可能不是一个重要因素。

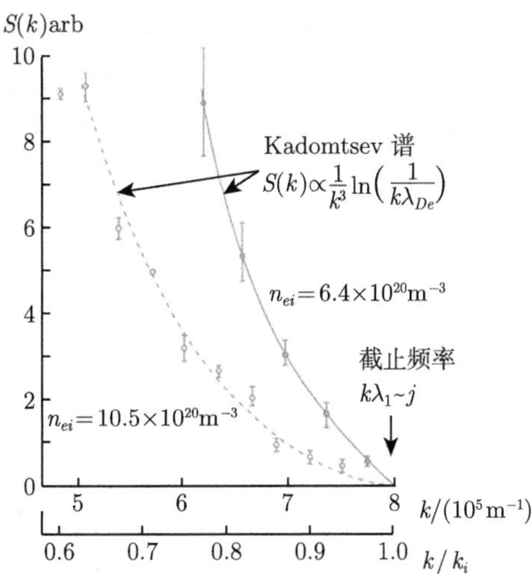

图 12.9 波数谱 $S(k)$; 实验点是五个测量值的平均值，误差棒是均值的标准差。曲线是 Kadomstev 谱 (由 Paul 等 (1971) 提供)

(b) 在 Machalek 和 Nielsen (1973) 的报告中给出了 $S(k)$ 与平面垂直角度 $B_{z0}(\theta$、z 平面) 变化关系的详细测量值。激波是在与 Tarantula 实验相似的初始条件下产生的。Keilhacker 和 Steuer (1971a)，Muraoka 等 (1973) 也进行了类似的测量。

(c) 在 Keilhacker 等 (1971)，Keilhacker 和 Steuer(1971a) 的实验中，激波在 θ 尖端放电中被径向驱动，但初始等离子体与其他两个实验不同，这导致了更宽的激波前沿，使得解析激波的结构和测量激波中许多位置的光谱成为可能。初始条件为 $n_e\cong 2-5\times10^{14}\mathrm{cm}^{-3}$, $T_{e0}\cong 2\sim9$ eV, $T_i\cong$10~40eV, $T_i/T_e>1$，散射角在 $2^\circ\sim6^\circ$ 范围内，并使用了一个 500MW 红宝石激光源，散射光谱如图 12.10 所示。注意，这些不稳定波发生在 $T_i/T_e\leqslant1$ 和 $v_0/a<1$ 区域，其中离子声波是稳定的，因此对于本实验，不稳定的伯恩斯坦波模是一个可能的机制。

小结

用红宝石激光散射观察了湍流谱，得到 $S(k)_{\rm turb}=10^2S(k)_{th}$，即湍流波动水平为热水平的 100 倍，且有 $\omega\leqslant\omega_{pi}$，光谱的短波长部分形式为 $S(k)\propto(1/k^3)\ln(1/k\lambda_{De})$。在两个实验中，增强波在离子声波线性不稳定的区域中传播，这些结果不足以区分这种湍流状态的各种理论。有两项关键测量是很重要的:

(1) 在 r、z 平面上，需要 $S(k)$ 随角度的变化，才能看出增强波是否远离垂直于 B_z 的方向传播，也就是说这并不是显著的伯恩斯坦波模。

(2) 需要测量较小 $k\lambda_{De}$ 值时的 $S(k)$，即应使 $k\lambda_{De}<0.5$。

长波长部分的频谱形状有助于区分 Kadomstev(1965) 的理论，其中湍流准静止状态是非线性朗道阻尼的结果。在 Tsytovich(1972) 的理论中，波衰减到线性朗道阻尼的区域，以及“强”湍流，其中对粒子轨迹的非线性扰动作用于稳定湍流状态，例如，在 Wesson 等 (1973) 的工作中。

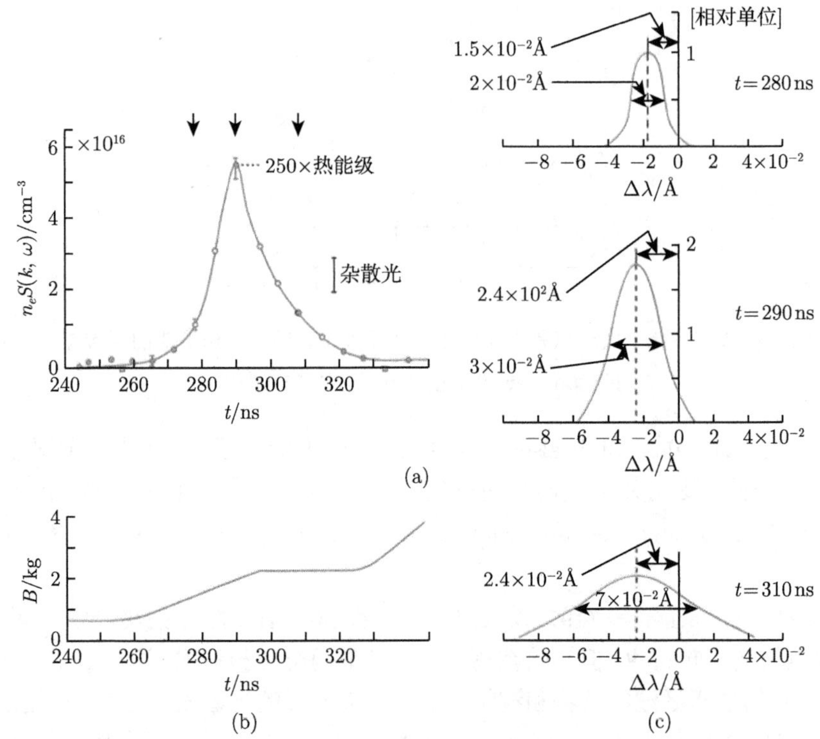

图 12.10 (a) 无碰撞激波中密度涨落 $n_eS(k,\omega)$ 的强度 (M_A =2.5，氘等离子体) 达到热运动的 250 倍); (b) 与磁场 B 作比较; (c) 在 (a) 所示的三个时间点内增强涨落的频谱 $S(k,\omega)$(摘自 (Keilhacker and Steuer，1971a))

这些测量当然需要使用比红宝石波长更长的入射波长，以允许使用更大的散射角。CO_2 激光源是一个不错的选择，Kornherr 等 (1972) 和 Bretz(1973) 进行了测试。

12.6 磁约束等离子体的不稳定性

Wesson(1978)，Liewer(1985)，Horton(1999)，Freidberg(1982,1987) 和 Weiland (2000) 撰写了关于磁等离子体中不稳定性理论的综述。

图 12.11 为 Liewer 给出的模式分类，图 12.12 为 Doyle 等 (2002) 给出的模式分类。当散射作为一种诊断方式时，由漂移不稳定性引起的短波长模式是最重要

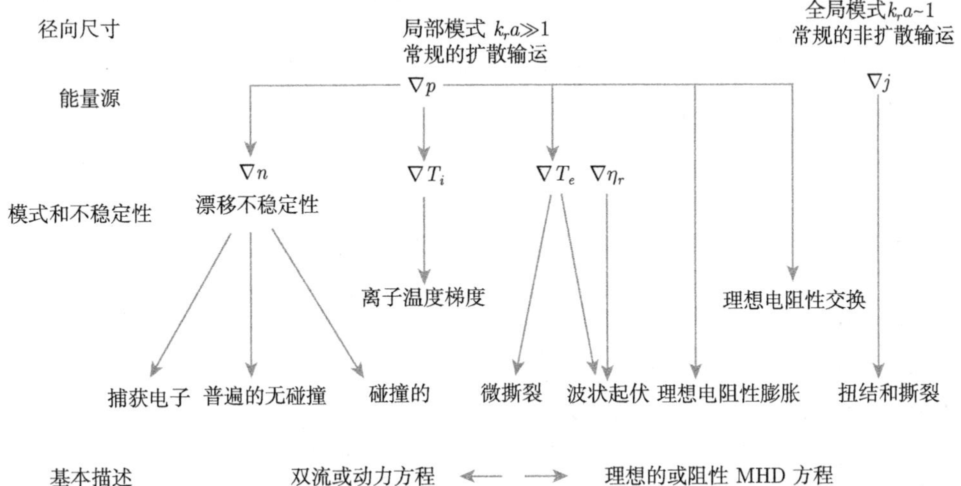

图 12.11 磁化等离子体中不稳定性的分类 (由 Liewer(1985) 和 Nuclear Fusion 提供)

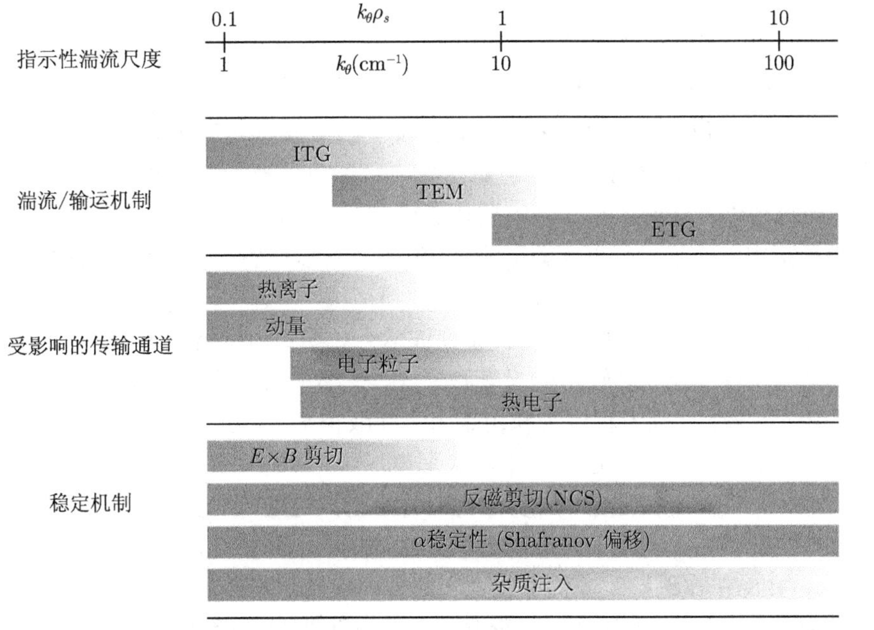

图 12.12 环形等离子体聚变系统中的指示性湍流尺度和机制 (由 Doyle 等 (2002) 和 Nuclear Fusion 提供)

的，因为它们被认为是许多环形约束装置中增强传输的原因 (Hinton and Hazeltine，1976)。离子和电子压力梯度驱动离子和电子抗磁电流。在没有平行于磁场的电子运动耗散的情况下，任何密度涨落将与电势涨落同相，导致没有净流量 $\langle nE\rangle = 0$。

在存在耗散的情况下，例如，由于碰撞或电子被捕获，将发生相移并且 $\langle nE\rangle \neq 0$。这导致一种由 Bretz(1997) 和其中的参考文献所讨论的通量，

$$\Gamma = -\langle n\nabla\phi\rangle \frac{B}{B^2} + \langle nv_{\parallel}\rangle B_0$$

在足够高的压力下，涨落会扰乱磁场并导致额外的损耗机制。

在 Bretz(1997) 中可以找到关于微湍流诊断技术的广泛综述。最近，Tynan 等 (2009) 综述中给出了实验漂移湍流研究的进展。Mazzucato(1976,1978) 早期关于托卡马克的研究表明，散射光谱与漂移不稳定性一致。但是，当时不稳定增长和饱和的理论还没有充分发展，无法清楚地确定这些模式是否是观察到的异常运输的原因。从那时起，越来越多的证据表明，在环形等离子体的情况下，例如托卡马克和星型热核反应器，离子温度梯度不稳定性 (ITG)、俘获电子模式 (TEM) 和电子温度梯度不稳定性 (ETG) 引起等离子体核内异常输运。

ITG 不稳定发生在 $\eta_i = \dfrac{\partial_r \ln T_i}{\partial_r \ln n_i} > \eta_{\text{crit}}$ 时，通常为 1。该模式下 $k\rho_i = 0.1 \sim 0.5$，相速度围绕离子抗磁漂移速度。TEM 模式由电子压力梯度驱动，并随着波数增加到 $k\rho_i > 1$ 逐渐过渡到 ETG 模式。ITG 不稳定发生在 $\eta_i = \dfrac{\partial_r \ln T_i}{\partial_r \ln n_i} > \eta_{\text{crit}} \sim 1$。

从理论的角度来看，确定不稳定性演变的主要挑战是确定模式增长和改变环境时的稳定和不稳定效应。重要的稳定效应可以包括连接好的和坏的磁性曲率区域，剪切流动以及磁剪切和磁阱的旋转变换。Hasegawa 等 (1979) 在碰撞漂移湍流的数值模拟中发现了一个重要的影响，湍流本身可以产生稳定的剪切流动。这些被称为 “纬向流动”(见 (Diamond et al.，2005))。

由于背景等离子体的变化和通过 3 波耦合，模式演变给出宽波数谱。在某些时候，湍流能量会级联到较小的尺度和模式，在那里它可能会受到黏度或 Landau 阻尼的阻尼。最终，在不稳定力和稳定力之间取得平衡，达到新的均衡平衡，从而在不稳定力和稳定力之间达到一个新的平衡。

Hammett(2009) 在理论和计算上都取得了重大进展，将陀螺动力学理论与质点网格法 (PIC) 方法相结合。陀螺动力学方法 (Rutherford 和 Frieman(1968)，Taylor 和 Hastie(1968)) 在保持关键的非线性和有限的拉莫尔半径效应的同时平均了粒子的快速陀螺运动。PIC 方法能够分析哪些效果是重要的，并允许进行简化。Hammett 指出，由于这些努力，计算速度提高了 1023 倍。在对等离子体湍流和输运区域做出重要贡献的现代方法包括 GS2 (Dorland et al.，2000)、GENE (Jenko, 2000)、GYRO

(Candy and Waltz, 2003) 和 GEM(Chen et al., 2003)。图 12.13 为托卡马克中湍流密度结构的计算实例。

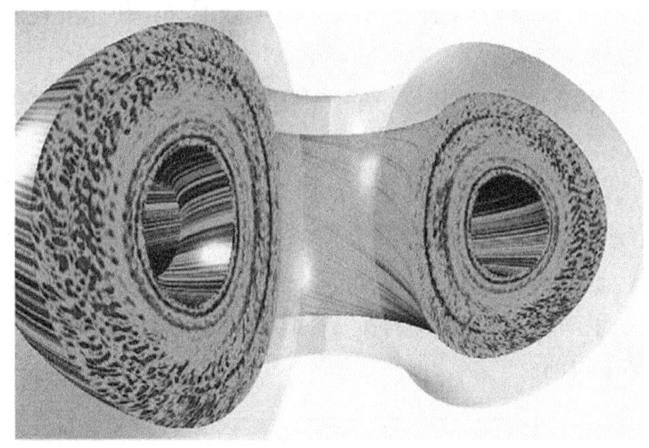

图 12.13 具有完整物理特性的 DIII-D shot 121717 全局 GYRO 模拟：等离子体形状，轮廓变化和 $E\times B$ 剪切、碰撞和电磁效应。电子密度波动的轮廓。快照具有倒 q-轮廓，其中 $q_{\min}$ 略小于 2(由 R. Waltz 提供)

实验诊断需在有限的观察视线、时间和空间的约束下进行。由于这些限制，考虑到实验的实际情况，合成数据是由计算构建的，以便与实验数据进行比较。图 12.14(Lin et al., 2009) 显示了用于 Alcator C-Mod 相位对比成像方法的一个示例(参见 8.2 节)。

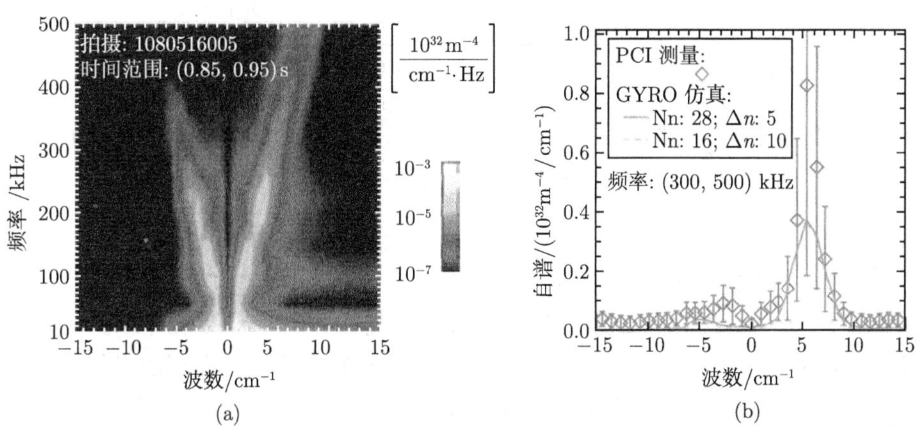

图 12.14 (a) ITB 形成前 H 模式下的合成相位对比图像频率/波数谱。利用系统响应函数来模拟掩模相位板的俯视图。(b) 在 300～500kHz 频率范围内的合成和实验 PCI 波数谱的比较(由 Lin(2009) 和美国物理学会提供)

Brower 等 (1987,1988a，b，1989) 报道了有关 η_i 模式存在的实验证据。他们的数据是使用 TEXT 托卡马克上的远红外激光 (P_i=14 mW，λ_i=1222 μm) 基于多通道散射系统获得的。该系统可以垂直和水平扫描散射体，并允许在整个极向截面上绘制湍流分布 ($0 < k < 15\text{cm}^{-1}$)。

早期的研究工作是使用 CO_2 激光散射研究 KT-5 托卡马克的微湍流 (Chang et al.，1990b)。

在 ALTAIR 散射系统中使用 CO_2 光对 Tore Supra 做出了重要贡献 (Truc et al.，1992)。该系统的散射接近于垂直于磁场，场的剪切有助于对涨落测量进行定位。Hennequin 等 (2004) 报道了 $3\text{cm}^{-1} < k < 26\text{cm}^{-1}$ 范围内波数波动的测量结果。测量结果显示了频谱和去相关时间是如何与归一化极向回旋半径等比例变化的 (图 12.15 和图 12.16)。

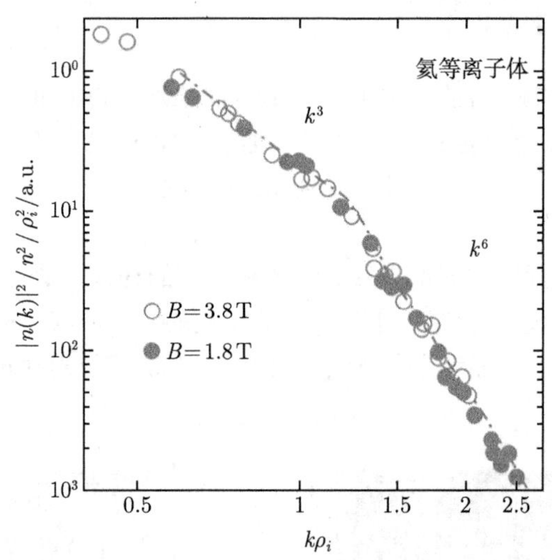

图 12.15　密度涨落的 k 频谱 $|n(k)|^2$(归一化为平方密度) 除以 (ρ_i^2) 作为 He 系列的 $k\rho_i$ 的函数 (由 Hennequin 等 (2004) 和物理出版物研究所提供)

使用第 7.7.4 节描述的技术，Mazzucato(2003, 2006) 在托卡马克 280GHz 涨落下进行了局部测量 (Mazzucato et al.，2008)，见图 12.17。他们在国家球面圆环实验 (NSTX) 设备中进行了 L 模式放电的散射研究，发现电子陀螺仪波动与 η_e 模式湍流一致，并且当电子温度梯度超过 ETG 线性临界梯度时观察到增强的波动。图 12.18 所示的结果与 ETG 模式的行为一致。Smith 等 (2009) 报道了在 H 模式等离子体 NSTX 设备中 ETG 湍流的进一步研究。这些等离子体具有较大的环面旋转伴随有 $E \times B$ 剪切速率，并且电子温度梯度相对于 ETG 线性临界梯度略微稳定。数据支持了 $E \times B$ 流动剪切可以有效抑制 ETG 湍流的观点。

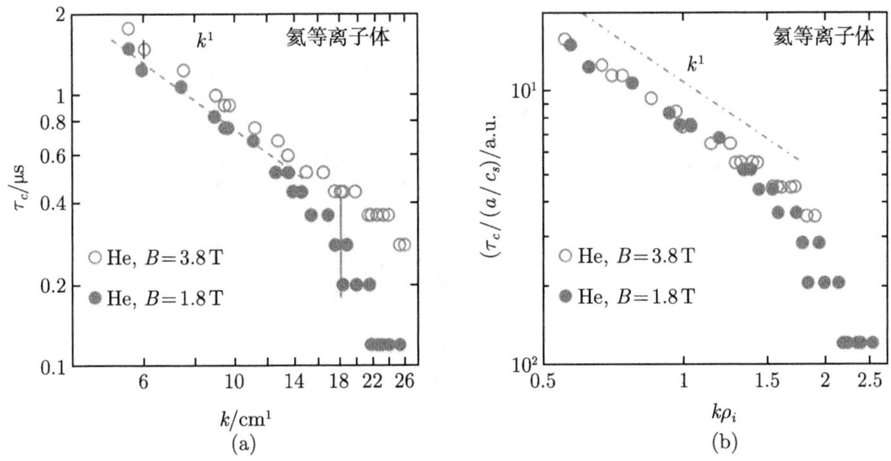

图 12.16 (a) 信号模数相关时间作为波数谱的函数；(b) 归一化为 $k\rho_i$ 的函数 (a/c_s)(摘自 (Hennequin et al., 2004))

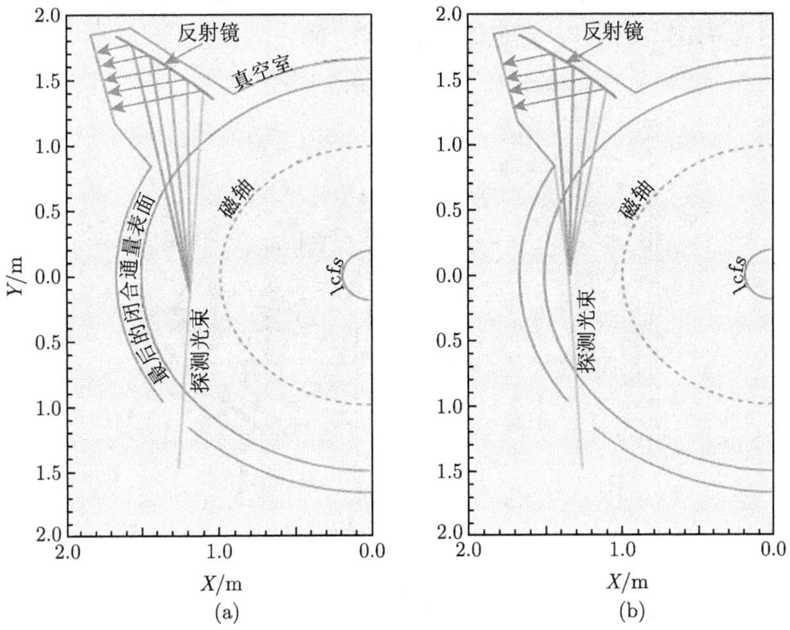

图 12.17 探测波束 (蓝线) 和散射波涨落 (红线) 需空格 (a) 中心涨落的检测；(b) 边缘涨落的检测)(摘自 (Mazzucato, 2008))

Peebles 等 (2004) 和 Rhodes 等 (2006，2007b) 描述了在欧姆、中性束和电子回旋加热器放电过程中在 DIII-D 托卡马克中进行的测量，使用 FIR(288 GHz) 前向散射系统加上 84 GHz 后向散射系统使它们能够覆盖较宽的波数 (k)。

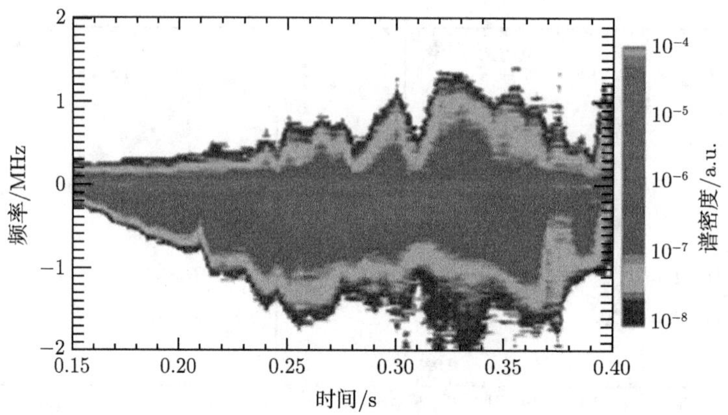

图 12.18　在 $R = 1.4\text{m}$ 时 $k_\perp \rho_e = 0.2 \sim 0.4$ 的涨落谱密度的对数图。负频率对应于电子反磁方向上的波传播 (摘自 (Mazzucato et al., 2008))

范围包括 $0.2\text{cm}^{-1}(k_\perp \rho_i < 1)$、$7\sim11\text{cm}^{-1}(k_\perp \rho_i$为$1 \sim 3)$ 到 $35\sim40\text{cm}^{-1}$ $(k_\perp \rho_i$为$4 \sim 10)$。诊断几何结构如图 12.19 所示，不同 k 范围的功率谱如图 12.20 所示。不稳定性的计算结果与低、中 k 值的测量结果一致。

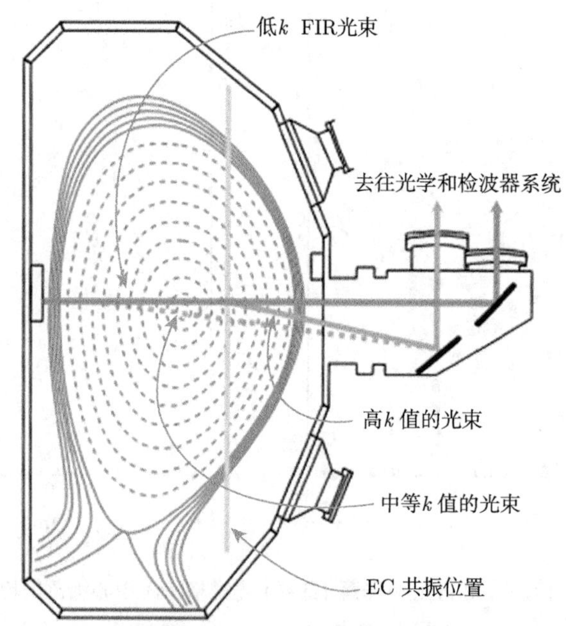

图 12.19　用于中、低 k FIR 前向散射的诊断几何结构以及高 k 毫米波后向散射系统。图示给出了所研究放电的磁通表面，以及 EC 谐振位置 (其用作高 k 探针的束流)。中 k 光束和低 k 光束的交点定义了中间 k 样本体积 (对于这里给出的波数，近似为小半径 a)(由 Rhodes 等 (2007a) 和 Nuclear Fusion 提供)

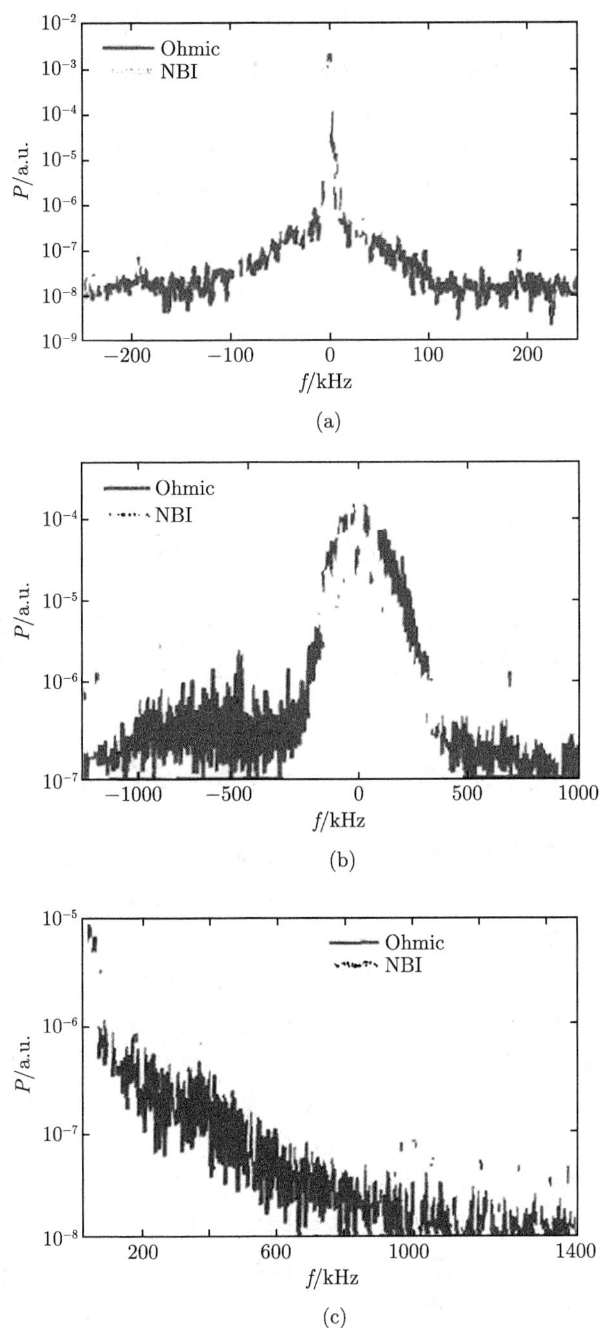

图 12.20 (a) 低 k、(b) 中 k 与 (c) 高 k 条件下功率谱: 欧姆 (黑色) 和第三中性光束脉冲峰值响应 (灰色)(摘自 (罗兹等,2007a))

Gusakov 等 (2006) 报道了 FT-2 托卡马克中 ETG 模式的测量。他们利用探测光束在上混杂共振处的增强来获得等离子体内部区域的高局域性和增强的散射灵敏度，散射信号在电子反磁方向上表现出巨大的频移。

van der Meiden 等 (2006) 使用 10 Hz 重复的高分辨率汤姆孙散射系统对 TEXTOR 托卡马克进行足够详细的测量，以便能够检测出 m=2 磁岛 (图 12.21)。

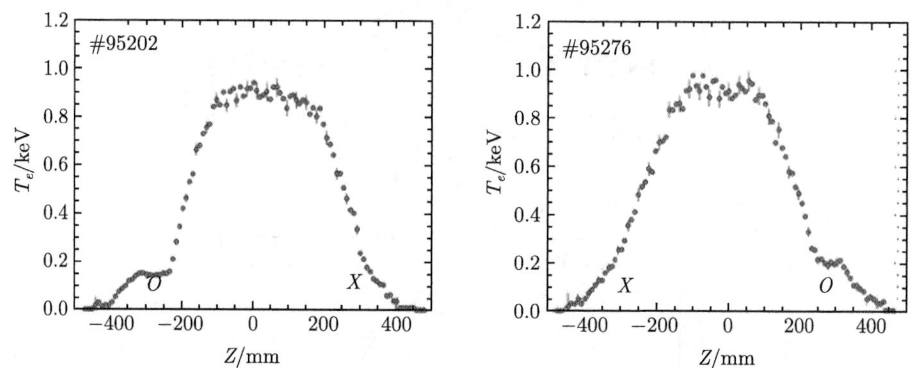

图 12.21 利用静态动态遍历分流器，在两个不同的 TEXTOR 镜头中测量了一个静止的 m/n=2/1 磁岛的不同相位的温度分布 (摘自 (Donne and Barth, 2006))

12.7 惯性约束等离子体的不稳定性

惯性聚变的一个重要问题是激光束通过等离子体中的波或者激光束增强的后向散射，例如受激拉曼散射 (SRS) 和受激布里渊散射 (SBS)(Kruer, 2003)。在国家点火装置项目的实验研究中，Moses 和 Wuest(2004)，Lindl 等 (2004) 及 Drake(2006) 量化了密度、温度、强度和激光束光滑度对激光等离子体不稳定性的影响 (MacGowan et al.，1996; Lefebvre et al.，1998; Fernandez et al.，2000; Seka et al.，2002)。最近，通过使用 Omega 激光器 (LLE/U. Rochester)(Froula et al., 2007b, 2010) 在充满气体的腔中进行了实验，实验选取电子温度为 1.5~3.5keV，电子密度为临界密度的 5%~13%，0.35μm 的光形成了几毫米长的均匀等离子体 (图 12.22)。对反向散射和激光束传播 (即透射和光束喷射) 进行测量，并评估对相位板的强度阈值和偏振平滑的影响。实验研究结果为点火空腔的设计和激光参数的选择提供了有力的指导。具体来说，为了确保 0.35μm 光能在毫米尺度等离子体中传播，应保持等离子体温度高于 2.5keV，并在 10%~15%n_{sr} 的范围内将激光强度限制为小于 10^{-15}W·cm^{-2} 之内。

实验装置如图 12.23 所示，其中探测光束沿着空腔轴传播，从而与长尺度的低密度等离子体相互作用。这种几何结构允许测量反向散射和正向散射光，并提供相互作用光束中能量的完整计算 (Froula et al., 2006a; Niemann et al., 2008)。使用汤姆孙散射将探测束转换为 0.26μm 用于表征实验。图 12.22(a) 显示了多离子种类汤

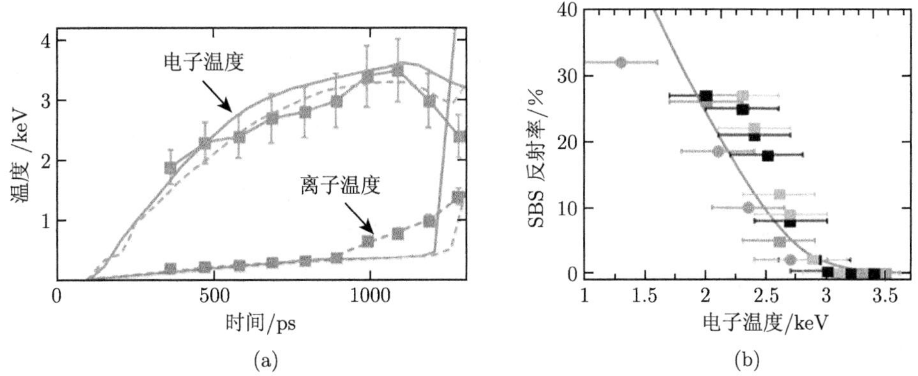

图 12.22 (a) 当黑体辐射空腔加热到 16kJ 时，使用汤姆孙散射测量电子和离子温度作为时间的函数 (光谱数据见图 5.11)；(b) 通过在时间上将 $I=1.7\times10^{15}\mathrm{W{\cdot}cm^{-2}}$ 的相互作用光束强度的测量值相关联，将测量的受激布里渊散射反射率直接与电子温度进行比较。总加热光束能量从 8kJ(圆圈) 变化到 16kJ(正方形)。当电子温度达到 3keV 时，受激布里渊散射反向散射降至检测水平以下 (<1%)(由 Froula 等 (2006b,2007) 提供)

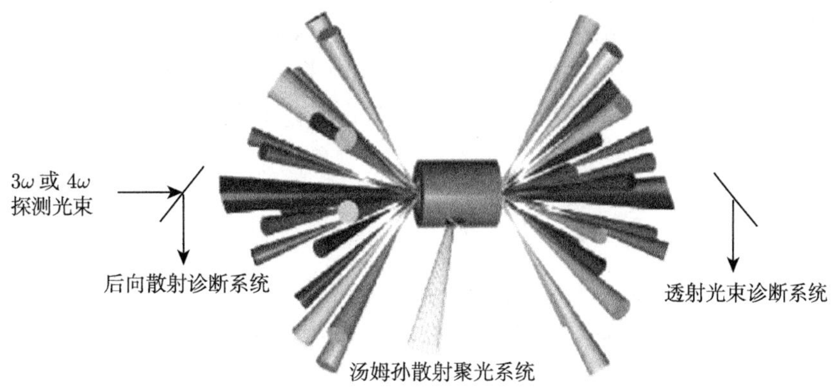

图 12.23 37 个加热器光束分布在三个锥体中：18 个 58° 锥形光束，9 个 42° 锥形光束和 10 个 21° 锥形光束。探测光束沿着空腔轴线对齐。当表征等离子体条件时，探测光束被转换为 0.26μm 光，并且在空腔壁的侧面切割 500mm 方形窗口，以允许从位于空腔中心的小散射体积散射的光被收集到光学汤姆孙散射系统。对于激光等离子体研究，探测光束转换为 0.35μm 光，前向和后向反射光通过透射光束诊断和一套反向散射诊断进行采集 (摘自 (Froula et al., 2010))

姆孙散射的结果 (见 5.4.2 节)，其中测量了电子和离子温度，并与流体动力学模拟进行了比较 (Froula et al.，2006b)。这些测量允许将反向散射光与测量的等离子体条件进行比较；图 12.22(b) 显示在 $6\% n_{cr}$ 等离子体中，对于高于 3keV 的电子温度，受激布里渊散射降低至 1% 以下。

实验结果如图 12.24 所示，表明受激布里渊散射和受激拉曼散射均具有强度阈值，后向散射对结果具有不利影响的实验必须低于这些阈值。

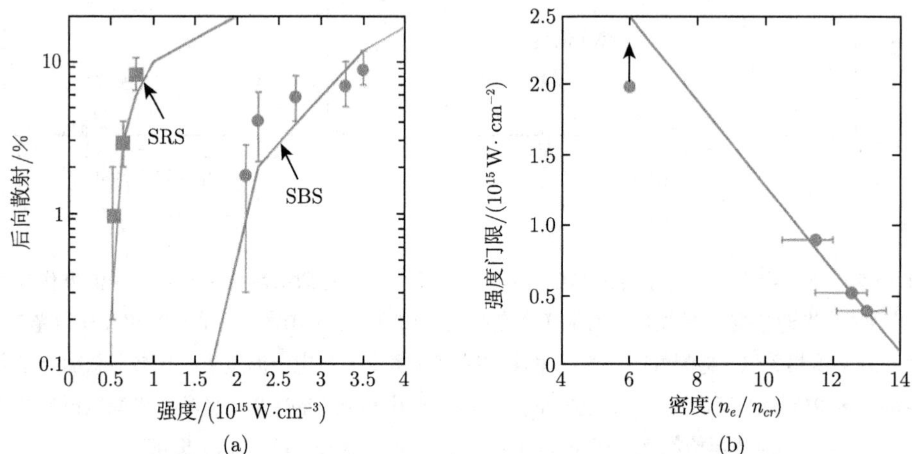

图 12.24　(a) 将瞬时受激布里渊散射 (圆圈) 和受激拉曼散射 (正方形) 表示为相互作用光束强度的函数。给出了由 pF3d 计算的模拟反射率 (实线)。受激布里渊散射密度数据为 $n_e/n_{cr} = 11.5\%$，受激拉曼散射密度数据为 $n_e/n_{cr}= 6\%$。(b) 将受激拉曼散射达到 5%的强度 (强度阈值) 绘制为等离子体密度的函数 (由 Froula 等 (2010) 提供)

习　题

12.1　我们感兴趣的许多实例中涉及不稳定的波。我们首先考虑一种非磁化等离子体的简单情况，该等离子体由固定的离子背景和相对于彼此漂移的两个冷电子成分组成，即

$$f_{e0} = n_{01} f_{e01} + n_{02} f_{e02}$$

并有

$$f_{e01} = \delta\left(v - v_{01}\right), \quad f_{e02} = \delta\left(v - v_{02}\right)$$

(a) 导出该系统的静电色散关系。

(b) 为简单起见，令 $v_{01} = u$，$v_{02} = -u$ 且 $\omega_{p1}^2 = \omega_{p2}^2$，找出不稳定的条件，即指数增长的解。

(c) 最大增长的条件是什么？最大增长率是多少？

12.2 为了进一步研究等离子体的不稳定性，我们考虑一个稍微更现实的 Cauchy 漂移分布的情况来模拟温度的影响。具体来说，考虑以下非磁化等离子体的电子分布函数：

$$\widehat{f}_0 = \frac{a}{2\pi}\left[\frac{1}{(v-v_0)^2+a^2}+\frac{1}{(v+v_0)^2+a^2}\right]$$

导出该系统的高频静电色散。当 v_0/a 的比值是多少时系统是稳定的?

12.3 考虑具有固定中性离子背景的非磁化等离子体。我们希望借助冷电子束来考虑在热电子等离子体中激发电子等离子体振荡。一维速度分布函数由下式给出：

$$f_0(v) = n_p g_0(v) + n_b h_0(v)$$

其中

$$g_0 = \frac{1}{v_{th}\pi^{1/2}}\mathrm{e}^{-v^2/v_{th}^2}, \quad h_0 = \delta(v-v_0), \quad n_b = \alpha n_p$$

导出高频静电扰动的色散关系，其极限为 $\dfrac{\omega/k}{v_{th}} \ll 1$。证明当 $\mathrm{Im}\omega > 0$ 时存在一个解 (即不断增长的振荡)。求得增长率 γ 的精确表达式。

12.4 温度各向异性将导致不稳定。作为一个例子，我们考虑电子伯恩斯坦波在 $T_\perp \neq T_\parallel$ 的麦克斯韦等离子体中的 $\widehat{x}-\widehat{z}$ 平面 ($\boldsymbol{B_0} = \widehat{z}B_0$) 中传播的情况，证明当 $T_\perp/T_\parallel > 1$ 时不稳定。

12.5 我们已经发现离子声波在 $T_e/T_i \gg 1$ 的等离子体中传播仅有微弱的衰减。然而，若满足 $T_e = T$，此时将出现严重的衰减。在这个问题中，我们希望检查电流的影响。因此，我们假设一个由离子和电子组成的、带有漂移的电子的、均匀的非磁化等离子体，如下图所示。我们看到，对于足够大的相对漂移速度 (电子电流)，离子波满足 $f'_{eo} > 0$，因此可以驱动不稳定。

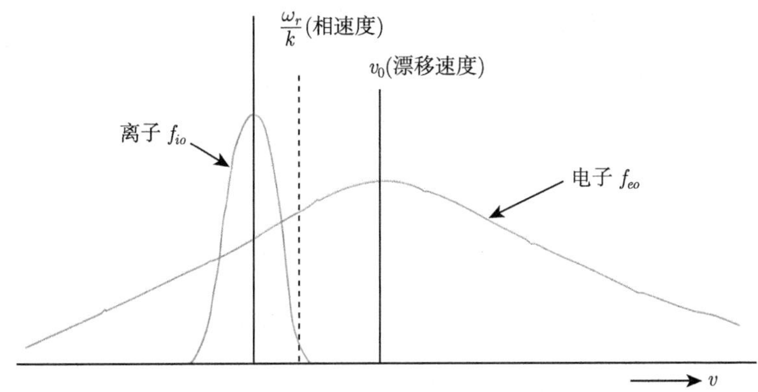

在这个问题中，将得出不稳定离子波的色散关系。为此，可以做出以下假设：

$$\left|\frac{\omega_r}{k}\right| \gg \sqrt{\frac{2\kappa T_i}{m_i}} = v_{thi}$$

以及

$$\left|\frac{\omega_r}{k}-v_0\right| \ll \sqrt{\frac{2\kappa T_e}{m_e}}=v_{the}$$

其中，v_0 是具有麦克斯韦分布的电子漂移速度，并且

$$\widehat{f}_{eo}=\frac{1}{\sqrt{\pi}v_{te}}\exp\left[-(v-v_0)^2/v_{te}^2\right]$$

以及

$$\widehat{f}_{io}=\frac{1}{\sqrt{\pi}v_{ti}}\exp\left(-v^2/v_{ti}^2\right)$$

奇数习题答案

12.1　为了深入了解不稳定性以及持续理解弗拉索夫色散关系，我们将研究解中更进一步的细节。我们给出了固定的离子背景以及两个漂移电子：

$$f_{e0}=n_{01}\widehat{f}_{e01}+n_{02}\widehat{f}_{e02}\quad \text{以及}\quad f_{e01,2}=\delta\left(v-v_{01,2}\right)$$

(a) 那么静电波的色散关系即为

$$\begin{aligned}
0&=1-\sum_{\alpha}\frac{\omega_{p\alpha}^2}{k^2}\int\frac{\partial\widehat{f}_{0\alpha}/\partial v}{v-\dfrac{\omega}{k}}\mathrm{d}v=1-\sum_{\alpha}\frac{\omega_{p\alpha}^2}{k^2}\frac{\partial}{\partial\left(\dfrac{\omega}{k}\right)}\int\frac{\widehat{f}_{0\alpha}}{v-\dfrac{\omega}{k}}\mathrm{d}v\\
&=1-\frac{\omega_{p1}^2}{k^2}\frac{\partial}{\partial\left(\dfrac{\omega}{k}\right)}\int\frac{\delta\left(v-v_{01}\right)}{v-\dfrac{\omega}{k}}\mathrm{d}v-\frac{\omega_{p2}^2}{k^2}\frac{\partial}{\partial\left(\dfrac{\omega}{k}\right)}\int\frac{\delta\left(v-v_{02}\right)}{v-\dfrac{\omega}{k}}\mathrm{d}v\\
&=1-\frac{\omega_{p1}^2}{k^2}\frac{\partial}{\partial\left(\dfrac{\omega}{k}\right)}\frac{1}{v_{01}-\dfrac{\omega}{k}}-\frac{\omega_{p2}^2}{k^2}\frac{\partial}{\partial\left(\dfrac{\omega}{k}\right)}\frac{1}{v_{02}-\dfrac{\omega}{k}}\\
&=1-\frac{\omega_{p1}^2}{k^2}\frac{1}{\left(v_{01}-\dfrac{\omega}{k}\right)^2}-\frac{\omega_{p2}^2}{k^2}\frac{1}{\left(v_{02}-\dfrac{\omega}{k}\right)^2}
\end{aligned}$$

结果为

$$k^2=\frac{\omega_{p1}^2}{\left(v_{01}-\dfrac{\omega}{k}\right)^2}+\frac{\omega_{p2}^2}{\left(v_{02}-\dfrac{\omega}{k}\right)^2}$$

(b) 令 $\omega_{p1}^2=\omega_{p2}^2=\omega_i^2$ 以及 $v_{01}=u$，$v_{02}=-u$，可以得到

$$1=\frac{\omega_i^2}{(\omega-ku)^2}+\frac{\omega_i^2}{(\omega+ku)^2}$$

现在，我们也可以用图解法求解这种色散关系方程，有

$$\frac{\partial\omega^2}{\partial\left(k^2u^2\right)}=0=1\pm\omega_i^2\frac{1}{2}\frac{4}{\omega_i^2}\left(1+\frac{4k^2u^2}{\omega_i^2}\right)$$

$$\Rightarrow ku = \frac{\sqrt{3}}{2}(\omega_i)_{\max} = \frac{\omega_i}{2}$$

将其绘制为图，见下图。

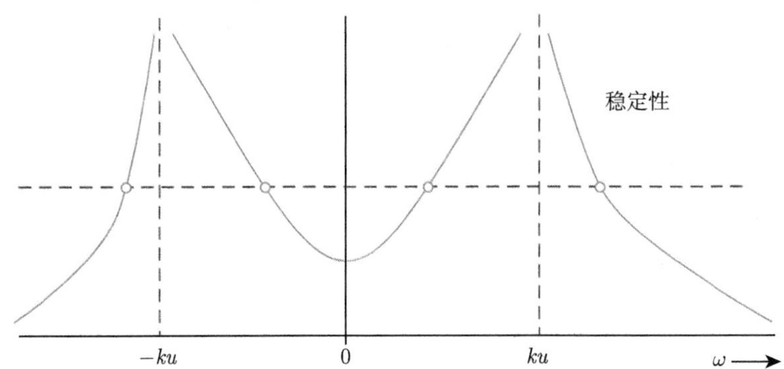

对于至少大于 1 的最小值，我们有两个复共轭根，其中一个为满足不稳定的解。对于不稳定性，我们希望 RHS> 1。对于 $\frac{\partial\omega_i^2}{(ku)^2} > 1$，我们得到最小值 $\omega = 0$，或者

$$ku < \sqrt{2}\omega_i$$

从上这我们可以看出，不稳定是由于长波振荡，通过小的漂移速度或者各分层中的电荷累积到流 $\boldsymbol{k}\cdot\boldsymbol{u} \ll |k|\,|u|$。

然而，随着 $|k|\,|u|$ 降低到阈值以下，增长率将随之下降。另请注意，对于 k 较小的情况，热效应变得很重要。现在让我们着手解出完整的色散关系。

$$0 = 1 - \frac{\omega_i^2}{k^2}\left\{\frac{1}{(u-\omega/k)^2 + (u+\omega/k)^2}\right\}$$

或

$$0 = 1 - \frac{\omega_i^2}{k^2}\frac{2\left(u^2+\omega^2/k^2\right)}{(u-\omega/k)^2(u+\omega/k)^2}$$

我们可以改写为

$$(u-\omega/k)^2(u+\omega/k)^2 = \frac{2\omega_i^2}{k^2}\left(u^2+\omega^2/k^2\right)$$

或令 $V = \omega/k$

$$V^4 - 2u^2V^2 + u^2 = \frac{2\omega_i^2}{k^2}\left(u^2+V^2\right)$$

以及

$$V^4 - 2\left(\frac{\omega_i^2}{k^2}+u^2\right)V^2 + u^2\left(u^2 - \frac{2\omega_i^2}{k^2}\right) = 0$$

以及

$$V^2 = \frac{2\left(\frac{\omega_i^2}{k^2}+u^2\right) \pm \sqrt{4\left(\frac{\omega_i^2}{k^2}+u^2\right)^2 - 4\left(u^2 - \frac{2\omega_i^2}{k^2}\right)}}{2}$$

所以

$$V^2 = \frac{\omega_i^2}{k^2} + u^2 \pm \sqrt{\frac{\omega_i^2}{k^4} + 4\frac{u^2\omega_i^2}{k^2}}$$

以及

$$\frac{\omega^2}{k^2} = \frac{\omega_i^2}{k^2} + u^2 \pm \frac{\omega_i^2}{k^2}\sqrt{1 + \frac{4u^2k^2}{\omega_i^2}}$$

可以得到

$$\omega^2 = \omega_i^2 + k^2u^2 \pm \omega_i^2\sqrt{1 + \frac{4u^2k^2}{\omega_i^2}}$$

然后找到极值，可以得到

$$\frac{\partial\omega^2}{\partial(k^2u^2)} = 0 = 1 \pm \omega_i^2\frac{1}{2}\frac{4}{\omega_i^2}\left(1 + \frac{4k^2u^2}{\omega_i^2}\right)$$

$$\Rightarrow k^2u^2 = \frac{3}{4}\omega_i^2 \quad 或者 \quad ku = \frac{\sqrt{3}}{2}\omega_i$$

将其替换为我们得到的色散关系可以得到 $(\omega_i)_{\max} = \dfrac{\omega_i}{2}$。在下图中，我们可以看到完整的色散关系与 k 的关系。

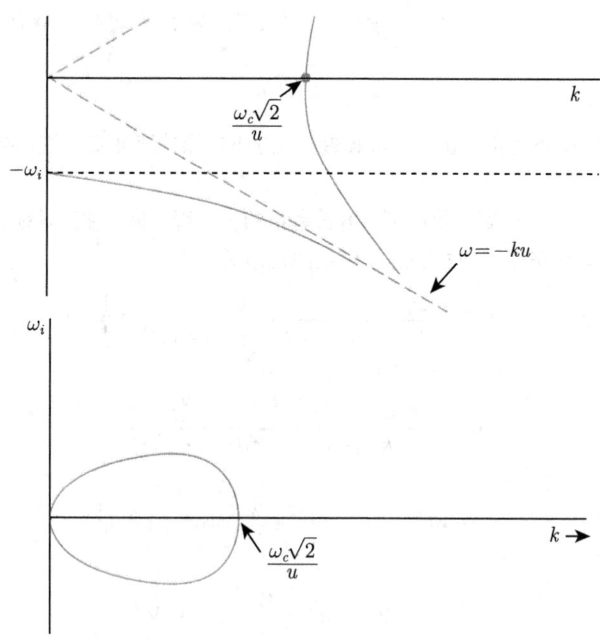

12.3　对于以下问题，我们将详细给出求解过程。我们有以下平衡态分布：

$$f_0(v) = n_p g_0(v) + n_b h_0(v)$$

其中，当 $n_b = \alpha n_p$ 时，$g_0(v) = \dfrac{1}{v_{th}\sqrt{\pi}}\mathrm{e}^{-v^2/v_{th}^2}$，$h_0 = \delta(v - v_0)$。

现在，对于热电子等离子体，我们有 (一维)

$$\frac{\partial f_1}{\partial t}+v\frac{\partial f_1}{\partial x}-\frac{e}{m}Ef_{0p}'=0,\quad 此时 f_{0p}'=\frac{\partial f_{0p}}{\partial v}$$

然后，寻找时间渐近解，我们得到

$$-\mathrm{i}\omega f_1+\mathrm{i}hvf_1-\frac{e}{m_e}Ef_0'=0$$

或

$$f_1=\frac{\mathrm{i}eE}{m_e}\frac{f_0'}{\omega-kv}\ 和\ n_p=\frac{\mathrm{i}eE}{m_e}\int\frac{f_{0p}'\mathrm{d}v}{\omega-kv}$$

此时

$$f_{0p}=n_p g_0$$

对于冷电子束，我们有

$$\frac{\partial n_{1p}}{\partial t}+n_{0b}\nabla\cdot(v)+v_0\cdot\nabla n_{1b}=0$$

或经过傅里叶分析：

$$\begin{aligned}\mathrm{i}\omega n_{1b}&=n_{0b}\nabla\cdot v+v_0\cdot\nabla n_{1b}\\&=n_{0b}\mathrm{i}kv+v_0\mathrm{i}kn_{1b}\end{aligned}$$

从动量方程来看，我们有

$$(-\mathrm{i}\omega+\mathrm{i}kv_0)\,v=\frac{-eE}{m_e}\Rightarrow \mathrm{i}kv=\frac{ekE}{m_e\,(\omega-kv_0)}$$

因此，我们有

$$(\omega-kv_0)\,n_{1b}=-\mathrm{i}n_{0b}\,(\mathrm{i}kv)=\frac{-\mathrm{i}n_{0b}ekE}{m_e\,(\omega-kv_0)}$$

或

$$n_{1b}=\frac{-\mathrm{i}n_{0b}ekE}{m_e\,(\omega-kv_0)^2}$$

泊松方程告诉我们

$$\begin{aligned}\mathrm{i}kE&=-4\pi e\,(n_{1p}+n_{1b})\\&=-4\pi e\left(\frac{\mathrm{i}eE}{m_e}\int\frac{f_{0p}'\mathrm{d}v}{\omega-kv}-\frac{\mathrm{i}n_{0b}ekE}{m_e\,(\omega-kv_0)^2}\right)\end{aligned}$$

这也可以写作

$$\begin{aligned}1&=\frac{\omega_{pe}^2}{k^2}\int\frac{\hat{f}_{0p}'(v)\,\mathrm{d}v}{v-\dfrac{\omega}{k}}+\frac{\omega_b^2}{(\omega-kv_0)^2}\\&=\frac{\omega_{pe}^2}{k^2}\int\frac{g_0'(v)\,\mathrm{d}v}{v-\dfrac{\omega}{k}}+\frac{\omega_b^2}{(\omega-kv_0)^2}\end{aligned}$$

经过部分整合，得

$$1=\frac{\omega_{pe}^2}{k^2}\int\frac{g_0(v)\,\mathrm{d}v}{\left(v-\dfrac{\omega}{k}\right)^2}+\frac{\omega_b^2}{(\omega-kv_0)^2}$$

现在，利用 $\dfrac{\omega}{kv_{te}} \ll 1$ 这个事实，这样我们就可以将 $\dfrac{1}{v-\dfrac{\omega}{k}}$ 扩展为 $\dfrac{\omega}{kv}$，然后得到

$$\frac{1}{v-\dfrac{\omega}{k}} \simeq \frac{1}{v}\left(1+\frac{\omega}{kv}+\frac{\omega^2}{k^2v^2}+\cdots\right) \simeq \frac{1}{v}$$

接下来，由于 $g_0(v)=\dfrac{1}{v_{th}\sqrt{\pi}}\mathrm{e}^{-v^2/v_{th}^2}$，我们有

$$g_0' = \frac{-2v}{v_{th}^3\sqrt{\pi}}\mathrm{e}^{-v^2/v_{th}^2} = \frac{-2v}{v_{th}^2}g_0(v)$$

这告诉我们 $\displaystyle\int \frac{g_0'\mathrm{d}v}{v-\dfrac{\omega}{k}} \simeq \frac{-2}{v_{th}^2}$，这样就可以包含由下式给出的虚部：

$$\begin{aligned}\frac{\omega_{pe}^2}{k^2}\pi\mathrm{i}g_0'\left(\frac{\omega}{k}\right) &= \frac{\omega_{pe}^2}{k^2}\pi\mathrm{i}\left(\frac{-2v}{v_{th}^2}\right)\left(\frac{1}{v_{th}\sqrt{\pi}}\right)\mathrm{e}^{-v^2/v_{th}^2}\bigg|_{v=\frac{\omega}{k}} \\ &= -\sqrt{\pi}\frac{1}{k^2\lambda_{De}^2}\frac{\omega}{kv_{th}}\end{aligned}$$

此时我们用了 $\lambda_{De}^2=\dfrac{1}{2}\dfrac{v_{th}^2}{\omega_{pe}^2}$。

现在我们希望求解 $\mathrm{Re}(\omega)$ 和 $\mathrm{Im}(\omega)=\gamma$。我们将用到 $\omega_b^2=\alpha\omega_{pe}^2$。另外，在 $\mathrm{Re}(\omega)$ 中，将忽略 $\mathrm{i}\sqrt{\pi}$ 项，于是得到

$$(\omega-kv_0)^2\left(1+\frac{1}{k^2\lambda_{De}^2}\right)=\alpha\omega_{pe}^2$$

因此，我们有

$$\omega-kv_0=\frac{\pm\sqrt{\alpha}\omega_{pe}}{\sqrt{1+\dfrac{1}{k^2\lambda_{De}^2}}}$$

然后

$$\mathrm{Re}(\omega)=kv_0-\frac{\sqrt{\alpha}\omega_p}{1+\dfrac{1}{k^2\lambda_{De}^2}}\quad \text{慢波(−标志)}$$

之后，为了求解 $\mathrm{Im}(\omega)$，我们有

$$\begin{aligned}(\omega-kv_0)^2 &= \frac{\alpha\omega_{pe}^2}{1+\dfrac{1}{k^2\lambda_{De}^2}\left(1+\dfrac{\mathrm{i}\sqrt{\pi}\omega}{k\sqrt{v_{te}}}\right)} \\ &= \frac{\alpha\omega_{pe}^2k^2\lambda_{De}^2}{1+k^2\lambda_{De}^2+\dfrac{\mathrm{i}\sqrt{\pi}\omega}{k\sqrt{v_{th}}}} \\ &= \frac{\dfrac{1}{2}\alpha k^2v_{th}^2}{1+k^2\lambda_{De}^2+\dfrac{\mathrm{i}\sqrt{\pi}\omega}{k\sqrt{v_{th}}}}\end{aligned}$$

或

$$\omega - kv_0 = \left(\frac{\frac{1}{2}\alpha k^2 v_{th}^2}{1 + k^2\lambda_{De}^2 + \frac{\mathrm{i}\sqrt{\pi}\omega}{k\sqrt{v_{th}}}}\right)^{1/2}$$

之后，令 $G = 1 + k^2\lambda_{De}^2$，可得

$$\begin{aligned}\omega - kv_0 &= -|k|\, v_{th}\left(\frac{\alpha}{2G}\right)^{1/2}\frac{1}{\left(1 + \frac{\mathrm{i}\sqrt{\pi}\omega}{|k|\, v_{th} G}\right)^{1/2}} \\ &\simeq -|k|\, v_{th}\left(\frac{\alpha}{2G}\right)^{1/2}\left(1 - \frac{\mathrm{i}\sqrt{\pi}}{2|k|}\frac{\omega}{v_{th}}\frac{1}{G}\right)\end{aligned}$$

然后，我们可记

$$\gamma = |k|\, v_{th}\frac{\sqrt{\pi}}{2}\left(\frac{\alpha}{2G}\right)^{1/2}\frac{\omega_R}{|k|\, v_{th}}\frac{1}{G}$$

$$\gamma \simeq \left(\frac{\pi\alpha}{8}\right)^{1/2}\frac{1}{G^{3/2}}\omega_R$$

所以最终有

$$\gamma \simeq \left(\frac{\pi\alpha}{8}\right)^{1/2}\frac{|k|}{(1 + k^2\lambda_{De}^2)^{3/2}}\left\{v_0 - v_{th}\left[\frac{\alpha}{2(1 + k^2\lambda_{De}^2)}\right]^{1/2}\right\}$$

然后，求解临界漂移速度，我们有

$$\begin{aligned}v_{\text{crit}} &= v_{th}\left(\frac{\alpha}{2}\right)^{1/2}\frac{1}{G^{1/2}} \\ &= v_{th}\left(\frac{\alpha/2}{1 + k^2\lambda_{De}^2}\right)^{1/2}\end{aligned}$$

再取 $k\lambda_{De} \simeq 1$，我们有

$$v_{\text{crit}} = \frac{1}{2}v_{th}\sqrt{\alpha}$$

现在，对于 $v > v_{\text{crit}}$，$k_z v_0$ 项占主导地位，所以我们有

$$\gamma \simeq |k|\, v_0\sqrt{\alpha}$$

此时 $|k| \sim \dfrac{1}{\lambda_{De}} = \dfrac{\omega_{pe}}{v_{th}}$。

又

$$\gamma \simeq \sqrt{\alpha}v_0\frac{\omega_{pe}}{v_{th}} = \omega_{pe}\sqrt{\alpha}\left(\frac{v_0}{v_{th}}\right)$$

或者，我们可以使用 Z 函数形式:

$$1 = \sum_\alpha \frac{\omega_{p\alpha}^2}{k^2 v_{th\alpha}^2}Z'(\xi_\alpha), \quad \text{此时} \quad \xi_\alpha = \frac{\omega - kv_{0\alpha}}{kv_{th\alpha}}$$

对于热等离子体，$v_0 = v$ 并且 $\xi \to 0$。对于冷电子束，$v_0 \neq 0$，$v_{th} \to 0$，并且 $\xi \to \infty$。之后，由

$$\lim_{\xi \to \infty} Z'(\xi) \to \frac{1}{\xi^2}$$

和 $\lim\limits_{\xi\to 0} Z'(\xi) \to -2\left(1+\mathrm{i}\sqrt{\pi}\right)$，我们可以立即写出

$$1=\frac{\omega_{pe}^2}{k^2v_{th}^2}\left[-2\left(1+\mathrm{i}\sqrt{\pi}\xi\right)\right]+\frac{\omega_b^2}{k^2v_{th}^2}\frac{k^2v_{th}^2}{\left(\omega-kv_0\right)^2}$$

然后，

$$1+\frac{1}{k^2\lambda_{De}^2}\left(1+\mathrm{i}\sqrt{\pi}\frac{\omega}{kv_{th}}\right)-\frac{\omega_b^2}{\left(\omega-k_Zv_0\right)^2}=0$$

12.5 当然，我们的静电色散关系由下式给出：

$$\varepsilon\left(k,\omega\right)=1-\sum_{\alpha}\frac{\omega_{p\alpha}^2}{k^2}\int\limits_{cL}\frac{\partial\hat{f}_{0\alpha}/\partial v}{v-\omega/k}\mathrm{d}v$$

此时 $\int\limits_{cL}=P\int+\pi\mathrm{i}\sigma\frac{\partial f_0}{\partial v}$。

我们也假设 $\omega_i<\omega_r$。

对于离子，因为 $v_{ph}\gg v_{ti}$，我们可以做近似积分。于是当 $\frac{\partial f_{0\alpha}}{\partial v}\neq 0$ 时，我们有 $v\ll\omega/k$。因此

$$\underline{\boldsymbol{P}}\int\limits_{-\infty}^{\infty}\frac{\partial\hat{f}_{0i}/\partial v}{v-\omega/k}\mathrm{d}v\approx\int\limits_{-\infty}^{\infty}\frac{\partial\hat{f}_{0i}}{\partial v}\left(\frac{k}{\omega}+\frac{k^2v}{\omega^2}+\frac{k^3v^2}{\omega^3}+\frac{k^4v^4}{\omega^4}+\cdots\right)\mathrm{d}v$$

同理，对于电子，我们有

$$\underline{\boldsymbol{P}}\int\limits_{-\infty}^{\infty}\frac{\partial\hat{f}_{0e}/\partial v}{v-\omega/k}\mathrm{d}v$$

令 $v-v_0=z$，我们有

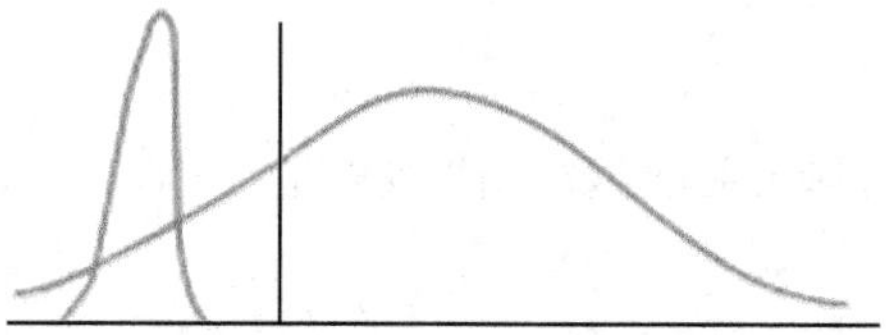

ω/k

$$=\underline{\boldsymbol{P}}\int\limits_{-\infty}^{\infty}\frac{\partial\hat{f}_{0e}/\partial z\mathrm{d}z}{z+v_0-\omega/k}\approx\underline{\boldsymbol{P}}\int\limits_{-\infty}^{\infty}\frac{\partial\hat{f}_{0e}/\partial z}{z}\leftarrow \text{由 } v_0\ll v_t\text{，这是个平等近似}$$

$$=\underline{\boldsymbol{P}}\int\limits_{-\infty}^{\infty}2\frac{\partial\hat{f}_{0e}}{\partial z^2}\mathrm{d}z=\underline{\boldsymbol{P}}\frac{2}{\sqrt{\pi}v_{te}}\int\limits_{-\infty}^{\infty}\frac{\partial}{\partial z^2}\exp\left(-\frac{z^2}{v_{te}^2}\right)\mathrm{d}z$$

$$=\frac{2}{\sqrt{\pi}v_{te}}\left(-\frac{1}{v_{te}^2}\right)\underline{\boldsymbol{P}}\int\limits_{-\infty}^{\infty}\exp\left(-z^2/v_{te}^2\right)\mathrm{d}z$$

$$= -\frac{2}{v_{te}^2}$$

因此，我们有

$$\varepsilon_r = 1 - \sum_\alpha \frac{\omega_{p\alpha}^2}{k^2} \underline{\boldsymbol{P}} \int_{-\infty}^{\infty} \frac{\partial \hat{f}_{0\alpha}}{v - \omega/k} \mathrm{d}v$$

$$= 1 - \frac{\omega_{pe}^2}{k^2}\left(\frac{-2}{v_{te}^2}\right) - \frac{\Omega_p^2}{k^2}(-1)\underline{\boldsymbol{P}}\int_{-\infty}^{\infty}\frac{\partial \hat{f}_{0i}}{\partial v}\left(\frac{k}{\omega} + \frac{k^2 v}{\omega^2} + \frac{k^3 v^2}{\omega^3} + \cdots\right)\mathrm{d}v$$

$$= 1 + \frac{2\omega_{pe}^2}{k^2 v_{te}^2} + \frac{\Omega_p^2}{k^2}\underline{\boldsymbol{P}}\int_{-\infty}^{\infty}\frac{1}{\sqrt{\pi}v_{ti}}\left(\frac{-2v}{v_{ti}^2}\right)\exp\left(\frac{v^2}{v_{ti}^2}\right)$$

$$\left(\frac{k}{\omega} + \frac{k^2 v}{\omega^2} + \frac{k^3 v^2}{\omega^3} + \frac{k^4 v^3}{\omega^4} + \cdots\right)\mathrm{d}v$$

舍去全积分中的所有奇函数，我们就得到

$$\varepsilon_r = 1 + \frac{2\omega_{pe}^2}{k^2 v_{te}^2} + \frac{\Omega_p^2}{k^2}\underline{\boldsymbol{P}}\int_{-\infty}^{\infty}\frac{(-2)}{\sqrt{\pi}}\left[\frac{k^2}{\omega^2} + \frac{2k^4 v_{ti}^2}{\omega^4}\left(\frac{v^4}{v_{ti}^4}\right) + \cdots\right]\mathrm{d}x$$

$$= 1 + \frac{2\omega_{pe}^2}{k^2 v_{te}^2} + \frac{\Omega_p^2}{k^2}\underline{\boldsymbol{P}}\int_{-\infty}^{\infty}\frac{-2}{\sqrt{\pi}}\mathrm{e}^{-x^2}\left(\frac{k^2}{\omega^2} + \frac{2k^4 v_{ti}^2}{\omega^4}x^4 + \cdots\right)\mathrm{d}x$$

在上式中，$x^2 = v^2/v_{ti}$。另外，我们有

$$\int_{-\infty}^{\infty}\mathrm{e}^{-x^2}x^2\mathrm{d}x = \frac{\sqrt{\pi}}{2}$$

于是

$\varepsilon_r = 1 + \frac{2\omega_{pe}^2}{k^2 v_{te}^2} - \frac{\Omega_p^2}{k^2}\frac{k^2}{\omega_2} \leftarrow$ 我们已经明确地写了这样一个事实，即我们正在考虑小 $\mathrm{Im}(\omega)$ 和沿着实轴评估 $\underline{\boldsymbol{P}}$。

$$\varepsilon_r = 1 + \frac{1}{k^2\lambda_{De}^2} - \frac{\Omega_p^2}{\omega_2}$$

现在我们准备找到 ε_i。

$$\varepsilon_i = -\pi\sum_\alpha \frac{\omega_{p\alpha}^2}{k^2}\frac{\partial f_{\alpha 0}}{\partial v}\bigg|_{v=\omega/k}$$

这告诉我们

$$\varepsilon_i = -\pi\left\{\frac{\Omega_p^2}{k^2}\frac{(-2v)}{\sqrt{\pi}v_{ti}v_{te}^2}\exp\left(-\frac{v^2}{v_{ti}^2}\right) + \frac{\omega_{pe}^2}{k^2}\frac{(-2)(v-v_0)}{\sqrt{\pi}v_{te}v_{te}^2}\exp\left[\frac{(v-v_0)^2}{v_{te}^2}\right]\right\}_{v=\omega/k}$$

$$= 2\pi\left\{\frac{\Omega_p^2}{k^2}\frac{\omega_r/k}{\sqrt{\pi}v_{ti}^3}\exp\left(-\frac{\omega_r^2}{k^2 v_{ti}^2}\right) + \frac{\omega_{pe}^2}{k^2}\frac{\left(\frac{\omega_r}{k} - v_0\right)}{\sqrt{\pi}v_{te}^3}\exp\left[\frac{\left(\frac{\omega_r}{k} - v_0\right)^2}{v_{te}^2}\right]\right\}$$

现在我们可以轻松地求解 ω_r^2。和以前一样，我们有 $\varepsilon_r=0$，这给了我们

$$\omega_r^2=\frac{\Omega_p 2}{1+\dfrac{1}{k^2\lambda_{De}^2}}=\frac{\Omega_p^2}{1+k^2\lambda_{De}^2}k^2\lambda_{De}^2$$

或

$$\Omega_p^2 k^2\lambda_{De}^2=k^2\frac{4\pi n_e \mathrm{e}^2}{m_i}\frac{\kappa T_e}{4\pi n_e e^2}=k^2\frac{\kappa T_e}{m_i}=k^2 v_s^2$$

$$\omega_r^2=\frac{k^2v^2}{1+k^2\lambda_{De}^2}$$

为了求解 ω_i(我们曾假设其 $\ll\omega_r$)，可以利用 $\varepsilon_{ri}\varepsilon_i$ 并关于 $\omega=\omega_r$ 展开 ε，则得到

$$\varepsilon(k,\omega)\simeq\varepsilon(k,\omega_r)+\mathrm{i}\omega_i\frac{\partial\varepsilon(\boldsymbol{k},\omega_\mathrm{r})}{\partial\omega_r}$$

令实部和虚部相等，由 $\varepsilon_r=0$，我们有

$$\omega_i=\frac{-\varepsilon_i(k,\omega_r)}{\partial\varepsilon_r(k,\omega_r)/\partial\omega_r}$$

利用这个，我们首先有

$$\frac{\partial\varepsilon_r}{\partial\omega_r}=\frac{2\Omega_p^2}{\omega_r^3}$$

之后：

$$\begin{aligned}\varepsilon_i(k,\omega_r)=&2\pi\left\{\frac{\Omega_p^2}{k^2}\frac{\omega_r/k}{\sqrt{\pi}v_{ti}^3}\exp\left(-\frac{\omega_r^2}{k^2v_{ti}^2}\right)+\frac{\omega_{pe}^2}{k^2}\frac{\left(\dfrac{\omega_r}{k}-v_0\right)}{\sqrt{\pi}v_{te}^3}\exp\left[\frac{-\left(\dfrac{\omega_r}{k}-v_0\right)}{v_{te}^3}\right]\right\}\\ =&\frac{2\pi}{\sqrt{\pi}}\frac{\Omega_p^2}{k^2}\left(\frac{1}{2\kappa T_e}\right)^{3/2}m_i^{3/2}\left\{\left(\frac{T_e}{T_i}\right)^{3/2}\left(\frac{\omega_r}{k}\right)\exp\left(-\frac{\omega_r^2}{k^2v_{ti}^2}\right)\right.\\ &\left.+\underbrace{\frac{m_i}{m_e}\frac{m_e^{3/2}}{m_i^{3/2}}}_{\sqrt{\frac{m_e}{m_i}}}\left(\frac{\omega_r}{k}v_0\right)\exp\left[\frac{-(\omega_r/k-v_0)^2}{v_{te}^3}\right]\right\}\\ =&\frac{2\pi}{\sqrt{\pi}}\frac{\Omega_p^2}{k^2}\left(\frac{1}{2\kappa T_e}\right)^{3/2}\left(\frac{\omega_r}{k}\right)m_i^{3/2}\left\{\left(\frac{T_e}{T_i}\right)^{3/2}\exp\left(-\frac{\omega_r^2}{k^2v_{ti}^2}\right)+\frac{\sqrt{\dfrac{m_e}{m_i}}\left(\dfrac{\omega_r}{k}-v_0\right)}{\omega_r/k}\right\}\end{aligned}$$

则由上述所得 $\omega_r=\dfrac{kv_s}{\sqrt{1+k^2\lambda_{De}^2}}$ 和 $\dfrac{\partial\varepsilon_r}{\partial\omega_r}=\dfrac{2\Omega_p^2}{\omega_r^3}=\dfrac{2\Omega_p^2\left[1+k^2\lambda_{De}^2\right]^{3/2}}{k^3v_s^3}$，我们能推出

$$\omega_i=\frac{-2\pi}{\sqrt{\pi}}\frac{\Omega_p^2}{k^2}m_i^{3/2}\left(\frac{1}{2\kappa T_e}\right)^{3/2}\frac{\omega_r}{k^3}\frac{k^3v_s^3}{2\Omega_p^2\left(1+k^2\lambda_{De}^2\right)^{3/2}}$$

$$\left[\left(\frac{T_e}{T_i}\right)^{3/2}\exp\left(-\omega_r^2/k^2v_{ti}^2\right)+\frac{\sqrt{\frac{m_e}{m_i}}\left(\frac{\omega_r}{k}-v_0\right)}{\omega_r/k}\right]\cdot$$

但 $v_s^3=\left(\frac{\kappa T_e}{m_i}\right)^{3/2}$。因此，把 k^2 代进去，就变成

$$\omega_i=-2\sqrt{\pi}\frac{1}{2^{3/2}}\frac{1}{2}\frac{\omega_r}{\left(1+k^2\lambda_{De}^2\right)^{3/2}}\left\{\left(\frac{T_e}{T_i}\right)^{3/2}\exp\left[-\frac{T_e/T_i}{2\left(1+k^2\lambda_{De}^2\right)}\right]\right.$$
$$\left.+\sqrt{\frac{m_e}{m_i}}\left(1-\frac{v_0}{v_s}\sqrt{1+k^2\lambda_{De}^2}\right)\right\}$$

最后，我们求得

$$\omega_i=-\sqrt{\frac{\pi}{8}}\frac{\omega_r}{\left(1+k^2\lambda_{De}^2\right)^{3/2}}\left\{\left(\frac{T_e}{T_i}\right)^{3/2}\exp\left[\frac{-T_e/T_i}{2\left(1+k^2\lambda_{De}^2\right)}\right]\right.$$
$$\left.+\sqrt{\frac{m_e}{m_i}}\left(1-\frac{v_0}{v_s}\sqrt{1+k^2\lambda_{De}^2}\right)\right\}$$

注意，对于 $v_0\to 0$ 的情况，我们得到了离子声波的正确色散关系，除非 $T_e\gg T_i$，离子声波是强阻尼的，对于足够大的 v_0，你可以观察到 $\omega_i\to 0$，我们得到一个不稳定性。对于 $T_e\gg T$，我们可以忽略离子朗道阻尼，不稳定性条件很容易得到，即

$$v_0^2>\frac{v_s^2}{1+k^2\lambda_{De}^2}=\frac{\kappa T_e/m_i}{1+k^2\lambda_{De}^2}>\kappa T_i/m_i$$

另外，对于大的 T_e/T_i，请注意增长率与流速成正比，

$$\omega_i=\frac{k\left(v_0-\frac{\omega_r}{k}\right)}{\left(1+k^2\lambda_{De}^2\right)^{3/2}}\sqrt{\frac{\pi}{8}\frac{m_e}{m_i}}$$

这个问题的一般稳定性边界已经由几个作者讨论过了。

逆流等离子体中增长最快波长的增长率: 斯特林格计算了两个漂移的麦克斯韦等离子体的色散。

在下图中，Forme 假设 $T_e\gg T_i$，使朗道阻尼变得不重要。他进一步假设 $k^2\lambda_{De}^2\ll 1$，使得增长率 $k^2\lambda_{De}^2\ll 1$，假设为简单的形式:

$$\gamma_{ia}=\left(\frac{\pi m_e}{8m_i}\right)^{1/2}\frac{\omega_{ia}}{\left(1+k^2\lambda_{De}^2\right)^{3/2}}\left(\frac{kv_d}{\omega_{ia}}-1\right)$$

下图显示了离子声频散关系与不稳定性增长率之间的示意关系。http://e7.eiscat.se/groups/Documentation/CourseMaterials/2003MenloPark/Forme.pdf

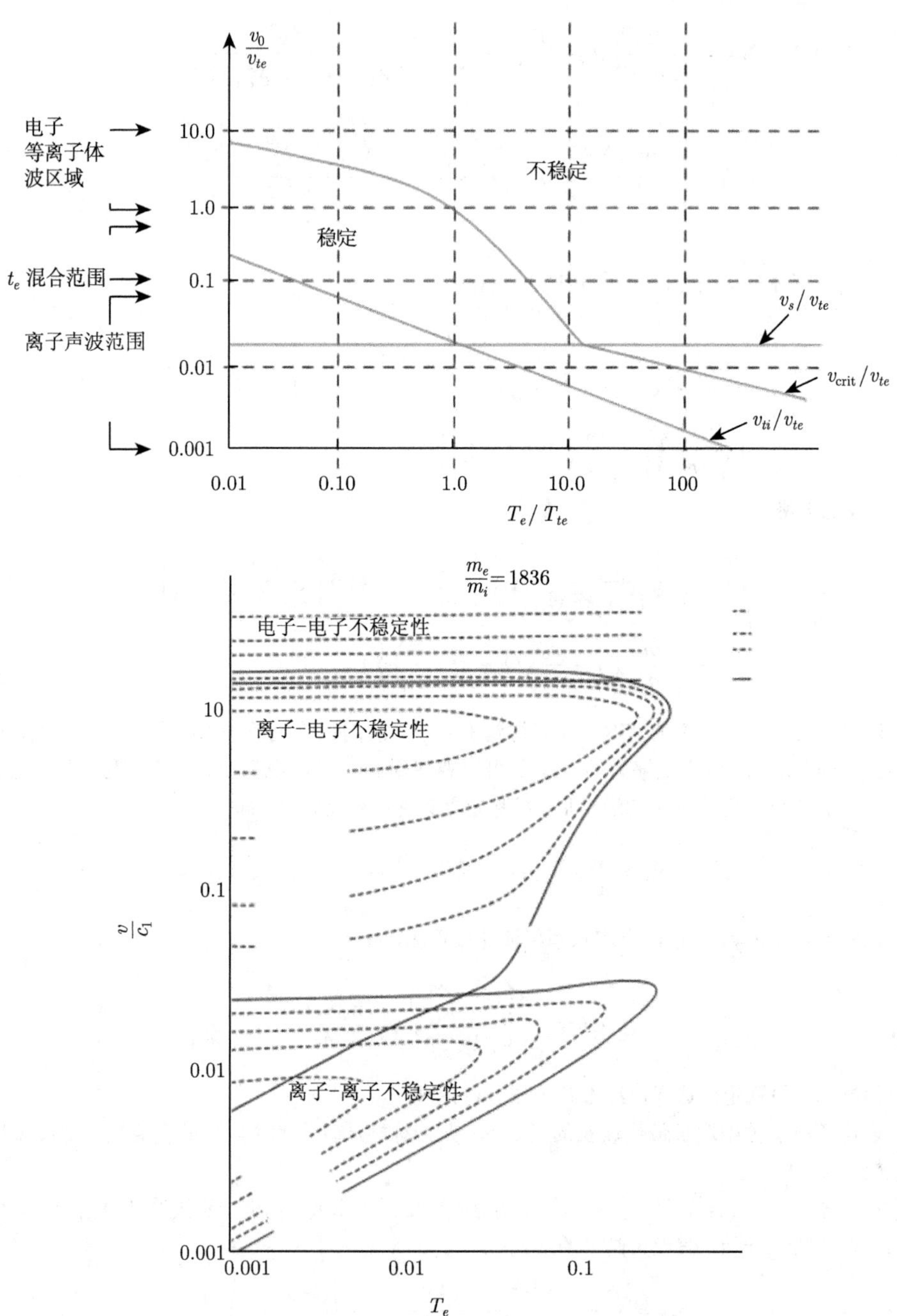

$\frac{v_0}{v_{te}}$
电子
等离子体
波区域
10.0
1.0
0.1
0.01
0.001
t_e 混合范围
离子声波范围
不稳定
稳定
v_s/v_{te}
v_{crit}/v_{te}
v_{ti}/v_{te}
0.01
0.10
1.0
10.0
100
T_e/T_{te}
$\frac{m_e}{m_i}=1836$
电子-电子不稳定性
离子-电子不稳定性
离子-离子不稳定性
10
0.1
0.01
0.001
$\frac{v}{c_1}$
0.001
0.01
0.1
$\frac{T_e}{T_i}$

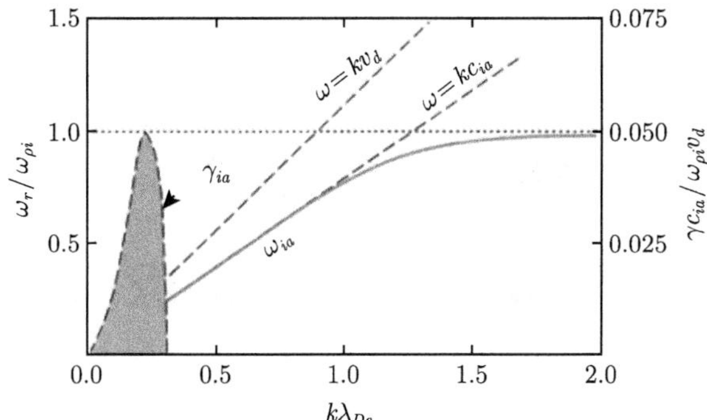

$\omega = kv_d$
$\omega = kc_{ia}$
γ_{ia}
ω_{ia}
ω_r/ω_{pi}
$\gamma c_{ia}/\omega_{pi}v_d$
$k\lambda_{De}$
1.5
1.0
0.5
0.0
2.0
0.075
0.050
0.025

附录A　数 学 方 法

A.1　复变量与复平面上的积分

A.1.1　复数

我们定义复数 z 为

$$z = x + \mathrm{i}y \tag{A.1.1}$$

其中, x 和 y 是实数，$\mathrm{i}^2 = -1$。对 z 的一个简易表示是在直角坐标中 (图 A.1)[①]。

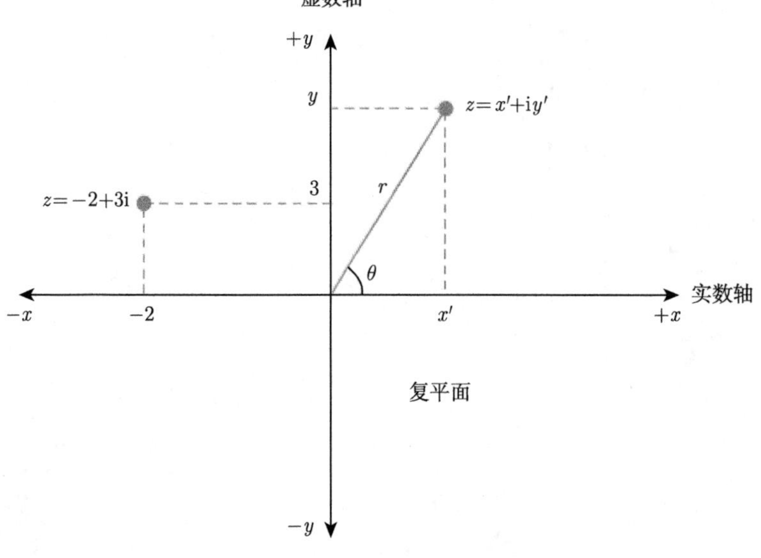

图 A.1　对复数 z 的表示

z 的共轭复数是 $z^* = x - \mathrm{i}y$，其绝对值为

$$|z| = (z \cdot z^*)^{1/2} = \left(x^2 + y^2\right)^{1/2} \tag{A.1.2}$$

在这个情况下也可以使用极坐标 (r, θ) 表示

$$z = r(\cos\theta + \mathrm{i}\sin\theta) = r\mathrm{e}^{\mathrm{i}\theta}, \quad |z| = r \tag{A.1.3}$$

① 见 Copson (1960) 和 Butkov (1968)。

我们对复数性质的兴趣是在于对如下形式积分的求解中

$$\int_{-\infty}^{+\infty} \frac{f(z)}{z-z_0}\mathrm{d}z$$

对等离子体涨落程度的计算将用到以上公式。该积分存在问题，因为当 $z=z_0$ 时，被积函数趋于无穷。下面将介绍有关的一些定理。

A.1.2 柯西–古萨定理

如果函数 f 在闭合曲线 C 上的点都是解析的，那么

$$\int_C f(z)\mathrm{d}z = 0 \tag{A.1.4}$$

例如，像 $f(z)=1/(z^2+4)$ 这样的函数在奇点 $z=\pm 2\mathrm{i}$ 不是解析的，所以任何满足方程 (A.1.4) 的闭合曲线都不能包含这些点。以原点为圆心、半径为 1.8 的圆满足此条件 (图 A.2)。

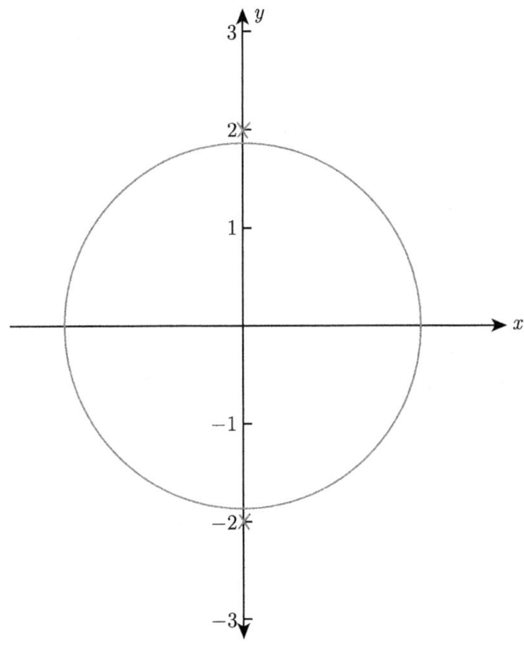

图 A.2 不包含奇点的积分路径

1. 柯西积分定理

对于函数 $f(z)=g(z)/(z-z_0)$，其中 $g(z)$ 在曲线 C 上以及曲线 C 内是解析

的，C 包含 z_0 且曲线为正向 (逆时针方向)，于是

$$\int_C \frac{g(z)}{z-z_0}\mathrm{d}z = 2\pi\mathrm{i}g\left(z_0\right) \tag{A.1.5}$$

显然，我们可以在 C 内以半径为 $r_0 \equiv |z-z_0|$ 画一个圆 C_0，并通过相邻的平行线将其与 C 连接起来 (图 A.3)。可以由方程 (A.1.4) 看到平行线上的积分相互抵消了，于是有

$$\int_C f(z)\mathrm{d}z = \int_{C_0} f(z)\mathrm{d}z$$

其中，C_0 是顺时针方向的。

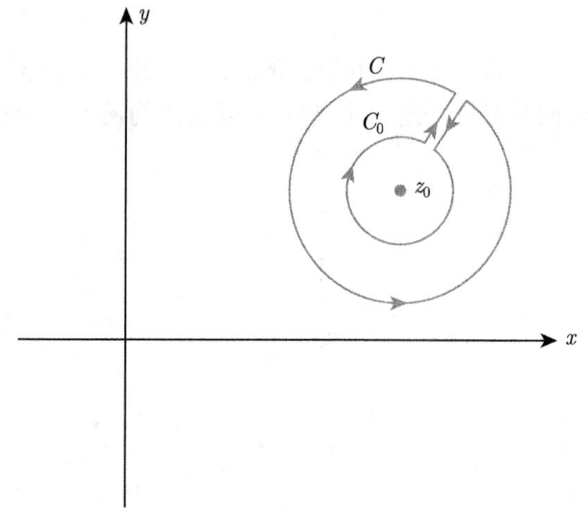

图 A.3　积分路径

$g(z)$ 在 C 中是解析的，因此我们可以把它写为

$$g(z) = g\left(z_0\right) + \left(z-z_0\right)g'\left(z_0\right) + \left(z-z_0\right)\eta \tag{A.1.6}$$

其中，当 z_0 或者 r_0 趋近于 0 时，$\eta\to 0$。此外，我们可以将方程 (A.1.3) 和 $z-z_0=r_0\mathrm{e}^{\mathrm{i}\theta}$，$\mathrm{d}z=\mathrm{i}r_0\mathrm{e}^{\mathrm{i}\theta}\mathrm{d}\theta$ 代入

$$\int_{C_0} f(z)\mathrm{d}z = \mathrm{i}g\left(z_0\right)\int_0^{2\pi}\mathrm{d}\theta + \mathrm{i}g'\left(z_0\right)r_0\int_0^{2\pi}\mathrm{e}^{\mathrm{i}\theta}\mathrm{d}\theta + \mathrm{i}r_0\int_0^{2\pi}\eta\mathrm{e}^{\mathrm{i}\theta}\mathrm{d}\theta \tag{A.1.7}$$

所得结果对 r_0 是独立的，并且在 $r_0\to 0$ 时，最后一项为 0，另外第二项积分为 0，第一项积分为 2π，故可证明方程 (A.1.5)。

2. 半圆的积分

通过类似的分析，我们可以得到以函数 $f(z)$ 的奇点 z_0 为圆心，以半径为 $r_0=|z-z_0|$ 的半圆积分 (图 A.4)，写为

$$\int\limits_{C_1}\frac{g(z)}{z-z_0}\mathrm{d}z=\pi\mathrm{i}g\left(z_0\right) \tag{A.1.8}$$

$$g(z)=g\left(z_0\right)+g'\left(z_0\right)\left(z-z_0\right)+\frac{g'\left(z_0\right)}{2!}\left(z-z_0\right)^2+\cdots \tag{A.1.9}$$

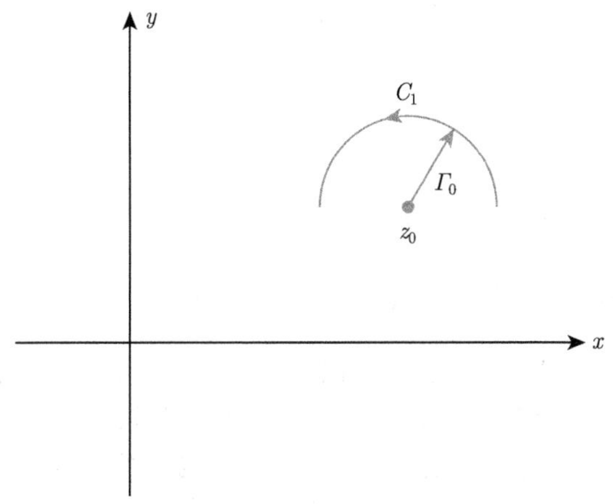

图 A.4 半径为 $|z-z_0|$ 的半圆

3. 极点和留数

函数 $f(z)=g(z)/(z-z_0)$ 的 $z=z_0$ 点称为单极点，$g(z_0)$ 称为留数。

更一般地，分母可以包含更高次的 $z-z_0$，如方程 $f(z)=g(z)/(z-z_0)^m$ 的 $(z-z_0)^m$，这些点称为 m 阶极点。函数 $g(z)$ 在 $z=z_0$ 处及其附近是解析的，可以在一定的半径 $r_0=|z-z_0|<r_c$ 内展开成洛朗级数。

于是，

$$\int\limits_{C}\frac{g(z)}{\left(z-z_0\right)^m}\mathrm{d}z=\int\limits_{0}^{2\pi}\frac{g(z)\mathrm{i}\mathrm{d}\theta}{r_0^{m-1}\mathrm{e}^{(m-1)\mathrm{i}\theta}}$$

其中，由方程 (A.1.3) 可知，$z-z_0=r_0\mathrm{e}^{\mathrm{i}\theta}$，$C$ 是以 z_0 为圆心，r_0 为半径的圆。

现在用 (A.1.9) 代替积分方程中的 $g(z)$，很明显，唯一的非零项是包含 $(z-z_0)^{m-1}$ 的项，即

$$\int\limits_{C}\frac{g(z)}{\left(z-z_0\right)^m}\mathrm{d}z=\frac{2\pi\mathrm{i}}{(m-1)!}\left.\frac{\partial^{m-1}g(z)}{\partial z^{m-1}}\right|_{z=z_0} \tag{A.1.10}$$

4. 包含极点的闭合曲线

如果 $f(z)$ 在 C 内 (除了有限个奇点)，且 $z_1, z_2, \cdots, z_N$ 和 $k_1, k_2, \cdots, k_N$ 是这些点的留数，那么，

$$\int_C f(z)\mathrm{d}z = 2\pi\mathrm{i}\left(k_1 + k_2 + \cdots + k_N\right) \tag{A.1.11}$$

A.1.3　无穷远处的本征奇点

(a) 上面的结果现在可用于求下列形式的积分：

$$\int_{-\infty}^{+\infty} \frac{\exp\left(-v^2\right)}{v - z_0}\mathrm{d}v$$

显然，我们可以在复平面上画一条包含极点 $v = z_0$ 的曲线。需要重点注意的是

$$\exp\left(-v^2\right) = \exp\left(-v_{\mathrm{Re}}^2 - 2\mathrm{i}v_{\mathrm{Re}}V_{\mathrm{Im}}\right)\exp\left(+v_{\mathrm{Im}}^2\right)$$

当 $\mathrm{Im}\ (v) = V_{\mathrm{Im}} \to \infty$ 时这个函数是无限的。这个函数在无穷远处有一个本征奇点，曲线必须避开这个区域。对于 z_0 在上半平面的情况，我们使用如图 A.5 所示的曲线。从方程 (A.1.5) 中可以看到，沿着完整曲线的积分是 $2\pi\mathrm{i}\exp[-(z_0)^2]$。在极限 $R \to \infty$ 处，由于因子 $\exp[-(v_{\mathrm{R}})^2]$ 存在，垂直分量趋于 0。

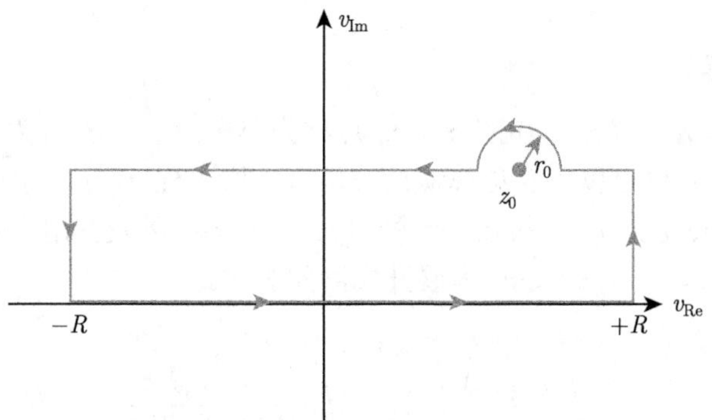

图 A.5　z_0 在上半平面的积分路径

从公式 (A.1.8) 中可以看出，圆心为 z_0、半径为 r_0 的半圆积分是 $-\pi\mathrm{i}\exp[-(z_0)^2]$。因此，可得到

$$\int_{-\infty}^{+\infty} \frac{\exp\left(-v^2\right)}{v - z_0}\mathrm{d}v = \pi\mathrm{i}\exp\left(-z_0^2\right)$$

$$+\lim_{r_0\to 0}\left[\left(\int_{-\infty+\mathrm{Im}(z_0)}^{z_0-r}\mathrm{d}v+\int_{z_0+r_0}^{+\infty+\mathrm{Im}(z_0)}\mathrm{d}v\right)\frac{\exp\left(-v^2\right)}{v-z_0}\right] \tag{A.1.12}$$

后两项称为 “主值”，通常写为

$$P\int_{-\infty}^{+\infty}\frac{\exp\left(-v^2\right)}{v-z_0}\mathrm{d}v$$

(b) 在这个例子中，这个积分可以根据表格函数来计算，将下式 $(\mathrm{Im}(z_0)>0)$ 代入原积分中

$$\frac{1}{v-z_0}=\mathrm{i}\int_0^{\infty}\mathrm{d}t\mathrm{e}^{-\mathrm{i}(v-z_0)t}$$

注意，这样使得当 $t\to\infty$ 时被积函数趋近于 0。

$$\int_{-\infty}^{+\infty}\frac{\exp\left(-v^2\right)}{v-z_0}\mathrm{d}v=\mathrm{i}\int_0^{\infty}\mathrm{d}t\exp\left(\mathrm{i}z_0t-\frac{t^2}{4}\right)\int_{-\infty}^{+\infty}\mathrm{d}\,\mathrm{v}\exp\left[-\left(v+\frac{\mathrm{i}t}{2}\right)^2\right]=I$$

调换积分的顺序可以证明上式，是因为被积函数中没有一个函数趋于无穷。我们现在代入 $p=v+\mathrm{i}t/2$，$\mathrm{d}p=\mathrm{d}v$，$v=\pm(-\infty)$ 和 $p=\pm\infty+\mathrm{i}t/2$。我们使用图 A.6 中的曲线来计算第二个积分。在 $\mathrm{i}t/2$ 和实轴之间没有奇点，所以 $\oint\exp\left(-p^2\right)\mathrm{d}p=0$。极限 $\Re(p)\to\pm\infty$ 时，垂直部分趋于 0，于是

$$\int_{-\infty}^{+\infty+\mathrm{i}t/2}\exp\left(p^2\right)\mathrm{d}p=\int_{-\infty}^{+\infty}\exp\left(p^2\right)\mathrm{d}p=\pi^{1/2}$$

和

$$\begin{aligned}I&=\mathrm{i}\pi^{1/2}\exp\left(-z_0^2\right)\int_0^{\infty}\mathrm{d}t\exp\left[-\left(\frac{1}{2}t-\mathrm{i}z_0\right)^2\right]\\&=2\mathrm{i}\pi^{1/2}\exp\left(-z_0^2\right)\left[\int_0^{\infty-\mathrm{i}z_0}\mathrm{d}s\exp\left(-s^2\right)-\int_0^{-\mathrm{i}z_0}\mathrm{d}s\exp\left(-s^2\right)\right]\end{aligned}$$

代入 $t/2-\mathrm{i}z_0=s$.

最后，我们设 $s=-\mathrm{i}p$，极点在上半平面

$$\int_{-\infty}^{+\infty}\frac{\exp\left(-v^2\right)}{z-z_0}\mathrm{d}v=\mathrm{i}\pi\exp\left(-z_0^2\right)-2\pi^{1/2}\exp\left(-z_0^2\right)\int_0^{20}\exp\left(p^2\right)\mathrm{d}p \tag{A.1.13}$$

这些或类似的方程由 Fried 和 Conte (1961) 以及 Fadeeva 和 Terent'ev (1954) 给出。

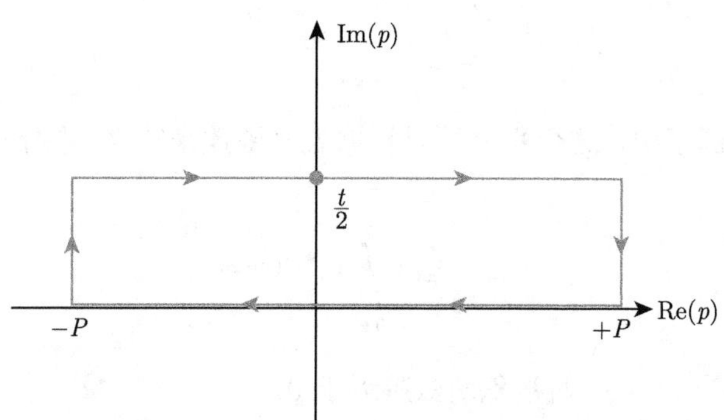

图 A.6　积分路径

在下半平面 $\mathrm{Im}(z_0)<0$ 中，我们使用下式进行替换:

$$\frac{1}{v-z_0}=-\mathrm{i}\int_0^{\infty}\mathrm{d}t\mathrm{e}^{\mathrm{i}(v-z_0)t}$$

和

$$\int_{-\infty}^{+\infty}\frac{\exp\left(-v^2\right)}{v-z_0}\mathrm{d}v=-\mathrm{i}\pi\exp\left(-z_0^2\right)-2\pi^{1/2}\exp\left(-z_0^2\right)\int_0^{20}\exp\left(p^2\right)\mathrm{d}p$$

(c) 更一般的是，当 $z_{\mathrm{Im}}>0$ 时

$$\int_{-\infty}^{+\infty}\frac{f(v)\mathrm{d}v}{v-\left(z_{\mathrm{Re}}\pm\mathrm{i}z_{\mathrm{Im}}\right)}=\pm\mathrm{i}\pi f\left(z_{\mathrm{Re}}\right)-\mathrm{P}\int_{-\infty}^{+\infty}\frac{f(v)}{v-z_{\mathrm{Re}}}\mathrm{d}v \tag{A.1.14}$$

因此，

$$\int_{-\infty}^{+\infty}\frac{f(v)}{\left(v-z_{\mathrm{Re}}\right)^2+z_{\mathrm{Im}}^2}\mathrm{d}v=\frac{\pi}{z_{\mathrm{Im}}}f\left(z_{\mathrm{Re}}\right) \tag{A.1.15}$$

A.2　傅里叶变换

A.2.1　定义

积分变换是为了余弦求解微分方程。例如 $f(x)$ 是一个方程在直角坐标系中的解，它描述了 f 在区域 $a \leqslant x \leqslant b$ 中的行为。如果 $f(x)$ 是正常的，可以使用正弦和余弦函数来构建这个函数的解，它们在间隔 $L=|b-a|$ 内为周期函数。在复数的表示方法中，我们寻找下列形式的解：

$$f(x)=\sum_{n=-\infty}^{+\infty} a_n \mathrm{e}^{-2\pi \mathrm{i} n x/L} \tag{A.2.1}$$

上式中系数 a_n 可以通过对下式在 $-L/2$ 到 $L/2$ 取积分并乘以 $\mathrm{e}^{2\pi \mathrm{i} m x/L}$ 得到：

$$\sum_{n=-\infty}^{+\infty} \int_{-L/2}^{+L/2} \mathrm{d}x a_n \mathrm{e}^{2\pi \mathrm{i} x(m-n)/L} = \int_{-L/2}^{+L/2} \mathrm{d}x f(x) \mathrm{e}^{2\pi \mathrm{i} m x/L} \tag{A.2.2}$$

除了 $m=n$，第一个积分均为 0。当 $m=n$ 时，$I=La_n$，

$$a_n=\frac{1}{L}\int_{-L/2}^{+L/2} \mathrm{d}x f(x) \mathrm{e}^{+2\pi \mathrm{i} n x/L} \tag{A.2.3}$$

当 $L\to\infty$ 时，通过设 $f(k)=La_n$ 和 $k=2\pi n/L$，级数可以变换为积分

$$f(x)=\frac{1}{2\pi}\int_{-\infty}^{+\infty} \mathrm{d}k f(k) \mathrm{e}^{-\mathrm{i}kx}, \quad f(k)=\int_{-\infty}^{+\infty} \mathrm{d}x f(x) \mathrm{e}^{+\mathrm{i}kx} \tag{A.2.4}$$

这个结果也可以扩展到三维空间。例如，我们可以把时间变换包含进来

$$\begin{cases} f(\boldsymbol{r},t)=\displaystyle\int_{-\infty}^{+\infty} \frac{\mathrm{d}\boldsymbol{k}}{(2\pi)^3} \mathrm{e}^{-\mathrm{i}\boldsymbol{k}\cdot\boldsymbol{r}} \int_{-\infty}^{+\infty} \frac{\mathrm{d}\omega}{2\pi} \mathrm{e}^{\mathrm{i}\omega t} f(\boldsymbol{k},\omega) \\ f(\boldsymbol{k},\omega)=\displaystyle\int_{-\infty}^{+\infty} \mathrm{d}\boldsymbol{r} \mathrm{e}^{+\mathrm{i}\boldsymbol{k}\cdot\boldsymbol{r}} \int_{-\infty}^{+\infty} \mathrm{d}t \mathrm{e}^{-\mathrm{i}\omega t} f(\boldsymbol{r},t) \end{cases} \tag{A.2.5}$$

A.2.2　帕塞瓦尔定理

在很多情况下，比如当处理快速起伏量时，需要测量 $|f(x)|^2$ 而不是 $f(x)$，进一步地，如果使用了滤波器，则测量的就是 $|f(k)|^2$。这两个量的平均值是相关的，具有如下关系：

$$
\begin{aligned}
\int_{-\infty}^{+\infty} \mathrm{d}x f(x) f^*(x) &= \int_{-\infty}^{+\infty} \mathrm{d}x \int_{-\infty}^{+\infty} \frac{\mathrm{d}k'}{2\pi} f(k') \mathrm{e}^{-\mathrm{i}kx} \int_{-\infty}^{+\infty} \frac{\mathrm{d}k}{2\pi} f^*(k) \mathrm{e}^{\mathrm{i}kx} \\
&= \int_{-\infty}^{+\infty} \frac{\mathrm{d}k}{2\pi} f^*(k) \int_{-\infty}^{+\infty} \mathrm{d}k f(k') \frac{1}{2\pi} \int_{-\infty}^{+\infty} \mathrm{d}x \mathrm{e}^{\mathrm{i}(k-k')x} \\
&= \frac{1}{2\pi} \int_{-\infty}^{+\infty} \mathrm{d}k |f(k)|^2
\end{aligned}
\tag{A.2.6}
$$

[见方程 (A.2.12)]。

A.2.3　谱密度函数

$|f(t)|^2$ 的时间平均值①是

$$
\begin{aligned}
f(t)|^2 &= \lim_{T\to\infty} \frac{1}{T} \int_{-T/2}^{+T/2} \mathrm{d}t f(t) f^*(t) \\
&= \lim_{T\to\infty} \int_{-\infty}^{+\infty} \mathrm{d}\omega \frac{|f(\omega)|^2}{2\pi T}
\end{aligned}
\tag{A.2.7}
$$

谱密度函数定义为

$$
S(\omega) = \lim_{T\to\infty} \frac{|f(\omega)|^2}{2\pi T}
$$

这个量是自相关函数的如下变换：

$$
C(\tau) = \lim_{T\to\infty} \frac{1}{T} \int_{-T/2}^{+T/2} \mathrm{d}t f(t) f(t+\tau) = \frac{1}{2\pi} \int_{-\infty}^{+\infty} \mathrm{d}\omega \mathrm{e}^{\mathrm{i}\omega\tau} S(\omega)
$$

---

① 平均时间 T 必须大于波动的相关时间，才能使该平均值独立于 T (Born and Wolf, 1965)。然后，我们可以取 $T \to \infty$，但是为了与方程 (A.2.5) 一致，必须设

$$
f(t) = \begin{cases} f(t), & -T/2 \leqslant t \leqslant T/2 \\ 0, & |T| > T/2 \end{cases}
$$

(见 (Bekefi, 1966), 1.4 节)。

$$S(\omega)=\int_{-\infty}^{+\infty}\mathrm{d}\tau\mathrm{e}^{-\mathrm{i}\omega\tau}C(\tau) \tag{A.2.8}$$

为了进行理论和实验的对比，我们通常认为是在由大量相似系统构成的集合中进行测量，而集合平均值 $f(t)f(t')$ 如下所示：

$$\langle f(t)f(t')\rangle=\int P_2(X,t;X',t')\,f(t)f(t')\,\mathrm{d}X\mathrm{d}X'$$

其中，P_2 是系统在 t 时刻状态为 $X\to X+\mathrm{d}X$ 和在 t' 时刻状态为 $X'\to X'+\mathrm{d}X'$ 的概率。对于一个随机平稳过程，它仅仅取决于 $\tau=t'-t$，所以把它应用到方程 (A.2.8) 中，可以看到

$$\langle C(\tau)\rangle=\langle f(t)f(t+\tau)\rangle$$

同样地，对于等离子体中的密度起伏这一各向同性、平稳随机过程，其谱密度函数 $S(\boldsymbol{k},\omega)$ 的集合平均值可以定义为如下傅里叶变换：

$$S(\boldsymbol{k},\omega)\equiv\lim_{T,V\to\infty}\frac{1}{TV}\frac{\langle n(\boldsymbol{k},\omega)n^*(\boldsymbol{k},\omega)\rangle}{n_0} \tag{A.2.9}$$

A.2.4 δ 函数

克罗内克 δ 函数 $\delta_{\alpha\beta}$ 具有如下性质：

$$\delta_{\alpha\beta}=1,\quad \alpha=\beta;\quad \delta_{\alpha\beta}=0,\quad \alpha\neq\beta \tag{A.2.10}$$

它可以运用在如式 (A.2.2) 的情况中。

狄拉克 δ 函数 $\delta(x-x')$ 的性质如下：

$$\begin{gathered}\delta(x-x')=0,\quad x'\neq x;\quad \delta(x-x')=\infty,\quad x'=x\\ \int_{-a}^{b}\mathrm{d}x'\delta(x-x')=1,\quad a<x<b\end{gathered} \tag{A.2.11}$$

这个函数可以用积分形式表示为

$$\delta(x-x')=\frac{1}{2\pi}\int_{-\infty}^{+\infty}\mathrm{d}t\exp\left[\mathrm{i}(x-x')t\right],\quad \int_{-\infty}^{+\infty}\mathrm{d}yg(y)\delta(x-y)=g(x) \tag{A.2.12}$$

注意，如果 c 是一个常数，则

$$\delta(c(x-y))=\frac{1}{2\pi c}\int_{-\infty}^{+\infty}\mathrm{d}t\mathrm{e}^{\mathrm{i}c(x-y)t}=\frac{1}{2\pi c}\int_{-\infty}^{+\infty}\mathrm{d}s\mathrm{e}^{\mathrm{i}(x-y)s}=\frac{1}{c}\delta(x-y) \tag{A.2.13}$$

A.3 拉普拉斯变换

A.3.1 定义

该变换的定义为

$$f(\omega)=\int_{0}^{\infty}\mathrm{d}tf(t)\mathrm{e}^{-(\mathrm{i}\omega+\gamma)t} \tag{A.3.1}$$

其中，$\gamma>0$。当 e^{-yt} 足够大时 $f(t)\mathrm{e}^{-\gamma t}$ 的傅里叶变换会收敛，尽管 $f(t)$ 的傅里叶积分不收敛，例如，$f(t)=\mathrm{e}^{|a|t}$，且 $\gamma>|a|$。

其逆变换为

$$f(t)=\frac{1}{2\pi}\int_{-\infty}^{+\infty}\mathrm{d}\omega' f\left(\omega'\right)\mathrm{e}^{+\left(\mathrm{i}\omega'+\gamma\right)t} \tag{A.3.2}$$

如果设 $\omega=\omega'-\mathrm{i}\gamma$，上式可重写为

$$f(t)=\frac{1}{2\pi}\int_{-\mathrm{i}\gamma-\infty}^{-\mathrm{i}\gamma+\infty}\mathrm{d}\omega f(\omega)\mathrm{e}^{\mathrm{i}\omega t} \tag{A.3.3}$$

积分路径如图 A.7 所示。这种变换适用于 ω 平面的下半部分，在 $\mathrm{Im}(\omega)=-\gamma$ 以下，是因为 $f(\omega)$ 仅在 $\gamma>0$ 上有定义。对于逆变换，有必要让积分路径在上半平面闭合，我们必须继续满足 $f(\omega)$ 是解析的 (见附录 A.1.3)。

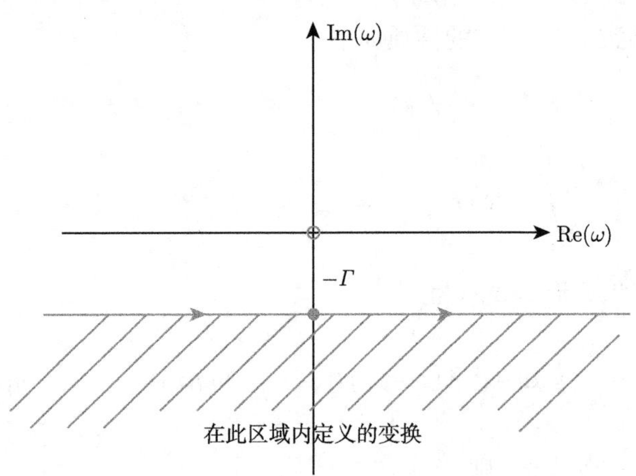

图 A.7 方程 (A.3.3) 积分路径

例如，考虑简单方程

$$\frac{\partial f}{\partial t}=at$$

该方程的解为

$$f(t)=\frac{at^2}{2}+\text{ 常数 }=\frac{at^2}{2}+f(0)$$

可得

$$\int_0^\infty \mathrm{d}t\frac{\mathrm{d}f}{\mathrm{d}t}\mathrm{e}^{-(\mathrm{i}\omega+\gamma)t}=-f(0)+(\mathrm{i}\omega+\gamma)f(\omega)=\frac{a}{(\mathrm{i}\omega+\gamma)^2}$$

或者

$$f(\omega)=\frac{a}{(\mathrm{i}\omega+\gamma)^3}+\frac{f(0)}{\mathrm{i}\omega+\gamma}$$

$$f(t)=\frac{1}{2\pi}\int_{-\mathrm{i}\gamma-\infty}^{-\mathrm{i}\gamma+\infty}\mathrm{d}\omega\left[\frac{a\mathrm{e}^{\mathrm{i}\omega t}}{(\mathrm{i}\omega)^3}+\frac{f(0)\mathrm{e}^{\mathrm{i}\omega t}}{(\mathrm{i}\omega)}\right]$$

利用方程 (A.1.10) 可获得下列解:

$$f(t)=\frac{at^2}{2}+f(0)$$

类似地,

$$\int_0^\infty \mathrm{d}t\frac{\partial^2 f}{\partial t^2}\mathrm{e}^{-(\mathrm{i}\omega+\gamma)t}=(\mathrm{i}\omega+\gamma)f(0)-\left.\frac{\partial f}{\partial t}\right|_{t=0}+(\mathrm{i}\omega+\gamma)^2 f(\omega) \tag{A.3.4}$$

A.3.2 谱密度函数

方程 (A.2.9) 定义了谱密度函数 $\mathrm{S}(\boldsymbol{k},\omega)$ 的傅里叶变换。由于我们想要用拉普拉斯时间变换，因此找到相应的定义是十分重要的。现在，

$$\langle n(\boldsymbol{k},\omega)\cdot n^*(\boldsymbol{k},\omega)\rangle_{\mathrm{Lap}}$$

$$=\int_0^\infty \mathrm{d}t\mathrm{e}^{-(\mathrm{i}\omega+\gamma)t}\int_0^\infty \mathrm{d}t'\mathrm{e}^{+(\mathrm{i}\omega-\gamma)t'}\langle n(\boldsymbol{k},t)n^*(\boldsymbol{k},t)\rangle$$

令 $t'=t+\tau$，上式可重写为

$$=\int_0^\infty \mathrm{d}t\mathrm{e}^{-2\gamma t}\left[\int_{-t}^{\infty}\mathrm{d}\tau\mathrm{e}^{(\mathrm{i}\omega-\gamma)\tau}+\int_t^0\mathrm{d}\tau\mathrm{e}^{-(\mathrm{i}\omega+\gamma)\tau}\right]\langle n(\boldsymbol{k},t)n^*(\boldsymbol{k},t)\rangle$$

我们可以在第二项交换积分的顺序。此外，如果系统是稳定的，那么 $\langle n(\boldsymbol{k},t)n^*(\boldsymbol{k},t)\rangle$ 不是关于 t 的函数，因此我们可以完成对于 t 的积分。我们乘以 2γ 并取极限 $\gamma\to 0$

以得到

$$\lim_{\gamma\to 0} 2\gamma \langle n(\boldsymbol{k},\omega)n^*(\boldsymbol{k},\omega)\rangle = \int_{-\infty}^{+\infty} \mathrm{d}\tau \mathrm{e}^{+\mathrm{i}\omega\tau} \langle n(\boldsymbol{k},t)n^*(\boldsymbol{k},t+\tau)\rangle \tag{A.3.5}$$

借助方程 (A.2.8) 和 (A.2.9)，可以看到

$$\begin{aligned} S(\boldsymbol{k},\omega) &= \lim_{T,V\to\infty} \frac{1}{TV} \frac{\langle n(\boldsymbol{k},\omega)n^*(\boldsymbol{k},\omega)\rangle}{n_0} \quad \text{(傅里叶变换)} \\ &= \lim_{\gamma\to 0,V\to\infty} \frac{2\gamma}{V} \frac{\langle n(\boldsymbol{k},\omega)n^*(\boldsymbol{k},\omega)\rangle}{n_0} \quad \text{(拉普拉斯变换)} \end{aligned} \tag{A.3.6}$$

注意，从方程 (A.2.8) 和 (A.3.5)，我们可以得到如下结果:

$$\langle A(\boldsymbol{k},t)B^*(\boldsymbol{k},t+\tau)\rangle = \lim_{\gamma\to 0} 2\gamma \int_{-\mathrm{i}\gamma-\infty}^{-\mathrm{i}\gamma+\infty} \frac{\mathrm{d}\omega}{2\pi} \mathrm{e}^{\mathrm{i}\omega\tau} \langle A(\boldsymbol{k},\omega)B^*(\boldsymbol{k},\omega)\rangle \tag{A.3.7}$$

A.4　等离子体纵向振荡的稳定性

Jackson (1960)、Penrose (1960)、Bernstein 等 (1964) 对这个问题进行了详细的讨论，为等离子体的傅里叶–拉普拉斯变换的应用提供了一个很好的例子。我们研究了一个最简单的情况，即正离子的背景是固定不动的，没有外场与碰撞。在一维情况下，等离子体被描述为

$$\frac{\partial F_1}{\partial t} + v\frac{\partial F_1}{\partial x} - \frac{eE_1}{m_\mathrm{e}}\frac{\partial F_0}{\partial v} = 0 \tag{A.4.1}$$

$$\frac{\partial E_1}{\partial x} = -4\pi \mathrm{e} \int_{-\infty}^{+\infty} \mathrm{d}v F_1(x,v,t) = -4\pi \mathrm{e} n_1(x,t) \tag{A.4.2}$$

我们得到了初始分布 $F_0(v) = n_0 f_0(v)$，然后再寻找这个形式的解:

$$F(x,v,t) = F_0(v) + F_1(v)\mathrm{e}^{-\mathrm{i}kx+\mathrm{i}\omega t} \tag{A.4.3}$$

从方程 (A.4.1) 和 (A.4.2) 的解中，我们得到了 k 和 ω 之间的关系。现在，k 必须是实数，否则，方程 (A.4.3) 将不满足在 $-\infty$ 到 $+\infty$ 上是所有 x 的解。于是，如果 ω 的虚部是负的，可以看到系统是不稳定的，这是因为 F 的一个分量与 $\mathrm{e}^{+\omega i t}$ 成正比。这个使用线性方程的计算方法只在不稳定模式保持低振幅的时候适用。对于更长的时间，必须考虑非线性项 $(eE_1/m)\cdot(\partial F_1/\partial v)$。

傅里叶–拉普拉斯变换为

$$\left.\begin{matrix} F_1(v,k,\omega) \\ E_1(k,\omega) \end{matrix}\right\} = \int_{-\infty}^{+\infty} \mathrm{d}x \int_0^{\infty} \mathrm{d}t\mathrm{e}^{\mathrm{i}kx-(\mathrm{i}\omega+\gamma)t} \left\{\begin{matrix} F_1(x,v,t) \\ E_1(x,t) \end{matrix}\right. \tag{A.4.4}$$

其逆变换为

$$\left.\begin{matrix} E_1(x,v,t) \\ E_1(x,t) \end{matrix}\right\} = \frac{1}{(2\pi)^2} \int_{-\infty}^{+\infty} \mathrm{d}k \int_{-\mathrm{i}\gamma-\infty}^{-\mathrm{i}\gamma+\infty} \mathrm{d}\omega\mathrm{e}^{\mathrm{i}kx+\mathrm{i}\omega t} \left\{\begin{matrix} E_1(v,k,\omega) \\ E_1(k,\omega) \end{matrix}\right. \tag{A.4.5}$$

将公式 (A.4.4) 应用到 (A.4.1) 和 (A.4.2) 可得到

$$F_1(v,k,\omega) = -\frac{\{\mathrm{i}\left[F_1(v,k,o) + (e/m_e)\, E_1(k,\omega)\partial F_0/\partial v\right]\}}{\omega - kv - \mathrm{i}\gamma} \tag{A.4.6}$$

$$E_1(k,\omega) = -\frac{\mathrm{i}4\pi e n_1(k,\omega)}{k} \tag{A.4.7}$$

方程 (A.4.6) 是对速度的积分，将其结果 $n_1(\boldsymbol{k},\omega)$ 代入方程 (A.4.7)，我们发现

$$E_1(\boldsymbol{k},\omega) = \left[-\frac{4\pi e}{k^2}\int_{-\infty}^{+\infty} \frac{\mathrm{d}vF(v,k,o)}{(\omega/k) - v - (\mathrm{i}\gamma/k)}\right] \Big/ \varepsilon(k,\omega) \tag{A.4.8}$$

其中，介电函数为

$$\varepsilon(k,\omega) = 1 - \frac{\omega_{pe}^2}{k^2}\int_{-\infty}^{+\infty} \frac{\mathrm{d}v\partial f_0/\partial v}{v - [(\omega - \mathrm{i}\gamma)/k]} \tag{A.4.9}$$

为简单起见，我们现在只考虑一种模式的时间变化。另外，方程 (A.4.8) 的逆变换为

$$E_1(k,t) = -\frac{2e}{k^2}\int_{-\mathrm{i}\gamma-\infty}^{-\mathrm{i}\gamma+\infty} \left\{\mathrm{d}\omega\mathrm{e}^{\mathrm{i}\omega t}\left[\int \frac{\mathrm{d}vF(v,k,\sigma)}{\omega/k - v}\right] \Big/ \varepsilon(k,\omega)\right\} \tag{A.4.10}$$

可以在任意极点之下选择 Im $(\omega) = -\gamma$。我们在积分路径的上半平面闭合的条件下计算积分 (图 A.8)，这克服了因子 $\mathrm{e}^{\mathrm{i}\omega t}$ 的问题。此时积分是在 $\varepsilon\ (k,\omega)$ 中的 0 处得到的留数的总和。我们假设 $F(v,k,0)$ 是一个有意义的函数，包含它的积分没有极点。我们用 ω_c 将色散关系的根表示为 $\varepsilon(k,\omega) = 0$，于是

$$E_1(k,t) = -\frac{4\pi\mathrm{i}e}{k^2}\sum_c \mathrm{e}^{\mathrm{i}\omega_c t}\ \mathrm{Residue}\left[\int \frac{\mathrm{d}vF(v,k,0)}{\omega/k - v}\Big/ \varepsilon(k,\omega)\right]_{\omega=\omega_c} \tag{A.4.11}$$

现在存在的问题是 $\varepsilon(k,\omega)$ 在上半平面没有定义。若在 v 平面上求方程 (A.4.9) 中的积分，当 Im $(\omega-\mathrm{i}\gamma)$ 从负变为正时，在 v 平面的极点从正 Im(v) 变为负 [见方程 (A.1.14)]。我们可以很容易地从这个极点的变化看出问题所在。

$$\mathrm{Im}(\omega-\mathrm{i}\gamma)\}_{>0}^{<0}\varepsilon(k,\omega)=1+\frac{\omega_{pe}^2}{k}\left\{\left[\pm\mathrm{i}\pi\frac{\partial f_0(v)}{\partial v}\right]_{v=\omega/k}+\int\frac{\partial v\partial f_0/\partial v}{v-(\omega/k)}\right\} \quad (\mathrm{A.4.12})$$

两个结果都是在图 A.9 所示的曲线 v 积分下得到的。对于 Im $(\omega-\mathrm{i}\gamma)<0$，积分路径沿着 v 实轴，然而对于 Im $(\omega-\mathrm{i}\gamma)>0$，积分路径为了适应极点而压缩，导致了额外的因子

$$+\frac{\omega_{pe}^2}{k}2\pi\mathrm{i}\frac{\partial f_0(v)}{\partial v}\bigg|_{v=\omega/k}$$

最后我们可以看到，如果 ω_s 有负的虚部，那么对于合适的模式 $E_1(k_s,t)$，方程 (A.4.11) 将呈指数增长，故系统是不稳定的。系统仅在所有模式下均有 Im $(\omega_s)>0$ 时才是稳定的。边缘稳定出现在 Im$(\omega_s)=0$，此时模式最接近不稳定。

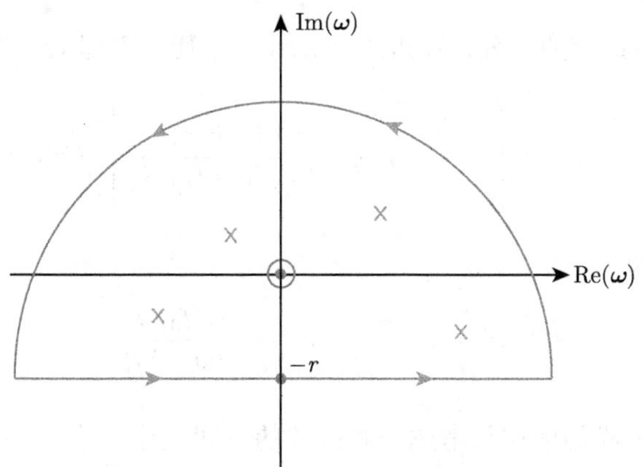

图 A.8 在上半平面闭合的积分路径

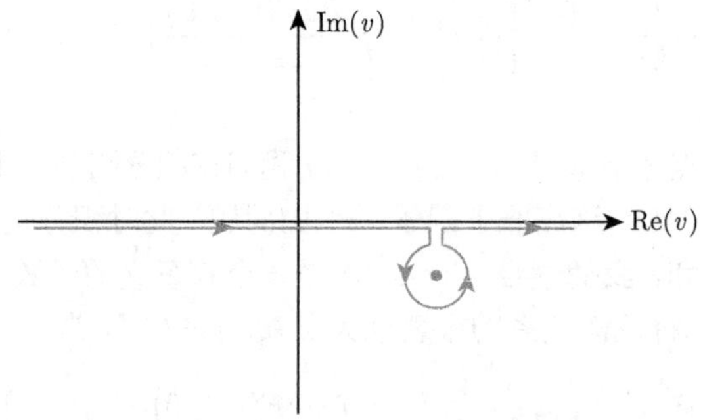

图 A.9 方程 (A.4.12) 的积分路径

A.5 稳定等离子体的总截面

总散射截面积为 $S_T(\boldsymbol{k}) = \int_{-\infty}^{+\infty} \mathrm{d}\omega S(\boldsymbol{k},\omega)$，其中积分是沿着 ω 实轴的。在大多数情况下有

$$S(\boldsymbol{k},\omega) \propto \frac{\text{function } (\omega/k)}{(\omega/k)\varepsilon(\boldsymbol{k},\omega/k)}$$

可以很容易地将积分变换为复平面上的曲线积分。对于稳定等离子体，我们定义的变换方程 (A.4.4) 的介电函数在上半平面没有极点，因此上半平面的积分路径是闭合的 (图 A.10)。积分路径要避开在 ω/k 处的极点，我们在 5.6.1 节中讨论如何处理这种情况。

$$\begin{aligned}
&-\operatorname{Im}\int_{-\infty}^{+\infty}\frac{\mathrm{d}z}{\pi^{1/2}z\alpha^2\varepsilon(\alpha,z)}\\
&=-\operatorname{Im}\lim_{R\to\infty,r\to0}\left[\left(\int_{R}^{-r}\mathrm{d}z+\int_{+r}^{r}\mathrm{d}z\right)\frac{1}{\pi^{1/2}z\alpha^2\varepsilon(\alpha,z)}\right]\\
&=-\operatorname{Im}\left\{\frac{2\pi\mathrm{i}}{\pi^{1/2}\alpha^2\varepsilon(\alpha,0)}-\left[\left(\int_{C_r}\mathrm{d}z+\int_{C_R}\mathrm{d}z\right)\frac{1}{\pi^{1/2}z\alpha^2\varepsilon(\alpha,z)}\right]\right\}
\end{aligned}$$

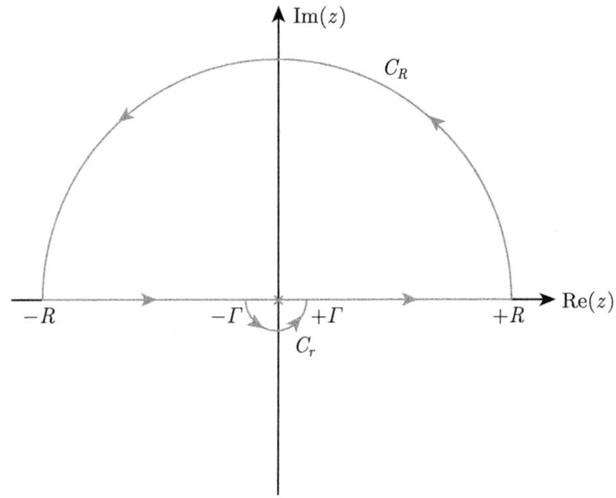

图 A.10 积分路径绕过 $\omega/k=0$

现在，可以从方程 (A.1.8) 中得到

$$\int\limits_{C_r} \mathrm{d}z/[\pi^{1/2}z\alpha^2\varepsilon(\alpha,z)] = \pi\mathrm{i}/\pi^{1/2}\alpha^2\varepsilon(\alpha,0)$$

由于 $z = R\cos\theta - \mathrm{i}R\sin\theta$，$\mathrm{d}z = -\mathrm{i}(R\sin\theta + R\cos\theta)\mathrm{d}\theta$ 和 $\varepsilon(\alpha,z)|_{R\to\infty} = 1$，我们得到

$$\int\limits_{C_R} \mathrm{d}z/(\pi^{1/2}z\alpha^2\varepsilon) = \mathrm{i}\pi^{1/2}/\alpha^2$$

综上，

$$-\operatorname{Im}\left(\int_{-\infty}^{+\infty} \frac{\mathrm{d}z}{\pi^{1/2}z\alpha^2\varepsilon}\right) = \frac{\pi^{1/2}}{\alpha^2}\left[1 - \frac{1}{\varepsilon(\alpha,0)}\right]$$

对于在 5.6 节讨论的情况，$\varepsilon(\alpha,0) = 1 + \alpha^2$，利用上式可推出方程 (5.6.2) 的解。

附录 B　等离子体的动力学理论

B.1　引　　言

本附录简要地回顾等离子体理论，是本书中计算的基础，目的是让读者对本书主题与有关背景知识有一个了解，以便后续的阅读①。我们将看到主要的问题是要对粒子间的相互作用 (碰撞) 的影响做出现实的估计。本书中的计算使用了库鲁克模型的碰撞项。使用该项我们可以用最少的数学知识来估计等离子体中的碰撞或者起伏效应的基本特征。然而，认识到这种方法的局限性是很重要的，因此本附录的大部分内容将是专门讨论如何得到更准确的碰撞项。

在碰撞项的推导中，由于库仑力的长程性，我们将针对不同的影响因子 b 采用不同的近似。玻尔兹曼方程认为粒子间的二体碰撞将导致碰撞项仅在 $0 < b < \lambda_{\mathrm{De}}$ 有效，因此，我们求助于一种不一样的方法来处理大的 b 区域，这个方法是一种自洽的形式。由刘维尔方程导出的碰撞项 (BBGKY 和克利蒙托维奇方法) 考虑了集体的相互作用 (德拜屏蔽)，使得 $e^2/kT < b < \infty$，然后通过上面两个式子联立，取中间的距离 $e^2/kT < b_m < \lambda_{De}$，可得到完整的碰撞项。

B.2　等离子体的特征长度和时间

B.2.1　特征长度

将试验电荷 q 置于真空、固体或者气体中，最后置于等离子体中，通过考虑其周围的净电势可以清楚地看出等离子体状态与其他物质状态的主要区别①。

在真空中，电势为

$$\varphi_{\mathrm{vac}} = q/r \tag{B.2.1}$$

在简单的固体或气体介质中，由于组成相邻原子的束缚电荷在试验电荷的电场的影响下极化，所以净电势发生了变化。一般来说，电荷会减少势能，然后得到

$$\varphi_{\mathrm{sol}} = q/\varepsilon r \tag{B.2.2}$$

① 读者可以参考下列文献，以获得更加全面和严谨的认识：(Brittin et al., 1967); (Clemmow and Dougherty, 1969); (Dawson and Nakayama, 1966); (Klimontovich, 1967); (Kunkel, 1966); (Montgomery and Tidman, 1964); (Montgomery, 1971); (Rogister and Oberman, 1968); (Rostoker and Rosenbluth, 1960); (Schmidt, 1966); (Spitzer, 1962); (Tanenbaum, 1967); (Thompson, 1962); (Wu, 1966)。

其中，材料的介电常数 ε 反映了极化的程度。

在等离子体中，情况更为复杂，因为相邻的电荷没有束缚。不过，每一个电荷的位置又会有一次调整。同类电荷相互排斥，异类电荷相互吸引。在平衡状态下，电子和离子密度呈玻尔兹曼分布。

$$n_e(r) = n_{e0}\mathrm{e}^{+e\varphi/kT_e}, \quad n_i(r) = n_{10}\mathrm{e}^{-e\varphi/\kappa T_i} \tag{B.2.3}$$

对于严格的平衡，$T_e = T_i = T$，如果我们的总电荷呈中性 $n_{e0} \cong n_{i0} = n_0$，电荷 q 周围的净电势包括邻近电荷的影响，由泊松方程给出为

$$\nabla^2\varphi = -4\pi q\delta(\boldsymbol{r}) + 4\pi e n_0\mathrm{e}^{+e\varphi/\kappa T} - 4\pi e n_0\mathrm{e}^{-e\varphi/\kappa T} \tag{B.2.4}$$

对于足够大的 $|\boldsymbol{r}|$，有 $e\varphi/\kappa T \ll 1$，则球坐标表示为

$$\frac{1}{r}\frac{\mathrm{d}}{\mathrm{d}r}(r\varphi) = \frac{8\pi e^2 n_0\varphi}{\kappa T} \tag{B.2.5}$$

解为

$$\varphi_p \cong (q/r)\exp\left(-r/2^{1/2}\lambda_{De}\right) \tag{B.2.6}$$

试验电荷 q 的电势是被其他电荷屏蔽的，并且净电势的范围减少到德拜长度 λ_{De}，其中

$$\lambda_{De} = \left(\kappa T_e/4\pi e^2 n_e\right)^{1/2}\ \mathrm{cm}\quad (\text{高斯单位制}) \tag{B.2.7}$$

要使这个计算有意义，必须满足一定的要求。首先，这个解只对下式有效:

$$r \gg eq/\kappa T = r_c \tag{B.2.8}$$

因此，为了使屏蔽电荷“看到”方程 (B.2.6) 的电势，我们需要 $r_e \ll n_e^{-1/3}$，后者表示平均粒子间分离距离。其次，这种流体类型的计算只有在有很多的屏蔽电荷的情况下才有意义。因此，我们需要

$$n_e^{-1/3} \ll \lambda_{De} \quad \text{或} \quad N_D = (4\pi/3)n_e\lambda_{De}^3 \gg 1 \tag{B.2.9}$$

到目前为止，我们已经研究了电荷的集体相互作用，但除此之外，单个电荷之间可能也存在简单的碰撞。下面给出简单双电荷碰撞中 90° 散射的碰撞长度

$$\lambda_c = \left(1/4\pi r_c^2 n_e\right) \tag{B.2.10}$$

重写为 $\lambda_{De}^2 = \lambda_c r_c$。

结合所有的这些关系，我们可以看到，等离子体可由下述特征长度来表征:

$$r_c \ll n_e^{-1/3} \ll \lambda_{De} \ll \lambda_c \tag{B.2.11}$$

B.2.2 特征时间

当等离子体中的某些电荷发生位移时，作用于电荷的净静电力就是一种恢复力。接下来电荷将以等离子频率 ω_p 作简单简谐运动。

$$\omega_p = \left(4\pi n_0 q^2/m\right)^{1/2} \tag{B.2.12}$$

这很容易用下列流体计算来说明电子位移的情况，离子密度为 $n_i = n_0$，电子密度为 $n_e = n_0 + n_1(\boldsymbol{r}, t)$，其中 $|n_1| \ll n_0$ 是小扰动。

恢复电场设为

$$\nabla \cdot \boldsymbol{E}_1 = -4\pi n_1 e \tag{B.2.13}$$

电荷开始以速度 $\boldsymbol{u}_1$ 回到初始位置，必须满足质量守恒，因此

$$\frac{\partial n_1}{\partial t} + n_0 \nabla \cdot \boldsymbol{u}_1 = 0 \tag{B.2.14}$$

由动量守恒定律，

$$m_e \frac{\partial \boldsymbol{u}_1}{\partial t} = -e\boldsymbol{E}_1 \tag{B.2.15}$$

我们把这三个方程结合起来得到

$$\left(\frac{\partial^2 n_1}{\partial t^2}\right) + \omega_{pe}^2 n_1 = 0 \tag{B.2.16}$$

也就是说，位移的电荷以电子等离子体的频率振荡。离子显然也会有类似的结果。

我们注意到通过一个重要的特性 (即 $2\pi/\omega_{pe}$) 可以衡量电子的时间尺度，在该尺度上，电子可以响应电扰动。电磁波的频率 $\omega < \omega_{pe}$ 无法穿透等离子体，是因为电子能够迅速响应来抵消波的电场，因此，在等离子体中的散射测量需要入射的辐射频率为 $\omega > \omega_{pe}$。

等离子体中所有的特征尺度和时间之间有一个简单的关系，例如，$\omega_{pe}\lambda_{De} = (\kappa T_e/m_e)^{1/2} = \overline{V_{th}}$，为平均热速度。碰撞也类似有 $\omega_c \lambda_c = \overline{V_{th}}$。

B.2.3 与磁场有关的特征参数

大多数的等离子体都包含一个磁场。每个电荷所受到的力垂直于电荷的运动方向和磁场，并且电荷沿着螺旋轨道运动，通过对稳定均匀的场的计算可以看出轨道的基本特征

$$m_q \frac{\mathrm{d}v}{\mathrm{d}t} = q(v/c) \times B \tag{B.2.17}$$

设 $v = v_\parallel + v_\perp$，其中 $v \cdot \boldsymbol{B} = v_\parallel$，

$$m_q \frac{\mathrm{d}(v \times \boldsymbol{B})}{\mathrm{d}t} = -qv_\perp \frac{B^2}{c} = \frac{cm^2}{q} \frac{\mathrm{d}^2 v}{\mathrm{d}t^2} \tag{B.2.18}$$

其中，回旋或者磁旋频率为 $\Omega_q = qB/m_q c$，很容易证明轨道的半径是

$$\rho_q = v_\perp / \Omega_q \tag{B.2.19}$$

B.3 玻尔兹曼方程

B.3.1 玻尔兹曼方程

考虑一个包含 N_α 个 α 粒子、体积为 V 的散射体，分布函数 $f_\alpha(\boldsymbol{r}, v, t)$ 给出了在 t 时刻，位置为 $\boldsymbol{r} \to \boldsymbol{r} + \mathrm{d}\boldsymbol{r}$，速度为 $v \to v + \mathrm{d}v$ 的平均粒子数 $\mathrm{d}N_\alpha$。

$$f_\alpha(\boldsymbol{r}, v, t) = \frac{\mathrm{d}N_\alpha}{\mathrm{d}\boldsymbol{r}} \mathrm{d}v \tag{B.3.1}$$

粒子密度为

$$n_\alpha(\boldsymbol{r}, t) = \int f_\alpha \mathrm{d}\boldsymbol{v} \tag{B.3.2}$$

在相空间中，给定单元 $(\boldsymbol{r} \to \boldsymbol{r} + \mathrm{d}\boldsymbol{r},\ v \to v + \mathrm{d}v)$ 中粒子数的变化率就是粒子进入和离开该单元的速率之差。粒子从一个单元移动到另一个单元有两个原因：

(i) 它们的基本轨道，即由外部场决定的部分；

(ii) 与其他粒子的相互作用 (碰撞)。

$f(\alpha)$ 的变化率是由于碰撞 $(\partial f_\alpha / \partial t)_{\mathrm{c}}$ 及外力的加速 $\boldsymbol{a}$。在短的时间间隔 $t \to t + \Delta t$ 内，电荷在 $(\boldsymbol{r}, v)$ 将移动到 $(\boldsymbol{r} + v \cdot \Delta t, v + \boldsymbol{a} \cdot \Delta t)$，所有其他的变化都与碰撞项有关

$$f_\alpha(\boldsymbol{r} + v\Delta t, v + \boldsymbol{a}\Delta t; t + \Delta t) - f_\alpha(\boldsymbol{r}, v, t) = (\partial f_\alpha / \partial t)_{\mathrm{c}} \Delta t$$

最后的分布函数可以在初值处展开，在极限 $\Delta t \to 0$ 处，我们得到玻尔兹曼方程

$$\frac{\partial f_\alpha}{\partial t} + v \cdot \frac{\partial f_\alpha}{\partial \boldsymbol{r}} + \boldsymbol{a} \cdot \frac{\partial f_\alpha}{\partial v} = \left(\frac{\partial f_\alpha}{\partial t} \right)_c \tag{B.3.3}$$

B.3.2 中性气体：短程力

对于短程力，两个粒子的碰撞通常起主导作用，而且已知粒子间相互作用力，我们可以计算两个相互作用的粒子的轨迹。这个计算方法使我们能够确定给定单元中丢失或者获得粒子的碰撞类型。图 B.1 提供了一个例证，在粒子 $\boldsymbol{\beta}$ 的静态参考系中，该粒子的初速度为 $v_{1\beta}$，末速度为 $v'_{1\beta}$ 时，有排斥力的碰撞。我们看到粒子 α 的损失区间是 $v_\alpha \to v_\alpha + \mathrm{d}v_\alpha$，增加区间是 $v'_\alpha \to v'_\alpha + \mathrm{d}v'_\alpha$。在逆碰撞中，反之成立 (注意，粒子 β 从 $v'_{1\beta} \to v_{1\beta}$)。向前或向后的反应率显然与两个粒子有各自的轨迹的概率成正比。

对于中性气体，组成一个分子的电荷聚集起来以至于粒子间的力是短程的，因此在玻尔兹曼方法中，我们假设：

(a) 由于碰撞持续时间与碰撞间隔时间相比很短，因此我们可以在碰撞的微观尺度上将分布函数视为一个常数。

(b) 由于粒子在碰撞之前相互 “不知道” 对方，在一个 α 粒子和 β 粒子各自有独立概率的条件下，当 β 粒子在 (r_1, v_1) 时，可以写出 α 粒子在 (r, v) 的概率。我们将在后面讨论这个问题。

$$f_{\alpha\beta}^{(2)}(r, v, r_1, v_1; t) = f_{\alpha}^{(1)}(r, v, t) f_{\beta}^{(1)}(r_1, v_1; t)$$

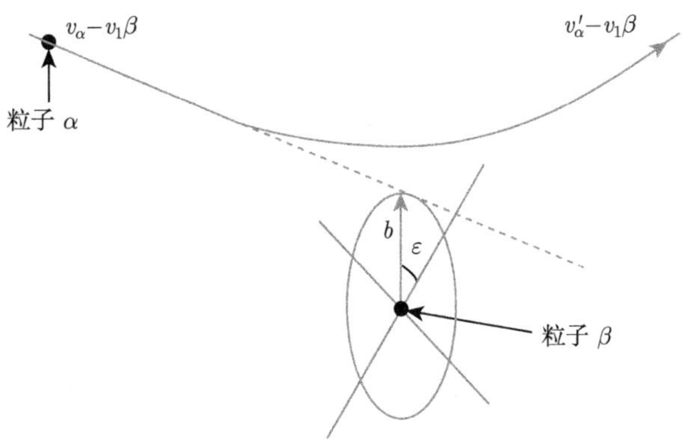

图 B.1 排斥力的碰撞

B.3.3 等离子体长程力

乍一看，玻尔兹曼方程似乎不适用于等离子体，因为库仑力是长程力，并且许多电荷可以同时相互作用。实际上，由于德拜屏蔽效应，每个电荷只有在另一个电荷的德拜长度 λ_{De} 内才能知道这个电荷，因此碰撞的持续时间通常是 $\tau \cong \lambda_{De}/\overline{v} \cong 1/\omega_{pe}$，其中 ω_{pe} 是等离子体的频率。因此，在等离子体中应用玻尔兹曼方程，我们假设 f_α 和 f_β 在此时间尺度上都不发生显著变化。此外，对于库仑力大的碰撞参数，积分方程 (B.3.4) 发散。因此，我们使碰撞参数满足 $b \lesssim \lambda_{De}$，则碰撞项变为 (见 (Tanenbaum, 1967)，第六章)。

$$\begin{aligned}(\partial f_\alpha/\partial t)_{\mathrm{c}} = \sum_b \int_0^{\lambda_{\mathrm{De}}} b\mathrm{d}b \int \mathrm{d}\varepsilon \mathrm{d}v_1 \{ & f'_\alpha(\boldsymbol{r}, v'; t) f'_\beta(\boldsymbol{r}, v'; t) \\ & - f_\alpha(\boldsymbol{r}, v, t) f_\beta(\boldsymbol{r}, v_1; t)\} |v - v_1|\end{aligned} \tag{B.3.4}$$

碰撞参数 b 在无碰撞时表示最近的距离，角度 ε 为散射平面垂直于初始相对运动方向的平面的方向角。

或者，我们可以用屏蔽的库仑势来计算粒子的轨迹。这对 b 的截止有影响。

$$F_{scr} = \left(q_\alpha q_\beta / r_{\alpha\beta}^2\right) \exp\left(-r_{\alpha\beta}/2^{1/2}\lambda_{De}\right)$$

这些计算的结果是一个碰撞项，这是典型的适用于短程 $0 < b < \lambda_{De}$ 的电荷相互作用。这样处理的不足之处是对截止距离的选择具有一些任意性。从刘维尔方程中可以得到以自洽方式处理更大影响参数的碰撞项，将在 B.5 节和 B.6 节中讨论。

B.4 对碰撞项的解释

B.4.1 非弹性碰撞

我们必须记住，其他类型的碰撞也是可能存在的。与电荷不同的是，中性粒子存在复合、激发、电离、离解和附着。显然，如果这些过程显著地改变了系统中的能量、动量或成分平衡，就必须要考虑它们。处理这些问题超出了本书的范围，因此，在下面的计算中，我们将只考虑电荷对电荷或者电荷对中性粒子的弹性散射碰撞。

B.4.2 碰撞频率

碰撞时间 $\tau = 1/v$ 是电荷经历了显著偏离的时间 (动量的改变)。对于等离子体，这样的偏离通常是许多小角度碰撞的结果，而不是像中性粒子那样在一次碰撞中实现。

α 粒子动量守恒方程由方程 (B.3.3) 乘以 mv_α 然后在 v_α 上积分得到。动量转移的碰撞项可以用漂移麦克斯分布函数来计算，而且我们发现 (Tanenbaum, 1967, 251 页)

$$\int_{-\infty}^{+\infty} \mathrm{d}v_\alpha m v_\alpha \left(\partial f_\alpha/\partial t\right)_{\mathrm{c}} = \sum_\beta m_\alpha n_\alpha v_{\alpha\beta}\left(\boldsymbol{u}_\alpha - \boldsymbol{u}_\beta\right) \tag{B.4.1}$$

u_α 和 u_β 是 α 和 β 的漂移速度。电荷碰撞频率为

$$\begin{aligned} v_{\alpha\beta} &= \frac{m_\alpha + m_\beta}{3\pi^{3/2} m_\alpha^2 m_\beta} \cdot \frac{q_\alpha^2 q_\beta^2}{\varepsilon_0^2} n_\beta \left(\frac{2\kappa T_\alpha}{m_\alpha} + \frac{2\kappa T_\beta}{m_\beta}\right)^{-3/2} \ln \Lambda \ (\mathrm{mks}) \\ \Lambda &\cong \frac{12\pi\varepsilon_0 \kappa T}{q_\alpha q_\beta}\left(\frac{\varepsilon_0 \kappa T}{\mathrm{e}^2 n}\right)^{1/2} \ (\mathrm{mks}), \quad T = T_\alpha \cong T_\beta \end{aligned} \tag{B.4.2}$$

电荷和中性粒子的碰撞

$$v_{q\beta} = \frac{8\pi^{1/2}}{3} \frac{m_\beta}{m_q + m_\beta} n_\beta \cdot \sigma^2 \cdot \left(\frac{2\kappa T_\alpha}{m_\alpha} + \frac{2\kappa T_\beta}{m_\beta}\right)^{1/2} \tag{B.4.3}$$

σ 是相互作用粒子的有效半径的总和。

B.4.3 福克尔–普朗克碰撞项

在小角度的偏转很重要的情况下，我们可以通过将每个电荷的最终速度扩大到初始速度 $\Delta v = v' - v$ 来重写玻尔兹曼碰撞项，这就得到了福克尔–普朗克碰撞项

$$\left(\frac{\partial f_\alpha}{\partial t}\right)_c = -\underset{\text{摩擦项}}{\frac{\partial}{\partial v_i}\left(f_\alpha \langle \Delta v_i \rangle_{av}\right)} + \underset{\text{速度扩散项}}{\frac{1}{2}\frac{\partial^2 \left(f_\alpha \langle \Delta v_i \Delta v_j \rangle_{av}\right)}{\partial v_i \partial v_j}} \tag{B.4.4}$$

某些情况下，系数 $\langle \Delta v_i \rangle_{av}$ 和 $\langle \Delta v_i \Delta v_j \rangle_{av}$ 可以估计 (Rosenbluth et al., 1957; Dougherty, 1964; Tanenbaum, 1967)。

B.4.4 库鲁克碰撞项

Bhatnager 等 (1954) 提出了一种更简单的碰撞项，通常称为库鲁克碰撞项

$$(\partial f_\alpha / \partial t)_c = -v_{\alpha\beta}\left(f_\alpha - f_{\alpha m}\right) \tag{B.4.5}$$

其中，$f_{\alpha m}$ 是分布函数；f_α 是弛豫项；$v_{\alpha\beta}$ 是动量转移的碰撞频率 [方程 (B.4.2) 和 (B.4.3)]。我们主要是对碰撞对等离子体中微观波动的影响感兴趣。因此，我们设 $f_\alpha = F_{0\alpha} + F_{1\alpha}$，其中集合均值函数为 $F_{0\alpha} = n_{0\alpha} f_{0\alpha}$ [见方程 (A.2.11)]。现在，数密度为 $n_{0\alpha} + \int F_{1\alpha} \mathrm{d}v = n_{0\alpha} + N_{1\alpha}$。为了满足粒子守恒，我们需要 $\int (\partial f_\alpha / \partial t)_c \mathrm{d}v = 0$，而且 $v_{\alpha\beta}$ 独立于速度，这意味着 $n_\alpha f_\alpha = n_0 f_{\alpha m}$，所以

$$(\partial f_\alpha / \partial t)_c = -v_{\alpha\beta}\left(F_{1\alpha} - N_{1\alpha} f_{0\alpha}\right) \tag{B.4.6}$$

Dougherty (1963) 和 Tanenbaum (1967) 对此进行了讨论。虽然严格说这个碰撞项更适用于大角度碰撞，但它可以用于对主要碰撞的粗略估计，即使是在小角度偏转起主要作用的情况下。库鲁克碰撞项主要的缺点是不能以上述形式准确地同时表示动量和能量的转移。但是，我们仍达到了目的，这个碰撞项使我们能够以一种简单的方式获得碰撞谱的基本形式。

一些作者进一步简化了这个碰撞项

$$(\partial f_\alpha / \partial t) = -v_{\alpha\beta} f_\alpha$$

如上所述，这并不满足粒子守恒方程，例如，在将碰撞效应应用到电子等离子体频率波动时，忽略可再次产生该波动的碰撞项 (见 5.5 节)。

B.5　等离子体散射的动力学描述

B.5.1　引言

在体积为 V 的等离子体中，N 个电子散射的辐射空间和谱分布是可以确定的，只要每个电子的轨道是已知的。单位立体角的平均时间散射功率为① [见方程 (1.8.4)]

$$\frac{\overline{\mathrm{d}P}}{\mathrm{d}\Omega}=\frac{cR^2}{4\pi}\mid\sum_{j=1}^{N}E_j\left(r_j(t),t\right)\sum_{g=1}^{N}E_g\left(\boldsymbol{r}_g(t),t\right) \tag{B.5.1}$$

对于每个电子 j，原则上我们可以写出一个运动方程，当所有的力 F_j 都已知时，系统就完全可以由 N 个方程描述。

$$\sum_{j=1}^{N}\left[\frac{\mathrm{d}\left(mv_j\right)}{\mathrm{d}t}-\boldsymbol{F}_j\right]=0 \tag{B.5.2}$$

对于一个等离子体，相关的力一般是电磁力

$$\boldsymbol{F}_j=\frac{q_j}{m_j}\left(\boldsymbol{E}+\frac{v_j}{c}\times\boldsymbol{B}\right) \tag{B.5.3}$$

这些场可能是外部给的也可能是内部生成的。对于非相对论的等离子体，如下所示，唯一重要的内力是电场 $\boldsymbol{E}=-\nabla\varphi$。例如，电子 m 的电势为

$$\varphi\left(\boldsymbol{r}_m\right)=\sum_{j=1,j\neq m}^{N}-\frac{e}{\left|\boldsymbol{r}_m-\boldsymbol{r}_j(t)\right|}+\sum_{l=1}^{N/Z}\frac{Ze}{\left|\boldsymbol{r}_m-\boldsymbol{r}_l(t)\right|} \tag{B.5.4}$$

整个系统是中性的，电子电荷由 N/Z 个正离子平衡，每个正离子的电荷为 Ze。

粒子间的库仑力会随着距离的增加而减少，因此，电子 m 会和一些或者全部 N 个电子还有 N/Z 的离子发生显著的相互作用。在实际情况中，我们可能要处理 $N\cong10^{10}\sim10^{20}$ 的电荷，我们不能在它们之间或者和外界作用力相互作用时仔细地观察它们的运动。

幸运的是，我们不需要对系统有精确的描述。在实验中，我们关心有限的体积在有限的时间内对结果进行积分，从而测量一些参量的平均值，如密度、温度和散射功率等。从理论观点出发，研究代表给定系统的可能状态的大量 (一个集合) 相似系统的可能行为可以得到等价的结果。

① 注意，在这种情况下，原则上时间平均可以超过一个周期。在实际情况中，为了使理论和实验的比较更有意义，一般必须有许多周期。

B.5.2 集合平均和 N 粒子概率分布函数

时间和空间的平均测量值与计算出的总体平均值相等。系统参数 $0(x)$ 的总体平均值定义为

$$\langle 0(x)\rangle \equiv \frac{\displaystyle\int_{\text{all } x} 0(x)P(x)\mathrm{d}x}{\displaystyle\int P(x)\mathrm{d}x} \tag{B.5.5}$$

其中，$P(x)$ 是系统处于 x 状态时的概率。在我们的情况中，系统的状态是确定的，如果我们指定了 N 电子和 N/Z 的离子的位置和速度，为了简单起见，暂时只考虑电子。

我们认为系统在 t 时刻的状态为：(1) 第一个电子在位置为 $\boldsymbol{r}_1 \rightarrow \boldsymbol{r}_1 + \mathrm{d}\boldsymbol{r}_1$ 处速度为 $v_1 \rightarrow v_1 + \mathrm{d}v_1$；(2) 第二个电子处于 $\boldsymbol{r}_2$，v_2 等状态时的概率为

$$f^{(N)}\left(\boldsymbol{r}_1, v_1, \boldsymbol{r}_2, v_2, \cdots, \boldsymbol{r}_N, \boldsymbol{r}_N; t\right) \mathrm{d}\boldsymbol{r}_1, \mathrm{d}v_1, \mathrm{d}\boldsymbol{r}_2, \mathrm{d}v_2, \cdots, \mathrm{d}v_{N-1}, \mathrm{d}\boldsymbol{r}_N, \mathrm{d}v_N \tag{B.5.6}$$

我们的限制条件为 N 个粒子都在系统内，于是有

$$\int f^{(N)}\mathrm{d}\boldsymbol{r}_1, \mathrm{d}v_1, \cdots, \mathrm{d}v_N = 1$$

B.5.3 刘维尔方程

考虑系统在时间间隔 $t \rightarrow t + \Delta t$ 内是如何演变的。电子 (1) 从 $(\boldsymbol{r}_1, v_1)$ 移动到 $(\boldsymbol{r}_1 + \boldsymbol{v}_1\Delta t, \boldsymbol{v}_1 + \boldsymbol{a}_1\Delta t)$，而 (2) 从 (r_2, v_2) 移动到 $(\boldsymbol{r}_2 + \boldsymbol{v}_2\Delta t, \boldsymbol{v}_2 + \boldsymbol{a}_2\Delta t)$ 等 ($\boldsymbol{a}_j$ 表示电子 j 在所有作用力下的加速度)。现在我们已经沿着精确的粒子轨道，因此，在 $t + \Delta t$ 时发现新状态的概率必须与在 t 处发现旧状态的概率相等，或者如下所示：

$$\begin{aligned}
&F^{(N)}\left(r_1 + v_1\Delta t; v_1 + a_1\Delta t; \cdots; v_1 + a_1\Delta t; t + \Delta t\right) \mathrm{d}\boldsymbol{r}_1', \mathrm{d}v_1', \cdots, \mathrm{d}v_N' \\
={}& f^{(N)}\left(\boldsymbol{r}_1, v_1, \cdots, v_N; t\right) \mathrm{d}\boldsymbol{r}_1, \mathrm{d}v_1, \cdots, \mathrm{d}v_N
\end{aligned}$$

现在，在极限 $\Delta t \rightarrow 0$ 时，我们展开 t 时刻的值 $f^{(N)}(t + \Delta t)$，得到刘维尔方程①：

$$\frac{\partial f^{(N)}}{\partial t} + \sum_{j=1}^{N}\left(\boldsymbol{v}_j \cdot \frac{\partial f^{(N)}}{\partial \boldsymbol{r}_j} + \boldsymbol{a}_j \cdot \frac{\partial f^{(N)}}{\partial \boldsymbol{v}_j}\right) = 0 \tag{B.5.7}$$

对于 N/Z 离子，也有类似的方程。每种粒子的方程都涉及加速度 $\boldsymbol{a}_j$，并且都存在多粒子相互作用，因此无法求解。

① 此处使用了对 $\boldsymbol{r}_j \rightarrow \boldsymbol{r}_j + \mathrm{d}\boldsymbol{r}_j$ 和 $v_j \rightarrow v_j + dv_j$ 缩写 $\boldsymbol{r}_j$，v_j。

在等离子体的情况下，有一个纯长程的库仑力，似乎每个电荷之间都会有显著的相互作用力。实际上，正如我们在 B.2 节中所看到的，局部的粒子群限制了彼此之间影响的有效范围，而且只有在一定的德拜长度内 λ_{De} 才会受到给定电荷的影响。相反，一个给定的电荷成为德拜屏蔽的一部分，每个电荷都要在它的德拜长度内。处理这些集体相互作用的关键点是假设单个的两粒子相互作用 (相关性) 很小。因此，在计算电荷 j 和 m 的相互作用时，我们不需要考虑电荷 j 和 g 的相互作用。

也就是说，三个粒子或者更多的粒子的相关性可以忽略。此外，我们认为相互作用的时间尺度是 $1/\omega_{pe}$，这比平均分布函数发生显著变化的时间短得多。将等离子体与中性气体进行比较时，构成分子的电荷群类似于单个电荷，而电荷的屏蔽和假设是这些屏蔽的电荷是不相关的。棘手的是，任何给定的电荷都是这些准分子的一部分。

B.5.4　S 粒子的分布函数

等离子体相互作用的双重性使得情况很难处理。在某些方面，它表现得有点像中性气体，在另一些方面它表现得像“果冻”，当一个电荷移动时，所有的附近电荷都会做出反应。

然而，对于这两种类型的相互作用，我们可以在忽略三个或更多的粒子相关性条件下提出论据。因此，我们寻找描述这些受限概率函数演化的方程。最极端的近似是忽略所有粒子之间的相关性。在这种情况下，我们只对单粒子分布函数感兴趣。这个方程给出了一个粒子 (1) 在 t 时刻，位置为 $\boldsymbol{r}_1 \rightarrow \boldsymbol{r}_1 + \mathrm{d}\boldsymbol{r}_1$，速度为 $v_1 \rightarrow v_1 + \mathrm{d}v_1$ 与其他 $N-1$ 个粒子的位置无关的概率。它是由满足这种情况的 N 个粒子的所有排列简单相加得到的，表示为

$$\frac{f^{(1)}\left(\boldsymbol{r}_1, v_1, t\right)}{V} \equiv \int f^{(N)} \mathrm{d}\boldsymbol{r}_2 \mathrm{d}v_2 \mathrm{d}\boldsymbol{r}_2 \cdots \mathrm{d}\boldsymbol{r}_N \mathrm{d}v_2 \tag{B.5.8}$$

更一般地，粒子 (1)–(s) 在 t 时，有各自位置 $\boldsymbol{r}_1, v_1; \boldsymbol{r}_2, v_2; \cdots; \boldsymbol{r}_s, v_s$ 的概率，与其他 $s+1 \rightarrow N$ 粒子的位置无关，表示为

$$\frac{f^{(s)}\left(\boldsymbol{r}_1, v_1, \cdots, \boldsymbol{r}_s, v_s, t\right)}{V^{(s)}} = \int f_N^{(N)} \mathrm{d}\boldsymbol{r}_{s+1}, \mathrm{d}v_{s+1}, \cdots, \mathrm{d}v_N \tag{B.5.9}$$

通常的做法是明确地写出与体积有关的定义式。

B.5.5　散射功率谱和分布函数

此时，需要将这些概率分布函数与离散功率方程 (B.5.1) 联系起来。方程 (B.5.1) 的统计平均值可以分为 $j=g$ 和 $j \neq g$ 两项。现在，N 个电子之间彼此很难区分

$(N \gg 1)$。对于一个均匀静态的系统，我们得到①

$$\left\langle \overline{\frac{\mathrm{d}P}{\mathrm{d}\Omega}} \right\rangle = \frac{cR^2}{4\pi} |\overline{E_j}|^2_{j=g} + \frac{cR^2}{4\pi} N^2 |\overline{E_j(\boldsymbol{r}_j, t), E_g(\boldsymbol{r}_g, t)}|_{j \neq g} \tag{B.5.10}$$

(a) 第一项给出了我们从 N 个随机分布的电子中得到的散射功率，正如我们从第 1~3 章中讨论所知道的，这种功率分散在围绕入射频率设置的频带上。频散是电子运动引起的多普勒频移的结果。频谱反映了电子的速度分布，即单粒子分布函数 $f^{(1)}(\boldsymbol{r}, v, t)$。对于均匀等离子体，当然不存在对于 $\boldsymbol{r}$ 的依赖；对于处在平衡稳态的等离子体，其分布是麦克斯韦分布

$$f^{(1)}(v) = \exp\left(-mv^2/\kappa T\right) / (2\pi\kappa T/m)^{1/2} \tag{B.5.11}$$

如果系统不处于平衡状态，那么由于粒子间相互作用，$f^{(1)}$ 将随时间变化。

(b) 第二项包含了对散射谱的所有贡献，这项的产生是因为电荷不是随机分布的。这一项的谱的形式取决于一个电子在 $\boldsymbol{r}_j$，v_j 时，另一个电子在 $\boldsymbol{r}_g$，v_g 时的联合概率，即它取决于双粒子分布函数。我们去掉标记 j 和 g，用 $f^{(2)}(\boldsymbol{r}, \boldsymbol{v}, \boldsymbol{r}', \boldsymbol{v}', t)$ 表示。这种情况有点类似于晶格中规则电子阵列的 Bragg 散射。个别的散射的分量在某些方向上为同相，在另一些方向上则相互抵消。如果我们破坏晶格，不考虑可能的传播损失，就会消除电子位置之间的相关性，从而失去散射的相干性，得到一个非集体的谱。

对方程 $f^{(1)}$ 和 $f^{(2)}$ 的建立和求解有很多种方法，其中有两种方法对非平衡等离子体散射理论的发展具有重要意义。本书首先简要讨论了 BBGKY 层级结构，然后对克利蒙托维奇层级结构进行了更详细的讨论，后者是本书推导的基础。

B.6 BBGKY 层级结构

将刘维尔方程 (A.4.7) 在其他 $N-1$ 电荷的坐标系中积分，得到描述 $f^{(1)}$ 演化的方程。

将加速度分为外力作用下的加速度和内力作用下的加速度。对于 N 个相同的电荷，我们得到 $(N \gg 1)$

$$\frac{\partial f^{(1)}}{\partial t} + v \cdot \frac{\partial f(1)}{\partial \boldsymbol{r}} + \boldsymbol{a}_{\text{ext}} \cdot \frac{\partial f^{(1)}}{\partial v} + N \frac{\partial}{\partial v} \cdot \int \boldsymbol{a}_{\text{int}} f^{(2)}(\boldsymbol{r}, v, \boldsymbol{r}', v', t)\, \mathrm{d}\boldsymbol{r}' \mathrm{d}v' = 0 \tag{B.6.1}$$

① 必须再次强调的是，我们所说的“静态”是指，与等离子体中微观相互作用的特征时间 $1/\omega_{pe}$ 和入射辐射的周期 $1/\omega_i$ 相比，系统在时间尺度上的演化是缓慢的。它完全不受时间变化的限制。同样，可以允许不均匀体存在，只要它们不导致系统中的过快变化。

$\boldsymbol{a}_{\rm int}$ 是电荷在 $\boldsymbol{r}$，v 时，由于另一个电荷在 $\boldsymbol{r}'$，$\boldsymbol{v}'$ 存在而产生的加速度。相当清楚地扩展到了一种粒子以上。需要重点注意的是 $f^{(1)}$ 取决于 $f^{(2)}$。同样地，$f^{(2)}$ 取决于 $f^{(3)}$。

$$\frac{\partial f^{(2)}}{\partial t}+\sum_{\alpha=1}^{2}\left(v_\alpha\cdot\frac{\partial f^{(2)}}{\partial \boldsymbol{r}_\alpha}+\boldsymbol{a}_{\alpha\rm ext}\cdot\frac{\partial f^{(2)}}{\partial v_\alpha}+\sum_{\gamma=1,\gamma\neq\alpha}^{2}\boldsymbol{a}_{\alpha\gamma}\cdot\frac{\partial f^{(2)}}{\partial v_\alpha}\right)$$
$$+\sum_{\alpha=1}^{2}\sum_{\gamma=3,\gamma\neq\alpha}^{N}\frac{\partial}{\partial v_\alpha}\cdot\int \boldsymbol{a}_{\alpha\gamma}f^{(3)}{\rm d}\boldsymbol{r}_\gamma{\rm d}v_\gamma=0 \tag{B.6.2}$$

要截断方程 ($f^{(s)}$ 取决于 $f^{(s+1)}$) 的层级结构，我们必须在某层上停止。这就要求我们用 $f^{(s+1)}$ 来表示 $f^{(s)}$，然后解出这个方程，再回到 $f^{(1)}$。

B.6.1 弗拉索夫方程

我们能做到的最大近似是假设一个电荷 α 在 $\boldsymbol{r}$，v 的概率和另一个电荷 β 在 $\boldsymbol{r}'$，$\boldsymbol{v}'$ 是相互独立的，即

$$f_{\alpha\beta}^{(2)}(\boldsymbol{r},\boldsymbol{v},\boldsymbol{r}',\boldsymbol{v}';t)=f_\alpha^{(1)}(\boldsymbol{r},\boldsymbol{v};t)f_\beta^{(1)}(\boldsymbol{r}',\boldsymbol{v}';t) \tag{B.6.3}$$

这可以代入方程 (B.6.1) 中，对于 N 个电子和电荷为 Ze 的 N/Z 离子的情况，我们可得到电子的方程

$$\frac{\partial f_e^{(1)}}{\partial t}+v\cdot\frac{\partial f_e^{(1)}}{\partial \boldsymbol{r}}+\boldsymbol{a}_{\rm ext}\cdot\frac{\partial f_e^{(1)}}{\partial v}-\frac{e}{m}E\cdot\frac{\partial f_e^{(1)}}{\partial v}=0 \tag{B.6.4}$$

其中，微观电场由泊松方程给出

$$\nabla\cdot\boldsymbol{E}=4\pi\int{\rm d}v\left[Zef_i^{(1)}-ef_e^{(1)}\right] \tag{B.6.5}$$

对于离子，有和方程 (B.6.4) 相似的方程。

当我们考虑这些方程在均匀系统中的应用时，它们的局限性就变得很明显，虽然 $\nabla\cdot\boldsymbol{E}=0$，但是 $T_e\neq T_i$，因此，它不处于平衡状态。直观上，很明显通过相互作用 (电子和离子的碰撞)，能量会被传递到一起，使 T_e 和 T_i 结合在一起，但同样很明显的是这些方程中没有一项能做到这一点。因此，这些方程只适用于比平衡时间短得多的时间。为了首次确定这个时间，我们必须考虑相关性。

B.6.2 双粒子相关性

通过设置，可以以一种完全通用的方式包含双粒子相关性的影响

$$f_{\alpha\beta}^{(2)}(\boldsymbol{r},\boldsymbol{v},\boldsymbol{r}',\boldsymbol{v}',t)=f_\alpha^{(1)}(\boldsymbol{r},\boldsymbol{v},t)f_\beta^{(1)}(\boldsymbol{r}',\boldsymbol{v}',t)+g_{\alpha\beta}(\boldsymbol{r},\boldsymbol{v},\boldsymbol{r}',\boldsymbol{v}',t) \tag{B.6.6}$$

为了计算 $g_{\alpha\beta\gamma}$，我们必须解出方程 (B.6.3)，但这涉及 $f^{(3)}$。我们设

$$\begin{aligned} f_{\alpha\beta\gamma}^{(3)}\left(\boldsymbol{r},\boldsymbol{v},\boldsymbol{r}',\boldsymbol{v}',\boldsymbol{r}'',\boldsymbol{v}'';t\right) =& f_{\alpha}^{(1)}(\boldsymbol{r},\boldsymbol{v},t)f_{\beta}^{(1)}\left(\boldsymbol{r}',\boldsymbol{v}',t\right)f_{\gamma}^{(1)}\left(\boldsymbol{r}'',\boldsymbol{v}'',t\right) \\ &+ f_{\alpha}^{(1)}g_{\beta\gamma} + f_{\beta}^{(1)}g_{\alpha\gamma} + f_{y}^{(1)}g_{\alpha\beta} + g_{\alpha\beta\gamma} \end{aligned} \tag{B.6.7}$$

通过忽略 $g_{\alpha\beta\gamma}$ 三重相关函数得到一个闭合方程 $f^{(2)}$ 或者 $g_{\alpha\beta}$。这个过程是建立在平衡情况下相关函数形式的基础上，并假设 $g_{\alpha\beta}$ 达到稳态值 $1\omega_{pe}$，相对于 $f^{(1)}$ 变化快。

B.8.1 节表明，对于平衡等离子体，这种近似会产生

$$g_{ee}\left(r,v,r',v',t\right) = -\frac{e^2}{\kappa T_e}\frac{\exp\left(-\left|\boldsymbol{r}-\boldsymbol{r}'\right|/\lambda_{De}\right)}{\left|\boldsymbol{r}-\boldsymbol{r}'\right|}f_e^{(1)}(\boldsymbol{v},t)f_e^{(1)}\left(v',t\right) \tag{B.6.8}$$

和

$$\frac{e^2}{\kappa T_e\left|\boldsymbol{r}-\boldsymbol{r}'\right|} = \frac{\lambda_{De}}{\left|\boldsymbol{r}-\boldsymbol{r}'\right|}\frac{1}{4\pi n_0\lambda_{De}^3}$$

因此，$g_{ee}\propto 1/n_0\lambda^3$，类似地有 $g_{eee}\propto 1/\left(n_0\lambda_{De}^3\right)^2$。现在等离子体通常被定义为状态 $n_0\lambda^3\gg 1$。因此，这个展开过程是有意义的①。

必须记住，在短距离的情况下，

$$\left|\boldsymbol{r}-\boldsymbol{r}'\right| \lesssim e^2/\kappa T_e = \lambda_{De}/4\pi n_0\lambda_{De}^3$$

计算将中止，因此玻尔兹曼方法是合适的。

本书中使用了克利蒙托维奇提出的另一种方法。在这种方法中，微观波动的集合平均被推迟到计算结束时，使物理更加清晰。

B.7 克利蒙托维奇层级结构②

我们的起点为微观分布函数，对每一种粒子 q，分布函数定义为

$$F_q(\boldsymbol{r},v,t) = \sum_{j=1}^{N_q}\delta\left(\boldsymbol{r}-\boldsymbol{r}_j(t)\right)\delta\left(v-v_j(t)\right) \tag{B.7.1}$$

这不是一个概率分布函数，因为 $\boldsymbol{r}_j(t)$ 和 $v_j(t)$ 是粒子 j 的准确位置和速度；$F_q(\boldsymbol{r}, \boldsymbol{v},t)\mathrm{d}\boldsymbol{r},\mathrm{d}v$ 是 q 型粒子的数量。在 t 时刻，位置为 $\boldsymbol{r}\to\boldsymbol{r}+\mathrm{d}\boldsymbol{r}$，速度为 $v\to v+\mathrm{d}v$；系

① 事实上，忽略 $g_{\alpha\beta\gamma}$ 似乎是正确的，甚至是在 $n_0\lambda_{De}^3\cong 1$ 的情况下，而且在这个情况下散射谱的观测也符合基于这个过程的理论 (Boyd et al., 1966; Theimer, 1966; Rohr, 1968; Kato, 1972)。

② Klimontovich (1967)。

统中 q 型粒子的总数为 $\int \mathrm{d}\boldsymbol{r}\mathrm{d}vF_q(\boldsymbol{r},v,t)=N_q$；确切的数密度为 $\int \mathrm{d}\boldsymbol{v}F_q(\boldsymbol{r},v,\boldsymbol{t})=n(\boldsymbol{r},t)$，现在[①]

$$\frac{\mathrm{d}}{\mathrm{d}t}F_q(\boldsymbol{r},v,t)=\frac{\partial F_q}{\partial t}=-\sum_{j=1}^{N_q}v_j\cdot\frac{\partial}{\partial \boldsymbol{r}}\delta\left(\boldsymbol{r}-\boldsymbol{r}_j\right)\delta\left(v-v_j\right)$$
$$-\sum_j \boldsymbol{a}_j\cdot\frac{\partial}{\partial v}\delta\left(\boldsymbol{r}-\boldsymbol{r}_j\right)\delta\left(v-v_j\right)=v\cdot\frac{\partial F_q}{\partial \boldsymbol{r}}-\boldsymbol{a}\cdot\frac{\partial F_q}{\partial v}$$

或者

$$\frac{\partial F_q}{\partial t}+\boldsymbol{v}\cdot\frac{\partial F_q}{\partial \boldsymbol{r}}+\boldsymbol{a}\cdot\frac{\partial F_q}{\partial \boldsymbol{v}}=0 \tag{B.7.2}$$

加速度 $\boldsymbol{a}$ 可能是由外力或者内力引起的。对于等离子体，设

$$\boldsymbol{a}=\frac{q}{m}\left(\boldsymbol{E}+\frac{\boldsymbol{v}}{c}\times\boldsymbol{B}\right) \tag{B.7.3}$$

设 $\boldsymbol{E}$ 和 $\boldsymbol{B}$ 为等离子体产生的场，然后

$$\nabla\cdot\boldsymbol{E}_p=4\pi\sum_q q\int \mathrm{d}vF_q,\quad \nabla\times\boldsymbol{E}_p=-\frac{1}{c}\frac{\partial \boldsymbol{B}_p}{\partial t}$$
$$\nabla\cdot\boldsymbol{B}_p=0,\quad \nabla\times\boldsymbol{B}_p=\frac{1}{c}\frac{\partial \boldsymbol{E}_\mathrm{p}}{\partial t}+\frac{4\pi}{c}\sum_q q\int \mathrm{d}vvF_q \tag{B.7.4}$$

其中，对于电子 $m=m_e$，$q=-e$；对于正离子 $m=m_i$，$q=Ze$。

从此处开始，仅对以下限定条件下的等离子体进行讨论。

(1) 非相对论性的，因此，内部磁场的影响是可以忽略的，$B_p=0$；

(2) 均匀的。

即使在这种情况下，我们也不能解出克利蒙托维奇方程 (B.7.2)，因为分布函数 F_q 依赖于所有电荷的详细运动，而所有的多粒子相互作用 (相关) 都包含在 $\boldsymbol{a}$ 中。处理这个问题我们有两个方面的讨论：

(1) 整个系统的变化速度要比微观波动慢得多。因此，我们设

$$F_q=F_{0q}+F_{1q} \tag{B.7.5}$$

其中，$F_{0q}=\langle F_q\rangle$ 是集合平均分布函数。我们希望这个函数在比 F_1 更慢的时间尺度上变化，F_1 代表了这个平均状态的局部微观波动。

① 注解：

$$\frac{\partial}{\partial t}\left[\boldsymbol{r}-\boldsymbol{r}_j(t)\right]=\frac{\partial \boldsymbol{r}_j}{\partial t}\cdot\frac{\partial}{\partial \boldsymbol{r}_j}\delta\left(\boldsymbol{r}-\boldsymbol{r}_j\right)=-v_j\cdot\frac{\partial}{\partial \boldsymbol{r}}\delta\left(\boldsymbol{r}-\boldsymbol{r}_j\right)$$

(2) 从这个扩展的分布函数，我们构建了一个层级结构的方程，其中每个后续方程带来更高阶的相关性。基于平衡结果 (双粒子相关性占主导) 来终止这种层级结构。

仅对准中性系统进行讨论，即 $N_e e = N_i Z_e$。此外，没有外加电场，任何外加磁场 B_0 都是恒定均匀的。集合平均内部电场由下式给出:

$$\nabla \cdot \boldsymbol{E}_0 = 4\pi \sum_q q \int \mathrm{d}v \, (F_{0q}) \tag{B.7.6}$$

微观涨落电场由下式给出

$$\nabla \cdot \boldsymbol{E}_1 = 4\pi \sum_q q \int \mathrm{d}v \, (F_{1q}) \tag{B.7.7}$$

方程由式 (B.7.3)，(B.7.5)~(B.7.7) 定义，并代入方程 (B.7.2)，于是我们得到

$$\begin{aligned}&\frac{\partial F_{0q}}{\partial t} + v \cdot \frac{\partial F_{0q}}{\partial \boldsymbol{r}} + \frac{q}{m}\left(\frac{v}{c} \times \boldsymbol{B}_0\right) \cdot \frac{\partial F_{0q}}{\partial v} + \frac{q}{m} E_0 \cdot \frac{\partial F_{0q}}{\partial v} + \frac{q}{m} \boldsymbol{E}_1 \cdot \frac{\partial F_{0q}}{\partial v} \\ &+ \frac{\partial F_{1q}}{\partial t} + v \cdot \frac{\partial F_{1q}}{\partial \boldsymbol{r}} + \frac{q}{m}\left(\frac{v}{c} \times \boldsymbol{B}_0\right) \cdot \frac{\partial F_{1q}}{\partial v} + \frac{q}{m} \boldsymbol{E}_0 \cdot \frac{\partial F_{1q}}{\partial v} + \frac{q}{m} \boldsymbol{E}_1 \cdot \frac{\partial F_{1q}}{\partial v} = 0\end{aligned} \tag{B.7.8}$$

层级结构的开始是通过取方程 (B.7.8) 的集合平均值得到的 (注意这是根据定义，$\langle F_{1q} \rangle = \langle \boldsymbol{E}_{1q} \rangle = 0$)。通过求方程 (B.7.8) 的集合平均得到第二个方程，最终方程为

$$\frac{\partial F_{0q}}{\partial t} + v \cdot \frac{\partial F_{0q}}{\partial \boldsymbol{r}} + \frac{q}{m}\left(\frac{v}{c} \times \boldsymbol{B}_0\right) \cdot \frac{\partial F_{0q}}{\partial v} + \frac{q}{m} \boldsymbol{E}_0 \cdot \frac{\partial F_{0q}}{\partial v} + \frac{q}{m}\left(\boldsymbol{E}_1 \cdot \frac{\partial F_1}{\partial v}\right) = 0 \tag{B.7.9}$$

和

$$\begin{aligned}&\frac{\partial F_{1q}}{\partial t} + v \cdot \frac{\partial F_{1q}}{\partial \boldsymbol{r}} + \frac{q}{m} \cdot \left(\frac{v}{c} \times \boldsymbol{B}_0\right) \cdot \frac{\partial F_{1q}}{\partial v} + \frac{q}{m} \boldsymbol{E}_0 \cdot \frac{\partial F_{1q}}{\partial v} + \frac{q}{m} \boldsymbol{E}_1 \cdot \frac{\partial F_{0q}}{\partial v} \\ &+ \frac{q}{m} \boldsymbol{E}_1 \cdot \frac{\partial F_{1q}}{\partial v} - \frac{q}{m}\left\langle \boldsymbol{E}_1 \cdot \frac{\partial F_{1q}}{\partial v} \right\rangle = 0\end{aligned} \tag{B.7.10}$$

B.7.1 集合：平均分布函数

从集合平均式 (B.5.5) 的定义来看，借助方程 (B.5.6) 和 (B.5.8)，我们可以看到 N 个相同粒子的集合平均

$$\begin{aligned}\langle F \rangle \equiv F_0 &= \int \sum_{j=1}^{N} \delta(\boldsymbol{r} - \boldsymbol{r}_j)\, \delta(v - v_j)\, f^{(N)} \mathrm{d}\boldsymbol{r}_1 \mathrm{d}v_1 \cdots \mathrm{d}v_N \\ &= N \int \delta(\boldsymbol{r} - \boldsymbol{r}_1)\, \delta(v - v_1)\, \mathrm{d}\boldsymbol{r}_1 \mathrm{d}v_1 f^{(N)} \mathrm{d}\boldsymbol{r}_2 \mathrm{d}v_2 \cdots \mathrm{d}v_N\end{aligned}$$

$$= N \int \delta(\boldsymbol{r} - \boldsymbol{r}_1) \delta(v - v_1) \left[f^{(1)} / (\boldsymbol{r}_1, v_1, t) / V \right]$$

或者

$$F_0 = n_0 f_0(\boldsymbol{r}, v, t) \tag{B.7.11}$$

其中 $n_0 = N/V$，因为对于相同的粒子在 $(\boldsymbol{r}, v)$，其数量可能是 $n_0 f^{(1)}(\boldsymbol{r}, v, t)$, 为了避免与 F_1 混淆，我们重写 $f^{(1)} \equiv f_0$。

B.7.2　集合平均值 $\langle \boldsymbol{F}_1(\boldsymbol{x}) \boldsymbol{F}_1(\boldsymbol{x}') \rangle$

$$\begin{aligned}
&\langle F(\boldsymbol{r}, v, t) F(\boldsymbol{r}', v', t) \rangle \\
=& F_0(\boldsymbol{r}, v, t) F_0(\boldsymbol{r}', v', t) + \langle F_1(\boldsymbol{r}, v, t) F_1(\boldsymbol{r}', v', t) \rangle \\
=& \int \sum_{j=1}^{N} \delta(\boldsymbol{r} - \boldsymbol{r}_j) \delta(v - v_j) \sum_{g=1}^{N} \delta(\boldsymbol{r}' - \boldsymbol{r}_g) \delta(v' - v_g) f^N \mathrm{d}\boldsymbol{r}_1 \cdots \mathrm{d}v_N \\
=& n_0 f_0(\boldsymbol{r}, v, t) \delta(\boldsymbol{r} - \boldsymbol{r}') \delta(v - v') + N(N-1) \int_{j \neq g} \delta(\boldsymbol{r} - \boldsymbol{r}_j) \delta(v - v_j) \\
& \times \delta(\boldsymbol{r}' - \boldsymbol{r}_g) \delta(v' - v_g) \mathrm{d}\boldsymbol{r}_j \mathrm{d}v_j \mathrm{d}\boldsymbol{r}_g \mathrm{d}v_g f^{(2)}(\boldsymbol{r}_j, v_j, \boldsymbol{r}_g, v_g, t) \\
=& n_0 f_0(\boldsymbol{r}, v, t) \delta(\boldsymbol{r} - \boldsymbol{r}') \delta(v - v') + n_0^2 f^{(2)}(\boldsymbol{r}, v, \boldsymbol{r}', v', t)
\end{aligned} \tag{B.7.12}$$

通过代入式 (B.6.6) 和 (B.7.11)，我们可以看到

$$\begin{aligned}
&\langle F_1(\boldsymbol{r}, v, t) F_1(\boldsymbol{r}', v', t) \rangle \\
=& n_0^2 g(\boldsymbol{r}, v, \boldsymbol{r}', v', t) + n_0 f_0 \delta(\boldsymbol{r} - \boldsymbol{r}') \delta(v - v')
\end{aligned} \tag{B.7.13}$$

第一项与双粒子相关函数成正比，第二项是简单的自相关项。后一项对 $\langle F_1(\boldsymbol{r}, v, t)$ $E_1(\boldsymbol{r}', v', t) \rangle$ 没有贡献，因为给定的电荷不与自己的场相互作用。同样，我们发现 $\langle F_1, F_1, F_1 \rangle$ 与三粒子相关函数成正比。为了求 F_0 的值，我们必须求 $\langle \boldsymbol{E}_1 \cdot \partial F_{1q} / \partial v \rangle$，也就是式 $\langle F_{1q}(x) F_{1q}(x') \rangle$ 中的一项。这些项涉及双粒子相关性。为了求出它们的值，可以用式 (B.7.10) 乘以 F_{1q} 并取一个集合平均值。这就得到了 $\langle F_{1q}(x) F_{1q}(x') F_{1q}$ $(x'') \rangle$，与三粒子相关。这与 BBGKY 层级结构的类比是显而易见的，同样地，我们通过删除三粒子相关项来终止此层级的层次结构。然后我们可以用 F_{0q} 表示 F_{1q} 来解方程 (B.7.10)，并将其代入方程 (B.7.7) 和 (B.7.9)。结果是 F_{0q} 是一个封闭方程，即雷纳德–巴列斯库 (Lenard–Balescu) 方程。此外，我们能够求出项 $\langle F_{1q} F_{1q} \rangle$，于是可以确定近似成立的条件。

B.8 稳定、均匀、准静态等离子体

B.8.1 双粒子相关函数

对于均匀等离子体，如 $\langle A(\boldsymbol{r})B(\boldsymbol{r})\rangle$ 的变量是仅与 $\boldsymbol{r}-\boldsymbol{r}'$ 有关函数；因此

$$\begin{aligned}&\langle F_{1q}(\boldsymbol{r},v,t)F_{1q}\left(\boldsymbol{r}',\boldsymbol{v}',t\right)\rangle\\&=\int\frac{\mathrm{d}\boldsymbol{k}}{(2\pi)^3}\left\langle F_{1q}(\boldsymbol{k},v,t)F_{1q}\left(-\boldsymbol{k},\boldsymbol{v}',t\right)\right\rangle\mathrm{e}^{\mathrm{i}\boldsymbol{k}\cdot(\boldsymbol{r}-\boldsymbol{r}')}\end{aligned}\tag{B.8.1}$$

利用方程 (A.3.7)，我们可以把准静态等离子体写成

$$\langle F_{1q},F_{1q}\rangle=\operatorname{Re}\int\frac{\mathrm{d}\boldsymbol{k}}{(2\pi)^3}\lim_{\gamma\to0}\frac{\gamma}{\pi}\int_{-\mathrm{i}y-\infty}^{-\mathrm{i}\gamma+\infty}\mathrm{d}\omega\left\langle F_{1q}(\boldsymbol{k},v,\omega)F^*_{1q}\left(\boldsymbol{k},\boldsymbol{v}',\omega\right)\right\rangle\tag{B.8.2}$$

在第 5 章确定了傅里叶–拉普拉斯变换的 F_1 和其他相关的量，因此，我们可以利用这些结果

$$F_{1q}(\boldsymbol{k},v,\omega)=-\left[\frac{\mathrm{i}F_{1q}(\boldsymbol{k},v,0)+\left(4\pi q/mk^2\right)\rho_1(\boldsymbol{k},\omega)\boldsymbol{k}\cdot\partial F_{0q}/\partial v)}{\omega-\boldsymbol{k}\cdot v-\mathrm{i}\gamma}\right]\tag{B.8.3}$$

$$\rho_1(\boldsymbol{k},\omega)=\frac{\mathrm{i}Z_e}{\varepsilon(\boldsymbol{k},\omega)}\sum_{l=1}^{N/Z}\frac{\mathrm{e}^{-\mathrm{i}k\cdot\boldsymbol{r}_l(0)}}{\omega-\boldsymbol{k}\cdot v_l(0)-\mathrm{i}\gamma}-\frac{\mathrm{i}e}{\varepsilon(\boldsymbol{k},\omega)}\sum_{j=1}^{N}\frac{\mathrm{e}^{-\mathrm{i}\boldsymbol{k}\cdot\boldsymbol{r}_j(0)}}{\omega-\boldsymbol{k}\cdot v_j(0)-\mathrm{i}\gamma}\tag{B.8.4}$$

$$F_{1q}(\boldsymbol{k},v,0)=\sum_{j=1}^{N_q}\delta\left(v-v_j(0)\right)\mathrm{e}^{-\mathrm{i}k\cdot\boldsymbol{r}_j(0)}\tag{B.8.5}$$

$$E_1(\boldsymbol{k},\omega)=-\left(4\pi\mathrm{i}\boldsymbol{k}/k^2\right)\rho_1(\boldsymbol{k},\omega)\tag{B.8.6}$$

其中，我们考虑体积为 V 的等离子体包含 N 个电子和电荷为 Ze 的 N/Z 个离子，$n_0=N/V$，$F_{0e}=n_0f_{0e}$。

在计算双粒子相关函数时，我们只考虑电子–电子项，从而忽略了方程 (B.8.3)~(B.8.5) 中离子的贡献。我们考虑稳定的等离子体，所以 $\varepsilon\neq0$ 在复平面 ω 的上半部分。代入方程 (B.8.2)，发现最初的电荷是不相关的 (见 3.6.1 节)

$$\begin{aligned}&\langle F_{1e}(\boldsymbol{k},v,\omega)F^*_{1e}\left(\boldsymbol{k},\boldsymbol{v}',\omega\right)\rangle\\=&\frac{\pi}{\gamma}n_0\delta(\omega-\boldsymbol{k}\cdot v)\delta\left(v-\boldsymbol{v}'\right)f_{0e}(v)\\&+\left\langle\sum_j\sum_s\frac{\mathrm{e}^{\mathrm{i}k(r_j(0)-r_s(0))}}{(\omega-\boldsymbol{k}\cdot v-\mathrm{i}\gamma)\left(\omega-\boldsymbol{k}\cdot\boldsymbol{v}'+\mathrm{i}\gamma\right)}\frac{4\pi e^2}{mk^2}\right.\end{aligned}$$

$$\left\{\frac{\delta\left(v-v_j(0)\right)\boldsymbol{k}\cdot\partial F_{0e}/\partial\boldsymbol{v}'}{\left[\omega-\boldsymbol{k}\cdot\boldsymbol{v}_s'(0)+\mathrm{i}\gamma\right]\varepsilon^*}+\frac{\delta\left(\boldsymbol{v}'-v_s(0)\right)\boldsymbol{k}\cdot\partial F_0(\partial v)}{\left[\omega-\boldsymbol{k}\cdot v_j(0)-\mathrm{i}\gamma\right]\varepsilon}\right\}\Bigg\rangle$$
$$+\text{屏蔽项的积} \tag{B.8.7}$$

现在，层级结构的扩展要求相关函数 g_{ee} 只对 $\left(f^{(1)}f^{(1)}\right)$ 做很小的修正，因此，代表高阶相关性的最后一项被删除。

在集合平均值的位置积分中，只有 N 项有 $j=s$ 存在。参考方程 (B.5.4) 可知，因子 V 将出现在下面，总的来说，这会导致因子 n_0 的产生。然后，我们有 $v_s(0)=v_j(0)\equiv v(0)$，因为由 δ 函数很容易得到由初始速度分布 $f_{0e}(v)$ 和 $f_{0e}\left(\boldsymbol{v}'\right)$ 加权的积分，

$$\begin{aligned}\left\langle F_{1e}(\boldsymbol{k},v,\omega)F_{1e}^*\left(\boldsymbol{k},\boldsymbol{v}',\omega\right)\right\rangle=&\frac{\pi}{\gamma}n_0\delta(\omega-\boldsymbol{k}\cdot v)\delta\left(v-\boldsymbol{v}'\right)f_{0e}\\&+\frac{4\pi e^2n_0^2}{mk^2}\left\{\frac{f_{0e}(v)\boldsymbol{k}\cdot\partial f_{0e}/\partial\boldsymbol{v}'}{\left(\omega-\boldsymbol{k}\cdot\boldsymbol{v}'+\mathrm{i}\gamma\right)\varepsilon^*\left[(\omega-\boldsymbol{k}\cdot\boldsymbol{v})^2+\gamma^2\right]}\right.\\&\left.+\frac{f_{0e}\left(\boldsymbol{v}'\right)\boldsymbol{k}\cdot\partial f_{0e}/\partial v}{(\omega-\boldsymbol{k}\cdot v-\mathrm{i}\gamma)\varepsilon\left[(\omega-\boldsymbol{k}\cdot v)^2+\gamma^2\right]}\right\}\end{aligned} \tag{B.8.8}$$

在 ω 上的积分，在 $\gamma\to0$ 极限中，只有来自 $\omega=\boldsymbol{k}\cdot v$ 和 $\omega=\boldsymbol{k}\cdot\boldsymbol{v}'$ 的极点的贡献存在。如果我们重写该式就会看到

$$\frac{1}{(\omega-\boldsymbol{k}\cdot v)^2+\gamma^2}=\frac{1}{2\mathrm{i}\gamma}\left(\frac{1}{\omega-\boldsymbol{k}\cdot v-\mathrm{i}\gamma}-\frac{1}{\omega-\boldsymbol{k}\cdot v+\mathrm{i}\gamma}\right)$$

两个积分的主要部分抵消了，剩下 π/γ，

$$\begin{aligned}\left\langle F_{1e}(\boldsymbol{k},v,t)F_{1e}^*\left(\boldsymbol{k},\boldsymbol{v}',t\right)\right\rangle=&n_0\delta\left(v-\boldsymbol{v}'\right)f_{0_e}+\frac{4\pi e^2n_0^2}{mk^2}\left\{\frac{f_{0e}(v)\boldsymbol{k}\cdot\left(\partial f_{0e}/\partial\boldsymbol{v}'\right)}{\varepsilon^*(\boldsymbol{k},\boldsymbol{k}\cdot v)\left[\boldsymbol{k}\cdot\left(v-\boldsymbol{v}'\right)+\mathrm{i}\gamma\right]}\right.\\&\left.+\frac{f_{0e}\left(\boldsymbol{v}'\right)\boldsymbol{k}\cdot\left(\partial f_0/\partial v\right)}{\varepsilon^*(\boldsymbol{k},\boldsymbol{k}\cdot v)\left[\boldsymbol{k}\cdot\left(\boldsymbol{v}'-v\right)-\mathrm{i}\gamma\right])}\right\}\end{aligned} \tag{B.8.9}$$

对于处于平衡状态的等离子体，我们可以使用麦克斯韦分布

$$f_{0e}=\exp\left(-v^2/a^2\right)/\left(\pi a^2\right)^{3/2},\quad a^2=2\kappa T_e/m_{e_2}$$

如果我们也使用介电函数的静态近似 $\varepsilon=1+\left(1/k^2\lambda_{De}^2\right)$ (见 5.2 节)，

$$\begin{aligned}\left\langle F_{1e}(\boldsymbol{r},v,t)F_{1e}\left(\boldsymbol{r}',\boldsymbol{v}',t\right)\right\rangle\cong&\int\frac{\mathrm{d}\boldsymbol{k}}{(2\pi)^3}\mathrm{e}^{\mathrm{i}\boldsymbol{k}\cdot\left(\boldsymbol{r}-\boldsymbol{r}'\right)}n_0\delta\left(v-\boldsymbol{v}'\right)f_{0e}\\&-\frac{8\pi e^2}{m_e}n_0^2f_{0e}(v)f_{0e}\left(\boldsymbol{v}'\right)\int\frac{\mathrm{d}\boldsymbol{k}}{(2\pi)^3}\cdot\frac{\mathrm{e}^{\mathrm{i}\boldsymbol{k}\cdot\left(\boldsymbol{r}-\boldsymbol{r}'\right)}}{a^2\left(k^2+1/\lambda_{De}^2\right)}\end{aligned} \tag{B.8.10}$$

借助于方程 (A.2.12)，我们可以看到第一项简化为 $n_0\delta(\boldsymbol{r}-\boldsymbol{r}')\delta(v-\boldsymbol{v}')f_{0e}$。第二项的值通过设 $\boldsymbol{k}\cdot(\boldsymbol{r}-\boldsymbol{r}')=k_z(r-r')$ 并以 φ 角度表示垂直分量 $k_\perp$ 的大小得到，于是有 $\mathrm{d}\boldsymbol{k}=\mathrm{d}\boldsymbol{k}_z k_\perp \mathrm{d}k_\perp \mathrm{d}\varphi, k^2=k_z^2+k_\perp^2$。通过与方程 (B.7.13) 比较可知

$$
\begin{aligned}
f_{0e}^2(\boldsymbol{r},v,\boldsymbol{r}',\boldsymbol{v}',t)&=f_e^{(1)}(\boldsymbol{r},v,t)f_e^{(1)}(\boldsymbol{r}',\boldsymbol{v}',t)+g_{ee}\\
&=f_e^{(1)}(\boldsymbol{r},v,t)f_e^{(1)}(\boldsymbol{r}',\boldsymbol{v}',t)\left(1-\frac{e^2}{\kappa T_e}\frac{\mathrm{e}^{-|\boldsymbol{r}-\boldsymbol{r}'|/\lambda_{De}}}{|\boldsymbol{r}-\boldsymbol{r}'|}\right)
\end{aligned}
\tag{B.8.11}
$$

我们看到，g_{ee} 代表一个小的修正，这个条件只在短距离内满足，例如 $\boldsymbol{r}-\boldsymbol{r}'>e^2/\kappa T_e$ 或波数为 $k<e^2/\kappa T_e$。

B.8.2 雷纳德–巴列斯库方程

我们将计算电子的碰撞项 $-(e/m_e)\boldsymbol{E}_1\cdot\partial F_{1e}/\partial v$。

对于最简单的情况，即 $B_0=0$ 的均匀准静态非相对论等离子体。在这种情况下，方程 (B.7.9) 和线性化的方程 (B.7.10) 简化为

$$
\frac{\partial F_{0q}}{\partial t}=\frac{e}{m}\left\langle \boldsymbol{E}_1\cdot\frac{\partial F_{1e}}{\partial v}\right\rangle \tag{B.8.12}
$$

$$
\frac{\partial F_{1e}}{\partial t}+v\cdot\frac{\partial F_{1e}}{\partial \boldsymbol{r}}+\frac{q}{m}\boldsymbol{E}_1\cdot\frac{\partial F_{0e}}{\partial v}=0 \tag{B.8.13}
$$

$$
\nabla\cdot\boldsymbol{E}_1=4\pi\sum_q q\int \mathrm{d}vF_{1q} \tag{B.8.14}
$$

可以写为

$$
\begin{aligned}
&\frac{e}{m}\left\langle \boldsymbol{E}_1(\boldsymbol{r},t)\cdot\frac{\partial F_{ie}}{\partial \boldsymbol{v}}(\boldsymbol{r},v,t)\right\rangle\\
=&\frac{e}{m}\mathrm{Re}\int\frac{\mathrm{d}\boldsymbol{k}}{(2\pi)^3}\boldsymbol{k}\cdot\frac{\partial}{\partial \boldsymbol{v}}\left[\lim_{y\to 0}\frac{\gamma}{\pi}\int \mathrm{d}\omega\left\langle E^*(\boldsymbol{k},\omega)F_{1e}(\boldsymbol{k},v,\omega)\right\rangle\right]
\end{aligned}
\tag{B.8.15}
$$

我们使用了 F_{1e} 和 E_1 的傅里叶–拉普拉斯变换，给出了式 (B.8.3)~(B.8.6)。

(a) 我们假设在 $t=0$ 时不存在相关性①。在这种情况下，当取位置的集合平均值时，我们仅获得了待处理同一电荷的两倍求和的贡献，因此

$$
\begin{aligned}
\left\langle\sum_l^{N/Z}\mathrm{e}^{+\mathrm{i}\boldsymbol{k}\cdot\boldsymbol{r}_j(0)}\sum_g^{N/Z}\mathrm{e}^{-\mathrm{i}\boldsymbol{k}\cdot\boldsymbol{r}_g(0)}\right\rangle&=N/ZV=n_0/z; &\quad l=g\\
&=0; &\quad l\neq g
\end{aligned}
$$

① 在 3.6 节中讨论了初始相关对长时间解的影响，表明平均时间 $T\gg 1/\omega_{pe}$ 的简单屏蔽的相关对平均数没有影响。

然后，我们设

$$v_j(0)=v_g(0)=\boldsymbol{v}'(0)$$

(b) 在 ω 的积分中，我们取 $\omega=\boldsymbol{k}\cdot\boldsymbol{v}'(0)$ 和 $\omega=\boldsymbol{k}\cdot v(0)$ 处的极点。此外，ε 中可能存在零极点。原因是等离子体的自然共振，如等离子体波。如果等离子体是稳定的，这些项是朗道阻尼的，有共振但非零值。

最后，我们必须要求一个关于 $\boldsymbol{v}'$ 的积分的值，由于初始速度分布的集合平均，我们必须注意 $\boldsymbol{v}'$ 平面上的极点是如何在极限 $\gamma\to 0$ 内运动的。ω 积分包括

$$1/\left(\omega-\boldsymbol{k}\cdot v'-\mathrm{i}\gamma\right)$$

如图 B.2 所示，对于这个例子，对于 $\boldsymbol{v}'$ 在 $\boldsymbol{k}$ 方向上的分量，我们必须在极点处改变积分路径并设为 [如方程 (A.1.8) 和 (A.1.14)]

$$\int\limits_C f\left(v_k'\right)\mathrm{d}v_k'=-\mathrm{i}\pi f(\omega/k)+\boldsymbol{P}\int f\left(v_k'\right)\mathrm{d}v_k' \tag{B.8.16}$$

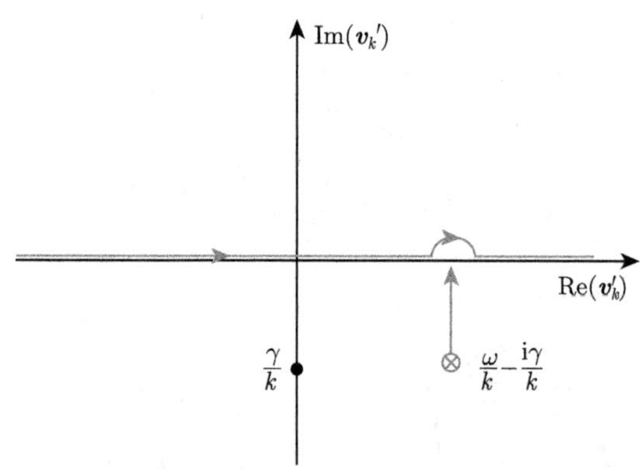

图 B.2　极点周围改变的积分路径

(c) 最后，取初始速度分布的集合平均值为 $f_{0q}\left(v'(0)\right)$，产生了三项

$$\langle E^*(\boldsymbol{k},\omega)F_{1e}(\boldsymbol{k},v,\omega)\}$$

在方程 (B.8.15) 中第一项是方程 (B.8.3) 和 (B.8.6) 的离子分量，第二项是电子分量，第三项由 $F_{1e}(\boldsymbol{k},v,0)$ 和方程 (B.8.6) 中 $n_{1e}(\boldsymbol{k},\omega)$ 之积产生。例如，位置平均后的离子项为

$$-\lim_{\gamma\to 0}\mathrm{i}\frac{\gamma}{\pi}\int\mathrm{d}\omega\int\mathrm{d}\boldsymbol{v}'f_{0i}\left(v'(0)\right)\frac{N}{ZV}\frac{4\pi}{k^3}\frac{Ze^2 4\pi q}{m|\varepsilon(\boldsymbol{k},\omega)|^2}\cdot n_0\boldsymbol{k}\cdot\frac{\partial f_{0e}}{\partial v}$$

$$\times\left\{\frac{1}{(\omega-\boldsymbol{k}\cdot v-\mathrm{i}\gamma)\left[(\omega-\boldsymbol{k}\cdot v(0))^2+\gamma^2\right]}\right\} \tag{B.8.17}$$

在 ω 的积分中，唯一的非零项来自 $\omega=\boldsymbol{k}\cdot\boldsymbol{v}'(0)$ 处的极点，然后离子项简化为

$$\mathrm{i}\int\frac{\mathrm{d}\boldsymbol{v}' f_{0i}(\boldsymbol{v}')(4\pi)^2 Ze^3 n_0^2}{\{\boldsymbol{k}\cdot(\boldsymbol{v}'-v)\}k^3 m_e\left|\varepsilon(\boldsymbol{k},\boldsymbol{k}\cdot\boldsymbol{v}')\right|^2}\boldsymbol{k}\cdot\frac{\partial f_0}{\partial v} \tag{B.8.18}$$

类似地，电子项为

$$\mathrm{i}\int\frac{\mathrm{d}\boldsymbol{v}' f_{0e}(\boldsymbol{v}')(4\pi)^2 Ze^3 n_0^2}{[\boldsymbol{k}\cdot(\boldsymbol{v}'-v)]k^3 m_e\left|\varepsilon(\boldsymbol{k},\boldsymbol{k}\cdot\boldsymbol{v}')\right|^2}\boldsymbol{k}\cdot\frac{\partial f_{0e}}{\partial v} \tag{B.8.19}$$

最后一项变成

$$-\mathrm{i}\frac{4\pi e n_0 f_{0e}(v)}{k|\varepsilon(\boldsymbol{k},\boldsymbol{k}\cdot v)|^2}\varepsilon(\boldsymbol{k},\boldsymbol{k}\cdot v) \tag{B.8.20}$$

现在，从方程 (3.3.9) 和 (3.3.10) 中，介电函数表示如下：

$$\varepsilon(\boldsymbol{k},\boldsymbol{k}\cdot v)=1+\int\frac{\mathrm{d}\boldsymbol{v}' 4\pi_e^2 n_0\boldsymbol{k}\cdot\partial f_{0e}/\partial\boldsymbol{v}'}{m_e k^2[\boldsymbol{k}\cdot(v-\boldsymbol{v}')-\mathrm{i}\gamma]}+\int\frac{\mathrm{d}\boldsymbol{v}' 4\pi Ze^2 n_0\boldsymbol{k}\cdot\partial f_{0i}/\partial\boldsymbol{v}'}{m_i k^2[\boldsymbol{k}\cdot(v-\boldsymbol{v}')-\mathrm{i}\gamma]} \tag{B.8.21}$$

现在我们将方程 (B.8.18)~(B.8.21) 结合到方程 (B.8.15) 中，并使用方程 (B.8.7) 得到雷纳德–巴列斯库方程

$$\begin{aligned}\frac{\partial f_{0e}}{\partial t}=&-\frac{e}{m_e}\int\frac{\mathrm{d}\boldsymbol{k}}{k^2}\boldsymbol{k}\cdot\frac{\partial}{\partial v}\left(\frac{4\pi^2 e}{|\varepsilon(\boldsymbol{k},\boldsymbol{k}\cdot v)|^2}\right.\\&\times\left\{\frac{4\pi e^2}{k^2}\int\mathrm{d}\boldsymbol{v}'\left[\frac{f_{0e}(v)}{m_e}\boldsymbol{k}\cdot\frac{\partial f_{0e}}{\partial v}-\frac{f_{0e}(\boldsymbol{v}')}{m_e}\boldsymbol{k}\cdot\frac{\partial f_{0e}}{\partial v}\right]\delta(\boldsymbol{k}\cdot(\boldsymbol{v}'-v))\right.\\&\left.\left.\times\frac{4\pi Ze^2}{k^2}\int\mathrm{d}\boldsymbol{v}'\left[\frac{f_{0e}(v)}{m_i}\boldsymbol{k}\cdot\frac{\partial f_{0i}}{\partial\boldsymbol{v}'}-\frac{f_{0i}(\boldsymbol{v}')}{m_e}\boldsymbol{k}\cdot\frac{\partial f_0}{\partial v}\right]\delta(\boldsymbol{k}\cdot(\boldsymbol{v}'-v))\right\}\right)\end{aligned} \tag{B.8.22}$$

(i) 括号中的第一项给出了由于电子与电子相互作用而引起的电子分布函数的变化。对于麦克斯韦电子速度分布，正如我们所期望的，它是零。方括号中的第二项涉及与离子的相互作用。在平衡状态下，当 f_{0e} 和 f_{0i} 为麦克斯韦分布，且 $T_e=T_i$ 时，也为零，这与预期一致。

(ii) 由上可知刘维尔方程在层级结构中的展开只对 $k<e^2/\kappa T_e$ 有效，因此，对 k 的积分必须受到这个值的限制。幸运的是，散度是对数的，因此，结果对积分限并不敏感。

(iii) 利用 ε 静态近似，方程 (B.8.22) 中的碰撞项可以简化为福克尔–普朗克形式 (B.4.4)，(例如，Montgomery and Tidman, 1964; Klimontovich, 1967; Clemmow and Dougherty, 1969)。

(iv) 在上面的计算中，我们假设 g 很小，并且与时间尺度相比，等离子体中的相关系数会随着基本分布函数的变化而迅速衰减。这对于稳态下的弱阻尼模式是不正确的，对于不稳定情况下的增长节点也是不正确的。由 Rogister 和 Oberman (1967) 推导出了包含波谱中主要部分贡献的动力学方程。

附录 C　热等离子体的通用色散关系 ①

在大多数等离子体物理课程中，我们得到了静电扰动条件下的扰动分布函数表达式，这使得我们可以得到非磁化等离子体中离子声波和电子等离子体波的色散关系，以及伯恩斯坦波的色散关系 (对于精确的垂直传播)。在这里，我们想简述热磁化均匀等离子体的一般色散关系的推导。

线性化的弗拉索夫方程由下式给出：

$$
\begin{aligned}
&\frac{\partial f_{1\alpha}}{\partial t}+v\cdot\nabla f_{1\alpha}-\left(q_\alpha/m_\alpha c\right)\left(v\times\boldsymbol{B}_0\right)\cdot\frac{\partial f_{1\alpha}}{\partial v}\\
=&\left(q_\alpha/m_\alpha c\right)\left(\boldsymbol{E}_1+\frac{v\times\boldsymbol{B}_1}{c}\right)\cdot\frac{\partial f_{0\alpha}}{\partial v}
\end{aligned}
$$

和

$$
\boldsymbol{B}_0=\hat{z}B_0
$$

我们注意到，即使有拉普拉斯和傅里叶变换，也有一个关于 v 的微分方程要解。我们将使用特征法，该方法利用了未扰动轨道的积分。

我们定义

$$
\frac{\mathrm{d}x'}{\mathrm{d}t'}=v'\text{ 和 }\frac{\mathrm{d}v'}{\mathrm{d}t'}=\frac{-e}{m}\left[\frac{v'\times\boldsymbol{B}_0\left(\boldsymbol{x}',t'\right)}{c}\right]
$$

边界条件为

$$
\boldsymbol{x}'\left(t'=t\right)=\boldsymbol{x}\text{ 和 }v'\left(t'=t\right)=v
$$

其中，$\boldsymbol{x}$ 和 v 是相空间中的点。

于是我们有

$$
\begin{aligned}
f_{\alpha1}(\boldsymbol{r},v,t)=&-\frac{q_\alpha}{m_\alpha}\int_{-\infty}^{t}\mathrm{d}t'\left[\boldsymbol{E}_1\left(\boldsymbol{r}',t'\right)+\frac{v'\times\boldsymbol{B}_1\left(\boldsymbol{r}',t'\right)}{c}\right]\cdot\nabla v' f_{\alpha0}\left(\boldsymbol{r},'v'\right)\\
&+f_{\alpha1}\left[\boldsymbol{r}'(-\infty),v'(-\infty),t'=-\infty\right]
\end{aligned}
$$

其中，$\boldsymbol{r}'$，v' 对应于未扰动轨道并与 $t=t'$ 时的 $\boldsymbol{r}'$ 和 v' 一致。在上文中，我们通过对 $(\boldsymbol{x},v)$ 相空间中的路径从 $-\infty$ 到 t 积分，求解了 $f_1(\boldsymbol{x},v,t)$ 的弗拉索夫方程，

① Krall and Trivelpiece, Stix, and Montgomery & Tidman (1964).

这与带电粒子在 B_0 附近的轨道重合。在柱坐标系中，平衡轨道 $\boldsymbol{B}_0=\hat{z}B_0$ 为

$$
\begin{aligned}
v_x &= v_\perp \cos\phi \\
v_y &= v_\perp \sin\phi \\
v_z &= v_\parallel
\end{aligned}
$$

关于已知变量的项，我们有

$$
\begin{aligned}
v'_x &= v_\perp \cos(\phi-\omega_c\tau) \\
v'_y &= v_\perp \sin(\phi-\omega_c\tau) \\
v'_z &= v_\parallel
\end{aligned}
\qquad\Bigg|\qquad
\begin{aligned}
x' &= x-\frac{v_\perp}{\omega_c}\sin(\phi-\omega_c\tau)+\frac{v_\perp}{\omega_c}\sin\phi \\
y' &= y-\frac{v_\perp}{\omega_c}\cos(\phi-\omega_c\tau)+\frac{v_\perp}{\omega_c}\cos\phi \\
z' &= v_\parallel\tau+z
\end{aligned}
$$

对于 $\tau\to 0$，$v'\to v$ 和 $\boldsymbol{X}'\to x$。

然后，我们从 f_α 中得到了 $n_{\alpha1}(\boldsymbol{r},t)$ 和 $\boldsymbol{j}_1(\boldsymbol{r},t)$，应用于下面的麦克斯韦方程:

$$
\begin{aligned}
&\nabla\times\boldsymbol{E}_1=-\frac{1}{c}\frac{\partial\boldsymbol{B}_1}{\partial t},\quad \nabla\cdot\boldsymbol{E}_1=4\pi\sum_\alpha q_\alpha n_{\alpha1}=4\pi\sum_\alpha q_d\int \mathrm{d}v f_{\alpha1} \\
&\nabla\times\boldsymbol{B}_1=\frac{1}{c}\frac{\partial\boldsymbol{E}_1}{\partial t}+\frac{4\pi}{c}\boldsymbol{j}_1
\end{aligned}
$$

其中

$$
\boldsymbol{j}_1=\sum_\alpha q_\alpha(n_\alpha v_\alpha)_1=\sum_\alpha q_\alpha\int v f_{\alpha1}\mathrm{d}v
$$

从等离子体导论中可知，除了求解初值问题，真正需要做的是求出时间渐近解，以获得所需的色散关系。

因此，我们可以 (像以前一样) 假定如下形式的平面波解:

$$
\boldsymbol{E}_1(\boldsymbol{r},t)=\boldsymbol{E}_1\exp(\mathrm{i}\boldsymbol{k}\cdot\boldsymbol{r}-\mathrm{i}\omega t)
$$

我们还假设

$$
f_{\alpha1}(\boldsymbol{r}',v',t'\to-\infty)=0
$$

然后，我们有

$$
\begin{aligned}
f_{\alpha1}&=f_{\alpha1}\exp(\mathrm{i}\boldsymbol{k}\cdot\boldsymbol{r}-\mathrm{i}\omega t) \\
f_{\alpha1}&=-\frac{q_\alpha}{m_\alpha}\int_{-\infty}^{0}\left(\boldsymbol{E}_1+\frac{v'\times\boldsymbol{B}_1}{c}\right) \\
&\quad\cdot\nabla_{v'}f_{\alpha0}(v')\exp[\mathrm{i}(\boldsymbol{k}\cdot\boldsymbol{X}-\omega r)]\mathrm{d}r
\end{aligned}
$$

其中，$\mathrm{Im}\,\omega>0$，　$\tau=t'-t$，和 $\boldsymbol{X}=\boldsymbol{r}'\cdot\boldsymbol{r}$。

现在，我们得出平衡分布满足

$$\left(v\cdot\nabla+\frac{q_\alpha}{m_\alpha}\frac{v'\times \mathrm{B}_1}{c}\nabla_v\right)f_{\alpha0}=0$$

其中

$$\sum_\alpha n_{\alpha0}q_\alpha\int\hat{f}_{\alpha0}\mathrm{d}v=0\quad(\text{没有净电荷})$$

和

$$\sum_\alpha n_{\alpha0}q_\alpha\int_{\mathrm{V}}f_{\alpha0}\mathrm{d}v=0\quad(\text{没有净电流})$$

我们再次假设空间均匀平衡分布，即

$$\hat{f}_{\alpha0}=\hat{f}_{\alpha0}\left(v_\perp^2,v_z\right)$$

零阶分布函数 $f_{\alpha0}(v)$ 是运动常数 $v_\perp$ 和 v_z 的函数，因此，在 v 空间中使用极坐标，

$$\begin{aligned}\nabla_v f_{\alpha0}(v_\perp,v_z)&=\frac{\partial f_{\alpha0}}{\partial v_\perp}\overset{\frac{v_\perp}{v_\perp}}{\Downarrow}e_\perp+\frac{1}{v_\perp}\overbrace{\frac{\partial f_{\alpha0}}{\partial\phi}}^{0}e_\varphi+\frac{\partial f_{\alpha0}}{\partial v_z}e_z\\&=2\frac{\partial f_{\alpha0}}{\partial v_\perp^2}v_\perp+2v_z\frac{\partial f_{\alpha0}}{\partial v_z^2}e_z\end{aligned}$$

于是，因为 $\boldsymbol{B}_0=\hat{z}B_0$ 是常数，就有 $v_\perp^2$ 和 v_z 作为运动的常数。因此，我们可以把 $\dfrac{\partial f_0}{\partial v_\perp^2}$ 和 $\dfrac{\partial f_0}{\partial v_z^2}$ 从积分中删除。然后我们必须做这样的积分：

$$\int_{-\infty}^{0}\left(v_x',v_y',1\right)\exp[1(\boldsymbol{k}\cdot\boldsymbol{X}-\omega\tau)]\mathrm{d}r$$

我们会假设 (不失一般性)$k_\perp$ 与 x 轴重合，即 $\boldsymbol{k}$ 在 x-z 平面上，

$$\boldsymbol{k}=k_\perp\boldsymbol{e}_x+k_z\boldsymbol{e}_z$$

于是，

$$\begin{aligned}\boldsymbol{k}\cdot\left[\boldsymbol{x}'(\tau)-\boldsymbol{x}\right]&=k_\tau\left[x'(\tau)-x\right]+k_z z'(\tau)-k_z z\\&=-\frac{k_\perp \mathrm{v}_\perp}{\varOmega_\alpha}\left[\sin\left(\phi-\varOmega_\alpha\tau\right)-\sin\phi\right]+k_z v_z\tau\end{aligned}$$

和

$$\mathrm{e}^{-\mathrm{i}\omega\tau+\mathrm{i}\boldsymbol{k}\cdot\left[\boldsymbol{x}'(\tau)-\boldsymbol{x}\right]}=\mathrm{e}^{-\mathrm{i}(\omega-k_2 v_z)\tau-\mathrm{i}\frac{k_\perp v_\perp}{\varOmega_\alpha}[\sin(\phi-\varOmega_\alpha\tau)-\sin\phi]}$$

为了计算这些积分，我们使用贝塞尔函数恒等式

$$\exp(\mathrm{i}z\sin\phi)=\sum_{n=-\infty}^{\infty}\mathrm{e}^{\mathrm{i}n\phi}J_n(z)$$

和

$$\exp[-\mathrm{i}z\sin(\phi-\alpha)]=\sum_{m=-\infty}^{\infty}\exp[-\mathrm{i}m(\phi-\alpha)]J_m(z)$$

于是

$$\exp\left[\frac{\mathrm{i}k_\perp v_\perp}{\omega_c}\sin\left(\phi-\omega_c\tau\right)\right]=\sum_{n=-\infty}^{\infty}J_n\left(\frac{k_\perp v_\perp}{\omega_c}\right)\exp\left[\mathrm{i}n\left(\phi-\omega_c\tau\right)\right]$$

所以

$$\begin{aligned}\mathrm{e}^{-\mathrm{i}\omega\tau+\mathrm{i}\boldsymbol{k}\cdot\left[\boldsymbol{x}'(\tau)-\boldsymbol{x}\right]}&=\mathrm{e}^{-\mathrm{i}(\omega-k_zv_z)\tau-\mathrm{i}\frac{k_\perp v_\perp}{\varOmega_\alpha}}\left[\sin\left(\phi-\varOmega_\alpha\tau\right)-\sin\phi\right]\\&=\sum_s\sum_{s'}J_s\left(\frac{k_\perp v_\perp}{\varOmega_\alpha}\right)J_{s'}\left(\frac{k_\perp v_\perp}{\varOmega_\alpha}\right)\mathrm{e}^{-\mathrm{i}(\omega-k_zv_z-s\varOmega_\alpha)\tau+\mathrm{i}\left(s'-s\right)\phi}\end{aligned}$$

现在，我们考虑被积函数中的其他因素。

我们有

$$\boldsymbol{B}_k=\frac{c}{\omega}\boldsymbol{k}\times E_k$$

因此

$$v\times\boldsymbol{B}_k=\frac{c}{\omega}v\times(\boldsymbol{k}\times E_k)=\frac{c}{\omega}\left[(v\cdot\boldsymbol{E}_k)\,\boldsymbol{k}-(\boldsymbol{k}\cdot v)E_k\right]$$

$$\begin{aligned}\boldsymbol{E}_k\cdot\nabla_vf_{\alpha0}&=2\left(E_{kx}\boldsymbol{e}_x+E_{ky}\boldsymbol{e}_y+E_{kz}\boldsymbol{e}_z\right)\cdot\left(\frac{\partial f_{\alpha0}}{\partial v_\perp^2}v_\perp+v_z\frac{\partial f_{\alpha0}}{\partial v_z^2}\boldsymbol{e}_z\right)\\&=2\left(E_{kx}v_x+E_{ky}v_y\right)\frac{\partial f_{\alpha0}}{\partial v_\perp^2}+2E_{kz}v_z\frac{\partial f_{\alpha0}}{\partial v_z^2}\end{aligned}$$

$$\begin{aligned}&\frac{1}{c}\left(v\times\boldsymbol{B}_k\right)\cdot\nabla_vf_{\alpha0}\\=&\frac{2}{\omega}\left[(v\cdot\boldsymbol{E}_k)\,\boldsymbol{k}-(\boldsymbol{k}\cdot v)\boldsymbol{E}_k\right]\cdot\left(\frac{\partial f_{\alpha0}}{\partial v_\perp^2}v_\perp+v_z\frac{\partial f_{\alpha0}}{\partial v_z^2}\boldsymbol{e}_z\right)\\=&\frac{2}{\omega}\left\{\left[(v\cdot\boldsymbol{E}_k)\left(\boldsymbol{k}\cdot v_\perp\right)-(\boldsymbol{k}\cdot v)\left(v_\perp-\boldsymbol{E}_k\right)\right]\frac{\partial f_{\alpha0}}{\partial v_\perp^2}\right.\\&\left.+\left[(v\cdot\boldsymbol{E}_k)\,k_zv_z-(\boldsymbol{k}\cdot v)v_z\boldsymbol{E}_k\right]\frac{\partial f_{\alpha0}}{\partial v_z^2}\right\}\\=&\frac{2}{\omega}\left\{\left[(v_xE_{kx}+v_yE_{ky}+v_zE_{kz})\left(k_\perp v_x\right)-\left(k_\perp v_x+k_zv_z\right)\left(v_xE_{kx}+v_yE_{ky}\right)\right]\right.\end{aligned}$$

$$
\cdot\frac{\partial f_\alpha}{\partial v_1^2}+\left[\left(v_xE_{kx}+v_yE_{ky}+v_zE_{kz}\right)k_zv_z-\left(k_\perp v_x+k_zv_z\right)v_zE_{kz}\right]\frac{\partial f_{\alpha0}}{\partial v_z^2}\bigg\}
$$

$$
\begin{aligned}
=&\frac{2}{\omega}\left[\left(-k_zv_xE_{kx}-k_zv_yE_{ky}+k_\perp v_xE_{kz}\right)v_y\frac{\partial f_{\alpha0}}{\partial v_\perp^2}\right.\\
&\left.+\left(k_zv_xE_{kx}+k_zv_yE_{ky}-k_\perp v_xE_{kz}\right)v_z\frac{\partial f_{\alpha0}}{\partial v_z^2}\right]
\end{aligned}
$$

综合上述方程，我们得到

$$
\begin{aligned}
&\left(\boldsymbol{E}_k+\frac{1}{c}v'\times\boldsymbol{B}_k\right)\cdot\nabla_{v'}f_{\alpha0}=2v_x'\underline{\overline{X}}+2v_y'Y+2v_z'Z\\
=&v_\perp\left[\mathrm{e}^{\mathrm{i}(\phi-\Omega_\alpha\tau)}+\mathrm{e}^{-\mathrm{i}(\phi-\Omega_\alpha\tau)}\right]\underline{\overline{X}}\\
&-\mathrm{i}v_\perp\left[\mathrm{e}^{\mathrm{i}(\phi-\Omega_\alpha\tau)}-\mathrm{e}^{-\mathrm{i}(\phi-\Omega_\alpha\tau)}\right]Y+2v_zZ
\end{aligned}
$$

其中

$$
\begin{aligned}
\underline{\overline{X}}&=E_{kx}\frac{\partial f_{\alpha0}}{\partial v_\perp^2}+\frac{v_z}{\omega}\left(k_zE_{kx}-k_\perp E_{kz}\right)\left(\frac{\partial f_{\alpha0}}{\partial v_z^2}-\frac{\partial f_{\alpha0}}{\partial v_\perp^2}\right)\\
Y&=E_{ky}\frac{\partial f_{\alpha0}}{\partial v_\perp^2}+\frac{v_z}{\omega}k_zE_{ky}\left(\frac{\partial f_{\alpha0}}{\partial v_z^2}-\frac{\partial f_{\alpha0}}{\partial v_\perp^2}\right)\\
Z&=E_{kz}\frac{\partial f_{\alpha0}}{\partial v_z^2}
\end{aligned}
$$

注：$v_\perp, v_z$ 和 v 是运动常数，但 v_x 和 v_y 不是。$\underline{\overline{X}}$，Y 和 Z 是运动常数的函数，我们有

$$
\begin{aligned}
&\left(\boldsymbol{E}_k+\frac{1}{c}v'\times\boldsymbol{B}_k\right)\cdot\nabla_{v'}f_{\alpha0}\mathrm{e}^{-\mathrm{i}\omega\tau+\mathrm{i}\boldsymbol{k}\cdot\left[x'(\tau)-\boldsymbol{x}\right]}\\
=&v_\perp\underline{\overline{X}}\left[\mathrm{e}^{\mathrm{i}(\phi-\Omega_\alpha\tau)}+\mathrm{e}^{-\mathrm{i}(\phi-\Omega_\alpha\tau)}\right]\sum_{s,s'}J_sJ_{s'}\mathrm{e}^{-\mathrm{i}(\omega-k_zv_z-s\Omega_x)\tau+\mathrm{i}\left(s'-s\right)\phi}\\
&-\mathrm{i}v_\perp Y\left[\mathrm{e}^{\mathrm{i}(\phi-\Omega_\alpha\tau)}-\mathrm{e}^{-\mathrm{i}(\phi-\Omega_\alpha\tau)}\right]\sum_{s,s'}J_sJ_{s'}\mathrm{e}^{-\mathrm{i}(\omega-k_zv_z-s\Omega_\alpha)\tau+\mathrm{i}\left(\delta'-s\right)\phi}\\
&+2v_zZ\sum_{s,s'}J_sJ_{s'}\mathrm{e}^{-\mathrm{i}(\omega-k_zv_z-s\Omega_\alpha)\tau+\mathrm{i}(s-s)\phi}
\end{aligned}
$$

我们将上面的各项重写如下：

$$
\begin{aligned}
&\sum_{s,s'}J_sJ_{s'}\mathrm{e}^{\mathrm{i}(\phi-\Omega_\alpha\tau)}\mathrm{e}^{-\mathrm{i}(\omega-k_2v_z-s\Omega_\alpha)\tau+\mathrm{i}\left(s'-s\right)\phi}\\
=&\sum_{s,s'}J_sJ_{s'}\mathrm{e}^{-\mathrm{i}[\omega-k_zv_z-(s-1)\Omega_\alpha]\tau+\mathrm{i}\left(s'-s+1\right)\phi}\\
&\qquad(\text{令 } n=s-1)
\end{aligned}
$$

$$
\begin{aligned}
&= \sum_{n,s'} J_{n+1} J_{s'} \mathrm{e}^{-\mathrm{i}(\omega - k_z v_z - n\Omega_\alpha)\tau + \mathrm{i}(s'-n)\phi} \\
&\sum_{s,s'} J_s J_{s'} \mathrm{e}^{-\mathrm{i}(\phi - \Omega_\alpha \tau)} \mathrm{e}^{-\mathrm{i}(\omega - k_2 v_2 - s\Omega_\alpha)\tau + \mathrm{i}(s'-s)\phi} \\
&= \sum_{s,s'} J_s J_{s'} \mathrm{e}^{-\mathrm{i}[\omega - k_z v_z - (s+1)\Omega_\alpha]} \tau + \mathrm{i}\,(s' - s - 1)\,\phi \\
&(n = s+1) \\
&= \sum_{n,s'} J_{n+1} J_{s'} \mathrm{e}^{-\mathrm{i}(\omega - k_z v_z - n\Omega_\alpha)\tau + \mathrm{i}(s'-n)\phi}
\end{aligned}
$$

代入，我们得到

$$
\begin{aligned}
&\left(\boldsymbol{E}_k + \frac{1}{c} v' \times \boldsymbol{B}_k \right) \cdot \nabla_{v'} f_{\alpha 0} \mathrm{e}^{-\mathrm{i}\omega\tau + \mathrm{i}\boldsymbol{k}\cdot[x'(\tau) - \boldsymbol{x}]} \\
= &\sum_{n,s'} \left[v_\perp \overline{X} \left(J_{n+1} + J_{n-1} \right) \right. \\
&\left. - \mathrm{i} v_\perp Y \left(J_{n+1} - J_{n-1} \right) + 2 v_z Z J_n \right] J_{s'} \cdot \underbrace{\mathrm{e}^{-\mathrm{i}(\omega - k_z v_2 - n\Omega_\alpha)\tau} \mathrm{e}^{\mathrm{i}(s'-n)\phi}}_{\text{依赖 } \tau \text{ 的唯一的因子}}
\end{aligned}
$$

再次代入并且对 τ 求积分，我们可以得到

$$
f_{\alpha k}(\mathrm{v}) = \frac{q_\alpha}{m_\alpha} \sum \frac{v_\perp \overline{X} \left(J_{n+1} + J_{n-1} \right) - \mathrm{i} v_\perp Y \left(J_{n+1} - J_{n-1} \right) + 2 v_z Z I_n}{\mathrm{i} \left(\omega - k_2 v_2 - n\Omega_\alpha \right)} J_{s'} \mathrm{e}^{\mathrm{i}(\delta' - n)\phi}
$$

扰动电流由下式给出：

$$
\begin{aligned}
\boldsymbol{J}_k &= \sum_\alpha q_\alpha \int f_{\alpha k}(v) v \mathrm{d}^3 v \\
&= \sum_\alpha q_\alpha \int_0^\infty v_\perp \mathrm{d}v_\perp \int_0^{2\pi} \mathrm{d}\phi \int_{-\infty}^{\infty} \mathrm{d}v_z f_{\alpha k}(v) \overbrace{\begin{aligned}&= v'(\tau = 0) \\ &= v_\perp \cos\phi e_x + v_\perp \sin\phi e_y v_z e_z\end{aligned}}^{v}
\end{aligned}
$$

$\boldsymbol{J}_k$ 的 x 分量为

$$
\begin{aligned}
J_{kx} &= \sum_a q_\alpha \int_0^\infty v_\perp \mathrm{d}v_\perp \int_0^{2\pi} \mathrm{d}\phi \int_{-\infty}^{\infty} \mathrm{d}v_z f_{\alpha k}(v) \overbrace{= \frac{1}{2} v_\perp \left(\mathrm{e}^{\mathrm{i}\phi} + \mathrm{e}^{-\mathrm{i}\phi} \right)}^{v} \\
&= \sigma_{xx} E_{kx} + \sigma_{xy} E_{ky} + \sigma_{xz} E_{kz}
\end{aligned}
$$

第一个 σ_{xx} 可以通过将与 E_{kx} 成比例的 $f_{\alpha k}$ 分组得到。因此，

$$
\sigma_{xx} = \sum_\alpha \frac{q_\alpha^2}{m_\alpha} \int_0^\infty v_\perp \mathrm{d}v_\perp \int_0^{2\pi} \mathrm{d}\phi \int_{-\infty}^{\infty} \mathrm{d}v_2 \frac{1}{2} v_\perp \left(\mathrm{e}^{\mathrm{i}\phi} + \mathrm{e}^{-\mathrm{i}\phi} \right)
$$

$$\sum_{n,s'}\frac{v_\perp\left[\frac{\partial f_{\alpha0}}{\partial v_\perp^2}\left(1-\frac{k_zv_z}{\omega}\right)+\frac{k_zv_z}{\omega}\frac{\partial f_{\alpha0}}{\partial v_z^2}\right]}{\mathrm{i}\left(\omega-k_zv_2-n\Omega_\alpha\right)}\left(J_{n+1}+J_{n-1}\right)J_{s'}\mathrm{e}^{\mathrm{i}\left(s'-n\right)\phi}$$

使用贝塞尔函数恒等式，

$$\begin{cases}J_{n-1}(x)+J_{n+1}(x)=\dfrac{2n}{x}J_n(x)\\J_{n-1}(x)-J_{n+1}(x)=2J_n'(x)\end{cases}$$

我们可以写为

$$J_{n+1}\left(\frac{k_\perp v_\perp}{\Omega_\alpha}\right)+J_{n-1}\left(\frac{k_\perp v_\perp}{\Omega_\alpha}\right)=\frac{2n\Omega_\alpha}{k_\perp v_\perp}J_n\left(\frac{k_\perp v_\perp}{\Omega_\alpha}\right)$$

代入，我们得到

$$\begin{aligned}\sigma_{xx}=&\sum_\alpha\frac{q_\alpha^2}{m_\alpha}\int_0^\infty v_\perp\mathrm{d}v_\perp\int_0^{2\pi}\mathrm{d}\phi\int_{-\infty}^\infty\mathrm{d}v_2\frac{nv_\perp\Omega_\alpha}{k_1}\sum_{n,s'}J_nJ_{s'}\frac{\frac{\partial f_{\alpha0}}{\partial v_\perp^2}\left(1-\frac{k_zv_2}{\omega}\right)+\frac{k_zv_z}{\omega}\frac{\partial f_{\alpha0}}{\partial v_z^2}}{\mathrm{i}\left(\omega-k_zv_z-n\Omega_\alpha\right)}\\&\cdot\left[\mathrm{e}^{\mathrm{i}\left(\delta'-n+1\right)\phi}+\mathrm{e}^{\mathrm{i}\left(\delta'-n-1\right)\phi}\right]\end{aligned}$$

很显然在 s'_{sum} 中只有一项能存在于 φ 积分中，所以在 φ 积分基础上，

$$\begin{aligned}\sigma_{xx}=&\sum_\alpha\frac{2\pi q_\alpha^2}{m_\alpha}\sum_n\int_0^\infty v_\perp\mathrm{d}v_\perp\\&\int_{-\infty}^\infty\mathrm{d}v_2\frac{nv_\perp\Omega_\alpha}{k_\perp}\frac{\frac{\partial f_{\alpha0}}{\partial v_\perp^2}\left(1-\frac{k_2v_2}{\omega}\right)+\frac{k_2v_2}{\omega}\frac{\partial f_{\alpha0}}{\partial v_z^2}}{\mathrm{i}\left(\omega-k_zv_z-n\Omega_\alpha\right)}\cdot\underbrace{J_n\left[J_{n-1}+J_{n+1}\right]}_{=\frac{2n\Omega\alpha}{k_\perp v_\perp}J_n}\\=&\sum_\alpha\frac{2\pi q_\alpha^2}{m_\alpha}\sum_n\int_0^\infty 2v_\perp\mathrm{d}v_\perp\int_{-\infty}^\infty\mathrm{d}v_2\frac{n^2\Omega_\alpha^2}{k_\perp^2}J_n^2\frac{\frac{\partial f_1}{\partial v_\perp^2}\left(1-\frac{k_2v_2}{\omega}\right)+\frac{k_2v_2}{\omega}\frac{\partial f_{\alpha0}}{\partial v_2^2}}{\mathrm{i}\left(\omega-k_2v_2-n\Omega_\alpha\right)}\end{aligned}$$

我们利用 σ_{xx} 来得到色散张量 D_{xx}：

$$\begin{aligned}D_{xx}=&1-\frac{k_z^2c^2}{\omega^2}+\frac{4\pi\mathrm{i}}{\omega}\sigma_{xx}\\=&1-\frac{k_z^2c^2}{\omega^2}-\frac{2\pi}{\omega}\sum_\alpha\frac{\omega_{p\alpha}^2}{\Omega_\alpha}\sum_n\int_0^\infty 2v_\perp\mathrm{d}v_\perp\int_{-\infty}^\infty\mathrm{d}v_z\frac{n^2\Omega_\alpha^2}{k_\perp^2}J_n^2\left(\frac{k_\perp v_\perp}{\Omega_\alpha}\right)\end{aligned}$$

$$\times\frac{\frac{\partial \bar{f}_{\alpha 0}}{\partial v_{\perp}^{2}}\left(1-\frac{k_{z} v_{z}}{\omega}\right)+\frac{k_{z} v_{z}}{\omega} \frac{\partial \bar{f}_{\alpha 0}}{\partial v_{z}^{2}}}{k_{z} v_{z}+n \Omega_{2}-\omega}$$

以上我们定义了一个归一化分布函数

$$\bar{f}_{\alpha 0}=\frac{1}{n_{0 \alpha}} f_{\alpha 0} \quad\left(\text{因此} \int \bar{f}_{\alpha 0} \mathrm{d}^{3} v=1\right)$$

类似地，我们得到了色散张量的其余的量，它们满足以下关系：

$$\left|\begin{array}{ccc}D_{xx} & D_{xy} & D_{xz} \\ D_{yx} & D_{yx} & D_{yz} \\ D_{zx} & D_{zy} & D_{zz}\end{array}\right|=0$$

结果是

$$\begin{aligned}
D_{xx}&=1-\frac{k_{z}^{2} c^{2}}{\omega^{2}}-\frac{2 \pi}{\omega} \sum_{\alpha}\left(\frac{\omega_{p \alpha}^{2}}{\Omega_{\alpha}}\right) \sum_{\alpha}\left\langle\frac{n^{2} \Omega_{\alpha}^{3}}{k_{\perp}^{2}} J_{n}^{2} \chi_{\alpha}\right\rangle \\
D_{xy}&=-\frac{2 \pi \mathrm{i}}{\omega} \sum_{\alpha} \sum_{n}\left(\frac{\omega_{p \alpha}^{2}}{\Omega_{\alpha}}\right)_{\alpha}\left\langle\frac{n \Omega_{\alpha}^{2}}{k_{\perp}} J_{n} \frac{\mathrm{d} J_{n}}{\mathrm{d}\left(k_{\perp} v_{\perp} / \Omega_{\alpha}\right)} \chi_{\alpha}\right\rangle \\
D_{xz}&=\frac{k_{2} k_{\perp} c^{2}}{\omega^{2}}-\frac{2 \pi}{\omega} \sum_{\alpha} \sum_{n}\left(\frac{\omega_{p \alpha}^{2}}{\Omega_{\alpha}}\right)_{\alpha}\left\langle\frac{n \Omega_{\alpha}^{2} v_{z} J_{n}^{2}}{k_{\perp}} \Lambda_{\alpha}\right\rangle \\
D_{yx}&=-D_{xy} \\
D_{yy}&=1-\frac{\left(k_{\perp}^{2}+k_{z}^{2}\right) c^{2}}{\omega^{2}}-\frac{2 \pi}{\omega} \sum_{\alpha} \sum_{n}\left(\frac{\omega_{p \alpha}^{2}}{\Omega_{\alpha}}\right)\left\langle\Omega_{\alpha}\left(\frac{\mathrm{d} J_{n}}{\mathrm{d}\left(k_{\perp} v_{\perp} / \Omega_{\alpha}\right)}\right)^{2} v_{\perp}^{2} \chi_{\alpha}\right\rangle \\
D_{yz}&=\frac{2 \pi i}{\omega} \sum_{\alpha} \sum_{n}\left(\frac{\omega_{p \alpha}^{2}}{\Omega_{\alpha}}\right)\left\langle\Omega_{\alpha} v_{\perp} v_{z} J_{n} \frac{\mathrm{d} J_{n}}{\mathrm{d}\left(k_{\perp} v_{\perp} / \Omega_{\alpha}\right)} \Lambda_{\alpha}\right\rangle \\
D_{zx}&=\frac{k_{z} k_{\perp} c^{2}}{\omega^{2}}-\frac{2 \pi}{\omega} \sum_{\alpha} \sum_{n}\left(\frac{\omega_{p \alpha}^{2}}{\Omega_{\alpha}}\right)\left\langle v_{z} \frac{n \Omega_{\alpha}^{2}}{k_{\perp}} J_{n}^{2} \chi_{\alpha}\right\rangle \\
D_{zy}&=-\frac{2 \pi \mathrm{i}}{\omega} \sum_{\alpha} \sum_{n}\left(\frac{\omega_{p \alpha}^{2}}{\Omega_{\alpha}}\right)_{\alpha}\left\langle v_{z} v_{\perp} \Omega_{\alpha} J_{n} \frac{\mathrm{d} J_{n}}{\mathrm{d}\left(k_{\perp} v_{\perp} / \Omega_{\alpha}\right)} \chi_{\alpha}\right\rangle \\
D_{2z}&=1-\frac{k_{\perp}^{2} c^{2}}{\omega^{2}}-\frac{2 \pi}{\omega} \sum_{\alpha} \sum_{n}\left(\frac{\omega_{p \alpha}^{2}}{\Omega_{\alpha}}\right)_{\alpha}\left\langle v_{z}^{2} \Omega_{\alpha} J_{n}^{2} \Lambda_{\alpha}\right\rangle
\end{aligned}$$

其中括号 [ ] 表示积分算子

$$[F(v)]=\int_{-\infty}^{\infty} \mathrm{d} v_{\|} \int_{0}^{\infty} \frac{2 v_{\perp} F\left(v_{\perp}, v_{\|}\right)}{k_{\|} v_{\|}+n \omega_{\mathrm{c} \alpha}-\omega} \mathrm{d} v_{\perp}$$

而且其中

$$\chi_\alpha = \frac{\partial f_{\alpha 0}}{\partial v_\perp^2}\left(1-\frac{k_\| v_\|}{\omega}\right)+\frac{k_\| v_\|}{\omega}\frac{\partial f_{\alpha 0}}{\partial v_\|^2}$$

和

$$\Lambda_\alpha = \frac{\partial f_{\alpha 0}}{\partial v_\|^2}-\frac{n\omega_{c\alpha}}{\omega}\left(\frac{\partial}{\partial v_\|^2}-\frac{\partial}{\partial v_\perp^2}\right)f_{\alpha 0}$$

利用色散关系，我们可以研究具体的情况 (就像通常的冷流体波那样)。例如，我们可以研究垂直传播 ($k_z=0$) 或平行传播 ($k_\perp=0$)。

同时，我们也注意到，可以通过给出分布函数来恢复冷流体等离子体的结果

$$\bar{f}_{\alpha 0} = \frac{1}{2\pi v_\perp}\delta(v_\perp)\delta(v_z)$$

$$\left[\Rightarrow \int \bar{f}_{\alpha 0}\mathrm{d}^3v = \int_0^\infty v_\perp \mathrm{d}v_\perp \int_0^{2\pi}\mathrm{d}\phi \int_{-\infty}^{\infty}\mathrm{d}v_z f_{\alpha 0}=1\right]$$

另一个常见的平衡分布函数是关于磁场坐标的二维麦克斯韦分布：

$$f_{0\alpha} = \frac{1}{\pi^{3/2}a_{\perp\alpha}^2 a_{\|\alpha}}\exp\left(-\frac{v_\perp^2}{a_{\perp\alpha}^2}-\frac{v_\|^2}{a_{\|\alpha}^2}\right)$$

作为一个例子，我们假设沿磁场 B_0 传播。对 $V_\perp$ 积分之后，我们发现

$$\begin{aligned}\omega^2 =& k_\|^2c^2+\sum_\alpha \omega_{p\alpha}^2\left\{\int_{-\infty}^{\infty}\frac{(\omega-k_\| v_\|)\exp\left(-\dfrac{v_\|^2}{a_{\|\alpha}^2}\right)\mathrm{d}v_\|}{\pi^{1/2}a_{\|\alpha}(\omega\pm\omega_{c\alpha}-k_\| v_\|)}\right.\\ &\left.+\left(\frac{a_{\perp\alpha}}{a_{\|\alpha}}\right)^2\int_{-\infty}^{\infty}\frac{k_\| v_\|\exp\left(\dfrac{v_\|^2}{a_{\|\alpha}^2}\right)\mathrm{d}v_\|}{\pi^{1/2}a_{\|\alpha}(\omega\pm\omega_{c\alpha}-k_\| v_\|)}\right\}\end{aligned}$$

共振分母项产生无碰撞阻尼 (正如我们在无场等离子体的朗道阻尼中看到的那样)。在多普勒移频为 $\omega'=\omega-k_\| v_\|=n\omega_c\alpha$ 时，粒子 “看到” 波。

设 $t=\dfrac{v_\|}{a_{\|\alpha}}$ 和 $\phi_{\pm\alpha}=\dfrac{\omega\pm\omega_{c\alpha}}{k_\| a\|_\alpha}$，我们有

$$\omega^2 = k_\|^2c^2-\sum_\alpha \omega_{p\alpha}^2\left[\int_{-\infty}^{\infty}\frac{\left(\dfrac{\omega}{k_\| a_{\|\alpha}}-t\right)\mathrm{e}^{-t^2}}{\pi^{1/2}(t-\phi_{\pm\alpha})}\mathrm{d}t+\int_{-\infty}^{\infty}\frac{ta_{\perp\alpha}^2\mathrm{e}^{-t^2}}{\pi^{1/2}a_{\|\alpha}^2(t-\phi_{\pm\alpha})}\mathrm{d}t\right]$$

我们可以用 Fried 和 Conte 等离子体色散方程中的式子来表示，

$$\omega^2 = k_{\|}^2 c^2 - \sum_{\alpha} \omega_{p\alpha}^2 \left\{ \frac{\omega}{k_{\|} a_{\|\alpha}} Z(\phi_{\pm\alpha}) + \left[\left(\frac{a_b}{a_{\|\alpha}} \right)^2 - 1 \right] [1 + \phi_{\pm\alpha} Z(\phi_{\pm\alpha})] \right\}$$

其中，$Z(\phi_{\pm\alpha}) = \dfrac{1}{\pi^{1/2}} \displaystyle\int_{-\infty}^{\infty} \dfrac{\mathrm{e}^{-t^2}\mathrm{d}t}{t - \phi_{\pm\alpha}}$，负号对应我们熟悉的 R 波。

进一步简化为熟悉的冷等离子体情况是有启发意义的。我们取 $M_i \to \infty, a_{\perp}e = a_{\|}e$，然后利用

$$\phi_{-e} = \frac{\omega - \omega_{ce}}{k_{\|} a_{\|e}} \to \infty$$

得到

$$\lim_{\phi_{-e} \to \infty} Z(\phi_{-e}) \to -\frac{1}{\phi_{-e}}$$

于是有 $\omega^2 = k_{\|}^2 c^2 + \dfrac{\omega_{pe}^2 \omega}{\omega - \omega_{ce}}$，这就得到了以往的冷等离子体的结果。

附录D　形式因子的计算

第 一 部 分

本附录概述了一种数值估计非相对论 $(v/c \ll 1)$ 汤姆孙散射形式因子和相位匹配要求的方法，完整的相对论处理方法参见 Palastro 等 (2010) 的著作。3.4 节提到，形式因子可以表示为如下形式：

$$S(k,\omega) = \left|\frac{1+\chi_i}{\varepsilon}\right|^2 f_e(\omega/k) + Z\left|\frac{\chi_e}{\varepsilon}\right|^2 f_i(\omega/k) \tag{D.1}$$

其中，$\varepsilon = 1+\chi_e+\chi_i$，

$$\chi_\alpha(\omega,k) = -\frac{1}{2}(k\lambda_{d,\alpha})^{-2}\frac{\partial}{\partial\xi}W(\xi) \tag{D.2}$$

W 是等离子体色散函数，$\xi = \omega/\sqrt{2}kv_{T_\alpha}$，对于非相对论等离子体，

$$f_\alpha(\omega/k) = \left(\frac{1}{2\pi}\right)^{1/2}\left(\frac{c}{v_{T_\alpha}}\right)\mathrm{e}^{-\omega^2/2k^2}v_{T_\alpha}^2 \tag{D.3}$$

起伏波数 k 是波矢量 $\boldsymbol{k}$ 的幅值，由相位匹配条件决定：

$$\omega = \omega_s - \omega_i \tag{D.4}$$

$$k(\omega) = k_s(\omega_s) - k_i(\omega_i) \tag{D.5}$$

频率和波矢通过电磁色散关系相联系：

$$1-\left(\frac{k_{i,s}}{c\omega_{i,s}}\right)^2 + \chi_e(\omega_{i,s},k_{i,s}) + \chi_i(\omega_{i,s},k_{i,s}) = 0 \tag{D.6}$$

对于大多数情况，近似值 $\chi_i \simeq 0$ 可用于等式 (D.6)。对于非相对论等离子体，$\chi_e \simeq -\omega_{pe}^2/\omega_{i,s}^2$ 是一个有效的近似值，这些近似值提供了熟悉的二次色散关系：$\omega_{i,s}^2 = \omega_{pe}^2 + c^2k_{i,s}^2$。对于相对论等离子体，应该精确计算 $\chi_e(\omega_{i,s},k_{i,s})$，可以使用迭代法完成。

形式因子数值估计的主要困难来自于等离子体色散关系被积函数的非解析性，该被积函数在 $z=\xi$ 处有一个单极点，

$$W(\xi) = \left(\frac{1}{\pi}\right)^{1/2}\int_{-\infty}^{\infty}\mathrm{d}z\frac{\mathrm{e}^{-z^2}}{z-\xi} \tag{D.7}$$

可以使用 Plemlj 的公式重写积分：

$$W(\xi)=\left(\frac{1}{\pi}\right)^{1/2}\left[\mp\mathrm{i}\pi\mathrm{e}^{-\xi^2}+PV\int_{-\infty}^{\infty}\mathrm{d}z\frac{\mathrm{e}^{-z^2}}{z-\xi}\right] \tag{D.8}$$

但可能没有进一步的符号简化。然而，等离子体色散函数可以用 Plemlj 公式的数值等效进行数值估计。

首先，将等式 (D.7) 中的积分分为三部分：

$$\int_{-\infty}^{\infty}\mathrm{d}z\frac{\mathrm{e}^{-z^2}}{z-\xi}=\left(\int_{-\infty}^{\xi-\varphi}+\int_{\xi+\varphi}^{\infty}+\int_{\xi-\varphi}^{\xi+\varphi}\right)\frac{\mathrm{e}^{-z^2}}{z-\xi}\mathrm{d}z \tag{D.9}$$

其中，$\varphi\ll|\xi|$ 是到单极点的距离，等式 (D.9) 中的前两个积分表示主值，第三个积分表示极点的贡献。为了最大程度地减小误差 (当 z 穿过极点时，被积函数交换符号)，应该定义两个对称数组来计算前两个积分，如下所示：$z_{-,p}=\xi-\varphi-(p-1)\varDelta$ 以及 $z_{+,m}=\xi+\varphi+(m-1)\varDelta$，其中 p 和 m 是整数，$\varDelta$ 是积分步长。将最大步数定义为 P 和 M，则主值积分可以表示为

$$\left(\int_{-\infty}^{\xi-\varphi}+\int_{\xi+\varphi}^{\infty}\right)\frac{\mathrm{e}^{-z^2}}{z-\xi}\mathrm{d}z\simeq\varDelta\left[\sum_{m=1}^{M}\frac{\mathrm{e}^{-z_{+,m}^2}}{\varphi+(m-1)\varDelta}-\sum_{p=1}^{P}\frac{\mathrm{e}^{-z_{-,p}^2}}{\varphi+(p-1)\varDelta}\right] \tag{D.10}$$

一般选择 P 和 M 应满足 $z_{-,P}\ll-\xi-\varphi$ 以及 $z_{+,M}\gg+\xi+\varphi$。为了计算等式 (D.9) 中第三个积分，我们对 $z=\xi$ 进行泰勒展开并积分：

$$\int_{\xi-\varphi}^{\xi+\varphi}\frac{\mathrm{e}^{-z^2}}{z-\xi}\mathrm{d}z\simeq-\mathrm{i}\pi\mathrm{e}^{-\xi^2}-4\xi\mathrm{e}^{-\xi^2}\varphi \tag{D.11}$$

第一项是由 Plemlj 定理得到的传统值，第二项是基于“不能被设为 0”这一事实而得到的修正值。积分中的误差由 $\varDelta$ 和 φ 决定，一般来说，两者都应该尽可能小。$\varDelta$ 的下限由所需的计算时间或精度决定，等式 (D.10) 的误差范围为 $\varDelta^3$。φ 的下限基于 $1/\varphi$ 是一个机器可计算的数字。总之，等离子体色散函数可以记为

$$W(\xi)\simeq\left(\frac{1}{\pi}\right)^{1/2}\left[\varDelta\sum_{m=1}^{M}\frac{\mathrm{e}^{-z_{+,m}^2}}{\varphi+(m-1)\varDelta}-\sum_{p=1}^{P}\frac{\mathrm{e}^{-z_{-,p}^2}}{\varphi+(p-1)\varDelta}-\mathrm{e}^{-\xi^2}(\mathrm{i}\pi+4\xi\varphi)\right] \tag{D.12}$$

然后可以用等式 (D.12) 的导数求 χ_α，

$$\chi_\alpha\simeq(k\lambda_{d,\alpha})^{-2}\left(\frac{1}{\pi}\right)^{1/2}\left[\sum_{m=1}^{M}\frac{\varDelta z_{+,m}\mathrm{e}^{-z_{+,m}^2}}{\varphi+(m-1)\varDelta}-\sum_{p=1}^{P}\frac{\varDelta z_{-,p}\mathrm{e}^{-z_{-,p}^2}}{\varphi+(p-1)\varDelta}\right.$$

$$+ \mathrm{e}^{-\xi^2}(2\varphi - \mathrm{i}\pi\xi - 4\varphi\xi^2)\bigg] \tag{D.13}$$

因为 $(k\lambda_{d,\alpha})^2\chi_\alpha$ 只依赖于一个参数 ξ，所以一个表格只需要生成一次，可以在计算等式 (D.1) 的程序或函数中使用。

$(k\lambda_{d,\alpha})^2\chi_\alpha$ 和 ξ 的表格生成以后，计算形式因子的一般步骤如下：

(1) 选择一个固定的 k_i，通过求 $\omega_{pe}^2 = \omega_{pe}^2 + c^2k_i^2$ 的正根来计算 ω_i；

(2) 定义一个 k_s 值数组，通过求 $\omega_s^2 = \omega_{pe}^2 + c^2k_s^2$ 的根来计算相应的 ω_s；

(3) 定义散射角 θ，利用余弦定理：$k^2 = k_s^2 + k_i^2 - 2k_sk_i\cos\theta$，以及等式 (D.4) 计算 k 的数组和 ω 的值；

(4) 加载表格，进行插值，求出电子和离子的 $(k\lambda_{d,\alpha})^2\chi_\alpha$ 值；

(5) 对所有 k 和 ω 进行估计，并将所有值代入等式 (D.1)。

第 二 部 分

本节中我们将使用 MATLAB 编程，应用上述方法计算散射谱。主程序设置了等离子体参数、实验参数和探测激光器的性能参数。等离子体色散函数 $\mathrm{d}W(xi)/xi$ 作为函数 $xi = \omega/(kv_T)/\sqrt{2}$ 的导数，它的 ascii 表必须通过运行下面的 wtable.m 脚本生成，这个表可通过在主程序中调用 Zprime.m 来使用。

%%%Thomsom.m

%该文件计算 Thomson 散射形式因子，需要 wtable.m 和 Zprime.m 函数计算汤姆孙散射、单位散射体积、单位立体角等。

```
% Plasma Parameters
Te=1.35;                          % electron temperature KeV
Ti=.4;                            % ion temperatuer KeV
Z=[1, 6];                         % ionization level of plasma
A=[1, 12];                        % atomic mass
fract=[0.5, 0.5];                 % fraction of each ion species
ne=1.e21;                         % plasma density in cm^(-3) 0.9e21
Vpar=0;                           % fluid velocity parallel to the Thomson
                                    laser (ki) in cm/s
Vperp=0;                          % fluid velocity perp to the Thomson laser
                                    (ki) in cm/s, in the scattering plane, in the
                                    direction of the observer
ud=0;                             % relative drift velocity between the
                                    electrons and ions in cm/s along k
gamma=0;                          % the angle between k and the drift velocity
                                    ud
sa=63;                            % scattering angle in degrees
dphi=90;                          % dphi is the angle between the plane of
                                    polarization and the scattering plane in
                                    degrees
```

```
%basic quantities
C=2.99792458e10;              % velocity of light cm/sec
Me=510.9896/C^2;              % electron mass KeV/C^2
Mp=Me*1836.1;                 % proton Mass KeV/C^2
Mi=A*Mp;                      % ion mass
re=2.8179e-13;                % classical electron radius cm
e=1.6e-19;                    % electron charge
Esq = Me*C^2*re;              % sq of the electron charge KeV-cm
constants = sqrt(4*pi*Esq/Me); % sqrt(4*pi*e^2/Me)
sarad=sa*2*pi/360;            % scattering angle in radians
dphirad = dphi*2*pi/360;      % dphi is the angle between the plane of
                                 polarization and the scattering plane
gammarad = gamma*2*pi/360;    % the angle between k and the drift velocity
                                 ud

%calculating k and omega vectors
omgpe=constants*sqrt(ne);     % plasma frequency Rad/s
omg = omgs - omgL;
ks=sqrt(omgs.^2-omgpe^2)/C;
kL=sqrt(omgL^2-omgpe^2)/C;    % laser wavenumber in Rad/cm

k=sqrt(ks.^2+kL^2-2*ks*kL*cos(sarad));
kdotv = (kL - ks*cos(sarad))*Vpar - ks*sin(sarad)*Vperp;
omgdop=omg - kdotv;

% plasma parameters

% electrons
vTe=sqrt(Te/Me);               % electron thermal velocity
klde=(vTe/omgpe)*k;

% ions
Zbar = sum(Z.*fract);
ni = fract*ne./Zbar;
omgpi = constants.*Z.*sqrt(ni.*Me./Mi);
vTi=sqrt(Ti./Mi);              % ion thermal velocity
kldi=transpose(vTi./omgpi)*k;

% electron susceptibility

%calculating normilized phase velcoity (xi's) for electrons
xd = ud/(sqrt(2.)*vTe)*cos(gammarad);
xie=omgdop./(k*sqrt(2.)*vTe) - xd;
Zpe = Zprime(xie);
chiE= -0.5./(klde.^2).* (Zpe(1,:) + sqrt(-1)*Zpe(2,:));

% ion susceptibilities

% finding derivative of plasma dispersion function along xii array
xii=1./transpose((sqrt(2.)*vTi))*(omgdop./k);
[num_species, num_pts] = size(xii);
chiI=zeros(num_species, num_pts);

for m = 1:num_species
Zpi = Zprime(xii(m,:));
chiI(m,:) =-0.5./(kldi(m,:).^2).* (Zpi(1,:)+sqrt(-1)*Zpi(2,:));
end
chiItot = sum(chiI,1);
```

```
% Formfactor

econtr = sqrt(2*pi)./(vTe*k).*exp(-
xie.^2).*abs((1+chiItot)./(1+chiItot+chiE)).^2;
icontr = 2*Ti/Te*klde.^2./omgdop .* abs(chiE).^2 ./abs(1+chiItot+chiE).^2
.*imag(chiItot);

FF = econtr + icontr;
r = ne*(1-sin(sarad)^2*cos(dphirad)^2)*FF*re^2;

formfactor = r;

%***************************************************************%
%End of Thomson.m
%***************************************************************%
```

%Zprime.m

%此函数计算 Z 函数的导数，给定一组如第 5 章所定义的归一化相位速度 (xi)，对于 -10 到 10 之间的 xi 值，使用一个表 (来计算)，该表可以通过运行下面的脚本生成 (图 5.1)。在此范围之外的 xi 值，使用渐进逼近 (见式 (5.2.10)) 的方法 (来计算)。

```
% Zprime.m
% This function calculates the derivative of the Z-function given an array of
% normalized phase velocities (xi) as defined in Chapter 5. For values of xi
% between -10 and 10 a table is used that can be generated by running the
% script below (see Fig. 5.1). Outside of this range the asymptotic
% approximation (see Eqn. 5.2.10) isused.

functionZp = Zprime(xi)

load('rdWT');
load('idWT');

ai=find(xi<-10,1,'last');
bi=find(xi>10,1,'first');

[tmpnpts] = size(xi);
if ((isempty(ai)) && (isempty(bi)))
rZp=interp1(rdWT(1,:),rdWT(2,:),xi);
iZp=interp1(idWT(1,:),idWT(2,:),xi);
elseif ((isempty(ai)) && (isempty(bi)==0))
rZp(1:bi-1)=interp1(rdWT(1,:),rdWT(2,:),xi(1:bi-1));
iZp(1:bi-1)=interp1(idWT(1,:),idWT(2,:),xi(1:bi-1));
rZp(bi:npts)= xi(bi:npts).^(-2);
iZp(bi:npts)=0.0;

elseif ((isempty(ai)==0) && (isempty(bi)))
rZp(ai+1:npts)=interp1(rdWT(1,:),rdWT(2,:),xi(ai+1:npts));
iZp(ai+1:npts)=interp1(idWT(1,:),idWT(2,:),xi(ai+1:npts));
rZp(1:ai) = xi(1:ai).^(-2);
iZp(1:ai)=0.0;
```

```
else
rZp(ai+1:bi-1)=interp1(rdWT(1,:),rdWT(2,:),xi(ai+1:bi-1));
iZp(ai+1:bi-1)=interp1(idWT(1,:),idWT(2,:),xi(ai+1:bi-1));
rZp(1:ai)= xi(1:ai).^(-2);
iZp(1:ai)=0.0;
rZp(bi:npts)= xi(bi:npts).^(-2);
iZp(bi:npts)=0.0;
end

Zp(1,:) = rZp;
Zp(2,:) = iZp;

%******************************************************************%
%End of Z-prime function
%******************************************************************%

% wtable.m
% This file creates an ascii table for the derivative of the
% plasma dispersion function d/dxi W(xi)
% as a function of xi=omega/(k*vt)/sqrt(2).
% This only needs to be run once to create the files.

clear all;

ximin=-10;
ximax=10;
xi=ximin:.01:ximax;
L=length(xi);

N=4;            % determines the precision of the numerical calculation
                (reduce if your system has a memory issue)

IPV=zeros(1,L);
RP=zeros(1,L);

for i=1:L

% defining how close to get to singularity
phi=.01*abs(xi(i))+1e-6;

% integration step size is N times smaller than phi
dz=phi/N;

% defining arrays symmetrically around xi
zm=xi(i)-phi:-dz:ximin-1;
zp=xi(i)+phi:dz:ximax+1;

nm=length(zm);
np=length(zp);

% performing integrals
    Ip=0;
Im=0;

Ip=dz*sum(zp.*exp(-zp.^2)./(zp-xi(i)));
Im=dz*sum(zm.*exp(-zm.^2)./(zm-xi(i)));

IPV(i)=Ip+Im;

%evaluating real pole contribution
RP(i)=2*phi*(1-2*xi(i)^2);
```

```
end

% putting together dW/dxi
dW=1/sqrt(pi)*(IPV+exp(-xi.^2).*(RP-sqrt(-1)*pi*xi));

% forming table
rdWT=[xi; -2*real(dW)];
idWT=[xi; 2*imag(dW)];

% saving as ascii file
save-asciirdWT'rdWT'
save-asciiidWT'idWT'

clear;


%*****************************************************************%
%End of table generation
%*****************************************************************%
```

附录 E　等离子体辐射散射的研究综述

E.1 引　　言

这篇综述基于 Sheffield (1975) 以及 Bindslev (1992), Desilva (2000) 和 Woskov (2005) 的论述，主要介绍了在 $\omega_i \gg \omega_{pe}, \Omega_e, v$，$\lambda_i \ll L$(等离子体的尺寸) 以及多次散射和吸收都不重要的条件下，来自等离子体的电磁波散射。因此，本附录的综述旨在推动这一研究的发展。

对散射的兴趣最初来源于 Bailey 等 (1952), Forsyth 等 (1953) 以及其他人对电离层 VHF 无线电波异常反射的观测。在低频段 $\omega_i < 30mc$ 时，无线电波之所以反射是因为一般情况下 $\omega_i < \omega_{pe}$ (电离层中等离子体频率)。然而，在 VHF 的观测中，即使在 $\omega_i > \omega_{pe}$ 的情况下，也存在明显的反射信号。这一现象被 Villars 和 Weisskopf (1995) 解释为电离层电子密度周期性不均匀 (湍流) 散射的证据。他们的分析基于 Ratcliffe (1948), Booker 和 Gordon (1950) 关于大气湍流散射的早期工作。正是这项工作促进了散射的发展，使其成为等离子体更通用的诊断工具。

这篇综述参考了以下论文与著作：(Bowles, 1964), (Kunze, 1968), (Evans and Katzenstein, 1969a), (Evans, 1969), (Farley，1970), (DeSilva and Goldenbaum, 1970), (Bekefi, 1966), (Sitenko, 1967), (Granatstein，1968), (Sheffield, 1975), (Hutchinson, 1987), (Bretz, 1997), (Donn'e et al., 2008), (Luhmann et al., 2008), (Glenzer and Redmer, 2009)。

E.2 电离层散射

1958 年，Gordon 提出利用电离层中随机分布的电子产生的无线电波的后向散射 (非集体性散射)，作为一种从地面测量电子密度和温度的方法。在这一点上，我们必须提醒读者，本书中 “非集体性散射” 是指从随机分布的电荷中散射，“集体性散射” 是指从与其他电荷有相关位置的电荷中散射。Bowles (1958) 对该技术进行了尝试，发现所观察到的频谱反映的是离子温度而不是电子温度，并且总散射功率对应的电子密度是预期值的一半。这一结果得到了 Pineo 等 (1960) 的证实，同时，Kahn (1959) 计算出散射截面受电子与离子库仑力相互作用的影响，Bowles (1959) 认为他的结果是由于这种相互作用。

包括库仑相互作用在内的等离子体散射谱的一般形式由 Fejer (1960), Renau (1960), Dougherty 和 Farely (1960)，Salpeter (1960) 分别独立获得。后一篇论文讨论了轻微偏离平衡态的情况，例如电子和离子温度不相等，也包括多电荷离子。这些理论计算表明，在 Bowles 实验条件下，$\alpha = 1/k\lambda_{De} \gg 1$，谱实际上反映了离子速度分布。这是因为入射波与屏蔽离子的电子相互作用导致了散射截面减小。第 5 章对这一现象作了简单概述，该理论的进一步发展包括磁场和碰撞影响，将在下文进行讨论。

E.3 实验室等离子体 $(\lambda_i \cong L, \omega_i \cong \omega_{pe})$ 散射

最早的实验室实验是在入射波长 λ_i 与等离子体尺寸 L 相当或入射频率 ω_i 与等离子体频率 ω_{pe} 接近的情况下，圆柱弧等离子体对微波的散射。当入射波和入射电矢量垂直于柱面轴时，散射谱中有许多共振峰。Denno 等 (1950), Dattner (1957), Bowles (1958), Akao 和 Ida (1963), Vandenplas 和 Gould (1964), Bryant 和 Franklin (1963, 1964) 对这些峰值进行了研究，$\omega = \omega_{pe}/\sqrt{2}$ 处的主共振峰是真空中冷等离子体圆柱预期的自然偶极共振。Vandenplas 和 Gould (1964) 讨论了这一结果以及由于不均匀性和有限温度引起的修正。Platzman 和 Ozaki (1960)，Bryant 和 Franklin (1963) 研究过碰撞对共振的影响，在前一篇论文中考虑了磁场的影响。

Trivelpiece 和 Gould (1959) 将频率小于平均共振的峰表示为等离子体边界的表面波。

Crawford (1963) 认为频率大于主共振的 Tonks- Dattner 共振来自于纵向驻波，该驻波位于边界与靠近轴线 $(\omega_i \cong \omega_{pe})$ 的高密度区域之间。

E.4 近平衡态等离子体的散射 $B=0, v=0, \lambda_i \ll L, \omega_i \gg \omega_{pe}$

很多学者独立获得了包含库仑相互作用与有关相关效应的平衡态等离子体散射谱的一般形式，Dougherty 和 Farely (1960) 使用奈奎斯特涨落耗散理论，Fejer (1960) 使用玻尔兹曼–弗拉索夫方程解决初值问题以建立平衡态微观密度涨落的表达式。与此同时，Salpeter (1960) 利用克利蒙托维奇层级方程原理，给出了一种处理轻微偏离平衡态的有效方法，例如在离子和电子温度不相等的情况下。随后，Rosenbluth 和 Rostoker (1962) 使用 BBGKY 方程组得到了相同的结果。在这种处理方法中，考虑了电子与离子之间存在小的相对漂移影响。在这些论文中可以找到一系列参数值的计算谱曲线，包括 α，$T_e = T_i$，离子电荷 Z 以及归一化漂移

速度。Evans 和 Carolan (1970) 计算了含有少量杂质的氢等离子体的谱。

Dubois 和 Gilinsky (1964) 对散射进行了量子力学处理。Platzman (1965) 讨论了半导体导带中电子的辐射散射。

E.4.1 非集体性散射谱 $\alpha \ll 1$

最早关于实验室等离子体非集体性散射的论文来自于 Funfer 等 (1963), Thompson 和 Fiocco (1963)，Schwarz (1963)。在他们的实验中，都使用了红宝石激光。Davies 和 Ramsden (1964) 首次给出了详细的散射谱和电子速度分布。Gerry 和 Rose (1966) 比较了空心阴极氩弧中电子温度和密度的散射测量数据与 Langmuir 探针的散射测量数据。该技术现在广泛应用于电子温度和密度的测量，其中一个有趣的应用是 Peacock 等 (1969) 对 T-3 Tokamak 等离子体的应用 (见第 4 章)。

Koons 和 Fiocco (1968) 使用氩离子激光进行同步检测，Yokoyama 等 (1971) 使用 CO_2 激光源进行测量。

该技术对理解冲击波具有重要意义，因为它具有很好的时间与空间分辨率。Patrick (1965)，Paul 等 (1967)，Keilhacker 等 (1969)，Martone 和 Segre (1969)，以及 Sheffield 等 (1970) 进行了测量。

Brown 和 Rose (1966)，Williamson 和 Clarke (1971) 描述了为了得到速度分布函数而展开非集体谱的方法。

E.4.2 集体性散射谱的离子特征 $\alpha \gtrsim 1, \omega_s - \omega_i \ll \omega_{pe}$

Bowles (1958) 和 Pineo 等 (1960) 通过电离层无线电波的后向散射首次获得了集体性散射谱的离子特征。Pineo 和 Hynek (1962)，Misyura 等 (1969) 后来展示了更详细的测量结果。他们将理论谱拟合到实验剖面并确定了 n_e，T_e 和 T_i 随高度的变化，观察了当 $T_e \gg T_i$ 时发生的离子声波伴随信号。

DeSilva 等 (1964) 在实验室首次测量了离子特征谱，发现 $a > 1$ 时具有预期的谱宽变窄现象。Kunze 等 (1964)，Ascoli-Bartoli 等 (1964) 以及 Kronast 等 (1966) 也展示了测量结果。Anderson (1966) 首次对离子特征进行了完全解析的测量，利用理论拟合找到了相同的电子和离子温度，并与瑞利散射进行了比较，得到了电子密度。Izawa 等 (1967) 测量到了近乎一致的情况。Bauer 等 (1994) 在激光等离子体中测量到了离子声波涨落的频率、波数和振幅变化。

Baconnet 等 (1969a, b)，Bernard 等 (1971) 以及 Peacock 和 Forrest (1973) 通过集体性散射测量到了等离子体聚焦装置中高密度等离子体 ($n > 10^{18}\mathrm{cm}^{-3}$) 中的离子温度。

首先在低温实验室中进行了整体离子测量，如 Holzhauer (1977)，Kasparek 和 Holzhauer (1983a) 以及 Lachambre 和 Decoste (1985)。Behn 等 (1989) 首次成功开

展了托卡马克实验。

E.4.3 电子等离子体伴随谱 $\alpha \gtrsim 1, \omega_s - \omega_i \cong \omega_{pe}$

Akhieze 等 (1958) 提出了电子等离子体波辐射散射的第一个理论处理方法。Perkins 和 Salpeter (1965a) 通过电离层散射信号分析实现了卫星的检测。Ramsden 等 (1966a) 以及 Ramsden 和 Davies (1966) 在实验室中获得了清晰的中心离子峰、离子声波效应与等离子体伴随频率谱。Chan 和 Nodwell (1966) 也观测到了这些“卫星”信号。Perepelkin (1966) 测量了当 $\omega_i \cong \omega_{pe}$ 时来自卫星的微波散射信号。

Röhr (1967), Nodwell 和 Vanderka (1968)，Chan (1971) 观测到由等离子体密度不均而造成的伴随信号谱峰展宽。Kronast 和 Benesch (1969) 提出，这种谱可以展开来提供关于散射体密度剖面的信息，并且现在已成为汤姆孙散射谱分析的标准 (Rozmus et al., 2000)。Pyatnitski 和 Korobkin (1971) 考虑了有限聚光系统对波峰分辨率的影响。

Ringler 和 Nodwell (1969) 在氢电弧散射中观察到在等离子体频率倍数处以及在离子特征中零频增强处均出现共振峰。Besshaposhnikov 等 (1967), Neufeld (1970) 以及 Ludwig 和 Mahn (1971) 也观测到了类似的峰。后来的研究表明，这些峰不是散射矢量方向关于轴向磁场的函数。对这一现象 (研究者们) 给出了许多解释，其中 Kegel (1970) 利用两分量速度分布的等离子体计算了类似的谱。Infeld 和 Zakowicz (1971) 提出等离子体频率的倍数将会出现在等离子体频率处常规电子涨落的非集体散射中，这与磁化情况下回旋频率倍数处出现峰值的情况类似。

E.4.4 离子与电子存在相对漂移时的离子特征

在存在相对漂移的情况下，离子特征侧的离子声波伴随信号得到增强。Evan 等 (1966)，Baconnet 等 (1969b), Evan 和 Forrest (1969) 以及 Kronast 和 Pietyzyk (1971) 都观测到了与这种效应相一致的非对称谱。Hawreliak 等 (2004) 进一步利用该技术研究了激光产生的等离子体临界表面的热流。当漂移速度小于离子声速时，系统是稳定的，不稳定的情况在第 12.3 节中讨论。

E.4.5 小的 $n_e\lambda_{De}^3$

等离子体效应的大部分理论计算是基于 $\left(n_c\lambda_{De}^3\right)^{-1}$ 的一般动力学方程的展开。Theimer (1966) 考虑了当 $n_e\lambda_{De}^3 \cong 1$ 时合作电子涨落的修正，得出结论，当 $(4\pi/3)n_e\lambda_{De}^3 < 0.5$ 时会发生偏离正常谱的现象。Boyd 等 (1966) 也对这一现象发表了评论。

Röhr (1968) 在 $n\lambda_{De}^3 = 2 \sim 10$ 的范围内测量了包括离子特征和等离子体特征的集体谱，他没有发现 (结果) 与标准结果 (large$n_e\lambda_{De}^3$) 有明显的偏差。Kato (1972) 在 $n_e\lambda_{De}^3 = 2$ 和 12 处进行测量，得到了与标准理论相似的结果。Landen

和 Winfield (1985) 的进一步研究表明，即使 $n_e\lambda_{De}^3$ 小至 1.5，也表现出良好的一致性。John 等 (1971) 指出了一个 $n_e\lambda_{De}^3 \cong 5, \alpha \cong 0.45$ 的异常结果，表现为在等离子体频率附近出现一个意料之外的共振峰。

Gregori 等 (2003) 曾预言局部场修正的效应在 X 射线汤姆孙集体散射体系中是最显著的，Fortmann 等 (2010) 将局部场修正理论扩展到包括碰撞。

E.4.6　非稳定、非均匀和非线性效应

Weinstock (1967) 将该理论推广至非平稳、非均匀但仍稳定的等离子体。Matsuura (1966) 研究了等离子体波的非线性共振散射。例如，Fiocco 和 Thompson (1963)，及 Wrubel 等 (1996) 曾指出非热等离子体发生在电子有平均漂移的时候。DeSilva 和 Stamper (1967) 在一个 theta 压力冲击波中观察到了双电子温度等离子体。Ringler 和 Nodwell (1969)，Lins (1981) 也指出了非麦克斯韦电子分布。Zheng 等 (1997) 通过计算非麦克斯韦速度分布 ($\alpha > 1$) 对激光产生的等离子体的影响，发现电子和离子特征都会发生显著变化。

E.4.7　杂质

Fejer (1961) 考虑了杂质对氢氧等离子体散射的影响。Evans 和 Yeoman (1974)，Bretz (1973)，Sharp 等 (1981)，Kasparek 和 Holzhauer (1983a) 以及 Orsitto (1990) (对此) 进行了测量。DeSilva 等 (1992) 指出由杂质引起的附加窄带特性的积分强度与电荷平方成正比。Glenzer 等 (1996) 观察了 Au/Be 等离子体中的两种离子波特征，Froula 等 (2002) 测量了双离子成分等离子体中离子声波的非线性增长。

E.4.8　高能粒子测量

Hutchinson 等 (1985) 利用 CO_2 激光，Woskoboinikow (1986) 利用回旋辐射提出了用于聚变粒子探测的高能粒子测量方法。Shefer 等 (1990) 对一种基于 152μm 自由电子激光的诊断方法进行了设计研究。Machuzak 等 (1990) 完成了在毫米到亚毫米区域测量大型托卡马克中快速粒子群体的实验综述。

Hutchinson 等 (1985), Vahala 等 (1986, 1988) 以及 Hughes 和 Smith (1989) 利用静电近似，表明集体散射可以作为测量聚变 α 粒子分布的有用工具。后来，人们认识到需要进行充分的电磁处理才能计算出预期的谱 (Aamodt and Russell, 1990, 1992; Chiu, 1991; Bindslev, 1993, 1996)。

在毫米波散射范围内，能够到达的区域仅限于电子回旋发射谐波在 X 模或在 O 模中传播的狭窄范围。Bretz(1997) 推导了垂直于磁场的 X 模到 X 模散射的几何形式因子。Hughes 和 Smith (1989) 将 Bretz 的计算推广到 X 和 O 模耦合以及远离垂直于磁场的方向。Bindslev (1999) 做了额外的工作来模拟等离子体参数中不确定性效应。

E.5 近平衡态磁化等离子体的散射

Laaspere (1960) 首次计算了稳定磁场对等离子体辐射的非集体性散射的影响。Hagfors (1961), Farley 等 (1961), Fejer (1961), Salpeter (1961a, b) 以及 Rosenbluth 和 Rostoker (1962) 分别提出了忽略纵向和横向模式间耦合的磁化等离子体散射的一般理论。后两篇论文的结果适用于准平衡态，如 $T_e \neq T_i$。Platzman 等 (1968) 对混合共振的散射进行了详细的讨论。Akhiezer 等 (1962), Weinstock (1965a,b) 以及 Gorbunov 和 Silin (1966) 都对横向模的贡献进行了研究。

当散射矢量 k 接近磁场法向时，磁场对散射谱的影响是主要的。特别需要注意的是电子回旋频率上频谱的调制，这是非集体性谱中的回旋振荡和集体谱中的伯恩斯坦模式散射的结果。Pineo 等 (1963) 首次观察到磁场对离子特征的影响。Lehner 和 Pohl (1970) 以及 Theimer 和 Theimer (1970) 讨论了通过检测调制以测量磁场大小的条件。Kellerer (1970)，Evans 和 Carolan (1970) 对调制进行了首次实验室测量。Ludwig 和 Mahn (1971) 也观察到了回旋加速器的峰值。Carolan 和 Evans (1971) 研究了有限散射体散射谱对调制的影响。

测量磁场方向的方法由 Murakami 等 (1970), Perkins (1970) 以及 Sheffield (1972b) 提出。Bretz(1974) 提出用观测方向扫描调制的变化。Forrest 等 (1978) 使用 Sheffield (1972b) 提出的方法测量了托卡马克中的磁场方向。Siegrist 和 Salomaa(1982) 提出研究当 k 几乎垂直于场时离子特征的修正。Kasparek 和 Holzhauer (1983b) 给出了实验验证。Woskov 和 Rhee (1992) 提出利用低混杂共振的谱位置来确定磁场方向。

Lehner 等 (1989), Haas 和 Evans (1990), Vahala 等 (1990, 1992) 考虑了测量磁场涨落的可能性。

E.6 激光等离子体的散射

汤姆孙散射测量温度、密度、电离状态和等离子体流已应用于大量的激光等离子体实验，以研究等离子体的生成和加热。Tracy 等 (1992), LaFontaine 等 (1994) 利用激光加热的实心圆盘进行了紫外汤姆孙散射实验，以测试辐射流体动力学模型。Glenzer 等 (1999) 解决了模型和实验之间的差异，同时测量的离子和电子特征显示快速冷却和重组与包括两个电子过程的日冕等离子体条件计算相一致。Hawreliak 等 (2004) 进行了空间分辨紫外汤姆孙散射测量，以研究日冕的热传输。Young (1994) 在受激布里渊散射研究中使用汤姆孙散射来表征等离子体喷射，Montgomery 等 (1999) 在单热点激光等离子体相互作用研究中用单束空间分辨汤姆孙散射来表征等离子体喷射。

Labaune 等 (1995) 对激光产生的爆炸薄片等离子体进行了参数化激光后向散射不稳定性研究，Wharton 等 (1998) 对多束相互作用进行了研究。Gregori 等 (2003) 对激光产生的气体射流等离子体中的非局部热运输过程进行了汤姆孙散射。Froula 等 (2007) 利用大磁场对气体射流等离子体进行了定位。Malka 等 (2001) 利用汤姆孙散射表征气体射流等离子体，以研究基于激光的电子加速度。Glenzer 等 (2000) 利用紫外激光探头在大尺度气囊中进行实验。Gregori 等 (2006) 展示了 280eV 大尺度气囊等离子体对 9keV X 射线的散射。

Glenzer 等 (1997a) 首次对惯性约束聚变腔内部温度进行了汤姆孙散射测量，Glenzer 等 (2001b) 利用汤姆孙散射来表征高 Z 空腔壁等离子体的条件。

E.7 碰撞效应

在上述理论中，忽略了粒子间的直接碰撞，只考虑等离子体共振的朗道阻尼。在实际情况中还存在库仑碰撞，在弱电离等离子体中，比如在电离层中，会发生电子–中性粒子和离子–中性粒子碰撞。此外，非平衡态下密度涨落的激励与阻尼都会改变。对于弱电离等离子体，BGK 碰撞项被用来表示电荷中性碰撞。Fejer(1960), Hagfors (1961) 以及 Gorog (1969) 采用简单的非粒子守恒形式，而 Dougherty (1963), Dougherty 和 Farley (1963b), Taylor 和 Comisar (1963) 以及 Waldteufel (1965) 对粒子守恒形式进行了更为精确的计算。Dougherty 和 Farley 对磁化等离子体进行了处理。Williamson (1968)，Hagfors 和 Brockelm (1971) 使用布朗运动模型进行电荷–中性粒子碰撞，并与 BGK 模型进行比较。

对于完全电离等离子体，许多作者使用了福克尔–普朗克型碰撞项，例如 Taylor 和 Comisar(1963), Dougherty(1964) 以及 Grewal (1964)。Grewal (1964) 及 Chappell 和 Williams (1971) 讨论过准平衡态 ($T_e \neq T_i$)。Dubois 和 Gilinsky (1964) 给出了量子力学处理。

Ron 和 Tzoar (1963), Boyd (1965)，Boyd 等 (1966) 计算了这些碰撞对等离子体共振的影响，Myatt 等 (1998) 推导了在整个碰撞状态下有效的离子声涨落的动态形式因子。Farley (1964) 讨论了离子–离子碰撞对离子–回旋共振的影响。Perkins 和 Salpeter (1965a) 研究了高速电子水平增加对等离子体伴随频谱形状的影响。这种速度分布函数出现在电离层中，Perkins 等 (1965) 观测到了预期中的谱。Wand (1969) 利用两个入射电波波束获得了电离层后向散射信号的时间与空间自相关函数，利用 Dougherty 和 Farley(1963b) 的计算方法来确定离子–中性粒子碰撞的频率。

Seasholtz 和 Tanenbaum (1969), Tanenbaum (1968)，Seasholtz (1971) 利用连

续介质方程导出散射谱。当离子–中性粒子平均自由程小于入射波长时，该方法是有效的。共振的出现是一个有趣的特征，它对应于普通声波。

碰撞效应的早期测量包括 Masters 和 Rye (1976) 及 Holzhauer (1977) 的工作。Kasparek 和 Holzhauer (1984) 观察到，当碰撞率足够大时，两个宽的离子声波峰合并为一个单一的峰。随后，Zhang 和 DeSilva (1991) 的研究表明，在碰撞率高的等离子体中，离子声波峰变得更加尖锐，出现了一种称为熵波动的零频特征。这是由 Offenberger 等 (1993) 在光电离等离子体中通过实验观察到的。

Remner 等 (2005), Hüoll 等 (2004), Thiele 等 (2008) 利用短波长 X 射线源或自由电子激光得到高密度等离子体实验的动态形式因子。Glenzer 等 (2007) 以及 Faustlin 等 (2010) 进行了首次等离子体实验。

E.8 相对论效应

Papas 和 Lee (1962) 以及 Pogutse (1963) 首次提出了从非磁化等离子体到一阶 $\bar{\beta}$ 的非集体性谱的计算。Zhuravlev 和 Petrov (1972) 推导了相对论非集体性谱。Pappert (1963) 推导了从非磁化等离子体到一阶 $\bar{\beta}$ 的一般谱，随后 Theimer 和 Sollid (1968a) 重新推导了包括漂移在内的谱。Theimer 和 Hicks (1968) 将垂直于极化方向和平行于入射极化方向的总横截面的比率计算到 2 阶 $\bar{\beta}$。Pechacek 和 Trivelpiece (1967) 以完全相对论方法计算非集体谱。高温校正最显著的效果是非集体谱向短波方向的移动。Gondhalekar 和 Kronast (1971) 首次完成了这种谱的测量工作。Nee 等 (1969) 和 Stewart (1972) 计算了相对磁化等离子体的非集体性谱。

Trivelpiece 和 Pechacek 引入校正因子 $(1-\beta_s)$ 来解释所谓的有限运输时间效应。Kukushkin (1981) 指出这个附加因子仅用于纠正公式中 δ 函数平方项的误差。

Sheffield (1972a, 1975) 的分析在第 4 章进行了修正，其影响很小。Zhuravlev 和 Petrov (1972, 1979) 使用去极化项随 v 缓慢变化的近似推导出解析解。然而，正如 Beausang 和 Prunty (2008) 指出的那样，使用这种方法需要对每个温度和密度进行校准，他们推导了在后向散射情况下的解。

Matoba 等 (1979) 计算了散射谱，并将 Pogutse 和 Sheffield 的工作扩展到散射谱的二阶 beta。随后 Naito 等 (1993) 推导出不需要校准的去极化项解析公式。Salzmann (1986) 利用狭义相对论方程在静止电子的参考系和观察者之间进行变换。Naito 等 (1997) 从非集体性散射数据中导出了重建相对论电子分布的公式。

Palastro 等 (2010) 推导了散射功率的完全相对论的通用表达式，该式在集体性与非集体性散射条件下均有效，并且适用于所有垂直于入射偏振的散射角。Ross 等 (2010) 用这些计算完成实验，该实验证明了低温 ($T_e \ll$ keV) 下汤姆孙集体性散射谱中的相对论效应。

E.9　总散射截面

总散射截面表示为 $S(\boldsymbol{k}) = \int \mathrm{d}\omega S(\boldsymbol{k},\omega)$。对于平衡等离子体，总散射截面是一阶的，但是从附录的引言部分可知，它会因为库仑屏蔽效应而变化。给定角度的散射总强度与 $neS(k)$ 成正比，因此，如果我们想测量电子密度，了解 $S(k)$ 与散射参数的关系是很重要的。Dougherty 和 Farley (1960) 以及 Farley 等 (1961) 计算了 $S(k)$，证明了散射截面不受磁场影响。Rosenbluth 和 Rostoker (1962), Salpeter (1963), Moorcroft (1963), Farley (1966) 以及 Pilija (1967) 给出了 $S(k)$ 的一些详细计算过程。Theimer 和 Hicks (1968) 讨论了高温等离子体散射中的极化效应。

E.10　不稳定湍流等离子体

可以在一些不稳定情况下分析等离子体的行为。这种计算的基本要求通常是，等离子体的变化相对于微观时间尺度而言是一个较慢的时间尺度，因此变化的每个阶段都可以被视为准平衡态。当电子和离子的相对漂移速度接近并超过临界值时，就会出现一个特别有趣的情况。临界值取决于 T_e/T_i，但通常在离子声速范围内。Ichimaru (1962) 和 Ichimaru 等 (1962a) 分析了临界稳定性的情况。结果表明，随着漂移速度接近临界值，离子特征侧的离子声波起伏水平迅速增大，这导致散射截面急剧增大，因为 N^2 依赖于相干成分的波动水平。Arunasalam 和 Brown (1965) 的结果与理论预测一致，他们从处于临界稳定状态的电弧等离子体中散射出微波信号。Kronast 和 Pietrzyk (1971) 在离子声波散射中获得了异常结果，Infeld 等 (1972) 对此进行了讨论。

在 Rogister 和 Oberman (1968), Joyce 和 Salat (1971) 的文章中可以找到一些关于通过不稳定区域不稳定性变化的一般性评论。Akhiezer 和 Angeleik (1969) 研究了部分电离气体的临界不稳定情况。

Iannuzzi 等 (1968) 在碱金属等离子体中导出离子波，然后从中散射出微波。散射信号遵循理论预测，在较大的波动幅度下，他们检测到主频率的谐波。Kalinin 等 (1969) 在镜像捕获等离子体波中观察到了微波散射。

当等离子体被驱动到一个更不稳定的状态，临界波的振幅增加。在某些情况下，系统达到一个新的准平衡态，具有或多或少的谐波幅度涨落。当轴向磁场增加时，这种情况发生在电弧的正方向上就是一个例子。Kubo 和 Inuishi (1968) 从正向部分的螺旋不稳定性中获得散射谱。在大多数常见情况下，当系统变得更加不稳定时，其他波就会增长，形成一个宽的波谱 (湍流)。

Akhiezer 等 (1958) 在 Bowles 的电离层雷达散射测量之前预言了电磁辐射的

集体性散射。

Mazzucato (1976) 利用微波在 ATC 托卡马克上首次测量了低频密度涨落；同样在 ATC 上，Surko 和 Slusher (1976) 利用 CO_2 激光进行了集体散射。Surko 和 Slusher (1980) 描述了一种使用两束相交的 CO_2 激光束的装置。Evans 等 (1982) 讨论了一种理解远距离前向散射的傅里叶光学方法。Doyle 和 Evans (1988) 讨论了在 Bragg 以及 Raman–Narath 体系中间散射的结果。

E.10.1 微观湍流

当一个宽的波谱形成，但波的振幅和增长率都很小的情况，称为"弱湍流"。关于这一部分的相关内容可以在 Drummond (1962) 的文章中找到。特别是 Kadomstev (1965), Akhieser (1965), Tsytovich (1970) 研究了在驱动离子声波不稳定性中所达到的准稳态形式。他们的处理方法不同于他们提出的用于平衡波动增长的阻尼机制。Sakhokiyja 和 Tsytovich (1968) 讨论了一系列不稳定情况可能出现的谱。

Bohmer 和 Raether (1966), Malmberg 和 Wharton (1969), Bollinger 和 Bohmer (1972) 以及 Arunasalam 等 (1971) 观察到，当一小部分电子具有超热速度 (波束–等离子体不稳定性) 时，波的宽谱散射增强。Daehler 和 Ribe (1967) 以及 Daehler 等 (1969) 报道了高密度 Theta-收缩等离子体的散射增强。Paul 等 (1969), Daughney 等 (1970), Keilhacker 等 (1971), Machalek 和 Nielsen (1973), Muraoka 等 (1973) 以及 Bretz (1973) 在无碰撞激波中观察到了弱湍流离子声波类型的谱。Sharp 和 Hamberger (1970) 报道了来自湍流加热等离子体的微波增强散射。

E.10.2 流体湍流

从流体湍流的角度研究了等离子体中的湍流。事实上，我们可以从附录的引言回忆起，对等离子体散射的兴趣来自于 Ratcliffe (1948), Booker 和 Gordon (1950), Villars 和 Weisskopf (1955) 的湍流研究。在完全湍流的情况下，临界波的散射截面非常大，需要包含多个散射过程。散射光子从一个湍流涡旋散射到另一个涡旋时，具有一种布朗运动。这种情况已经被 Salpeter 和 Treiman (1964), Ruffine 和 Dewolf (1965), Stott (1968), Granatstein (1968), Feinstein 和 Granatstein (1969), Watson (1970) 以及 Pieroni 和 Bremmer (1970) 讨论过，并被 Granatstein 和 Feinstein 评论过。Guthart 等 (1966), Wort (1966), Granatstein (1968) 以及 Graf 等 (1971) 报道了这种情况下的测量结果。

E.11 应用于激光驱动等离子体波的汤姆孙散射

汤姆孙散射是利用长波长激光驱动的参量激光等离子体不稳定性来研究等离子体波增长的早期方法。Villeneuve 等 (1991) 在时间、空间、频率或者波数上解决了集体汤姆孙散射问题。Walsh 等 (1984) 和 Baldis 等 (1991) 利用 k 矢量解析汤姆孙散射分别测量了受激拉曼散射激发的朗缪尔波和受激布里渊散射不稳定性驱动的大离子声波之间的竞争和相互作用。 Clayton 等 (1983) 利用具有红宝石汤姆孙散射的 CO_2 激光，直接测量了驱动离子声波的受激布里渊不稳定性的饱和。

对短波长玻璃激光驱动的等离子体波的广泛研究包括 Renard 等 (1996)，Labaune 等 (1996) 的汤姆孙散射实验，分别测量了受激拉曼散射和受激布里渊散射驱动的朗缪尔波的位置。Seka 等 (2009) 利用汤姆孙散射测量了两个等离子体衰变不稳定性驱动的朗缪尔波，进一步利用汤姆孙散射测量受激拉曼散射产生的朗缪尔波谱和朗缪尔衰变产物，即第二朗缪尔波 (Baker et al., 1996) 和离子声波 (Depierreux et al., 2000)。Kline 等 (2005) 测量了从流体到动力学朗缪尔波行为的转变。

Glenzer 等 (2001) 测量到了大尺度惯性约束聚变等离子体中驱动离子声波的受激布里渊不稳定性的饱和，Froula 等 (2003) 通过速度梯度和离子捕获导致的频移 (Froula et al., 2004) 观测到了饱和。 Niemann 等 (2004)，Bandulet 等 (2004) 利用 $\boldsymbol{k}$ 矢量汤姆孙散射测量了离子声衰减波。

E.12 入射波束吸收与双波束散射

Ron 和 Tzoar (1963), Rand (1964), Albini 和 Rand (1965), Bornatici 等 (1969a ,b), Kaw 等 (1970), Nicholson-Florence (1971), Martineau 和 Pepin (1972), Yamanaka 等 (1972) 以及 Freidberg (1982) 对不同机制下的入射波束吸收进行了计算。

在许多情况下，吸收导致波在等离子体频率和离子声波频率处增强。关于利用另一波束从等离子体涨落的散射中获取等离子体信息的工作，已经有许多建议。该领域的理论著作有 Kroll 等 (1964), Kegel (1965), Cheng 和 Lee (1965), Dubois (1965), Goldman 和 Dubois (1965) 以及 Dubois 和 Goldman (1967)。在实验方面，Stern 和 Tzoar (1966) 用微波束 $\omega_0 \cong \omega_{pe}$ 激发振荡，并用于散射第二束 $t\omega_i \gg \omega_{pe}$。Stansfield 等 (1971) 利用自然激光实现了这一目标。

E.13 工业等离子体

Muraoka 等 (1998), Warner 和 Hieftje (2002) 以及 van de Sande (2002) 对工业等离子体的研究做了综述。正如 9.1 节中所讨论的，对温度范围为 0.1~30eV，电子密度范围为 $10^{10} \sim 10^{18}\text{cm}^{-3}$ 的等离子体进行测量，通常 $n_n \gg n_c$。

附录F　物理常数与公式

物理常数

物理量		高斯单位制	MKS 单位制
电子电荷	e	4.81×10^{-10} stat·C	1.602×10^{-19}C
电子质量	m_e	9.109×10^{-28}g	9.109×10^{-31}kg
质子质量	m_i	1.673×10^{-24}g	1.673×10^{-27}kg
真空光速	c	2.998×10^{10}cm·s^{-1}	2.998×10^{8}m·s^{-1}
普朗克常数	h	6.626×10^{-27}erg·s	6.626×10^{-34}J·s
玻尔兹曼常数	κ	1.380×10^{-16}erg · K^{-1}	1.380×10^{-23}J · K^{-1}
阿伏伽德罗常数			6.022×10^{23}/mol^{-1}
自由空间磁导率	μ_0		$4\pi \times 10^{-7}$H·m^{-1}
自由空间介电常数	ε_0		8.854×10^{-12}F · m^{-1}

转换因子

$$
\begin{aligned}
&1\text{amp} &&= 3 \times 10^9 \text{ stat } A \\
&1\text{V} &&= \frac{1}{300}\text{stat V} \\
&1\Omega &&= \frac{1}{9} \times 10^{11}\text{s} \cdot \text{cm}^{-1} \\
&1\text{N} &&= 10^5\text{dyn} \\
&1\text{J} &&= 10^7\text{erg} \\
&1\text{eV} &&= 1.602 \times 10^{-12}\text{erg 等效于}\kappa T (T = 1.160 \times 10^4\text{K}) \\
&1\text{W} \cdot \text{bm}^{-2} &&= 10^4\text{G} \\
&1\text{Torr} &&= 1\text{mmHg 包含}3.54 \times 10^{16}\text{个粒子} \cdot \text{cm}^{-3}, 273\text{K}
\end{aligned}
$$

公式

经典电子半径	$r_0^2 = e^4/m_0^2c^4 = 7.95\times10^{-26}\text{cm}^2$
电子平均热速度	$a = (2\kappa T_e/m_e)^{1/2}$ $= 6\times10^7\,[T_c(\text{eV})]^{1/2}\,\text{cm}\cdot\text{s}^{-1}$
电子德拜长度	$\lambda_{De} = \left(\frac{\kappa T_e}{4\pi e^2 n_e}\right)^{1/2}\ \text{cm}\quad(\text{Gaussian})$ $= \left(\frac{\varepsilon_0\kappa T_e}{e^2 n_e}\right)^{1/2}\ \text{m}\quad(\text{MKS})$ $= 740\left[T(\text{eV})/n_e\left(\text{cm}^{-3}\right)\right]^{1/2}\text{cm}$
电子等离子体频率	$\omega_{pe} = \left(4\pi n_e e^2/m_e\right)^{1/2}\quad(\text{Gaussian})$ $= \left(n_e e^2/m_e\varepsilon_0\right)^{1/2}\quad(\text{MKS})$ $= 5.65\times10^4\left[n_e\left(\text{cm}^{-3}\right)\right]^{1/2}\text{rad}\cdot\text{s}^{-1}$
电子回旋频率	$\Omega_e = eB/m_e c\quad(\text{Gaussian})$ $= eB/m_e\quad(\text{MKS})$ $= 1.76\times10^7 B(\text{G})\ \text{rad}\cdot\text{s}^{-1}$
电子回旋半径	$\rho_e = \frac{v_\perp}{\Omega_e}$ $= \frac{0.57\times10^{-7}v_\perp\left(\text{cm}\cdot\text{s}^{-1}\right)}{B(\text{G})}\text{cm}$
德拜球中的电子数	$N_D = \frac{4}{3}\pi\lambda_D^2 n_c$ $= \frac{1.7\times10^9\,[T_e(\text{eV})]^{3/2}}{[n_e\,(\text{cm}^{-3})]^{1/2}}$ electrons
库仑碰撞	见公式 (2.2.6)
电子与单电荷离子的碰撞频率 $(m_e \ll m_i)\,, T_e \cong T_i$	$v_{ci} = 2.92\times10^{-6}n_i\left(\text{cm}^{-3}\right)\cdot[T_e(\text{eV})]^{-3/2}\ln\Lambda\ \text{s}^{-1}$ $\Lambda = \frac{1.53\times10^{10}\,[T_e(\text{eV})]^{1/2}}{[n_e\,(\text{cm}^{-3})]^{1/2}}$
电荷与中性分子的碰撞	见公式 (2.2.9)
电子与中性粒子的碰撞频率 (r_n 是中性粒子的有效半径)	$v_{en} = 2.8\times10^8\,[r_n(\text{cm})]^2\cdot\left[n_n\left(\text{cm}^{-3}\right)\right][T_e(\text{eV})]^{1/2}\ \text{s}^{-1}$

符号

A	面积
$a=(2kT_e/m_e)^{1/2}$	平均电子热速度
$\boldsymbol{B}$	磁场
$b=(2kT_i/m_i)^{1/2}$	平均离子热速度
c	真空光速
$\boldsymbol{E}$	电场
$-e$	电子电荷
F,f	分布函数
h	普朗克常数
$\boldsymbol{k}$	波数，$k_{\parallel}=\boldsymbol{k}\cdot\hat{B}_0$
L	长度
m_q	质量
n_q	密度
P_i	入射功率
$P_s(\boldsymbol{R},\omega_s)\,\mathrm{d}\Omega\mathrm{d}\omega_{s_+}$	立体角 $\mathrm{d}\Omega$ 内，在 R 处，频率范围 $\omega_s\to\omega_s+\mathrm{d}\omega_s$ 的散射功率
q	电荷
$r_0=e^2/m_ec^2$	经典电子半径
$\boldsymbol{r}$	位置
$S(\boldsymbol{k},\omega)$	谱密度函数
T_e	电子温度
t	时间
V	体积
$v_{ph}\equiv\omega/k$	相速度
$\boldsymbol{v}$	速度
$x_e\equiv\omega/ka,\quad x_i=\omega/kb,\quad x_{el}=(\omega-l\Omega_e)/k_{\parallel}a,\quad x_{im}=(\omega-m\Omega_i)/k_{\parallel}b$	
$y_e\equiv(\omega-\mathrm{i}v_e)/ka,\quad y_i=(\omega-\mathrm{i}v_i)/kb,\quad y_{el}=(\omega-l\Omega_e-\mathrm{i}v_e)/k_{\parallel}a$	
$y_{im}=(\omega-m\Omega_i-\mathrm{i}v_i)/k_{\parallel}b$	
Ze	离子电荷
$\alpha=1/k\lambda_{De}$	
$\varepsilon(\boldsymbol{k},\omega)$	介电函数
θ	角度
K	玻尔兹曼常数
$\lambda=2\pi/k$	波长
λ_D	德拜长度
$v_{q\beta}$	碰撞频率
ρ_q	回旋半径，$\bar{\rho}_e=a/\sqrt{2}\Omega_e,\bar{\rho}_i=b/\sqrt{2}\Omega_i$
ϕ	角度
φ	角度
$\mathrm{d}\Omega$	立体角单位

续表

A	面积
Ω_q	回旋频率
ω	角频率
ω_{pq}	等离子体频率

下标

i	入射波 $(\boldsymbol{k}_i, \omega_i, \boldsymbol{E}_i, \boldsymbol{B}_i)$
q	电荷类型：$q = e$ 电子，$q = i$ 离子
s	散射波 $(\boldsymbol{k}_s, \omega_s, \boldsymbol{E}_s, \boldsymbol{B}_s)$

散射公式

$$P_s(\boldsymbol{R}, \omega_s) = P_i \cdot r_0^2 \cdot L\mathrm{d}\Omega/(2\pi\mathrm{d}\omega_s)\left(1 - 2\frac{\omega}{\omega_i}\right)\left|\hat{s} \times \left(\hat{s} \times \hat{E}_{i0}\right)\right|^2 \cdot n_e \cdot S(\boldsymbol{k}, \omega) \quad (2.3.17)$$

立体角 $\mathrm{d}\Omega$ 内，在 R 处，频率范围 $\omega_s \to \omega_s + \mathrm{d}\omega_s$ 的散射功率 $(\boldsymbol{k} = \boldsymbol{k}_s - \boldsymbol{k}_i, \omega = \omega_s - \omega_i)$.

低温等离子体，谱密度函数

$$S(\boldsymbol{k}, \omega) = \lim_{T\to\infty, V\to\infty} \frac{1}{TV}\left\langle \frac{|n_e(\boldsymbol{k}, \omega)|^2}{n_{c0}} \right\rangle, \quad \text{傅里叶时间变换} \quad (2.3.14)$$

$$S(\boldsymbol{k}, \omega) = \lim_{\gamma\to 0} \frac{2\gamma}{V}\left\langle \frac{|n_e(\boldsymbol{k}, \omega - \mathrm{i}\gamma)|^2}{n_{c0}} \right\rangle, \quad \text{拉普拉斯时间变换} \quad (2.3.19)$$

高温等离子体(见等式 (3.5.15), (3.5.23), (4.2.2), (4.2.1), (4.5.3) 以及 (4.6.12)) 例如，等式 (4.5.1) 是平衡态等离子体的非集体性谱密度函数。

$$S(\boldsymbol{k}, \omega)\mathrm{d}\omega_s = 2\pi^{1/2}\exp\left[-(\omega/ka)^2\right]\mathrm{d}\omega_s/ka \quad \text{(无量纲的)}$$

单位

P_s, P_i	W 或 $\mathrm{ergs \cdot s^{-1}}$
r_0, L, n_e	m 或 cm
$\mathrm{d}\Omega$	sr
$\mathrm{d}\omega_s$	$\mathrm{rad \cdot s^{-1}}$

参考文献

Aamodt, R. E., & Drummond,W. E. (1965).Wave-wave scattering of beam and plasma oscillations. *Physics of Fluids, 8*(1), 171.

Aamodt, R. E., & Russell, D. A. (1990). Scattering of radiation by alpha-particle induced fluctuations. *Review of Scientific Instruments, 61*(10), 3211–3213.

Aamodt, R. E., & Russell, D. A. (1992). Alpha-particle detection by electromagnetic scattering off of plasma fluctuations. *Nuclear Fusion, 32*(5), 745–755.

Abramowitz, M., & Stegun, I. A. (1965). *Handbook of mathematical functions, with formulas,graphs, and mathematical tables.* New York: Dover Publications.

Ackermann,W., Asova, G., Ayvazyan, V., Azima, A., Baboi, N., Bahr, J., *et al.* (2007). Operation of a free-electron laser from the extreme ultraviolet to the water window. *Nature Photonics, 1*(6), 336–342.

Afeyan, B. B., Chou, A. E., Matte, J. P., Town, R. P. J., & Kruer, W. J. (1998). Kinetic theory of electron-plasma and ion-acoustic waves in nonuniformly heated laser plasmas. *Physical Review Letters, 80*(11), 2322–2325.

Akao, Y., & Ida, Y. (1963). Resonance of surface waves on a cylindrical plasma column. *Journal of Applied Physics, 34*(7), 2119.

Akhiezer, A. I., Prokhoda, I. G., & Sitenko, A. G. (1958). Scattering of electromagnetic waves in a plasma. *Soviet Physics JETP-USSR, 6*(3), 576–582.

Akhiezer, A. I., Akhiezer, I. A., & Sitenko, A. G. (1962). Contribution to the theory of plasma fluctuations. *Soviet Physics JETP-USSR, 14*(2), 462–468.

Akhieser, I. A. (1965). Dielectric effects on Thomson scattering in a relativistic magnetized plasma. *Soviet Physics JETP, 21*, 774.

Akhiezer, I. A., & Angeleik, V. V. (1969). Fluctuations and wave scattering in a plasma subject to strong electric and magnetic fields. *Soviet Physics JETP-USSR, 28*(6), 1216.

Akre, R. (2008). *Physical Review Special Topics – Accelerators and Beams, 11*, 030703.

Albini, F., & Rand, S. (1965). Nonlinear plasma absorption of high-frequency radiation. *Physics of Fluids, 8*(1), 134.

Aliev, Y. M., Silin, V. P., & Watson, C. (1966). *Soviet Physics JETP, 13*, 626. Amemiya, Y., & Miyahara, J. (1988). Imaging plate illuminates many fields. *Nature, 336*(6194), 89–90.

Anderson, O. A. (1966). Measurement of electron correlation spectrum in a plasma. *Physical Review Letters, 16*(22), 978.

Artsimovich, L. A., Bobrovsky, G. A., Gorbunov, E. P., Ivanov, D. P., Kirillov, V. D., Kuznetsov, E. I., *et al.* (1969). *Plasma physics and controlled nuclear fusion research (International Atomic Energy Agency)*, 3rd, Novosibirsk, Soviet Union. IAEA, Vienna, 1, 157. Paper CN24/B1.

Arunasalam, V., & Brown, S. C. (1965). Microwave scattering due to acoustic-ion-plasma-wave instability. *Physical Review, 140*(2A), A471.

Arunasalam, V., Heald, M. A., & Sinnis, J. (1971). Microwave scattering from unstable electron plasma waves. *Physics of Fluids, 14*(6), 1194.

Ascoli-Bartoli, U., Katzenstein, J., & Lovisetto, L. (1964). Forward scattering of light from a laboratory plasma. *Nature (London), 204*, 672–673.

Ascoli-Bartoli, U., Benedetti-Michelangele, G., & DeMarco, F. (1967). *An Improvement in Fabry-Perot Spectrometry Applied Optics, 6*, 467.

Baconnet, J. P., Cesari, G., Coudeville, A., & Watteau, J. P. (1969a). *Proceedings of the 9th international conference on phenomena in ionized gases.*

Baconnet, J. P., Cesari, G., Coudevil, A., & Watteau, J. P. (1969b). 90 degrees laser light scattering by a dense plasma focus. *Physics Letters A, 29*(1), 19.

Bailey, D. K., Bateman, R., Berkner, L., Booker, H. G., Montgomery, G. F., Purcell, E. M., *et al.* (1952). A new kind of radio propagation at very high frequencies observable over long distances. *Physical Review, 86*, 141.

Bakker, L. P., & Kroesen, G. M. W. (2001). Thomson scattering in a low-pressure neon mercury positive column. *Journal of Applied Physics, 90*(8), 3720–3725.

Baldis, H. A., Villeneuve, D. M., Labaune, C., *et al.* (1991). Coexistence of stimulated Raman and Brillouin-scattering in laser-produced plasmas. *Physics of Fluids B-Plasma Physics, 3*(8), 2341–2348.

Baldwin, D. E., & Rowlands, G. (1966). Plasma oscillations perpendicular to a weak magnetic field. *Physics of Fluids, 9*(12), 2444.

Bandulet, H. C., Labaune, C., Lewis, K., *et al.* (2004). Thomson-scattering study of the subharmonic decay of ion-acoustic waves driven by the Brillouin instability. *Physical Review Letters, 93*(3), 035002.

Barbrel, B., Koenig, M., Benuzzi-Mounaix, A., Brambrink, E., Brown, C. R. D., Gericke, D. O., *et al.* (2009). Measurement of short-range correlations in shock-compressed plastic by shortpulse x-ray scattering. *Physical Review Letters, 102*(16), 165004.

Barth, C. J., van der Meiden, H. J., Oyevaar, T., & Cardozo, N. J. L. (2001). High resolution multiposition Thomson scattering for the TEXTOR Tokamak. *Review of Scientific Instruments, 72*(1), 1138–1142.

Bassan, M., Giudicotti, L., & Pasqualotto, R. (1993). Nonlinear-optical effects in Raman calibrations of a Thomson scattering system. *Applied Optics, 32*(27), 5313–5323.

Bateman, J. E. (1977). Detection of hard x-rays (10-140 keV) by channel plate electron multipliers. *Nuclear Instruments & Methods, 144*(3), 537–545.

Bauer, B. S., Drake, R. P., Estabrook, K. G., *et al.* (1995). Detection of ion-plasma waves by collective Thomson scattering. *Physical Review Letters, 74*(18), 3604–3607.

Beausang, K. V., & Prunty, S. L. (2008). An analytic formula for the relativistic Thomson scattering spectrum for a Maxwellian velocity distribution. *Plasma Physics and Controlled Fusion,50*(9), 095001. Figure reprinted courtesy of K.V. Beausang. Copyright 2008 by the Institue of Physics.

Behn, R., Dicken, D., Hackmann, J., Salito, S.A., Siegrist, M.R., Krug, P.A., Kjelberg, I., Duval, B., Joye, B., and Pochelon A. (1989). Ion temperature meaurement of collective thomson scattering of D2O laser radiation, *Phys. Rev. Lett. 62*, 2833. Figures reprinted with permission from R. Behn. Copyright 1989 by the American Institute of Physics.

Beiersdorfer, P., Lopez-Urrutia, J. R. C., Springer, P., Utter, S. B., & Wong, K. L. (1999). Spectroscopy in the extreme ultraviolet on an electron beam ion trap. *Review of Scientific Instruments, 70*(1), 276–279.

Beiersdorfer, P., Brown, G. V., Goddard, R., & Wargelin, B. J. (2004). High-resolution crystal spectrometer for the 10-60 angstrom extreme ultraviolet region. *Review of Scientific Instruments, 75*(10), 3720–3722.

Bekefi, G. (1966). *Radiation processes in plasmas.* Wiley series in plasma physics. New York: Wiley.

Bernard, A., Coudevil, A., Garconne, J. P., Jolas, A., Demascur, J., &Watteau, J. P. (1971). Forward laser scattering by plasma focus during neutron emission. *Physics Letters A, 35*(1), 7.

Bernstein, I. B. (1958). Waves in a plasma in a magnetic field. *Physical Review, 109*(1), 10–21.

Bernstein, I. B., Trehane, S. K., & Weenink, M. (1964), *Nuclear Fusion, 4*, 61.

Besshaposhnikov, A. A., Voloshin, A. E., Kuchuberya, I. Kh., Sidorov, V. P., & Simonova, N. N. (1967). *Zhurnal Prikladnoi Spektrosk, 6*, 172.

Bhatnagar, A. L., Gross, E. P., & Krook, M. (1954). *Physical Review, 94*, 511.

Bindslev, H. (1991). Dielectric effects on Thomson scattering in a relativistic magnetized plasma. *Plasma Physics and Controlled Fusion, 33*, 1775.

Bindslev, H. (1992). On the theory of Thomson scattering and reflectometry in a relativistic magnetized plasma. Technical Report, Roskilde, Denmark: Risø National Laboratory.

Bindslev, H. (1993). 3-wave mixing and Thomson scattering in plasmas. *Plasma Physics and Controlled Fusion, 35*(11), 1615–1640.

Bindslev, H. (1996). A quantitative study of scattering from electromagnetic fluctuations in plasmas. *Journal of Atmospheric and Terrestrial Physics, 58*(8–9), 983–989.

Bindslev, H. (1999). Methods for optimizing and assessing diagnostic capability, demonstrated for collective Thomson scattering (invited). *Review of Scientific Instruments, 70*(1), 1093–1099.

Bindslev, H., Hoekzema, J. A., Egedal, J., Fessey, J. A., Hughes, T. P., & Machuzak, J. S. (1999a). Fast-ion velocity distributions in jet measured by collective Thomson scattering. *Physical Review Letters, 83*(16), 3206–3209.

Bindslev, H., Meo, F., & Korsholm, S. (2003). ITER fast ion collective scattering. Technical Report, Risø National Laboratory, Roskilde, Denmark. 20 November. http://www.risoe.dtu.dk/Research/sustainable energy/Fusion energy/projects/fusion CTS/ITER.aspx.

Bindslev, H., Meo, F., Tsakadze, E. L., Korsholm, S. B., & Woskov, P. (2004). Feasibility study of fast ion diagnosis in iter by collective Thomson scattering, millimeter waves to CO2 laser. *Review of Scientific Instruments, 75*(10), 3598–3600.

Bindslev, H., Nielsen, S. K., Porte, L., Hoekzema, J. A., Korsholm, S. B., Meo, F., *et al.* (2006). Fast-ion dynamics in the TEXTOR Tokamak measured by collective Thomson scattering. *Physical Review Letters, 97*(20), 205005.

Bindslev, H., Nielsen, S. K., Korsholm, S. B., Meo, F., Michelsen, P. K., Michelsen, S., *et al.* (2007). Fast ion dynamics in magnetically confined plasma measured by collective Thomson scattering. *Journal of Plasma and Fusion Research, 2*, S1023.

Bohmer, H., & Raether, M. (1966). Incoherent scattering of microwaves by unstable electron plasma oscillations. *Physical Review Letters, 16*(25), 1145.

Bollinger, L. D., & Bohmer, H. (1972). Microwave combination scattering from plasmawaves in an electron beam-plasma system. *Physics of Fluids, 15*(4), 693.

Booker, H. G., & Gordon,W. E. (1950). A theory of radio scattering in the troposphere. *Proceedings of the IRE, 38*, 22.

Born, M., & Wolf, E. (1965). *Principles of optics; electromagnetic theory of propagation, interference and diffraction of light* (3rd Rev. ed.). Oxford, NY: Pergamon Press.

Bornatici, M., Cavalier, A., & Engelmann, B. E. (1969a). *Lettere Al Nuovo Cimento, 1*, 713.

Bornatici, M., Cavalier, A., & Engelman, F. (1969b). Enhanced scattering and anomalous absorption of light due to decay into plasma waves. *Physics of Fluids, 12*(11), 2362.

Boutot, J. P., Lavoute, P., & Eschard, G. (1987). Multianode photomultiplier for detection and localization of low light level events. *IEEE Transactions on Nuclear Science, 34*(1), 449–452.

Bowden, M. D., Okamoto, T., Kimura, F., Muta, H., Uchino, K., Muraoka, K., *et al.* (1993). Thomson scattering measurements of electron-temperature and density in an electron-cyclotron resonance plasma. *Journal of Applied Physics, 73*(6), 2732–2738.

Bowden, M. D., Goto, Y., Yanaga, H., Howarth, P. J. A., Uchino, K., & Muraoka, K.

(1999). A Thomson scattering diagnostic system for measurement of electron properties of processing plasmas. *Plasma Sources Science and Technology, 8*(2), 203–209.

Bowles, K. L. (1958). Observation of vertical-incidence scatter from the ionosphere at 41 mc-sec. *Physical Review Letters, 1*(12), 454–455.

Bowles, K. L. (1959). Technical Report, National Bureau of Standards. Washington, DC.

Bowles, K. L. (1964). Radio waves scattering in the ionosphere. *Advances in Electronics and Electron Physics, 19*(55), 55–176.

Boyd, T. J. M. (1965). Technical Report CLM-R 52. Culham Laboratory, UK.

Boyd, T. J. M., Evans, D. E., & Katzenst, J. (1966). Light scattering by plasmas. *Physics Letters, 22*(5), 589.

Brau, J. E. (2004). *Modern problems in classical electrodynamics.* Oxford University Press Inc., New York, New York 10016 ISBN 0-19-514665-4.

Bretz, N. L. (1973). Technical Report 73-073. Technical Report, University of Maryland.

Bretz, N. (1974). Proposed method of measuring current distribution in a tokamak plasma. *Applied Optics, 13*(5), 1134–1140.

Bretz, N. (1997). Diagnostic instrumentation for microturbulence in tokamaks. *Review of Scientific Instruments, 68*(8), 2927–2964.

Brittin, W. E., Barut, A.O., & Guenin, M. (1967). Lectures in Theoretical Physics, Vol. 9 (PTC).

Brower, D. L., Peebles, W. A., & Luhmann, N. C. (1981). Cavity operation of a pulsed C-13H3F laser. *International Journal of Infrared and Millimeter Waves, 2*(1), 35–47.

Brower, D. L., Peebles, W. A., Kim, S. K., Luhmann, N. C., Tang, W. M., & Phillips, P. E. (1987). Observation of a high-density ion mode in tokamak microturbulence. *Physical Review Letters, 59*(1), 48–51.

Brower, D. L., Peebles,W. A., Kim, S. K., & Luhmann, N. C. (1988a). Application of fir heterodynedetection to collective scattering measurements of tokamak microturbulence. *Review of Scientific Instruments, 59*(8), 1559–1561.

Brower, D. L., Park, H. K., Peebles, W. A., & Luhmann, N. C. (1988b). *Multichannel far-infrared collective scattering system for plasma wave studies. Topics in Millimeter Wave Technology* (Vol. 2). New York: Academic Press.

Brower, D. L., Redi, M. H., Tang, W. M., Bravenec, R. V., Durst, R. D., Fan, S. P., *et al.* (1989). Experimental-evidence for ion pressure-gradient driven turbulence in text. *Nuclear Fusion, 29*(8), 1247–1254.

Brown, T. S., & Rose, D. J. (1966). Plasma diagnostics using lasers – relations between scattered spectrum and electron-velocity distribution. *Journal of Applied Physics, 37*(7), 2709.

Bryant, G. H., & Franklin, R. N. (1963). Scattering of a plane wave by a bounded plasma. *Proceedings of the Physical Society of London, 81*(521), 531.

Bryant, G. H., & Franklin, R. N. (1964). Electrostatic plasma resonances. *Proceedings of the Physical Society of London, 83*(5366), 971.

Burgess, D. W. (1971). London: Imperial College. Private communication.

Callen, H. B., &Welton, T. A. (1951). Irreversibility and generalized noise. *Physical Review, 83*(1), 34–40.

Callen, I. D., & Guest, G. E. (1973). Electromagnetic effects on electrostatic modes in a magnetized plasma. *Nuclear Fusion, 13*(1), 87–110.

Candy, J., & Waltz, R. E. (2003). An Eulerian Gyrokinetic-Maxwell solver. *Journal of Computational Physics, 186*(2), 545–581.

Cantarini, J., Knauer, J. P., & Pasch, E. (2009). Studies for the design of the Wendelstein 7-x Thomson scattering polychromators. *Fusion Engineering and Design, 84*(2–6), 540–545.

Carlstrom, T. N., Deboo, J. C., Evanko, R., Greenfield, C. M., Hsieh, C. L., Snider, R. T., *et al.* (1990). A compact, low-cost, 7-channel polychromator for Thomson scattering measurements on DIII-D (invited). *Review of Scientific Instruments, 61*(10), 2858–2860.

Carlstrom, T., Campbell, G. L., DeBoo, J. C., Evanko, R., Evans, J., Greenfield, C. M., Haskovec, J., Hsieh, C. L., McKee, E., Snider, R. T., Stockdale, R., Trost, P. K., and Thomas, M.P. (1992). Design and operation of the multipulse Thomson scattering diagnostic on DIII-D (invited). *Rev. Sci. Instrum.* 63, 4901. Figures reprinted with permission from T. Carlstrom. Copyright 1992 by the American Institute of Physics.

Carolan, P. G., & Evans, D. E. (1971). Influence of symmetry about magnetic vector on spectrum of light scattered by a magnetized plasma. *Plasma Physics, 13*(10), 947.

Chan, P. W. (1971). Evidence of density inhomogeneity broadening of plasma satellites from light scattering. *Physics of Fluids, 14*(12), 2787.

Chan, P. W., & Nodwell, R. A. (1966). Collective scattering of laser light by a plasma. *Physical Review Letters, 16*(4), 122.

Chang, L. Y., Zeng, L., Cao, J. X., Yu, C. X., & Zu, Q. X. (1990a). Dual laser acoustooptical diffraction technique for the calibration of a CO2 2-laser scattering apparatus. *Review of Scientific Instruments, 61*(9), 2314–2317.

Chang, L. Y., Zeng, L., Cao, J. X., Yu, C. X., & Zu, Q. X. (1990b). Study of microturbulence on the KT-5 Tokamak by CO2-laser scattering. *Chinese Physics Letters, 7*(1), 16–19.

Chappell, W. R., & Williams, R. H. (1971). Density fluctuations in a magnetized, weakly ionized plasma. *Physics of Fluids, 14*(9), 1938.

Chen, L. (1987). *Waves and instabilities in plasmas.* World Scientific lecture notes in physics Vol. 12. Singapore: World Scientific.

Chen, S. T., & Chatterjee, M. R. (1996). A numerical analysis and expository interpretation of the diffraction of light by ultrasonic waves in the Bragg and Raman-Nath regimes using multiple scattering theory. *IEEE Transactions on Education, 39*(1), 56–68.

Chen, Y., Parker, S. E., Cohen, B. I., Dimits, A. M., Nevins, W. M., Shumaker, D., *et al.* (2003). Simulations of turbulent transport with kinetic electrons and electromagnetic effects. *Nuclear Fusion, 43*(10), 1121–1127.

Cheng, H., & Lee, Y. C. (1965). Interaction of light with light in a plasma. *Physical Review Letters, 14*(12), 426.

Chihara, J. (1987). Difference in x-ray-scattering between metallic and nonmetallic liquids due to conduction electrons. *Journal of Physics F: Metal Physics, 17*(2), 295–304.

Chihara, J. (2000). Interaction of photons with plasmas and liquid metals-photoabsorption and scattering. *Journal of Physics-Condensed Matter, 12*(3), 231–247.

Chiu, S. C. (1991). Electromagnetic effects in fluctuations of nonequilibrium plasmas and applications to alpha diagnostics. *Physics of Fluids B, 3*(6), 1374–1380.

Chung, H. K., Morgan, W. L., & Lee, R. W. (2003). Flychk: An extension to the K-shell spectroscopy kinetics model fly. *Journal of Quantitative Spectroscopy and Radiative Transfer, 81*(1–4), 107–115.

Clayton, C. E., Joshi, C., & Chen, F. F. (1983). Ion-trapping saturation of the brillouin instability. *Physical Review Letters, 51*(18), 1656–1659.

Clayton, C. E., Darrow, C., & Joshi, C. (1985). Novel small-angle collective Thomson scattering system. *Applied Optics, 24*(17), 2823–2828.

Clemmow, P. C., & Dougherty, J. P. (1969). *Electrodynamics of particles and plasmas. Addison-Wesley series in advanced physics.* Reading, MA: Addison-Wesley Pub. Co.

Coda, S., Porkolab, M., & Carlstrom, T. N. (1992). A phase-contrast interferometer on DIII-D. *Review of Scientific Instruments, 63*(10), 4974–4976.

Coda, S., Porkolab, M., & Burrell, K. H. (2000). Decorrelation of edge plasma turbulence at the transition from low- to high-confinement mode in the DIII-D Tokamak. *Physics Letters A, 273*(1–2), 125–131.

Cordey, J. G. (1976). Effects of particle trapping on slowing-down of fast ions in a toroidal plasma. *Nuclear Fusion, 16*(3), 499–507.

Crawford, F.W. (1963). The mechanism of Tonks-Dattner plasma resonances. *Physics Letters, 5*(4), 244–247.

Daehler, M., & Ribe, F. L. (1967). Cooperative light scattering from theta-pinch plasmas. *Physical Review, 161*(1), 117.

Daehler, M., Sawyer, G. A., & Thomas, K. S. (1969). Coordinated measurements of plasma density and cooperative light scattering in a theta-pinch plasma. *Physics of Fluids, 12*(1), 225.

D'Ambrosio, C., & Leutz, H. (2003). Hybrid photon detectors. *Nuclear Instruments & Methods in Physics Research Section A-Accelerators Spectrometers Detectors and Associated Equipment, 501*(2–3), 463–498.

Dattner, A. (1957). Plasma resonance. *Ericsson Technology, 3*(2), 309.

Daughney, C. C., Holmes, L. S., & Paul, J. W. M. (1970). Measurement of spectrum of turbulence within a collisionless shock by collective scattering of light. *Physical Review Letters, 25*(8), 497.

Davies, W. E. R., & Ramsden, S. A. (1964). Scattering of light from the electrons in a plasma. *Physics Letters, 8*(3), 179–180.

Dawson, J. M., & Oberman, C. (1962). High-Frequency Conductivity and the Emission and Absorption Coefficients of a Fully Ionized Plasma. *The Physics of Fluids, 5*(5), 517.

Dawson, J. M., & Nakayama, T. (1966). Kinetic structure of a plasma. *Physics of Fluids, 9*(2), 252. de la Luna, E., Krivenski, V., Giruzzi, G., Gowers, C., Prentice, R., Travere, J. M., *et al.* (2003). Impact of bulk non-Maxwellian electrons on electron temperature measurements (invited). *Review of Scientific Instruments, 74*(3), 1414–1420.

Denno, S. N., Prime, H. A., & Craggs, J. D. (1950). The scattering of 3-cm radiation by ionized gases. *Proceedings of the Physical Society of London Section B, 63*(369), 726–727.

Depierreux, S., Labaune, C., Fuchs, J., Pesme, D., Tikhonchuk, V. T., & Baldis, H. A. (2002). Langmuir decay instability cascade in laser-plasma experiments. *Physical Review Letters, 89*(4), 045001.

DeSilva, A. W., Evans, D. E., & Forrest, M. J. (1964). Observation of Thomson + cooperative scattering of ruby laser light by plasma. *Nature, 203*(495), 1321.

DeSilva, A. W., & Stamper, J. A. (1967). Observation of anomalous electron heating in plasma shock waves. *Physical Review Letters, 19*(18), 1027.

DeSilva, A. W., & Goldenbaum, G. (1970). *Methods of experimental physics* (Vol. 19, Pt. A, Chap. 3). New York: Academic Press.

DeSilva, A. W., Baig, T. J., Olivares, I., & Kunze, H. J. (1992). The effects of impurity ions on the scattered-light spectrum of a plasma. *Physics of Fluids B-Plasma Physics, 4*(2), 458–464.

DeSilva, A. W. (2000). The evolution of light scattering as a plasma diagnostic. *Contributions to Plasma Physics, 40*(1–2), 23–35.

Dhawan, S., & Majka, R. (1977). Development status of microchannel plate photomultipliers. *IEEE Transactions on Nuclear Science, 24*(1), 270–275.

Diamond, P. H., Itoh, S. I., Itoh, K., & Hahm, T. S. (2005). Zonal flows in plasma – a review. *Plasma Physics and Controlled Fusion, 47*(5), R35–R161.

Dietlein, C., Luukanen, A., Penttilä, J. S., Sipola, H., Groönberg, L., Seppä, H., *et al.* (2007). Performance comparison of Nb and Nbn antenna-coupled microbolometers. In O. J. James (Ed.), *Terahertz for military and security applications* (Vol. 6549, p. 65490M). Proceedings of SPIE. http://dx.doi.org/10.1117/12.719586.

Donné, A. J. H., & Barth, C. J. (2006). Laser-aided plasma diagnostics. *Fusion Science and Technology, 49*(2T), 375–386.

Donné, A. J. H., Barth, C. J., & Weisen, H. (2008). Laser-aided plasma diagnostics. *Fusion Science and Technology, 53*(2), 397–430.

Döppner, T., Neumayer, P., Girard, F., Kugland, N. L., Landen, O. L., Niemann, C., *et al.* (2008). High order reflectivity of highly oriented pyrolytic graphite crystals for x-ray energies up to 22 keV. *Review of Scientific Instruments, 79*(10), 10E311.

Döppner, T., Landen, O. L., Lee, H. J., Neumayer, P., Regan, S. P., & Glenzer, S. H. (2009). Temperature measurement through detailed balance in x-ray Thomson scattering. *High Energy Density Physics, 5*(3), 182–186.

Dorland,W., Jenko, F., Kotschenreuther, M., & Rogers, B. N. (2000). Electron temperature gradient turbulence. *Physical Review Letters, 85*(26), 5579–5582.

Dougherty, J. P., & Farley, D. T. (1960). A theory of incoherent scattering of radio waves by a plasma. *Proceedings of the Royal Society of London Series A-Mathematical and Physical Sciences*, 259(1296), 79–99.

Dougherty, J. P. (1963). The conductivity of a partially ionized gas in alternating electric fields. *Journal of Fluid Mechanics, 16*(1), 126–137.

Dougherty, J. P., & Farley, D. T. (1963b). A theory of incoherent scattering of radio waves by a plasma .3. scattering in a partly ionized gas. *Journal of Geophysical Research, 68*(19), 5473.

Dougherty, J. P. (1964). Model Fokker-Planck equation for a plasma and its solution. *Physics of Fluids, 7*(11), 1788–1799.

Doyle, E. J., & Evans, D. E. (1988). Asymmetric light-scattering effects in tokamak plasmas. *Review of Scientific Instruments, 59*(8), 1574–1576.

Doyle, E. J., Greenfield, C. M., Austin, M. E., Baylor, L. R., Burrell, K. H., Casper, T. A., *et al.* (2002). Progress towards increased understanding and control of internal transport barriers in DIII-D. *Nuclear Fusion, 42*(3), 333–339.

Drake, R. P. (2006). *High-energy-density physics.* New York: Springer Berlin Heidelberg. Drummond, W. E. (1962). Microwave scattering from unstable plasma waves. *Physics of Fluids, 5*(9), 1133–1134.

Drummond,W. E., & Pines, D. (1962b). Non-linear stability of plasma oscillations. *Nuclear Fusion*, Suppl. Pt. 3, 1049–1057.

Dubois, D. F., & Gilinsky, V. (1964). Incoherent scattering of radiation by plasmas. I. Quantum mechanical calculation of scattering cross sections. *Physical Review A-General Physics, 133*(5A), 1308.

Dubois, D. F. (1965). Nonlinear scattering of radiation from plasmas. *Physical Review Letters, 14*(20), 818.

Dubois, D. F., & Goldman, M. V. (1967). Parametrically excited plasma fluctuations. *Physical Review, 164*(1), 207.

Dupree, T. H. (1966). A perturbation theory for strong plasma turbulence. *Physics of Fluids, 9*(9), 1773.

Dürr, W., & Schmidt, W. (1985). Measurement of acoustooptic interaction in germanium in the far infrared. *International Journal of Infrared and Millimeter Waves, 6*(10), 1043–1049.

Eidmann, K., Sachsenmaier, P., Salzmann, H., & Sigel R. (1972). Optical isolators for highpower giant-pulse lasers. *Journal of Scientific Instruments, 5*, 56.

Einaudi, F., & Sudan, R. N. (1969). A review of nonlinear theory of plasma oscillations. *Plasma Physics, 11*(5), 359.

Eisele, H., & Kamoua, R. (2004). Submillimeter-wave InP Gunn devices. *IEEE Transactions on Microwave Theory and Techniques, 52*(10), 2371–2378.

Evans, D. E., Forrest, M. J., & Katzenst, J. (1966). Asymmetric co-operative scattered light spectrum in a thetatron plasma. *Nature, 212*(5057), 21.

Evans, D. E., & Forrest, M. J. (1969). *Proceedings of the 9th international conference on phenomena in ionized gases* (p. 646). Bucharest, Romania: Edituura Academia Republicii Socialiste Romania.

Evans, D. E., & Katzenstein, A. (1969a). Laser light scattering in laboratory plasmas. *Reports on Progress in Physics, 32*(2), 207.

Evans, D. E., & Carolan, P. G. (1970). Measurement of magnetic field in a laboratory plasma by Thomson scattering of laser light. *Physical Review Letters, 25*(23), 1605.

Evans, D. E., & Yeoman, M. L. (1974). *Physical Review Letters, 33*(2), 76–79.

Evans, D. E., Vonhellermann, M., & Holzhauer, E. (1982). Fourier optics approach to far forward scattering and related refractive-index phenomena in laboratory plasmas. *Plasma Physics and Controlled Fusion, 24*(7), 819–834.

Evans, D. E., Doyle, E. J., Frigione, D., Vonhellermann, M., & Murdoch, A. (1983). Measurement of long wavelength turbulence in a tokamak by extreme far forward scattering. *Plasma Physics and Controlled Fusion, 25*(6), 617–640.

Evans, J. V. (1962). Diurnal variation of temperature of F region. *Journal of Geophysical Research, 67*(12), 4914.

Evans, J. V. (1969). Theory and practice of ionosphere study by Thomson scatter radar. *Proceedings of the IEEE, 57*(4), 496.

Everett, M. J., Lal, A., Clayton, C. E., Mori, W. B., Johnston, T. W., & Joshi, C. (1995). Coupling between high-frequency plasma-waves in laser-plasma interactions. *Physical Review Letters, 74*(12), 2236–2239.

Farley, D. T., Dougherty, J. P., & Barron, D. W. (1961). A theory of incoherent scattering of radio waves by a plasma .2. scattering in a magnetic field. *Proceedings of the Royal Society of London Series A-Mathematical and Physical Sciences*, 263(131), 238.

Farley, D. T. (1964). Effect of coulomb collisions on incoherent scattering of radio waves by plasma. *Journal of Geophysical Research, 69*(1), 197.

Farley, D. T. (1966). A theory of incoherent scattering of radio waves by a plasma .4. effect of unequal ion and electron temperatures. *Journal of Geophysical Research, 71*(17), 4091.

Farley, D. T. (1970). Incoherent scattering at radio frequencies. *Journal of Atmospheric and Terrestrial Physics, 32*(4), 693.

Fäustlin, R. R., Bornath, Th., Döppner, T., Dusterer, S., Förster, E., Fortmann, C., *et al.* (2010a). Observation of ultrafast non-equilibrium collective dynamics in warm dense hydrogen. *Physical Review Letters, 104*, 125002.

Fäustlin, R. R., Zastrau, U., Toleikis, S., Uschmann, I., Förster, E., & Tschentscher, Th. (2010b). A compact soft x-ray spectrograph combining efficiency and resolution. *Journal of Instrumentation,5.*

Feinstein, D. L., & Granatstein, V. L. (1969). Scalar radiative transport model for microwave scattering from a turbulent plasma. *Physics of Fluids, 12*(12P1), 2658.

Fejer, J. A. (1960). Scattering of radio waves by an ionized gas in thermal equilibrium. *Canadian Journal of Physics, 38*(8), 1114–1133.

Fejer, J. A. (1961). Scattering of radio waves by an ionized gas in thermal equilibrium in presence of a uniform magnetic field. *Canadian Journal of Physics, 39*(5), 716.

Fernandez, J. C., Cobble, J. A., Montgomery, D. S.,Wilke, M. D., & Afeyan, B. B. (2000). Observed insensitivity of stimulated Raman scattering on electron density. *Physics of Plasmas, 7*(9), 3743.

Filip, C. V., Tochitsky, S. Y., Narang, R., Clayton, C. E., Marsh, K. A., & Joshi, C. J. (2003). Collinear Thomson scattering diagnostic system for the detection of relativistic waves in lowdensity plasmas. *Review of Scientific Instruments, 74*(7), 3576–3578.

Filip, C. V., Narang, R., Tochitsky, S. Y., Clayton, C. E., Musumeci, P., Yoder, R. B., *et al.* (2004). Nonresonant beat-wave excitation of relativistic plasma waves with constant phase velocity for charged-particle acceleration. *Physical Review E, 69*(2), 026404.

Finkelburg, W., & Peters, T. (1957). *Handbuch der physik* (Vol. 28). Berlin: Springer-Verlag.

Fiocco, G., & Thompson, E. (1963). Thomson scattering of optical radiation from an electron beam. *Physical Review Letters, 10*(3), 89.

Flora, F., & Giudicotti, L. (1987). Complete calibration of a Thomson scattering spectrometer system by rotational Raman-scattering in H-2. *Applied Optics, 26*(18), 4001–4008.

Forrest, M. J. (1967). A ten-channel fiber optic Fabry-P'erot fringe splitter. *Journal of Scientific Instruments, 44*(1), 26.

Forrest, M. J., Carolan, P. G., & Peacock, N. J. (1978). Measurement of magnetic-fields in a tokamak using laser-light scattering. *Nature, 271*(5647), 718–722.

Forsythe, P. A., Currie, B. W., & Vawter, F. E. (1953). Scattering of 56-Mc./s. radio waves from the lower ionosphere. *Nature London, 171*, 352.

Fortmann, C., Redmer, R., Reinholz, H., Röpke, G., Wierling, A., & Rozmus, W. (2006). Bremsstrahlung vs. Thomson scattering in VUV-FEL plasma experiments. *High Energy Density Physics, 2*, 57–69. http://dx.doi.org/10.1016/j.hedp.2006.04.001.

Fortmann, C., Wierling, A., & Röpke, G. (2010). Influence of local-field corrections on Thomson scattering in collision-dominated two-component plasmas. *Physical Review E, 81*, 026405.

Fortmann, C., Wierling, A., & Röpke, G. (2010a). Influence of local-field corrections on Thomson scattering in collision-dominated two-component plasmas. *Physical Review E, 81*(2), 026405.

Fournier, K. B., Constantin, C., Back, C. A., Suter, L., Chung, H. K., Miller, M. C., *et al.* (2006). Electron-density scaling of conversion efficiency of laser energy into L-shell x-rays. *Journal of Quantitative Spectroscopy and Radiative Transfer, 99*(1–3), 186–198.

Freidberg, J. P. (1982). Ideal magneto-hydrodynamic theory of magnetic fusion systems. *Reviews of Modern Physics, 54*(3), 801–902.

Freidberg, J. P. (1987). *Ideal magneto-hydrodynamics.* New York: Plenum Press. Fried, B. D., & Conte, S. D. (1961). *The plasma dispersion function; the Hilbert transform of the Gaussian.* New York: Academic Press.

Fried, B. D., White, R. B., & Samec, T. K. (1971). Ion acoustic waves in a multi-ion plasma. *Physics of Fluids, 14*(11), 2388.

Froula, D. H., Divol, L., & Glenzer, S. H. (2002). Measurements of nonlinear growth of ion-acoustic waves in two-ion-species plasmas with Thomson scattering. *Physical Review Letters, 88*(10), 105003.

Froula, D. H. (2002b). *Experimental studies of the stimulated Brillouin scattering instability in the saturated regime.* Ph.D. thesis. University of California at Davis, Davis, CA.

Froula, D. H., Divol, L., MacKinnon, A., *et al.* (2003). Direct observation of stimulated-Brillouin-scattering detuning by a velocity gradient. *Physical Review Letters, 90*(15), 155003.

Froula, D. H., Divol, L., Mackinnon, A., Gregori, G., & Glenzer, S. H. (2003a). Direct observation of stimulated-Brillouin-scattering detuning by a velocity gradient. *Physical Review Letters, 90*(15), 155003.

Froula, D. H., Divol, L., Braun, D. G., Cohen, B. I., Gregori, G., Mackinnon, A., *et al.* (2003b). Stimulated Brillouin scattering in the saturated regime. *Physics of Plasmas, 10*, 1846.

Froula, D. H., Divol, L., Offenberger, A., *et al.* (2004). Direct observation of the saturation of stimulated Brillouin scattering by ion-trapping-induced frequency shifts. *Physical Review Letters, 93*(3), 035001.

Froula, D. H., Davis, P., Divol, L., Ross, J. S., Meezan, N., Price, D., *et al.* (2005). Measurement of the dispersion of thermal ion-acoustic fluctuations in high-temperature laser plasmas using multiple-wavelength Thomson scattering. *Physical Review Letters, 95*(19), 195005.

Froula, D. H., Rekow, V., Sorce, C., Piston, K., Knight, R., Alvarez, S., *et al.* (2006a). 3 omega transmitted beam diagnostic at the Omega laser facility. *Review of Scientific Instruments, 77*(10), 10E507.

Froula, D. H., Ross, J. S., Divol, L., Meezan, N., MacKinnon, A. J., Wallace, R., *et al.* (2006b). Thomson-scattering measurements of high electron temperature hohlraum plasmas for laserplasma interaction studies. *Physics of Plasmas, 13*(5), 052704.

Froula, D. H., Divol, L., Meezan, N., Dixit, S., Moody, J., Neumayer, P., *et al.* (2007). Ideal laser beam propagation through high temperature ignition hohlraum plasmas. *Physical Review Letters, 85*, 085001.

Froula, D. H., Ross, J. S., Pollock, B. B. *et al.* (2007a). Quenching of the nonlocal electron heat transport by large external magnetic fields in a laser-produced plasma measured with imaging Thomson scattering. *Physical Review Letters, 98*(13), 135001.

Froula, D. H., Divol, L., Meezan, N. B., Dixit, S., Neumayer, P., Moody, J. D., *et al.* (2007b). Laser beam propagation through inertial confinement fusion Hohlraum plasmas. *Physics of Plasmas, 14*(5).

Froula, D. H., Divol, L., London, R. A., Berger, R. L., Döppner, T., Meezan, N. B., *et al.* (2010). Experimental basis for laser-plasma interactions in ignition hohlraums at the national ignition facility (Invited). *Physics of Plasmas, 17*, 056201.

Funfer, E., Kronast, B., & Kunze, H. J. (1963). Experimental results on light scattering by a thetapinch plasma using a ruby laser. *Physics Letters, 5*(2), 125–127.

Gabriel, A. H., Niblett, G. B. F., & Peacock, N. J. (1962). Vacuum ultraviolet radiation from a magnetically compressed plasma. *Journal of Quantitative Spectroscopy and Radiative Transfer, 2*(4), 491.

Gamez, G., Huang, M., Lehn, S. A., & Hieftje, G. M. (2003). Laser-scattering instrument for fundamental studies on a glow discharge. *Journal of Analytical Atomic Spectrometry, 18*(6), 680–684.

Gerry, E. T., & Rose, D. J. (1966). Combined anode-cathode feed of a hollow-cathode arc. *Journal of Applied Physics, 37*(7), 2725.

Giles, R., & Offenberger, A. A. (1983). Time-resolved Thomson-scattering measurements of ion fluctuations driven by stimulated Brillouin scattering. *Physical Review Letters, 50*(6), 421–424.

Glass, A., & Guenther, A., eds. (1970). Damage on Laser materials. *Journal of Research of the National Bureau of Standards, (U.S.) Special Publication*, 341.

Glasstone, S., & Lovberg, R. H. (1960). *Controlled thermonuclear reactions, an introduction to heory and experiment.* Princeton, NJ: Van Nostrand.

Glenzer, S. H., Back, C. A., Estabrook, K. G.,Wallace, R., Baker, K., MacGowan, B. J., *et al.* (1996). Observation of two ion-acoustic waves in a two-species laser-produced plamsa with Thomson scattering. *Physical Review Letters, 77*(8), 1496.

Glenzer, S. H., Back, C. A., Estabrook, K. G., Kirkwood, R. K., Wallace, R., MacGowan, B. J., *et al.* (1997a). Thomson scattering from two-species laser-produced plasmas (invited). *Review of Scientific Instruments, 68*(1), 641–646.

Glenzer, S. H., Back, C. A., Estabrook, K. G., & MacGowan, B. J. (1997b). Thomson scattering in the corona of laser-produced gold plasmas. *Review of Scientific Instruments, 68*(1), 668–671.

Glenzer, S. H., Rozmus, W., MacGowan, B. J. *et al.* (1999). Thomson scattering from high-Z laserproduced plasmas. *Physical Review Letters, 82*(1), 97–100.

Glenzer, S. H., Weiland, T. L., Bower, J., MacKinnon, A. J., & MacGowan, B. J. (1999a). High-energy 4 omega probe laser for laser-plasma experiments at nova. *Review of Scientific Instruments, 70*(1), 1089–1092.

Glenzer, S. H., Alley, W. E., Estabrook, K. G., De Groot, J. S., Haines, M. G., Hammer, J. H., *et al.* (1999b). Thomson scattering from laser plasmas. *Physics of Plasmas, 6*(5), 2117–2128.

Glenzer, S. H. (2000). Thomson scattering in inertial confinement fusion research. *Contributions to Plasma Physics, 40*(1–2), 36–45.

Glenzer, S. H., Fournier, K. B., Decker, C. *et al.* (2000a). Accuracy of K-shell spectra modeling in high-density plasmas. *Physical Review E, 62*(2), 2728–2738.

Glenzer, S. H., Estabrook, K. G., Lee, R. W., MacGowan, B. J., & Rozmus, W. (2000b). Detailed characterization of laser plasmas for benchmarking of radiation-hydrodynamic modeling. *Journal of Quantitative Spectroscopy and Radiative Transfer*, 65(1–3), 253–271.

Glenzer, S. H., Divol, L. M., Berger, R. L. *et al.* (2001b). Thomson scattering measurements of saturated ion waves in laser fusion plasmas. *Physical Review Letters, 86*(12), 2565–2568.

Glenzer, S. H., Fournier, K. B.,Wilson, B. G., Lee, R.W., & Suter, L. J. (2001a). Ionization balance in inertial confinement fusion Hohlraums. *Physical Review Letters, 87*(4), 045002.

Glenzer, S. H., Divol, L. M., Berger, R. L. *et al.* (2001). Thomson scattering measurements of saturated ion waves in laser fusion plasmas. *Physical Review Letters*, 86(12), 2565–2568.

Glenzer, S. H., Gregori, G., Rogers, F. J., Froula, D. H., Pollaine, S.W.,Wallace, R. S., *et al.* (2003a). X-ray scattering from solid density plasmas. *Physics of Plasmas, 10*(6), 2433–2441.

Glenzer, S. H., Gregori, G., Lee, R. W., Rogers, F. J., Pollaine, S. W., & Landen, O. L. (2003b). Demonstration of spectrally resolved x-ray scattering in dense plasmas. *Physical Review Letters, 90*(17), 175002.

Glenzer, S. H., Landen, O. L., Neumayer, P., Lee, R.W.,Widmann, K., Pollaine, S.W., *et al.* (2007). Observations of plasmons in warm dense matter. *Physical Review Letters, 98*(6), 065002.

Glenzer, S., & Redmer, R. (2009). X-ray Thomson scattering in high energy density plasmas. *Review of Modern Physics, 81*, 1625–1663.

Glenzer, S. H., MacGowan, B. J., Michel, P., Meezan, N. B., Suter, L. J., Dixit, S. N., *et al.* (2010). Symmetric inertial confinement fusion implosions at ultra-high laser energies. *Science,* science.1185634.

Goldman, M. V., & Dubois, D. F. (1965). Stimulated incoherent scattering of light from plasmas. *Physics of Fluids, 8*(7), 1404.

Goldston, R. J., & Rutherford, P. H. (1995). *Introduction to plasma physics.* Bristol, UK : Institute of Physics Pub.

Gondhalekar, A. M., & Kronast, B. (1971). National Research Council of Canada. Private communication.

Gondhalekar, A. M., & Kronast, B. (1973). Relativistic effect in light-scattering spectrum of a thetapinch plasma. *Physical Review A, 8*(1), 441–445.

Gorbunov, L. M., & Silin, V. P. (1966). Scattering of waves in a plasma. *Soviet Physics JETP-USSR, 23*(4), 729.

Gorog, I. (1969). Effect of charged particel-neutral collisions on collective Thomson scattering. *Physics of Fluids, 12*(8), 1702.

Gowers, A., Gadd, A., Hirsch, K., Nielsen, P., & Salzmann, H. (1990). High power ruby and alexandrite lasers for LIDAR-Thomson scattering diangostics. *High-Power Solid State Lasers and Applications, SPIE 1277*, 162–173.

Graf, K. A., Guthart, H., & Douglas, D. G. (1971). Scattering from a turbulent laboratory plasma at 31 gigahertz. *Radio Science, 6*(7), 737.

Granatstein, V. L. (1968). Microwave scattering from anisotropic plasma turbulence. *Applied Physics Letters, 13*(1), 37.

Gregori, G., Glenzer, S. H., & Landen, O. L. (2003). Strong coupling corrections in the analysis of x-ray Thomson scattering measurements. *International conference on strongly coupled coulomb systems (SCCS)*, Santa FE, New Mexico, Sep 02–06, 2002. [*Journal of Physics A-Mathematical and general, 22*, 5971–5980].

Gregori, G., Glenzer, S. H., Rozmus, W., Lee, R. W., & Landen, O. L. (2003b). Theoretical model of x-ray scattering as a dense matter probe. *Physical Review E, 67*(2), 026412.

Gregori, G., Glenzer, S. H., Rogers, F. J., Pollaine, S. M., Landen, O. L., Blancard, C., *et al.* (2004). Electronic structure measurements of dense plasmas. *Physics of Plasmas, 11*(5), 2754–2762.

Gregori, G., Glenzer, S. H., Knight, J. *et al.* (2004a). Effect of nonlocal transport on heat-wave propagation. *Physical Review Letters, 92*(20), 205006.

Gregori, G., Tommasini, R., Landen, O. L., Lee, R.W., & Glenzer, S. H. (2006). Limits on collective X-ray scattering imposed by coherence. *Europhysics Letters, 74*(4), 637.

Gregori, G., Glenzer, S. H., & Landen, O. L. (2006a). Generalized x-ray scattering cross section from nonequilibrium plasmas. *Physical Review E, 74*(2), 026402.

Gregori, G., Glenzer, S. H., Chung, H. K., Froula, D. H., Lee, R. W., Meezan, N. B., *et al.* (2006b). Measurement of carbon ionization balance in high-temperature plasma mixtures by temporally resolved x-ray scattering. *Journal of Quantitative Spectroscopy and Radiative Transfer, 99*(1–3), 225–237.

Gregori, G., Glenzer, S. H., Fournier, K. B., Campbell, K. M., Dewald, E. L., Jones, O. S., *et al.* (2008). X-ray scattering measurements of radiative heating and cooling dynamics. *Physical Review Letters, 101*(4), 045003.

Gregori, G., & Gericke, D. O. (2009). Low frequency structural dynamics of warm dense matter. *Physics of Plasmas, 16*(5), 056306.

Grewal, M. S. (1964). Effects of collisions on electron density fluctuations in plasmas. *Physical Review A-General Physics, 134*(1A), A86.

Grossman, E. N., Luukanen, A., & Miller, A. (2004). Terahertz active direct detection imagers. In *Terahertz for military and security applications II* (Vol. 5411). Bellingham, WA: Proceedings of SPIE. http://dx.doi.org//10.1117/12.549135.

Gusakov, E. Z., Gurchenko, A. D., Altukhov, A. B., Stepanov, A. Y., Esipov, L. A., Kantor, M. Y., *et al.* (2006). Investigation of ETG mode-scale component of Tokamak plasma turbulence by correlative enhanced scattering diagnostics. *Plasma Physics and Controlled Fusion, 48*, A371–A376.

Guthart, H., Weissman, D. E., & Morita, T. (1966). Microwave scattering from an underdense turbulent plasma. *Radio Science, 1*(11), 1253.

Haas, F. A., & Evans, D. E. (1990). Proposal for measuring magnetic fluctuations in Tokamaks by Thomson scattering. *Review of Scientific Instruments, 61*(11), 3540–3543.

Hagfors, I. (1961). Density fluctuations in a plasma in a magnetic field, with applications to ionosphere. *Journal of Geophysical Research, 66*(6), 1699.

Hagfors, T., & Brockelm, R. A. (1971). Theory of collision dominated electron density fluctuations in a plasma with applications to incoherent scattering. *Physics of Fluids, 14*(6), 1143.

Haller, E. E., & Beeman, J.W. (2002). Recent advances and future prospects. *Proceedings of far-IR, sub-_m & mm detector technology.*

Hammett, G.W. (2009). *http://w3.pppl.gov/hammett/talks/2007/gyrokinetic aps review.pdf.* Private communication.

Han, S., Griffin, R. G., Hu, K., Joo, C., Joye, C. D., Mastovsky, I., *et al.* (2006). Continuouswave submillimeter-wave gyrotrons. *Proceedings – Society of Photo-Optical Instrumentation Engineers, 6373*, 63730C.

Harada, T., Takahashi, K., Sakuma, H., & Osyczka, A. (1999). Optimum design of a grazingincidence flat-field spectrograph with a spherical varied-line-space grating. *Applied Optics, 38*(13), 2743–2748.

Hasegawa, A., Maclennan, C. G., & Kodama, Y. (1979). Non-linear behavior and turbulence spectra of drift waves and Rossby waves. *Physics of Fluids, 22*(11), 2122–2129.

Hassaballa, S., Yakushiji, M., Kim, Y. K., Tomita, K., Uchino, K., & Muraoka, K. (2004). Two-dimensional structure of PDP micro-discharge plasmas obtained using laser Thomson scattering. *IEEE Transactions on Plasma Science, 32*(1), 127–134.

Hassaballa, S., Tomita, K., Kim, Y. K., Uchino, K., Hatanaka, H., Kim, Y. M., *et al.* (2005). Laser Thomson scattering measurements of electron density and temperature profiles of a striated plasma in a plasma display panel (PDP)-like discharge. *Japanese Journal of Applied Physics Part 2-Letters and Express Letters, 44*(12–15), L442–L444.

Hatae, T., Nagashima, A., Kondoh, T., Kitamura, S., Kashiwabara, T., Yoshida, H., *et al.* (1999). Yag laser Thomson scattering diagnostic on the JT-60U. *Review of Scientific Instruments, 70*(1), 772–775.

Hatae, T., Naito, O., Nakatsuka, M., & Yoshida, H. (2006). Applications of phase conjugate mirror to Thomson scattering diagnostics (invited). *Review of Scientific Instruments, 77*(10), 10E508. Figures reprinted with permission from T. Hatae. Copyright 2006 by the American Institute of Physics.

Hatae, T., Nakatsuka, M., Yoshida, H., Ebisawa, K., Kusama, Y., Sato, K., *et al.* (2007). Progress in development of edge Thomson scattering system for ITER. *Fusion Science and Technology, 51*(2T), 58–61.

Hawreliak, J., Chambers, D. M., Glenzer, S. H., *et al.* (2004). Thomson scattering measurements of heat flow in a laser-produced plasma. *Journal of Physics B-Atomic Molecular and Optical Physics, 37*(7), 1541–1551.

Hennequin, P., Sabot, R., Honore, C., Hoang, G. T., Garbet, X., Truc, A., *et al.* (2004). Scaling laws of density fluctuations at high-k on Tore Supra. *Plasma Physics and Controlled Fusion, 46*, B121–B133.

Heeter, R. F., Hansen, S. B., Fournier, K. B., Foord, M. E., Froula, D. H., *et al.* (2007). Benchmark measurements of the Ionization balance of non-local-thermodynamic-equilibrium gold plasmas. *Physical Review Letters, 99*, 195001.

Hinton, F. L., & Hazeltine, R. D. (1976). Theory of plasma transport in toroidal confinement systems. *Reviews of Modern Physics, 48*(2), 239–308.

Hirschberg, J. G. (1967). Colloque sur les m'ethodes nouvelles de spectroscopie instrumentale. *Journal de Physique (Paris), 28*, C2–226.

Hirschberg, J. G., & Platz, P. (1965). A multichannel Fabry-Perot interferometer. *Applied Optics*, 4(11), 1375.

Höll, A., Redmer, R., Ropke, G. (2004). X-ray Thomson scattering in warm dense matter. *European Physical Journal D, 29*(2), 159–162.

Höll, A., Bornath, Th., Cao, L., Döppner, T., D¨sterer, S., Förster, E., *et al.* (2007). Thomson scattering from near-solid density plasmas using soft x-ray free electron lasers. *High Energy Density Physics, 3*, 120–130.

Holzhauer, E. (1977). Forward scattering at 10:6 mm using light mixing to measure ion temperature in a hydrogen arc plasma. *Physics Letters A, 62*(7), 495–497.

Hori, T., Bowden, M. D., Uchino, K., & Muraoka, K. (1996a). Measurement of non-Maxwellian electron energy distributions in an inductively coupled plasma. *Applied Physics Letters, 69*(24), 3683–3685.

Hori, T., Bowden, M. D., Uchino, K., Muraoka, K., & Maeda, M. (1996b). Measurements of electron temperature, electron density, and neutral density in a radio-frequency inductively coupled plasma. *Journal of Vacuum Science and Technology A-Vacuum Surfaces and Films, 14*(1), 144–151.

Hori, T., Kogano, M., Bowden, M. D., Uchino, K., & Muraoka, K. (1998). A study of electron energy distributions in an inductively coupled plasma by laser Thomson scattering. *Journal of Applied Physics, 83*(4), 1909–1916. Figures reprinted with permission from T. Hori. Copyright 1998 by the American Institute of Physics.

Horton, W. (1999). Drift waves and transport. *Reviews of Modern Physics, 71*(3), 735–778.

Howard, J. (2006). Application of polarization interferometers for Thomson scattering. *Plasma Physics and Controlled Fusion, 48*(6), 777–787.

Howard, J., James, B. W., & Smith, W. I. B. (1979). Rotational Raman calibration of Thomson scattering. *Journal of Physics D-Applied Physics, 12*(9), 1435–1440.

Howard, J., & Sharp, L. E. (1992). Diffraction analysis of forward-angle scattering in plasmas. *Plasma Physics and Controlled Fusion, 34*(6), 1133–1156.

Howard, J., & Hatae, T. (2008). Imaging interferometers for analysis of Thomson scattered spectra. *Review of Scientific Instruments, 79*(10), 10E704.

Huang, K. (1963). *Statistical mechanics.* New York: Wiley.

Hughes, J. W., Mossessian, D. A., Hubbard, A. E., Marmar, E. S., Johnson, D., & Simon, D. (2001). High-resolution edge Thomson scattering measurements on the Alcator C-Mod Tokamak. *Review of Scientific Instruments, 72*(1), 1107–1110. Figures reprinted with permission from J. W. Hughes. Copyright 2001 by the American Institute of Physics.

Hughes, T. P., & Smith, S. R. P. (1989). Effects of plasma dielectric-properties on Thomson scattering of millimeter waves in Tokamak plasmas. *Journal of Plasma Physics, 42*, 215–240.

Hungerford, G., & Birch, D. J. S. (1996). Single-photon timing detectors for fluorescence lifetime spectroscopy. *Measurement Science & Technology, 7*(2), 121–135.

Hutchinson, D. P., Vandersluis, K. L., Sheffield, J., & Sigmar, D. J. (1985). Feasibility of alphaparticle measurement by CO2-laser Thomson scattering. *Review of Scientific Instruments, 56*(5), 1075–1077.

Hutchinson, I. H. (1987). *Principles of plasma diagnostics.* Cambridge [Cambridgeshire], New York: Cambridge University Press.

Iannuzzi, M., Magistre, F., & Piperno, F. (1968). Coherent forward scattering of microwaves from density fluctuations in alkali plasmas. *Physics of Fluids, 11*(8), 1822.

Ichimaru, S. (1962). Theory of fluctuations in a plasma. *Annals of Physics, 20*(1), 78–118.

Ichimaru, S., Rostoker, N., & Pines, D. (1962a). Observation of critical fluctuations associated with plasma-wave instabilities. *Physical Review Letters, 8*(6), 231.

Ichimaru, S., Tanaka, S., & Iyetomi, H. (1984). Screening potential and enhancement of the thermonuclear reaction-rate in dense-plasmas. *Physical Review A, 29*(4), 2033–2035.

Ichimaru, S. (1984a). Correction. *Physical Review A, 30*(3), 1548–1548.

Infeld, E., & Zakowicz, W. (1971). Explanation of anomalous scattering of laser light from an arc plasma. *Physics Letters A, 37*(2), 103.

Infeld, E., Skorupsk, A., & Zakowicz, W. (1972). Scattering of laser light from a marginally stable hydrogen plasma. *Plasma Physics, 14*(12), 1125.

Izawa, Y., Nakanish, Y., Yokoyama, M., & Yamanaka, C. (1967). Profile of shock wave plasma measured by laser light scattering. *Journal of the Physical Society of Japan, 23*(5), 1185.

Izumi, N., Snavely, R., Gregori, G., Koch, J. A., Park, H. S., & Remington, B. A. (2006). Application of imaging plates to x-ray imaging and spectroscopy in laser plasma experiments (invited). *Review of Scientific Instruments, 77*(10), 10E325.

Jackson, J. D. (1960). *Journal of Nuclear Energy Part C-Plasma Physics Accelerators Thermonuclear Research, 1*, 171.

Jackson, J. D. (1998). *Classical electrodynamics* (3rd ed.). New York: Wiely and Sons.

James, B. W., & Yu, C. X. (1985). Diffraction of laser-radiation by a plasma-wave – the near-field and far field limiting cases. *Plasma Physics and Controlled Fusion, 27*(5), 557–564.

Jasny, J., Teubner, U., Theobald,W.,Wulker, C., Bergmann, J., & Schafer, F. P. (1994). A single-shot spectrograph for the soft-x-ray region. *Review of Scientific Instruments, 65*(5), 1631–1635.

Jenko, F. (2000). Particle pinch in collisionless drift-wave turbulence. *Physics of Plasmas, 7*(2), 514–518.

Jensen, R. V., Post, D. E., Grasberger, W. H., Tarter, C. B., & Lokke, W. A. (1977). Calculations of impurity radiation and its effects on Tokamak experiments. *Nuclear Fusion, 17*(6), 1187–1196.

John, P. K., Irisawa, J., & Ng, K. H. (1971). Observation of enhanced plasma waves by laser scattering. *Physics Letters A, 36*(4), 277.

Johnson, D., Dimock, D., Grek, B., Long, D., Mcneill, D., Palladino, R., *et al.* (1985). TFTR Thomson scattering system. *Review of Scientific Instruments, 56*(5), 1015–1017.

Johnson, L. C. (1992). Validation of spatial profile measurements of neutron emission in TFTR plasmas (invited). *Review of Scientific Instruments, 63*(10), 4517–4522.

Joyce, G., & Salat, A. (1971). Light scattering in a marginally stable plasma. *Plasma Physics, 13*(5), 359.

Jukes, T. H., & Shaffer, C. B. (1960). Antithyroid effects of aminotriazole. *Science, 132*(3422), 296–297.

Kadomstev, B. B. (1965). *Plasma turbulence.* London: Academic Press.

Kahn, F. D. (1959). Long-range interactions in ionized gases in thermal equilibrium. *Astrophysical Journal, 129*(1), 205–216.

Kajita, S., Hatae, T., & Naito, O. (2009). Optimization of optical filters for ITER edge Thomson scattering diagnostics. *Fusion Engineering and Design, 84*(12), 2214–2220.

Kalinin, Y. G., Lin, D. N., Ryutov, V. D., & Skoryupi, V. A. (1969). Scattering of electromagnetic waves by turbulent plasma fluctuations. *Soviet Physics JETP-USSR, 28*(1), 61.

Karasik, B. S., Delaet, B., McGrath, W. R., Wei, J., Gershenson, M. E., & Sergeev, A. V. (2003). Experimental study of superconducting hot-electron sensors for submm astronomy. *IEEE Transactions on Applied Superconductivity, 13*(2), 188–191.

Kasparek, W., & Holzhauer, E. (1983a). CO2-laser scattering from thermal fluctuations in a plasma with 2 ion components. *Physical Review A, 27*(3), 1737–1740.

Kasparek,W., & Holzhauer, E. (1983b). Simultaneous measurement of magnetic-field direction and ion temperature in a plasma by collective scattering with a CO2-laser. *Applied Physics Letters, 43*(7), 637–638.

Kasparek, W., & Holzhauer, E. (1984). Collective laser-light scattering from thermal fluctuations in a collision dominated plasma. *Plasma Physics and Controlled Fusion, 26*(9), 1133–1137.

Kato, M. (1972). Fluctuation spectrum of plasma with few electrons in debye volume observed by collective light-scattering. *Physics of Fluids, 15*(3), 460.

Katzenstein, J. (1971). *Private communication.* Culham Lab, UK: UKAEA Res. Group.

Kauffman, R. L. (1991). *Handbook of plasma physics* (Vol. 3). Amsterdam: Elsevier.

Kaw, P., Valeo, E., & Dawson, J. M. (1970). Interpretation of an experiment on anomalous absorption of an electromagnetic wave in a plasma. *Physical Review Letters, 25*(7), 430.

Kawahata, K., Tanaka, K., Akiyama, T., Okajima, S., & Nakayama, K. (2005). Development of key components related to the interferometry/polarimetry. In *9th Meeting of the ITPA topical group diagnostics, KBSI.*

Kazcor, M., & Soltwisch, H. (1999). Light scattering diagnostic system for investigation of reactive plasmas in a capacitatively coupled RF-discharge. In *Workshop on frontiers in low temperature plasma diagnostics III.*

Kazcor, M., & Soltwisch, H. (2001). Numerical simulation of a multi-channel light scattering diagnostic system for low temperature plasmas. In *Workshop on frontiers in low temperature plasma diagnostics III.*

Kegel, W. H. (1965). Light mixing and generation of 2nd harmonic in a plasma in an external magnetic field. *Zeitschrift fur Naturforschung Part A-Astrophysik Physik und Physikalische Chemie A, 20*(6), 793.

Kegel, W. H. (1970). Light scattering from plasmas with a non-Maxwellian velocity distribution. *Plasma Physics, 12*(5), 295.

Keilhacker, M., Kornherr, M., & Steuer, K-H. (1969). Observation of collisionless plasma heating by strong shock waves. *Zeitschrift fur Physik, 223*(4), 385.

Keilhacker, M., Kornherr, M., Niedermeyer, H., Steuer, K-H., & Chodura, R. (1971). *Proceedings of the 4th international conference on plasma physics controlled fusion* (Vol. 3, p. 265). Madison, WI: IAEA Vienna.

Keilhacker, M., and Steuer, K-H. (1971a). Time-resolved light-scattering mesurements of spectrum of turbulence within a high-beta collisionless shock wave. *Physical Review Letters, 26* (12), 694.

Kellerer, L. (1970). Measuring magnetic fields in plasmas by means of light scattering. *Zeitschrift fur Physik, 239*(2), 147.

Kenyon, M., Day, P. K., Bradford, C. M., Bock, J. J., & Leduc, H. G. (2006). Progress on background-limited membrane-isolated TES bolometers for far-IR/submillimeter spectroscopy. In J. Zmuidzinas, W. S. Holland, S. Withington, & W. D. Duncan (Eds.),

Detectors and instrumentation for astronomy III (Vol. 6275, p. 627508). Proceedings of SPIE. http://dx.doi.org/10.1117/12.672036.

Kerr, A. R., Feldman, M. J., & Pan, S. K. (1997). Receiver noise temperature, the quantum noise limit, and the role of the zero-point fluctuations. *Proceedings of the eighth international symposium on space terahertz technology* (pp. 101–111), Harvard University.

Kerr, A. R. (1999). Suggestions for revised definitions of noise quantities, including quantum effects. *IEEE Transactions on Microwave Theory and Techniques, 47*(3), 325–329.

Kieft, E. R., van der Mullen, J. J. A. M., Kroesen, G. M. W., Banine, V., & Koshelev, K. N. (2004). Collective Thomson scattering experiments on a tin vapor discharge in the prepinch phase. *Phys. Rev. E, 70*(5), 056413. Figures reprinted courtesy of J. J. A. M van der Mullen. Copyright 2004 the American Physical Society.

Kieft, E. R., Groothuis, C. H. J. M., van der Mullen, J. J. A. M., & Banine, V. (2005). Subnanosecond Thomson scattering setup for space and time resolved measurements with reduced background signal. *Review of Scientific Instruments, 76*(9), 093503.

Klein, W. R., & Cook, B. D. (1967). Unified approach to ultrasonic light diffraction. *IEEE Transactions on Sonics and Ultrasonics, Su14*(3), 123.

Klimontovich, I. U. L. (1967). *The statistical theory of non-equilibrium processes in a plasma* (1st English ed.). International series of monographs in natural philosophy, Vol. 9. Oxford, NY: Pergamon Press.

Kline, J. L., Montgomery, D. S., Bezzerides, B., *et al.* (2005). Observation of a transition from fluid to kinetic nonlinearities for Langmuir waves driven by stimulated Raman backscatter. *Physical Review Letters, 94*(17), 175003.

Kondoh, T., Miura, Y., Lee, S., Richards, R. K., Hutchinson, D. P., & Bennett, C. A. (2003). Collective Thomson scattering based on CO2 laser for ion energy spectrum measurements in JT-60U. *Review of Scientific Instruments, 74*(3), 1642–1645.

Kondoh, T., Hayashi, T., Kawano, Y., Kusama, Y., Sugie, T., Miura, Y., *et al.* (2006). High-repetition CO2 laser for collective Thomson scattering diagnostic of alpha particles in burning plasmas. *Review of Scientific Instruments, 77*(10), 10E505.

Kondoh, T., Hayashi, T., Kawano, Y., Kusama, Y., Sugie, T., Hirata, M., *et al.* (2007). CO2 laser collective Thomson scattering diagnostic of alpha-particles in burning plasmas. *Fusion Science and Technology, 51*(2T), 62–64.

Kono, A., & Nakatani, K. (2000). Efficient multichannel Thomson scattering measurement system for diagnostics of low-temperature plasmas. *Review of Scientific Instruments, 71*(7), 2716–2721.

Koons, H. C., & Fiocco, G. (1968). Measurements of density and temperature of electrons in a reflex discharge by scattering of cw ArC laser light. *Journal of Applied Physics, 39*(7), 3389.

Kornherr, M., Keilhack, M., Rohr, H., Decker, G., & Lindenbe, F. (1972). CO2-laser scattering measurements of turbulence in a high-beta collisionless shock-wave. *Physics Letters A, 39*(2), 95.

Korsholm, S. B., Bindslev, H., Meo, F., Leipold, F., Michelsen, P. K., Michelsen, S., *et al.* (2006). Current fast ion collective Thomson scattering diagnostics at TEXTOR and ASDEX upgrade, and ITER plans (invited). *Review of Scientific Instruments, 77*(10), 10E514.

Krall, N. A., & Trivelpiece, A. W. (1973). *Principles of plasma physics.* New York: McGraw-Hill.

Kritcher, A. L., Neumayer, P., Urry, M. K., Robey, H., Niemann, C., Landen, O. L., *et al.* (2007).

K-alpha conversion efficiency measurements for X-ray scattering in inertial confinement fusion plasmas. *High Energy Density Physics, 3*, 156. http://dx.doi.org/10.1016/j.hedp.2007.02.012.

Kritcher, A. L., Neumayer, P., Castor, J., Döppner, T., Falcone, R. W., Landen, O. L., *et al.* (2008). Ultrafast x-ray Thomson scattering of shock-compresed matter. *Science, 322*(5898), 69–71.

Kritcher, A. L., Neumayer, P., Brown, C. R. D., Davis, P., Döppner, T., Falcone, R. W., *et al.* (2009). Measurements of ionic structure in shock compressed lithium hydride from ultrafast x-ray Thomson scattering. *Physical Review Letters, 103*(24), 245004.

Kroll, N. M., Rostoker, N., & Ron, A. (1964). Optical mixing as plasma density probe. *Physical Review Letters, 13*(3), 83.

Kronast, B., Rohr, H., Glock, E., Zwicker, H., & Funfer, E. (1966). Measurements of ion and electron temperature in theta-pinch plasma by forward scattering. *Physical Review Letters, 16*(24), 1082.

Kronast, B., & Benesch, R. (1969). A light scattering method to determine electron density distributions and accurate peak densities. *Proceedings of the 9th international conference on phenomena in ionized gases* (p. 651). Romania, Edituura Academia Republicii Socialiste (ed).

Kronast, B., & Pietrzyk, Z. A. (1971). Discrepancy between electron-drift velocities obtained from ion and electron features of light scattering in a z-pinch plasma. *Physical Review Letters, 26*(2), 67.

Kruer, W. L. (2003). *The physics of laser plasma interactions.* Boulder, Colorado: Addison-Wesley Publishing Company, Inc.

Kubo, U., & Inuishi, Y. (1968). Enhanced microwave scattering by plasma instabilty in a magnetic field. *Journal of the Physical Society of Japan, 25*(6), 1688.

Kugland, N. L., Gregori, G., Bandyopadhyay, S., Brenner, C. M., Brown, C. R. D., Constantin, C., *et al.* (2009). Evolution of elastic x-ray scattering in laser-shocked warm dense lithium. *Physical Review E, 80*(6).

Kuhlbrodt, S., Redmer, R., Reinholz, H., Ropke, G., Holst, B., Mintsev, V. B., *et al.* (2005). Electrical conductivity of noble gases at high pressures. *Contributions to Plasma Physics, 45*(1), 61–69.

Kukushkin, A. B. (1981). Incoherent scattering of light by a finite volume of a relativistic plasma. *Soviet Journal of Plasma Physics, 7*, 63.

Kunkel, W. B. (1966). *Plasma physics in theory and application.* New York: McGraw-Hill.

Kunze, H. J., Funfer, E., Kronast, B., & Kegel, W. H. (1964). Measurement of the spectral distribution of light scattered by a theta-pinch plasma. *Physics Letters, 11*(1), 42–43.

Kunze, D. (1968). *Plasma diagnstics.* Amsterdam: North Holland Publ. Laaspere, T. (1960). On the effect of a magnetic field on the spectrum of incoherent scattering. *Journal of Geophysical Research, 65*(12), 3955–3959.

Labaune, C., Baldis, H. A., Renard, N., *et al.* (1995). Large-amplitude ion-acoustic-waves in a laser-produced plasma. *Physical Review Letters, 75*(2), 248–251.

Labaune, C., Baldis, H. A., Schifano, E., *et al.* (1996). Location of ion-acoustic waves from back and side stimulated Brillouin scattering. *Physical Review Letters, 76*(20), 3727–3730.

Lachambre, J. L., & Decoste, R. (1985). Ion temperature-measurement in a plasma-column using pulsed CO2 collective scattering and coherent detection. *Review of Scientific Instruments, 56*(5), 1057–1059.

Lafontaine, B., Baldis, H. A., & Villeneuve, D. M., *et al.* (1994). Characterization of laser-produced plasmas by ultraviolet Thomson scattering. *Physics of Plasmas, 1*(7), 2329–2341.

Landen, O. L., & Windfield, R. J. (1985). Laser scattering from dense cesium plasmas. *Physical Review Letters, 54*(15), 1660–1663.

Landen, O. L., Lobban, A., Tutt, T., Bell, P. M., Costa, R., Hargrove, D. R., *et al.* (2001). Angular sensitivity of gated microchannel plate framing cameras. *Review of Scientific Instruments, 72*, 709.

Landen, O. L., Glenzer, S. H., Edwards, M. J., Lee, R. W., Collins, G. W., Cauble, R. C., *et al.* (2001b). Dense matter characterization by x-ray Thomson scattering. *Journal of Quantitative Spectroscopy and Radiative Transfer, 71*(2–6), 465–478.

Landau, B., & Lifshitz, E. M. (1958). *The classical theory of fields.* Oxford: Pergamon Press.

Landau, L. D., & Lifshitz, E. M. (1962). *The classical theory of fields* (2nd Rev. ed.). Their Course of theoretical physics. Oxford: Pergamon Press.

LeBlanc, B. P. (2008). Thomson scattering density calibration by Rayleigh and rotational Raman scattering on NSTX. *Review of Scientific Instruments, 79*(10), 10E737.

Lee, W., Park, H. K., Cho, M. H., Namkung, W., Smith, D. R., Domier, C. W., *et al.* (2008). Spatial resolution study and power calibration of the high-k scattering system on NSTX. *Review of Scientific Instruments, 79*(10), 10E723.

Lee, H. J., Neumayer, P., Castor, J., Döppner, T., Falcone, R.W., Fortmann, C., *et al.* (2009a). X-ray Thomson-scattering measurements of density and temperature in shock-compressed beryllium. *Physical Review Letters, 102*(11).

Lee, W., Smith, D. R., Park, H. K., Domier, C. W., & Luhmann, N. C. (2009b). Calibration of the collective scattering system on NSTX. *The 34th international conference on infrared, millimeter, and terahertz waves and 17th THz electronics conference. Proceedings of IRMMW-THz 2009.*

Lefebvre, E., Berger, R. L., Langdon, A. B., MacGowan, B., Rothenberg, J. E., & Williams, E. A. (1998). Reduction of laser self-focusing in plasma by polarization smoothing. *Physics of Plasmas, 5*(7), 2701–2705.

Lehecka, T., Luhmann, N. C., Peebles,W. A., Goldhar, J.,& Obenschain, S. P. (1990). *The handbook of microwave and optical components* (Vol. 3). New York: John Wiley and Sons, Inc.

Lehner, G., & Pohl, F. (1970). On possibility of measuring magnetic fields by scattered light. *Zeitschrift fur Physik, 232*(5), 405.

Lehner, T., Rax, J. M., & Zou, X. L. (1989). Linear-mode conversion by magnetic fluctuations in inhomogeneous magnetized plasmas. *Europhysics Letters, 8*(8), 759–764.

LePape, S. (2010). X-ray radiography and scattering diagnosis of dense shock-compressed matter. *Physics of Plasmas, 17*, 056309.

Lerner, E. J. (2009). Infrared detectros offer high sensitivity. *Laser Focus World, 45*(6).

Liewer, P. C. (1985). Measurements of microturbulence in Tokamaks and comparisons with theories of turbulence and anomalous transport. *Nuclear Fusion, 25*(5), 543–621.

Lin, Y., Wukitch, S., Parisot, A., Wright, J. C., Basse, N., Bonoli, P., *et al.* (2005). Observation and modelling of ion cyclotron range of frequencies waves in the mode conversion region of Alcator C-Cod. *Plasma Physics and Controlled Fusion, 47*(8), 1207–1228.

Lin, L., Edlund, E. M., Porkolab, M., Lin, Y., & Wukitch, S. J. (2006). Vertical localization of phase contrast imaging diagnostic in Alcator C-Mod. *Review of Scientific Instruments, 77*(10), 10E918.

Lin, L., Porkolab, M., Edlund, E. M., Rost, J. C., Fiore, C. L., Greenwald, M., Lin, Y., Mikklesen, D. R., & Wukitch, S. J. (2009). Studies of turbulence and transport in Alcator C-Mod Hmode plasmas with phase contrast imaging and comparisons with GYRO. *Physics of Plasmas, 16*, 102502. Figures reprinted with permission from L. Lin. Copyright 2009 by the American Institute of Physics.

Lindl, J. D., Amendt, P. A., Berger, R. L., Glendinning, S. G., Glenzer, S. H., Haan, S. W., *et al.* (2004). The physics basis for ignition using indirect-drive targets on the national ignition facility. *Physics of Plasmas, 11*(2), 339.

Lins, G. A. W. (1981). Anomalous heat-conduction at the ends of a theta-pinch. *Physics of Fluids, 24*(11), 2090–2097.

Little, P. F., & Hamberger, S. M. (1966). Scattering of electromagnetic waves by electro-acoustic plasma waves. *Nature, 209*(5027), 972.

Liu, Z. J., Zheng, J., & Yu, C. X. (2002). Effects of super-Gaussian electron velocity distributions on the ion feature of Thomson scattering off two-ion plasmas. *Physics of Plasmas, 9*(4), 1073–1078.

Lowney, D. P., Heimann, P. A., Padmore, H. A., Gullikson, E. M., MacPhee, A. G., & Falcone, R.W. (2004). Characterization of CsI photocathodes at grazing incidence for use in a unit quantum efficiency x-ray streak camera. *Review of Scientific Instruments, 75*(10), 3131–3137.

Ludwig, D., & Mahn, C. (1971). Anomalous scattering of laser light from a magnetized arc plasma. *Physics Letters A, 35*(3), 191.

Luhmann, N. C., Bindslev, H., Park, H., Sanchez, J., Taylor, G., & Yu, C. X. (2008). Microwave diagnostics. *Fusion Science and Technology, 53*(2), 335–396.

MacGowan, B., Afeyan, B. B., Back, C. A., Berger, R. L., Bonanno, G., Casanova, M., *et al.* (1996). Laser-plasma interactions in ignition-scale Hohlraum plasmas. *Physics of Plasmas, 3*(5), 2029. Machalek, M. D., & Nielsen, P. (1973). Light-scattering measurements of turbulence in a normal shock. *Physical Review Letters, 31*(7), 439–442.

Machuzak, J. S., Rhee, D. Y.,Woskov, P. P., Cohn, D. R., Myer, R. C., Bretz, N., *et al.* (1990). Development of high-power millimeter and submillimeter wavelength collective Thomson scattering diagnostics for energetic ion measurements in Tokamaks. *Review of Scientific Instruments, 61*(11), 3544–3547.

Mack, J. E., McNutt, D. P., Roesler, F. L., & Chabbal, R. (1963). The PEPSIOS purely interferometric high-resolution scanning spectrometer. I. The pilot model. *Applied Optics, 2*, 873.

MacKinnon, A. J., Shiromizu, S., Antonini, G., Auerbach, J., Haney, H., Froula, D. H., *et al.* (2004). Implementation of a high energy 4! probe beam on the omega laser facility. *Review of Scientific Instruments, 75*(10), 3906.

Malmberg, J. H., & Wharton, C. B. (1969). Spatial growth of waves in a beam-plasma system. *Physics of Fluids, 12*, 2600–2606.

Malka, V., Faure, J., & Amiranoff, F. (2001). Characterization of plasmas produced by laser-gas jet interaction. *Physics of Plasmas, 8*(7), 3467–3472.

Mannheimer, W. M. (1971). *Physics of Fluids, 14*, 579.

Marshall, F. J., & Oertel, J. A. (1997). Framed monochromatic x-ray microscope for ICF (invited). *Review of Scientific Instruments, 68*(1), 735–739.

Martineau, J., & Pepin, H. (1972). CO2-laser heating of a theta-pinch plasma by inverse bremsstrahlung and induced compton processes. *Journal of Applied Physics, 43*(3), 917.

Martone, M., & Segre, S. E. (1969). Cooperative laser scattering at 90 degrees from a cold dense plasma. *Physics Letters A, 28*(9), 610.

Mase, A., & Tsukishima, T. (1975). Measurements of ion wave turbulence by microwave-scattering. *Physics of Fluids, 18*(4), 464–469. Figures reprinted with permission from A. Mase. Copyright 1975 by the American Institute of Physics.

Masters, D., & Rye, B. J. (1976). Heterodyne-detection of CO2 laser radiation scattered from a plasma arc jet. *Physics Letters A, 58*(2), 108–110.

Matoba, T., Itagaki, T., Yamauchi, T., & Funahashi, A. (1979). Analytical approximations in the theory of relativistic Thomson scattering for high-temperature fusion plasma. *Japanese Journal of Applied Physics, 18*(6), 1127–1133.

Matsuura, K. (1966). Interaction between plasma oscillation and radiation field .3. nonlinear coupling processes. *Journal of the Physical Society of Japan, 21*(10), 2011.

Maurmann, S., Kadetov, V. A., Khalil, A. A. I., Kunze, H. J., & Czarnetzki, U. (2004). Thomson scattering in low temperature helium plasmas of a magnetic multipole plasma source. *Journal of Physics D-Applied Physics, 37*(19), 2677–2685.

Mazzucato, E. (1976). Small-scale density fluctuations in adiabatic toroidal compressor. *Physical Review Letters, 36*(14), 792–794.

Mazzucato, E. (1978). Low-frequency microinstabilities in PLT-Tokamak. *Physics of Fluids, 21*(6), 1063–1069.

Mazzucato, E. (2003). Localized measurement of turbulent fluctuations in Tokamaks with coherent scattering of electromagnetic waves. *Physics of Plasmas, 10*(3), 753–759.

Mazzucato, E. (2006). Detection of short-scale turbulence in the next generation of Tokamak burning plasma experiments. *Plasma Physics and Controlled Fusion, 48*(12), 1749–1763.

Mazzucato, E., Smith, D. R., Bell, R. E., Kaye, S. M., Hosea, J. C., LeBlanc, B. P., *et al.* (2008). Short-scale turbulent fluctuations driven by the electron-temperature gradient in the national spherical torus experiment. *Physical Review Letters, 101*(7), 075001, Copyright 2008 by the American Physical Society.

McCrory, R. L., Meyerhofer, D. D., Betti, R., Craxton, R. S., Delettrez, J. A., Edgell, D. H., *et al.* (2008). Progress in direct-drive inertial confinement fusion. *Physics of Plasmas, 15*(5), 055503.

Mehdi, I., Ward, J., Maestrini, A., Chattopadhyay, G., Schlecht, E., & Gill, J. (2008). Pushing the limits of multiplier-based local oscillator chains (invited). *Proceedings of the nineteenth international symposium on space terahertz technology* (pp. 196–200). Groningen, Netherlands: Space Research Organization of the Netherlands.

Meo, F., Bindslev, H., Korsholm, S. B., Tsakadze, E. L., Walker, C. I., Woskov, P., *et al.* (2004). Design of the collective Thomson scattering diagnostic for international thermonuclear experimental reactor at the 60 ghz frequency range. *Review of Scientific Instruments, 75*(10), 3585–3588.

Michael, C. A., Tanaka, K., Vyacheslavov, L., Sanin, A., Kawahata, K., & Okajima, S. (2006). Upgraded two-dimensional phase contrast imaging system for fluctuation profile measurement on LHD. *Review of Scientific Instruments, 77*(10), 10E923.

Michelsen, S., Korsholm, S. B., Bindslev, H., Meo, F., Michelsen, P. K., Tsakadze, E. L., *et al.* (2004). Fast ion millimeter wave collective Thomson scattering diagnostics on TEXTOR and ASDEX upgrades. *Review of Scientific Instruments, 75*(10), 3634–3636.

Middleton, C. F., & Boreman, G. D. (2006). Technique for thermal isolation of antenna-coupled infrared microbolometers. *Journal of Vacuum Science & Technology B, 24*(5), 2356–2359.

Mikhailovskii, A. B., & Laing, E. W. (1992). *Electromagnetic instabilities in an inhomogeneous plasma. Plasma physics series.* Bristol, PA: Institute of Physics Pub.

Mikhailovskii, A. B. (1998). *Instabilities in a confined plasma. Plasma physics series.* Bristol, PA: Institute of Physics Pub.

Miller, A. J., Luukanen, A., & Grossman, E. N. (2004). Micromachined antenna-coupled uncooled microbolometers for terahertz imaging arrays. In *Terahertz for military and security applications II* (Vol. 5411). Bellingham, WA: Proceedings of SPIE. http://dx.doi.org/10.1117/12.543236.

Mirnov, V. V., Ding, W. X., Brower, D. L., Van Zeeland, M. A., & Carlstrom, T. N. (2007). Finite electron temperature effects on interferometric and polarimetric measurements in fusion plasmas. *Physics of Plasmas, 14*(10), 102105.

Misyura, V. A., Tkachev, G. N., Yerokhin, Yu. G., Ivanov, V. I., Nisnevich, N. J., & Borodin, N. M. (1969). Regarding ionospheric measurements by the method of incoherent radio wave scattering. *Geomagnetism and Aeronomy, 9*, 60.

Montgomery, D. S., Johnson, R. P., Cobble, J. A., *et al.* (1999). Characterization of plasma and laser conditions for single hot spot experiments. *25th European Conference on Laser Interaction with Matter (ECLIM 1998)*, Formia, Italy, May 07, 1998 [*Laser and Particle Beams, 17*(3), 349–359].

Montgomery, D. S., Kline, J. L., & Tierney, T. E. (2004). Detailed characterization of plasma wave behavior using collective Thomson scattering (invited). *Review of Scientific Instruments, 75*(10), 3793–3799.

Montgomery, D. C., & Tidman, D. A. (1964). *Plasma kinetic theory. McGraw-Hill advanced physics monograph series.* New York: McGraw-Hill.

Montgomery, D. C. (1971). *Theory of the unmagnetized plasma.* New York: Gordon and Breach. Moorcroft, D. R. (1963). On power scattered from density fluctuations in a plasma. *Journal of Geophysical Research, 68*(16), 4870.

More, R. M., Warren, K. H., Young, D. A., & Zimmerman, G. B. (1988). A new quotidian equation of state (QEOS) for hot dense matter. *Physics of Fluids, 31*(10), 3059–3078.

Moses, E. I., & Wuest, C. R. (2004). The national ignition facility: Laser performance and first experiments. *Fusion Science and Technology, 47*(3), 314–322.

Murakami, M., Clarke, J. F., Kelley, G. G., & Lubin, M. (1970). Method of measuring poloidal magnetic field in diffuse toroidal pinches. *Bulletin of the American Physical Society, 15*(11), 1411.

Muraoka, K., Murray, E. L., Paul, J. W. M., & Summers, D. D. R. (1973). Anisotropy of turbulence in a collisionless shock. *Journal of Plasma Physics, 10*, 135–140.

Muraoka, K. (2006). Problems of atomic science and technology. *Plasma Physics, 12*(No. 6 Series), 236.

Muraoka, K., Uchino, K., & Bowden, M. D. (1998). Diagnostics of low-density glow discharge plasmas using Thomson scattering. *Plasma Physics and Controlled Fusion, 40*(7), 1221–1239.

Naito, O., Yoshida, H., & Matoba, T. (1993). Analytic formula for fully relativistic Thomson scattering spectrum. *Physics of Fluids B-Plasma Physics, 5*(11), 4256–4258.

Naito, O., Yoshida, H., Hatae, T., Nagashima, A., & Matoba, T. (1996). Relativistic incoherent Thomson scattering spectrum for generalized Lorentzian distributions. *Physics of Plasmas, 3*(4), 1474–1476.

Naito, O., Yoshida, H., Hatae, T., & Nagashima, A. (1997). A formula for reconstructing fully relativistic electron distributions from incoherent Thomson scattering data. *Physics of Plasmas, 4*(4), 1171–1172.

Naito, O., Yoshida, H., Kitamura, S., Sakuma, T., & Onose, Y. (1999). How many wavelength channels do we need in Thomson scattering diagnostics? *Review of Scientific Instruments, 70*(9), 3780–3781.

Nakano, N., Kuroda, H., Kita, T., & Harada, T. (1984). Development of a flat-field grazing-incidence XUV spectrometer and its application in picosecond XUV spectroscopy. *Applied Optics, 23*(14), 2386–2392.

Nakayama, K., Tazawa, H., Okajima, S., Kawahata, K., Tanaka, K., Tokuzawa, T., *et al.* (2004). High-power 47.6 and 57:2 mm CH3OD lasers pumped by continuous-wave 9r(8) CO2 laser. *Review of Scientific Instruments, 75*(2), 329–332.

Nazikian, R., & Sharp, L. E. (1987). CO_2-laser scintillation interferometer for the measurement of density-fluctuations in plasma-confinement devices. *Review of Scientific Instruments, 58*(11), 2086–2091.

Nee, S. F., Pechacek, R. E., & Trivelpi, A. W. (1969). Electromagnetic wave scattering from a magnetically confined high-temperature plasma. *Physics of Fluids, 12*(12P1), 2651.

Neikirk, D. P., Lam, W. W., & Rutledge, D. B. (1984). Far-infrared microbolometer detectors. *International Journal of Infrared and Millimeter Waves, 5*(3), 245–278.

Neufeld, C. R. (1970). Enhanced scattering of laser light from a laboratory plasma. *Physics Letters A, 31*(1), 19.

Neumayer, P., *et al.* (2010). Plasmons in strongly coupled shock-compressed matter. *Physical Review Letters, 105*, 075003.

Nicholson-Florence, M. B. (1971). Intensity dependence of free-free absorption. *Journal of Physics Part A General, 4*(4), 574.

Nielsen, S. K., Bindslev, H., Porte, L., Hoekzema, J. A., Korsholm, S. B., Leipold, F., *et al.* (2008). Temporal evolution of confined fast-ion velocity distributions measured by collective Thomson scattering in TEXTOR. *Physical Review E, 77*(1), 016470.

Niemann, C., Glenzer, S. H., Knight, J., *et al.* (2004). Observation of the parametric two-ion decay instability with Thomson scattering. *Physical Review Letters, 93*(4), 045004.

Niemann, C., Berger, R. L., Divol, L., Froula, D. H., Jones, O., Kirkwood, R. K., *et al.* (2008). Green frequency-doubled laser-beam propagation in high-temperature hohlraum plasmas. *Physical Review Letters, 1*, 045002.

Nishiura, M., Tanaka, K., Kubo, S., Saito, T., Tatematsu, Y., Notake, T., *et al.* (2008). Design of collective Thomson scattering system using 77 ghz gyrotron for bulk and tail ion diagnostics in the large helical device. *Review of Scientific Instruments, 79*(10), 10E731.

Nodwell, R. A., & Vanderka, G. S. (1968). Electron-density profiles from laser scattering. *Canadian Journal of Physics, 46*(7), 833.

Noguchi, Y., Matsuoka, A., Bowden, M. D., Uchino, K., & Muraoka, K. (2001). Measurements of electron temperature and density of a micro-discharge plasma using laser Thomson scattering. *Japanese Journal of Applied Physics Part 1-Regular Papers Short Notes and Review Papers, 40*(1), 326–329.

Noguchi, Y., Matsuoka, A., Uchino, K., & Muraoka, K. (2002). Direct measurement of electron density and temperature distributions in a micro-discharge plasma for a plasma display panel. *Journal of Applied Physics, 91*(2), 613–616.

Nuckolls, J., Thiessen, A., Wood, L., & Zimmermann, G. (1972). Laser compression of matter to super-high densities-thermonuclear (CTR) applications. *Nature, 239*(5368), 139.

Nyquist, H. (1928). Thermal agitation of electric charge in conductors. *Physical Review, 31*, 110.

Offenberger, A. A., Blyth, W., Dangor, A. E., *et al.* (1993). Electron-temperature of optically ionized-gases produced by high-intensity 268 nm laser-radiation. *Physical Review Letters, 71*(24), 3983–3986.

Ogawa, I., Idehara, T., Saito, T., Park, H., & Mazzucato, E. (2006). Scattering measurement using a submillimeter wave gyrotron as a radiation source. In A. Zagorodny & O. Kocherga (Eds.), *Thirteenth international congress of plasma physics* (p. B118p).

Oliver, B. M. (1965). Thermal and quantum noise. *Proceedings/IEEE, 53*, 436. http://dx.doi.org/10.1109/PROC.1965.3814.

Orsitto, F. (1990). *JET Report, JET-R(90)05.* Culham, Torus, England: Joint European. Pak, A., Gregori, G., Knight, J., Campbell, K., Price, D., Hammel, B., *et al.* (2004). X-ray line measurements with high efficiency Bragg crystals. *Review of Scientific Instruments, 75*(10), 3747–3749.

Palastro, J. P., Ross, J. S., Pollock, B. B., Divol, L., Froula, D. H., & Glenzer, S. H. (2010). Fully relativistic form factor for Thomson scattering. *Physical Review E, 81*, 036411.

Papas, C. H., & Lee, K. S. H. (1962). *Proceedings of the 5th conference on phenomena in ionized gases* (Vol. 2, p. 1204). Munich, Germany: North Holland, Amsterdam.

Pappert, R. A. (1963). Incoherent scatter from a hot plasma. *Physics of Fluids, 6*(10), 1452–1457.

Park, H., Yu, C. X., Peebles, W. A., Luhmann, N. C., & Savage, R. (1982). Multimixer far-infrared laser Thomson scattering apparatus. *Review of Scientific Instruments, 53*(10), 1535–1540.

Park, H. S., Chambers, D. M., Chung, H. K., Clarke, R. J., Eagleton, R., Giraldez, E., *et al.* (2006). High-energy K alpha radiography using high-intensity, short-pulse lasers. *Physics of Plasmas, 13*(5), 056309.

Patrick, R. M. (1965). Thomson scattering measurements of magnetic annular shock tube plasmas. *Physics of Fluids, 8*(11), 1985.

Paul, J.W. M., Goldenbaum, G. C., Iiyoshi, A., Holmes, L. S., & Hardcastle, R. A. (1967). Measurement of electron temperatures produced by collisionless shock waves in a magnetized plasma. *Nature, 216*(5113), 363.

Paul, J. W. M., Daughney, C. C., & Holmes, L. S. (1969). Measurement of light scattered from density fluctuations within a collisionless shock. *Nature, 223*(5208), 822.

Paul, J.W. M., Daughney, C. C., Holmes, L. S., Rumsby, P. T., Craig, A. D., Murray, E. L., Summers, D. D. R., Beaulieu, J. (1971). *Proceedings of IAEA conference.* Madison, WI: IAEA Vienna.

Peacock, N. J., Robinson, D. C., Forrest, M. J., Wilcock, P. D., & Sannikov, V. V. (1969). Measurement of electron temperature by Thomson scattering in Tokamak-T3. *Nature, 224*(5218), 488.

Peacock, N. J., & Forrest, M. J. (1973). UKAEA research group, Culham Laboratory, UK. Private communication.

Pechacek, R. E., & Trivelpiece, A. W. (1967). Electromagnetic wave scattering from a hightemperature plasma. *Physics of Fluids, 10*(8), 1688.

Peebles, W. A., Rhodes, T. L., Mikkelsen, D. R., Gilmore, M., Zeeland, M. Van, Dorland, W., *et al.* 2004. Investigation of broad spectrum turbulence on DIII-D via integrated microwave and far-infrared collective scattering. In Society, European Physical (Ed.), *Proceedings of the 31st European physical society conference on plasma physics* (Vol. 28G), 28 June–2 July, London, England, Vol 28G, P-2.174, 2004.

Penney, C. M., Stpeters, R. L., & Lapp, M. (1974). Absolute rotational Raman cross-sections for N2, O2, and CO2. *Journal of the Optical Society of America, 64*(5), 712–716.

Perepelkin, N. F. (1966). Raman scattering of microwaves by plasma oscillations. *JETP Letters-USSR, 3*(6), 165.

Perkins, F. W., Salpeter, E. E., & Yngvesso, K. O. (1965). Incoherent scatter from plasma oscillations in ionosphere. *Physical Review Letters, 14*(15), 579.

Perkins, F., & Salpeter, E. E. (1965a). Enhancement of plasma density fluctuations by nonthermal electrons. *Physical Review, 1*(1A), A55.

Perkins, F.W. (1970). Measuring current distribution in a Tokamak plasma. *Bulletin of the American Physical Society, 15*(11), 1418.

Petrasso, R. D., Li, C. K., Seguin, F. H., Rygg, R. J., Frenje, J. A., Betti, R., *et al.* (2009). Lorentz mapping of magnetic fields in hot dense plasmas. *Physical Review Letters, 103*, 085001, http://link.aps.org/doi/10.1103/PhysRevLett.103.085001.

Pieroni, L., & Bremmer, H. (1970). Mutual coherence function of light scattered by a turbulent medium. *Journal of the Optical Society of America, 60*(7), 936.

Pilija, A. D. (1967). *Soviet Physics – Technical Physics, 11*, 1567.

Pineo, V. C., & Hynek, D. P. (1962). Spectral widths and shapes and other characteristics of incoherent backscatter from ionosphere observed at 440 megacycles per second during a 24-hour period in may 1961. *Journal of Geophysical Research, 67*(13), 5119.

Pineo, V. C., Kraft, L. G., & Briscoe, H.W. (1960). Ionospheric backscatter observation at 440 mc-s. *Journal of Geophysical Research, 65*(5), 1620–1621.

Pineo, V. C., Hynek, D. P., & Millman, G. H. (1963). Geomagnetic effects on frequency spectrum of incoherent backscatter observed at 425 megacycles per second at Trinidad. *Journal of Geophysical Research, 68*(9), 2695.

Platzman, P. M., & Ozaki, H. T. (1960). Scattering of electromagnetic waves from an infinitely long magnetized cylindrical plasma. *Journal of Applied Physics, 31*(9), 1597–1601.

Platzman, P. M. (1965). Incoherent scattering of light from anisotropic degenerate plasmas. *Physical Review, 139*(2A), A379.

Platzman, P. M., Wolff, P. A., & Tzoar, N. (1968). Light scattering from a plasma in a magnetic field. *Physical Review, 174*(2), 489.

Pogutse, O. (1963). Frequency displacement when light is scattered in a relativistic plasma. *Doklady Akademii Nauk SSSR, 153*(3), 578.

Pogutse, O. (1964). Frequency shift of light scattered in relativistic plasma. *Soviet Physics-Doklady, 8*, 1107.

Porkolab, M., Rost, J. C., Basse, N., Dorris, J., Edlund, E., Lin, L., *et al.* (2006). Phase contrast imaging of waves and instabilities in high temperature magnetized fusion plasmas. *IEEE Transactions on Plasma Science, 34*(2), 229–234.

Pyatnitski, L. N., & Korobkin, V. V. (1971). Limits in detection of radiation scattered by a plasma. *Soviet Physics Technical Physics-USSR, 15*(11), 1914.

Ramsden, S. A., & Davies, W. E. R. (1966). Observation of cooperative effects in scattering of a laser beam from a plasma. *Physical Review Letters, 16*(8), 303.

Ramsden, S. A., Benesch, R., Davies, W. E. R., & John, P. K. (1966a). Observation of cooperative effects and determination of electron and ion temperatures in a plasma from scattering of a ruby laser beam. *IEEE Journal of Quantum Electronics, QE 2*(8), 267.

Rand, S. (1964). *Physical Review B, 136*, 231.

Ratcliffe, J. A. (1948). Diffraction from the ionosphere and the fading of radio waves. *Nature,* 162(4105), 9–11.

Ravasio, A., Gregori, G., Benuzzi-Mounaix, A., Daligault, J., Delserieys, A., Faenov, A. Y., *et al.* (2007). Direct observation of strong ion coupling in laser-driven shock-compressed targets. *Physical Review Letters, 99*(13), 135006.

Rebeiz, G. M., Regehr, W. G., Rutledge, D. B., Savage, R. L., & Luhmann, N. C. (1987). Submillimeter-wave antennas on thin membranes. *International Journal of Infrared and Millimeter Waves, 8*(10), 1249–1255.

Redmer, R., Reinholz, H., Ropke, G., *et al.* (2005). Theory of x-ray Thomson scattering in dense plasmas. *31st International Conference on Plasma Science*, Baltimore, MD, Jun, 2003. [*IEEE Transactions on Plasma Science, 33*(1), 77–84].

Regan, S. P., Epstein, R., Goncharov, V. N., Igumenshchev, I. V., Li, D., Radha, P. B., *et al.* (2007). Laser absorption, mass ablation rate, and shock heating in direct-drive inertial confinement fusion. *Physics of Plasmas, 14*(5), 06305.

Renard, N., Labaune, C., Baldis, H. A., *et al.* (1996). Detailed characterization of electron plasma waves produced by stimulated Raman scattering. *Physical Review Letters, 77*(18), 3807–3810.

Renau, J. (1960). Scattering of electromagnetic waves from a nondegenerate ionized gas. *Journal of Geophysical Research, 65*(11), 3631–3640.

Rhee, D. Y., Cohn, D. R., Machuzak, J. S., Woskov, P., Bretz, N., Budny, R., *et al.* (1992). Performance evaluation of the TFTR gyrotron CTS diagnostic for alpha-particles. *Review of Scientific Instruments, 63*(10), 4644–4646.

Rhodes, T. L., Peebles, W. A., Nguyen, X., Van Zeeland, M. A., Degrassie, J. S., Doyle, E. J., *et al.* (2006). Millimeter-wave backscatter diagnostic for the study of short scale length plasma fluctuations (invited). *Review of Scientific Instruments, 77*(10), 10E922.

Rhodes, T. L., Peebles, W. A., Van Zeeland, M. A., deGrassie, J. S., Mckee, G. R., Staebler, G. M., *et al.* (2007a). Broad wavenumber turbulence measurements during neutral beam injection on the DIII-D Tokamak. *Nuclear Fusion, 47*(8), 936–942.

Rhodes, T. L., Peebles, W. A., Van Zeeland, M. A., Degrassie, J. S., Bravenec, R. V., Burrell, K. H., *et al.* (2007b). Response of multiscale turbulence to electron cyclotron heating in the DIII-D Tokamak. *Physics of Plasmas, 14*(5), 056117.

Rozmus,W., Glenzer, S. H., Estabrook, K. G., *et al.* (2000). Modeling of Thomson scattering spectra in high-Z, laser-produced plasmas. 2nd International workshop on laboratory astrophysics with intense lasers, Tucson, Arizona, MAR 19-21, 1998. [*Astrophysical Journal Supplement Series, 127(2)*, 459–463].

Richards, R. K., Hutchinson, D. P., Bennett, C. A., Hunter, H. T., & Ma, C. H. (1993). Measurement of CO2-laser small-angle Thomson scattering on a magnetically confined plasma. *Applied Physics Letters, 62*(1), 28–30.

Richards, R. K., Hutchinson, D. P., Bennett, C. A., Kondoh, T., Miura, Y., & Lee, S. (2003). Applying the CO2 laser collective Thomson scattering results from JT-60U to other machines. *Review of Scientific Instruments, 74*(3), 1646–1648.

Rieke, G. H. (1994). Detection of Light from the Ultraviolet to the Submillimeter by G. H. Rieke 1994 (Cambridge University Press, ISBN 0 521 41028 2).

Riley, D., Woolsey, N. C., McSherry, D., Weaver, I., Djaoui, A., & Nardi, E. (2000). X-ray diffraction from a dense plasma. *Physical Review Letters, 84*(8), 1704–1707.

Ringler, H., & Nodwell, R. A. (1969). Enhanced plasma oscillations observed with scattered laser light. *Physics Letters A, 29*(3), 151.

Rogalski, A. (2003). Quantum well photoconductors in infrared detector technology. *Journal of Applied Physics, 93*(8), 4355–4391.

Rogister, A. L., & Oberman, C. (1967). On the kinetic theory of stable and weakly unstable plasma. Part 1, *Plasma Physics, 2*, 33–49.

Rogister, A. L., & Oberman, C. (1968). On the kinetic theory of stable and weakly unstable plasma. Part 1. *Journal of Plasma Physics, 2*(1), 33–49.

Röhr, H. (1967). A 90 degree laser scattering experiment for measuring temperature and density of ions and electrons in a cold dense theta pinch plasma. *Physics Letters A, 25*(2), 167.

Röhr, H. (1968). A 90 degrees laser scattering experiment for measuring temperature and density of ions and electrons in a cold dense theta pinch plasma. *Zeitschrift fur Physik, 209*(3), 295.

Röhr, H. (1977). Raman-scattering – possibility of calibrating laser scattering devices. *Physics Letters A, 60*(3), 185–186.

Röhr, H. (1981). Rotational Raman-scattering of hydrogen and deuterium for calibrating Thomson scattering devices. *Physics Letters A, 81*(8), 451–453.

Röhr, H., Steuer, K. H., Schramm, G., Hirsch, K., & Salzmann, H. (1982). 1st high-repetition-rate Thomson scattering for fusion plasmas. *Nuclear Fusion, 22*(8), 1099–1102.

Röhr, H., Steuer, K. H., Murmann, H., & Meisel, D. (1987). *Periodic multi-channel Thomson scattering on ASDEX*. Technical Report IPP Report III/121B. Garching, Germany: Max-Planck-Institut fuer Plasmaphysik.

Ron, A., & Tzoar, N. (1963). Interaction of electromagnetic waves with quantum and classical plasmas. *Physical Review, 131*(1), 13.

Rosenbluth, M. N., Macdonald,W. M.,&Judd, D. L. (1957). Fokker-Planck equation for an inversesquare force. *Physical Review, 107*(1), 1–6.

Rosenbluth, M. N., & Rostoker, N. (1962). Scattering of electromagnetic waves by a nonequilibrium plasma. *Physics of Fluids, 5*(7), 776–788.

Ross, D. W. (1989). Comments on *Plasma Physics and Controlled Fusion.*

Ross, J. S., Froula, D. H., Mackinnon, A. J., Sorce, C., Meezan, N., Glenzer, S. H., *et al.* (2006). Implementation of imaging Thomson scattering on the omega laser. *Review of Scientific Instruments, 77*(10), 10E520.

Ross, J. S., Glenzer, S. H., Palastro, J. P., Pollock, B. B., Price, D., Divol, L., *et al.* (2010). Observation of relativistic effects in collective Thomson scattering. *Physical Review Letters, 104*, 105001.

Rostoker, N., & Rosenbluth, M. N. (1960). Test particles in a completely ionized plasma. *Physics of Fluids, 3*(1), 1–14.

Rousseaux, C., Malka, G., Miquel, J. L., Amiranoff, F., Baton, S. D., & Mounaix, P. (2006). Experimental validation of the linear theory of stimulated Raman scattering driven by a 500-fs laser pulse in a preformed underdense plasma. *Physical Review Letters, 76*(24), 4649–4649.

Rousseaux, C., Baton, S. D., Benisti, D., Gremillet, L., Adam, J. C., Heron, A., *et al.* (2009). Experimental evidence of predominantly transverse electron plasma waves driven by stimulated Raman scattering of picosecond laser pulses. *Physical Review Letters, 102*(18), 185003.

Rozmus,W., Glenzer, S. H., Estabrook, K. G. *et al.* (2000). Modeling of Thomson scattering spectra in high-Z, laser-produced plasmas. *2nd International workshop on laboratory astrophysics with intense lasers*, Tucson, Arizona, MAR 19–21, 1998. [*Astrophysical Journal Supplement Series, 127*(2), 459–463].

Ruffine, R. S., & Dewolf, D. A. (1965). Cross-polarized electromagnetic backscatter from turbulent plasmas. *Journal of Geophysical Research, 70*(17), 4313.

Rutherford, P. H., & Frieman, E. A. (1968). Drift instabilities in general magnetic field configurations. *Physics of Fluids, 11*(3), 569.

Saito, T., Hamada, Y., Yamashita, T., Ikeda, M., & Tanaka, S. (1981). Plastic Bragg cell in farinfrared region. *Journal of Applied Physics, 52*(8), 5305–5307.

Saiz, E. G., Khattak, F. Y., Gregori, G., Bandyopadhyay, S., Clarke, R. J., Fell, B., *et al.* (2007).Wide angle crystal spectrometer for angularly and spectrally resolved x-ray scattering experiments. *Review of Scientific Instruments, 78*(9), 095101.

Saiz, E. G., Gregori, G., Khattak, F. Y., Kohanoff, J., Sahoo, S., Naz, G. S., *et al.* (2008a). Evidence of short-range screening in shock-compressed aluminum plasma. *Physical Review Letters, 101*(7), 075003.

Saiz, E. G., Gregori, G., Gericke, D. O., Vorberger, J., Barbrel, B., Clarke, R. J., *et al.* (2008b). Probing warm dense lithium by inelastic x-ray scattering. *Nature Physics, 4*(12), 940–944.

Sakhokiyja, D. M., & Tsytovich, V. N. (1968). Scattering of electromagnetic waves by turbulent pulsations in an inhomogeneous magnetoactive plasma. *Nuclear Fusion, 8*(3), 241.

Sakoda, T., Iwamiya, H., Uchino, K., Muraoka, K., Itoh, M., & Uchida, T. (1997). Electron temperature and density profiles in a neutral loop discharge plasma. *Japanese Journal of Applied Physics Part 2-Letters, 36*(1AB), L67–L69.

Salpeter, E. E. (1960). Electron density fluctuations in a plasma. *Physical Review, 1*(5), 1528–1535.

Salpeter, E. E. (1961a). Effect of magnetic field in ionospheric backscatter. *Journal of Geophysical Research, 66*(3), 982.

Salpeter, E. E. (1961b). Plasma density fluctuations in a magnetic field. *Physical Review, 122*(6), 1663.

Salpeter, E. E. (1963). Density fluctuations in a nonequilibrium plasma. *Journal of Geophysical Research, 68*(5), 1321.

Salpeter, E. E., & Treiman, S. B. (1964). Backscatter of electromagnetic radiation from turbulent plasma. *Journal of Geophysical Research, 69*(5), 869.

Salzmann, H. (1986). Basic and advanced diagnostic techniques for fusion plasmas. *Proceedings of course and workshop* (Vol. II) in Varenna, Italy, September 3–13. International School of Plasma Physics, Commission of the European Communities.

Salzmann, H., Hirsch, K., Nielsen, P., Gowers, C., Gadd, A., Gadeberg, M., *et al.* (1987). 1st results from the LIDAR Thomson scattering system on jet. *Nuclear Fusion, 27*(11), 1925–1928.

Sanin, A. L., Tanaka, K., Vyacheslavov, L. N., Kawahata, K., & Akiyama, T. (2004). Twodimensional phase contrast interferometer for fluctuations study on LHD. *Review of Scientific Instruments, 75*(10), 3439–3441.

Schmidt, G. (1966). *Physics of high temperature plasmas; an introduction.* New York: Academic Press.

Schwarz, S. E. (1963). Scattering of optical pulses form a nonequilibrium plasma. *Proceedings of the IEEE, 51*(10), 1362.

Schwarz, V., Bornath, T., Kraeft, W. D., Glenzer, S. H., Holl, A., & Redmer, R. (2007). Hypernetted chain calculations for two-component plasmas. *Contributions to Plasma Physics, 47*(4–5), 324–330.

Scotti, F., & Kado, S. (2009). Comparative study of recombining He plasmas below 0.1 ev using laser Thomson scattering and spectroscopy in the divertor simulator MAP-II. *Journal of Nuclear Materials, 390–391*, 303–306.

Seasholtz, R. G., & Tanenbaum, B. S. (1969). Effect of collisions on Thomson scattering with unequal electron and ion temperatures. *Journal of Geophysical Research, 74*(9), 2271.

Seasholtz, R. G. (1971). Effect of collisions on Thomson scattering in a magnetic field with unequal electron and ion temperatures and electron drift. *Journal of Geophysical Research, 76*(7), 1793.

Seka,W., Baldis, H. A., Fuchs, J., Regan, S. P., Meyerhofer, D. D., Stoeckl, C., *et al.* (2002). Multibeam stimulated Brillouin scattering from hot, solid-target plasmas. *Physical Review Letters, 89*(17), 175002.

Seka, W., Edgell, D. H., Myatt, J. F., *et al.* (2009). Two-plasmon-decay instability in direct-drive inertial confinement fusion experiments. *Physics of Plasmas, 16*(5), 052701.

Selden, A. C. (1980). Simple analytic form of the relativistic Thomson scattering spectrum. *Physics Letters A, 79*(5–6), 405–406.

Semet, A., Johnson, L. C., & Mansfield, D. K. (1983). A high-energy D2O submillimeter laser for plasma diagnostics. *International Journal of Infrared and Millimeter Waves, 4*(2), 231–246.

Shapiro, V. D. (1963). Nonlinear theory of the interaction of a monoenergetic beam with a plasma. *Soviet Physics JETP-USSR, 17*(2), 416–423.

Sharp, L. E., Sanderson, A. D., & Evans, D. E. (1981). Signal-to-noise requirements for interpreting submillimeter laser scattering experiments in a Tokamak plasma. *Plasma Physics and Controlled Fusion, 23*(4), 357–370.

Sharp, L. E. (1983). The measurement of large-scale density-fluctuations in toroidal plasmas from the phase scintillation of a probing electromagnetic-wave. *Plasma Physics and Controlled Fusion, 25*(7), 781–792.

Sharp, L. E., & Hamberger, S. M. (1970). *4th European conference on controlled fusion plasma physics nuclear research* (p. 64) Rome, Italy: CNEN.

Shefer, R. E., Watterson, R. L., Goodman, D., & Klinkowstein, R. E. (1990). Design of a submillimeter-wave alpha-particle Thomson scattering diagnostic for fusion plasmas. *Review of Scientific Instruments, 61*(10), 3214–3216.

Sheffield, J., Decker, G., Macmahon, A. B., & Robson, A. E. (1970). Electron temperature measurements in oblique and normal collisionless shocks in magnetized plasmas. *4th European conference on controlled fusion plasma physics nuclear research.* European Physical Society, Rome, Italy, p. 58.

Sheffield, J. (1972a). Incoherent scattering of radiation from a high-temperature plasma. *Plasma Physics, 14*(8), 783.

Sheffield, J. (1972b). Method for measuring direction of magnetic-field in a Tokamak plasma by laser light-scattering. *Plasma Physics, 14*(4), 385.

Sheffield, J. (1975). *Plasma scattering of electromagnetic radiation.* New York: Academic Press.

Shur, M. (2008). Terahertz electronics. CS MANTECH Conference, Chicago, Illinois.

Siegel, P. H. (2002). Terahertz technology. *IEEE Transactions on Microwave Theory and Techniques, 50*(3), 910–928.

Siegmund, O. H.W. (1998). Methods of vacuum ultraviolet physics. In D. L. Ederer (Ed.), *Methods of vacuum ultraviolet physics* (2nd ed. (Chapter III)). New York: Academic Press.

Siegmund, O. H. W. (2004). High-performance microchannel plate detectors for UV/visible astronomy. *Nuclear Instruments & Methods in Physics Research Section A-Accelerators Spectrometers Detectors and Associated Equipment*, 525(1–2), 12–16.

Siegrist, M. R., & Salomaa, R. R. E. (1982). The measurement of plasma parameters by Thomson scattering of far-infrared laser-radiation. *Helvetica Physica Acta, 55*(2), 227.

Sitenko, A. G. (1967). *Electromagnetic fluctuations in plasma.* New York: Academic Press.

Smith, D. R., Mazzucato, E., Munsat, T., Park, H., Johnson, D., Lin, L., *et al.* (2004). Microwave scattering system design for rho(e) scale turbulence measurements on NSTX. *Review of Scientific Instruments, 75*(10), 3840–3842.

Smith, D. R., Kaye, S. M., Lee, W., Mazzucato, E., Park, H. K., Bell, R. E., *et al.* (2009). Observations of reduced electron gyroscale fluctuations in national spherical torus experiment H-mode plasmas with large $E \times B$flow shear. *Physical Review Letters, 102*(22), 225005.

Smith, R. J. (2008). Nonperturbative measurement of the local magnetic field using pulsed polarimetry for fusion reactor conditions (invited). *Review of Scientific Instruments, 79*(10), 10E703 Figures reprinted with permission from R. J. Smith. Copyright 2008 by the American Physical Society.

Spitzer, L. (1962). *Physics of fully ionized gases* (2nd Rev. ed.). Interscience tracts on physics and astronomy 3. New York: Interscience Publishers.

Stansfield, B. I., Nodwell, R., & Meyer, J. (1971). Enhanced scattering of laser light by optical mixing in a plasma. *Physical Review Letters, 26*(20), 1219.

Stern, R. A., & Tzoar, N. (1966). Parametric coupling between electron-plasma and ion-acoustic oscillations. *Physical Review Letters, 17*(17), 903.

Stewart, I. N. (1972). PGP-15. Ph.D. thesis. Bangor, UK: University of North Wales.

Stix, T. H. (1992). *Waves in plasmas.* New York: American Institute of Physics, ISBN 0-88318-859-7.

Stott, P. E. (1968). A transport equation for multiple scattering of electromagnetic waves by a turbulent plasma. *Journal of Physics Part A General, 1*(6), 675.

Sumikawa, T., Yamashita, K., Onoda, M., Tokuzawa, T., Kawamori, E., & Ono, Y. (2007). Development of two-dimensional Thomson scattering diagnostic system involving use of multiple reflection and the time-of-flight of laser light. *Plasma and Fusion Research, 2*(S1108), 102105.

Surko, C. M., Slusher, R. E., Moler, D. R., & Porkolab, M. (1972). 10.6-mu laser scattering from cyclotron-harmonic waves in a plasma. *Physical Review Letters, 29*(2), 81.

Surko, C. M., & Slusher, R. E. (1976). Study of density fluctuations in adiabatic toroidal compressor scattering Tokamak using CO2-laser. *Physical Review Letters, 37*(26), 1747–1750.

Surko, C. M., & Slusher, R. E. (1980). Study of plasma-density fluctuations by the correlation of crossed CO2 laser-beams. *Physics of Fluids, 23*(12), 2425–2439.

Tanaka, K., Matsuo, K., Koda, S., Bowden, M., Muraoka, K., Kondo, K., *et al.* (1993). Characteristics of electron-density fluctuations in Heliotron-E measured using a wide beam laser phase-contrast method. *Journal of the Physical Society of Japan, 62*(9), 3092–3105.

Tanaka, K., Vyacheslavov, L. N., Akiyama, T., Sanin, A., Kawahata, K., Tokuzawa, T., *et al.* (2003). Phase contrast imaging interferometer for edge density fluctuation measurements on LHD. *Review of Scientific Instruments, 74*(3), 1633–1637.

Tanaka, K., Michael, C. A., Vyacheslavov, L. N., Sanin, A. L., Kawahata, K., Akiyama, T., *et al.* (2008). Two-dimensional phase contrast imaging for local turbulence measurements in large helical device (invited). *Review of Scientific Instruments, 79*(10), 10E702.

Tanenbaum, B. S. (1967). *Plasma physics. McGraw-Hill physical and quantum electronics series.* New York: McGraw-Hill.

Tanenbaum, B. S. (1968). Continuum theory of Thomson scattering. *Physical Review, 171*(1), 215.

Tartari, U., *et al.* (1999). Polarization in millimeter-wavelength collective Thomson scattering on FTU tokamak. *The Review of Scientific Instruments, 70*, 1162.

Taylor, E. C., & Comisar, G. G. (1963). Frequency spectrum of themal fluctuations in plasmas. *Physical Review, 132*(6), 2379.

Taylor, G., & Harvey, R. W. (2009). Assessment of an oblique ECE diagnostic for ITER. *Fusion Science and Technology, 55*(1), 64–75.

Taylor, J. B., & Hastie, R. J. (1968). Stability of general plasma equilibria .i. formal theory. *Plasma Physics, 10*(5), 479.

Teich, M. C. (1970). In R. K.Willardson, & A. C. Beer (Eds.), *Semiconductors and semimetals* (Vol 5, Infrared Detectros, Chapter 9), New York: Academic Press.

Theimer, O. (1966). High density corrections of scattering cross section of a plasma. *Physics Letters, 20*(6), 639.

Theimer, O., & Hicks, W. (1968). Depolarization of light scattered by a relativistic plasma. *Physics of Fluids, 11*(5), 1045.

Theimer, P., & Sollid, J. E. (1968a). Relativistic corrections to light-scattering spectrum of a plasma. *Physical Review, 176*(1), 198.

Theimer, O., & Theimer, R. (1970). *Laser Forsch, 3*, 53.

Thiele, R., Bornath, T., Fortmann, C., *et al.* (2008). Plasmon resonance in warm dense matter. *Physical Review E, 78*(2), 026411.

Thompson, A. R., Moran, J. M., & Swenson, G. W. (1986). *Interferometry and synthesis in radio astronomy.* New York: Wiley.

Thompson, E., & Fiocco, G. (1963). *Proceedings of the 6th international conference on ionization phenomena in gases* (Vol. 4, p. 111). Paris: Serma.

Thompson, W. B. (1962). *An introduction to plasma physics.* Oxford, NY: Pergamon Press.

Thumm, M. (2007). State-of-the-art of high power gyro-devices and free electron masers update 2008. *Wissenschaftliche Berichte FZKA*, Vol. 7467, p. 118. http://cat.inist.fr/?aModele=afficheN&cpsidt=21689172.

Tomita, K., Kagawa, T., Uchino, K., Katsuki, S., & Akiyama, H. (2009). Collective Thomson scattering diagnostics of EUV plasma. *Journal of Plasma and Fusion Research, 8*, 488. Figures reprinted with permission from K. Tomita and the JSPF.

Tracy, M. D., Degroot, J. S., Estabrook, K. G., *et al.* (1992). Detailed 266 nm Thomson scattering measurements of a laser-heated plasma. *Physics of Fluids B-Plasma Physics, 4*(6), 1576–1584.

Tremsin, A. S., & Siegmund, O. H. W. (2000). Polycrystalline diamond films as prospective UV photocathodes. *Proceedings of SPIE*, 4139, 16.

Trivelpiece, A. W., & Gould, R. W. (1959). Space charge waves in cylindrical plasma columns. *Journal of Applied Physics, 30*(11), 1784–1793.

Truc, A., Quemeneur, A., Hennequin, P., Gresillon, D., Gervais, F., Laviron, C., *et al.* (1992). ALTAIR – an infrared-laser scattering diagnostic on the Tore-Supra Tokamak. *Review of Scientific Instruments, 63*(7), 3716–3724.

Tsytovich, V. N. (1970). Technical Report. CLM-P 244. UKAEA, Culham Laboratory.

Tsytovich, V. N. (1972). *An introduction to the theory of plasma turbulence* (1st ed.). International series of monographs in natural philosophy. Oxford, NY: Pergamon Press.

Tynan, G. R., Fujisawa, A., & McKee, G. (2009). A review of experimental drift turbulence studies. *Plasma Physics and Controlled Fusion, 51*(11), 113001.

Uchino, K., Muraoka, T., Muraoka, K., & Akazaki, M. (1982). Studies of an impulse breakdown process in an atmospheric air using ruby-laser scattering diagnostics. *Japanese Journal of A Physics Part 2-Letters, 21*(11), L696–L698.

Urry, M. K., Gregori, G., Landen, O. L., Pak, A., & Glenzer, S. H. (2006). X-ray probe development for collective scattering measurements in dense plasmas. *Journal of Quantitative Spectroscopy and Radiative Transfer, 99*(1–3), 636–648.

Vahala, L., Vahala, G., & Sigmar, D. J. (1986). Effects of alpha-particles on the scattering function in CO2-laser scattering. *Nuclear Fusion, 26*(1), 51–60.

Vahala, L., Vahala, G., & Sigmar, D. J. (1988). Effect of electrostatic scattering parameters on the direct detection of fusion alphas. *Nuclear Fusion, 28*(9), 1595–1602.

Vahala, L., Vahala, G., & Bretz, N. (1990). Measurement of magnetic fluctuations by O–¿X mode conversion. *Review of Scientific Instruments, 61*(10), 3022–3024.

Vahala, L., Vahala, G., & Bretz, N. (1992). Electromagnetic-wave scattering from magnetic fluctuations in Tokamaks. *Physics of Fluids B-Plasma Physics, 4*(3), 619–629.

van de Sande, M. (2002). Laser scattering on low temperature plasmas High resolution and stray light rejection, Ph.D. thesis. Eindhoven: Technische Universiteit Eindhoven.

van der Meiden, H. J., Varshney, S. K., Barth, C. J., Oyevaar, T., Jaspers, R., Donne, A. J. H., *et al.* (2006). 10 khz repetitive high-resolution TV Thomson scattering on TEXTOR: Design and performance (invited). *Review of Scientific Instruments, 77*(10),

10E512, Figures reprinted with permission from A. J. Donn. Copyright 2006 by the American Institute of Physics.

van der Mullen, J., Boidin, J., & van de Sande, M. (2004). High-resolution electron density and temperature maps of a microwave plasma torch measured with a 2-D Thomson scattering system. *Spectrochimica Acta Part B, 59*, 929–940.

Vanandel, H. W. H., Boileau, A., & Vonhellerman, M. (1987). Study of microturbulence in the TEXTOR Tokamak using CO2-laser scattering. *Plasma Physics and Controlled Fusion, 29*(1), 49–74.

Vandenplas, P. E., & Gould, R. W. (1964). Equations of hot inhomogeneous plasma model – i – resonance frequencies of cylindrical plasma column. *Journal of Nuclear Energy Part C-Plasma Physics Accelerators Thermonuclear Research, 6*(5pc), 449.

Vavriv, D. M., Volkov, V. A., & Chumak, V. G. (2007). Clinotron tubes: High-power THz sources. *Proceedings of the 37th European Microwave Conference* (pp. 826–829), Munich.

Vedenov, A. A., Velikhov, E. P., & Sagdeev, R. Z. (1961). Nonlinear oscillations of rarified plasma. *Nuclear Fusion, 1*(2), 82–100.

Vedenov, A. A. (1968). *Theory of turbulent plasma.* London: Iliffe.

Verhoeven, A. G. A., Bongers, W. A., Bratman, V. L., Caplan, M., Denisov, G. G., van der Geer, C. A. J., *et al.* (1998). First microwave generation in the FOM free-electron maser. *Plasma Physics and Controlled Fusion, 40*, A139–A156.

Villars, F., & Weisskopf, V. F. (1955). On the scattering of radio waves by turbulent fluctuations of the atmosphere. *Proceedings of the Institute of Radio Engineers, 43*(10), 1232–1239.

Villeneuve, D. M., Baldis, H. A., Bernard, J. E. *et al.* (1991). Collective Thomson scattering in a laser-produced plasma resolved in time, space, frequency, or wave number. *Journal of the Optical Society of America B-Optical Physics, 8*(4), 895–902.

Visco, A., Drake, R. P., Froula, D. H., Glenzer, S. H., & Pollock, B. B. (2008). Temporal dispersion of a spectrometer. *Review of Scientific Instruments, 79*(10), 10F545.

Vonhellermann, M., & Holzhauer, E. (1984). Far forward scattering from plasma fluctuations using a detector array and coherent signal-processing at 10-mu-m. *IEEE Transactions on Plasma Science, 12*(1), 5–11.

Vyacheslavov, L. N., Tanaka, K., Sanin, A. L., Kawahata, K., Michael, C., & Akiyama, T. (2005). 2-D phase contrast imaging of turbulence structure on LHD. *IEEE Transactions on Plasma Science, 33*(2), 464–465.

Waldteufel, P. (1965). Introduction de l'effet des collisions elastiques dans lequation de boltzmann dun gaz faiblement ionise application a la diffusion incoherente dune onde electromagnetique par lionosphere. *Annales de Qeophysique, 21*(1), 106.

Walsh, C. J., & Baldis, H. A. (1982). Non-linear ion-wave development and saturation of stimulated Brillouin scattering. *Physical Review Letters, 48*(21), 1483–1486.

Walsh, C. J., Villeneuve, D. M., & Baldis, H. A. (1984). Electron plasma-wave production by stimulated Raman-scattering – competition with stimulated Brillouin-scattering. *Physical Review Letters, 53*(15), 1445–1448.

Walsh, M. J., Beausang, K., Beurskens, M. N .A., Giudicotti, L., Hatae, T., Johnson, D., Kajita, S., Mukhin, E. E., Pasqualotto, R., Prunty, S. L., Scannell, R. D., & Vayakis, G. (2008). Performance evaluation of ITER Thomson scattering systems. *22nd IAEA fusion energy conference* (Vol. IT/P6-25, p. 171). ITER Diagnostic Division, Centre de Cadarache, 13108 St Paul Lez Durance, France.

Wand, R. H. (1969). Evidence for reversible heating in E region from radar Thomson scatter observations of ion temperature. *Journal of Geophysical Research, 74*(24), 5688.

Warner, K., & Hieftje, G. M. (2002). Thomson scattering from analytical plasmas. *Spectrochimica Acta Part B-Atomic Spectroscopy, 57*(2), 201–241.

Watanabe, K., Ueno, M., Wakaki, M., Abe, O., & Murakami, H. (2008). Gaas:se and gaas:te photoconductive detectors in 300 mm region for astronomical observations. *Japanese Journal of Applied Physics, 47*(11), 8261–8264.

Watson, G. N. (1958). *Theory of Bessel functions.* London: Cambridge University Press.

Watson, K. M. (1970). Electromagnetic wave scattering within a plasma in transport approximation. *Physics of Fluids, 13*(10), 2514.

Wei, J., Olaya, D., Karasik, B. S., Pereverzev, S. V., Sergeev, A. V., & Gershenson, M. E. (2008). Ultrasensitive hot-electron nanobolometers for terahertz astrophysics. *Nature Nanotechnology, 3*(8), 496–500.

Weiland, J. (2000). *Collective modes in inhomogeneous plasma: Kinetic and advanced fluid theory. Plasma physics series.* Bristol, PA: Institute of Physics.

Weinstock, J. (1965a). New approach to theory of fluctuations in a plasma. *Physical Review, 139*(2A), A388.

Weinstock, J. (1965b). Resonances in light scattered from a plasma. *Physics Letters, 18*(1), 21.

Weinstock, J. (1967). Correlation functions and scattering of electromagnetic waves by inhomogeneous and nonstationary plasmas. *Physics of Fluids, 10*(9p1), 2065.

Weisen, H. (1986). Imaging methods for the observation of plasma-density fluctuations. *Plasma Physics and Controlled Fusion, 28*(8), 1147–1159.

Weisen, H. (1988). The phase-contrast method as an imaging diagnostic for plasma-density fluctuations. *Review of Scientific Instruments, 59*(8), 1544–1549.

Weisen, H., Hollenstein, C., & Behn, R. (1988b). Turbulent density-fluctuations in the TCA Tokamak. *Plasma Physics and Controlled Fusion, 30*(3), 293–309.

Weisen, H., Borg, G., Joye, B., Knight, A. J., & Lister, J. B. (1989a). Measurements of the Tokamaksafety- factor profile by means of driven resonant Alfven waves. *Physical Review Letters, 62*(4), 434–437.

Weisen, H., Appert, K., Borg, G. G., Joye, B., Knight, A. J., Lister, J. B., *et al.* (1989b). Mode conversion to the kinetic Alfven-wave in low-frequency heating experiments in the TCA Tokamak. *Physical Review Letters, 63*(22), 2476–2479.

Weisen, H. (2006). Diagnostics des plasmas de fusion confin'es magn'etiquement diagnostics of magnetically confined fusion plasmas EPFL doctoral course PY-11 20.

Wentworth, S. M., & Neikirk, D. P. (1989). Far-infra-red microbolometers made with tellurium and bismuth. *Electronics Letters, 25*(23), 1558–1560. http://dx.doi.org/10.1117 /12.21040.

Wentworth, S. M., & Neikirk, D. P. (1990). The transition-edge microbolometer (trembol). In *Superconductivity applications for infrared and micro wave devices* (Vol. 1292). Proceedings of SPIE.

Wesseling, H. J., & Kronast, B. (1996). Thomson light scattering measurements of electron temperature and density in the alpha-gamma transition of a capacitive RF discharge in helium. *Journal of Physics D-Applied Physics, 29*(4), 1035–1039.

Wesson, J. A., Sykes, A., & Lewis, H. R. (1973). Ion-sound instability. *Plasma Physics and Controlled Fusion, 15*(1), 49–55.

Wesson, J. A. (1978). Hydromagnetic-stability of Tokamaks. *Nuclear Fusion, 18*(1), 87–132.

Wharton, K. B., Kirkwood, R. K., Glenzer, S. H., *et al.* (1998). Observation of energy transfer between identical-frequency laser beams in a flowing plasma. *Physical Review Letters, 81*(11), 2248–2251.

Williams, E. A., Berger, R. L., Drake, R. P., Rubenchik, A. M., Bauer, B. S., Meyerhofer, D. D., *et al.* (1995). The frequency and damping of ion-acoustic-waves in hydrocarbon (CH) and 2- ion-species plasmas. *Physics of Plasmas, 2*(1), 129–138.

Williamson, J. H. (1968). Brownian motion of electrons. *Journal of Physics Part A General, 1*(6), 629.

Williamson, J. H., & Clarke, M. E. (1971). Construction of electron distribution functions from laser scattering spectra. *Journal of Plasma Physics, 6*, 211.

Wort, D. J. H. (1966). Microwave transmission through turbulent plasma. *Journal of Nuclear Energy Part C-Plasma Physics Accelerators Thermonuclear Research, 8*(1pc), 79.

Woskoboinikow, P., Erickson, R., & Mulligan, W. J. (1983). Submillimeter-wave dumps for fusion plasma diagnostics. *International Journal of Infrared and Millimeter Waves, 4*(6), 1045–1059.

Woskoboinikow, P. (1986). Development of gyrotrons for plasma diagnostics. *Review of Scientific Instruments, 57*(8), 2113–2118.

Woskov, P. (1987). *Suitability of millimeter-wave scattering for diagnostics of fusion alpha particles.* Technical Report PFC/RR-87-16. Plasma Science and Fusion Center, Massachusetts Institute of Technology, Cambridge, MA 02139.

Woskov, P., & Rhee, D. Y. (1992). Localized magnetci-field pitch angle measurements by collective Thomson scattering. *The Review of Scientific Instruments, 63*, 4641.

Woskov, P. P., *et al.* (1993). *ITER millimeter-wave CTS diagnostic option.* PFC/JA-93-25.

Woskov, P. P. (2005). *Overview of high power CTS experiments in magnetically confined plasmas.* Technical Report PSFC/JA-05-24. Plasma Science and Fusion Center, Massachusetts Institute of Technology, Cambridge, MA 02139.

Wrubel, Th., Glenzer, S., Büscher, S., & Kunze, H. J. (1996). Investigation of electronproton drifts with Thomson scattering. *Journal of Atmospheric and Terrestrial Physics, 58*, 1077–1087.

Wu, Ta-you. (1966). *Kinetic equations of gases and plasmas. Addison-Wesley series in advanced physics.* Reading, MA: Addison-Wesley Pub. Co.

Wunsch, K., Hilse, P., Schlanges, M., & Gericke, D. O. (2008). Structure of strongly coupled multicomponent plasmas. *Physical Review E, 77*(5), 056404.

Wunsch, K., Vorberger, J.,&Gericke, D. O. (2009). Ion structure in warm dense matter: Benchmarking solutions of hypernetted-chain equations by first-principle simulations. *Physical Review E, 79*(1), 010201.

Yaakobi, B., Kim, H., Soures, J. M., Deckman, H. W., & Dunsmuir, J. (1983). Sub-micron x-raylithography using laser-produced plasma as a source. *Applied Physics Letters, 43*(7), 686–688.

Yamanaka, C., Yamanaka, T., Shimamur, T., Waki, M., Yoshida, K., & Kang, H. (1972). Nonlinearinteraction of laser radiation and plasma. *Physics Letters A, 38*(7), 495.

Yatsu, Y., Kuramoto, Y., Kataoka, J., Kotoku, J., Saito, T., Ikagawa, T., *et al.* (2006). Study of avalanche photodiodes for soft x-ray detection below 20 keV. *Nuclear Instruments & Methods in Physics Research Section A-Accelerators Spectrometers Detectors and Associated Equipment*, 564(1), 134–143.

Yokoyama, M., Nakatsuk, M., Yamanaka, C., Izawa, Y.,&Toyoda, K. (1971). Scattering diagnostics of plasma by CO2 laser. *Physics Letters A, 36*(4), 317.

Yoshida, H., Naito, O., Matoba, T., Yamashita, O., Kitamura, S., Hatae, T., *et al.* (1997). Quantitative method for precise, quick, and reliable alignment of collection object fields in the JT-60U Thomson scattering diagnostic. *Review of Scientific Instruments, 68*(2), 1152–1161.

Yoshida, H., Naito, O., Sakuma, T., Kitamura, S., Hatae, T., & Nagashima, A. (1999a).

A compact and high repetitive photodiode array detector for the JT-60U Thomson scattering diagnostic. *Review of Scientific Instruments, 70*(1), 747–750.

Yoshida, H., Naito, O., Yamashita, O., Kitamura, S., Sakuma, T., Onose, Y., *et al.* (1999b). Multilaser and high spatially resolved multipoint Thomson scattering system for the JT-60U Tokamak. *Review of Scientific Instruments, 70*(1), 751–754. Figures reprinted with permission from H.Yoshida. Copyright 1999 by the American Institute of Physics.

Young, E. T. (2000). Germanium detectors for the far-infrared. *Proceedings of the space astrophysics detectors and detector technologies conference.*

Young, P. E. (1994). Spatial profiles of stimulated brillouin-scattering ion waves in a laser-produced plasma. *Physical Review Letters, 73*(14), 1939–1942.

Yu, C. X., Cao, J. X., Shen, X. M., & Wang, Z. S. (1988). Diffraction of electromagnetic-wave by a damped plasma-wave. *Plasma Physics and Controlled Fusion, 30*(13), 1821–1831.

Zaidi, S. (2001). Filtered Thomson scattering in an argon plasma. *39th AIAA aerospace meeting and exhibit.* Reno, NV, January 8–11, 2001. American institute of Aeronautics and Astronautics (pp. AIAA–2001–0415).

Zhang, Y. Q., & DeSilva, A.W. (1991). Ion-acoustic and entropy fluctuations in collisional plasmas measured by laser-light scattering. *Physical Review A, 44*(6), 3841–3855.

Zheng, J., Yu, C. X., & Zheng, Z. J. (1997). Effects of non-Maxwellian (super-Gaussian) electron velocity distribution on the spectrum of Thomson scattering. *Physics of Plasmas, 4*(7), 2736–2740.

Zheng, J., Yu, C. X., & Zheng, Z. J. (1999). The dynamic form factor for ion-collisional plasmas. *Physics of Plasmas, 6*(2), 435–443.

Zhuravlev, V. A., & Petrov, G. D. (1972). Light-scattering from electrons in a high-temperature plasma. *Optika i Spektroskopiya, 33*(1), 36.

Zhuravlev, V. A., & Petrov, G. D. (1979). Scattering of radiation by relativistic plasma streams. *Soviet Journal of Plasma Physics, 5*, 3.

Zhurovich, K., Mossessian, D. A., Hughes, J. W., Hubbard, A. E., Irby, J. H., & Marmar, E. S. (2005). Calibration of Thomson scattering systems using electron cyclotron emission cutoff data. *Review of Scientific Instruments, 76*(5), 053506. Figures reprinted with permission from K. Zhurovich. Copyright 2005 by the American Institute of Physics.

Zimmerman, G. B., & Kruer, W. L. (1975). Numerical simulations of laser-initiated fusion Comments. *Plasma Physics & Controlled Fusion, 2*(2), 51.

索　　引

M

N

P

Q

R

S

T

W

X

Y

Z

其他